普通高等教育系列教材

面向对象分析与设计

孙学波 卢圣凯 曾子维
李林林 姚红岩 张春娜 编著

机械工业出版社

本书系统讲解了面向对象方法的基本概念，统一建模语言的概念、结构和建模方法，对象约束语言（OCL）基础知识和使用方法，还详细介绍了业务建模方面的基础知识，包括业务、业务规则、业务模型及其构成要素的概念以及业务建模的方法。

本书详细介绍了各种标准 UML 模型的概念、构成元素、使用规则和建模方法，这些标准模型包括：用例模型、类图模型、顺序图、通信图、状态图、活动图、构件图和部署图等。同时，还概要介绍了 UML 2.0 中新增加的一些模型及其建模方法，如复合结构图、交互概览图和时序图等模型。

本书还介绍了设计模式的基础知识和基本理论，概要介绍了每种设计模式的定义、结构、适用情形和主要特点。

最后，本书还提供了若干带有全部实现的软件设计案例，能够更加直观、有效地帮助读者理解面向对象方法中的各种抽象概念、设计原则、建模方法和建模过程。

本书适合作为高等院校软件工程及相关专业的本科生或研究生教材，也可以作为从事软件开发工作和学习面向对象方法的读者的参考资料。

图书在版编目（CIP）数据

面向对象分析与设计 / 孙学波等编著. 一北京：机械工业出版社，2020.7
普通高等教育系列教材
ISBN 978-7-111-66579-3

Ⅰ. ①面…　Ⅱ. ①孙…　Ⅲ. ①面向对象语言－程序设计－高等学校－教材
Ⅳ. ①TP312

中国版本图书馆 CIP 数据核字（2020）第 179846 号

机械工业出版社（北京市百万庄大街 22 号　邮政编码 100037）
策划编辑：王　斌　责任编辑：王　斌
责任校对：张艳霞　责任印制：常天培

北京虎彩文化传播有限公司印刷

2020 年 11 月第 1 版 • 第 1 次印刷
184mm×260mm • 23.25 印张 • 573 千字
标准书号：ISBN 978-7-111-66579-3
定价：79.00 元

电话服务
客服电话：010-88361066
010-88379833
010-68326294

网络服务
机　工　官　网：www.cmpbook.com
机　工　官　博：weibo.com/cmp1952
金　书　网：www.golden-book.com
机工教育服务网：www.cmpedu.com

前　　言

面向对象方法是计算机软件开发领域中的主流方法，其应用范围覆盖了业务建模、需求分析、系统设计、测试和维护等多个软件过程，甚至扩展到其他非计算机领域。统一建模语言（UML）的出现和发展，极大地促进了面向对象方法的不断丰富和日益成熟。深刻理解和领会面向对象的基本思想、基本概念和基本方法，熟练掌握和运用统一建模语言也已经成为软件开发人员必须具有的知识储备和重要技能。

本书系统介绍了面向对象的基础知识、基本理论，以及统一建模语言的应用方法；在总结了传统的结构化方法的基础上，详细介绍了面向对象方法的基础知识和基本概念，以及统一建模语言的概念、结构和各种模型元素。

为了使读者更好地理解 UML 的使用方法，本书引入了 UML 模型约束语言（OCL），并详细介绍了模型约束语言的基础知识和使用方法。对 OCL 的理解和掌握将直接影响面向对象方法中像约束、不变量、前置条件、后置条件和关联等抽象概念的理解。

为了帮助读者理解和掌握业务建模的一般规律和一般方法，也为了帮助读者理解业务建模在软件开发中的地位和作用，我们在书中加入了业务建模方面内容，包括业务的定义、业务规则的概念、业务模型的构成要素和建模方法等。这部分内容的引入，不仅可以帮助读者扩展知识视野，也可以有效地帮助读者加深对软件建模过程中涉及的相关问题的理解。

本书详细介绍了每一种标准 UML 模型的概念、构成元素、使用规则和建模方法，并引入了大量的模型实例。这些标准模型包括用例模型、类图模型、顺序图、通信图、状态图、活动图、构件图和部署图等。同时，还简要地介绍了部分 UML 2.0 中新增加的图，如复合结构图、交互概览图和时序图等。

本书详细地介绍了设计模式的基础知识和基本理论，简要地介绍了每种模式的定义、结构、适用情形和主要特点。最后，还给出了有关设计模式的应用案例。

最后，本书还提供了若干个带有源程序的软件设计案例，并希望这些案例能够帮助读者更加直观、全面和有效地理解面向对象方法中的基本概念、基本方法和开发过程。

本书也是对作者多年教学实践和软件开发经验的总结。在编写过程中，我们查阅了多种教材、专著、资料和文献。认真地编写、修改、核对和校对教材中出现的每一个概念和每一段陈述，精心设计了多个应用实例。书中的大多数实例均来源于实际的软件开发案例。

本书可作为高等院校软件及相关专业本科生或研究生的面向对象分析与设计课程教材或参考读物，也可以作为软件开发人员了解和学习面向对象方法的参考书。

全书共由 13 章组成。每一章的基本内容和教学建议如下。

第 1 章　面向对象开发方法。本章重点介绍面向对象的基本思想和基本特点；详细介绍了对象模型的各个构成要素及其主要特点；详细介绍了面向对象方法中的各基本概念及基本方法；简单介绍了面向对象的开发过程；阐述了面向对象分析与设计这两个过程之间的联系与区别；并给出了一个初步认识面向对象方法的简单例子。本章重点关注的是经典的面向对象开发方法和对象模型这两个部分的内容。

第 2 章　统一建模语言（UML）概述。本章简要地介绍了统一建模语言的发展历史、基本概念、基本结构、视图、图和公共机制等方面的内容；简单地介绍了各种图的构成和示例；比较详细地介绍了对象约束语言的结构、基本概念和使用方法。本章的教学重点内容包括统一建模语言的基本概念、基本结构、基本概念和模型元素的表示法。可以将对象约束语言部分作为自学内容，也可以作为第 5 章之后的讲解内容。

第 3 章 业务模型的建模。本章详细介绍了业务模型的概念、业务模型的基本结构，介绍了业务建模的主要动机；使用 UML 业务扩展进行业务建模的基本方法，业务模型与软件模型之间的关系；详细介绍了业务规则的概念、分类和表示方法，业务模型的各种要素及其表示法和业务过程的建模方法。本章的重点在于业务系统的概念、业务模型的基本结构、业务规则的概念和表示方法，以及业务模型的建模方法。

第 4 章 用例建模。本章重点介绍用例模型的概念、结构和建模方法，包括参与者、用例和它们之间的各种关系，如参与者之间的泛化关系、参与者和用例之间的关联以及用例之间的依赖等关系等；介绍了识别参与者和用例的基本方法；详细介绍了用例的结构和各种描述方法。本章的重点在于理解和掌握参与者、用例、参与者和用例之间的各种关系，用例图的绘制方法和用例描述的表示方法；本章的难点是用例描述的表示方法。

第 5 章 类图建模。本章主要介绍类图模型的结构的表示方法、概念和建模方法。首先介绍了类图中的类、对象、属性、方法、可见性、作用域，以及类（对象）之间各种关系的概念和表示法；其次，介绍了从用例模型识别概念并建立概念模型的建模方法；最后，介绍了问题域中类图的建模策略问题，如复用、增加基类、多继承的调整和关联的简化等多个问题。本章的重点在于理解和掌握类图的建模方法和使用类图建模概念模型的方法，难点在于对各种类关系的理解。

第 6 章 顺序图与通信图建模。本章主要介绍顺序图和通信图的结构、概念和建模方法；重点介绍了生命线、消息及消息分类、控制焦点、链接、并发和组合片段等概念；详细地介绍了顺序图和通信图之间的联系和区别。本章的重点在于顺序图与通信图的建模方法，难点在于顺序图和通信图之间的语义等价关系。

第 7 章 状态图与活动图建模。本章主要介绍状态图和活动图的结构、概念和建模方法；详细介绍了状态、复合状态、子状态、顺序子状态、并发子状态、历史子状态、状态迁移、活动、动作、控制流、信息流等概念及其使用方法；详细地介绍了这两种图的建模方法和应用领域。本章的重点在于状态图与活动图的建模方法，难点在于状态图的建模方法。

第 8 章 包图、组件图以及部署图建模。本章主要介绍包图、组件图以及部署图的结构、概念和建模方法；详细介绍了包图、包图的构成元素、可见性和包之间的各种依赖关系；介绍了包图的建模方法；详细介绍了组件图的概念、各种构成元素以及建模方法；介绍了部署图的概念、结构、构成元素及其建模方法。本章的重点在于包图、组件图以及部署图的建模方法，难点在于包之间的依赖关系。

第 9 章 UML 模型与程序设计。本章介绍了 UML 模型与应用程序之间的映射问题，类图模型向程序代码之间的映射，包括类、属性、方法的映射；详细介绍了泛化和关联关系的映射，依赖、接口、包和特殊类的映射。本章的重点在于通过理解 UML 模型元素向程序的映射来加深对软件模型的理解，以提高读者使用 UML 模型分析和设计软件的能力。

第 10 章 面向对象设计原则。本章详细介绍了软件质量属性这一概念；介绍了如何开发满足质量要求的软件这一重要问题；详细介绍了基本的面向对象设计原则，以及如何落实这些原则以便开发出具有良好可维护性、可扩充性以及可重用性的软件；并给出了一个按照这些设计原则设计出来的一个具体的软件设计实例，在实际教学中，案例部分可安排自学。

第 11 章 设计模式及其应用。本章简要介绍了设计模式的基本概念和基本理论，每个 GOF 模式的定义、结构、特点和主要场景；详细介绍了一个具体的设计模式应用实例。本章的教学重点是设计模式的基本概念和基本理论，使用设计模式进行软件设计的基本方法。在学时不充裕的情况下，可以安排学生自学本章的内容。

第 12 章 对象的持久化。本章详细讨论了对象的持久化问题；介绍了比较常见的对象持久化方法；介绍了基于数据文件的持久化方法问题；并给出了比较具体的应用实例；详细说明了对象模型向数据库模型的具体映射及其实现方法。本章的重点在于对持久化概念和持久化技术的理解，对象模型向数据库模型的映射及其实现方法。

第 13 章 面向对象分析设计案例。本章介绍了一个比较完整的交互式图形编辑软件案例；详细地给出了案例的功能模型、概念模型和结构模型及其设计过程；详细介绍了案例中部分功能的具体实现；说明了动态模型在软件设计与实现中的具体应用和某些设计模式在案例软件设计中的应用。本章的重点是通过一个包含了完整的软件分析、设计和实现过程的案例，帮助读者理解面向对象的开发过程和设计方法，理解 UML 模型在软件开发过程中的地位和作用。在学时不充裕的情况下，可安排学生自学本章的内容。

本书由孙学波带领课题组编写完成，参加编写工作的课题组成员还有曾子维、李林林、姚红岩、张春娜。需要说明的是，课题组与苏州中元动力有限公司密切合作，共同完成了本书的编写工作。该公司的卢圣凯先生也积极参与到本书的编写工作中，为本书的顺利完成做出了积极的贡献。

在本书的编写过程中，我们查阅和参考了大量的文献资料，在此特向所有资料的提供者和作者们表示衷心的感谢！

由于作者的知识水平和能力有限，书中难免会存在错漏之处，敬请广大读者和同行们给予批评指正。

编　者

目　　录

第1章　面向对象开发方法

学习目标

- 理解对象的概念。
- 了解面向对象的软件开发方法。
- 理解面向对象的开发过程。

随着计算机技术的发展、计算机应用领域和规模的不断扩大以及软件开发技术的不断进步，面向对象技术已经成为目前基本的和主流的软件开发方法。本章将比较全面系统地介绍面向对象方法的基本概念，并讨论它们的内涵与外延；介绍软件开发方法的发展过程和典型的面向对象开发方法；概括性地介绍面向对象的软件开发过程，如面向对象分析和面向对象设计等。

1.1　对象及对象模型

对象模型是计算机科学中的一个基本概念，它不仅仅适用于程序设计语言，也适用于软件系统的用户界面、数据库甚至计算机架构的设计。这种广泛适用的原因就是，面向对象的思想和方法能够帮助人们处理不同系统中固有的复杂性。

面向对象系统分析和设计代表了一种渐进式的开发方式，它并没有完全抛弃传统方法的优点，而是建立在有效的传统方法基础之上的一种新方法。例如，传统方法中的“算法分解”技术在处理复杂程度较高的系统时是有局限性的，而面向对象技术则可以更有效地帮助人们解决这一问题。

1.1.1　对象的基本概念

1．对象和类的定义

在面向对象技术和方法的发展过程中，人们曾经给出了多个不同的对象定义。这些定义不仅描述方式有所不同，其含义也稍有区别，但这些定义的共同点都是把对象看作一个封装了数据和操作的实体。本书采用 Grady Booch 等人给出的对象的定义。

所谓对象（Object），就是将一组数据和与这组数据有关的操作组装在一起所形成的一个完整的实体。对象中的数据被称为对象的属性，一个对象的所有属性的值被称为这个对象的状态。对象的操作则被称为对象的行为，也称为对象的外部接口。

在特定的软件系统中，对象表示的是软件系统中存在的某个特定实体，它们可以有不同的类型，大多数对象通常是一种对现实世界客观事物的计算机描述。

例如，图书管理系统中的一本图书、一个读者，或一次借阅记录都可以被视为是一个对象。它们分别表示了现实世界中一个图书馆的一本书、一个读者和一个借阅事件。但这些对象并不等同于现实世界中的实际事物，图书管理系统中的这些对象只描述它们在计算机系统中的状态和行为，因此它们不过是对现实世界中对应的客观实体的一种计算机描述而已。

一个现实的系统中，通常会有很多的对象，为了有效地管理这些对象并使之发挥作用，人们又从分类的角度出发，给出了类的定义。

类（Class）可以被定义成具有某些相同的属性和方法的全体对象构成的集合。

这个定义将类看成是对一组具有相同属性和方法的对象的一种抽象描述，其本质在于这些对象所具有的相同属性和方法。因此，类也可以被定义成是一组属性和方法构成的一个整体。

目前的各种主流程序设计语言都采用了这样的方式来定义类。

例如，图 1-1 就给出读者、图书和借阅记录这三个对象的一个抽象描述。它们分别表示了三个类，当然也表示了这三个类之间的关系。

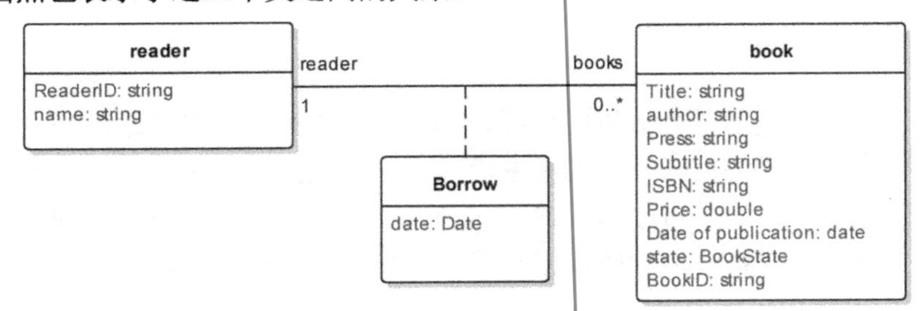

图 1-1　图书管理系统中的图书和读者类图

另外，从类与对象之间的关系的角度来看，类和对象显然分别属于两个不同的抽象层次。与对象相比较，类处于较高的抽象层次，对象则处于较低的抽象层次。

为了描述二者之间的层次关系，面向对象方法使用实例的概念来描述这两个不同的抽象之间的关系。将类看成一个对象集合时，这个集合中的任何一个对象又可以被称为这个类的一个**实例（Instance）**。一个类通常会有多个实例。在特殊情况下，只有一个对象的类被称为**单件类**，没有实例的类则被称为**抽象类**。

从这个概念出发，还可以进一步引申出实例化的概念，可以将创建类实例的过程称为实例化。显然，任何对象均需要一个实例化过程，这个过程可能很简单，也可能很复杂。实例化过程的复杂度与类结构的复杂度有关。

从上述定义出发，一个对象就是一个具有某种特定状态和行为的实体。同时，结构和行为类似的对象又被定义在它们共同所属的类中。实例和对象这两个术语可以互换使用。

对象可以表示现实世界中的各种事物，从简单的一个数字到一个复杂的系统等均可看作是一个对象。它既可以表示具体的事物，也可以表示抽象的逻辑事物，如一本图书、一个业务规则、一份计划或一个事件等。

在对象模型中，如果一个对象使用了另一个对象，则将使用者称为客户（Client）对象，称被使用者为服务器（Server）对象。对于任何一个对象来说，这个对象中可以被调用的操作集合以及这些操作的合法调用顺序被称为对象的接口（Interface）或协议（Agreement）。

这个协议描述了对象的动作和反应的方式，构成了对象抽象的和完整的外部视图。

2．对象的状态

对象的状态（Status）是指一个对象的所有属性在某一时刻的取值或一个对象的某些属性值所满足的条件。任何对象的状态都是由这个对象属性值决定的。

一般情况下，一个对象可能会有多个不同的状态。例如，图书管理系统中的图书对象，可能具有借出（Lend）、被预定（Reserve）和就绪（Ready）等几种不同的状态。

对于任何两个对象，只有当它们所拥有的属性及属性值均完全相同时，才可以说这两个对象的状态完全相同，但值得注意的是，两个状态相同的对象不等同于它们是同一个对象。判断两个对象是否为相同的对象，不仅仅要看它们的属性值，还要看它们不同的存在时间和存在空间。

当多个对象拥有相同的属性定义，但属性值却不完全相同时，只能说它们具有相同的表现形式，但不能说它们具有相同的状态。

当多个对象不仅属性值不同，而且拥有属性定义也不尽相同时，则说它们不仅状态不同，并且它们的表现形式（或所属的类）也不相同。

3．对象的行为

软件系统中，每一个对象通常都不是孤立存在的，对象之间还会存在各种各样的联系和影响。

我们将一个对象在其状态发生某种改变或接收到某个外部消息时所进行的动作和做出反应的方式称为**对象的行为（Behaviour）**。换句话来说，对象的行为代表了它们的外部可见的活动。

在面向对象方法中，通常使用操作来描述对象的行为。一个**操作（Operation）**可以定义成一个对象向外部提供的某种服务，如果外部对象调用对象的某个操作，这就意味着被调用的对象将执行这个操作中包含的动作，并相应地调整其自身的状态。

例如，调用一个栈对象的“进栈”或“出栈”操作，将改变这个栈的状态（内容和长度），进而影响这个对象下一步可以进行的操作。而调用栈的“长度”操作，则可能仅仅返回一个表示该对象长度的值，但不改变本身的状态。

在面向对象方法中，使用**消息（Message）**的概念来描述对象之间的交互，并将消息传递作为对象之间唯一的交互方式。在面向对象语言中，通常将调用一个对象的操作称为向这个对象发送一个**消息**。

消息和操作是密切相关的两个不同概念。操作描述的是对象提供的外部服务，消息描述的是两个对象之间的一次交互。而二者之间又是密切相关的，即向一个对象发送一条消息就是调用这个对象的某个操作。因此，在一般情况下，可以不加区别地使用操作和消息这两个术语。

值得注意的是，消息传递只定义了对象行为的一个方面。另一方面，对象的行为还要受到对象自身状态的影响。因此，一个对象所表现出来的行为不仅取决于施加在该对象上面的操作，而且还取决于它的当前状态。换句话说，一个对象的状态不仅包括它的属性和属性值，还包含它的先前行为的累积效果。

例如：自动饮料售货机的使用方法：首先，顾客投入货币，然后选择饮料，售货机为顾客提供需要的饮料，顾客按找零按钮，售货机为顾客计算并返回余额。如果顾客先选择饮料后投币会发生什么？售货机很可能会什么也不做，因为顾客违反了它的基本操作流程。顾客选择饮料时售货机只是处于等待投币的状态，此时售货机很有可能会忽略或屏蔽了顾客选择饮料的操作。

这个例子说明，对象的行为往往要受到它当前状态的影响，与一个对象进行交互时，必须了解该对象所处的当前状态，同时还要了解操作的后置状态及进一步可以进行的操作。

操作的这种状态相关特性引出了操作的前置条件和后置条件这两个重要的概念。操作的**前置条件（Pre-Condition）**是指对象执行这个操作时所必须具有的状态或必须满足的条件，违反了前置条件将导致该操作不能正常执行。

同样，操作的**后置条件（Post-Condition）**是指这个操作执行完以后对象所应处的状态或满足的条件，违反了后置条件意味着这个人操作没有完成应尽的责任。因此，为对象的操作建模时，清楚地描述每个操作的前置条件和后置条件无疑是十分重要的。

下面再来介绍操作的分类问题。

一个对象通常会有多个操作，每个操作都代表了这个对象所属的类提供给这个对象本身的一种服务。按照操作的作用，可以将操作划分成**构造**、**析构**、**修改**、**选择**和**遍历**五种不同的类型。其中构造和析构是默认操作，分别用于对象的创建和销毁，后三种类型则表示三种不同类型的常见操作。

修改（Modify）操作是一种能够更改一个对象本身状态的操作。

选择（Select）或**只读（Readonly）**是指能够访问一个对象的状态，但并不更改这个状态的操作。

遍历（Throughout）则是以某种方式访问一个对象的所有组成部分的操作。

软件建模时，通常应该明确标明操作的类型。程序设计语言通常提供了不同的语言机制来表示操作的这些类型。

例如，C++程序语言就定义了特定的构造函数和析构函数的表示法，还提供了 const 关键字来定义**选择**操作。

属性和操作之间的关系也决定了各操作之间的执行顺序，这个执行顺序则构成了对象的一种使用规则。对象建模时，同样也需要清楚地认识和描述这个规则。

可以说，系统中任何对象都定义或封装了它自已的状态，系统所有的状态都是由其对象所封装的。但对象的状态只是问题的一个方面，还要考虑对象的行为以及状态和行为之间的相互影响。

4．角色和责任

对于任何一个对象来说，它必然要承担部分系统责任，责任（Duty）表示了对象的一种目标以及它在系统中的位置。一个对象必须为所承担的系统责任提供全部服务。

当一个对象承担了较多的系统责任时，就可能需要提供多组不同的方法以履行这些责任。此时，按照责任对对象的这些方法进行分组就显得非常有意义了。这些分组划分了对象的行为空间，也描述了一个对象可能承担的多种系统责任。如果将对象承担的不同的系统责任抽象成不同的角色（Role），那么，我们就得到了一个新的概念。这个概念定义了对象与它的客户之间的契约的一种抽象。

事实上，大多数对象都有可能承担多种不同的系统责任，或者说充当多种不同的系统角色。此时，一个对象所扮演的角色既是动态的，同时也是互斥的。

总之，一个对象的状态和行为共同决定了这个对象可以扮演的角色，这些角色又决定了这个对象它所承担的系统责任。也就是说，角色代表了对对象的责任的一种抽象。

例如，在大多数面向对象程序设计语言中，一个类（对象）可以实现了多个不同的接口，这样这个对象就可能以不同的角色（接口实现）出现在不同的场景当中，以完成不同的任务（或承担不同的职责）。显然，不同接口的责任是根本不同的。对象在不同的场景中所充当的角色也是不同的。进一步说，一个对象充当了哪种角色还可以是动态的，而且可以随时转换。

系统设计过程的实质就是从分析对象所扮演的角色（承担的系统责任）开始，分析并精化这些角色，并为这些角色设计出特定的操作，使这些角色能够通过它所拥有的操作实现它所承担的系统责任。

5．对象标识符

在面向对象系统中，一个对象通常对应了现实世界的某个特定的物理实体或逻辑实体。现实世界中，不同的实体之间显然应该存在不同的区别。为了区别不同的对象，任何一个对象均需要拥有一个对象标识符。

面向对象方法中，并没有明确规定对象标识符的表示方法，但在实际的软件系统中，对象标识符又是一个必须关注和实现的概念。

可以使用多种方法实现对象标识符，如为对象定义的一个属性、使用的程序设计语言表示的变量名等。

例如，可以将对象标识符定义为对象的一个内部属性，这个内部属性不一定具有问题域方面的含义，其主要作用在于将当前对象与其他对象区别开。例如，学生的学号、社会保险号码或居民身份证号等。

在应用程序中，可以使用对象的变量名作为对象标识符，用来区分不同的对象，这实际上是把寻址方法作为对象标识符。

在数据库系统中，还可以使用"主键"作为对象标识符，来区分不同的数据实体（持久对象），这实际上是将对象的某个（或某性）属性作为标识符，这种表示方法具有一定的业务逻辑方面的意义。

总之，对象标识符仅仅作为面向对象方法中的一个概念，通常并不代表程序设计语言中的"标识符"意义或数据库"主键"意义上的标识符。

面向对象系统中，如果不能够正确区分**对象的名称**和**对象**本身，这将会导致面向对象程序设计中的许多错误。每个对象都需要有一个唯一的标识符，对象标识符在其整个生命周期中都将被保持，即使它的状态发生了某种改变时也是如此。

1.1.2 对象模型的构成要素

对象模型是面向对象方法的逻辑基础。从概念上来说，对象模型包括抽象、封装、模块化、层次结构、类型、并发和持久七个基本构成要素，其中抽象、封装、模块化、层次结构为主要要素，类型、并发和持久为次要要素。其中主要要素是指模型必须包含的要素，缺少任何一个主要要素，这个模型都不再被称为是面向对象的模型。次要要素是指这些要素是对象模型的有用组成部分，但不是本质要素。

正确地理解这个概念框架，对于使用面向对象方法开发应用系统具有非常重要的理论意义和现实意义。反之，即使使用了面向对象程序设计语言，但编写出来的程序可能仍然不具备面向对象的特征，很可能与传统的结构化应用程序没有太大区别。更重要的是，使用面向对象技术的主要目的是为了更好地把握问题的复杂性。

1．抽象

抽象（Abstract）是人们分析复杂事物时常用的基本思维方式，也是人正确认识客观事物、解决问题的重要方法。

抽象也可以看成是对客观事物的一种简单的概述性描述，通常仅关注客观事物的重要细节，而忽略事物的非本质特征的细节或枝节。对于一个概念，只有当它可以独立于最终使用和实现它的机制来描述、理解和分析时，我们才说这个概念是抽象的。

例如，在数据结构中，线性表是对具有线性关系的数据集合及其处理的一个抽象描述。这个概念抓住了数据元素之间的线性关系及其处理算法等这一本质特征，而忽略了其元素的数据类型、存储结构和算法的实现等具体特征。这个抽象可以抓住问题的本质特征而忽略问题具体的细枝末节，从而使我们可以在更高的层次上讨论要解决的问题。

也可以说，抽象是对客观事物所具有的基本特征的概念性描述，通过抽象可以将一种事物与其他事物严格区分开。抽象也是一种分析问题和解决问题的基本方法。

在面向对象方法中，对象、属性、方法、类、责任、职责和接口等都是运用抽象思维得出的抽象概念，正是这些概念构成了面向对象方法的基本词汇。

面向对象方法要求建模人员能够正确地运用抽象这一基本的思维方式，正确认识问题域中所面临的问题及其解决方法。从给定问题域中分析出一组正确的抽象，则是面向对象分析与设计的核心问题。

面向对象分析的实质，就是从问题域中抽象出对实现系统目标有意义的对象。这些对象可能包括问题域中的实体对象、通用操作对象、业务逻辑对象、偶然对象等，因此，面向对象分析的过程实质就是一系列的抽象过程。

作为一种最基本的思维方式，抽象的运用范围不仅仅在于发现对象，而是更广泛地存在于软件开发过程中所涉及的每个不同的领域。

确定了一个对象的属性和行为，仅仅给出了这个对象在某种意义上的一个抽象，还需要进一步给出其具体实现。一个对象通常可以用多种方式实现，对于对象的客户来说，选择什么样的实现方式并不重要，对象只要提供对外的契约就可以了。换句话说，对象的抽象应该优先于它的实现。而实现则应该仅作为这种抽象后面的私有信息并对绝大多数客户隐藏。

2．封装

封装（Encapsulation）是指：在构造对象的结构和行为的过程中，需要明确地定义对象的外部可见部分和不可见的部分，这可以使对象的接口部分和实现部分相分离，从而降低对象与其客户之间的耦合。

例如，在 C++程序设计语言中，类中的属性和方法的可见性（公共、私有和保护）实际上就是封装的一种实现机制。

抽象和封装是两个互补的概念，抽象通常描述的是对象的外部可见行为，而封装关注的则是这些外部行为的实现。封装一般通过信息隐藏加以实现，信息隐藏是将那些不涉及对象本质特征的秘密都隐藏起来的过程。

在通常情况下，一个对象的结构是对外不可见（隐藏）的，其方法的实现也是外部不可见（隐藏）的，只有其外部行为是外部可见的。抽象描述的是对象能够做什么，而封装则是为了使程序可以借助最少的工作进行可靠的修改。

例如，在设计数据库应用程序时，通常不需要关心数据在数据库中的物理表示，而是仅对数据的逻辑结构进行编程。这确保了数据库数据的物理独立性。

在实践中，每个类必须有接口和实现两个部分。类的接口描述了它的外部视图，包含了这个类所有实例的共同行为的抽象。类的实现包括抽象的表示以及实现期望的行为机制。通过类的接口，我们能知道客户可以对这个类的所有实例做出哪些假定。实现了封装的细节，客户不能对这些细节做出任何假定。

信息隐藏的另一个相关的问题是，隐藏还具有层次性。即在一个抽象层次被隐藏起来的内容，在另一个抽象层次里可能代表了外部视图，此时，对象的内部表示就可能被暴露出来。

例如，在 C++程序设计语言中，类属性和方法的可见性分为公共、私有和保护三种，事实上，C++还通过友元机制为友元类实例提供了一种更宽泛的接口。这使得 C++定义了公共、私有、保护和友元等多个层次的封装性。

在大多数情况下，隐藏层次的划分虽然为对象的设计提供了比较充分的支持，但同时也会为设计带来额外的复杂性。所以，封装层次的运用并不能保证设计出高质量的软件系统。

3．模块化

模块化可以被看成是系统的一种属性，这个属性使得系统可以被分解成一组高内聚和低耦合的模块。模块化过程中，抽象、封装和模块化的原则是相辅相成的。一个对象围绕单一的抽象提供了一个明确的边界，封装和模块化都围绕这种抽象提供了屏障。

在结构化方法中，模块化主要是按照高内聚、低耦合的设计原则对程序进行分组。而在面向对象方法中，模块化的任务通常演变成了对类和对象通过打包（Package）的方式来进行分组，此时每一个包都可以被定义成若干个类（或对象）构成的集合，而且包里面还可以包含其他的包，这与结构化设计的模块化有着明显的不同。

从分支策略的角度来看，将一个程序划分成若干个不同的模块可以在一定程度上降低程序的复杂性。但更重要的是，模块划分可以在程序内部定义出一些结构良好的、具有清晰定义的模块边界。这些模块边界（或接口）对于理解程序是非常有价值的。

模块化的设计原则通常包括：为降低软件的开发和维护成本，每个模块必须可以被独立地进行设计和修改；每个模块的结构都应该足够简单，使它更容易理解；可以在不知道其他模块的实现细节和不影响其他模块行为的情况下，修改某个模块的实现；修改设计的容易程度应该能够满足可能的需求变更。

模块化最重要的一点是：发现正确的类和对象，然后将它们放到不同的模块中，这是最基本的设计决策。类和对象的确定是系统逻辑结构设计的一部分，而模块的划分和确定则是系统物理结构设计的组成部分。我们不可能在物理设计开始之前完成所有逻辑设计，反之亦然。

4．层次结构

任何一个面向对象的系统都包含了类结构（继承）和对象结构（组成）这两种基本的层次结构，类继承描述类之间的继承关系，对象组成则描述对象组成意义上的结构关系。

（1）类结构

类结构是指系统的所有类和这些类之间的关系。类之间的关系中最重要的就是继承（Inheritance）关系。

对于两个类 A 和 B，如果类 A 拥有类 B 的所有属性和行为，则称类 A 和类 B 之间存在继承关系。此时，称类 A 是类 B 的派生类，类 B 是类 A 的基类。

从语义上说，继承实际上表明了“是一种”的关系。例如，汽车“是一种”交通工具，快速排序“是一种”排序算法。继承因此实现类之间的一种“一般/具体”的层次结构，其中子类将超类的一般结构和行为具体化。

从继承关系出发，当多个类之间具有比较复杂的继承关系时，这些继承关系将使系统构成一种层次结构，在这个层次结构中，一个子类将继承其超类的所有属性和方法，同时子类也可以扩展或重新定义超类中的结构和行为。

使用继承关系建模一个系统时，可以将多个不同的类中相同属性和方法迁移到它们共同的基类（或超类）中，从而减少这些属性和方法的冗余，并且减少这些类之间的耦合，这也是面向对象方法关注继承关系的一个重要原因。

在这个层次关系中，层次高的类代表了较高层次的抽象，层次低的则代表了较低层次的抽象，同时，低层次类中可以添加新的属性和方法，也可以修改甚至隐藏继承自高层次的类的属性和方法。

通过这种方式，继承可以使得模型（甚至是程序）的描述方式更为经济。一个类通常把其内部分成对外部开放和隐藏的两个部分，开放的部分用接口描述，内部属性和状态则是隐藏的。但继承则要求重新定义一个用于继承的接口，从而允许派生类访问、修改或隐藏其某些状态和方法。

继承机制为类引进了子类这样一种新的客户类类型，但也增加了类封装问题的复杂度。程序设计语言中定义的保护可见性就是一种专门为其子类提供的接口。这样既支持了继承，又在最大限度地保护了类的封装性，同时也支持了不同层次的类之间的多态。

（2）多继承（Multi Inheritance）

层次结构中的另一个问题是多继承（Multi Inheritance）问题，即一个类拥有多个基类（或超类）。在很多情况下，多继承是有意义的。

例如，图 1-2 描述了一个多继承的案例。其中水陆两栖汽车同时继承了汽车和轮船这两个类，水陆两栖汽车还同时还重复地继承了交通工具类的属性和方法。

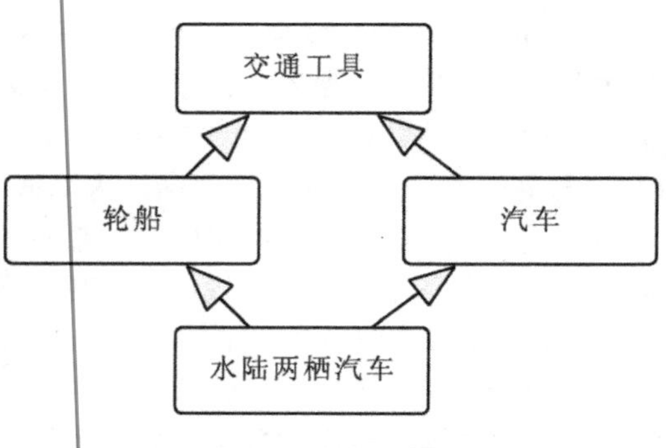

图 1-2　多继承实例

多继承引入了一定的复杂性，即需要关注这些类中的名字冲突和重复继承等问题。

1）名字冲突。当多个超类含有相同名字的属性或操作时，在它们共同的派生类中，就会发生名字冲突的情况。例如，当汽车和轮船这两个类具有相同的属性名或方法名时，在水路两栖汽车类中，就会继承了两个同名的属性和方法。这会给水路两栖汽车类带来额外的设计负担。

2）重复继承。当多个同层次的类具有共同的超类时，它们的共同子类就会发生重复继承的情况。又例如汽车和轮船这两个类就具有共同的超类交通工具，这两个类继承了交通工具类的属性和方法。当水路两栖汽车类同时继承了汽车和轮船这两个类时，它就可能重复地继承了来自交通工具类的属性和方法。

目前，大多数程序设计语言（如 Java、C#等）都不支持多继承，对于不支持多继承的语言，可以将多继承结构调整成一个超类加上与其他类的聚合的形式。少数支持多继承的程序设计语言（如 C++），则提供了相应的语言机制来解决上述两个问题，具体的设计决策则由程序员来决定是否使用以及如何使用多继承。

（3）对象的层次结构

类继承说明了类之间的一般/特殊关系，而对象层次结构则主要描述对象之间的关系，对象之间的层次关系主要指聚合关系。

聚合（Aggregation）关系描述的是对象之间的层次关系，当一个对象是由另外一些对象组合而成时，则称整体对象是一个聚合对象，整体对象与部分对象之间的关系称之为聚合关系。

当部分对象与整体对象具有相同的生命周期时，又可以称这个聚合关系为**组合关系**。

将继承和聚合结合在一起可以构成具有强大功能的结构，聚合允许对逻辑结构进行物理分组，而继承允许这些共同的部分在不同的抽象中被复用。

5. 类型

类型的概念源于程序设计语言中的数据类型，其主要强调数据的表示方法、取值范围、允许进行的计算以及一个特定的标识符。

将类型与类的概念相比较，二者具有较强的相似性，类型中的数据表示方法与类的属性定义、类型的计算与类的操作、类型标识符与类名等都有很强的相似性。但类型的概念更基本，并且类型的适用范围显然更为宽泛。

面向对象方法仍然把类型视为对象模型中的一个独立要素，即类型被看作是面向对象领域中某些结构成分（如属性、方法的形式参数和返回值等）的一种抽象描述。

面向对象方法中，类型是关于某种结构成分的强制规定，不同类型的结构成分一般不能够互换使用，或者至少它们的互换使用应该受到某种非常严格的限制。

类型可以分为静态类型和动态类型两种。静态类型是指所有变量和表达式的类型在编译时就确定下来的数据类型。而动态类型（迟后绑定）是指变量和表达式的类型直到运行时刻才能够确定下来的数据类型。也可以将静态类型称为强类型，将动态类型称为弱类型。

另外，多态（Polymorphism ）也是动态类型和继承互相作用时所表现出来的一种情形。多态代表了类型理论中的一个概念，即一个名字（或变量）可以代表许多个不同类型的对象，这些类具有某个共同的超类。因此这个对象可以响应一组共同的操作。

多态可能是面向对象语言中除了对抽象的支持以外最强大的功能，也正是它，区分了面向对象编程和传统的抽象数据类型编程。在接下来的章节中可以了解到，多态是面向对象设计中的最重要的核心概念之一。

6. 并发

在并行系统中，通常要考虑程序并行或并发执行方面的问题。进程是指一个程序的一次可并发的执行活动，进程通常是由操作系统独立地进行管理的，每个进程都有独立的地址空间。进程之间可以进行通信，进程控制机制通常是由操作系统提供的，所以进程的通信开销比较大，涉及进程间通信技术。而线程则是某种轻量级的进程，线程一般共处于同一进程空间之内，它们共享同样的地址空间和资源，这使得线程之间的通信开销较小，但需要解决共享数据资源的并发控制问题。

设计一个含有多线程特性的大型软件会有更多的困难，因为设计者必须考虑并发控制方面的问题，即系统的死锁、饥饿、互斥和竞争条件等问题。

在面向对象系统中，可以将并发和并发控制（进程或线程）封装在可复用的抽象中。

从并发的角度出发，封装了某个并发的进程或线程的对象称为主动对象，否则称为被动对象。

在面向对象的设计中，共有三种实现并发的方式。

（1）并发程序设计语言

在这种情况下，并发是程序设计语言的内在特征，该种语言本身就提供了并发和同步控制机制。可以直接创建一个主动对象，它与其他主动对象一起并发执行某些处理过程。

（2）软件开发环境提供类库

目前，大多数软件开发环境均以提供类库的方式支持并发程序设计。当然，这种类库通常是平台相关的，也可能是不可移植的。在这种方式下，并发并不是语言的内在特征，但提供的这些标准类，使得并发像是对象的内在特征。其并发的本质在于软件的运行环境对并发的支持。

（3）中断机制

最后一种方式是利用中断机制来实现并发。这种方法是一种最古老的并发方式，使用中断机制，不仅要求程序员具有某些底层硬件细节方面的知识，同时还要考虑软件环境是否支持这样的方式。

不论如何实现并发，当在一个系统中引入并发时，必须考虑主动对象之间活动的同步。

例如，如果两个主动对象试图同时给第三个对象发送消息，则必须确保使用了某种互斥手段，这样，被调用对象的状态才不会因为两个主动对象的同时访问而被破坏。这是使用并发时必须注意的要点。

在并发的情况下，仅定义对象的方法是不够的，还必须确保这些方法的语义在多个控制线程的情况下仍然有效。

7．持久性

软件中的一个对象通常会占用一定量的存储空间，并在一定的时间内存在。一个对象从建立到消亡的时间间隔称为对象的生命周期（Life Time）。

按照对象在软件中的生命周期可以把对象分为如下几种类型。

1）瞬时对象，只在某个时刻存在的对象，如表达式计算使用的临时对象。

2）过程对象，仅存在于某个过程的局部对象。这个过程开始时，对象被创建，这个过程结束时，这些对象被自动销毁，如某个过程的局部变量。

3）全局对象，在软件运行期间全局存在的对象，如软件中的全局变量、堆中的值，它们的存在性和可见性可能会有所不同。

4）持久对象，存在性与软件的运行状态无关的对象。这类对象通常需要数据文件或数据库技术的支持，当软件处在运行状态时，这些对象会根据需要被调入内存并参与系统的运行，在程序运行结束后，这些对象的属性数据将被保存在数据文件或数据库中。

我们将实现对象在数据文件或数据库与内存之间转换的技术称为对象的序列化或持久化。

除了上述四种类型的对象之外，某些商业软件还需要处理存在于不同版本的软件之间的数据兼容性问题，如 Microsoft Office Word 软件的版本兼容问题。此时，对象还存在不同版本之间的转换问题。

传统编程语言通常只关注前三种类型的对象存在性问题，持久对象通常会涉及数据文件处理技术或数据库技术。某些面向对象编程语言提供了对持久化技术的直接支持，如 Java 提供的 Enterprise Java Beans（EJB）和 Java Data Object（JDO）。

将对象序列化到数据文件只是序列化技术中比较初级的解决方案，因为这种技术不适合处理大量对象的情况。更常用的持久化技术是对象到数据库中的映射。本书将在第 9 章详细讨论对象与关系数据库的映射（OR 映射）问题。

另外，持久性问题要解决的不仅仅是对象的生命周期问题。在实际应用中，这些持久对象还有可能会跨越不同的空间（应用）而存在。在这种情况下，不同的应用都会以不同的方式来解释和处理持久对象。当这些跨越不同应用空间的持久对象被存储在数据库中时，显然会增加保持数据完整性的难度。

例如，一个 Word 文档可以看成是由一组 Word 文档对象的属性数据组成的集合，这些数据也可以被 Word 软件使用，但某些其他软件（如 WPS 软件）也可以处理这个文档的数据，并且至少这些软件处理这些数据的方式是一样的，这些数据在不同的应用中的语义是相通的。但不同软件中定义的封装这些文档对象数据的类却不太可能会完全相同，至少这些类的方法不会完全相同。

这个例子说明了持久对象的持久性还包含了空间方面的属性。

对于分布式系统来说，有时候还必须考虑跨越空间的对象转换问题。例如在分布式系统中，对象从一个节点迁移到另一个节点时，它们在不同节点中甚至会有非常不同的状态和行为。

综上所述，我们可以给出如下的持久性的定义。

持久性是对象本身所具有的一种特性，通过这种特性，对象可以跨越时间和空间而存在。

本小节详细介绍了对象模型的各个构成要素，所有这些要素共同构成了完整的面向对象的核心概念。

1.1.3 对象模型的主要优点

从模型的构成要素上来看，对象模型与传统的结构化方法所使用的模型有着很大的不同，其重要区别在于对象模型引进了对象等相关概念。但并不是说对象模型完全放弃了传统模型中好的原则和经验，相反，对象模型只是在原有模型的基础上引入了一些新的元素和思想。使用对象模型可以构建出具有以下良好结构特性的复杂系统。

1．提高编程能力

正确地理解对象模型有助于提高使用面向对象程序设计语言描述系统的能力。编写面向对象程序的过程实质上也是一个使用面向对象语言描述系统结构和行为的过程。正确理解对象模型的概念框架，对编程能力的提高将具有十分重要的基础作用。

虽然，在编写程序的过程中，人们关注得更多的往往是语法方面的细节，但更抽象一层的知识和概念将为编程提供方向性的指导。经验表明，如果不能正确地理解对象模型中的这些抽象的要素，那么程序设计语言中的很多表现力很强的功能就有可能被忽略或者被错误地使用了。

2．支持软件复用

所谓软件复用（Software Reuse），是指将已有软件的各种相关知识用于建立新的软件，以缩减在软件开发和维护方面的花费。软件复用是提高软件生产力和质量的一种重要技术手段。

早期的软件复用主要是指代码级的复用，被复用的知识专指部分程序代码。后来，软件复用被扩展到领域知识、开发经验、设计决策、体系结构、需求分析、软件设计、程序代码和软件文档等一切与软件开发有关的各个方面。

面向对象方法不仅可以有效地支持软件复用，而且甚至可以支持设计和分析的复用，这导致了可复用的应用程序框架的产生。

例如，Microsoft Visual C++提供的应用程序框架技术，为开发人员提供了一个完整的可运行的应用程序。程序员只要扩充这个程序框架就可以获得他想要的完整应用。而这个程序框架本身就是一个可复用的软件。

面向对象系统的实现通常要比等价的非面向对象实现的规模更小。这不仅意味着系统的代码量更小，而且软件的可复用度的提高也会反映到成本和开发进度上。但另一方面，并不是说面向对象的设计就一定是可复用的设计，如果复用不是项目的主要目标，那么就不太可能实现复用。最后，可复用的设计可能要求在初次实现时的花费更多。但积极的一面是，初次开发付出的高成本将在组件的后续复用中获得补偿。

使用对象模型可以获得更具有可维护性的系统，这样的系统将更适合修改和扩充。也就是说，面向对象系统可以随时间而进化，而不是经历一次较大的需求变更就放弃原来的系统或者完全重新设计。

1.2 面向对象的软件开发

从计算机诞生之日开始，软件开发就成为计算机应用和研究的一个十分重要的课题。软件开发方式和开发方法也经历了翻天覆地的变化。

软件的开发方式经历了个体工作方式、软件作坊方式和团队开发方式三种基本方式的演化。软件的开发方法则经历了从早期的程序设计、结构化方法，以及面向对象方法这样一个基本的历程。这些方法从不同的角度出发，各自提出了不尽相同的开发步骤和方法，这些不同的方法基本上都有效地解决了当时在软件开发过程中所面临的各种问题，但随着时间的推移，也都逐渐暴露出它们各自的局限性。

现在的人们通常将软件开发方法归结成结构化和面向对象两个大类，它们分别基于结构化和面向对象的程序设计方法。习惯上，人们通常将面向对象方法之前的方法统称为结构化方法或传统的软件开发方法。

1.2.1 典型的结构化开发方法

在结构化开发方法的发展过程中，人们提出过很多种开发方法。典型的结构化方法包括Parnas 方法、SASD 方法、Jackson 方法、Warnier 方法和 PAM 方法等。这些方法包含了很多有深远意义的思想、概念和基本方法。这些思想、概念和基本的方法也已经成为软件开发方法发展的重要基石。

1．Parnas 方法

Parnas 方法是 D.Parnas 在 1972 年提出的一种软件开发方法。其主要目的是解决软件的可维护性和可靠性问题。在该方法中，Parnas 提出了著名的信息隐蔽原则，目前这个原则已经成为现代软件工程学中的一个非常重要的软件设计原则。

信息隐藏（Information Hiding）原则的内容是：在概要设计时列出将来可能发生变化的因素，并在模块划分时将这些因素放到个别模块的内部。这样，在将来由于这些因素变化而需修改软件时，只需修改这些个别模块，其他模块不受影响。

信息隐蔽技术不仅提高了软件的可维护性，而且也避免了错误的蔓延，改善了软件的可靠性。

Parnas 提出的第二条原则是：在软件设计时应对可能发生的各种意外（Exception）故障采取措施。软件意外故障是指软件在运行时发生的各种错误。软件是很脆弱的，任何软件很可能因为一个微小的错误而引发严重的事故，所以必须加强防范。模块之间也要加强检查，防止错误蔓延。

2．SASD 方法

1978 年，E.Yourdon 和 L.L.Constantine 提出了结构化方法，即 SASD 方法，也可称为面向功能的软件开发方法或面向数据流的软件开发方法。1979 年 Tom De Marco 对此方法做了进一步的完善。

SASD 方法是 20 世纪 80 年代使用最广泛的软件开发方法。它首先用结构化分析（SA）对软件进行需求分析，然后用结构化设计（SD）方法进行总体设计，最后是结构化编程（SP）。这一方法不仅开发步骤明确，而且给出了两类典型的软件结构（即变换型和事务型），便于参照，提高了软件开发的成功率。

3．面向数据结构的软件开发方法

（1）Jackson 方法

1975 年，M.A.Jackson 提出了一类至今仍广泛使用的软件开发方法。这一方法从目标系统的输入、输出数据结构入手，导出程序框架结构，再补充其他细节，就可得到完整的程序结构图。这一方法对输入、输出数据结构明确的中小型系统特别有效，如商业应用中的文件表格处理。该方法也可与其他方法结合，用于模块的详细设计。Jackson 方法也被称为面向数据结构的软件设计方法。

（2）Warnier 方法

1974 年，J.D.Warnier 提出的软件开发方法与 Jackson 方法类似。差别有三点：一是他们使用的图形工具不同，分别使用 Warnier 图和 Jackson 图；另一个差别是使用的伪代码不同；最主要的差别是在构造程序框架时，Warnier 方法仅考虑输入数据结构，而 Jackson 方法不仅考虑输入数据结构，而且还考虑输出数据结构。

4．问题分析法

问题分析法（Problem Analysis Method，PAM）是在 20 世纪 80 年代末由日立公司提出的一种软件开发方法。PAM 方法希望能兼顾 SASD 方法、Jackson 方法和自底向上的软件开发方法的优点，而避免它们的缺陷。PAM 方法的基本思想是：考虑到输入、输出数据结构，指导系统的分解，在系统分析指导下逐步综合。

这一方法的具体步骤从输入、输出数据结构导出基本处理框；分析这些处理框之间的先后关系；按先后关系逐步综合处理框，直到画出整个系统的 PAD 图。从上述步骤中可以看出，这一方法本质上是综合的自底向上的方法，但在逐步综合之前已进行了有目的的分解，这个目的就是充分考虑系统的输入、输出数据结构。

PAM 方法的另一个优点是使用了 PAD 图。这是一种二维树状结构图，是到目前为止最好的详细设计表示方法之一，远远优于 NS 图和 PDL 语言。

PAM 方法曾经较为流行，软件开发的成功率也很高。但由于在输入、输出数据结构与整个系统之间同样存在着鸿沟，这一方法仍只适用于中小型问题。

这些方法的出现和应用，成功地解决了当时软件开发面临的诸如可靠性和可维护性等各种问题。但随着计算机硬件技术的发展、计算机应用的普及以及计算机应用领域和规模的不断扩大，软件的规模和复杂性也不断随之扩大和增强，原有的软件开发方法也随之出现了不适应的情况。随着以 Smalltalk 为代表的面向对象程序设计语言的出现，面向对象方法得到了迅速的发展，而且这一方法已经成为当前软件开发的主流方法。

1.2.2 面向对象方法的发展过程

面向对象方法（Object-Oriented Method）是一种把面向对象的思想应用在软件开发过程中，并指导开发活动的系统方法，简称 OO（Object-Oriented）方法，是一种建立在“对象”概念基础上的软件开发方法。

所谓面向对象就是以对象概念为基础，以对象为中心，以封装、继承、关联、多态等特性为构造机制，来认识、理解和描述客观世界，并以此为基础构建相应的软件系统。

面向对象方法的基本出发点是尽可能按照人类认识问题和解决问题的方式方法来分析设计和实现需要的软件系统。

面向对象方法认为客观世界是由各种事物和事物之间的联系构成的，并将客观世界描述为对象和对象之间的关系。面向对象方法正是以对象作为最基本的构成元素，它也是分析问题和解决问题的核心。

面向对象设计技术是软件技术的一次革命，在软件开发史上具有重要的里程碑意义。

面向对象方法的发展过程经历了从面向对象编程（Object Oriented Programming, OOP）、面向对象设计（Object Oriented Design, OOD）和面向对象分析（Object Oriented Analysis, OOA）的发展过程，最终形成了基于对象模型技术的（Object Modelling Technique, OMT）面向对象软件开发方法。

OMT 方法是一种采用了自底向上分析和自顶向下设计相结合的策略的分析和设计方法，它以对象建模为基础，充分考虑了输入、输出数据结构，实际上也包含了所有对象的数据结构。所以 OMT 方法彻底实现了 PAM 没有完全实现的目标。

不仅如此，面向对象技术在需求分析、可维护性和可靠性这三个软件开发的关键环节和质量指标上也有了实质性的突破，彻底地解决了在这些方面存在的严重问题。

人们通常将面向对象方法的发展过程划分为早期、发展和现状三个阶段。

1．早期阶段

面向对象方法最早出现并得到发展的标志是面向对象程序设计语言的出现，这导致了新的面向对象程序设计方法的出现和发展。

最早的面向对象语言是 1967 年挪威计算中心的 Kisten Nygaard 和 Ole Johan Dahl 开发的 Simula 67 语言，该语言首次引入了类的概念和继承机制，它是面向对象的先驱。1972 年，Palo Alno 研究中心（PARC）发布了 Smalltalk 72 语言，其中正式使用了“面向对象”这一术语。Smalltalk 的问世标志着面向对象程序设计方法的正式形成。随后的几年中，PARC 先后发布了 Smalltalk 72、76 和 78 等多个版本，直至 1981 年推出该语言完善的版本 Smalltalk 80。Smalltalk 80 的问世被认为是面向对象语言发展史上最重要的里程碑事件。Smalltalk 80 具备了迄今为止绝大部分面向对象的基本概念及其支持机制。它是第一个完善的、能够实际应用的面向对象语言。

2．发展阶段

20 世纪 80 年代和 90 年代，是面向对象程序设计语言走向繁荣的重要阶段。其主要的表现是大批实用的面向对象程序设计语言的涌现，如 C++、Objective C、Object Pascal、CLOS、Eiffel 和 Actor 等，这使得面向对象程序设计语言的应用得到了迅速的普及。

这些面向对象的编程语言又可以划分为纯面向对象型语言和混合型面向对象语言。混合型语言是在传统的结构化程序设计语言基础上增加了面向对象语言成分形成的，例如 C++，它既支持传统的结构化程序设计，也支持面向对象的程序设计，在实用性方面具有更大的灵活性。而纯面向对象型语言则是所谓的纯粹的面向对象语言，这种语言仅支持面向对象的程序结构。

目前，大多数面向对象语言普遍采用了程序语言、类库和可视化集成开发环境相结合的方式，如 Visual C++、JBuilder 和 Delphi 等，极大地提高了程序设计的效率。客观上也推动了面向对象设计和面向对象分析方法的发展，使面向对象方法扩展到整个软件生命周期的各个阶段。

到 20 世纪 90 年代，面向对象的分析与设计方法已多达数十种，这些方法都各有所长。目前，统一建模语言（Unified Modeling Language，UML）已经成为通用性的建模语言，适用于多种开发方法。把 UML 作为面向对象的建模语言，不但在软件产业界获得了普遍支持，在学术界也具有很大的影响。在面向对象过程指导方面，虽然目前还没有统一的规范，但也已经产生了一些具有相当大影响力的面向对象软件开发的过程。例如，著名的统一软件开发过程（RUP）。

3．面向对象方法的现状

当前，面向对象方法几乎覆盖了计算机软件领域的所有分支。这些分支包括面向对象的编程语言（OOP）、面向对象分析（OOA）、面向对象设计（OOD）、面向对象测试（OOT）和面向对象维护（OOM）等软件工程领域的分支，也包括图形用户界面设计（GUI）、面向对象数据库（OODB）、面向对象的数据结构（OODS）、面向对象的智能程序设计、面向对象的软件开发环境（OOSE）和面向对象的体系结构（OOSA）等技术领域。此外，许多新领域都以面向对象理论为基础或主要技术，如面向对象的软件体系结构、领域工程、智能代理、面向构件的软件工程和面向服务的软件开发等。

1.2.3　面向对象方法与程序设计语言

在面向对象方法的发展过程中，面向对象程序设计语言的出现和发展起到了十分重要的引领作用，同时语言本身也得到了不断的发展。这些语言也不断丰富和促进了面向对象方法的发展。

1．Simula 语言

1967 年 5 月，挪威科学家 Ole-Johan Dahl 和 Kristen Nygaard 正式发布了 Simula 67 语言。之后，在 1968 年 2 月形成了 Simula 67 的正式文本。Simula 67 被认为是最早的面向对象程序设计语言，它引入了对象、类和继承等概念。这些概念构成了后来出现的所有面向对象语言都必须遵循的基础概念，同时，这些概念也构成了面向对象方法的核心概念的重要组成部分。

Simula 67 的面向对象概念的影响是巨大而深远的。它本身虽然因为比较难学难用而未能广泛流行，但在它的影响下所产生的面向对象技术却迅速传播开来，并在全世界掀起了一股面向对象技术热潮，至今盛行不衰。面向对象程序设计在软件开发领域引起了大的变革，极大地提高了软件开发的效率。

2．Smalltalk 语言

20 世纪 70 年代到 80 年代前期，美国施乐公司的帕洛阿尔托研究中心（PARC）开发了 Smalltalk 编程语言。从 Smalltalk 72、Smalltalk 78 到 Smalltalk 80，形成了整个 Smalltalk 系列，Smalltalk 编程语言对近代面向对象编程语言影响很大，所以称之为“面向对象编程之母”。

与许多其他程序设计语言的不同之处在于，Smalltalk 还具有如下几个特点。

1）Smalltalk 是一种全新的纯面向对象的程序设计语言。Smalltalk 语言本身非常精炼。它是一种面向对象的语言，包含语言的语法和语义。一些编译器可以通过 Smalltalk 源程序产生可执行文件。这些编译器通常产生一种能在虚拟机上运行的二进制代码。

2）提供一个完整的程序开发环境。Smalltalk 附带了一个巨大的标准类库，这使得开发 Smalltalk 程序的效率非常高。甚至其他语言（如 Ada、C 和 Pascal）中部分语言的功能（例如条件判断、循环等）也被当成特定的 Smalltalk 类提供。

3）应用开发环境（ADE）。Smalltalk 具有一个非常优秀的、高度集成、开放的应用开发环境。由于开发环境中的浏览器、监视器以及调试器都由同样的源程序衍生出来的，不同的版本之间也具有相当好的兼容性。此外，这些工具的源程序都可以在 ADE 直接存取。

Smalltalk 被公认为是历史上第二个面向对象的程序设计语言和第一个真正的集成开发环境（IDE）。Smalltalk 对其他众多的面向对象程序语言的产生起到了极大的推动作用，如 Objective-C、Actor、Java 和 Ruby 等。20 世纪 90 年代的许多软件开发思想均得益于 Smalltalk，例如设计模式（Design Patterns），极限编程（Extreme Programming，XP）和软件重构（Refactoring）等。

3．C++语言

由于 C 语言是一门通用的计算机编程语言，其应用十分广泛。所以，面向对象语言出现以后，出现了多种不同的基于 C 语言的面向对象设计语言。这些语言以 C 语言为基础，以不同的方式扩充了对象的概念框架，从而构成了不同的面向对象语言。

人们也将这种从 C++扩充出来的语言称为 C 族语言。常见的 C 族语言包括 Object C、C++、C#和 Java 等程序设计语言。

C++语言是对 C 语言的继承，它既可以过程化编程，又可以基于对象编程，还可以进行以继承和多态为特点的面向对象编程，当然也可以混合编程。C++不仅拥有计算机高效运行的实用性特征，同时还致力于提高大规模程序的编程质量与程序设计语言的问题描述能力。

C++语言具有支持数据封装、继承、多态和重用等面向对象特征。特别的是，C++还支持多继承。

其主要优点是，C++是在 C 语言的基础上开发的一种面向对象编程语言，其应用领域十分广泛。C++语言灵活，运算符的数据结构丰富、具有结构化控制语句、程序执行效率高，而且同时具有高级语言与汇编语言的优点。

C++语言的主要缺点是缺少自动垃圾回收机制，设计出来的软件容易造成内存泄漏（Memory Leak），从而影响软件的可靠性。

4．C#语言

C#是微软公司开发的一种面向对象且类型安全的程序设计语言。C#语言不仅是一种面向对象（Object Oriented）程序设计语言，还是一种面向组件（Component-Oriented）的程序设计语言。现代软件已经越来越依赖于具有自包含和自描述功能包形式的软件组件。这种组件可以通过属性、方法和事件等概念来提供编程模型；具有提供关于组件的声明性信息的特性。C#语言提供的结构成分直接支持组件及其相关概念，这使得 C#语言自然而然地成为创建和使用软件组件的重要选择，有助于构造健壮、持久的应用程序。

C#还提供了垃圾自动回收（Garbage Collection）、异常处理（Exception Handling）和类型安全（Type Safe）三大机制。

C#的垃圾自动回收机制可以自动释放不再使用的对象所占用的内存，解决了 C++的内存泄漏问题；异常处理机制则提供了结构化和可扩展的错误检测和恢复方法，为设计高可靠性的应用程序提供了语言基础；类型安全机制则可使设计出来的应用程序避免读取未初始化的变量、数组索引超出边界或执行未经检查的类型强制转换等特殊情形。

C#还是一个具有同一类型的系统（Unified Type System），即所有的 C#类型（包括诸如 int 和 double 之类的基元类型）都继承于一个唯一的一个 Object 根类型。这使得所有类型的对象都共享一组通用操作，并且任何类型的值都能够以一致的方式进行存储、传递和操作。此外，C# 同时支持用户定义的引用类型和值类型，既允许对象的动态分配，也允许轻量级结构的内联存储。

为了确保 C#程序和库能够以兼容的方式逐步演进，C#的设计中充分强调了版本控制

（Versioning）。C#的设计在某些方面直接考虑到版本控制的需要，其中包括单独使用的 virtual 和 override 修饰符、方法重载决策规则以及对显式接口成员声明的支持。

5．Java 语言

Java 语言具有很多与当今使用的大多数编程语言相通的特性。Java 语言与 C++和 C#有很多的相似之处，其本身就是采用与 C 和 C++相似的结构设计的。

Java 语言最初的目标只是为了给万维网创建 Applet 工具而定义的一种语言。Applet 是一种运行在 Web 页面中的小应用程序，下载之后，它可以在不使用 Web 服务器资源的情况下，在浏览器页面中执行任务并与用户进行交互。Java 语言对于 Web 这样的分布式网络环境确实有非常重要的价值。然而，它已经远远超越了这个领域，成为一种强大的通用编程语言，适用于构建各种不依赖于网络特性的应用，并可满足其他应用的不同需求。它在远程主机上以安全的方式执行下载代码的能力正是许多组织的关键需求。

有些团队甚至将 Java 作为一种通用编程语言，用于开发对机器无关性要求不高的项目。Java 语言易于编程，安全性强，可用于快速地开发工作代码。它同样具有垃圾回收和类型安全引用这样的特性，某些常见的编程错误在 Java 中是不会发生的。对多线程的支持满足了基于网络和图形化用户界面的现代应用的需要，因为这些应用必须同时执行多个任务；而异常处理机制使得处理错误情况的任务变得简单易行。尽管其内置工具非常强大，Java 依然是一种简单的语言，程序员可以很快地精通它。

以上简单介绍了 Simula、Samlltalk、C++、C#和 Java 等几种典型的面向对象程序设计语言及其特性。这些语言中，目前最流行的是 C++、C#和 Java 这三种程序设计语言。这几种语言通常被作为软件开发项目的首选语言。

事实上，在实际的软件项目开发过程中，每种语言都有不同的编译器版本、集成环境和资源库等多方面的选择，但所有这些选择所依据的面向对象思想和开发方法都是基本相同的，或是语言无关的。

1.2.4 典型的面向对象的开发方法

面向对象方法的产生和发展同样也经历了一个比较漫长的过程。首先出现的是面向对象程序设计语言和面向对象程序设计方法（Object Oriented Programming，OOP），然后是面向对象系统设计（Object Oriented Design，OOD），最后形成的是面向对象分析（Object Oriented Analysis，OOA），随后逐渐出现了面向对象测试（Object Oriented Testing，OOT）、面向对象度量（Object Oriented Software Measurement，OOS）和面向对象管理（Object Oriented Management，OOM）等面向对象开发方法和技术。

典型的面向对象方法包括 Coad-Yourdon 方法、Rumbaugh 方法、Booch 方法、Wirfs-Brock 方法、Jacobson 方法和 VMT（Visual Modeling Technique）方法。这些方法既有联系又相互区别，所有这些方法相互补充、相互融合，构成了现代的面向对象开发方法。

1．Coad-Yourdon 方法

Coad-Yourdon 方法是由 Peter Coad 和 Edward Yourdon 在 1991 年提出的，是一种渐进的面向对象分析与设计方法。

Coad-Yourdon 方法将整个开发过程划分为分析（OOA）和设计（OOD）两个阶段。在分析阶段，主要利用定义主题、发现和标识对象、标识服务、标识结构和标识属性五个层次的活动来定义和描述系统的结构和行为。在设计阶段中，在将系统划分为问题论域、用户界面、任务管理和数据管理四个组成部分的基础上，持续和细化这五个层次的活动，完成整个系统的设计。

Coad-Yourdon 方法中涉及的主要概念如下。

（1）主题层

主题是对目标系统的结构和行为的一种较高层次的抽象，可以看成是一组关系密切的类组成的集合。将一个系统划分成若干个主题，可以看成是对系统结构进行的一个划分，不同的类（或对象）组合构成不同的主题，所有主题构成了系统的主题层。

主题层的主要工作就是通过定义目标系统的主题实现对系统结构的划分，给出系统的整体框架，从而建立系统结构的概念模型。

（2）对象层

对象层的主要工作是发现和描述对象和类，这可以从应用领域开始，逐步发现和识别基础类和对象，以确定形成整个应用的基础。这个层次的活动要通过分析问题域中目标系统的责任、环境以及系统与环境之间的关系，从而确定对系统有用的类、对象及其责任。

（3）服务层

一个对象对外提供的服务是指对象收到消息后所执行的操作，它描述了系统需要执行的功能和处理。定义服务的目的在于定义对象的行为之间的消息链接。其具体步骤包括标识对象状态、标识必要的服务、标识消息链接和对服务的描述。

（4）结构层

面向对象系统的结构通常表现为层次结构。典型的层次结构包括一般与特殊的类层次结构和整体与部分之间的对象层次结构。一般与特殊之间的类层次结构也就是所谓的继承结构。整体与部分之间的层次结构通常表现为组合、聚合、关联，甚至是依赖等关系。这种结构通常被用来表示一个对象如何成为另一个对象的一部分，以及如何将多个对象组装成更大的对象。结构层活动的主要工作内容就是对这两种结构进行识别和标识。

（5）属性层

属性所描述的主要是对象的状态信息，在任何对象中，属性值表示了该对象的状态信息。属性层的活动中，需要为每个对象找出其在目标系统中所需要的属性，而后将属性安排到适当的位置，找出实例链接，最后进行检查对每个属性应该给出描述，并确定其属性的名字和属性的描述存在哪些特殊的限制（如只读、属性值限定于某个范围之内等）。

Coad-Yourdon 方法将系统设计的任务划分为数据管理、任务管理、问题域和人机交互四个子系统的设计。

（1）数据管理子系统

数据管理子系统是指系统中专门用于实现数据管理功能的子系统。其主要功能就是实现系统的数据存储：一方面，规范数据的存储和操作方式，提高数据访问的通用性；另一方面，保证数据存储的安全性、访问的并发性、较好的可维护性。

数据管理部分的设计包括操作设计和数据存储设计两部分。数据存储设计要根据所使用的数据存储管理模式来确定。

（2）任务管理子系统

任务也称为进程，就是执行一系列活动的一段程序，当系统中有许多并发任务时，需要依照各个行为的协调关系进行任务划分，所以，任务管理主要是对系统各种任务进行选择和调整的过程。采用面向对象程序设计方式，每一个对象都是一个独立实体，因此，从概念上讲，不同对象是可以并发工作的，但在实际系统中，许多对象之间往往存在相互依赖关系，而且多个对象可能是由一个处理器处理的。所以，设计任务管理工作时，主要是确定对象之间的关系，包括选择必须同时动作的对象，以及对相互排斥的对象的处理进行调整。根据对象完成的任务及对象之间的关系，进一步设计任务管理子系统。

（3）问题域子系统

问题域子系统设计的主要工作则是对在分析阶段获得的需求模型进行进一步的细化。

在分析阶段，通过详细分析，已获得了问题域的概念模型。进入设计阶段后，则要根据所选择的开发环境和系统的运行环境以及其他技术和管理约束等因素，对分析模型进行细化和完善。

（4）人机交互子系统

人机交互子系统的设计主要是根据在分析阶段获得的需求模型，设计人机交互的实现细节。其基本的设计方法仍然使用面向对象的设计方法，不同的是人机交互子系统的设计还包括了人机界面的结构、界面元素以及界面元素的风格等要素的设计，还涉及与之相关的命令结构等内容的设计。设计过程中，不仅需要关注系统性能方面的质量属性，还需要关注设计的用户界面是否美观，以及是否对用户具有足够的亲和力。

Coad-Yourdon 方法将设计任务划分成这四个部分的主要作用在于保证系统的各个部分之间功能的独立。用户界面部分是在分析应用的基础上，确定人机交互的细节；任务管理部分明确任务的类型并设计处理过程；数据管理部分主要是对系统中的数据进行独立的管理，以便系统保证数据的安全性等；人机交互部分实现人机交互的细节，体现为用户界面。这四个部分之间既相互联系又相互独立，以便使任何一个部分的变更都不会影响到系统的其他部分。

2．OMT 方法

OMT（Object-Modeling Technique）是一个由 Rumbaugh、Blaha、Premerlani、Eddy 和 Lorensen 于 1991 年提出的用于软件建模和设计的对象建模方法，专门用于开发面向的系统并可用于支持面向对象程序设计。OMT 方法描述了系统的对象模型或静态结构。

OMT 方法的目的包括：在构建物理实体前就进行测试；与客户通信；可视化（信息的替代表示）；降低复杂性。

OMT 提出了对象模型、动态模型和功能模型三种主要的模型类型。

- 对象模型（Object Model）：对象模型用于表示建模领域中静态和最稳定的现象。主要概念包括带有属性（Attributes）和操作（Operations）的类和关联（Associations）。聚合（Aggregation）和泛化（Generalization）（含多继承）是预定义的关系。
- 动态模型（Dynamic Model）：动态模型表示了模型的状态/迁移视图，主要概念包括状态（States）、状态之间的迁移（Transitions）、触发迁移的事件（Events）。动作（Actions）可以建模状态内部发生的事件所触发的行为。泛化（Generalization）和聚合（Aggregation）（并发）则是预定义的关系。
- 功能模型（Functional Model）：功能模型讨论模型的处理过程，大致上对应于数据流图（DFD）。主要概念包括过程（Process）、数据存储（Data Store）、数据流（Data Flow）和参与者（Actors）。

OMT 是统一建模语言（UML）的前身（Predecessor），许多 OMT 建模元素都是与 UML 共有的。简单地说，在数据流图的帮助下，OMT 中的功能模型定义了模型中整个内部处理流程的功能。它详细介绍了功能的独立执行过程。

3. Booch 方法

Booch 方法是一种面向对象软件设计方法，它由对象建模语言、迭代的面向对象开发过程和一组推荐的实践活动组成。

该方法是由 Grady Booch 在 Rational（现属 IBM）公司工作期间编写的，发表于 1992 年，并于 1994 年进行了修订。该方法被广泛地应用于软件工程领域中的面向对象分析与设计，并受益于丰富的文档和支持工具。

Booch 方法的核心概念包括类（Class）、对象（Object）、使用（Uses）、实例化（Instantiates）、继承（Inherits）、元类（Meta Class）、类范畴（Class Category）、消息（Message）、域（Field）、操作（Operation）、机制（Mechanism）、模块（Module）、子系统（Subsystem）和过程（Process）等。其中，使用和实例化是类之间的静态关系；消息是动态对象之间仅有的用于传递消息的连接关系；元类是用于描述类的类；类范畴则是在一定抽象意义上类同的一组类；一组物理的类用可用模块概念来表达；机制则是指完成一个需求任务所需的一组类构成的一个结构。

Booch 方法在面向对象设计中主要强调迭代和发挥开发者的创造性。方法本身包含了一组启发式的过程建议。其一般过程如下。

1）在一定抽象层次上标识类与对象。

2）标识类与对象的语义。

3）标识类与对象之间的关系（如继承、实例化、使用等）。

4）实现类与对象。

4. Wirfs-Brock 方法

Wirfs-Brock 方法也称为责任驱动设计方法（Responsibility-Driven Design，RDD），是 Wirfs-Brock 在 1990 年提出的。这是一个按照类、责任以及合作关系对应用进行建模的方法。

该方法首先定义系统的类与对象，然后确定系统的责任并划分给类（对象），最后确定对象（类）之间的合作来履行类的责任。得到的设计还需要进一步按类的层次、子系统和协议来加以完善。

Wirfs-Brock 方法的主要概念包括类（Class）、继承（Inheritance）、责任（Responsibility）、协作（Collaboration）、合同（Contract）和子系统（Subsystem）。

每个类都有不同的责任或角色以及动作，协作则是指某个对象为了完成某个责任而需要与之通信的对象集合。责任可进一步精化并被分组为合同。合同又进一步按操作精化为协议。子系统是为简化设计而引入的，是一组类和低级子系统，也包含由子系统中的类及子系统支持的合同。

Wirfs-Brock 方法分为探索和精化两个阶段。

1）探索阶段：确定类、每个类的责任以及类之间的合作。

2）精化阶段：精化类继承层次、确定子系统、确定协议。

Wirfs-Brock 方法按类层次图、合作图、类规范、子系统规范、合同规范等设计规范来完成系统的设计。

5. Jacobson 方法

Jacobson 方法也称为 OOSE（Object-Oriented Software Engineering）方法，是 Ivar Jacobson 在 1992 年提出的一种使用事例驱动的面向对象开发方法。

OOSE 方法主要使用了类（Class）、对象（Object）、继承（Inherits）、相识（Acquaintance）、通信（Communication）、激励（Stimulator）、操作（Operation）、属性（Attribute）、参与者

（Actor）、用例（Use Case）、子系统（Subsystem）、服务包（Service Package）、块（Block）和对象模块（Object Module）等概念。

相识（Acquaintance）表示静态的关联关系，包括聚合和组合关系。激励（Stimulator）是通信传送的消息。参与者（Actor）是与系统交互的事物，它表示所有与系统有信息交换的系统之外的事物，因此不用关心它的细节。在这个方法中，参与者与用户不同，参与者是用户所充当的角色，二者是不同的两个概念。参与者的一个实例对系统做一组不同的操作，当用户使用系统时，会执行一个行为相关的动作系列，这个系列是在与系统的会话中完成的，这个特殊的系列称为使用事例，每个使用事例都是使用系统的一条途径。使用事例的一个执行过程可以看作是使用事例的实例（Use Case）。当用户发出一个激励（Stimulator）之后，使用事例的实例开始执行，并按照使用事例开始事务。事务包括许多动作，事务在收到用户结束激励后被终止。在这个意义上，使用事例可以被看作是对象类，而使用事例的实例可以被看作是对象。

OOSE 开发过程中使用需求、分析、设计、实现和测试五种模型，这些模型之间是自然过渡的，同时也是紧密耦合的。

需求模型则是由领域对象模型以及由参与者和事例组成的描述界面的用例模型组成。其中，对象模型是系统概念化的、容易理解的描述。用例模型则描述了系统界面的交互细节。需求模型从用户的观点上完整地刻画了系统的功能需求，因此按这个模型与最终用户交流比较容易。

分析模型是在需求模型的基础上建立的，主要目的是要在系统生命周期中建立可维护、有逻辑性、健壮的结构。模型中有三种对象：界面对象刻画系统界面，实体对象刻画系统要长期管理的信息和信息上的行为，实体对象生存在一个特别的使用事例中，是按特定的使用事例面向事务建模的对象。这三种对象使得需求的改变总是局限于其中一种。

设计模型进一步精化分析模型并考虑了当前的实现环境。分析模型通常要根据实现做相应的变化。但分析模型中基本结构要尽可能保留。在设计模型中，还需要进一步使用事例模型来阐述界面和块间的通信。

实现模型主要包括实现块的程序代码。OOSE 方法并不要求必须使用面向对象语言来完成系统的实现。

测试模型包括了不同程度的保证。这种保证从低层的单元测试延伸到高层的系统测试。

6. VMT/IBM

VMT（Visual Modeling Technique）方法是 IBM 公司于 1996 年公布的。VMT 方法结合了 OMT、OOSE、RDD 等方法的优点，并且结合了可视化编程和原型技术。VMT 方法选择 OMT 方法作为整个方法的框架，并且在表示上也采用了 OMT 方法的表示。VMT 方法用 RDD 方法中的 CRC（Class-Responsibility-Collaboration）卡片来定义各个对象的责任（操作）以及对象间的合作（关系）。此外，VMT 方法引入了 OOSE 方法中的使用事例概念，用以描述用户与系统之间的相互作用，确定系统为用户提供的服务，从而得到准确的需求模型。

VMT 方法的开发过程分为三个阶段：分析、设计和实现。分析阶段的主要任务是建立分析模型。设计阶段包括系统设计、对象设计和永久性对象设计。实现阶段就是用某一种环境来实现系统。

7. 上述各种方法的比较

OMT 方法覆盖了应用开发的全过程，是一种比较成熟的方法，用几种不同的观念来适应不同的建模场合，它在许多重要观念上受到关系数据库设计的影响，适合于数据密集型的信息系统的开发，是一种比较完善和有效的分析与设计方法。

Booch 方法并不是一个开发过程，只是在开发面向对象系统时应遵循的一些技术和原则。Booch 方法是从外部开始，逐步求精每个类直到系统被实现。因此，它是一种分治法，支持循环开发，缺点在于不能有效地找出每个对象和类的操作。

Wirfs-Brock 方法（RDD）是一种用非形式的技术和指导原则开发合适的设计方案的设计技术。它用交互填写 CRC 卡片的方法完成设计，对大型系统设计不太适用。RDD 采用传统的方法确定对象类，有一定的局限性。另外，均匀地把行为分配给类也十分困难。

在 Coad-Yourdon 方法中，OOA 把系统横向划分为五个层次，OOD 把系统纵向划分为四个部分，从而形成一个清晰的系统模型。OOAD 适用于小型系统的开发。

Jacobson 方法（OOSE）能够较好地描述系统的需求，是一种实用的面向对象的系统开发方法，适合于商务处理方面的应用开发。

VMT 基于现有面向对象方法中的成熟技术，采用这些方法中最好的思想、特色、观点以及技术，并把它们融合成一个完整的开发过程。因此 VMT 是一种扬长避短的方法，它提供了一种实用的能够处理复杂问题的建模方法和技术。

1.3 面向对象软件开发过程

事实上，所有的现代软件开发方法都是基于软件生命周期的。传统的结构化分析方法关注的是系统中的数据流，利用数据流分析系统的数据结构、数据流和功能结构以及系统与环境之间的关系。面向对象开发方法则把软件开发过程划分为需求获取、面向对象分析、面向对象设计、面向对象程序设计、面向对象测试以及最终的软件维护等多项活动。

在面向对象的软件开发过程中，将这些活动按照某种方式或方法组织起来以完成软件开发，并实现项目目标。这些活动的组织方式不同则构成不同的面向对象软件开发方法。虽然，到目前为止还没有一个标准的、适用于所有团队和项目的、通用的软件开发方法，但还是有一些得到业界普遍认可的面向对象开发方法。例如，统一过程（RUP）这样的著名的面向对象软件开发方法。

接下来的问题是，OOA、OOD 和 OOP 的主要内容是什么？有哪些技术和方法？各个阶段之间的关系是什么样的？

1.3.1 面向对象分析（OOA）

面向对象分析是指在软件开发过程中，应用建模语言对获取的业务模型进行细化，建立目标系统的需求模型，即系统的功能模型和面向问题域的结构模型，并以此作为面向对象设计的基础。因此，面向对象分析的首要任务就是建立系统的功能模型和结构模型。

目前，面向对象分析中主要使用 UML 的用例模型描述系统的功能结构模型，这也是面向对象方法中最重要的模型。首要的原因是这种模型是面向用户的，即模型使用的图形符号和建模方法都是直观的和面向用户的，用户不需要专门的培训就能够理解模型所表达的语义。其次，用例模型建模所需要的知识和描述的问题也都是属于问题域的。因此，这种模型的最主要的优点就在于它既能够充分表达用户需求，又能够便于开发人员与用户的交流。

面向对象分析也是一种分析方法，这种方法的主要内容就是利用从问题域的词汇表中找到的类和对象来分析系统的概念模型，从而描述目标系统的概念结构。

面向对象是计算机科学中的一个基本概念，它不仅仅适用于程序设计，也适用于软件系统的用户界面、数据库，甚至计算机架构的设计。这种广泛适用的根本原因是，面向对象能够帮助我们处理多种不同系统中固有的复杂性。

传统的结构化方法指导开发人员利用“模块”作为基本构件来构建复杂的软件系统。类似地，面向对象方法则利用类和对象作为基本构件，指导开发者构建基于对象或面向对象的软件系统。

1．面向对象分析的步骤和方法

软件开发过程中，系统分析和系统设计之间的边界往往是比较模糊的，但这两种活动所关注的重点是不同的。分析所关注的重点是分析所面临的问题域，目标是从问题域的词汇表中发现类和对象，从而实现对现实世界中的问题建模。面向对象分析的主要任务是建立系统的功能模型和结构模型，并以此作为面向对象设计的基础。当然，此阶段建立的功能模型和结构模型都属于用户视图，或者说是属于问题域的。

从技术的角度来说，面向对象分析既是一种建模方法，也是一种分析方法。

一方面，面向对象分析的工作过程就是获取、建立、修改和完善系统用例模型和结构模型的过程。另一方面，面向对象分析方法通过分析获取的功能模型获得该问题域的词汇，并以此找到目标系统需要的对象（或类）的方法来建立起目标系统的结构模型。所以，面向对象分析过程主要分为如下几个主要步骤。

1）需求获取：指软件分析人员与用户（领域专家）进行交流，获取并记录用户需求。

2）用例建模：指分析人员分析获取的需求，从而识别出系统的参与者和用例以及它们之间的关系，建立目标系统的用例模型，也称为功能结构模型。

3）概念结构建模：分析用例模型中出现的词汇，构造系统的问题域词汇表，找出相应的概念（对象或类），从而建立目标系统的概念模型，也称为结构模型。

4）编制需求文档：按照某种规范，编制需求规格说明文档。

5）需求评审：对编制好的需求文档进行需求评审，评审是为了找出文档中可能存在的缺陷或错误，并及时改正。

2．面向对象分析的主要特点

与结构化分析方法不同，面向对象分析方法中通常使用用例模型表示系统的功能结构，这种模型从分析系统用户与系统之间的交互入手，通过分析用户与系统之间的关系分析系统的功能结构，更能充分表达用户观点。另外，这种方法中的事件流建模比较详细地描述了用户与系统交互的细节，这时的分析人员能够更容易地得出与系统业务逻辑相关的词汇，从而获取系统的结构模型。

之所以要使用用例模型的原因是这种模型是面向用户的，即模型使用的图形符号和建模方法是直观的和面向用户的，用户不需要专门的培训就能够理解模型所表达的语义。因此，这种模型便于开发人员与用户进行交流。

其次用例模型所需要的知识和所描述的问题也都是属于用户的知识域（问题域）的。因此，这种模型的最主要的优点就在于它能够充分表达用户需求。

面向对象系统分析和设计代表了一种渐进式的开发方式。它并没有完全抛弃传统方法的优点，而是建立在传统方法中那些已经被证明是有效方法的基础之上的。虽然很多优秀的软件系统都是使用结构化分析和设计方法开发出来的，然而，传统方法中的“算法分解”技术在处理复杂性较高的系统时是有局限性的，而面向对象技术可以更好地解决这一问题。

1.3.2 面向对象设计（OOD）

面向对象设计是一种软件设计方法，其基本内容包括一个面向对象分解的过程，也包括一个用于展现目标系统结构的逻辑模型、物理模型、静态模型和动态模型的表示法。

面向对象设计的本质是：以在系统分析阶段获得的需求模型和概念模型为基础，进一步修改和完善这些模型，设计目标系统的结构模型和行为模型，为进一步实现目标系统奠定基础。

需要指出的是，在面向对象设计领域，无论是设计类还是设计对象，都没有一个统一的方法。任何软件产品的最终设计都是对多种因素充分考虑和选择的结果。

但是面向对象分析技术提出了一些有用并且值得推荐的实践和经验法则，可以用于确定某个特定领域相关的类和对象。

人们通常将面向对象设计过程划分为系统结构设计和详细设计两个主要部分，其中，系统结构设计包括体系结构设计和软件结构设计两步。体系结构设计主要指系统的软硬件结构设计。体系结构是对系统结构的一种抽象，强调建立具有良好的普适性、高效性和稳定性的系统。设计过程中，系统结构设计可以归结为选择合适的体系结构或在必要时自行设计与项目相适应的体系结构。软件结构设计指的是在系统体系结构的基础上设计软件本身的结构，这在本质上就是设计软件的对象（类）结构。

一个完整的面向对象设计模型通常被划分成人机交互界面、问题域、数据管理和任务管理四个组成部分。其中，界面交互部分用于设计系统的人机交互界面，同时也包括对系统与外部系统或设备之间交互部分的设计。问题域部分对应于分析模型的业务逻辑部分，是对分析模型中逻辑模型的进一步细化。数据管理部分则主要用于实现实体模型中数据的存储和管理。最后，任务管理部分则主要用于系统的作业调度、流程控制和运行管理等。

图 1-3 给出了系统设计模型的基本结构。其中，界面交互子系统、问题域子系统和数据管理子系统的输入分别来自于分析模型中的视图模型、逻辑模型和实体模型。面向对象设计阶段的主要任务就是将在 OOA 阶段得到的需求问题的视图模型、逻辑模型和实体模型三个模型，演变为界面交互、问题域和数据管理三个子系统。这三个子系统都是与领域问题相关，因此称为“领域结构设计”，也称“底层设计”。任务管理子系统是管理、协调三个子系统运行环境的系统，属高层设计，也称体系结构设计。

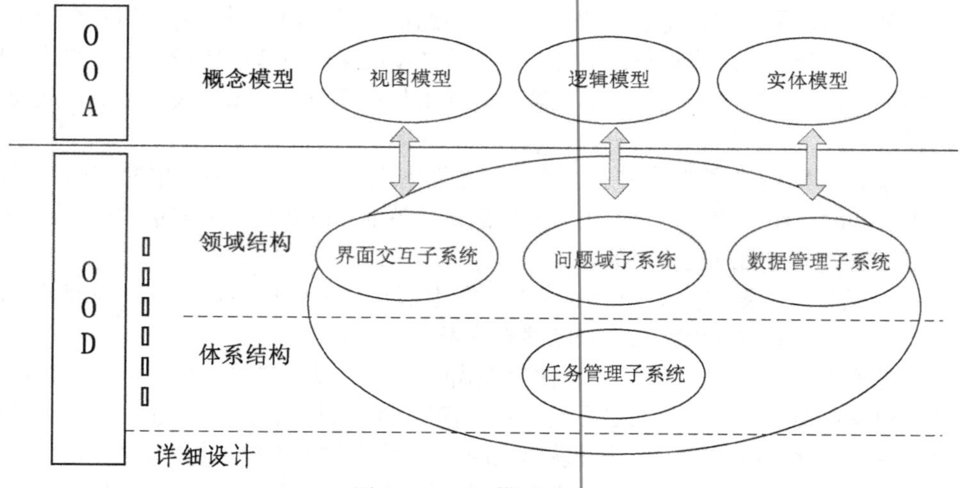

图 1-3　OOD 模型的组成

1.3.3 OOA 与 OOD 之间的关系

面向对象分析（OOA）和面向对象设计（OOD）分别是面向对象开发过程的两个阶段，二者在概念、模型表示方法和建模技术等方面均没有本质的区别，这使得二者的区别和界限越来越不清楚。

由于面向对象设计的实质是对在分析阶段获得的类模型的细化过程，并且还是一个循环迭代的过程，因此更容易造成二者的界限模糊。那么，用什么确定它们的边界？

首先，OOA 和 OOD 分别是软件生命周期的两个不同阶段，它们当然具有不同的目标、责任和策略。

从软件工程的角度来看，面向对象分析和设计分别对应了软件生命周期里面的系统分析和系统设计两个阶段，所以二者之间的本质区别是，面向对象分析要解决的是系统需要做什么，面向对象设计解决的是系统应该如何做。

面向对象分析属于系统分析阶段，其实质是识别问题域中为实现系统目标所需要的对象及其相互关系，并分析这些对象的状态和行为。此时，通常不需要考虑与系统的具体实现相关的因素（如程序设计语言、数据库、外部设备等），这样可以使 OOA 模型独立于具体的实现。

面向对象设计则属于系统设计阶段，它主要解决的是与系统实现有关的问题，它的主要任务是针对具体的软硬件构成环境对 OOA 模型进行细化，最终获得系统的设计模型。OOD 模型是与实现有关的，相关因素通常包括软件架构、组件技术、操作系统、程序设计语言数据库管理系统、人机界面和外部设备等。

1.4 面向对象分析与设计的应用举例

本节将给出一个简单计算器程序设计实例，以此来说明面向对象软件开发的基本特点，以及如何使用面向对象方法分析和设计一个特定的软件。

1.4.1 问题定义

计算器是进行数字运算的一种电子产品。其结构简单，能够进行比较简单的数学运算，其内部拥有集成电路芯片，使用方便、价格低廉，应用广泛，是必备的办公用品之一。

随着社会的发展，计算器也呈现出多种不同的形式和种类。从表现形式上来看，计算器可分为实物计算器和虚拟计算器。实物计算器一般是手持式计算器，特点是便于携带使用方便，但功能比较较简单，一般不能进行功能扩充。虚拟计算器的常见形式是软件计算器。此类计算器以软件的形式存在，能够在 PC、智能手机或平板计算机上使用。此类计算器功能较多，并且可以通过软件的升级进行扩展。随着平板计算机与智能手机的普及，软件形式的计算器的应用越来越多。

软件计算器一般可简单地划分成算术型计算器和科学型计算器两种类型。

1）算术型计算器：主要指可进行加、减、乘、除四则运算的计算器。

2）科学型计算器：除了四则运算以外，还可进行乘方、开方、指数、对数、三角函数和统计等方面运算的计算器，又称函数计算器。科学计算器包括了算术型计算器的功能。

当用软件的形式实现计算器时，还可以将两种类型的计算器设计成一个通用的计算器，简单的实现是设计的计算器使用两种工作模式：一种模式是使用四则计算模式；另一种是科学计算模式。并且软件可以在两种模式下自由切换。

按照面向对象的开发方法，开发过程首先是获取项目的用户需求并确定项目的功能结构，然后根据需求模型分析和设计出软件的结构模型，随后再通过动态建模的方法逐步完善系统的结构模型，最终实现这个设计方案。

1.4.2 需求分析

需求获取的过程中，开发人员首先得到的可能就是一份由用户提供的简单的需求陈述。当然从用户获得的需求陈述可能会很简单，也可能很复杂，这与项目本身具有的复杂性有关。

假设得到的需求陈述如下。

开发一个计算器软件，要求该计算器具有简单计算器和科学计算器两种工作模式。简单计算器按照即时计算的方式进行加减乘除四则计算。科学计算器则能够支持带括号的四则运算功能，同时带有常用数学函数计算和统计功能。

这样一个陈述看似十分清楚，但其中仍然缺少很多必要的细节。例如，简单计算器中的四则计算模式中使用什么样的计算规则，是否含有倒数、开平方和括号等功能；科学计算模式中又含有哪些具体的数学函数，计算规则是什么样的；统计功能又含有哪些具体的计算。只有这些问题都弄清楚了，才会得到满足需求的计算器。

首先将计算器视为一个物理或逻辑实体，假设经过一个简单的分析后，确定了图 1-4 所示的计算器的界面结构。

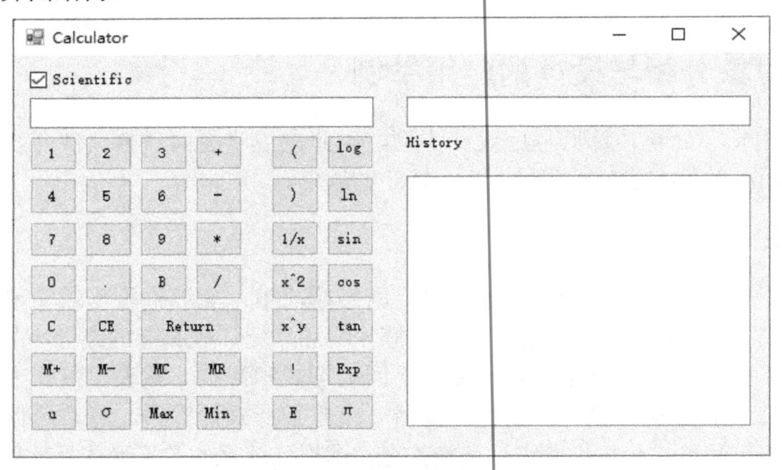

图 1-4　计算器的用户界面

可以看出，这个结构由若干个命令按钮和若干个显示区域构成。其中，命令按钮用于输入数字、运算符和命令；显示区域分别用于显示当前表达式、当前计算结果和历史记录列表。这个界面结构兼容了科学计算模式和简单计算模式，使用时这两种模式都包含了一个统计计算器。统计计算器主要用于计算一组数据的最大、最小、均值和方差等统计指标。

对于这两种计算器来说，由于它们需要实现的功能不同，因此它们的物理结构和运算规则也不尽相同。不同的设计者或不同的用户对计算规则的要求也不尽相同。

下面介绍计算器的运算规则问题，假设我们设计的计算器使用如下两种规则。

（1）简单计算器的运算规则

可以将简单计算器的运算过程视为输入一个表达式并进行计算的过程。所采用的规则不同，计算的方式和结果也不相同。必要时可以设计多种规则，并分析最终接受和采用哪种规则。而对这些规则的描述，则要求使用能够便于交流的方式加以描述。

计算规则考虑的主要因素包括运算符的优先级和结合性，对优先级和结合性的定义不同，得到的运算规则也不会相同。

比较常见的有如下两个规则。

1）使用优先级的计算规则。这是一种最常见的运算规则，其所有运算符都按左结合性计算，并且将运算符划分成乘除和加减两种优先级的运算规则。

例如：输入的表达式 3+5*8 时，先计算乘法，再计算加法，最终的计算结果是 43。

2）不划分优先级的运算规则。即不划分运算符的优先级，且所有运算符都按左结合性进行计算的运算规则。

例如，输入的表达式是 3+5*8 时，先计算加法，再计算乘法，最终的运算结果则是 64。

这两种规则各有优缺点，前者自然，易于被人们接受，但实现相对复杂。后者实现简单，但与人们日常习惯相悖，不容易被大多数人理解和接受。

尽管如此，在需求分析阶段，必须做出明确的需求决策，以决定使用哪种运算规则。最终的决策可能是二选一，例如，选择不划分优先级的运算规则，也可能是二者都要，运行时由用户选择使用哪种计算规则。

简单计算器使用的运算符包括+、–、*、/，如果使用优先级的计算规则，还需要、运算符。

（2）科学计算器的运算规则

两种计算器之间最大的不同之处在于科学计算器包含了括号、函数等运算符，这使得其运算规则必然是一种划分优先级的运算规则，否则，括号将失去其应有的作用。此时的运算符的优先级如表 1–1 所示。

表 1–1　运算符的优先级

运算符	意义	优先级
1/x、x^2、x!、ln、log、sin、cos、tan	各种函数	最高
^	乘方	高于乘、除法运算符
/、*	乘、除法计算	高于加、减法
+、–	加、减法计算	较低

下面考虑建立系统的概念模型。分析上述讨论的内容中出现的名词，以及这些名词所代表的事物之间的关系，使用类图描述这些概念，可以得到如图 1–5 所示的概念模型。这个概念模型对于后续的软件结构设计将具有十分重要的意义。

图 1–5 给出了初步的计算器概念模型，其中 Calculator 表示计算器，SimpleCalculator 表示简单计算器，ScientificCalculator 表示科学计算器。Express 表示表达式，ExpressWith-Brackets 表示带括号的表达式，ExpressWithoutBrackets 表示不带括号的表达式，它们分别表示不同计算器的输入。CalculatorForm、SimpleCalculatorForm 和 ScientificCalculatorForm 分别表示不同的计算器界面。

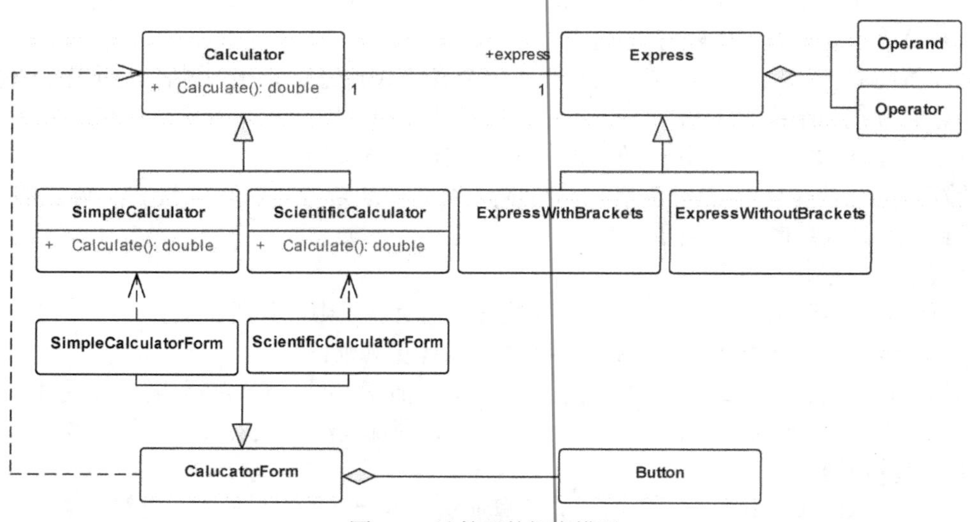

图 1-5 计算器的概念模型

这个概念模型决定了软件的结构模型，也决定了软件功能的实现方式。后续的设计与实现都将以这个概念模型为基础来完成。

1.4.3 软件结构设计

在面向对象的软件设计过程中，通常可分为软件结构的设计和软件行为的设计。软件结构设计关注的通常是软件中包含的类和类之间的关系，行为设计关注的是如何在软件中的各种类之间分配适当的方法。复杂的是二者之间并不是相互独立的，而是相辅相成的。

从结构上看，可以将软件看成是一组类及其类之间的关系构成整体。因此设计时准确地找到合适的类和类关系将是至关重要的。考虑图 1-5 所示的概念模型，从概念模型开始设计软件将是一个容易让人接受的方法。

从简化设计的角度出发，我们给出了如图 1-6 所示的软件结构设计模型。其中，CalculateForm 类是计算器软件的窗口类（也称为边界类），它所承担的职责是接收用户输入的数据和命令，并负责将数据和命令传递给相应的计算器对象。同时，还负责将计算器的状态变化反馈给用户。

Calculator 类是计算器类，代表简单计算器，ScientificCalculator 类是科学计算器类，也是简单计算器类的派生类。这个设计与图 1-5 所示的概念模型稍有不同，但它们的实质是相同的。后者更灵活地运用了继承机制。

StatisticCalculator 是统计计算器类，它所承担的责任是保存计算器使用过程中产生的数据，并为这些数据提供一组特定的统计计算功能。与前两种计算器类不同的是，它被设计成一个单独的类，并以聚合的方式组合到计算器对象中。这将使得简单计算器和科学计算器都含有统计计算的功能。

图 1-6 中最后一个类 Express 是表达式类，用来保存每次使用计算器计算时所输入的一个表达式，同时软件会将这些表达式对象缓存在计算器中 CalculateForm 对象的表达式列表中，以便用户查看。

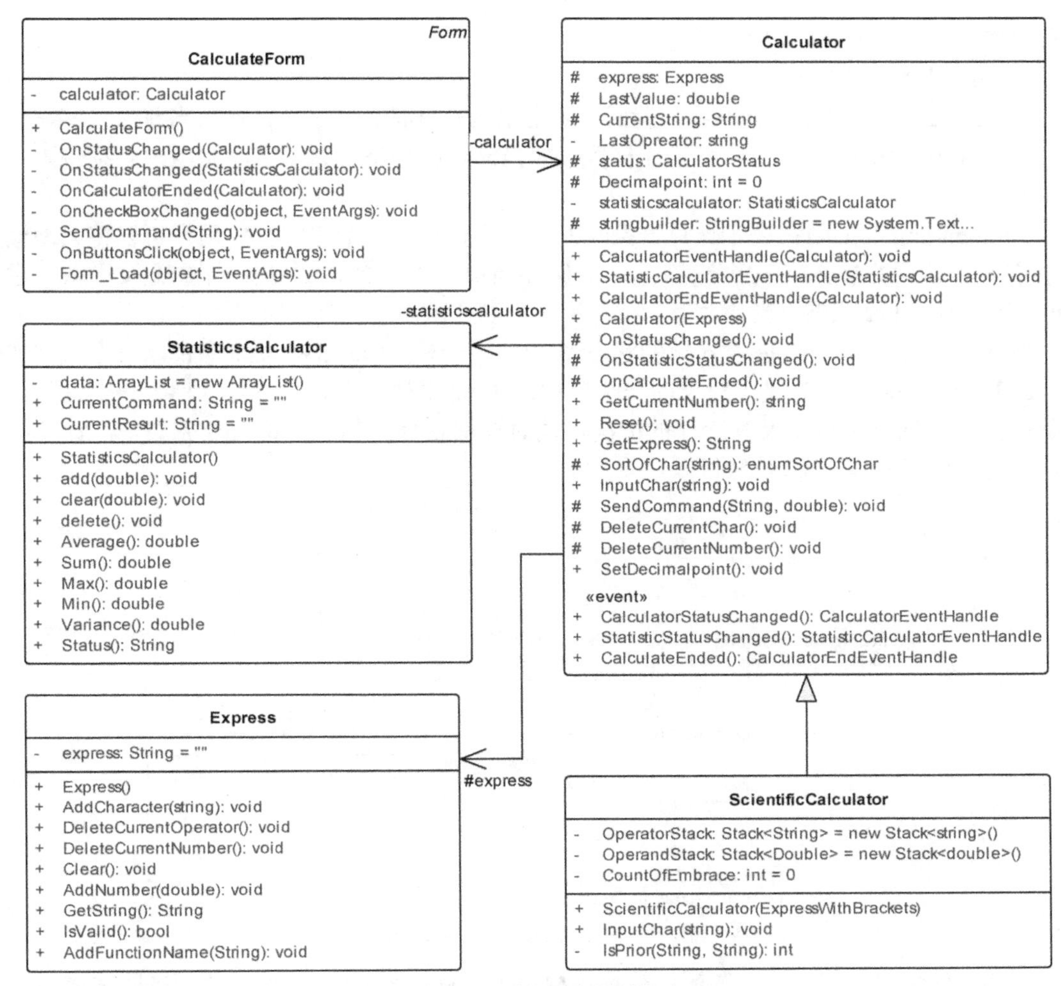

图 1-6 计算器的结构模型

1.4.4 软件行为建模

图 1-6 所示的结构模型里面包含了十分丰富的细节，这些细节包括每个类的定义、类（或者对象）之间的关系，每个类的属性和方法等。所有这些细节并不可能仅仅在构思一张类图时就能够全部完整地得到，可能需要一个艰苦的过程。事实上，任何一个完整的结构模型都是经过对系统的各种行为进行较为充分的建模后再逐步完善后得到的。

UML 中，常见的行为模型由用例图、活动图、状态图、时序图和通信图等多种模型组成，它们以不同的方式和角度描述系统的行为。其中用例图和活动图比较适合在需求分析阶段进行的行为建模时使用，从一个比较抽象的层面上进行用例建模。状态图用于描述一个对象在其生命周期内在接收到外部消息或外部事件时所做出的响应及其状态变化。时序图和通信图则重点关注软件在完成某项功能时需要的对象以及这些对象之间的交互。所有这些行为建模的结果就是不断丰富和充实现有的类模型，从而得到最终需要的完整的结构模型。

下面将以简单计算器 Calculator 类为例，设计这个类的对象的状态模型，并说明这个状态图的作用。我们将简单计算器对象的状态被定义成 Initial、MustInputAnOperator 和 InputtingNumber

三种状态。

它们的具体定义如下。

1）Initial：计算器的初始状态，此时计算器的当前字符为空字符，默认当前值为零。

2）MustInputAnOperator：表示计算接收的当前字符是个运算符，此时用户必须输入一个数字字符。

3）InputtingNumber：表示计算器接收的当前字符是一个数字字符，用户可以持续地输入数字字符；若用户输入了一个运算符，则保存当前输入数值，并结束当前输入状态，进入StartToInputNumber状态，当前数值为零，用户可以开始输入一个新的表达式。

图1-7给出了Calculate类对象的状态图。图中描述了Calculate类对象的状态及其状态的变迁。其中，Input（ch）是该对象的一个事件，ch是事件的内容，也可以称为一个信号。这张状态图不仅描述了状态及其变迁的情况，同时还概括性地描述了该对象完成一次计算的过程，读者可自行分析一下这个过程。

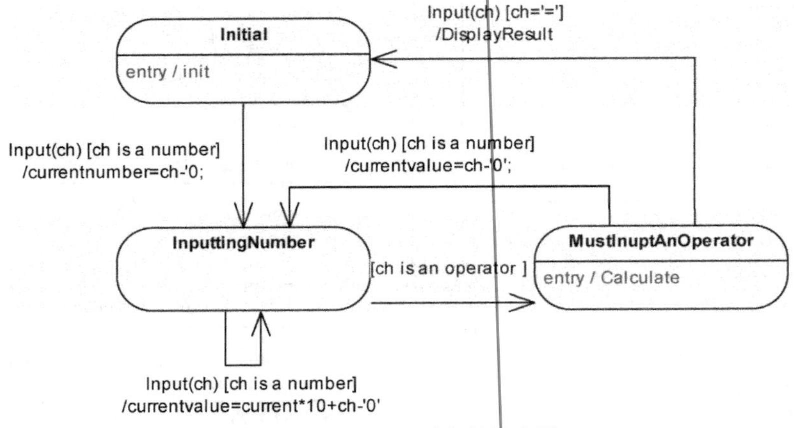

图1-7　Calculate对象的状态图

例如，计算器中的一次计算活动就是这样一个过程，图1-8中展示的顺序图就描述了一个由多个对象协作完成的表达式计算过程。

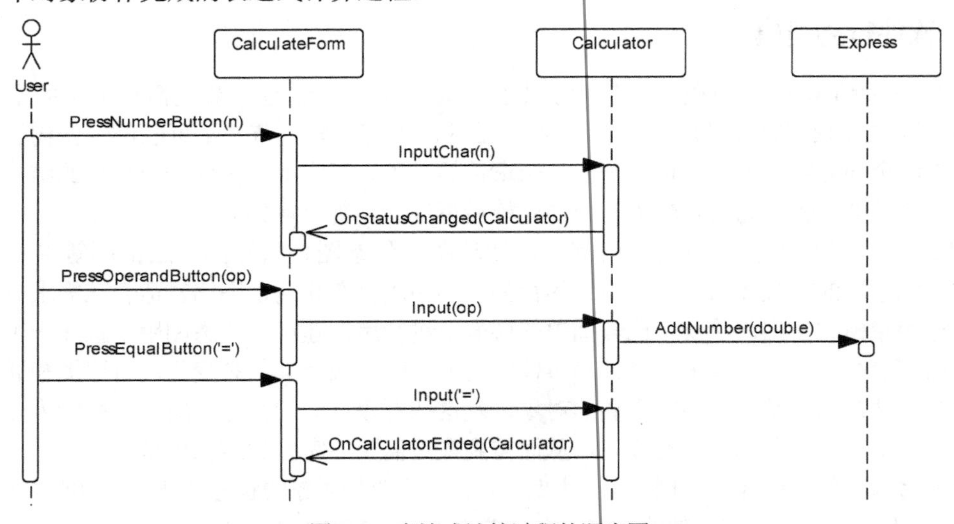

图1-8　表达式计算过程的顺序图

在面向对象系统中，大部分的功能都是由多个对象之间相互协作来完成的，在软件设计过程中，通过行为建模清晰地描述对象之间的交互将是十分必要的。

为了增加一些基本的感性认识，本节概括性地介绍了使用面向对象方法分析和设计软件的主要过程。在后面的章节中，将详细并系统地介绍这一主流的软件分析和设计方法。

1.5 小结

本章简单回顾了软件的基本知识，如软件定义、分类和特点等内容。介绍了软件复杂性的概念以及软件复杂性的根源和解决方法。总结和说明了典型的结构化软件开发方法的基本要点，简要介绍了面向对象方法的基本思想和发展过程，介绍了若干个典型的面向对象程序设计语言和面向对象开发方法，以及这些语言和方法的基本特点。

本章详细地介绍了对象及其相关概念，如对象定义、状态、行为和标识符等基本概念。详细地说明了对象模型的各个基本要素，如抽象、封装、模块化、层次结构、类型、并发和持久性等概念，这些概念构成了面向对象方法的重要理论基础。简要地介绍了面向对象开发过程的主要内容，如面向对象分析和面向对象设计的基本概念和方法等方面的内容，以及面向对象设计的基本原则。

最后，本章还给出了一个比较直观的实例，简单展示了这个实例的开发过程，以及面向对象方法与传统方法的不同。

习题

1. 什么是软件？软件被分成哪些类型？软件有哪些特点？

2. 什么是软件复杂性？软件复杂性的根源有哪些？

3. 简述程序设计语言对软件复杂性的影响。

4. 简述信息隐蔽原则的内容有哪些，分析一下结构化程序设计和面向对象程序设计是如何支持信息隐蔽原则的？

5. 什么是软件意外故障？简述不同的程序设计语言中，处理软件意外故障的机制和方法。

6. 简述在传统的结构化开发方法中，使用了哪些软件模型？这些模型各有什么特点？

7. 简述什么是面向对象开发方法，面向对象方法经历了哪几个主要的发展阶段，各有什么特点。

8. 简述什么是对象，什么是对象的状态，什么是对象的行为，简述它们之间的关系。

9. 简述 C++语言和 Java 语言定义了什么样的语言机制来描述操作类型。

10. 简述面向对象开发过程可分为哪几个主要阶段，各阶段的主要内容是什么。

11. 简述对象模型是如何帮助人们获得更具有可维护性的系统的。

12. 简述 Coad-Yourdon 方法的主要内容和主要特点，简述应用 Coad-Yourdon 方法开发软件的过程。

13. 简述 OMT 方法的主要内容和主要特点，简述应用 OMT 方法开发软件的过程。

14. 简述责任驱动设计（RDD）方法的主要内容和主要特点，简述应用责任驱动设计（RDD）方法开发软件的基本过程应该是什么样的。

15．简述对象模型的核心概念有哪些。

16．简述对象和类的基本概念，并说明面向对象方法中如何描述对象和类之间的关系。

17．简述什么是对象的状态和行为。举例说明一个对象的状态会有什么样的变化规律，对象的行为和状态之间由会有什么样的关系。

18．什么是消息？消息和操作这两个概念之间又有什么样的区别和联系？

19．简述角色（Role）的概念，举例说明一个承担了多重角色的对象的例子。

20．简述对象标识符的概念，实现对象标识符的方法有哪些，讨论对象标识符概念的意义有哪些。

21．讨论系统责任与角色两个概念之间的关系，并举例说明面向对象程序设计语言是如何支持角色概念的。

22．简述什么叫抽象，举例说明在 C++程序设计课程中，你学到过哪些抽象概念，这些概念起到了什么样的作用。

23．简述什么叫封装，C++语言中，是如何表示对象的封装性的。

24．简述什么是模块化，举例说明，面向对象程序语言中（例如 C++或 Java 中），是如何实现软件的模块化的。

25．请举例说明实现面向对象系统层次结构的方法有哪些。

26．简要说明对象的持久性的概念，按照对象的生命周期可以将对象分成哪些类型。

27．简述面向对象的设计原则有哪些，简述这些设计原则之间的关系。

第2章　统一建模语言（UML）概述

学习目标

- 理解和掌握统一建模语言（UML）的基本概念。
- 理解和掌握UML模型的基本结构。
- 理解和掌握UML中的元素、关系、图和通用机制的概念和表示法。
- 理解和掌握对象约束语言概念的使用方法。

任何行业都有其特定的表示法来表示这个行业中的各种制品。在面向对象方法中，人们通常使用统一建模语言（Unified Modeling Language，UML）作为标准的表示法，应用统一建模语言建模贯穿了软件开发的全过程。可以说，面向对象的系统分析与设计过程实质上也就是应用统一建模语言对软件进行建模的过程。

20世纪90年代中期，Booch、Rumhaugh 和 Jacobson 等人将他们各自的研究成果融合，创建出第一个版本的统一建模语言。1997 年 11 月，OMG 把 UML 宣布为标准的面向对象建模语言。从此，OMG 承担了 UML 的组织管理和继续开发的责任。UML 目前的最新版本为 UML 2.5。本书将主要使用 UML 2.0 作为模型语言，并详细介绍其使用方法。

对于软件模型的构建者和使用者来说，他们当然期望能够以较高的保真度来对要构建的软件系统进行建模，但任何一种语言都不可能仅在一张图纸上就能绘制出一个复杂软件系统的所有细节。

本章将概要介绍统一建模语言的基本概念、结构和主要构成要件，具体的建模方法和建模细节将在后续章节中陆续介绍。

2.1　UML的基本概念

2.1.1　UML的定义

建模是大型软件项目中必不可少的组成部分。对于软件项目来说，软件模型可以保证项目业务功能的正确和完整，并使最终用户的需求得到满足。不仅如此，软件模型甚至还可以支持诸如软件的可扩展性、可靠性、安全性和可维护性等方面的质量属性。

对于统一建模语言，OMG 规范给出了如下的定义。统一建模语言是一种用于说明、构造和记录软件密集型系统中人工制品（Artifact）的图形语言。UML 提供了一种编写系统蓝图（Blueprint）的标准方式，它既能描述软件开发过程中的业务流程、用例和系统功能等概念性的事物，也能够描述像程序语句、数据库模式和软件组件等具体的事物。

OMG 将 UML 定义成一种语言，而不是一种方法或一个过程。其主要用途是定义软件系统、详细描述系统中的工件以及记录文档和构造软件系统蓝图。而 UML 就是用于实现这些用途或书写这个蓝图的建模语言。UML 可以用多种方式支持不同的软件开发方法学（如

Rational 统一过程），但它本身并不指定具体的方法学或过程。

UML 为软件开发的不同领域或不同过程定义了不尽相同的符号和语义。以支持软件开发的不同领域的建模。这些领域模型包括用例模型、交互模型、动态模型、逻辑模型、构件模型和物理部署模型等。

（1）用例模型（Use Case Model）

用例模型也称为用户交互模型，该模型描述了系统的参与者与系统之间的交互，当然也描述系统里的边界。这种模型也对应了需求模型的某些方面。

（2）交互模型（Interaction Model）

交互模型也称为通信模型，主要用于描述系统中的对象之间的交互，以及如何通过对象之间的交互以完成特定的系统工作或任务。

（3）动态模型（Dynamic Model）

动态模型的内容则主要包括两个方面：一方面，使用状态图描述系统对象在某个时间段内的状态及其变化；另一方面，使用活动图描述系统需要完成的工作流。

（4）逻辑模型（Logical Model）

逻辑模型也称为类模型（Class Model），主要用于描述构成系统所需要的类以及这些类之间的关系，这个模型描述的是系统的逻辑结构。

（5）构件模型（Component Model）

构件模型主要用于描述构成系统所需要的软件构件及其相互关系，它所表示的是软件系统的物理结构。

（6）部署模型（Deployment Model）

部署模型用于描述系统的物理架构（Physical Architecture）和构件在硬件架构上的部署情况，它所表示的是整个系统的物理结构。

上述六种模型构成了软件开发过程所需要的主要的领域模型。

2.1.2 UML 的主要特点

作为一个通用的模型语言，UML 使用了统一的建模标准；UML 使用了面向对象模型，能够全面支持面向对象的开发过程和各种面向对象开发方法；UML 使用了图形化的模型语言，为问题描述提供了直观和无二义性的模型表示方法。从开发方法的角度来看，由于 UML 不依赖于任何一种特定的开发方法，因此，UML 也减少了对用户的限制，使用户可以更加灵活地使用 UML 进行软件开发。

从 UML 本身的结构、通用性和体系结构的角度来看，UML 还具有如下几个方面的特点。

（1）提高抽象层次

UML 使开发人员可以在更高的抽象层次上进行工作，从而为他们提供帮助。一个模型可以通过隐藏或掩盖细节、展现大图，或者聚焦于原型的不同方面来实现这一点。

使用 UML，可以将应用程序的详细视图缩小到它执行的环境中，可视化到其他应用程序的连接，或者进一步扩展到其他站点。或者可以使人们关注应用程序的不同侧面，如它自动化的业务流程或业务规则视图等。

使用 UML 可以建模任何类型的应用软件，包括运行在任何类型硬件及其组合上、运行在不同操作系统环境下、使用不同程序设计语言实现的和运行在各种网络环境下的应用软件。UML 的灵活性可以在建模时使用任何中间件的分布式应用程序。

由于 UML 是在基本的面向对象的概念基础之上的模型语言，它当然适用于面向对象的程序设计语言，如 C++、Java 以及 C #等。但它也可以用来非面向对象的应用程序建模。如 FORTRAN、VB 或 COBOL 等。UML 中的概要文件（Profile，即针对特定目的而定制的 UML 子集）可以帮助人们以自然的方式建模，并使之具有事务性、实时性和容错性系统。

（2）使用 UML 做其他有用的事情

使用 UML 也可以做一些软件建模以外的事情，如分析源代码，UML 可以将源代码反向转换成一组 UML 类图。又如，市场上的某些工具软件也可以运行 UML 模型，这些工具可以分成模型分析器和代码生成器两类。模型分析器用于分析 UML 模型，帮助用于确认模型中不满足性能需求的部分。代码生成器的目标则是从 UML 模型生成程序语言代码，生成无错误、运行速度快并且可部署的应用程序。例如，事务数据库操作或其他常见的编程任务等。

（3）UML 和 OMG 的模型驱动体系结构

为了更有效地支持模型驱动的开发方法，避免开发过程中的重复劳动，国际对象管理组织（OMG）于 2001 年提出了模型驱动开发的体系结构（Model Driven Architecture，MDA）的概念，并给出了完整的结构定义。该体系结构的结构由核心层、中间层和外部层三个层次的构件组成。

1）核心层。MDA 结构的核心层为模型的抽象表示提供了平台无关的概念模型。该层的结构被定义成元对象设施（Meta Object Facility，MOF）、公共数据仓库元模型（Common Warehouse Metamodel，CWM）和统一建模语言（Unified Model Language，UML）三种构件组成的结构，形成了支持 MDA 所需要的核心技术。

2）中间层。该层次包含的是与模型实现平台相关的构件，其内容是目前常用的实现平台，如 CORBA、XML、JAVA、Web Services 和.NET 等，并且随着技术的发展，层次的内容将会得到不断扩充。

3）外部层。外部层被定义成 MDA 的服务层，用于对外提供服务，其构成元素包括 MDA 提供的各种公共服务，例如事务处理（Transaction）等。

外部层的服务对象是 MDA 在不同垂直领域的各种应用，例如电子商务、电信和制造业等。MDA 的主要工作就是要把基于这些技术建立的 PIM 转换到不同的中间件平台上，得到对应的 PSM。

这个体系结构的核心思想是：首先抽象出一个与实现技术无关的平台无关模型（Platform Independent Model，PIM），然后根据特定的转换规则将平台无关模型转换成与具体实现技术相关的平台相关模型（Platform Specific Model，PSM），最后再将经过充实的平台相关模型转换成相应的程序代码。

依靠这样的体系结构，使得建立 UML 模型既可以是平台独立的，也可以是平台相关的，甚至还支持两种模型的同时使用。这极大地提高了模型的通用性和可复用性，并且模型在不同平台之间的相互转换也变得极为容易。

在标准情况下，每个 MDA 标准或应用均是平台独立的，这意味着对业务功能和行为的描述可以是非常精确的，同时还不包括平台相关的实现。

对于平台独立模型，遵循了 OMG 规范的 MDA 开发工具可以启用映射来将它们比较容易地转换成一个或多个平台相关的模型。

平台相关模型通常包含了与实现相关的信息，但这样的模型并不能代替具体的程序代码。在后续工作中，模型工具可以从平台相关模型生成可运行的程序代码及其他必要的文件

（包括必要的接口定义文件、配置文件、生成文件和其他类型的文件）。

MDA 应用还可以是组合的，即建模人员可以在他们的模型中引进某些平台独立、相关的，甚至是跨平台的模型、服务或其他的 MDA 应用，只要通过必要的接口或协议，都可以将它们组合起来，构建新的更完整的模型或应用。

2.1.3 如何使用 UML

使用 UML 建模通常被作为软件开发过程的重要组成部分。在软件开发过程中，可以使用适当的 UML 建模工具来定义目标系统中的需求、交互和各种元素。

下面，给出一个比较常见的 UML 开发过程。

（1）建立系统的业务流程模型

业务流程模型可用于定义业务系统中发生的高层次的业务活动和流程，并为用例模型提供基础。在通常情况下，业务流程模型包含的内容往往多于目标软件系统将要实现的内容。业务流程建模可以有效地确定和控制系统的目标和范围，从而避免需求不足或过多的情况发生。

（2）建立用例模型，并明确用例模型到业务流程模型之间的链接

建立用例模型可以确切地定义系统应提供的功能，但还需要进一步明确这些功能所实现的业务需求。当添加一个用例时，都要创建一个从适当的业务流程到这个用例的可追溯的链接。这个链接可清楚地说明新系统提供的功能满足了业务流程模型中描述的哪一项业务需求。它还可以确保用例模型中的每一个用例都是符合明确的业务需求。

（3）细化用例——包括每个用例的需求、约束、复杂度、注释和场景

细化用例是为了准确地描述用例的作用、执行方式以及执行时需要遵守的约束，确保用例能够满足业务流程需求。包括定义每个用例的系统测试以及每个用例的合格标准，还包括定义一些用户验收测试脚本，还要定义用户将如何测试这个功能及其验收标准。

（4）构建系统的领域模型

领域模型是描述业务用例实现的对象模型，它是对业务角色和业务实体之间应该如何联系和协作以执行业务的一种抽象。从业务流程模型的输入和输出以及用例的细节出发，构建系统的领域模型（高层业务对象模型）。这些模型描述了新系统的构成元素、元素之间交互的方式以及用户执行用例场景所需要的接口。

通过领域模型建模，可以帮助我们获得目标系统的概念模型，为下一步的系统设计奠定基础。

（5）由领域模型、用户界面模型和场景图（Scenarios Diagram）构建系统的类模型

类模型是对系统中对象的状态和行为的精确描述（Specification）。建模时，可以使用继承和聚合将模型中的类抽象为类（或对象）的层次结构，将场景中对象之间的消息映射成类的操作。对于每个类，还可以定义单元测试和集成测试以测试类的功能以及类与其相关类和组件的之间的交互。

（6）组件模型建模

随着建模过程的继续，类模型还有可能被分解成一些离散的包和组件。组件表示一个可部署的软件块，它收集一个或多个类的行为和数据，并向其服务的其他用户公开严格的接口。因此，建立组件模型可以定义类的逻辑包装。

还可以为每个组件定义集成测试确定组件的接口是否满足规范或与其他软件元素的关系。

（7）记录额外需求

与开发过程同步，对于那些在分析或设计过程中发现的额外的系统需求也应该捕获并记录下来。例如，系统的非功能需求、性能要求、安全性要求、与职责有关的需求和新发布的计划等。在模型中收集这些信息，并随着模型的成熟而不断更新系统的需求。

（8）建立部署模型

部署模型是一种专门用于定义系统的物理体系结构的 UML 模型。部署模型的建模工作可以在项目的早期就开始进行，而不必等到项目的后期。部署模型中，与物理部署相关的内容包括构成系统的硬件、操作系统、网络功能、接口和支持软件等元素的技术指标相关的设计决策，它们将对新系统在可靠性、灾难恢复、备份与支持等方面产生重要的影响。

（9）将模型的离散部分分配给一个或多个开发人员，以构建整个系统

在用例驱动的开发方法中，用例会分配给开发团队，让开发团队构建用于执行该用例所需的边界对象、业务逻辑对象、实体对象（数据库表）和相关组件。同时，当每个用例被构建完成之后，应该伴随完成的内容还应包括相关的单元测试、集成测试和系统测试。

（10）跟踪测试中出现的缺陷

在软件开发过程中，要及时跟踪测试过程中发现的各种缺陷，不同的测试缺陷往往针对不同的模型元素。例如，系统测试缺陷所针对的模型元素通常是对应的用例，单元测试缺陷针对的模型元素可能是用例中的某个角色，例如用例中的某个类、接口或类中的某个方法等。跟踪这些缺陷，有利于跟踪和控制相关模型元素的变更，以便控制和管理项目中可能出现的“范围蠕变”。

（11）随着工作进展不断更新和完善模型

在开发过程中，需要不断评估变更和模型改进对后续工作的影响。使用迭代方法完成在离散块中进行的设计，评估当前的构建、下一步的需求和在开发过程的任何发现。

（12）提交经过测试的软件，生成产品环境

对于分阶段交付的项目来说，提交可能会分成多个阶段进行。

上述过程只是一个概括性的过程，实际的开发过程可能会有所不同，但这个描述仅仅说明一个应用 UML 开发软件的基本过程。

2.2 UML 的概念模型及视图结构

作为模型语言，UML 最主要的用途是建立软件模型。本节将简单介绍一下 UML 的概念模型和 UML 视图结构等内容。

2.2.1 UML 的概念模型

从概念结构上来看，UML 的概念模型主要由 UML 基本构造块、构造块的语义规则和可以运用于整个语言的通用机制三种基本要素构成。

1. UML 基本构造块

所谓的基本构造块是对用于构造 UML 模型的基本元素的一种抽象，或者说是 UML 模型的构造元素。UML 将基本构造块划分成事物（Thing）、关系（Relationship）和图（Diagram）三种类型。

UML 又特别地将可以在图（Diagram）中使用的构造块称为模型元素。当然，UML 共定

义了事物和关系这两种模型元素。

（1）事物（Thing）

事物用于表示模型中的某个事物对模型中某些重要元素的抽象，UML 分别定义了结构、行为、分组和注释（Note）四种事物。

结构事物（Structural Thing）通常用某个名词表示，通常是模型的某个静态的结构性构成元素，用于表示某个概念元素或物理元素。结构事物的总称为分类器（Classifier），UML 中的类（Class）、接口（Interface）、协作（Collaboration）、用例（UseCase）、主动类（ActiveClass）、组件（Component）和节点（Node）等模型元素都属于这类事物。

行为事物（Behavioral Thing）通常指模型中的动态部分，描述系统的动态行为，通常包括交互（Interaction）、状态机（State Machine）和活动（Activity）等。

分组事物（Grouping Thing）是 UML 的组织部分，用于对模型元素进行分组。UML 主要使用包（Package）来实现多模型元素的分组。

注释事物（Annotational Thing）是模型的注释部分，用于描述、说明和标注模型的任何元素，主要的描述方式是提供一个基于文本的注释。注释没有语义方面的作用。

（2）关系（Relationship）

这里的关系主要指模型中各种设施之间的关系，用于将设施结合在一起，以组成更高一层的设施。UML 主要定义了依赖（Dependency）、关联（Association）、泛化（Generalization）和实现（Implementation）四种关系，而且不仅给出了这四种关系的定义，UML 同时也给出了这四种关系的图形表示。

（3）图（Diagram）

UML 中，所谓的图（Diagram）可以看成是一个由具有某些特定关系的模型元素构成的集合。每一张图也可以看成是一个以模型元素为结点，模型元素之间关系为边构成的图。

与前面两种构造块相似的是，UML 还为这种构造块定义了它们的图形表示。

UML 定义了用例图（Use Case Diagram）、类图（Class Diagram）、对象图（Object Diagram）、顺序图（Sequential Diagram）、通信图（Communication Daigram）、状态图（Statechart Diagram）、组件图（Component Diagram）、部署图（Deployment Diagram）、活动图（Activity Diagram）和包图（Package Diagram）是十种基本的 UML 图。

2．UML 的语义规则

任何 UML 模型都不是随意地将一些简单的模型元素堆砌起来的，而是按照特定的建模规则进行构建。任何一个结构良好的 UML 模型都应该在语义上自我一致，并且与相关的模型相协调。

UML 定义了五个方面的语义规则。

1）名字（Name）。任何一个 UML 模型成员都需要有一个名字。

2）作用域（Scope）。任何一个 UML 模型成员都有其特定的上下文环境，这个上下文规定了其名字的使用区域。

3）可见性（Visibility）。规定了一个成员被其他成员引用的方式。

4）完整性（Integrity）是指成员之间相互连接的合法性和一致性。

5）执行性（Execution）是指 UML 成员在运行时所表现出来的特性，描述运行或模拟动态模型的含义是什么。

3．通用机制

虽然 UML 模型是图形化的，但是 UML 建模过程却不仅仅是绘制图形的过程。对于模型中使用的各种模型元素，仍然需要对这些元素附加详细的说明和解释。UML 定义了贯穿整个语言的且一致的通用机制为各种模型元素附加这样的信息。

通用机制（General Mechanism）是指用于表示模型元素相关的信息或附加信息的机制。内容包括元素规约（Specification）、修饰（Modifier）、公共划分（Common Division）和扩展机制（Extensibility）四种通用机制。其中扩展机制又分成构造型（Stereotype）、标记值（TaggedValue）和约束（Constraint）等。

图 2-1 描述了 UML 的概念模型。

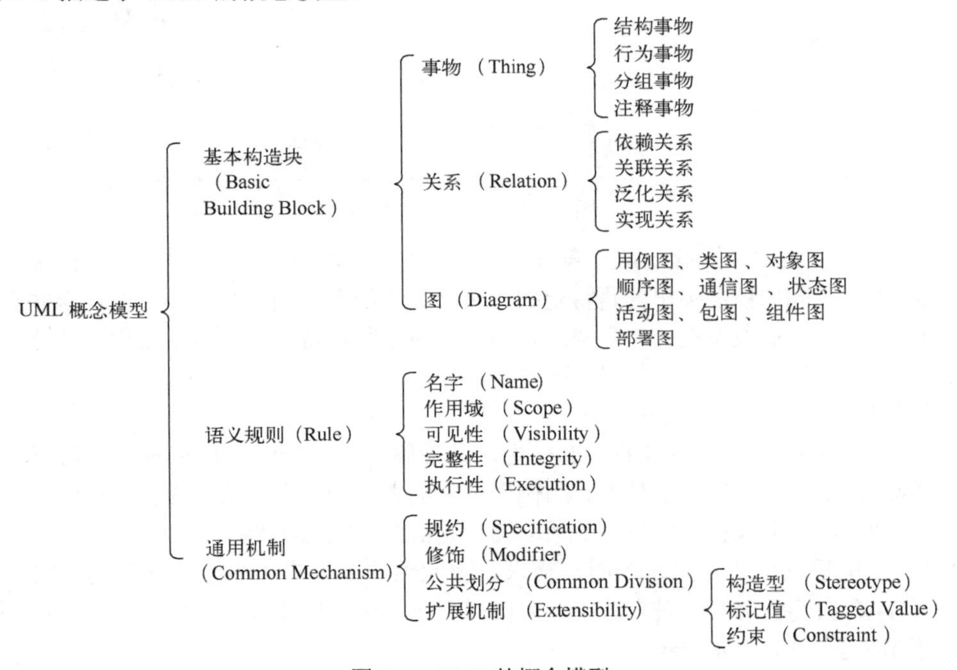

图 2-1　UML 的概念模型

2.2.2　UML 中的视图

为了简明、准确、清晰地表达一个完整的软件模型，UML 定义了多种不同的模型或视图，以便建模人员可以从不同的视角对软件进行建模。

为了描述软件开发过程中使用的各种领域模型，UML 中定义了五种基本视图或软件模型来描述一个完整的软件系统结构。这些视图包括用例视图（Use Case View）、逻辑视图（Logical View）、动态视图（Dynamic View）、构件视图（Component View）和部署视图（Deployment View）五种基本视图，如图 2-2 所示。

另外，UML 还定义了业务过程模型（Business Process Model）、需求模型（Requirement Model）和测试模型（Testing Model）等其他多种不同用途的软件模型。其中，五种基本视图具有核心作用，它将其他各种视图有机地连接到一起，共同构成完整的软件模型。

UML 是一种用于描述模型的“语言”，而不是一种方法或一个过程。人们可以使用 UML 定义一个软件系统，详细地描述系统中的工件、文档和构造，UML 可以以多种方式支持不同的软件开发方法（如 Rational 统一过程），但它本身并不指定任何特定的方法或过程。

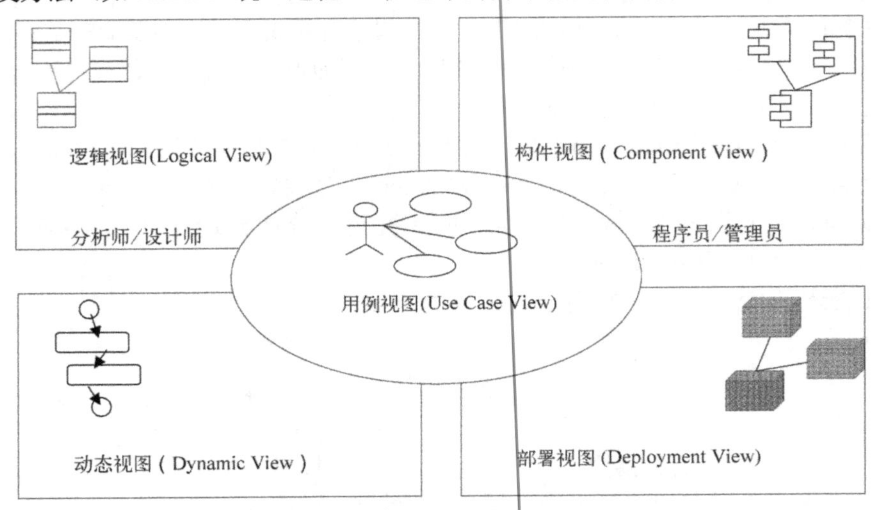

图 2-2　视图之间的关系

图中的五个视图并不直接对应于某一个特定的软件模型的逻辑结构，也不直接对应于软件的物理结构，不同的视图突出的是特定的人员所关注的系统的不同方面，通过合并五个视图中得到的信息就可以形成系统的完整描述。当然，对于某些特殊的领域或过程，可能只考虑某一个视图或某几个视图中包含的信息可能就足够了。

1．用例视图（Use Case View）

用例视图主要用于定义系统的外部行为，是最终用户、分析人员和测试人员所关心的视图。用例视图的主要内容包括参与者、用例以及它们之间的关系，具体内容还可以包括从用例导出的类、为描述用例或场景所建立的活动图、通信图和状态图等。

总之，用例视图描述了系统的用户需求，因此也约束了描述系统设计和构造的所有其他视图。因此，在用例驱动的开发方法中，用例视图在 UML 占据了模型中最重要的中心位置。

2．逻辑视图（Logical View）

逻辑视图也称为类视图，主要用于描述构成系统所需要的类或对象，其具体内容包括类、类所持有的数据、类的行为以及类之间交互的说明，如何实现系统功能所需要的细节都将在这个视图中描述和展现。

3．动态视图（Dynamic View）

动态视图合并了前面描述的动态模型（Dynamic Model）和交互模型（Interaction Model），用于描述系统中的过程或线程，重点关注系统的非功能性需求。行为视图通常由顺序图、通信图、状态图和活动图等组成。

4．构件视图（Component View）

构件视图用于描述构造系统的物理构件。构件视图中的构件不同于逻辑视图中描述的逻辑构件，这些构件包括可执行文件、代码库和数据库等内容。构件视图中包含的信息与配置管理和系统集成这类活动有关。

5．部署视图（Deployment View）

描述系统的物理结构以及构件如何在系统运行的实际环境中部署。

这两个视图处理的是系统的非功能性需求，例如容错性和性能等问题。动态视图和部署视图在 UML 中相对地未充分开发，尤其是与逻辑视图相比。在逻辑视图中包含了大量非正式的与设计有关的符号。

6．其他视图

除了上述五种视图以外，UML 2.0 以后的版本还定义了其他一些可选的视图。这些视图源于不同的建模方法或开发方法，当使用不同的开发方法，或将 UML 用于某种特定的目的时，可选择与之对应的视图模型。

这些模型包括业务过程模型（Business Process Model）、需求模型（Requirements Model）、领域模型（Domain Model）、测试模型（Test Model）和分析视图（Analysis View）等多种不同的视图。

2.3 模型元素

UML 中定义的包含某种特定语义的元素都是模型元素。UML 中定义了很多模型元素，用来表达对象模型框架中的各种概念。例如类、对象、属性、操作和消息等模型元素。

模型元素通常被作为图的组成部分，任何一个图都是由多个模型元素组成的。而且，同一个模型元素也可以出现在多个不同类型的图中，当然，模型元素是否可以出现以及用什么方式出现需要遵循一定的 UML 规则。

由于模型元素的数量较多而且种类也比较复杂，所以有必要为其做进一步的分类。UML 将模型元素划分为实体、交互、分组和注释四大类。

1．实体（Entity）元素

实体元素是指 UML 中用来描述上下文中具有明确建模意义的概念或者实体的元素，这些元素将被映射成目标系统中的实体对象。常见的实体元素通常包括类、接口、协作、用例、构件和节点六种元素，这些元素均属于 UML 的静态元素。

2．交互（Interaction）元素

交互元素是 UML 中用来描述对象和对象之间的交互的元素，对象间的交互通常指目标系统中协作完成某个特定任务的一组对象之间交换的消息。

交互元素通常包括对象和对象之间的各种消息。如对象、状态、同步消息、异步消息和返回消息等模型元素。

3．组织（Organization）元素

组织元素是 UML 中用于表示模型组织结构的模型元素。UML 中，主要的组织元素包括视图、图和包等。在某些特定的 UML 建模系统中，视图是由建模工具软件按照其特定标准预先定义的，普通用户一般不能随意改变。图则是允许用户按照指定规则自行设计。包是允许用户随意设定的一种分组机制，包可视为一组模型元素构成的集合，而且包还可以包含其他的包。

4．注释（Comment）元素

注释元素是用于描述和标注任何模型的模型元素，注释元素里面的信息以文本方式描述，并且是面向用户的。

后面的几节中，将概要地介绍几类常见的 UML 模型元素及其表示方法。

2.3.1 实体元素

类是实体元素中重要的模型元素，也是面向对象系统中最重要的结构元素。软件建模最重要的目标之一，就是构建软件的结构模型。

UML 使用一个带有类名的，并且含有一组属性和操作的矩形框来表示类。

例如，图 2-3 给出了一个类图实例，图中 Employee 是类名，Name、EmployeeID 和 Title 是这个类的属性。GetName( )、GetID( )和 GetTitle( )则是这个类的方法。

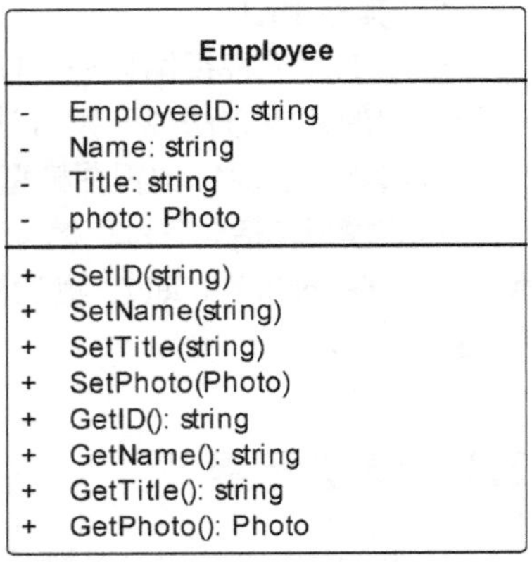

为有效地支持对象的封装、继承和多态等机制，UML 中还为类定义了公共、私有和保护三种可见性，使用+、-和#等符号表示属性和方法。

Employee

- \- EmployeeID: string
- \- Name: string
- \- Title: string
- \- photo: Photo

- \+ SetID(string)
- \+ SetName(string)
- \+ SetTitle(string)
- \+ SetPhoto(Photo)
- \+ GetID(): string
- \+ GetName(): string
- \+ GetTitle(): string
- \+ GetPhoto(): Photo

图 2-3　类的图形表示实例

图 2-3 中，Name、EmployeeID 和 Title 三种属性均是私有属性。GetName( )、GetID( )和 GetTitle( )三个方法的可见性则是公共的。

对于类的属性和方法来说，还有一个称为作用域的特性。作用域有类作用域和实例作用域两种。类作用域是指类中那些不依赖类的实例而存在的属性和方法。具有类作用域的属性和方法可以不用实例化即可以访问。

在 UML 中，使用下划线的方式表示的具有类作用域的属性或方法，正常字体形式表示实例作用域的属性和方法。

为了实现继承机制，UML 中还定义了类和类方法的抽象性。对于类，抽象表示一个类是否可以实例化，抽象类指不能实例化的类，可以实例化的类则被称为具体类。对于方法来说，抽象表示这个方法是否可以被派生类中的方法覆盖，能够覆盖的方法则称为抽象方法。

在类图中，UML 使用斜体形式的类名或方法名表示抽象类或抽象方法，否则，就用正常字体形式的类名或方法名表示。

目前，绝大多数程序设计语言均支持强数据类型，即程序中的数据需要有明确的数据类型。UML 采用不强制地使用数据类型的方式支持数据类型问题，即建模时可以不指定数据类型，同时 UML 还提供了一组标准的数据类型，同时也支持自定义数据类型。

类定义中，属性、方法和方法的形式参数均可以使用这些标准数据类型和自定义的数据类型。图 2-3 中，属性 Name 的数据类型 string 就是一个标准的数据类型。而方法 SetPhoto（p：Photo）和 GetPhoto()中使用的数据类型 Photo 则是一个自定义的数据类型。

作为一种特殊的类，接口也被 UML 定义为一种重要的模型元素。图 2-4 给出了接口的 UML 符号表示。

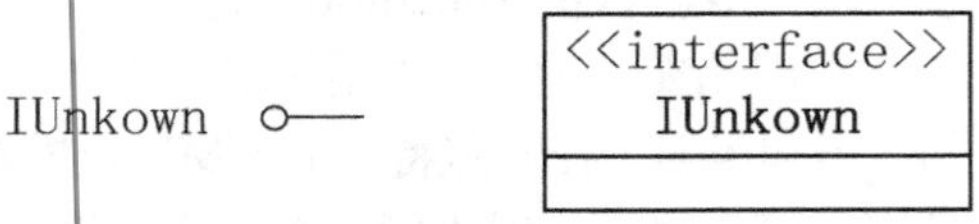

IUnkown ○—　　<<interface>> IUnkown

图 2-4　接口的符号表示

可以看出，UML 把接口定义为构造型为《interface》的类，其构成和类相似，只是接口中没有属性，方法不需要实现。除了类和接口之外，UML 还定义了用例、协作、构件和节点等实体元素。这些元素的符号表示如图 2-5 所示。

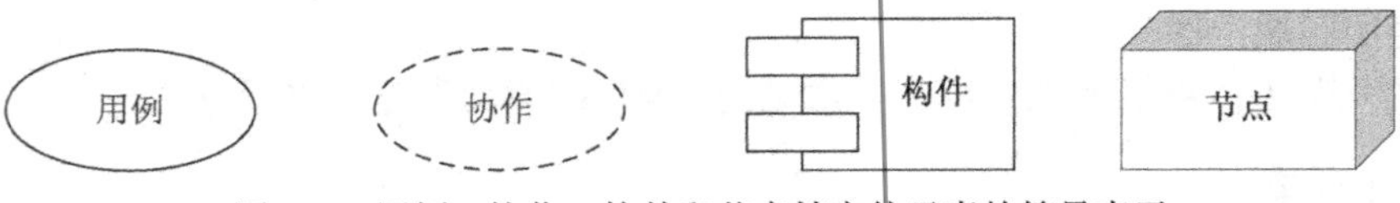

用例　协作　构件　节点

图 2-5　用例、协作、构件和节点等实体元素的符号表示

2.3.2　交互元素

交互元素中，对象是交互的主体，消息的来源和去向都是对象。有时对象还可用于表示消息的内容。对象通常出现在活动图、状态图、顺序图和写作图等模型当中。

对象的图形表示包括对象名、类名及其所有属性值。对象名可以省略，没有对象名的对象称为匿名对象。对象的符号表示与类的图形表示类似，不同的是对象中没有方法，对象中必须含有属性值，且对象名带有下划线。

图 2-6 给出了一个具体对象的图形表示的例子。

[辽宁科技大学]: University

name = 辽宁科技大学
address = 辽宁省鞍山市立山区千山中路185#
zip = 114052

图 2-6　对象的图形表示

UML 中，另一个较为常见的交互元素是状态，状态可以定义成某个对象所处的当前状况或所满足的某个条件。每个状态的内部通常由一组相关的动作组成，对于每个状态，还需要定义触发动作的事件、事件参数和执行这些动作的条件。

UML 中状态迁移、自迁移、控制流和对象流的符号表示如图 2-7 所示。

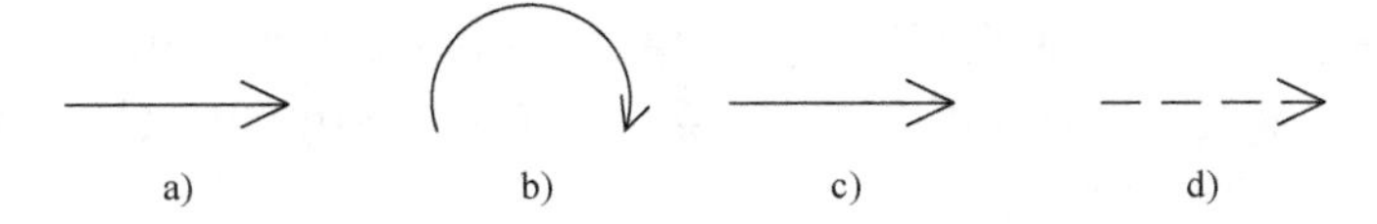

图 2-7　UML 中的迁移、控制流和对象流的符号表示
a) 状态迁移　b) 自迁移　c) 控制流　d) 对象流

最后，UML 中的交互元素还应该包括状态迁移、控制流、对象流和对象之间传递的消息。对象之间交换的消息又可以分为简单消息、同步消息、异步消息和返回消息等多种类型。

对于状态迁移、活动迁移和消息等模型元素，UML 使用了同样的图形符号表示。而对于不同类型的消息，UML 则使用了不同的符号表示。图 2-8 给出了 UML 交互图中的消息的符号表示。

简单消息　调用消息　返回消息　异步消息

图 2-8　消息的符号表示

2.3.3　组织元素

在 UML 中，**视图（View）**通常是按照某个特定标准预先定义好的一种结构，一个模型通常被划分成若干个视图，不同的视图用于存储模型中反映了不同特征或特性的模型元素。例如在一个标准的视图结构中就定义了用例视图、逻辑视图、动态视图、部署视图和构件视图五种视图。

图（Diagram）是对系统在某个方面的特性的一种图形化表示，用户可以根据需要自行设计。

包（Package）是包含在视图以下的针对模型元素的一种分组机制，用于对模型元素进行分组。包还具有可嵌套性，可以包含其他的包。图 2-9 给出了包的符号表示。

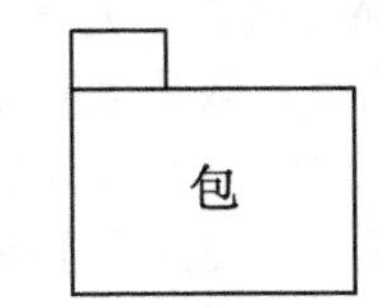

图 2-9　包的符号表示

2.3.4 注释元素

注释（Comment）元素是对指定模型元素的文本形式的一段描述，使用注释的目的是帮助开发人员更好地理解模型元素的语义，也可以用于表示定义在模型元素上的约束。注释可以放置在任何一种 UML 图中，并可以和任何模型元素相关联。图 2-10 给出了注释的符号表示实例。

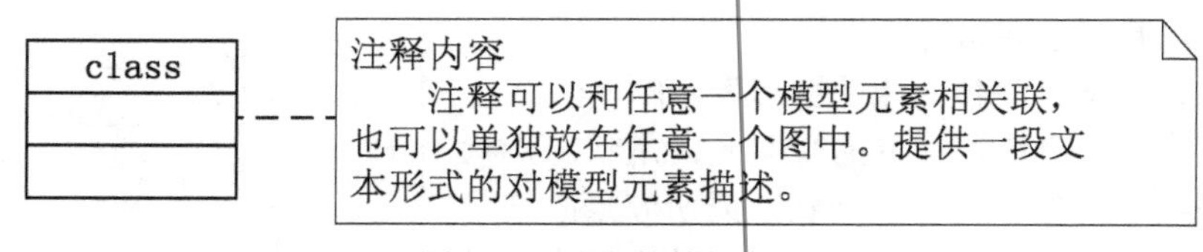

图 2-10 注释的符号表示

2.4 关系

在面向对象概念框架中，关系可以分为对象之间的关系和类之间的关系两大类。对象之间的关系包括依赖、链接、聚合和组合四种关系，UML 中使用类图来描述对象之间的这些关系；类之间的关系则主要是指继承关系。

UML 中定义的这些关系不仅用于描述对象和类之间的类，而且把这些关系推广到各种模型元素之间，从而使这些关系具有广泛的含义。图 2-11 列出了 UML 中依赖、关联、聚合、组合、继承和实现等关系的符号表示。

图 2-11 UML 中各种关系的符号表示

下面分别介绍这些关系以及这些关系的使用方法。

2.4.1 依赖关系（Dependent）

UML 中，依赖关系用来表示两个模型元素（如类、用例等）之间存在的某种语义关系。

对于两个模型元素来说，如果一个模型元素的改变将影响另一个模型元素，那么就说这两个模型元素之间存在着某种依赖关系。

例如：一个类使用另一个类的对象作为操作的参数，一个类使用另一个类的对象作为它的属性，一个类的对象向另一个类的对象发送消息等，这样的两个类之间都存在着一定的依赖关系。

依赖关系一方面表示了对象之间的某种协作，这种协作显然是构建一个系统所不可缺少的；另一方面，依赖也反映了系统元素之间的耦合，这又要求系统中的依赖关系也必须是可控的。

UML 使用带有箭头的虚线表示依赖。图 2-12 给出了两个类之间的依赖，图中类 A 依赖类 B，即类 B 内容的改变将引起类 A 中相应内容的改变。

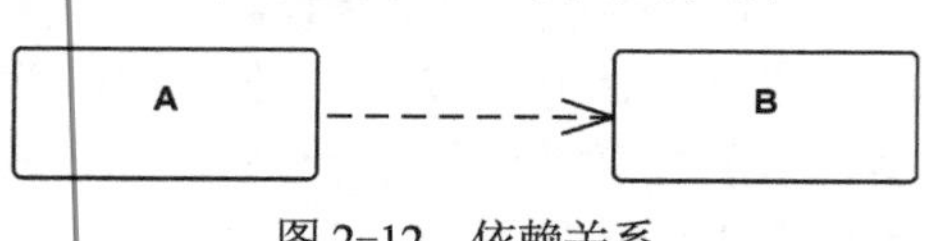

图 2-12 依赖关系

依赖关系不仅存在于各个类之间，很多其他模型元素之间也存在着各种各样的依赖关系，如构件之间的依赖以及包的依赖等，不同的元素之间的依赖关系表示的含义是不同的。其他依赖关系将在后面章节中陆续介绍。

2.4.2 关联关系（Association）

关联关系是一种存在于模型元素之间的结构性的关系，指的是一种模型元素和另一种模型元素之间的语义联系。对于对象（或类）来说，关联意味着在一个对象（或类）内部的任何地方均可以访问到与之相关联的另一个对象（或类）的全部服务。

关联关系可以是单向的，也可以是双向的，单向关联表示对象之间的访问是单向的，双向关联表示对象之间的关联可以是双向的。图 2-13 给出了单向关联和双向关联的符号表示。

双向关联　　单向关联

图 2-13　关联的符号表示

与关联相关的概念还有关联的名字、角色、多重性、关联限定符和关联类等概念。这些细节将在类图建模部分详细介绍。

2.4.3 组合与聚合（Composition and Aggregation）

在关联关系中，如果在两个关联对象之间还具有整体与部分之间的关系时，即一个对象是另一个对象的组成部分时，则称这种关系为聚合（Aggregation）关系。再进一步，如果整体对象与部分对象还具有相同的生存期，则把这个聚合关系称为组合（Composition）关系。

例如，图 2-14 给出了对象之间的组合和聚合关系的例子。图中带有实心的菱形块的直线表示组合，带有空心的菱形块的直线表示聚合。菱形块一端指向的是整体，另一端指向的是部分。

聚合一般代表逻辑上的包含，当然包括物理上的包含，而组合则代表了物理意义上的包含。如图 2-14a 表示了飞机与机身、机翼和起落架等各种对象之间的组合关系。而图 2-14b 表示了股票持有人与其持有的股票之间的关系则是一种聚合关系。

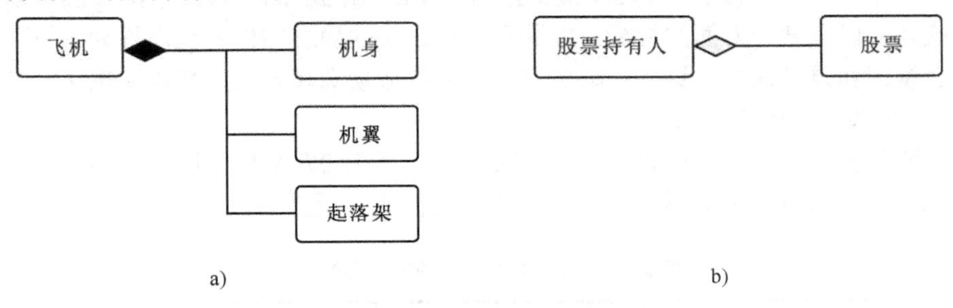

图 2-14　对象之间的组合与聚合

a) 组合关系　b) 聚合关系

2.4.4 继承（Inherit）

继承关系也称为泛化或特化关系，是模型元素之间的一种强耦合的关系。

对于两个类来说，如果一个类拥有另一个类的所有属性和方法，同时前者还可以拥有自己特殊的属性和方法，并且还可以修改或重新定义后者的方法，则称这两个类之间存在泛化关系。称前者为派生类或子类，后者为基类或父类。

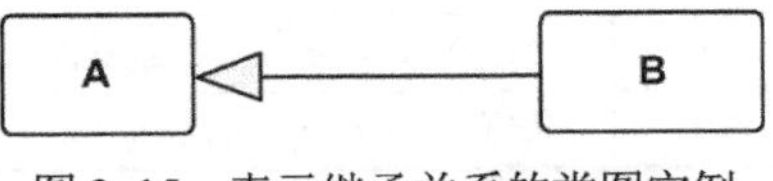

图 2-15　表示继承关系的类图实例

继承的表示非常简单，UML 使用一个带有三角形箭头的实线表示。如图 2-15 所示，箭头一端指向基类，另一端则指向派生类。

图 2-15 表示了一个带有继承关系的类图，图中 A 是超类或父类，也称为基类，B 是子类，也称为派生类。

如果把继承关系中的父类替换成一个接口时，子类则被称为接口的一个实现。此时，二者之间的关系则称为实现关系。实现的图形符号一般使用带有三角形箭头的虚线表示，如图 2-11 所示。

UML 为接口提供了带有构造型的类图和带有直线的小圆圈两种图形表示，图 2-4 中给出了名为 IUnkown 的接口的两种图形表示，前者隐藏接口中定义的操作，后者则包含了接口中的操作列表，二者的语义是相同的，只不过在某种上下文中前者更加简洁。

如果考虑类与接口的实现，实现关系将是一种比继承关系耦合度更低的关系。但由于一个接口仅描述了一组抽象操作，或者说接口并不会被映射成目标系统中的实际模块，所以单纯讨论接口与实现之间的耦合问题将是毫无意义的。但从实现的角度来看，却可以派生出一种新的、类（或对象）之间的关系被称为接口依赖的关系。接口依赖关系显然是所有这些关系中耦合度最弱的一种关系。

例如，图 2-16 说明了接口依赖关系，其中 Interface 是一个接口，类 A 是接口 Interface 的一个实现，类 B 通过接口 Interface 访问了类 A，此时称从 B 到 A 之间存在着一个接口依赖。显然从 B 到 A 的接口依赖要比从 B 到 A 的直接依赖的依赖程度要低一些，但这增加了接口设计方面的开销。

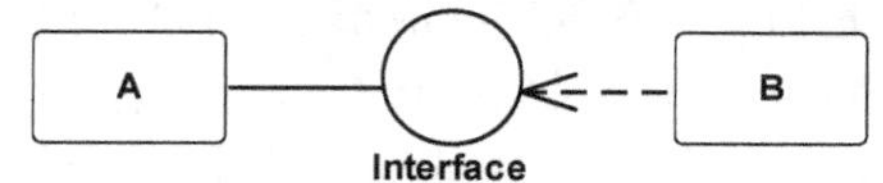

图 2-16 表示了一种接口依赖关系

2.5 图

UML 模型中，图（Diagram）是一种更为重要的模型元素，图可以看成是以一组模型元素为节点，元素之间的连接关系为边构成的图。UML 用图形的方式表示图。图可以用来表达软件系统或其片段在某一方面的特征，如通常表示系统的静态结构和动态行为。每种图都有其特定的构造规则和语义信息，这些规则规定了图的构造规则和方法，其语义也决定了这些图的使用范围、适用规则和使用方法。

UML1.X 定义了九种图，称为基本的 UML 图，UML 2.0 给出了进一步的扩充。表 2-1 中列出了 UML 1.X 定义的 UML 基本图，并给出了它们通常所属的视图。

表 2-1 UML 1.X 定义的九种 UML 图

序号	图	所属视图
1	用例图（Use Case Diagram）	用例视图（Use Case View）
2	对象图（Object Diagram）	用例和逻辑视图（Use Case and Logical View）
3	顺序图（Sequence Diagram）	用例和逻辑视图（Use Case and Logical View）
4	通信图（Communication Diagram）	用例和逻辑视图（Use Case and Logical View）
5	类图（Class Diagram）	逻辑视图（Logical View）
6	状态图（Statechart Diagram）	设计和行为视图（Design and Process View）
7	活动图（Activity Diagram）	设计和行为视图（Design and Process View）
8	构件图（Component Diagram）	构件视图（Lmplementation View）
9	部署图（Deployment Diagram）	部署视图（Deployment View）

另外，UML 图与视图之间还存在着某种微妙的关系，即一种类型的图只能存在于某个或某几个特定的视图之中。例如，用例图仅可以存放在用例视图之中，而类图却可以同时存放在用例视图、逻辑视图、动态视图和构件视图等多种视图中。

某些建模工具软件，例如 Rational Rose，就严格地限制了图与视图之间的从属关系；而 Enterprise Architect 就没有设置任何限制，任何一种图均可存放在任意一个视图中。

2.5.1 用例图（Use Case Diagram）

用例图是一种由参与者、用例以及它们之间的连接关系组成的图。一个用例用于表示系统所具有的某一个功能或对外提供的一种服务。每一个用例都可以分解成一个或一组动作序列，这些动作序列描述了参与者与系统之间的交互，也表示了系统对这些交互的反应和行为。

从用户的角度来看，一个用例完成了对其具有某种价值的工作，也代表了系统应具有的某项功能。完整的用例模型则表达了系统应具有的所有功能。

用例图一般是从参与者使用系统的角度来描述系统中的信息，即在系统外部查看系统应该具有的功能，并不描述这些功能的内部实现。

一张用例图可以包括整个系统的用例，也可以仅包含系统的部分用例，如某个子系统的用例，甚至也可以仅仅单个用例。另外，用例不仅用于描述期望的系统行为，还可以作为开发过程中设计测试用例的基础。

图 2-17 给出了一个用例图的示例，图中列出了若干个参与者、用例、参与者与用例之间的关联以及用例之间的包含或扩充关系等。

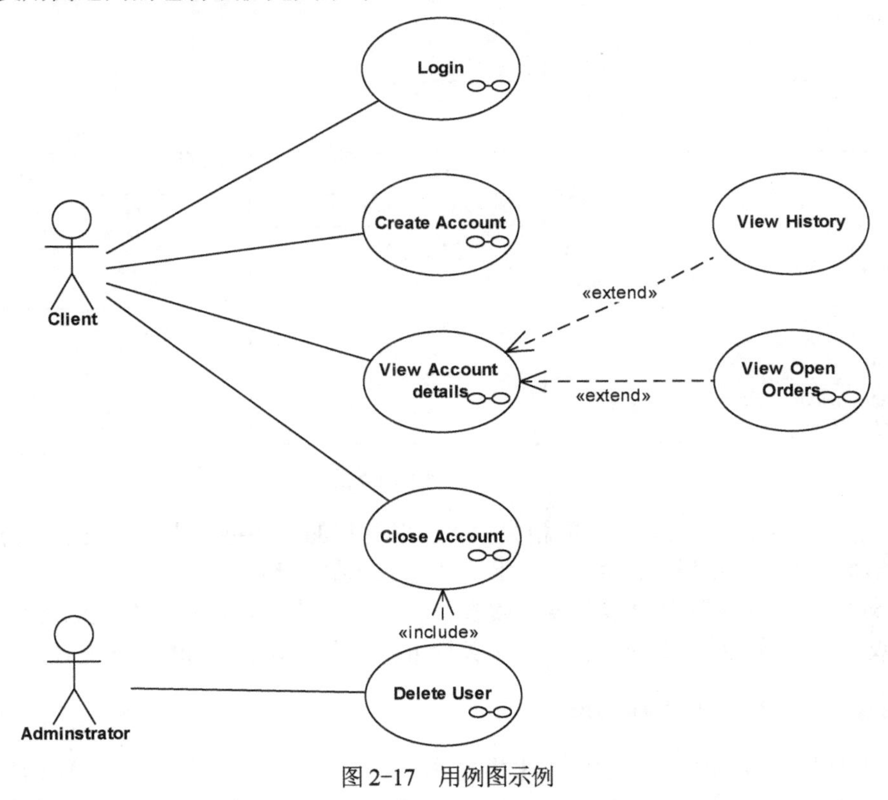

图 2-17 用例图示例

2.5.2 类图（Class Diagram）

类图是由若干个类以及这些类之间的关系组成的图。通常用于描述系统或系统的某个局部的静态结构，也称为软件的结构模型。建模时，通常将结构模型存放在 UML 模型的结构视图中，结构模型也是 UML 中最重要的模型之一，是系统建模所必须完成的最重要的工作结果。

图 2-18 给出了某销售系统的实体类类图，包含了这个系统中的各种实体类，如账户（Account）、商品（StockItem）、订单（Order）、订单明细（Linei Item）、事务（Transaction）和购物车（ShoppingBasket）等多个类，以及这些类之间的关联关系。

这张类图清晰地描述了一个系统中包含的主要实体，例如，账户表示该系统的全体用户构成的集合；商品代表了该系统销售的商品目录集合；订单描述了的该系统的销售记录；订单明细表示了每张订单的商品销售记录；事务代表了用户与系统之间的一次交易；购物车是一个与用户相关联的实体，用于存储用户选择的哪些商品。

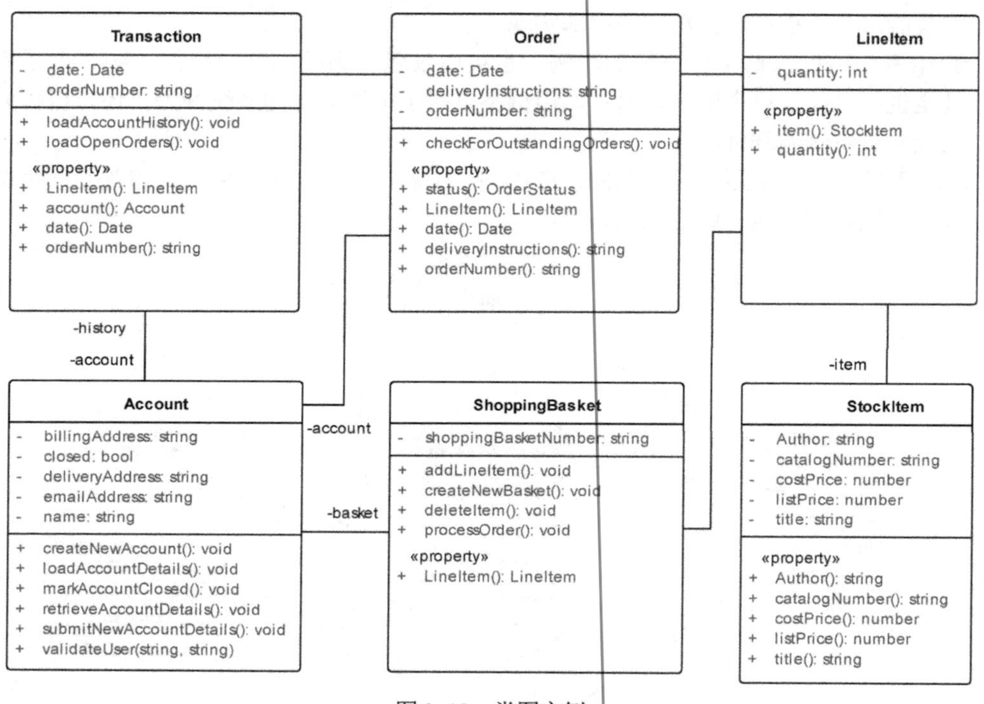

图 2-18 类图实例

这张类图不仅描述了销售系统的相关概念，对这样的类图进一步细化还可以得到销售系统的实体结构模型和数据模型，并可以以此为依据构建整个系统。

一个典型的系统模型中通常需要建模多张类图。一个类图不一定要包含系统中所有的类，通常仅用于建模系统的某个局部。一个类也可以出现在多个不同的类图中。

2.5.3 对象图（Object Diagram）

对象图可以看成是类图的实例，用来描述系统在某个特定时刻某些对象之间的关系。

创建对象图时，并不需要描述系统中的每一个对象。绝大多数系统中都会包含大量的对象，描述所有对象以及它们之间的关系一般并不现实。因此，建模人员可以选取所感兴趣的对象及其之间的关系来描述。

图 2-19 给出了一个对象图的例子，图中包含了一个账户对象、一个订单对象、两个订单明细以及对应的商品对象。图中的对象可以看成是图 2-18 中的各个类的实例。图中的连线（链接）就是图 2-18 中的各类关联的实例。

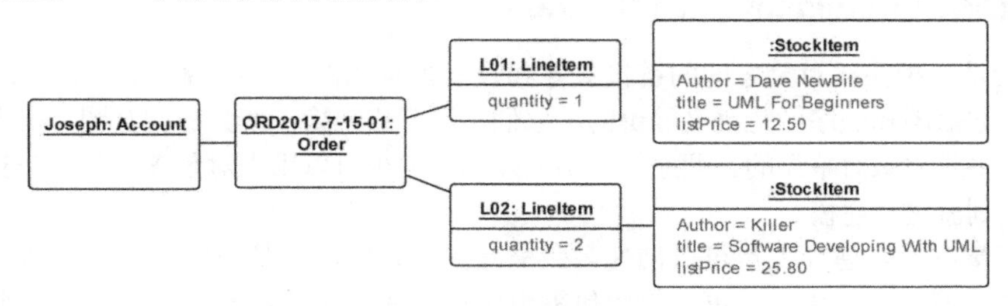

图 2-19　对象图实例

2.5.4　顺序图（Sequence Diagram）

顺序图和通信图统称为交互图。其中，顺序图用来描述对象之间消息发送的先后次序，阐明对象之间的交互过程以及在系统执行过程中的某一具体时刻将会发生什么事件。图 2-20 中的顺序图描述了图书管理系统中借书用例的主要场景。

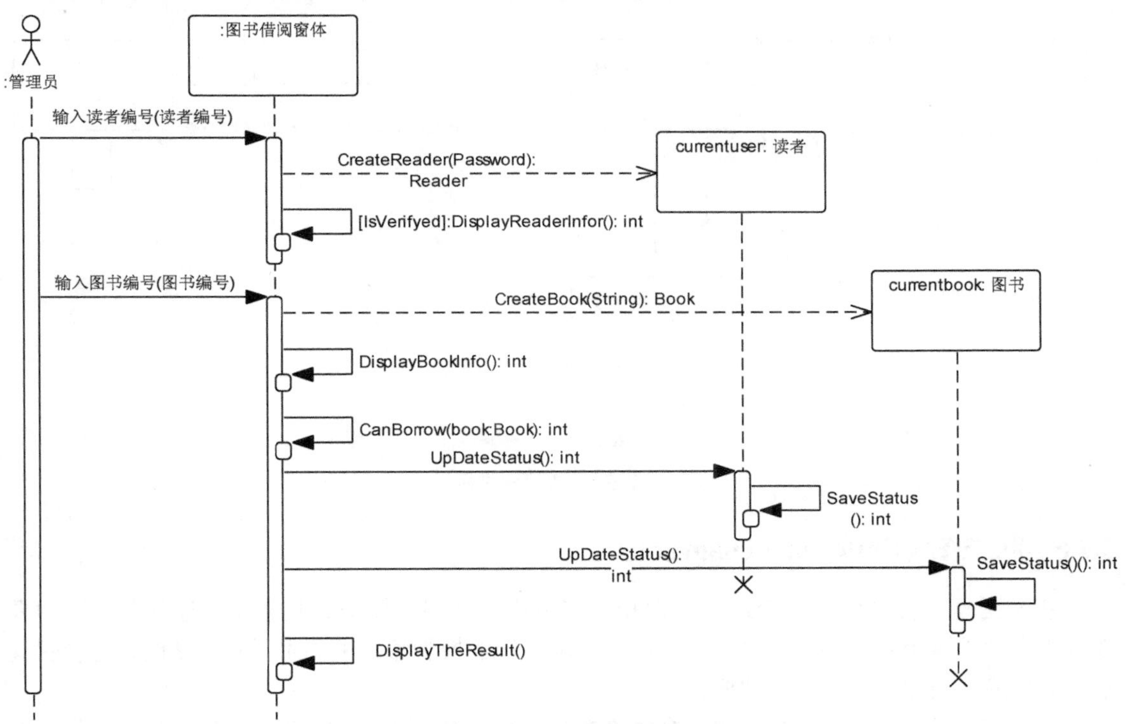

图 2-20　借书用例的顺序图实例

顺序图是一种强调时间顺序的交互图，其中对象沿横轴排列，消息沿纵轴按时间顺序排列。顺序图中的对象生命线是一条垂直的虚线，它表示一个对象在一段时间内存在。

顺序图中的大多数对象都存在于整个交互过程中，因此这些对象全部排列在图的顶部，它们的生命线从图的顶部画到图的底部。每个对象的正下方有一个矩形条，它与对象的生命线相重叠，它表示该对象的控制焦点。顺序图中的消息通常不带有序号，由于这种图上的消息已经在纵轴上按时间顺序排序，因此顺序图中消息的序号通常都被省略掉了。

2.5.5 通信图（Communication Diagram）

通信图是一种描述对象之间的链接关系和收发消息的图，它强调的是收发消息的对象的组织结构。通信图和顺序图是语义等价的，它们可以互相转换，统为称交互图。在大多数情况下，通信图主要用来对单调的、顺序的控制流建模，但也可以用来对包含迭代、分支和并发在内的复杂控制流进行建模。

在一般情况下，建模人员可以创建多张交互图，它们可以是用例、用例的场景、用例的可选流或扩充流等。建模人员可以使用包来组织这些通信图，并给每张图命名一个合适的名字，以便与其他图区别开。图 2-21 给出了一个典型的通信图，它与图 2-20 所示的顺序图是语义等价的。

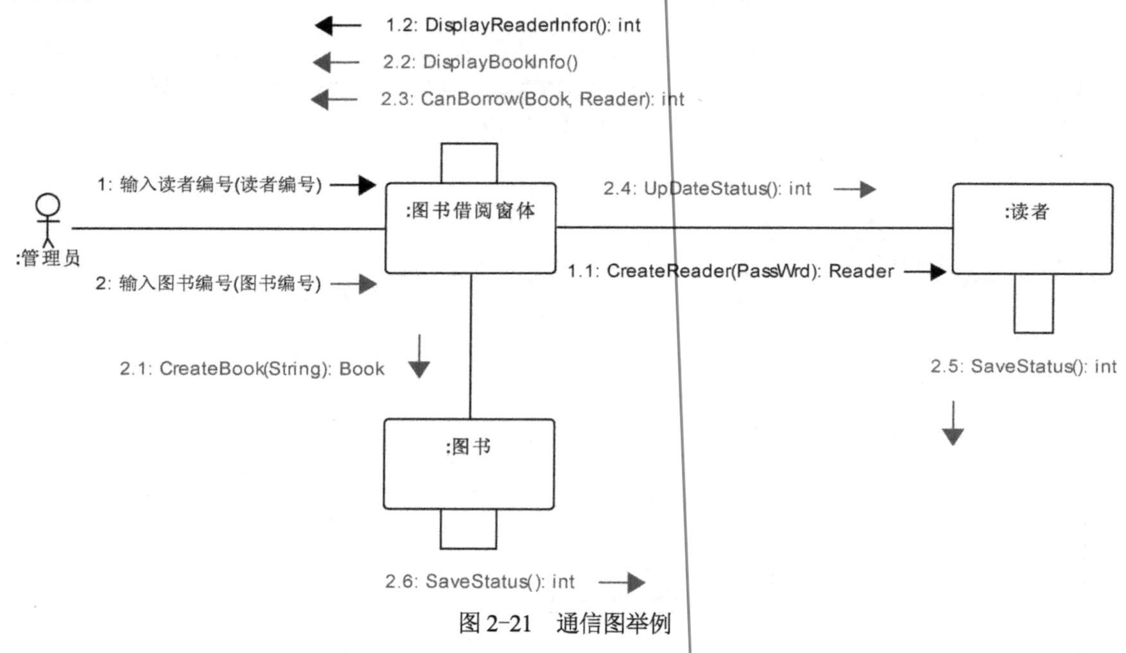

图 2-21　通信图举例

2.5.6 状态图（Statechart Diagram）

状态图是一种由状态、变迁、事件和动作组成的状态机模型。状态图描述的是一个对象在其生存期或某个生存期片段中的状态以及状态变迁的控制流，主要用于对系统的动态特性建模，对反应型对象的行为进行建模。

在 UML 中，状态图可用来对一个对象按事件发生的顺序所触发的行为进行建模。图 2-22 给出了描述某信息系统的登录用户界面对象的状态图。

图 2-22 中就包含了为用户界面对象定义的多个状态，其中包括了一个初始态、两个终止态，以及输入用户名和输入验证码等多个状态。其中初始态和终止态是伪状态，分别表示状态

图表示的过程开始之前和之后的状态。输入用户名状态和输入验证码状态是用户界面对象的两个不同的工作状态，每个状态的内部，还包含了必要的状态属性和相关动作，如入口动作、出口动作和动作等。在所有状态之间，还定义了若干个状态变迁，每个变迁都定义了触发变迁的事件、守卫条件和变迁时需要完成的动作。

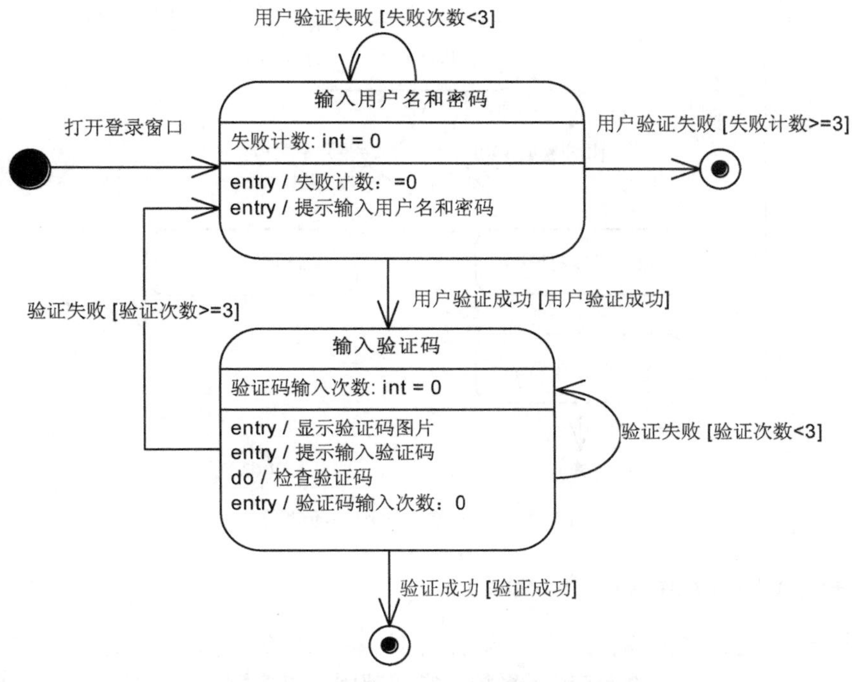

图 2-22　登录用户界面的状态机模型

状态图是对类所描述的模型元素的补充说明，它描述了这个类的对象可能具有的状态、引起状态变化的事件以及状态变迁时需要完成的动作。

2.5.7　活动图（Activity Diagram）

状态图可视为对系统中某个特定对象（如登录用户界面）的动态行为的设计，而活动图描述的这是一个过程（如登录过程）中的参与角色和职责分配这样的问题。二者既相互联系，又相互区别。与状态图不同的是，活动图通常描述的是多个对象共同参与的一项活动。

图 2-23 给出了一个描述用户登录过程的活动图，它与图 2-22 中的状态图一样均描述了用户登录过程，但二者的建模角度和描述方式却均不相同。

活动图主要关注的是系统在完成某项特定任务时所需要进行的活动和动作顺序，同时还关注参与此项活动的参与者或角色的划分，这将有助建模人员找到系统中所需要的对象或角色，并为活动中所需要完成的动作找到合适的执行者。

活动图起源于结构化方法中的流程图，但扩充成为活动图之后，其语义却发生了本质上的变化。也可以把活动图看作是新式样的交互图，但交互图观察的是传送消息的对象，而活动图观察的是对象之间传送的消息。尽管两者在语义上的区别很细微，但它们是用不同的方式来观察系统的。

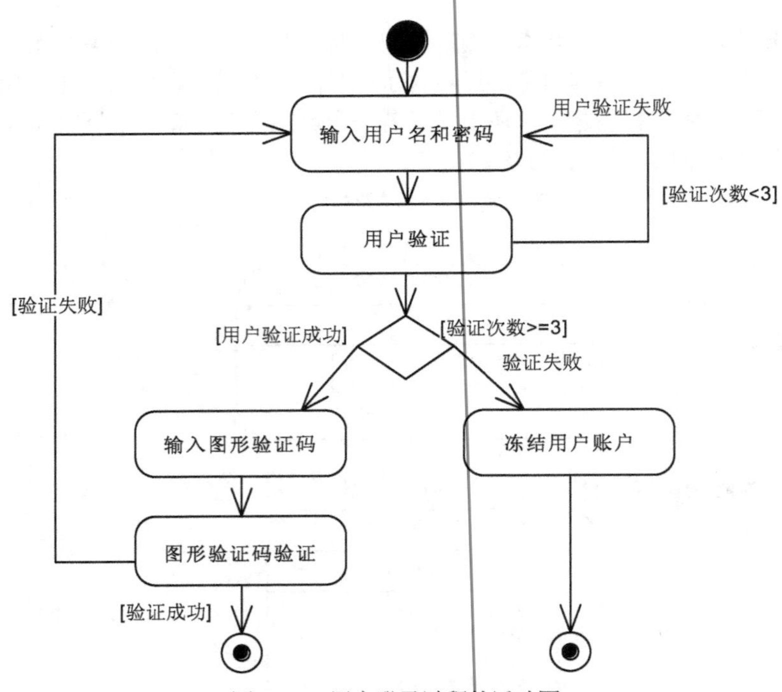

图 2-23　用户登录过程的活动图

2.5.8　构件图（Component Diagram）

构件图用于描述系统的构件组织和构件之间的各种依赖关系，主要用于建模系统的静态构件视图。构件图中也可以包括包或子系统，它们都用于将模型元素组织成较大的组块。

构件可以是任何一个以可执行程序文件、库文件、数据库表、数据文件和文档等形式表示的系统构成成分。构件通常具有可更换性和可执行性，它实现特定的功能，符合一套接口标准并实现一组接口。

图 2-24 给出了一个构件图的例子，图中列出了 Firewall、LAN SQL Server、MS Exchange Server、Orders Database 和 BookStoreOrder 五个构件，还列出了它们之间存在的聚合、关联和依赖关系。

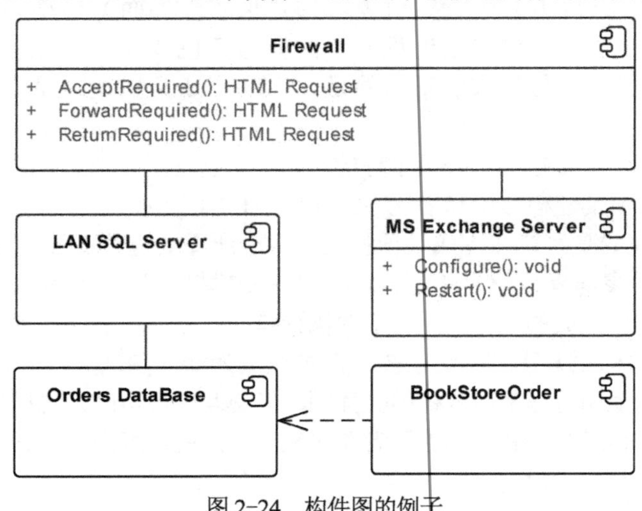

图 2-24　构件图的例子

2.5.9 部署图（Deployment Diagram）

部署图用来描述系统具有处理能力的节点以及构件在这些节点上的配置。部署图主要用于对系统的环境模型视图建模。换句话来说，部署图主要用于描述系统硬件的拓扑结构，每个模型中通常只需要绘制一张构件图。例如，图 2-25 给出了一个图书管理系统的部署图，这个部署图清楚地描述了这个图书管理系统的物理结构。

图中的节点描述了图书管理系统需要的各种处理机或设备，它们分别是数据库服务器（Database Server）、应用服务器（Application Server）、读者终端（Reader Terminal）、图书借阅终端（Book Borrowing Terminal）、信息查询终端（Information Inquiry Terminal）和信息采集终端（Information Collection Terminal）等处理机。图中还包括了条码扫描器（Bar Code Scaner）、读卡器（Card Reader）和条码打印机（Bar Code Printer）等多种不同的设备。

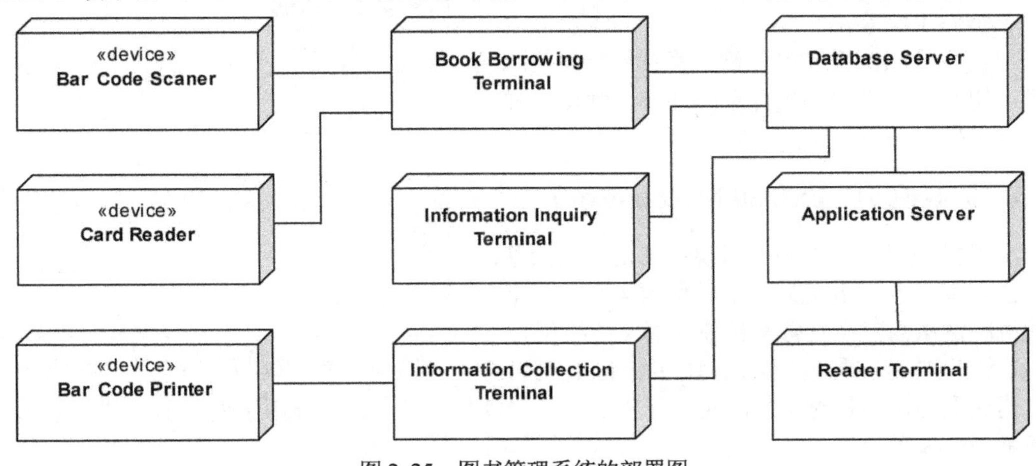

图 2-25　图书管理系统的部署图

2.5.10 其他类型的图

除了上述 9 种基本的 UML 图之外，UML 2.0 及其后续版本还定义了多种不同的 UML 图，它们包括复合结构图（Composite Structures Diagram）、交互概览图（Interaction Overview Diagram）和时序图（Timing Diagram）等。这些图的定义和使用方法，将在 7.6 节中详细介绍。

2.6 通用机制

UML 提供了一些通用机制，为模型中的模型元素添加必要的附加信息。常用的 UML 通用机制包括模型元素的规约（Specification）、修饰符（Decoration）和扩展机制（Extend Mechanism）等。

2.6.1 规约（Specification）

对于任何一个 UML 模型元素，UML 都定义了一个元素规约（Specification）特性，该特性为模型元素给出了一个描述性的文字说明，这个说明一般不出现在模型元素的图形表示当中。UML 的图形表示可以直观地描述系统，元素规约则可以用来描述更多的建模细节。

例如，类的图形符号表示中包括了类名、操作、属性以及类关系等方面的信息。如果需要描述类概念以及类定义等方面的信息，则可能将这些信息保存在类的规约之中。

2.6.2 修饰符（Decorator）

UML 中，除了用符号表示特定的模型元素之外，还用各种修饰符表示模型元素的具体细节。

例如，图 2-26 中给出的 CAnimate 类的符号中，就使用了一些修饰符。

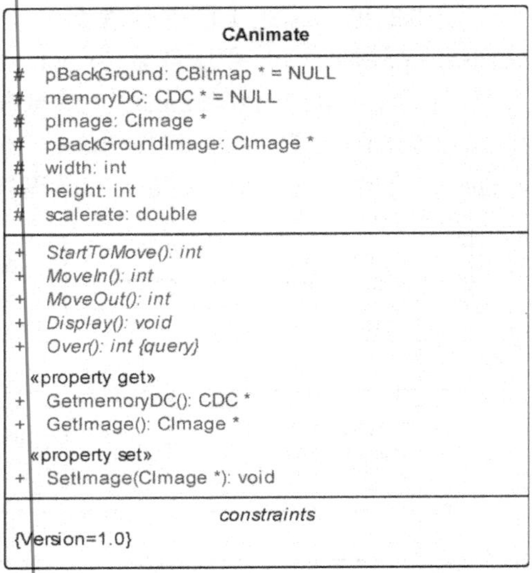

例如，类图中使用斜体的类名表示抽象类；+、- 和 # 等符号表示属性和操作的可见性；斜体的操作名表示抽象方法；带下划线的属性名或方法名表示类作用域等。

类图中的修饰符既可以修饰类，如抽象类和具体类，也可以用于修饰属性和方法等，如属性和方法的可见性和作用域等。

CAnimate

pBackGround: CBitmap * = NULL
memoryDC: CDC * = NULL
pImage: CImage *
pBackGroundImage: CImage *
width: int
height: int
scalerate: double

+ *StartToMove(): int*
+ *MoveIn(): int*
+ *MoveOut(): int*
+ *Display(): void*
+ *Over(): int {query}*

«property get»
+ GetmemoryDC(): CDC *
+ GetImage(): CImage *

«property set»
+ SetImage(CImage *): void

constraints
{Version=1.0}

图 2-26 某图像浏览器程序中的 CAnimate 类

2.6.3 扩展机制（Extend Mechanism）

所谓扩展机制是指在使用现有模型元素的基础上，使用某种方式定义具有某种特定含义的模型元素的机制，从而建立具有某种新的语义的模型。

UML 扩展机制包括构造型和标记值两种方式。构造型的作用是对 UML 模型元素所表示的概念的扩展，主要用于根据已有的模型元素创建新类型的模型元素。

UML 为不同的模型元素预定义了不同的构造型，称为预定义的构造型，例如，为类指定的构造型《interface》表示接口，为用例间的关系指定的构造型《include》和《extend》表示用例间的包含和扩充关系等。UML 通过这些构造型定义了多种不同的模型元素。具体的这些构造型将在后面各个章节中陆续介绍。

另外，UML 还可以允许用户定义自己的构造型，这将使得用户可以按自己的方式定义模型元素或将 UML 应用扩展到其他领域。

标记值也是对 UML 模型元素特性的一种扩展，增加标记值是指在模型元素规约创建新的信息。其具体形式是为模型元素增加一个属性名和相应的属性值，以增加模型元素的表现力。

与构造型类似，标记值也分为预定义的标记值和自定义的标记值。如类的预定义标记包括位置、文档、持久性、语义和职责等。

例如，图 2-26 中的类 CAnimate 中标注的{Version=1.0}就为这个类增加了一个自定义的标记值，其含义是说明了这个类的版本。

2.6.4 约束（Constraint）

约束也是 UML 的一种公共机制，用于表示模型元素应该满足的某个特定的条件。建模时，用户可以使用约束表示软件需要满足的业务规则。

在 UML 中，约束的描述方式很随意，常见的方式可以是用自然语言编写的短语或句子，也可以使用对象约束语言编写的 OCL 表达式，也可以是其他任何能够接受的形式。

在 UML 图中，约束使用带花括号的文本的方式加以描述。图 2-26 中的{Version=1.0}就是一个附加在类 CAnimate 上的约束，它要求 CAnimate 的版本是 1.0。

2.7 对象约束语言简介

对象约束语言（Object Constraint Language， OCL）是 UML 中专门用于编写约束和业务规则的一种形式语言。

1995 年，IBM 公司的 Jos Warmer 和 Steve Cookdailing 带领的一个小组开发了对象约束语言，并将其作为业务建模项目的一部分，它后来成为 IBM 提交给对象标准化组织（OMG）的统一建模语言的一个部分，并将其视为定义模型中约束的推荐语言，并成为 UML 版本 1.1 规范的一部分开始被正式采用。

2.7.1 对象约束语言的特点

OCL 是一种简单、规范的描述性语言，它具有如下主要特点。

1．规范性

OCL 是一种既简单又规范的语言。这使得 OCL 既易于理解和使用，又能够更容易地为 UML 模型编写出含义明确且不容易引起误解的规则和约束。规范性是指这种语言具有严格的语法，同时也具有严格的使用规则。使用这种语言时，模型工具通常提供了严格的语法检查机制。

2．描述性

OCL 是一种说明性的描述语言，对模型描述的结构或功能没有任何副作用。使用 OCL 语句不会实质性地改变模型中的任何内容（如对象属性和方法）。

3．非过程性

通常，人们并不使用 OCL 表达式描述模型中的过程（或活动）。例如，违反了某个特定规则时应执行的动作，这样的活动仍然使用 UML 模型元素（如活动图中的动作等）描述。

4．强类型

OCL 是一种严格的强类型的语言，所有运算符都要求其操作数必须符合指定的类型要求，同时每个操作也都只能适用于特定的操作数类型。这使得使用这种语言可以严格、无二义性地描述建立的 UML 模型。这些特性使得这种语言既便于使用，又有助于建立概念清晰、结构严谨、表达明确、无二义性的软件模型。尽管 UML 不强制使用 OCL，但理解和掌握这种语言的使用方法很有意义。

2.7.2 OCL 的主要用途

OCL 最主要的用途就是为 UML 模型中的各种模型元素指定需要的规则和约束，而这些规则或约束则可以大致划分为以下几种情形。

1．类不变量

类不变量（Invariant for Class）是指对一个类的任何实例在任何情况下必须成立的条件，指定了一个类的所有对象都必须遵守或满足的条件。

2．构造型的类型不变量

类型不变量（Type Invariants for Stereotype）是一个与类型有关的不变量。在定义一个构造型时，可以用它指定一个适用于该构造型的所有类必须满足的条件。

3．操作的前置条件和后置条件

前置条件（Pre-Condition）或后置条件（Post-Condition）是一种约束，它指定了执行一个类操作之前或者之后需要满足的条件。在 OCL 表达式中，可以用分别使用《precondition》和《postcondition》构造型表示。

4．警戒条件

警戒条件（Guards）用于指定是否执行某个特定的活动（或处理），或者当存在多种替代方案时如何选择某一个方案的条件。

5．模型中的导航规则

导航规则（Navigational Rules）是指 OCL 表达式中，如何通过上下文访问与上下文相关联的对象的规则，这使得 OCL 表达式可以使用导航规则明确地描述模型中与上下文相关联的模型元素有关的规则和约束。

6．派生规则或约束

派生规则（Derivation Rules）指定的是如何通过其他值计算一个特定的值的规则。

2.7.3　OCL 类型与操作

OCL 数据类型分为预定义的基本数据类型、集合类型和用户自定义数据类型三种情况。

1．基本数据类型

OCL 基本数据类型包括整数（Integer）、布尔（Boolean）、实数（Real）和字符串（String）等数据类型，这些类型独立于任何对象模型，也是对象约束语言的基本组成部分，适用于任何 UML 模型。

OCL 的基本数据类型的相关运算符及取值的例子如表 2-2 所示。

表 2-2　OCL 基本类型及其运算符

数据类型	运算符及结果类型		取值
	相关运算符	结果类型	
Boolean	and, or, not, xor, =, <>, implies	Boolean	true, false
	if b1 then <e1> else <e2>	Type of e1 or e2	
Integer	=, <>, <, >, <=, >=	Boolean	1, −5, 2, 34, 26524, …
	+, −, *	Integer	
	/	Real	
	mod, div, abs, max, min	Integer	
Real	=, <>, <, >, <=, >=	Boolean	0.5, 3.14, …
	+, −, *, /	Boolean	
	round, floor	Integer	
String	Substring, concat	String	'To be or not to be…'
	toLower , toUpper	String	
	s1 = s2	Boolean	

2．集合类型（Collection）

OCL 定义了 Set、Bag、Sequence 三种具体的集合类型，它们都是抽象集合类型

（Collection）的子类型，Collection 类型包含了对所有集合都通用的操作。图 2-27 描述了 OCL 集合类型之间的关系。

其中，Collection 是抽象的集合类型，用于定义所有集合类型的公共属性和公共操作。Bag 是无序集合类型，可以包含重复元素。Set 类型表示一个无序集合，但其元素不允许重复。Sequence 则表示一个既有序，又可以包含重复元素的集合。

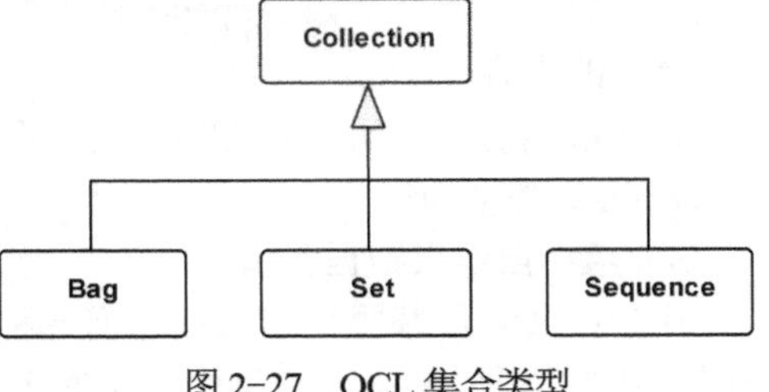

图 2-27　OCL 集合类型

表 2-3 列出了集合类型的主要操作。

表 2-3　集合类型的主要操作

类型	操作及其结果类型		说明
	操作	操作结果类型	
Collection	size	Integer	集合中的元素个数
	count(Object)	Integer	Object 类型的元素个数
	includes(Object)	Boolean	是否包含对象 Object
	includes All (Obj Coll)	Boolean	判断当前是否包含指定集合
	is Empty	Boolean	判断当前集合是否空
	not Empty	Boolean	判断当前集合是否非空
	sum( )	Integer or Real	计算集合中所有元素的和
	=	Boolean	判断两个集合是否相等
	union(Collection)	Collection	返回当前集合与指定集合的并集
	including(Object)	Collection	返回当前集合与指定元素合并得到的集合
	excluding(Object)	Collection	返回移除指定元素后得到的集合
	intersection(Collection)	Collection	返回当前集合与指定集合的交集
	iterate (Init Expr; Expr)	Expr	遍历当前集合并执行指定的操作
	select(Expr)	Collection	返回当前集合中满足指定条件的元素集合
	reject(Expr)	Collection	返回当前集合中不满足指定条件的元素集
	collect(Expr)	Collection	返回当前集合中指定类型的元素集合
	exists(Expr)	Boolean	判断当前集合是否含有满足指定条件元素
	for All(Expr)	Boolean	判断当前集合所有元素是否满足指定条件
Bag	asSet( )	Set	返回由 Bag 类型集合转换的 Set 类型集合
	asSequence( )	Sequence	返回由 Bag 类型集合转换的 Sequence 集合
Set	s1 - s2	Set	返回 s1 与 s2 的差集
	symmetricDifference(s2)	Set	返回 s1 与 s2 的对称差集
	asBag()	Bag	返回由 Set 类型集合转换的 Bag 类型集合
	asSequence( )	Sequence	返回由 Set 类型集合转换的 Sequence 集合
Sequence	first	Type in Collection	返回当前序列中第一个元素
	last	Type in Collection	返回当前序列中最后一个元素
	at(Integer)	Type in Collection	返回当前序列中指定位置的元素
	append(Type)	Sequence	返回在当前序列追加了指定元素的序列
	prepend(Type)	Sequence	返回在当前序列起始位置添加指定元素的序列
	as Bag( )	Bag	将 Sequence 类型对象转换成 Bag 类型对象
	as Set( )	Set	将 Sequence 类型对象转换成 Set 类型对象

需要注意的是，抽象集合类型的操作对其所有子类型都是适用的；同时，没有哪个操作可以更改集合的内容，如 Append 操作虽然返回一个添加了某个元素的新集合，但它并不更改原有集合的内容。

在一般情况下，可以将 UML 类图中的关联视为 Set 类型的集合，有序关联可以当作是一个 Sequence 类型的集合。

3．用户自定义数据类型

用户在 UML 模型中定义的任何一种类型（如用户定义的类等）均可以看成是 OCL 的用户定义数据类型。UML 模型中定义的大多数据类型或符号均出现在 OCL 表达式中，它们或者作为 OCL 类型，或者作为 OCL 变量。

2.7.4 OCL 表达式

对象约束语言主要使用的方式是编写 OCL 表达式（OCL Expression），并使用它们描述 UML 模型元素所需要的规则和约束。

OCL 表达式可以看成是一个由运算符和操作数组成的表达式，每个表达式均具有一个类型并返回一个结果。

为了明确 OCL 表达式与 UML 模型元素之间的关系，每个 OCL 表达式都必须具有明确的**上下文（Context）**。在 OCL 表达式中，上下文可以看成是对模型中某个特定的 UML 模型元素的一个引用，通过这个引用可以为模型元素定义期望的规则或约束。

上下文可以是 UML 模型中的任何类、属性、方法以及类之间的关联。上下文为表达式指明了表达式希望约束或描述的目标。没有明确上下文的表达式将毫无用处。

图 2-28 给出了一张类图，图中包含了两个类及其关联关系。后面介绍的部分例子中将会以这张图中的内容为上下文定义需要表示的业务规则。

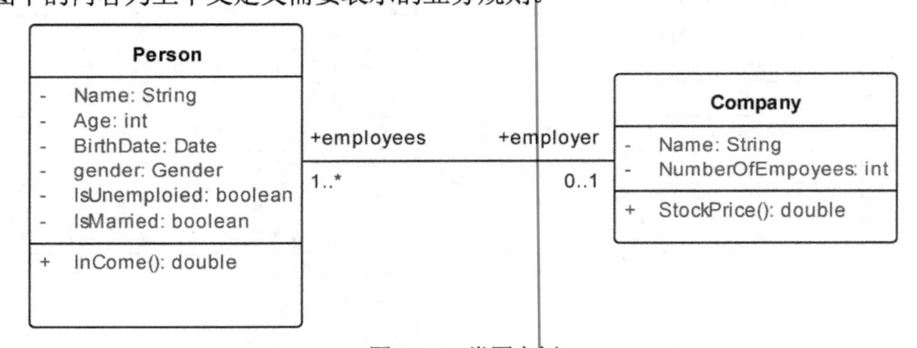

图 2-28　类图实例

在模型中使用 OCL 表达式时，可将表达式放置在相关上下文的附近位置或与上下文相关的注释中。下面将通过一些例子，说明 OCL 表达式的设计和使用方法。

OCL 表达式通常可以分成不变量、操作约束、初始或派生规则以及导航等多种形式。

1．不变量（Invariant）

不变量表达式通常以模型中某个特定的类为上下文，描述这个类的所有实例应该满足的约束条件。

例如，对于图 2-28 中的 Company 类，定义了“员工数大于 50”的约束，可以使用如下的表达式表示。

```
context Company inv:
numberOfEmployees > 50
```

表达式第一行中 context 是一个 OCL 关键字，表示其后面的类名 Company 是整个表达式的上下文。其含义是表达式的作用范围是 Company 类的所有实例。符号 inv 是一个关键字，表示该表达式是一个不变量表达式。

第二行定义了一个用布尔表达式（numberOfEmployees > 50）表示上下文需要满足的条件，其中 number Of Employees 被隐含地解释成 Company 类的属性。

两行语句组成了一个完整的 OCL 表达式，它表达的语义是："Company 类的 number Of Employees 属性值必须大于> 50"或"公司员工数＞50"。这个表达式为 Company 类定义了一个约束。

下面列出了三个使用了不同表示法的等价表达式：

```
context Company inv:                context c: Company inv:           context c: Company inv enough Employees:
self.numberOfEmployees > 50         c.numberOfEmployees > 50          c.numberOfEmployees > 50
```

其中的第一个表达式使用了 self 关键字，self 表示上下文 Company 类的一个实例，其作用是明确了 number Of Employees 是 Company 类的属性。

第二个表达式使用 Company 类的实例变量 c 作为上下文，c 被视为 Company 类的一个实例，表达式明确了 number Of Employees 是实例变量 c 的属性。

最后一个表达式将 enough Employees 定义为 OCL 表达式的名字，这使得可以在其他地方使用这个名字引用这个约束。

这三种形式的表达式的语义相同，但它们使表达式更明确也更无二义性。在不引起混淆的情况下，可以使用省略 self、变量名和规则名字等这样的表示。

2．操作约束（Operation Constraint）

OCL 表达式可以定义模型中与类操作有关的约束，操作约束可以分为操作的前置条件、后置条件和操作体约束。其中，前置条件和后置条件分别表示了操作执行前和执行后必须满足的条件。操作体约束表示操作本身在执行过程中应满足的条件。因此，操作约束实际上也是一种不变量约束。

前置条件通常是对其输入参数的约束。后置条件则主要是对操作输出结果的约束。定义前置条件或后置条件的方法就是使用 pre 和 post 关键字表示前置条件和后置条件。另外，关键字 result 表示操作的返回结果。定义操作约束的语法格式定义如下。

```
context Typename:: properationName(): Type
pre: --
post: --
```

例如，为 Person 类的 InCome 操作定义前置和后置条件。

```
context Person:: InCome () : Person
pre: self.isUnemployed = false
post: result>1500
```

操作体约束使用 body 作为表达式条件的前缀。在一般情况下，表示一个查询操作的结果。表达式的类型必须与操作的结果类型相一致。与前置条件和后置条件一样，可以在表达式中使用操作参数。

前置条件、后置条件和操作体表达式可以是混合在一个操作上下文中。

3．初始和派生规则（Initial and Derived Value）

OCL 表达式可以通过初始和派生规则为属性或关联角色指定初始值和派生值。OCL 定义了 init 和 derive 两个关键字来定义初始和派生规则。定义初始和派生规则的语法规则的语法形式如下。

```
context Typename:: attributeName: Type
init:   -- some expression representing the initial value
      context Typename:: assocRoleName: Type
derive:   -- some expression representing the derivation rule
```

注意：上述表达式中的“--”表示注释。

4．导航（Navigation）

在 OCL 表达式中，除了上下文之外，还可以使用与上下文相关联的模型元素，以此为上下文定义与关联元素相关的约束或规则。

OCL 将上下文与相关元素之间的关系称为导航（Navigation）。OCL 导航是通过使用导航运算符（圆点(.)和箭头(->)）实现的。这两种导航运算符的区别在于圆点(.)适用于单个对象，而箭头(->)适用于对象集合，即两个运算符的逻辑层次是不同的。

使用导航运算符，可以引用上下文的属性、操作和关联等，这使得 OCL 表达式具有了十分强大的表现能力。

例如，对于图 2-29 中的类图，指定“订单客户必须大于 18 岁”这样一个约束。

```
context Order
inv: self.customer_of_order.age > 18
```

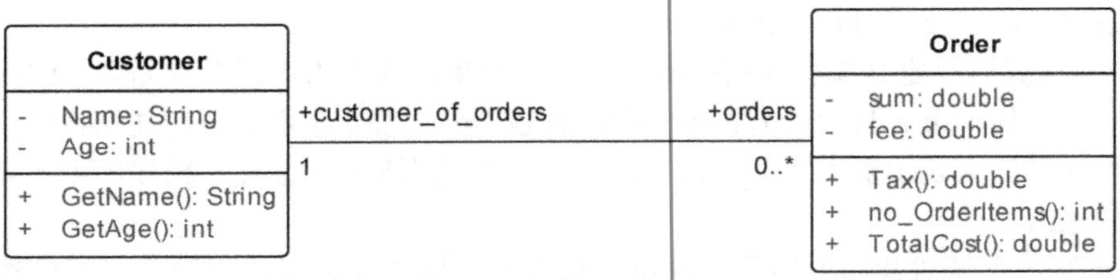

Customer
- Name: String
- Age: int
+ GetName(): String
+ GetAge(): int

+customer_of_orders 1 —— +orders 0..*

Order
- sum: double
- fee: double
+ Tax(): double
+ no_OrderItems(): int
+ TotalCost(): double

图 2-29　使用关联角色名的导航

表达式使用 Order 作为上下文，通过关联角色 customer_of_order，再引用 age 属性，指定了“客户年龄大于 18 岁”这样的约束。

表达式中的导航从 self 关键字（Order 类实例引用）开始，导航到 customer_of_order，关联角色名，然后再导航到订单的属性 age。

这个表达式的语义是“每个订单的客户的年龄必须大于 18 岁”。这里引申出了一个问题，这个规则的语义和“客户年龄必须大于 18 岁”的语义是一样的吗？

比上述 OCL 表达式更简洁的写法可表示如下。

```
context Customer
inv: self.age > 18
```

值得注意的是：这两种写法并不完全等价，前一种写法的语义可能更具有合理性。

还有一个问题是**关联角色的多重性问题**。当关联角色的多重性是 1 时，这个关联角色代表的是一个单独的对象。但多重性大于 1 时，这个关联角色所代表的则是一个对象集合。二者在 OCL 表达式中是有显著的区别的。

例如，多重性大于 1 时的关联角色的 OCL 表达式。

```
context Customer inv:
orders->size > 1
```

式子中关联角色 orders 的多重性是*，表示的是与 Customer 关联的所有订单的集合。此时应使用箭头运算符进行导航。上面的表达式准确地表达了这样的情形。其中的 size 是集合类型 Collection 的一个属性，返回的是集合的元素个数。

最后，当 UML 模型忽略了关联角色名时，可以使用被关联的类名的小写形式代替关联角色名进行导航。

例如，图 2-30 给出了一个省略了关联角色名的类图。对这样的情形，OCL 规定使用小写的类名替代关联角色名，此时的 OCL 表达式就可以写成下面的形式。

```
context Customer inv:
order->size > 1
```

表达式中的 order 不是类名，而是图中关联在 Order 类一端的关联角色名。并且，这个关联角色的多重性还是*，因此使用了箭头导航符，size 返回的是集合的元素数量。

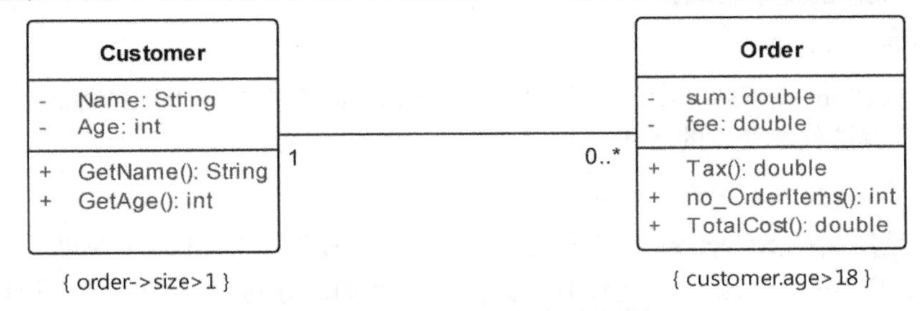

图 2-30　忽略关联角色名时的导航

2.7.5　集合操作（Collection Operation）

OCL 定义了丰富的集合类型和操作，运用这些集合操作，可以写出明确和无二义性地表达模型中与集合有关的较为复杂的规则和约束。

本节将选择若干个典型的集合操作来介绍一下集合操作的基本使用方法。

1. 枚举操作（Iterate Operation）

枚举操作是一个基本的集合操作。OCL 中其他集合操作，如筛选（Reject）、选择（Select）、所有（For All）、存在（Exists）和收集（Collect）操作等都与枚举操作有关。

枚举操作的语法格式定义如下。

```
collection->iterate ( elem : Type; acc : Type = <expression> |expression-with-elem-and-acc )
```

其中，collection 是集合对象，是集合操作的承受者；iterate 是枚举操作的操作名；变量 elem:Type 是迭代器，表示集合 collection 中的每个元素；变量 acc:Type 被称为累加器，expression 表示累加器的初值；Type 是集合元素类型。枚举操作工作时，迭代器将依次取值集合的每个元素，同时，对每个迭代器 elem 和累加器 acc 计算表达式（expression-with-elem- and-acc）的值，并赋值给累加器 acc。迭代过程结束后，累加器变量的值将被作为操作结果返回。

枚举操作可以有很多灵活的应用。例如，对于图 2-30 中的类图，编写一个能够描述“顾客所有订单的金额的总和”的 OCL 表达式。这个操作只要枚举顾客的每一张订单并累加每张订单的金额即可，不难写出下面的表达式。

```
orders->iterate (order : Order ;sum :Real = 0 | sum + order.sum)
```

这个表达式似乎并不完整，进一步完善后，可得出下面的表达式。

```
context Customer inv:
self.orders ->iterate(order : Order ;sum :Real = 0 | sum + order.sum) >= 0
```

此时，得到了一个不变量，其含义是“顾客的订单总额不能是负数”。这显然也可以看成是一个定义在顾客对象上的约束。其内容也包含了“顾客所有订单的金额的总和”的描述。

2．选择操作（Select Operation）

使用 OCL 表达式中的操作或导航可能会产生一个特定的集合，但有时可能仅对其中某些特殊元素感兴趣，此时，对集合中的元素进行必要的筛选就变得很有意义了。

选择（Select）操作，就是指从一个特定集合中选择满足指定条件的元素，并以集合的形式返回被选择的元素。

在 OCL 中，Select 操作可以有简单、含迭代器和一般三种表示形式。

1）Select 操作的基本格式。

```
collection->select(<condition>)
```

其中，collection 是表达式中的集合对象，<condition>是指定的查询条件。

2）使用含有迭代器变量的形式。

```
collection->select( v | boolean-expression-with-v )
```

其中，v 是定义在 collection 上的迭代器变量，用于枚举 collection 中的每个元素。表达式中“|”前面的部分相当于迭代器变量的声明，“|”后面的部分则是一个引用了迭代器变量 v 的布尔表达式（boolean-expression-with-v），用于检查每次迭代枚举到的元素。迭代过程中，每个评估值为真的元素加入到将作为操作结果的集合中。

3）Select 操作的一般表示形式。

```
collection->select(v : Type | boolean-expression-with-v）
```

一般形式与含迭代器变量的形式相同，不同的是它标明了迭代器变量的类型。

例如，描述“年龄大于 50 岁的员工集合是一个非空集合”的 OCL 表达式可以写成如下三种形式。

1）简单形式。

```
context Company inv:
self.employee->select(age > 50)->not Empty()
```

2）含迭代器形式。

```
context Company inv:
self.employee->select(p | p.age > 50)->not Empty()
```

3）一般形式。

```
context Company inv:
self.employee->select(p: Person | p.age > 50)->not Empty()
```

建模时，在不引起歧义的情况下，可选择比较简单的形式。与 Select 操作类似，OCL 还定义了一个筛选（Reject）操作。Reject 操作主要用于从集合中滤掉满足指定条件的元素，并返回未被过滤掉的元素的集合。这个操作具有与 Select 操作完全相同的表示形式，具体用法与 Select 操作完全相同。

Reject 操作的三种语法表示形式定义如下。

```
collection->select( boolean-expression)
collection->select(v | boolean-expression-with-v)
collection->select(v : Type | boolean-expression-with-v)
```

3．收集操作（Collect Operation）

前面讨论的选择和筛选操作的结果总是原始集合的子集。当想要从原始集合派生出某个特定的集合，但结果却不再是原始集合的子集时，就可以使用 Collect 操作了。

Collect 操作的含义是对于给定的表达式，计算原始集合中每个元素的表达式值，并将计算结果收集到一个集合中，最后返回这个集合。

Collect 操作的语法格式与 Select 和 Reject 相似，可以写成如下的三种形式。

```
collection->collect( expression )
collection->collect( v | expression-with-v )
collection->collect( v : Type | expression-with-v )
```

例如：当需要使用“公司所有员工的出生日期”这样的一个集合时，就可以使用收集操作来描述这样的操作，可以写成如下的 OCL 表达式，并可应用在任何一个以 Company 为上下文的 OCL 表达式中。

“公司所有员工出生日期”集合可以用三种形式表示，它们的解读方式与 Select 操作完全一样，具体表示如下。

```
self.employee->collect( birth Date )
self.employee->collect( person | person.birth Date )
self.employee->collect( person : Person | person.birth Date )
```

它们的具体语义就不再过多了。

还有一个重要问题是收集（Collect）操作的结果类型问题。前面介绍过，集合是一个抽象类型，集合类型被分为 Bag、Set 和 Sequence 三种类型。因此，任何一个集合都只能是 Bag、Set 和 Sequence 这三种类型之一。

对与 Collect 操作，OCL 特别做了一个约定，如表 2-4 所示。

表 2-4　Collection 操作结果类型

源集合		Collect 操作的结果类型
类型	特征	
Set	不重复、无序	Bag
Bag	可重复、无序	Bag
Sequence	可重复，有序	Sequence

在这个约定中，Collect 操作结果的类型中没有 Set 类型。如果希望 Collect 操作结果的类型是 Set 类型，可以使用 Bag 类型的 asSet 操作将结果转换成 Set 类型，此时得到的结果将可能会发生必要的变化。

例如当公司的员工的出生日期值出现重复时，出生日期值将在选择操作结果中重复出现。Collect 操作产生的 Bag 类型的集合的大小总是与原始集合的大小完全相同。但使用 asSet 属性转换后的结果就不再相同了。

例如，当希望收集“公司员工有多少个不同的生日”以支持某业务规则时，就可以使用下面的表达式来描述这样的集合。这个表达式所描述的集合中，出生日期就是不重复的。

```
self.employee->collect( birth Date )->as Set()
```

4．所有操作（For All Operation）

在很多情况下，约束可能需要定义在集合的所有元素上。OCL 的 For All 操作将允许这样的检查。所有 For All 操作的用途是检查集合元素是否满足指定条件，当集合的所有元素都满足指定条件时，表达式返回真。

所有（For All）操作同样具有如下三种形式。

```
collection->for All( v : Type | boolean-expression-with-v )
collection->for All( v | boolean-expression-with-v )
collection->for All( boolean-expression )
```

例如，下面的 OCL 表达式就定义了一个表达“所有员工的年龄均不超过 65 岁”的不变量。

```
context Company inv:
self.employee->for All( p : Person | p.age <= 65 )
```

For All 操作还可以有一个扩展的迭代器变量，即同时使用多个迭代器。每个迭代器都将完整地遍历整个集合。实际上，这样的 For All 操作可以被等价看成是一个定义在集合的笛卡尔积上的 For All 操作。

例如，下面的表达式就使用了扩展形式的 For All 操作，它所表达的语义是“不同的员工的 forename 属性值也不相同”。

```
context Company inv:
self.employee->for All( e1, e2 : Person |e1 <> e2 implies e1.forename <> e2.forename)
```

这个表达式只有在所有员工的 forname 属性均不相同时才会为真，它等价于下面的 OCL 表达式。

```
context Company inv:
self.employee->for All (e1 | self.employee->for All (e2 |e1 <> e2 implies e1.forename <> e2.forename))
```

5．存在操作（Exists Operation）

当需要知道集合中是否存在至少一个满足某个条件的元素时，可以使用存在（Exists）操作。

Exists 操作主要检查集合中是否存在满足指定操作的元素，当集合中至少有一个满足条件的操作时表达式返回真。Exists 操作的语法格式如下。

```
collection->exists( boolean-expression )
collection->exists( v | boolean-expression-with-v )
collection->exists( v : Type | boolean-expression-with-v )
```

例如，描述“公司有名字叫作 Jack 的员工”的 OCL 表达式可以写成如下形式。

```
context Company inv:
self.employee->exists( p : Person | p.forename = 'Jack' )
```

2.8 小结

本章概要地介绍了统一建模语言的基本概念、特点、用途和结构等方面的基础知识。详细介绍了 UML 视图、图、模型元素、关系元素及其表示法等方面的基础知识。

本章中最重要的内容是 UML 中各种基本模型元素的定义、语义和表示方法，如 UML 九种图模型的内容和表示法。在理解的基础上掌握这些模型元素的定义、语义和表示方法，对于后续内容的理解将是十分重要的。

比较难以理解的部分是 UML 的通用机制，如规约、修饰符、构造型、标记值、注释和约束等。在 UML 建模工具中，这些通用机制通常被表示成模型元素的某个特性（Feature），而且这些机制的建模具有十分开放的特点。这往往令初学者无所适从，学习过程中注意积累这些方面知识和习惯用法，将是十分有意义的。

最后，简要地介绍了 UML 的对象约束语言 OCL 的基本概念、用途和使用方法。通过一些典型例子通俗地讲解了 OCL 表达式的书写方法。对于 OCL 语言，必须牢记它并不是一个可执行的语言，而仅仅是一个描述性的语言。

尽管 OCL 并不是 UML 建模技术的必要选项，但了解和使用 OCL 的基础知识将有助于加深对于 UML 模型概念和建模方法的理解。

习题

一、基本概念题

1. 简述什么是统一建模语言，有哪些特点和用途？
2. 简述 UML 视图概念，使用视图的目的是什么，UML 定义了哪些基本视图，它们的含义是什么？
3. 简述 UML 模型的平台独立性问题。
4. 简述 UML 中表示关系的模型元素有哪些，总结一下这些元素们所表示的含义。
5. 简述 UML 定义的九种基本图的概念和构成元素。
6. 简述 UML 用例视图的概念和各种视图之间的关系。
7. 什么是 UML 的用例视图，它包含了哪些图，建模用例模型的目的是什么？
8. 什么是 UML 的逻辑视图，它包含了哪些图，建模逻辑模型的目的是什么？
9. 什么是 UML 的动态视图，它包含了哪些图，建模动态模型的目的是什么？
10. 什么是 UML 的构件视图，它包含了哪些图，建模构件模型的目的是什么？
11. 什么是 UML 的部署视图，它包含了哪些图，建模部署模型的目的是什么？
12. 简述什么是对象约束语言，有哪些特点和用途？
13. 简述 OCL 表达式的概念，OCL 表达式的主要作用有哪些？
14. 简述不变量的概念，不变量有哪些作用？
15. 建模时，是否必须使用 OCL，使用的 OCL 好处有哪些？

二、应用题

1. 图 2-31 给出了一个图书管理系统中的类图，图中的关联表示了读者（Reader）和图书（Book）之间的借阅关系。请根据类图的内容编写 OCL 表达式描述下列各规则。

1）每个人可以借阅的图书个数不能超过 10 本。

2）读者的 Sex 属性的取值只能是“男”或“女”，不允许用其他任何值表示。

3）读者的 CountOfBooks 属性应等于与读者相关联 Book 对象的数量相等。

4）读者的 CountOfBorrowedBooks 方法应返回与读者相关联 Book 对象的数量。

5）读者的 CountOfBooksCanBorrowed 方法应返回允许借阅数量与读者实际借阅数量的差。

6）Book 类的 bookstatus 属性只允许取值为 ready 和 lendout 两个枚举值。

7）Book 类的 Borrow 方法的前置条件为：Book 对象的状态为 ready，后置条件为 Book 对象的状态为 lendout。

8）Book 类的 Return 方法的前置条件为：Book 对象的状态为 lendout，后置条件为 Book 对象的状态为 ready。

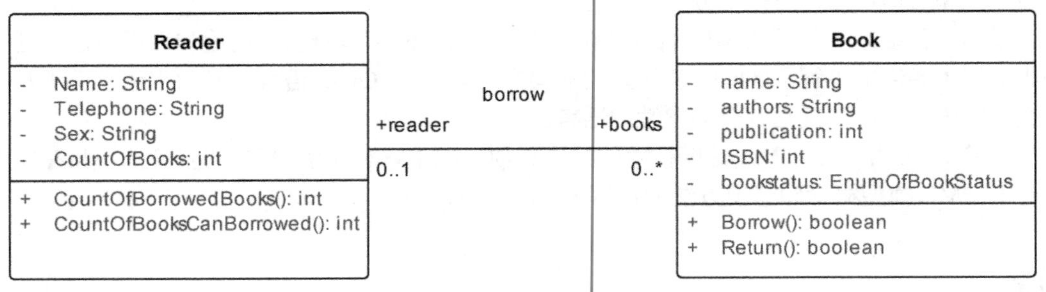

图 2-31　读者与图书类

2．图 2-32 给出了一个销售系统中的类图，图中的关联表示了顾客和订单等关系。请根据类图的内容编写 OCL 表达式描述下列各规则。

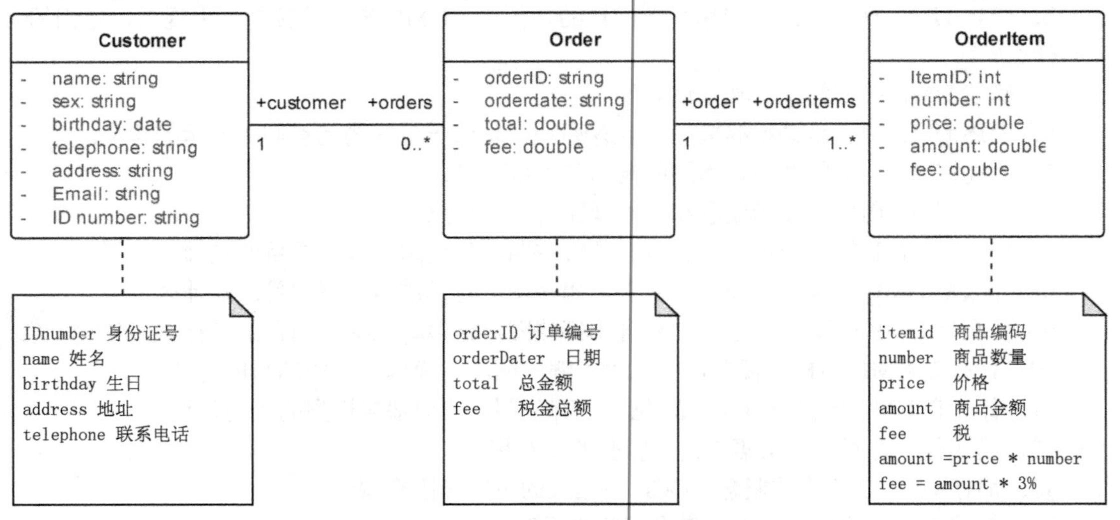

图 2-32　销售系统类图

1）OrderItem 类中的 amount 属性应等于 number 和 price 属性的乘积。

2）OrderItem 类中的 fee 属性应等于 amount 属性的 3%。

3）Order 类中的 fee 属性的值应等于所有与之关联的 OrderItem 实例的 fee 属性值的总和。

4）Order 类中的 total 属性的值应等于所有与之关联的 OrderItem 实例的 amount 属性值的总和。

5）若需要在 Order 类中添加一个方法 TotalAmount()：double，以计算该订单的 total 属性。请定义该方法应该满足的后置条件，并思考若想实现这个方法，是否需要在 OrderItem 类中添加点什么？

6）若需要在 Order 类中添加一个方法 Totalfee()：double，用来以计算并返回该订单的 fee 属性值。请定义该方法应该满足的后置条件。与上一小题一样，是否需要在 OrderItem 类中添加点什么？如何添加？

7）若需要在 Customer 类中添加一个方法 GetTotalAmount(year: int, month: int): double，以计算该顾客指定月份的订单总额。那么应该如何处理这样的需求，即是否需要在 Order 类和 OrderItem 类中添加必要的方法，请仔细处理解决方案。并为添加的方法定义应该满足的后置条件。

8）与上一个问题类似，若需要在 Customer 类中添加一个方法 GetTotalfee(year: int, month: int): double，请给出解决方案。

第3章 业务模型的建模

学习目标

- 理解和掌握业务模型中的业务和业务架构等概念，了解业务模型的基本结构和作用。
- 理解和掌握基于UML的业务模型的基本建模方法。
- 理解和掌握业务规则的概念、分类和表示法。
- 理解和掌握业务过程的建模方法。

业务模型是一种专门用于描述业务结构和业务行为的模型，业务模型与软件模型具有十分密切的关系。软件系统建模时，不论是否选择一个专门的业务建模过程，理解业务和获取需求都是软件开发过程中不可或缺的工作任务之一。业务建模主要用于描述目标系统在何时、何地、由何角色、按什么业务规则去完成哪些业务活动，以及完成这些业务活动所需要的步骤或流程。业务模型与软件模型中的功能模型和数据模型在结构、意义和建模方法等多个方面具有很大的相似性。

业务建模的方法也不是唯一的，常见的有基于用例的业务建模和基于业务流程建模符号（Business Process Modeling Notation，BPMN）的业务流程建模两类方法。本章将在介绍业务模型的基本概念、结构、建模方法和建模原则等问题的基础上，介绍基于BPMN的业务流程建模方法。

3.1 业务模型

建立一个能够简单但又十分清晰的业务模型是十分必要的，可以使企业能够排除不重要的细节，关注问题的一个或多个重要的方面。

有效的模型也有利于企业中不同的利益相关者之间讨论问题，帮助他们在关键的基本原则上达成一致，并朝着共同的目标努力。业务模型还可作为其他模型的基础，如支持业务的信息系统，建模是目前分析和设计信息系统公认的并被成功运用的方法。为了构建适当的软件，软件系统运行的业务也必须按照业务的需要进行建模、理解和改进。

业务模型是对业务系统如何发挥其作用的一种抽象，其具体的细节会根据建模人员的不同而不同。每一个建模人员对同一个问题可能会有不同的理解，这里的问题包括业务的目标、效率以及业务中相互协作的各种业务元素等，这是正常的，任何一种建模方法都不能完全消除这些差异。业务模型提供的是一个简化的业务结构视图，它将作为业务系统交流、改进或创新的基础，并定义支持业务所必需的信息系统的需求。业务模型并不要求绝对地描述业务或描述业务的每一个细节。

业务系统中，业务的拥有者负责设定业务目标并分配资源，以使业务运行。业务建模人员负责创建业务的结构、设计流程，并分配资源以实现业务目标。最后，系统开发人员负责适应、设计或开发适当的支持业务运行的信息系统。

3.1.1 业务的概念

所谓的业务（Business），可以看成是一个具有其特定目标的、由多种资源构成的复杂系统，其各个资源或过程之间相互作用，以实现其特定目标。

事实上，业务是对企业、组织等概念的一个抽象。具体地说，任何一个企业、组织、企业或组织中的一个特定部门，都可以看成是一个业务，业务也可以称为业务系统。

业务具有如下基本特点。

1）业务是一个与环境密切相关的系统。任何一个业务都不是一个孤立存在的系统，它们通常会与环境或其他系统中的决策或事件相关联并受其影响，因此孤立地分析一个业务系统是没有意义的。因此，有时定义一个业务系统的边界往往是很困难的，而且，有时某项资源的目标也可能不符合业务系统的总体目标。

2）业务是一个开放的系统。业务系统中的许多要素，如客户、供应商、法律和规则等，既不是属于业务系统内部，也不是业务系统本身定义的。因此，业务系统必然是一个开放的系统，其组成对象或组成成分通常也是其他业务系统的一部分。

3）业务是一个有着明确目标的系统。对于业务系统来说，不仅是系统本身要有明确的目标和结构，系统中的每项单独的业务也都有其各自不同的业务目标和内部结构，这使得可以使用相似的概念来描述它们的结构和操作。

3.1.2 良好的业务模型的特点

由于业务系统的复杂性、模型抽象性以及建模过程中各种复杂因素使得建立的业务模型本身也具有了多种不同的可能性。因此，评价一个业务模型并不是一件简单的事情。

好的业务模型应具有较强的抽象性，即能够将业务抽象成多个不同的侧面，允许人们每次只通过其中的某个侧面独立地观察系统，以更好地帮助建模人员理解系统，从繁杂的现象中抽象出问题的本质，抑制无关紧要的细节和信息。

一个好的业务模型应具有如下一些特点。

1）尽可能真实、正确地捕捉业务。定义的业务架构应该是现实可行的、易于实现、有助于实现业务目标。

2）在适当的抽象层次上关注业务的关键流程和结构。适当抽象层次将因具体业务的实际情况的不同而不同，通常取决于体系结构的用途。

3）代表了系统中运作业务的人员的共识。

4）具有良好的适应性，易于变化和扩展。

5）易于理解，并能够促进不同的利益相关者之间的沟通。

实现上述这些目标需要满足下列的几个条件。

1）建模人员应具有高水平的业务知识。

2）使用合适的建模语言以捕获重要业务概念及其之间的关系。这个建模语言应既可以用于捕获系统的静态结构，也可以用于捕获系统的动态行为；既要足够简单以便于不同的人理解，但又不会失准确和表现能力；还必须是可伸缩的，以便可以在不同的层次上描述事物。

3）具有将模型组织成多种不同的业务视图的能力，并以此说明业务的不同侧面。这是因为一个业务的完整描述不可能只在一个单独的视图中定义。

4）在做什么和不做什么的选择问题上，使用基于经验的设计。在可能的情况下，可以使用那些已经被证明是行之有效的、具有良好定义的建模模式。

5）使用能够确保模型质量和准确性的开发过程。

目前公认的业务建模方法是使用 UML 的过程建模和面向对象模型来构建业务模型。

3.1.3 业务模型的基本结构

业务模型是一种用来描述业务系统的目标、结构及其功能的模型，用于描述业务系统的结构、功能及其运作情况。业务模型的具体内容包括对系统的目标和资源的描述；为实现这些目标而定义的业务过程的描述；以及这些过程必须满足的约束等方面的描述。

为了更好地理解业务模型，下面给出一组与业务相关的概念，这些概念及其相互关系构成了完整的业务模型的概念。

1．业务模型的基本概念

（1）资源（Resource）

资源是业务系统内部使用或产生的人员、原料、信息或产品等对象。这些对象按照它们之间的相互关系安排在系统内某个特定的结构中。

资源可以分为物理、抽象和信息资源等多种类型。业务系统通过其业务过程支配（如使用、消耗、精化或生产等）这些资源。

（2）业务过程（Business Process）

业务过程也可称为业务处理，是业务系统中用于改变资源状态的活动，用来描述业务系统中的任务是如何完成的，要受到业务规则支配和制约。

（3）目标（Goal）

目标即系统的目的。一个目标可以分解成多个子目标，并分配给业务系统的各业务过程或资源。目标可以被看成是期望的资源状态，并通过业务过程加以实现。目标可以表示成一个或多个业务规则。

（4）规则（Rule）

规则是指用来定义或约束业务的语句，可用于表达业务知识。业务规则决定了业务的运行方式和资源结构的构造。规则可以是系统外部定义的法律法规，也可以是业务系统内部为实现某个特定目标而定义的。规则可以分为功能性、行为性和结构性三种类型。

所有这些概念都是相互关联的：如规则可以影响某些资源的构造方式；资源被分配给一个特定的业务过程；目标有与特定的业务过程的执行相联系。

业务建模的目标是为一个业务定义这些概念，并描述出这些概念之间的关系和相互作用。

2．业务结构的概念模型

业务结构的概念模型指描述业务系统中的概念及其相互关系。图 3-1 给出了一个用类图表示的概念模型，它也可称为业务模型的元模型。

这个模型清晰地描述了业务相关的概念，以及这些概念之间的相互关系。仔细解读图中的概念及其相互关系，将能够有效地加深对业务模型的理解。

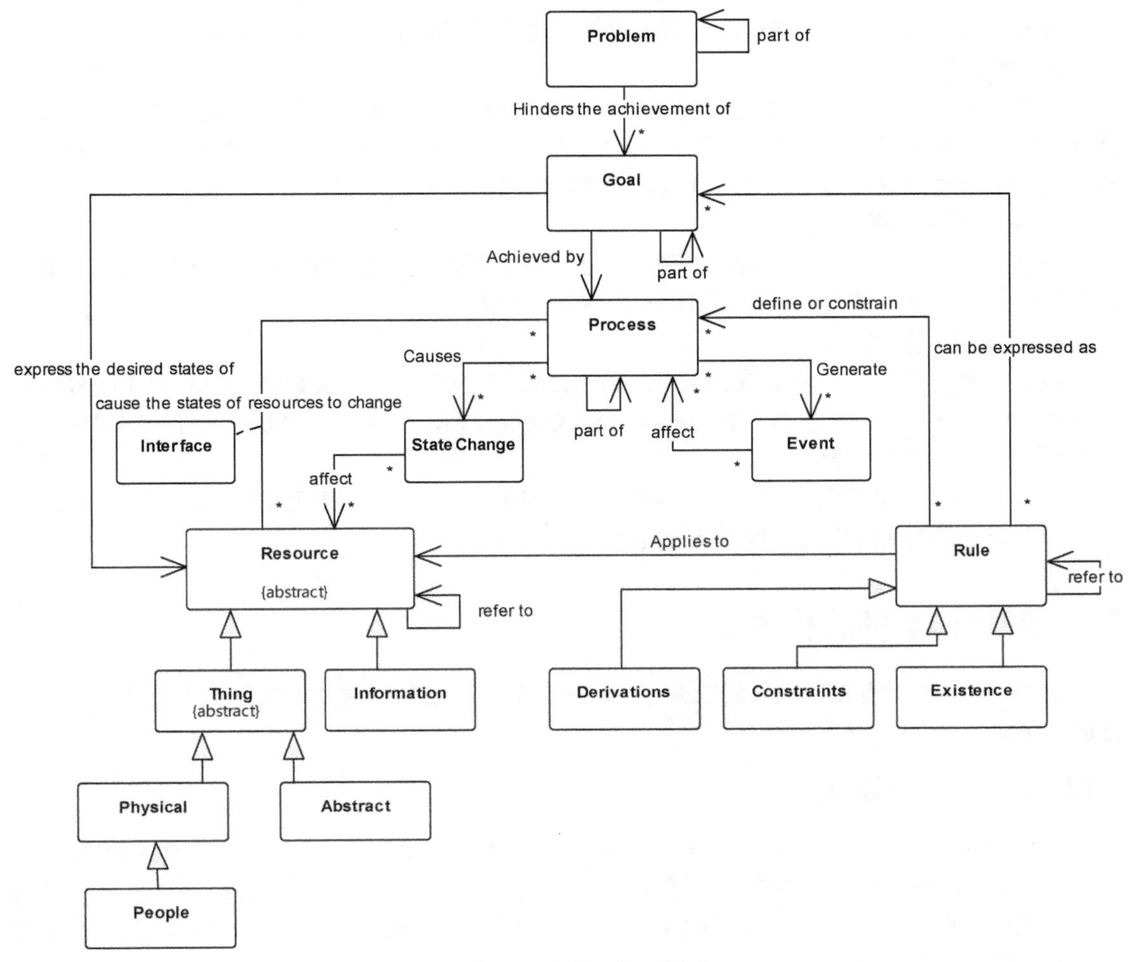

图 3-1　业务模型的元模型

3.1.4　业务建模的主要动机

模型的复杂性决定了任何一种业务建模都不可能也不应该是漫无目的的，而应该是目标驱动的。理解业务、支持信息系统、业务改进、业务创新和设计新的业务流程、业务流程再造是业务建模的六种动机。下面分别进行介绍。

1．理解业务

理解业务是最基本的建模动机。业务建模能够有效增强人们对业务的理解和促进关于业务的交流。可视模型比文本描述或没有描述更容易理解和讨论，它既可以增强建模人员对业务的理解，也可以改进业务本身。

2．支持信息系统

开发信息系统时不一定需要业务建模，但以业务建模为基础的信息系统将在业务支持、可集成性、可维护性、可重用性等多个方面更具优势。

3．业务改进

业务改进的基本技术是业务流程改进（Business Process Improvement，BPI）技术，这是是一种通过对当前业务进行建模和分析，以便改进或获得改进机会的技术。

4．业务创新

业务创新是指分析当前的业务和在模型中寻找新的工作方式。业务创新将会使业务模型及其流程发生显著变化，以创建不同的或改进的流程。与业务改进相比，业务创新对实施的要求更高，创新也比改进具有更大的风险，但创新的成功会使企业获得更大的收益。

5．设计新的业务过程

设计新的业务流程是指为企业增加新的业务流程时进行的建模活动，用以确定当前组织、资源和信息系统是否可以很容易地使用或适应新流程。

6．业务流程再造

业务流程再造（Business Process Reengineering，BPR）也可以看成是业务创新的极端形式。业务流程再造指的是放弃原有的业务过程或业务规则，建立全新的业务流程，即对原有的业务系统进行彻底的变革。

不同的动机给出了业务建模的不同的目的，也隐含不同的业务建模的范围和方法。必要时，可根据业务的实际情况开展不同的业务建模活动。

3.2 业务模型的建模方法

UML 是一个具有良好定义标准并可由许多工具支持的软件建模方法，也是目前应用最广泛的业务建模方法。

3.2.1 UML 与业务建模

目前的各种业务建模方法中，最广为接受的还是使用统一建模语言（UML）的建模方法，一方面可以使用图形化的方法描述业务模型，同时也可以将面向对象方法融入业务模型的表示和建模过程中，成为一种融入了面向对象方法的建模方法。使用 UML 建立模业务模型的方法通常具有如下一些优点。

1．使用了与对象模型相似的概念

使用 UML 建立的业务系统概念模型将业务系统抽象成一组具有特定目标的**过程**，每个过程使用了不同的**资源**，并通过这些资源之间的相互**协作**来完成其特定的目标。**规则**定义了过程和资源实现其目标需要遵守和满足的条件和约束。通过面向对象建模技术，可以将业务系统中的概念映射到对象模型中，如对象、关联以及对象之间的交互。

2．成熟的技术

面向对象的建模和程序设计技术能够更好地处理大型的复杂系统。面向对象领域中出现的新技术，如各种模式，可以为业务建模提供许多现成的借鉴。

3．标准的符号体系

任何建模方法都需要一个标准的符号系统和功能完善的工具。统一建模语言提供了一个通用并可扩展的符号系统，这使得扩展 UML 应用于业务建模是一个可行的方法，并且这样的方法也为业务需求的可连续追踪提供了现实的可能性。

4．易于学习

使用相同概念描述一个业务系统及其支持系统是面向对象方法最重要的优势。这与面向对象模型减少了分析、设计与实现之间的语义鸿沟一样，面向对象同样可以有效地缩小业务人员与软件开发人员之间的差距。

5．为观察业务系统提供了新的、更简单的方法。

传统的观察和描述一个组织的方式通常不能说明业务是如何执行的。如传统的组织结构图不能描述横跨业务部门并影响业务中的许多功能的业务过程，而面向对象技术却可以很容易地实现。

3.2.2 UML的业务扩展

UML 的主要用途是对软件系统的体系结构进行建模，虽然软件和业务系统之间有很多相似之处，但也存在一些差异。业务系统的很多概念并不用于或适合于在程序中执行，如业务系统的人员、设备以及驱动业务过程的规则和目标等。

因此，使用 UML 进行业务建模，就必须对 UML 进行必要的扩展，以便能够更清楚地识别和表示业务系统中的目标、资源、过程和规则等重要概念。为了解决这个问题，人们对 UML 的现有模型元素进行了一些必要的扩展。

不同的组织和个人定义了多种不同 UML 业务扩展，从而定义了多种不同的业务模型，分别在模型、视图、图和元素四个层次上，对 UML 进行了扩展。目前，常见的 UML 业务扩展主要有基于 BPEL 的业务扩展和基于 BPMN 业务扩展两种方式。

1．业务过程执行语言（Business Process Execution Language，BPEL）

业务过程执行语言是一种符合 OASIS 标准定义的执行语言，其根本特征是使用了含有 Web 服务的业务过程。BPEL 业务过程仅使用 Web 服务接口导入和导出信息。

说明：结构化信息标准促进组织（Organization for the Advancement of Structured Information Standards，OASIS）是一个全球性的非营利组织，该组织致力于物联网、能源、内容技术、应急管理等领域的开发、融合和采用等方面的安全标准。

BPEL 把 Web 服务之间的交互分成两种类型：一种是业务系统中参与者之间的实际交互，称为可执行业务过程；另一种是并不期望被实际执行的业务过程，称为抽象业务过程。与可执行过程相比，抽象过程可能会隐藏了一些必要的具体操作方面的细节。抽象过程充当了一个可能带有多个用例的描述性的角色，这包括了它的可观察的行为以及过程模板。

BPEL 的目的是使用过程规范语言描述过程，它扩展了 Web 服务交互模型，并使之能够支持业务事务。它还定义了一个可互操作的集成模型，这个集成模型有助于扩展企业内部及企业之间自动化过程集成。在建模语言的发展过程中，BPEL 发挥了重要的基础作用。随后出现的多种模型，如 BPMN 模型等，都是在其基础上发展出来的。

2．业务过程模型符号（Business Process Model and Notation, BPMN）

业务过程模型符号是一种由业务过程管理倡议组织（BPMI）于 2004 年 5 月发布的业务过程模型符号标准。从 2005 年 BPMI 与 OMG 两个组织合并开始，BPMN 转由 OMG 组织维护和管理。到目前为止，已发布了 BPMN 的 1.0、1.1 和 2.0 多个版本。

BPMN 的目标是通过为业务人员提供既直观又能够表达复杂的过程语义的符号，支持技术人员和业务人员进行业务过程管理。BPMN 规范还提供了图形符号和执行语言的底层结构之间的映射，特别是到业务流程执行语言（BPEL）的映射。

BPMN 的主要目标是为企业中所有利益相关者提供一组易于理解的标准符号。这些利益相关者包括负责创建和完善流程的业务分析人员、负责实现它们的开发人员以及监控和管理它们的管理人员。因此，BPMN 也被看作是一种公共语言，用于桥接经常发生在业务过程设计和实现之间的交流鸿沟。目前，多数的 UML 工具软件均给出了这些标准的具体实现。这也为建模的广泛应用提供了良好的条件。

3.2.3 业务过程模型

在 UML 中，最主要的 UML 扩展就是对业务流程的扩展，提供了业务流程图和模型元素两个层次的扩展。

1．业务流程图（Business Process Diagram）

业务流程图是一种以 UML 类图为基础定义的扩展，其构成元素涵盖了业务系统的目标、资源、业务过程和业务规则等核心概念，使用业务流程图可以从总体上描述一个业务系统的业务流程，描述一个业务系统中各个构成要素之间的关系。可以说业务流程图是业务模型中最重要的一种模型图。

业务流程图中可以使用的模型元素包括业务系统的目标、各种资源和业务过程，以及相应的业务规则，同时包含描述这些模型元素之间关系的模型元素。

例如，图 3-2 给出了一张业务流程图示例，图中的图书在线销售（Sell Books On-Line）和顾客订单管理（Manage Customer Order）就是两个业务过程。它们是这张图的核心元素。

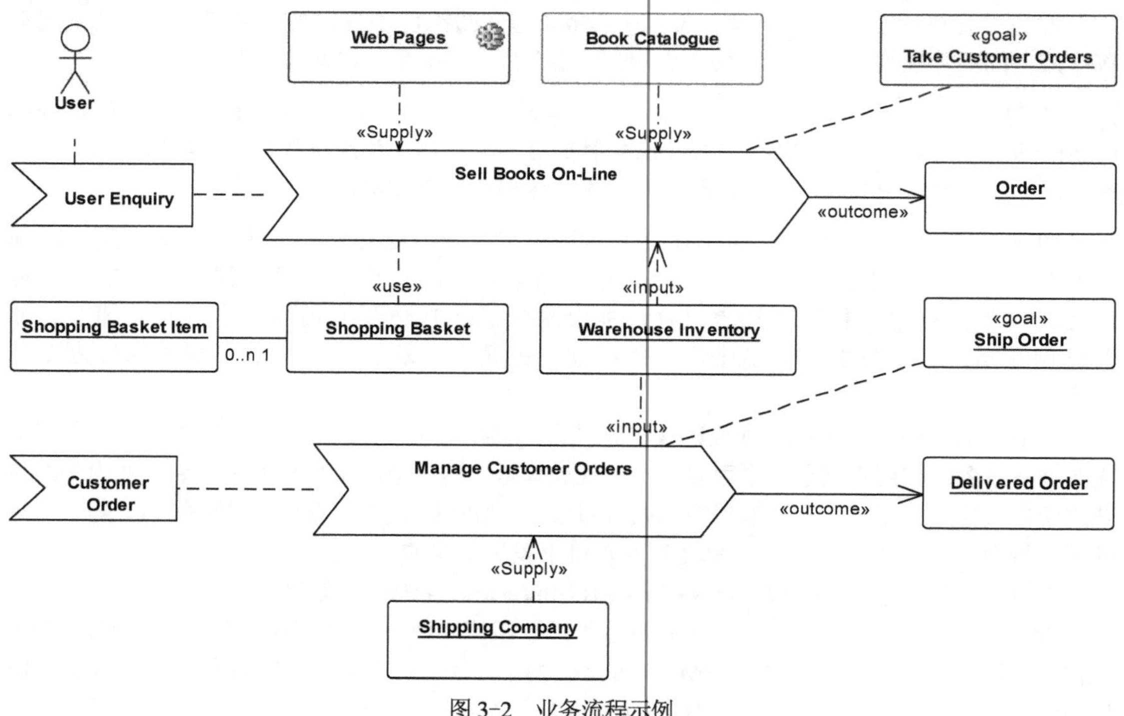

图 3-2　业务流程示例

其中，用户请求（User Enquiry）和客户订单（Customer Order）是两个业务事件，分别用于触发这两个相应的业务过程。接受客户订单（Take Customer Order）和配送订单（Ship order）分别是这两个业务过程的目标。图中的 Web 页（Web Pages）、图书目录（Book Catalogue）和运输公司（Shipping Company）分别是这两个业务过程的三个支持对象。库存

（Warehouse Inventory）则同时是这两个业务过程的输入对象。订单（Order）和付货单（Delivered Order）则分别是这两个业务过程的输出对象。

整个图在较高的抽象层次上，完整地表达了一个企业的业务流程。

2．业务过程（Business Process）

业务过程（Business Process）是业务流程图中最重要的模型元素，表示特定的业务过程。业务过程通常与一系列资源对象相关联。同时，由于业务过程本身也是一个活动集合，因此也可以使用 UML 活动图建模业务过程的具体细节。

与 UML 活动图中的活动一样，一个业务过程通常会被分解成若干个业务活动，其中复杂的业务活动又有可能被分解成若干个相对简单的业务活动，不能分解的则被称为是一个原子的业务步（Process Step）。这意味着业务过程是可分解的，即一个业务过程还可能蕴含着更多的子过程。

图 3-3 给出了一个嵌套的业务过程的例子。图中展示了一个名为 Process1 的业务过程，该过程定义了一个由三个步骤构成的业务过程，其中前两个步骤是（Activity1 和 Activity2）是原子的业务过程，最后一个步骤（Process2）是一个包含了两个原子的业务过程（Activity3 和 Activity4）的过程。

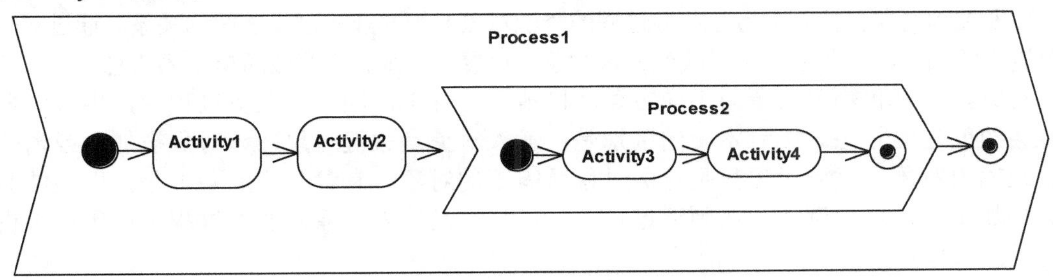

图 3-3　嵌套的业务过程

显然，对业务过程建模可以定义或分析业务系统中的业务活动。按照业务活动在业务过程的作用，可以将业务活动划分成直接、间接和质量保证三种类型。

直接活动是直接参与产品或服务创建的活动，产品或服务是业务过程创造的价值。

间接活动是支持直接活动的活动，包括维护、管理和计划等活动。

质量保证活动是保证其他活动质量的活动，如检查、控制、评价和审查等活动。

对这些业务活动的分类是业务建模工作内容之一。这样的分类也导致了对业务过程的分类，如主营业务、支持业务和质量保证业务。业务过程还可以以其他方式进行分类，如开发、改进或管理过程。

活动图中的接收（Receive）和发送（Send）等动作也可以出现在业务流程图中，分别表示接收和发送业务事件。发送表示生成和发送事件；接收表示正在等待特定事件的发生，以触发特定的业务事件。图 3-2 中就使用了用户请求（User Enquiry）和顾客订单（Customer Order）这样的接收动作。

3．目标（Goal）

在业务流程图中，除了表示业务过程这样最重要的模型元素之外，比较重要的元素还有业务过程的目标。它们可以被表示为带有《goal》构造型的 UML 类（或对象）。

目标对象表示特定业务过程的目标，可使用指向目标的并带有《achieve》构造型的依赖与特定过程相连，表示进程试图实现的目标。

图 3-2 中也包含多个这样的目标元素。与目标相联系的是目标的分解和实现目标需要解决的问题，可以使用业务模型中的目标/问题模型描述。可以使用扩展的 UML 类图表示目标/问题模型。在图中，使用类来表示目标和问题，使用类之间的依赖表示目标分解和实现目标需要解决的问题，也可以使用模型元素的文档、注释、约束等特性描述模型的各种细节。

4．资源（Resource）

在业务流程图中，同样重要的模型元素是业务资源，它们被表示成带有《business》构造型的 UML 类（或对象）来表示。

资源可以按照资源类型分成输入对象、输出对象、供应对象和控制对象等多种类型。可以用《physical》《abstract》《people》或《information》等构造型标识这些资源对象的具体类型。

输入对象通常是业务过程消耗或加工的对象。它们使用从输入对象到业务过程的带有构造型《input》的虚线表示输入对象与业务过程之间的关系。与此类似，也可以使用同样方式表示输出对象（过程生成的对象）、供应对象（参与了进程但并没有被加工或消耗的资源对象）以及控制对象（控制或运行业务过程的资源对象）等与业务过程之间的关系。通过对输入对象进行的加工，业务过程可以改变输入对象的位置、外观、内容或所携带的信息。

有时，很难将输入对象与供应对象严格地区分开来，因为在业务过程中，供应对象也可能会改变它的状态。二者本质的区别是：输入对象是关键对象，该对象被加工或消耗以便生成输出对象；供应对象只是业务过程所需要的对象，它参与了业务过程，以便能够执行这种加工或消耗。例如，在制造过程中，原材料是输入对象，业务过程中使用加工设备则是供应对象。

另外，输出对象与输入对象可能具有相同的类型，但具有从过程中产生的附加值。

用于描述资源对象及其相互关系模型叫作资源模型（Resource Model），资源模型也是业务过程模型的辅助模型。它们与业务过程元素之间具有多种不同的关联或依赖关系。这些关系包括输入（Input）、输出（Outout 或 Outcome）、支持（Support）、使用（Use）和控制（Control）等多种类型。

5．业务事件（Business Event）

从系统的角度来说，事件是指系统内部或其环境中发生的某件事情。对于业务系统来说，业务事件则是对系统内业务过程有影响的事件，特定的事件将激活某个特定业务过程。所以，业务事件也可以视为触发或控制业务活动运行的触发器。

业务事件对业务过程的影响可以分成触发、结束或中止业务过程三种。

对于业务过程来说，业务事件的来源并不重要，重要的是业务过程如何响应这些业务事件。很多最重要的业务事件通常都来源于企业的外部过程，如来源于用户的订单、支付、投诉，来源于分销商的交货，或来源于竞争者的产品发布和降价等过程生成的事件。需要分析事件的属性和行为特征时，可以使用类图描述。

业务模型中，使用带有构造型《Business Event》的类（或对象）表示业务事件，并使用泛化描述业务事件的层次。图 3-4 给出了一个用于描述一组业务事件的类图，图中使用泛化表示了这些业务事件之间的层次关系。

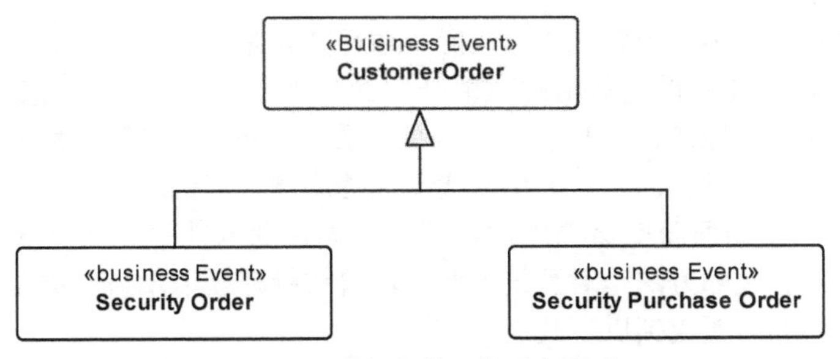

图 3-4　业务事件及其层次关系

6．概念建模（Conceptual Modeling）

概念模型定义了业务系统中使用的重要概念及其相互关系。为业务系统建立了一个通用的词汇表。通过概念模型，避免不同的人对这些概念的不同理解和解释。

在概念模型中，用于描述对象的名词术语、概念和现实世界中的对象之间往往是有差距的，建模时应注意它们之间的差别。

例如，汽车这个词汇只是名词术语；当需要考虑如何准确地定义或说明汽车这样一种事物时，考虑的就是如何定义一个概念，可以把它定义成一种与发动机、汽车底盘和车轮相联系的一种交通工具；当需要考虑汽车的结构、性能和行为等方面的特征时，汽车这个词指的可能就是一个类，此时可能要考虑的是汽车的种类，它应该有哪些属性及还要有哪些方法。

与类模型相比较，概念模型应该是一种更高层次的抽象。业务模型中，是将概念模型使用类图表示。

可以使用标准的 UML 类图来表示概念模型。在这样的概念模型中，可以使用类图模型中的各种元素表示业务系统中的概念和概念之间的各种关系。

使用类图描述某个概念时，可以在类的标准文档属性（如 Document 或 Specifaction 属性）中使用文本来描述这些概念，也可以为概念添加必要的属性（Feature）来描述这个概念所具有的某方面的特性，这样就可以为概念提供一个准确的描述。随后，为这些概念定义的名字就可以被描述业务的其他模型或文档引用了。

需要注意的是，一张类图并不一定能描述了所有的概念及其相互关系。事实上，一个完整的概念模型可以被建模在多张类图中。在建模过程中，随时都有可能向模型中加入新的概念和关系。

需要指出的是，概念模型中的类属性和类操作并不像描述软件类的类图中的那么重要。概念模型关注的是准确地捕捉这些概念以及它们之间的相互关系。如果属性和操作有助于刻画这些概念，就可以将它们添加到相应的概念中。

总之，一个完整的业务模型中可以包含多种不同的模型，其核心要素是描述业务系统的目标、过程、资源等概念，以及定义在这些概念上的业务规则。典型的业务模型包括业务过程模型、目标模型、资源结构模型等。实际建模一个业务系统时，可根据需要建立能够满足建模目的的业务模型。

3.2.4　软件模型与业务模型之间的关系

对于软件模型来说，模型中所描述的对象、过程以及附加在这些要素上的约束和限制通常源自软件所支持的业务。很多时候，软件系统与其业务系统之间并不存在一个十分严格和清楚的界线。软件建模过程中的很多工作，实际上也可能就是在进行业务建模。

大对数的软件开发过程都是从用例建模开始的，用例描述了一个或多个参与者与系统之间的交互，用例建模的目标是识别和描述参与者与系统之间交互的所有用例。然后使用建立的用例模型分析和设计一个健壮的系统架构来实现这些用例（用例驱动开发）。

需要考虑的问题是如何获取这些用例，或者说如何获取能够正确地支持系统所运行的业务的正确用例，一种有效的方法是对系统的业务环境进行建模以增进对面临的问题的理解。业务环境建模需要考虑的问题包括以下几点。

- 参与者之间是如何交互的？
- 哪些活动是他们工作的组成部分？
- 他们工作的最终目标是什么？
- 哪些相关的人、系统或资源没有被表示成这个系统的参与者？
- 哪些规则支配和控制了他们的活动和结构？
- 有能够让参与者更有效的工作方式吗？

3.3 业务规则

业务规则可以用于表示业务目标、指定业务过程的执行方式、详细说明模型中的关系应满足的条件或约束资源的使用方面的行为。

业务系统通常要受到关于运作规范和业务规则的控制，业务规则可以确保企业按照预定的外部限制（例如法律或法规）或内部（例如，为了使业务尽可能高效和盈利，并实现业务目标）目标的条件下进行运作，业务规则支配了业务系统的策略、术语、定价、定义和配置，并影响业务流程、组织结构和业务行为。规则可以在较高的战略级别上定义，也可以用于表示某个特定的信息系统的详细需求（需求可以根据规则指定，或者规则可以对系统产生一定的需求）。

业务规则可以定义成：对必须满足的政策或条件的声明、单位业务的知识或定义、约束业务某些方面的语句。一条业务规则可以被表示成一个语句，既可以使用这些规则去控制或影响业务过程的执行，也可以使用它们控制业务系统中的资源。每个语句都需要指定必须满足的或控制下一步活动的条件。

定义业务规则的目的是维护业务结构，控制或影响企业的行为。

业务规则既存在于业务模型，也存在于软件系统模型，并且是业务系统与信息系统之间的集成点。

例如，图 3-5 给出了一张描述了某金融系统结构的类图。其中，客户（Customer）表示这个系统的客户对象。证券（Portfolio）表示某个客户的全部有价证券的集合。

证券（Portfolio）对象是由客户的所拥有的所有现金账户（Cash Account）、股份（Holding）和订单（Order）等有价证券聚合对象。

其中，每个股份（Holding）对象都包含一个有价证券（Security）对象。有价证券（Security）对象又可分为债券（Bond）和股票（Stock）两种类型，并且有价证券（Security）还被定义成一个递归形式的组合（Option）。这意味着，每个股份（Holding）也是一个由股票和债券构成的组合，它代表了客户所持有的一个股份。图中的关联和聚合等关系描述了这些类和对象之间的关系。后面的例子中将多次引用这个类图，来说明业务规则的描述方法。

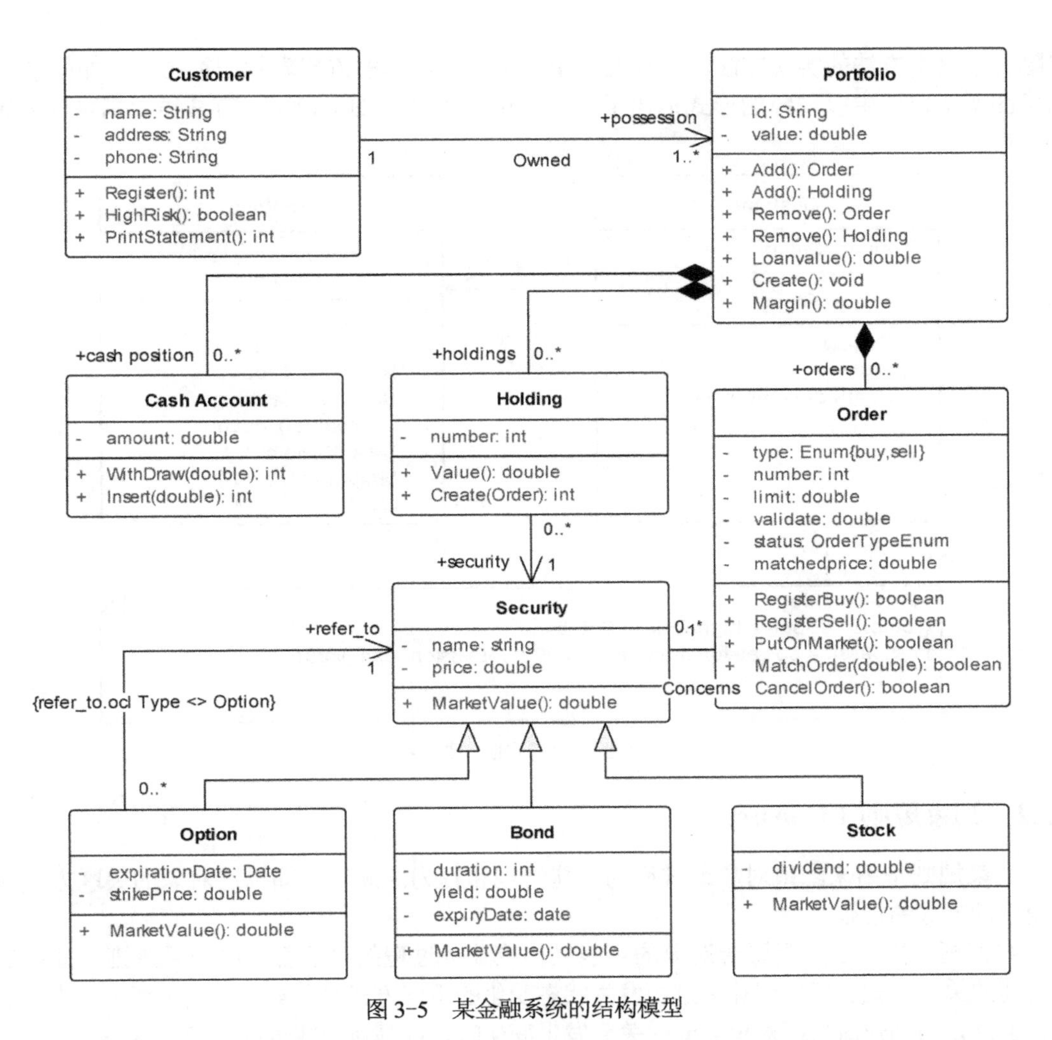

图 3-5　某金融系统的结构模型

人们通常将业务规则划分为派生规则、约束规则和存在性规则三种类型，下面将分别介绍这三种业务规则。

3.3.1　派生规则（Derivation）

派生规则是专门用于描述知识或信息的形式转化的业务规则，即如何根据信息得出结论的业务规则。派生规则可以是一个计算规则，也可以是一个推理规则。

例如，对于图 3-5 中的客户对象，如果有“保证金高于投资组合的贷款总值的 90% 的客户是高风险的”这样一个业务规则，那么，这个业务规则就可以被视为一个派生规则。

建模时，可以直接使用自然语言描述，也可以使用 OCL 表达式类进行描述。下面的 OCL 表达式就提供了这样一个描述。

```
context Customer::high Risk( ) : Boolean
post: result = possession.margin( ) > 0.90 * possession.loan_value( )
```

这个表达式表示成 Customer 类中 high Risk()方法的后置条件，事实上，这个业务规则也隐含了这个方法的实现方法。这样的约束也可以以图形的方式表示在类图中。如图 3-6 中的类图所示，图中以注释的形式描述了 Customer 类中的 HighRisk()方法需要满足的后置条件约束。

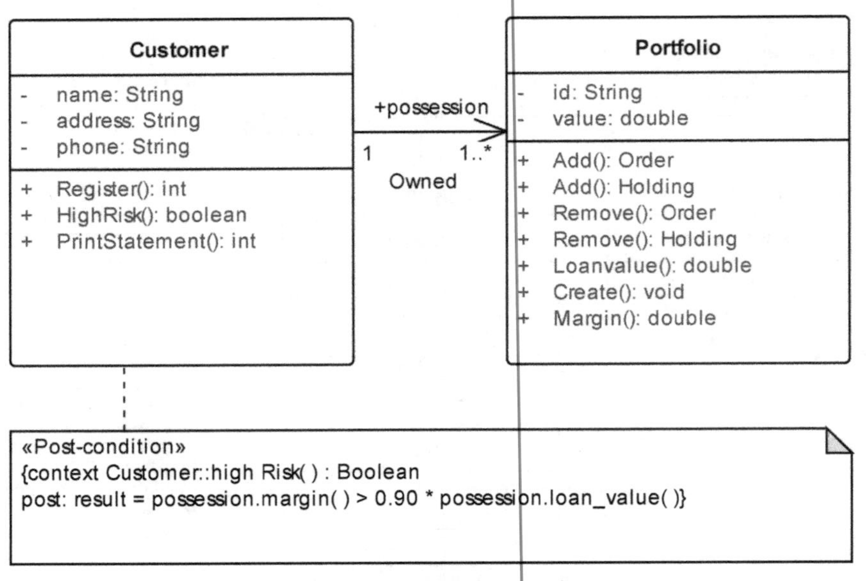

图 3-6　派生规则的建模实例

3.3.2　约束规则（Constraint）

约束规则是用来约束对象或过程的可能结构和行为的规则，即描述对象的关联方式或状态变化的方式的规则。

约束规则指用于支配资源对象的可能结构或业务过程的可能行为的业务规则，即指定资源之间的关联方式、资源或业务过程发生状态变化的可能方式等。约束规则主要用于维护对象的完整性，当创建对象或对象之间的关系发生变化时，控制对象或过程的行为。

根据业务规则的适用对象的不同，约束规则还可以分为结构性、操作/行为和刺激/响应三种类型。

1．结构性规则（Structural Rule）

结构性规则（Structural Rule）主要用于类型和关联，用于指定与结构有关的必须保持为真的条件，通常称为类不变量。结构性规则有助于定义与业务的结构相关的不同术语，主要用于表达静态的业务系统。有些结构性规则可以直接通过类图中的类和关联的多重性定义，而不需要附加新的约束。

例如，图 3-6 中的客户类（Customer）与证券类（Portfolio）之间的关联关系及其多重性，就已经描述了这两类对象之间应有的结构约束。对这样的情况，就没有必要再附加新的约束了。

对于不能用 UML 图直接表示的结构性约束，则必须给出明确的指定。例如，对于图 3-7 中的表达式{ refer_to.ocl Type <> Option }为 Option 类上的关联 refer to 指定了“选项对象（Option）不能引用其他选项（Option）对象”这样的一个约束。

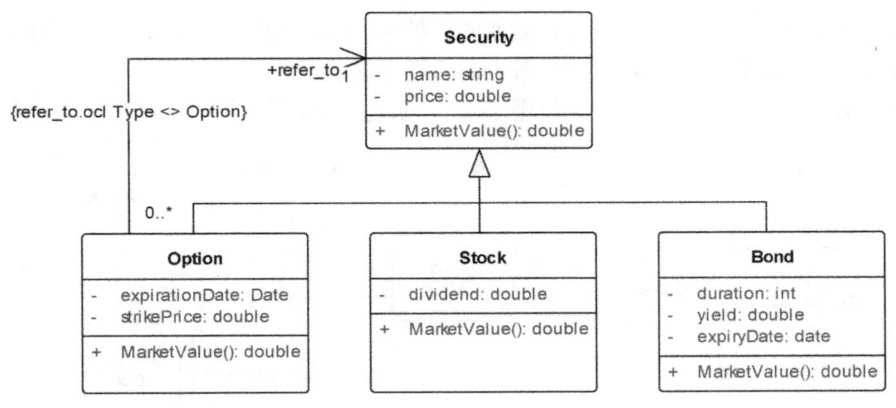

图 3-7　选项类上关联的约束

表示这个约束的完整的 OCL 表达式如下。

```
context Option inv:
refer_to.ocl Type <> Option
```

如果将规则改成“选项可以引用其他选项，但不能引用自己”，则这个规则就可以表示为下面的 OCL 表达式。

```
context Option inv:
refer_to <> self
```

2．操作或行为约束规则（Operational/Behavioral Constraint）

操作或行为约束规则主要指操作的前置条件和后置条件。它们规定了对象在操作执行之前或执行之后必须满足的条件，限制了状态变更可能发生的方式，以及执行操作的对象如何受到操作的影响。

前置条件表示了操作将正确地执行需要的约束，后置条件保证正确的操作结果。例如，对于图 3-5 中的订单类（Order），要求其 PutOnMarket 操作在执行前应处于“created”状态，并且在执行后处于“onMarket”状态。这样的约束也可表示成如下表达式。

```
context Order::PutOnMarket() : void
pre:    state = #created
post:   state = #onMarket
```

实际上，这个规则也可以使用 UML 状态图描述。例如，图 3-8 就描述了这个业务规则。图中的两个状态 Created 和 onMarket 以及它们之间的迁移共同定义了操作 PutOnMarket()的前置条件和后置条件。

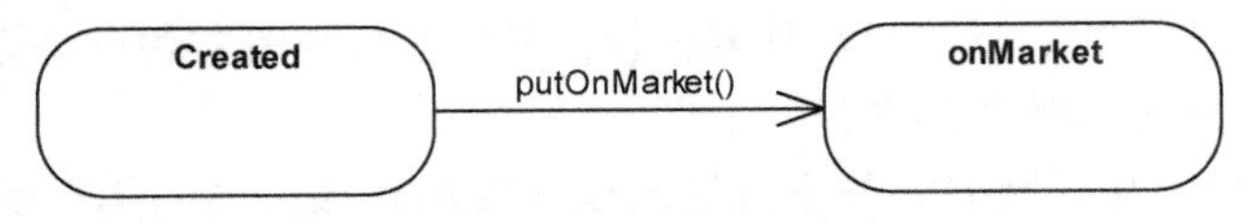

图 3-8　带有操作或行为规则的状态图

3．刺激或响应约束规则（Stimulus / Response Constraint）

刺激或响应约束规则用于指定业务系统中发生某些事件时应执行的特定操作。由于 OCL 是一种陈述性的语言，因此不能用于定义动作。更好的方法是，使用带有动作的活动图或状态图来定义这类规则。

在活动图或状态图中，可以使用刺激或操作的事件部分指定 UML 模型中的守卫条件，而且图中的动作也可以被指定为动作或状态迁移的规格说明。

例如，图 3-9 所示的活动图中，使用了 OCL 表达式编写的动作迁移的守卫条件。

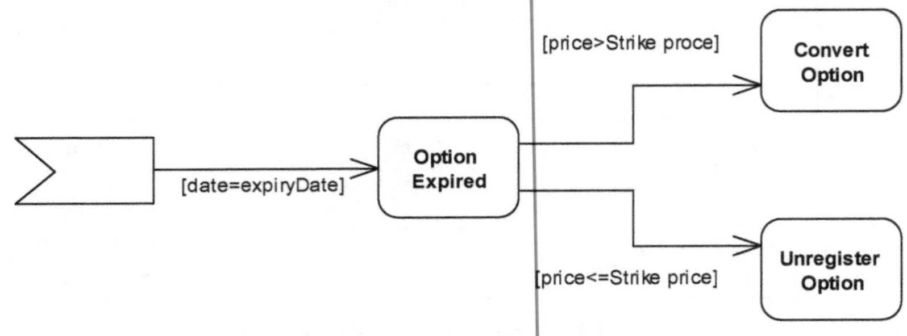

图 3-9　带有刺激或相应规则的活动图

3.3.3　存在性规则（Existence）

存在性规则描述某个事物在什么情况下可以存在及其何时开始存在的规则。存在性规则表示的是特定对象可以存在的条件，这类规则通常是类模型的固有成分。存在性规则可以表示为一个类不变量。

例如，对于图 3-10 中的 Option 类的对象来说，“到期日期（expirationDate）小于当前日期”就是一个关于 Option 对象的存在性约束，图 3-10 描述了这个约束。

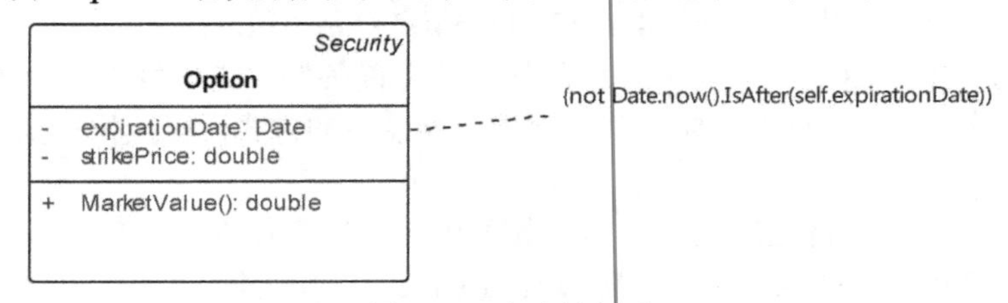

图 3-10　存在性规则

3.4　业务过程的建模案例

本节将介绍如何为一个办公用品销售公司的业务系统进行建模的案例，建模的目的是该公司要建立一个“网络销售系统”，以改善公司的经营状况。

该公司是一个办公用品销售公司，主要向其他组织或部门销售办公设备和办公用品，销售范围包括传真机、复印机、计算机、计算机软件和办公耗材等各种办公设备和用品，并提供附加的安装、调试、维修和维护服务。

近年来，随着基于互联网的业务系统的出现和发展，该公司的销售受到了极大的影响。因此，公司决定开发一个基于互联网的网络销售系统以更好地支持其主营业务，现在要做的是为这个网络销售系统建立一个业务模型，以便为其提供必要的业务需求。

需要注意的是，这个业务模型的建模目的是为软件系统定义需求，而不是实际构建这个特定的软件系统。建立这个业务模型的最终结果是获得一个需求规范，并将这个需求规范作为构建支持软件系统的输入。

3.4.1 定义业务系统的目标

表达任何一个业务或企业的愿景或目标都需要建立一个包含了与业务相关的关键概念的概念模型，并以此为基础定义业务的愿景或目标。

1．愿景陈述

公司的愿景陈述如下：公司的目标是成为办公设备和用品的**主要供应商**。公司可以根据客户需求提供整体性的解决方案。由于不通过零售环节，因此可以大幅度地降低销售成本和价格，并且为客户提供附加的服务。新系统应该将公司的销售流程和客户的采购流程结合起来，从而可以有效地进行交流和交付。为了能够集成这些过程，系统还需要提供多种不同的外部接口，如 Internet、电子邮件、FTP、电话和传真等。此外，系统还应该提供进一步的额外服务，如库存、物流跟踪和自动支付等。

2．系统目标

该公司的总体目标是在两年内将公司的市场份额从原来的 5%提高到 30%。实现这样的目标需要将日平均交易量从原来的 1000 笔增加到 7000 笔才能完成。要完成这个目标，必须采取实际的措施增加客户数量，如图 3-11 所示。

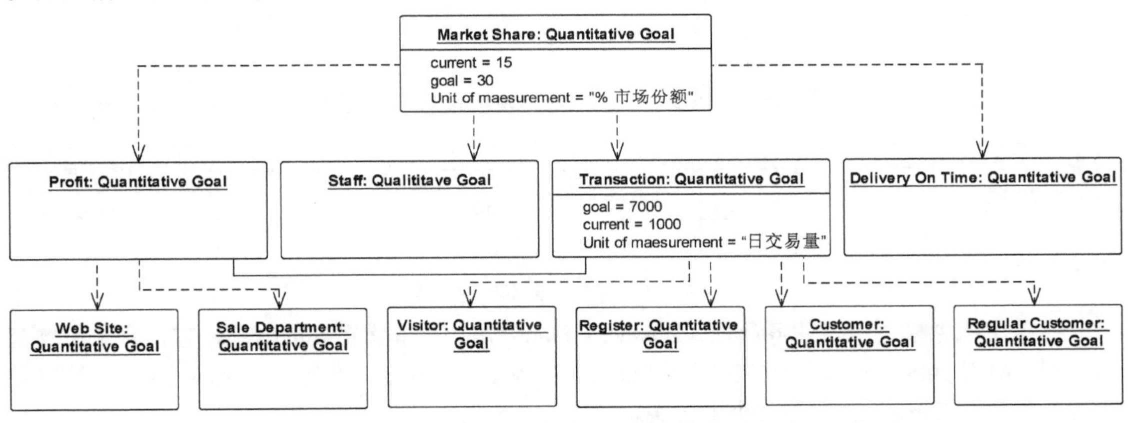

图 3-11　办公用品销售公司的业务目标

为了实现这个目标，公司需要增加互联网用户，这要求公司的网站主页必须容易找到，并积极鼓励访问者成为注册用户。这可以通过为注册用户提供一次性或季节性的回报，如折扣订单或贴现等，从而实现鼓励注册的目的。这样增加用户的方法是一个高成本的任务，并且可能对利润产生负面影响。但在这方面进行投资对增加市场份额和利润又都是必需的。所以，这两个目标又是相互矛盾的。

公司目标的实现还要受到公司的采购效率和客户需求预测的准确率等因素的限制。此外，公司提供的商品也并不总是能满足客户的需求，在市场分析方面也具有很大的改进空间。

还有一些其他的源于信息系统方面的问题。例如，原有的销售系统不能链接到互联网；每笔销售或交易都需要手动完成。为此，我们可以得到如下的目标模型。

分析和总结愿景陈述和系统目标可以得到该业务系统的概念模型，如图 3-12 给出的类图所示。

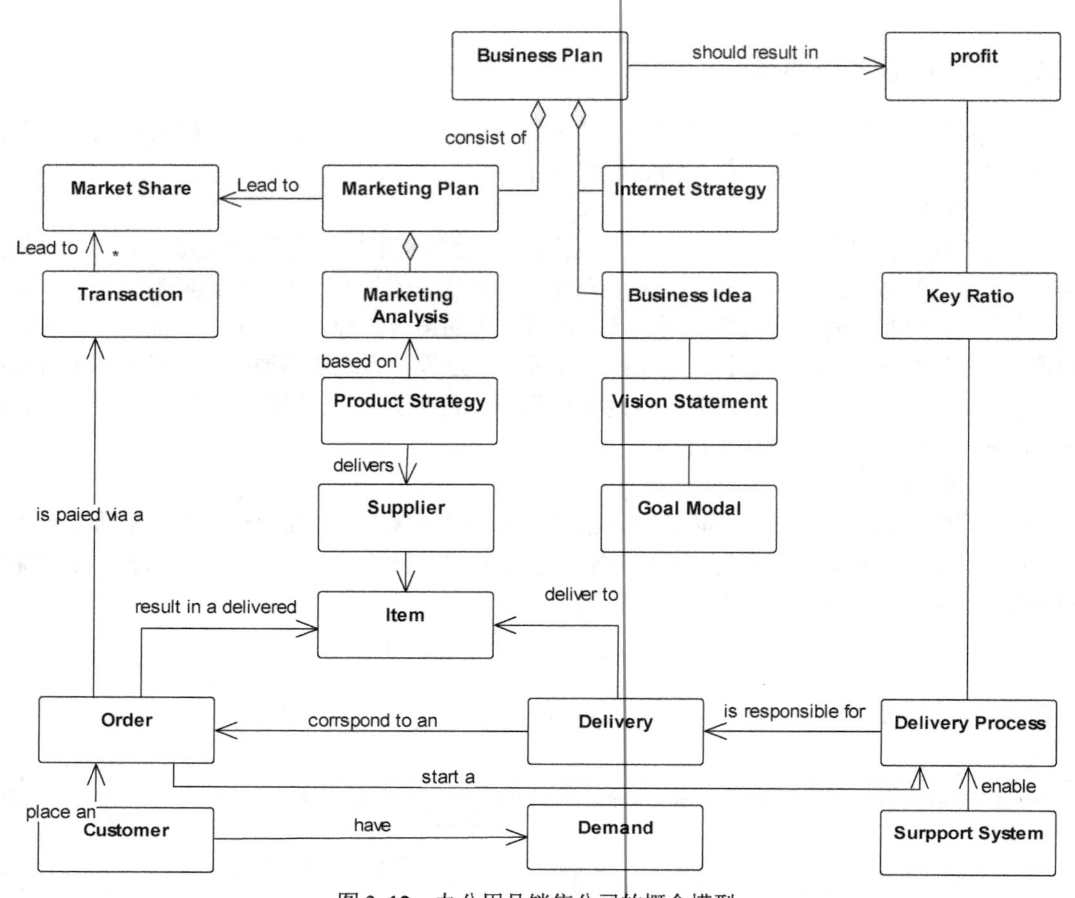

图 3-12　办公用品销售公司的概念模型

在这个概念模型中，业务计划（Business Plan）是一个非常重要的概念，它包含了市场营销计划（Marketing Plan）、产品策略（Product Strategy）、因特网策略（Internet Strategy）以及业务理念（Business Idea）等几个主要概念。

其中，产品策略（Product Strategy）是业务营销计划中的一个关键概念，它以市场分析（Marketing Analysis）为基础，它决定了公司的产品研发、生产和选购策略和方法。

实施市场营销计划（Marketing Plan）可以有效地提高市场占有率（Market Share）。实施过程则可以是，客户首先提交订单（Order）并形成一次交易，然后在交易（Transaction）中进行支付。支付完成后，再向客户交付（Delivery）客户购买的商品（Item），进而在提供商品所附加的服务。交付过程（Delivery Process）可以通过关键比率（Key Ratio）实施控制。

3.4.2　业务过程模型

业务过程模型是一个主要用于描述如何实现公司的愿景和目标的模型。图 3-13 描述了该公司的业务过程模型。模型中包括了市场开发（Market Development）、业务开发（Business Development）、管理过程（Management Process）、承包商开发（Subcontractor Development）和交付（Delivery）五个过程。

其中，市场开发（Market Development）过程以市场分析为输入，输出是能够帮助公司实现扩大市场份额目标的市场计划。

业务开发过程（Business Development）是一个以市场计划为输入，输出是能够实现交易和利润目标的业务计划的业务过程，业务开发过程通过业务计划控制管理过程和承包商开发过程的实施。

在业务计划的指导下，管理过程（Management Process）控制分包商开发过程的实施，以为公司提供满足用户需求的产品供应。

最后，交付过程负责处理用户订单的交易、支付和交付等处理。

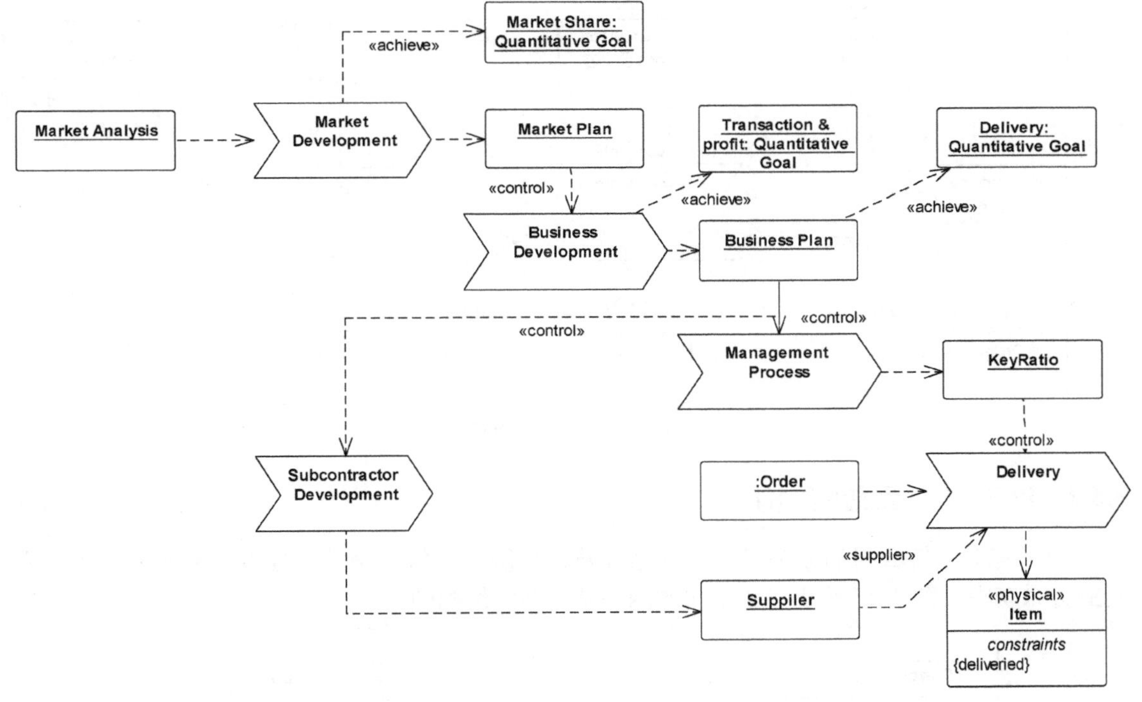

图 3-13　公司的业务过程模型

3.4.3　交付业务流程图

为了更好地描述公司的业务状况，分解了图 3-13 中的交付过程，得到了图 3-14 所示的交付过程的业务流程图，这个模型细化了交付过程。将交付过程分解成客户交互（Customer Interaction）、订单（Order）和采购（Procurement）三个处理过程。

其中，客户交互（Customer Interaction）过程负责与用户交互，输出用户提交的商品订单。这个过程需要客户和商品两个方面的信息支持。

订单（Order）过程对客户提交的订单进行处理，包括订单支付和商品的实际交付等。

采购（Procurement）过程负责商品的采购，其输入信息包括商品需求预测信息（Sales Prognosis）和订单信息（Order），输出的公司的商品信息。

业务建模时，有时有必要建立公司的组织结构模型、资源结构模型以及必要的业务分析模型等模型。受篇幅等原因的限制，在此不再详述。

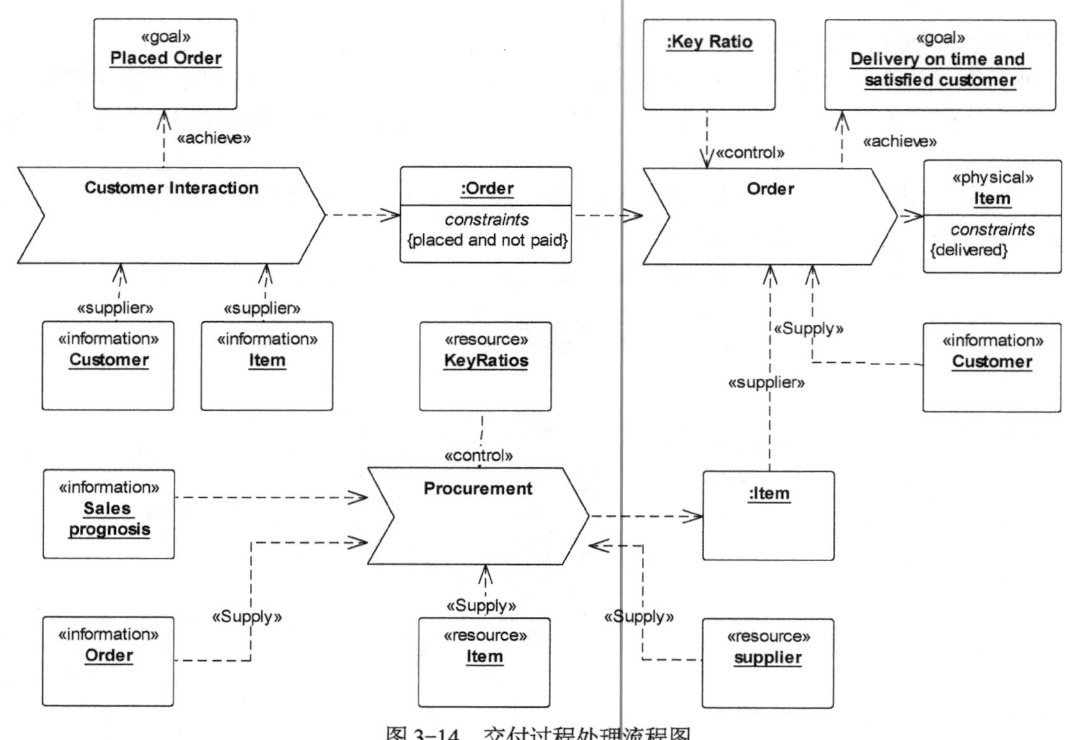

图 3-14　交付过程处理流程图

3.4.4　网络销售系统的结构

为了有效支持公司的业务目标，计划开发一个网络销售系统，并且将该系统纳入新的公司业务系统中。图 3-15 给出了该公司的网络销售系统结构图。

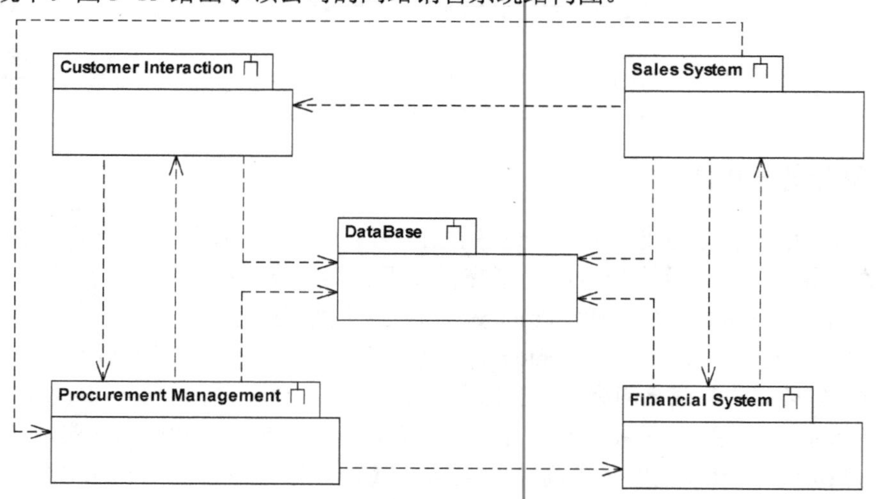

图 3-15　网络销售系统结构图

这个方案将网络销售系统划分为客户交互系统（Customer Interaction）、销售系统（Sales System）、采购管理系统（Procurement Management）和财务系统（Financial System）四个子系统。

其中，客户交互系统（Customer Interaction）负责处理与客户交互的所有事务，这些事务能包括客户管理（注册、登录、客户信息管理等）、零售业务（如选择商品、提交订单、在线支付）等，也包括大客户销售业务（如提交购物请求、审核销售方案和确认最终销售方案）等业务。

销售系统（Sales System）负责接收客户交互系统提供的订单或购货合同，读取采购系统提供的商品信息，组织并实施商品的支付，并确保支付的及时和准确。

采购管理系统（Procurement Management System）则负责跟踪销售情况和市场发生的各种变化，及时调整公司的商品需求预测和采购计划，为销售系统提供及时有效的支持。

财务系统（Financial System）则负责处理与上述系统相关的财务方面的事务。

图 3-15 清晰地描述了目标系统的总体结构，但并没有描述这个系统的功能结构、概念结构和逻辑结构。弄清楚这些问题需要对目标系统进行软件建模。

3.4.5 系统需求

本节描述的业务建模的主要目的是获得网络销售系统的需求。下面简单介绍一下需求的主要内容和建模方法。系统需求的基本内容包括功能需求、非功能需求以及用户和用户界面三个主要部分。

1．功能需求

功能需求主要解决系统做什么的问题，最常用的功能建模的方法通常是用例建模。

例如，对于图 3-15 中所示的客户交互子系统，可以用图 3-16 所示的用例图描述其功能结构。

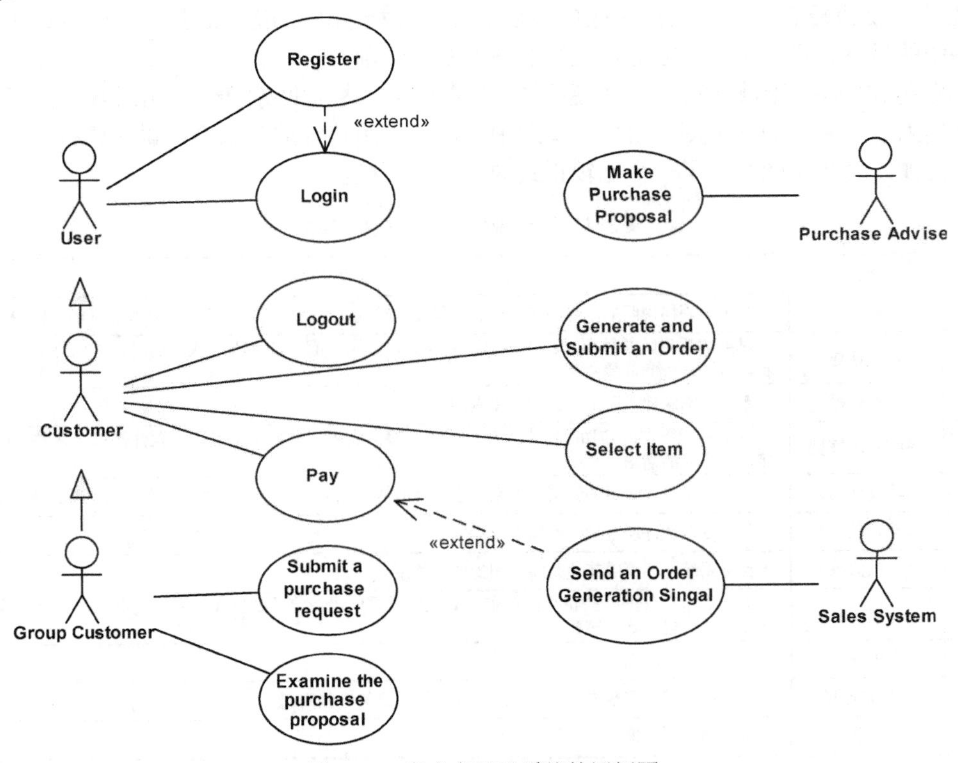

图 3-16　客户交互子系统的用例图

图中定义了用户、注册用户、集团客户、销售顾问以及销售系统等多种类型的参与者。

对于普通用户（User）定义了登录（Login）、注册（Register）两个用例。

对于注册用户，定义了注销（Logout）、选择商品（Select Item）、提交订单（Generate and Submit an Order）和支付（Pay）等用例。

而对于集团用户（Group Customer），还定义了提交购物请求和评审购物方案两个用例，以支持大宗货物采购。

最后，对于大客户，系统还定义了一种新的参与者销售顾问。销售顾问负责为集团客户制订能够满足客户需求的购物计划。

建立用例图时，隐含了一个系统边界的问题，即建模时，要分清楚哪些东西是系统内部的，哪些东西是系统外部的。图 13-6 中的参与者均为系统外的，所有用例均被默认为是系统内部的用例。如何确定内部用例，还需要在建模过程进行更细致的分析和设计工作。

总结并分析图 3-14 中出现的信息对象，可以获得一个系统的概念模型。这样的概念模型也是系统需求的重要组成部分。

2．非功能需求

主要是指对目标系统在功能性需求之外的各方面的需求。非功能性需求通常会包括很多方面，如可靠性、安全性、完整性和一致性方面的要求，还有可能包括运行时间和空间方面的要求。有时还有开发方面的需求，如可维护性、可移植性、可重用性等。

非功能性需求往往来自业务系统对目标系统在某些方面的限制，必要的非功能需求得不到满足的系统往往不能有效地支持业务系统实现其业务目标。

3．系统需求规格说明

业务建模的最后应形成项目的业务模型文档。文档的内容应包括业务建模过程中获得的业务系统的目标、资源结构、业务过程和业务规则的全部内容。

当业务建模的目的是获取某个信息系统的需求时，这个业务模型文档或其中的部分内容将可以作为目标系统的需求规格模型。实践中，可以按照特定的需求规格说明模板编写需求规格书。例如，表 3-1 就给出了一个比较正式的需求规格模板。

表 3-1　需求规格说明的主要内容

序号	标题	说明
1	概述	对需求规格说明书本身的一个概述，包括需求规格说明的目的、预期读者和设计的范围等
2	项目概述	对当前项目的总体概述。内容包括软件概述、项目简介、环境、软件功能、用户特征、项目假设和项目与环境的依赖关系
3	需求建模	系统的需求建模所选用的建模工具的介绍
4	系统需求模型	包括功能需求、非功能需求和接口需求。接口需求又包括用户接口、软件接口、硬件接口和通信接口等方面的需求
5	总体设计约束	目标系统需要满足的约束，如系统应符合的各种标准、需要满足的硬件约束、采用的技术限制等
6	软件质量特性	目标系统软件所应满足的软件质量属性
7	依赖关系	目标系统与环境或其他系统之间的依赖关系
8	其他需求	上述需求之外的一些特殊的需求，如系统需要使用特定的数据库，系统需要执行的特殊操作等，又如本地化或国际化等要求
9	需求分级	确定需求的优先级别
10	待确定问题	规格说明书中需要进一步解决或目前尚不明确的一些问题
11	附录	可行性分析结果

3.5 小结

本章介绍了业务模型、业务模型的建模方法以及业务规则等方面的基础知识和基本内容。

对于业务模型，介绍了业务模型的基本概念，介绍了业务的概念，详细说明了业务模型的评价标准、基本结构以及建立业务模型的主要动机。

对于业务建模方法，介绍了使用 UML 建模业务模型的原因；简要介绍了 UML 的主要业务扩展，以及基于 UML 业务扩展的业务建模方法；详细介绍了使用 UML 建模业务模型的基本方法；建立的各种常见模型，如业务过程模型、目标/问题模型、资源结构模型等。这些模型从不同的侧面描述了一个完整的业务系统。

业务规则方面，本章比较详细地介绍了业务规则的定义、种类、作用及其表示方法。本章中介绍的业务规则及其表示方法，同样也适用于软件模型。

在业务建模方法方面，本章给出了一个简单的例子，说明了业务模型的建模方法、过程和目的。事实上，并不存在一个普遍适用的业务建模方法，任何一个业务建模活动都要从建模的具体目的出发，综合运用各种建模技术和方法，完成预定的建模目标即可。

后续章节中介绍的用例、类图、交互图、状态图和活动模型都不仅仅适用于软件建模，它们仍然会涉及业务建模的内容。因为大多数的软件开发都不是建立在完整的业务建模的基础上的，这样的软件模型不可能不包含业务方面的内容，只是工作形式上的不同，除非开发的是一个与任何业务都无关的软件。即使不进行完整的业务建模，理解和掌握基本的业务建模知识也是十分必要的。

习题

一、基本概念题

1. 简述业务的概念，以及业务系统的特点。

2. 简述业务架构的概念，以及良好的业务模型应具备的特点。

3. 讨论构建良好的业务架构模型应具有的条件。

4. 简述业务模型的基本结构应由哪些部分组成，并说明业务结构的概念模型应包含的主要内容。

5. 简述在哪些情况下需要进行业务建模。

6. 简述业务模型与软件模型的关系，论述业务建模对开发信息系统软件的影响和作用。

7. 简述业务规则的概念及分类，并简述业务规则的分类和作用。

8. 简述业务规则在软件模型中的作用。

二、应用题

某小型商场的主营业务是服装销售，现欲开发一个信息系统支持其商品销售过程和管理过程。

商场现状描述如下：商场中的人员可分为销售经理、管理员、售货员和收银员等多种角色。

销售经理负责商场的各种日常事务的管理工作，同时兼任售货员的工作。售货员则主要负责商品的销售工作，商品销售的主要内容包括为处理商品的出售、退货和换货等事务。管理员负责系统基本信息（如商品分类信息、库存数据等）的管理和日常维护。

售货时，售货员可以根据商品的库存情况和日常经验等向顾客介绍或推荐合适的商品，顾客也可以自己选择合适的商品。必要时，售货员也可以通过销售系统查看特定商品的库存情况。

顾客选定了某项商品后，售货员需要为顾客开具售货凭证，凭证上应明确注明商品的货号、名称、规格、型号、数量、价格、折扣、售货金额和售货员等信息。

顾客可持凭证到收银台结账。结账时，收银员应核对凭证上的商品、价格和金额等信息，完成收银工作。顾客在结账时也可以要求调整售货凭证上的商品，如调整某个特定商品的数量或取消某个具体商品的销售等。结账完成后，应向顾客提供一份详细的结账凭证，记录清楚顾客实际购买的商品。顾客可持结账凭证到售货员处取走顾客完成支付的商品。另外，收银台应向顾客提供多种结账方式，如现金、银行卡等。结账完成后，系统应及时修改商品的库存数据。后续的退货和换货也需要处理响应库存数据。

需要退货或换货时，顾客应持购物凭证和商品到商场向售货员提出退换货请求。退货时，售货员应仔细核对商品的品种、规格和数量，并检查商品的实际状况。在商品符合退货或换货条件的情况下，进行退货或换货。

退货时，售货员应为顾客出具一份退货凭证，退货凭证应注明退货的商品的名称、规格、型号、数量、退货原因和退货金额。顾客持购物凭证和退货凭证到收银台办理退货手续。收银员收取这些凭证并以现金的形式向顾客返还退货金额。

系统对换货的处理相当于一次退货和一次售货处理的组合。在此不再说明。

根据上述陈述，讨论系统应该有哪些参与者，这些参与者之间有什么样的关系；系统又应该有哪些用例；将分析结果绘制成一张用例图；为你设计的用例写出基于事件流的用例描述。

请为这个商场建立一个简单的业务过程模型描述该商场的业务现状。

针对陈述中的现有业务，分析一下影响商场业务的可能因素，如果希望改进一下商场目前的经营状况，可以在哪些方面尝试必要的改进。

第4章 用例建模

学习目标

- 理解和掌握用例模型的概念、构成元素以及这些构成元素的建模方法。
- 理解和掌握参与者、用例、用例描述及其相互之间的关系的概念和表示法。
- 理解和掌握参与者、用例的识别方法，进而掌握用例模型的一般建模方法。
- 深刻领会用例建模的意义和作用。

通常的面向对象开发过程是：从使用用例模型开始建立目标系统的功能模型，进而识别出目标系统的结构模型，并通过结构模型找出构成目标系统所需的对象，再通过找出这些对象之间的相互协作完成项目的目标。最终构造出目标系统所需要的类以及这些类的属性和方法，从而完成软件系统的设计。

用例建模主要用于获取目标系统的功能需求，用例模型要描述的是：目标系统中有哪些参与者，用例参与者与用例之间的关联关系，同时也要描述参与者之间的泛化关系及用例之间的包含、扩充以及泛化关系。更重要的是用例模型还需要描述实现每个用例所需要的动作系列。最后，还要从用例描述中分析出目标系统所需要的概念或名词术语，如业务逻辑和业务实体等，并以此为依据建立起目标系统的概念模型。

在基于用例的面向对象分析方法中，用例模型通常被视为目标系统的需求模型。

作为用例模型的组成部分，用例图主要用来定义系统的功能需求，画用例图的过程实质就是分析系统的功能需求的过程。用例图主要描述参与者与用例之间的连接关系。参与者可以是人，也可以是外部计算机系统和外部进程。事实上，用例图仅仅从参与者使用系统的角度描述系统中的信息，即站在外部观察系统应具有的功能，它并不描述这些功能在系统内部的具体实现。

用例图的作用主要有获取功能需求、设计测试用例和指导整个软件开发过程中的其他工作流三方面的作用。

4.1 用例图的基本概念

用例图的基本构成元素主要包括参与者（Actor）、用例（Use Case）两种基本元素，同时还包括参与者与用例之间的关联、参与者之间的泛化，以及用例之间的包含、扩充和泛化等关系。另外，系统边界也是用例模型的一种模型元素，在需要强调系统范围或子系统结构时，可在用例图中使用系统边界。

系统可以看作是由若干个确定的相互作用、相互依赖又相互影响组成部分结合而成、具有特定功能的有机整体，而且这个有机整体又可能是它从属的更大系统的组成部分。对于系统而言，系统外对系统内要素有影响的集合又被称为该系统的环境，任何一个系统都有其环境并且受这个环境的影响和制约，这些影响和制约也对系统的演进产生重要影响。如果一个系统的所有构成要素都是另一个系统的组成部分，则这个系统就是后一个系统的子系统。

系统边界应该是在系统定义阶段确定的，属于系统分析的输入。在分析阶段考虑系统边界问题的意义主要体现在如下几个方面。

1）在需求分析过程中，向建模人员强调系统边界的概念，从而明确项目的需求基线。

2）在整个项目开发过程中，控制和管理类似改变系统边界这样的需求变更。

3）明确系统的范围、规模和外部接口。

在用例图中，可以使用一个带有名称的矩形框表示系统边界，系统的名字写在矩形框内部，矩形框内部还可以包含系统的用例，借以表示用例与系统的所属关系。

4.2 参与者

当系统内部或环境中发生了某个事件，这个事件可能触发系统的某个动作从而使系统与其环境发生交互，此时，环境中可能都会有一个或若干实体参与这个交互，在用例模型中，环境中参与这个交互的实体就被统称为参与者。

4.2.1 参与者的定义

参与者是指系统外部为了完成某一项任务而与系统进行交互的某个实体，这个实体可以是系统的某个用户、外部进程或设备等，参与者的本质特征是：参与者必须位于系统外部，参与者必须与系统有着某种形式的交互。

对于一个具有较大规模的系统来说，一般会有多种不同的外部实体与之进行多种不同形式和不同内容的交互。例如对于电子商务系统来说，与这个系统有交互活动的实体可能包括顾客、商家、管理人员、支付机构和物流公司等多种参与者与系统进行各种不同形式和内容的交互。

在用例模型中，参与者实际上是一种按照它所承担的职责而定义的角色，可以将每种角色称为一个参与者。而把实现角色职责的具体参与者定义为参与者实例。参与者和参与者实例是两个不同层次的概念。在不引起混淆的情况下，本书将不严格区分参与者和参与者实例这两个概念，而将它们统称为参与者。

在统一建模语言中，参与者与系统交互的方式与面向对象方法中的消息机制相似。在用例图中，参与者与系统之间的关系将使用参与者与用例之间的关联的方式描述，而在活动图、顺序图和通信图中将使用消息传递方式描述参与者与系统中的对象交互。

图 4-1 给出了一个图书管理系统的用例图，图中列出了系统的边界、参与者和用例，同时，还展现了参与者与用例之间的关联关系、参与者之间的泛化关系和用例之间的扩充及包含关系。

4.2.2 识别参与者

参与者既可以是用户，也可以是其他计算机系统或正在运行的进程，还有可能是承担了某种系统责任的外部设备。因此，参与者的一个主要特征就是参与者总是处于目标系统的外部，它们并不是系统内部的组成部分。因此，可以列出如下发现系统参与者的启发式问题，分析这些问题将有助于找到目标系统的参与者。

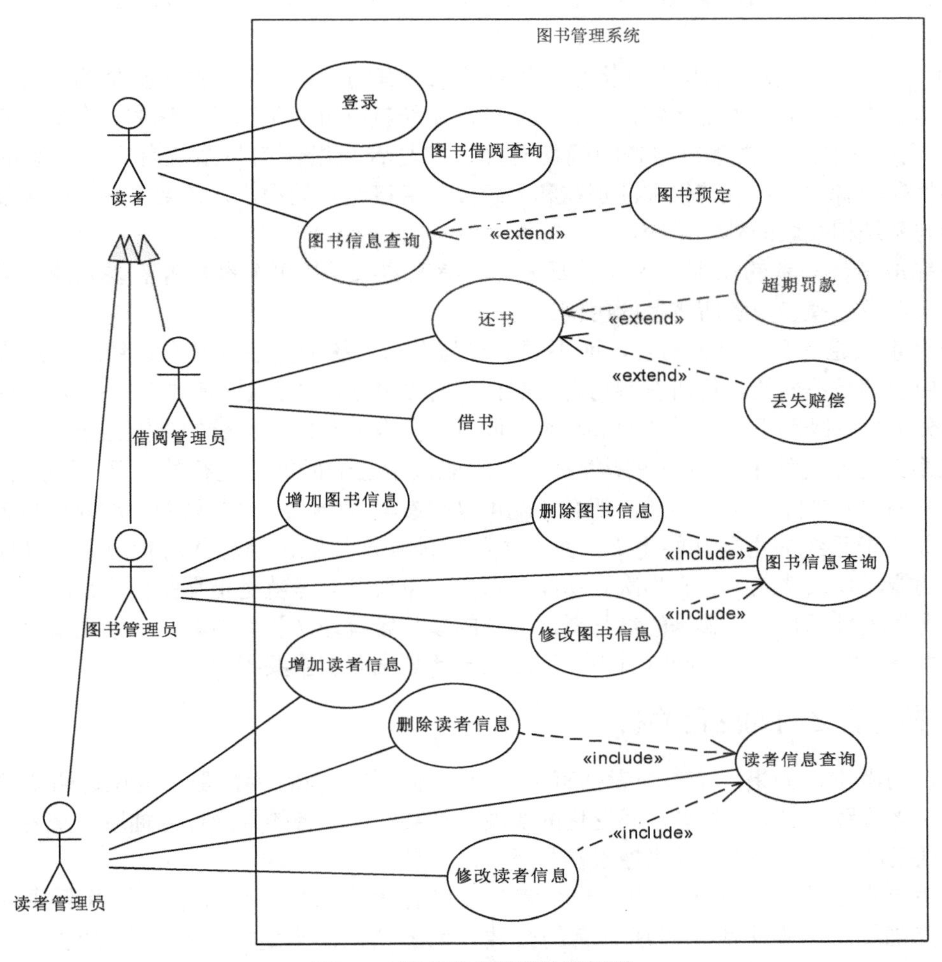

图 4-1　图书管理系统的用例图

1）系统的主要用户是谁？分析系统的主要用户，将有助于找到最主要的系统用户。

2）谁使用系统输出的信息？使用系统输出的信息的人可能是系统用户，也可能是系统的间接用户。对于间接用户，进一步的分析将有助于明确和定义系统输出这些信息的方式。

3）谁负责提供系统的输入信息？谁负责使用或删除系统中的信息？负责输入、使用和删除系统中信息的人员通常是系统用户，有些还有可能是系统重要的用户。仔细分析负责输入、使用和删除系统信息的人员及其管理的信息不仅有助于识别参与者，而且有助于识别和更详细地定义参与者的类别。

4）谁负责来安装、操作和关闭该系统？负责安装、操作和关闭系统的人通常是系统维护人员，通常也有可能是系统的一种或多种参与者，维护系统时通常也需要与系统进行一些必要的交互。所以他们也可能是系统的参与者。

5）系统是否在哪些预定的时刻会有某些事件自动发生？当系统需要在某些预定的时刻发生某些事件时，就需要找到这些事件的响应者。这些响应者就有可能是系统的参与者。

6）系统需要响应哪些外部事件？如何响应？当系统需要响应某些外部事件时，这些外部事件的发起者就有可能是系统的参与者。这些事件的响应方式也决定了这种参与者与系统的交互方式。

7）系统从何处获得信息？分析系统信息的来源有助于识别信息系统类型的参与者，如果系统的信息来源于某个外部系统，那么这个外部系统就有可能是当前系统的一个参与者。

分析过程中，要注意参与者的确切含义，参与者是指任何与系统有交互关系的人或事物。寻找参与者时，不应该仅关注那些和系统发生直接交互的用户，还要关注系统需要使用的设备和与系统相关联的外部系统。

在完成了参与者的识别之后，需要进一步考虑的问题是每个参与者需要系统完成什么功能，从而考虑建模参与者所需要的用例。

一个系统通常有多个参与者，而不同的参与者与系统的关系以及在系统运作过程中所发挥的作用也都是不同的。将所有参与者按照他们与系统之间的关系和他们在系统运作中所发挥的作用分类将有既助于识别系统的参与者，同时也更有助于发现分析的功能需求。

在系统运作过程中，参与者所发挥的作用取决于它们所能够进行的交互，如果把系统的功能划分为主要功能和次要功能，那么，就可以将参与者分为主要参与者和次要参与者。

例如，把系统的主要功能定义为系统中那些能够产生输出信息并对实现系统目标有直接影响的功能，其余功能则定义为次要功能，那么，主要参与者就是指那些使用系统输出信息并且对实现系统目标有重要影响的参与者，其余的参与者就是次要参与者。识别主要参与者的实质是识别系统的主要功能，同时对下一步的建模计划也有着重要影响。

4.2.3 参与者之间的泛化关系

在参与者中，如果一个参与者拥有另一个参与者的所有行为，那么就说这两个参与者之间具有泛化关系。定义参与者之间泛化的实质是把某些参与者的共同行为抽取出来表示成通用行为，且把这些参与者描述成为抽象参与者。

在参与者之间的泛化关系中，一个参与者的行为可以被其他多个参与者所共享。抽象参与者充当了一个多个参与者所具有的公共行为的角色。当定义一个具体的参与者时，只需定义这个参与者所特有的那部分行为，它所具有的公共行为仅从抽象参与者中继承就可以了。

在 UML 中，参与者之间的泛化表示与类之间泛化表示相同，其中的箭头指向的一端是抽象参与者，另一端则是具体的参与者。

例如，图 4-1 中的读者和图书管理员、借阅管理员和读者管理员之间的泛化关系，图书管理员、借阅管理员和读者管理员是读者的派生参与者，他们都是读者，可以拥有读者的全部行为，同时他们还具有自己独特的系统行为。

值得注意的是，具有泛化关系的参与者在与系统进行交互时也有可能仅仅是大致相同的。不同层次参与者与系统之间的交互，也可能会有某些细节上的差别，这时还需要仔细考虑他们之间的不同。

例如，图书管理系统中，图书管理员和读者都有图书信息查询的权限，但他们在进行图书信息查询时，二者可以执行的操作却可能会有很大的区别。读者查询图书时，仅仅能够阅读图书信息即可，而图书管理员却可能需要在查询图书时，扩充添加新图书信息、修改和删除图书信息等功能。对这个问题的不同理解往往会导致不同的设计。

在分析阶段的早期，确定一个抽象参与者有时是比较困难的。但随着分析的深入及对系统与其参与者之间交互信息的细化，各种参与者与系统之间的交互也将会变得越来越清晰。

4.3 用例

4.3.1 用例的定义和表示

用例（Use Case）通常被定义为系统的参与者与系统之间的一次交互活动，活动结束后将使系统处于一个新的一致的状态。一个成功执行的用例应该为系统带来可预知的和确定的业务增量。任何用例都必须确保能够使系统从一个一致的状态迁移到另一个一致的状态，从而确保系统的状态不被环境中的任何因素所破坏。

对于目标系统来说，用例模型是外部可见的一种系统功能模型。用例的主要作用是在系统内部结构不可见的情况下来分析和定义系统中的行为。因此用例的定义中必须包含用来实现用例的功能所需要的所有行为，如执行用例功能的动作序列、标准动作的替代动作、某些动作在某种特殊情况下所触发的异常及希望的预期反应等。所有这些情况都是在用例中必须描述和处理的情况。另外，当不同用例之间共享同一对象时，这些用例之间还有可能产生较强的耦合关系。

抽象地看，用例表示的是系统对外部用户可见的行为。一个用例就像是外部用户可以使用的一个系统操作，然而它又与操作不同。用例可以在其执行过程中持续地接受参与者输入的信息，也可以像子系统和独立的小单元那样使用。一个内部用例表示了系统的一部分对另一部分所呈现出的行为。

用例是系统一部分功能的逻辑描述，它必须映射为具体的类，这里面所说的类可能是一个类，也可能是一个类层次结构，当然还可能是一组逻辑相关的类。用例的行为与类的状态转换以及类所定义的操作相对应。如果一个对象（类）在系统的实现中充当了多个不同的角色，那么它将有可能出现在多个不同的用例场景，并在这些场景中实现了某种特定的功能。在软件开发过程中，用例往往具有多方面的用途，这些用途包括以下内容。

（1）可作为软件开发计划的基础

我们可以估算实现每个用例所需的时间和资源。如果无法直接进行估算，那么可以首先估算与用例的每个场景有关的时间和资源，然后在此基础上估算实现整个用例所需的时间和资源。

（2）捕获需求

用例可用来捕获功能需求，是分析、设计和实现的基础。

（3）可作为软件测试的基础

测试人员可将那些在用例中描述的消息序列以及动作序列作为测试脚本来验证系统的功能。

（4）协作文档的基础

由于用例描述了用户与系统之间的交互，因而可以作为写作用户文档的基础。

4.3.2 参与者和用例的关联

UML 使用关联（Association）描述参与者和用例之间的关系，它表示了参与者与系统之间的通信关系，也表示了系统与外部环境之间的界面或边界。

图 4-1 中就出现了多个这样的关联关系，这些关联关系描述了系统与外部环境之间的外部接口。有时参与者和用例之间的关联也可以表示成一种单向的关联关系，关联方向用于表示关联的双方当中的哪一个才是用例过程的发起者。

4.3.3 用例之间的关系

用例的本质是参与者为了实现某种目的而与系统进行的一次交互活动，这个交互活动往往被描述为一系列动作序列。因此，在不同的用例中可能存在一些相似或相同的动作序列片段或子序列。分离这些公共的序列片段或子序列有助于建立更加清晰和更加有效率的用例模型。

面向对象方法中，人们定义了包含、扩充和泛化等多种关系来描述用例之间的关系。

1. 包含关系

如果一个用例包含了另一个用例的所有行为，则称这两个用例之间存在着包含关系。并称前者为整体用例，后者为包含用例。显然，包含关系是一种从整体到部分的单向关系。

在通常情况下，整体用例与部分用例之间的可访问性（执行顺序）通常也是单向的，整体用例可以访问部分用例的属性和操作，部分用例通过其外部可见的属性和操作提供了可被多个用例重用的特定行为。部分用例可以看到为它设置属性值的整体用例，但它不应该访问整体用例的属性和方法。

UML 使用一个带有《include》构造型的虚线箭头表示包含关系，它从整体用例指向包含用例。图 4-2 给出了一个包含用例的例子，其中的参与者可以使用添加项目或者删除项目两个用例，其中查找项目用例则是删除项目用例的一个包含用例。

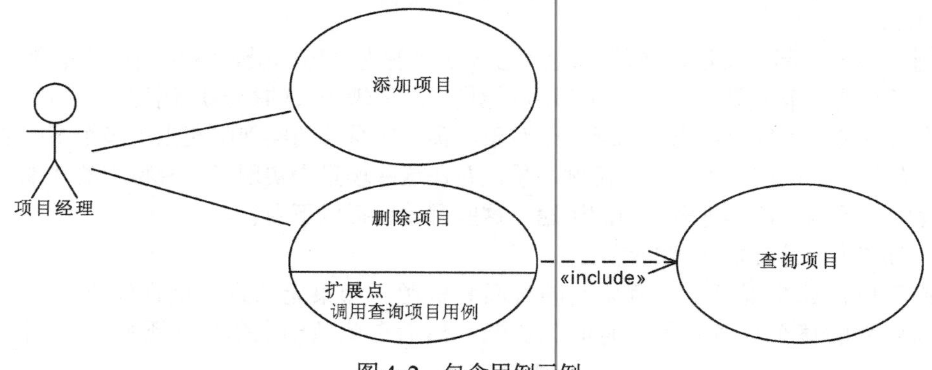

图 4-2　包含用例示例

与用例相关联的一个概念是扩展点，一个用例可以有多个扩展点。一个包含用例在它的整体用例中就体现为一个扩展点。扩展表指明了部分用例在整体用例中的执行位置。显然扩展点与包含关系之间应具有一定的对应关系，或者说，不论是否在模型中标注扩展点，扩展点应该是客观存在的。

2. 扩充关系

在用例中，有某些活动可能是用例的一部分，但执行时却并不一定需要执行这部分活动用例也能成功。这时，我们可以把这部分活动定义成一个用例，并称这两个用例之间的关系是扩充关系。在扩充关系中，称原用例为基用例，扩充部分为扩充用例。图 4-3 给出了一个扩充用例的例子，很容易看出扩充和包含的语义区别。

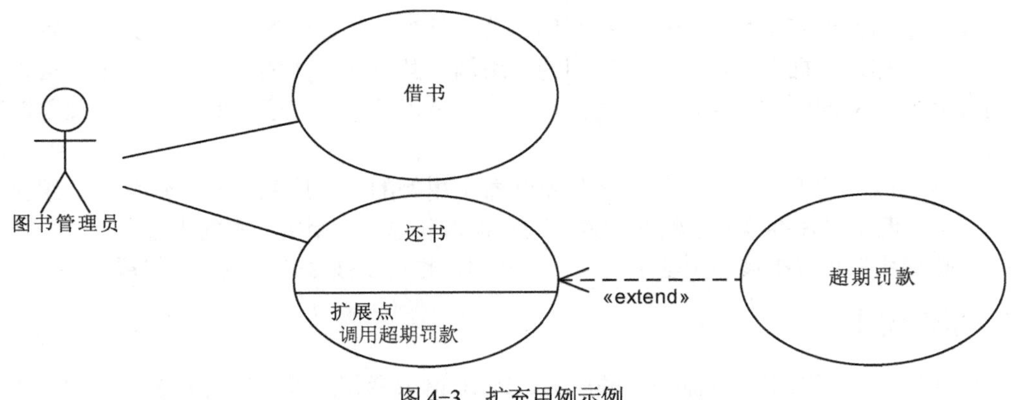

图 4-3　扩充用例示例

对于扩充用例来说，与扩充关系相对应的还应有扩充条件这样一个概念，当用例实例执行到扩充点并且满足该扩展点标注的扩充条件时，控制流将转入到相应的扩充用例的行为序列中；扩充用例执行完毕后，控制流再从扩展点返回到基用例。

在一般情况下，扩充关系中的基用例与扩充用例之间的访问性也是单向的，基用例可以访问并修改扩充用例的属性和操作，而扩充用例则不能访问基用例的属性和操作。一个扩展用例可以扩展多个基用例，一个基用例可以被多个扩展用例扩展。

从包含与扩充这两种关系的用例实例的执行过程来看，这两种关系中一个很重要的区别是：控制流从基用例转入到扩充用例是有条件的，而控制流从基用例转入到包含用例则是无条件的。换个角度来看，包含关系可以视为是一种特殊的扩充关系。

3．包含与扩充的比较

包含与扩充都描述了用例之间组成结构方面的关系，包含用例和扩充用例均可视为基用例的子用例，它们都是基用例的组成部分。但从包含用例和扩充用例实例的执行过程来看，这两种关系的重要区别在于：对于扩充关系来说，控制流从基用例转入到扩充用例是有条件的。而对于包含关系来说，控制流从基用例转入到包含用例则是无条件的。从这个角度来看，包含关系也可以视为一种特殊的扩充关系。

4．用例之间的泛化关系

与类之间存在泛化关系类似，用例之间也存在泛化关系。和类一样，某些用例之间也可能存在一些共同或相似的行为，如果抽象出这些用例中的相似行为，那么抽象的结果就可以用一个抽象用例表示，此时，可以仅把这些用例的个性化的行为保留在各自的用例之中。这时，这个拥有了共同行为的抽象用例与这些具体用例之间就构成了一种泛化关系。

例如，图 4-4 展示了购买不同门票的用例之间的泛化关系。在一个实际的售票系统中，这样的用例泛化可以帮助我们找到一个更具通用性的解决方案。

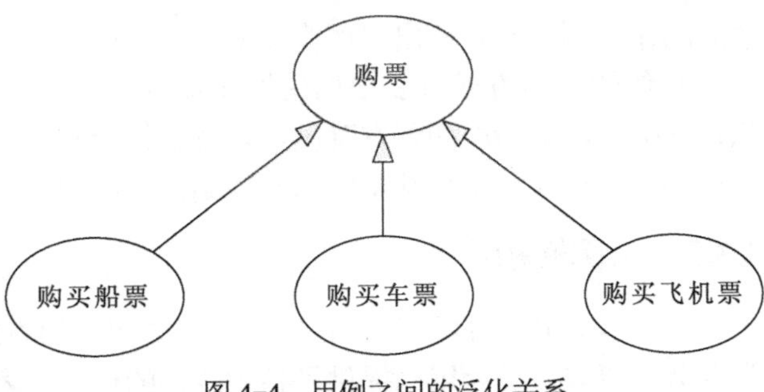

图 4-4　用例之间的泛化关系

在后面的章节中，将看到用例扩充的实例。

如果一个用例拥有了另一个或一些用例的公共行为，那么称这个用例与其余用例之间具有泛化关系，称这个拥有共同行为的用例为父用例，其余的用例为子用例。子用例可以应用于任何使用父用例的地方。父用例的属性对子用例是可见的，但子用例的属性对父用例则是透明的。

从用例构成的角度来看，用例的替代意味着子用例的行为序列中必须包含其父用例的行为序列。子用例可以在继承父用例的行为序列中插入其他与父用例无关的内容。

一个扩展用例可以扩展多个基用例，一个基用例也可以被多个扩展用例扩展。

4.3.4 用例描述

尽管建模人员可以用控制流图、顺序图、Petri 网或者程序设计语言等多种方式来描述用例，但文本方式仍然是最常用的用例描述形式。在一般情况下，用例的主要用于获取需求的工具和软件开发人员之间的交流，因此，文本描述当然就是一种最自然的选择。为了描述用例，我们首先给出场景的概念。

场景（Scenario）是为了阐释某种行为而定义的一个具体的操作序列，可以用于说明若干个对象之间的一次交互活动或一个用例的具体执行过程。

从用例结构的角度来看，一个用例通常就是一个参与者与系统之间进行的交互活动序列，而且一个具体用例实例并不一定要执行用例中的所有交互动作。因此，实例化一个用例的每个可能的具体用例场景，将可以更有效并且全面地描述一个用例。

换句话说，用例的实质就是对其全部用例场景的一个抽象。用例场景则是从这个抽象中实例化出来的一系列活动序列。描述一个用例建模时，也可以采用多种不同的方式描述用例，可以分为如下三种方式。

1．需求陈述

需求陈述可以看成是由用户提供的文本形式的需求描述，如果用户的需求陈述描述得足够清楚，并且系统也足够简单，那么就可以使用需求陈述代替用例建模，而不做详细的用例描述建模。

2．主要的成功场景

这是一种仅建模主要的成功场景而忽略其他场景建模的用例描述方法，该方法适用于用例的过程足够简单，并且开发人员对此用例的理解无歧义的情况。

3．使用用例模板

根据正式定义的用例模板，详细分析用例执行过程，定义用例所有的场景并描述每个场景的动作序列，并建模出用例模板所描述的所有细节。

具体的描述方式可以根据用例在项目中的地位、作用、复杂度等因素进行选择。另外，项目的类型、复杂度和开发难度，以及软件开发团队的工作方式、工作方法、技术水平、开发经验和团队的成熟度也都是影响具体建模方法的因素。

4.3.5 用例模板

详细描述用例的各方面细节，并以结构化的方式来组织这些细节，对理解系统的需求非常有益。研究人员为用例提供了各种各样的模板。表 4-1 给出了一个基本的用例模板，其具体内容如下。

表 4-1　用例模板

用例名称	具体用例名称	用例编号	用例标识符
主要参与者	用例的所有参与者列表，使用该用例所提供的服务以实现某个目标的外部实体		
用例陈述	用例的功能陈述		
前置条件	用例在执行之前应具备的条件。用例假定这些条件为真，本身并不测试这些条件		
后置条件	用例执行之后系统应处的状态，这个状态应该满足所有受益人的需求		
基本流	描述用例能够实现所有受益人利益的主要成功场景，通常是一个由一系列动作组成的动作系列。基本流中一般不包括任何条件和分支，所有条件和分支都被推迟到扩充流部分		
扩充流	也称为可选流，描述用例中除基本流描述的主要成功场景之外的所有其他场景，包括所有成功或失败的场景 扩展场景通常是主要成功场景的分支，其动作序列中的各个扩展动作应能够跟踪到基本流的动作序列之中		
特殊需求	用例的非功能需求、质量属性要求或者各种约束记录。其中，质量属性可以包括性能、可靠性和可用性等		
技术和数据约束	用例中某些动作或动作序列的约束		
尚未解决的问题	本用例遗留的一些问题		

模板中主要参与者是指与用例有关联的参与者；用例中，描述用例受益人及其所获得的利益有助于理解系统应该具有的详细职责。或者说是一种用来发现和记录系统所有必需行为的方式。用例的前置条件指用例的执行系统所应该处于的状态，而后置条件指用例执行后系统应处于的状态，分析用例的前置和后置条件有助于分析用例之间的关系，从而帮助人们找出新的用例、理顺用例之间的关系或修改用例的内容，从而增加用例模型的完整性和一致性。

基本流描述了实现用例主要成功场景所需要的基本动作系列。基本流一般不包括条件和分支语句，所有条件和分支语句都被推迟到扩充流部分。这部分内容记录了参与者与系统之间的交互、系统所进行的验证和系统的状态改变三个方面的内容。

扩充流描述用例除主要场景之外的所有其他场景，包括成功的场景和所有失败的场景。扩充流中的每个场景都是对基本流的某个动作的扩展，每个扩充场景与基本流中的动作之间的关系都应该描述成可跟踪的。扩充流中的每个扩充场景通常应包括扩充条件和相应的处理两部分。

特殊需求用于描述用例的非功能需求、质量属性和约束。其中，质量属性主要指用例的执行所需要满足的性能、可靠性和可用性等方面的要求。约束部分主要指实现用例时所需要满足的实现技术和数据方面的约束。例如，对用例中实现输入和输出机制方面的技术约束。同时也包括输入、输出数据中数据项之间关系上的数据约束。

除了使用用例模板中的事件流描述用例以外，也可以使用活动图、状态图、顺序图和交互图等模型来描述用例。应该注意的是这些描述方式的本质是相同的，不同的描述方式可以从不同的侧面来描述用例过程，尽管它们所描述的内容的语义是相同的，但从不同角度出发的描述更有利于理解。

另外，不同的建模软件（如 Rational Rose、Enterprise Architect 等软件）中也给出了不同的用例模板，它们均给出了对这些描述方式的支持，表 4-2 为超市销售管理系统的收银用例的用例描述。

表 4-2　超市销售管理系统的收银用例的用例描述

<table>
<tr><td>用例名称</td><td>收银用例</td><td>用例编号</td><td>UC01</td></tr>
<tr><td>主要参与者</td><td colspan="3">收银员</td></tr>
<tr><td>用例陈述</td><td colspan="3">本用例用于超市的收银业务，收银员应为顾客提供及时有效的商品销售服务</td></tr>
<tr><td>用例目标</td><td colspan="3">收银员应正确输入商品销售记录并正确完成顾客的支付
为顾客提供现金、信用卡等多种支付方式，使顾客得到及时、准确的服务
支持销售过程中的即时退货
能够及时更新相关销售账目和商品库存数据</td></tr>
<tr><td>前置条件</td><td colspan="3">收银员已经登录并打开商品销售界面</td></tr>
<tr><td>后置条件</td><td colspan="3">正确地完成了商品销售，计算了商品的销售额，保存了本次销售的全部明细记录，同时更新了商品库存等相关账目，打印了商品销售收据</td></tr>
<tr><td>基本流</td><td colspan="3">1 顾客带着商品到收银台准备付款，收银员启动商品销售子系统，打开商品销售界面
2 收银员开始新的商品销售，即清除界面上一个顾客的销售信息，将系统置为开始销售的状态
3 收银员输入商品标识码
4 系统根据输入的商品识别码显示商品的名称、价格和数量，计算当前商品的金额
5 系统累计并显示顾客应支付的商品总金额
重复步骤 3、4 和 5，直到输入完所有商品的识别码为止
6 收银员请求顾客付款
7 顾客付款，系统处理支付
8 系统保存销售数据，并将销售数据发送给外部的账目系统和存货管理系统
9 系统打印商品销售收据，收银员将商品销售收据交给顾客
10 本次销售结束</td></tr>
<tr><td>扩充流</td><td colspan="3">1 若系统未启动，则收银员需要重启系统和登录，并请求进入收银子系统
3a 若输入的商品标识码无效，则系统显示出错信号并提示重新输入
3b 顾客购买多件相同商品时，收银员可以输入商品标识码以及数量
3-6a 如果顾客希望从已经输入完识别码的商品中去掉某件商品时，收银员可以修改该商品的数量或删除该件商品的销售明细记录，并及时收回顾客不要的商品。系统更新并显示商品总金额
3-6b 如果顾客要求取消本次销售，收银员应向系统提交取消本次销售请求，系统将自动清除本次销售的所有数据，并将系统重新置为可以进行商品销售的状态
7a 顾客用现金支付:
1 收银员输入顾客支付的总金额数
2 系统自动计算并显示找零金额，并弹出现金抽屉
3 收银员存放现金并将余额交给顾客
4 系统记录此次现金支付情况
7b.顾客使用银联卡支付:
1 收银员刷卡，并提示顾客输入他的银联卡支付密码
2 系统向外部支付授权服务系统发出支付授权请求，并请求支付批准
2a 系统检测到和外部系统之间协作上的失败:
1 系统给收银员发出一个出错信号
2 收银员请求顾客用其他方式支付
3 系统收到支付回应并向收银员发出一个批准支付信号
3a 系统收到拒绝支付信号:
1 系统给收银员发出一个出错信号
2 收银员请求顾客用其他方式支付
4 系统记录银联卡支付情况，其中包括批准支付情况
5 系统给出银联卡支付签名输入机制
6 出纳员请顾客进行银联卡支付签名，客户输入签名</td></tr>
<tr><td>特殊需求</td><td colspan="3">应提供一个用于向顾客显示商品总金额的显示屏，以便顾客核对商品销售数据
银联卡方式的支付请求和支付回应应该能够在 30 秒之内做出正确响应
访问远程服务时，系统应具有较高的可靠性和恢复能力，以确保系统数据的一致性
系统界面应具备国际化支持</td></tr>
<tr><td>技术和数据约束</td><td colspan="3">3a 商品标识码的输入应支持条形码扫描器和键盘两种输入方式
7a 银联卡账目信息由银联卡阅读器或者键盘输入
7b 银联卡支付签名可以在纸上进行，也可以使用数字签名</td></tr>
<tr><td>尚未解决的问题</td><td colspan="3">商品标识码的格式问题，采用何种或哪些种格式
远程服务的恢复机制问题，数据如何进行恢复
现金抽屉的管理问题，是收银员管理还是由专门的管理员管理
银联卡阅读器的使用权限问题，是顾客使用，还是收银员使用</td></tr>
</table>

图 4-5 给出了超市销售管理系统的收银用例的活动图描述。用例基本流中的“查询商品信息”和“支付处理”是两个活动（Activity）节点，表示它们本身也都是一个过程，也都可以以建模成独立的活动子图。图 4-6 给出了“支付处理”活动节点的活动子图。

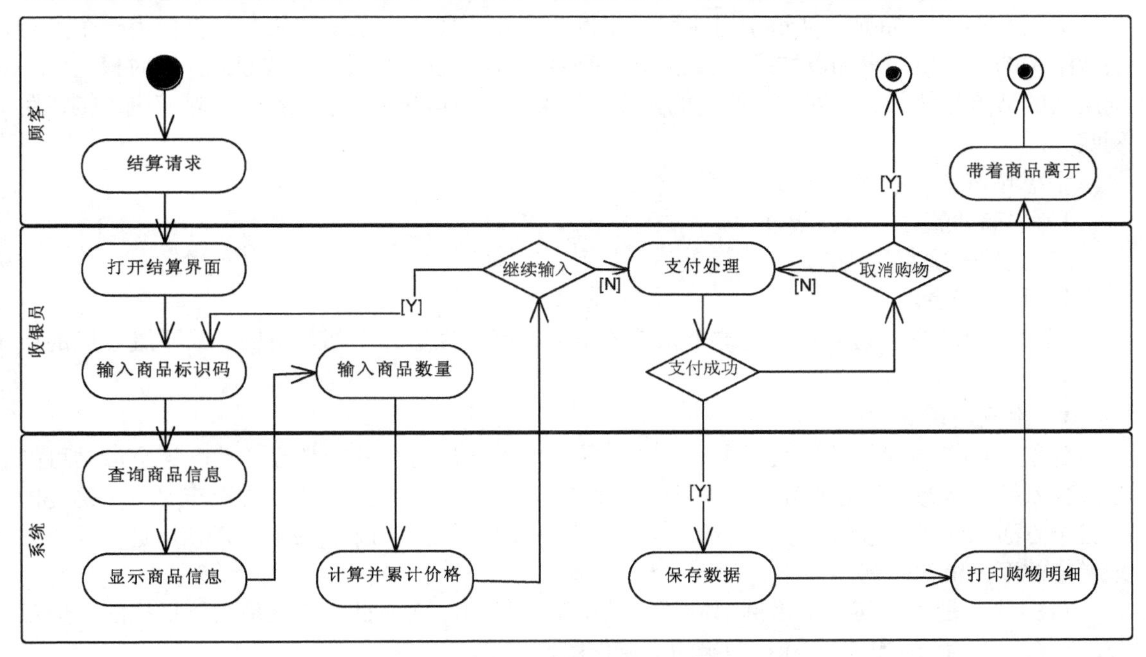

图 4-5 收银用例的活动图描述

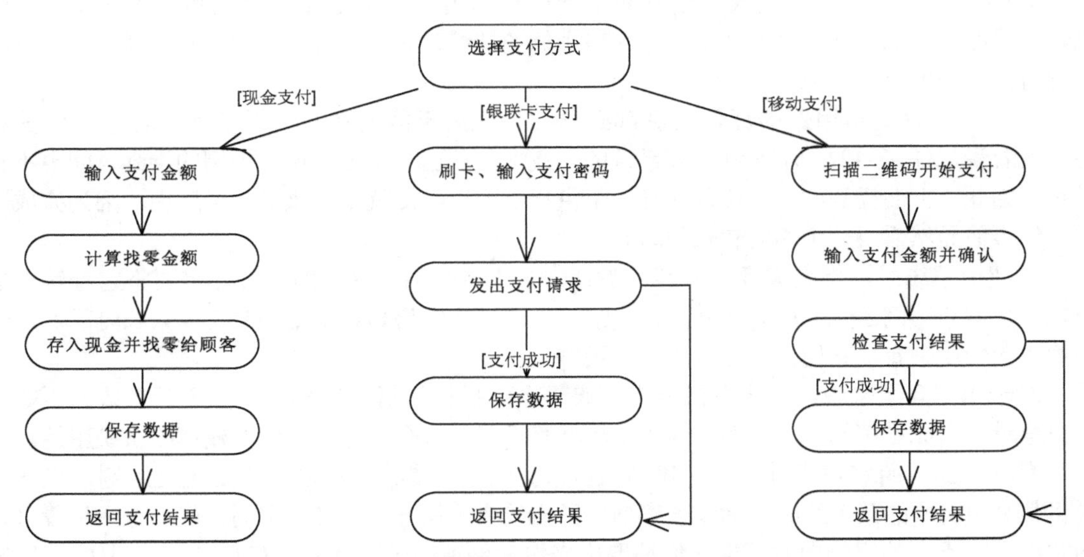

图 4-6 收银用例“处理支付”的活动图描述

用例描述中的其余节点则被表示成动作（Action）节点，它们可以被理解成是一个个简单的动作。当然用例中的其他扩展流也可以通过向图中增加新节点的方式加以描述，图 4-5 中的活动节点“处理支付”就是这样一个节点。图 4-6 描述了处理支付这个节点的活动过程，建模时，在不修改整个用例的情况下，就可以比较灵活地增加需要的扩展流了。可以看出，使用活动图表示描述的用例既直观易于理解，又便于修改和扩充。

4.3.6 用例的识别

系统分析时，如何才能识别出有用的用例呢？众所周知，系统的任务可以使用一个具有层次结构的功能模型来加以描述，当然这个模型可以通过任务分解的方式建立，同时模型中不同层次的节点显然具有不同粒度的功能。那么建模人员应该在哪个层次或作用域范围内描述用例呢？

考虑超市管理系统中要做的三件事情。

1）协商并签订一个供货合同。

2）处理一次商品销售。

3）用户登录。

现在的问题是：它们是否是这个系统的用例？有人说这三个都是用例，只不过它们的层次不同。

1．用例约束

我们回顾一下用例的定义：参与者与系统之间的一次有目的的交互活动，这个活动可能会改变系统的状态，但它必须使系统处于一个满足了某种一致性的状态。这个定义为用例提出了三个方面的约束，它们分别是目的约束、时间约束和一致性约束。我们可以使用这三个约束来考虑前面提出的问题。

目的约束是指任何一个用例都应该有其明确的目的，这个目的应该是系统目标的组成部分，或至少对系统实现其目标有积极的支持作用。

时间约束是指一个用例的持续时间不能过长，由于用例是参与者与系统的一次交互活动，这里面所谓的“一次交互活动”显然对用例的持续时间应该有一定的限制，即一个用例不应该持续过长的时间。

一致性约束是指用例的任何实例都必须在完成后不能使系统处于任何一种不一致的状态。或者说，任何用例均不允许破坏系统的一致性。从这个角度来说，用例的持续时间也不宜过长。因此，上面提到的“协商并签订一个供货合同”显然就不应该是一个用例，因为完成这样一件事情显然需要一个相对较长的时间。

在超市系统中，想完成像“协商并签订一个供货合同”这样的任务，需要将它分解成多个粒度合适的用例才能完成。另外两件事情，处理一次销售和登录则不会持续太长时间，从时间约束的角度来看，它们似乎可以建模成用例。

对于用户登录来说，用户登录通常不属于系统目标的组成部分，所以有观点认为不能将用户登录定义成系统的一个用例。当然，仍然有很多人将登录定义成他们建模的系统用例。

另一方面，用例建模过程中，建模人员常犯的错误是在太低的层次上定义用例，也就是说将某个用例中的某个片断（动作子序列、子函数或子任务）定义为用例。但当这些片段可以同时出现在不同的用例中时，把它们抽取出来作为单独的子用例就很有必要了。例如，“用银联卡支付”可能会在多个不同的与支付相关的用例中重复出现，此时就有必要将其作为单独的用例来定义了。

所以，用例的目的、持续时间和一致性等因素均应该是影响识别用例的重要因素。

2．识别用例的步骤

由上面的内容可知，建模人员定义用例的目的是为了满足主要参与者的用户目标。因此，建模人员可通过如下步骤来识别用例。

1）确定系统边界：系统边界通常是在问题定义阶段确定的，或者在业务建模时确定的，需求分析时至少要重新认定。

2）识别参与者：找出所有与系统有交互的外部实体，并确定它们与系统的交互。

3）识别用户目标：对每个主要参与者，识别其用户目标。

4）命名用例：根据用户目标定义用例，并用用户目标名来命名用例。

例如，对 POS 系统而言，处于它之外的所有事物都是系统边界，其中包括出纳员和支付授权服务等。如果建模人员不清楚系统的边界，那么可以首先定义系统外部的主要参与者和次要参与者。一旦识别出外部的参与者，系统的边界就变得很清晰了。例如，对 POS 系统是否应该负责支付授权这个问题答案当然是否定的，因为存在一个外部支付授权服务参与者。

事实上，主要参与者的识别和用户目标的识别之间并不存在严格的顺序，它们可以同时进行。主要参与者通过使用系统所提供的服务而使得用户目标被实现，这与次要参与者形成了鲜明的对比，次要参与者是用来给系统提供某些服务的。请注意，主要参与者也可以是诸如“看门狗”这类的软件进程。建模人员可以在一个参与者/目标列表中记录主要参与者和它们的用户目标。

4.4 用例建模应注意的问题

一个良好的用例模型是客户和开发人员之间进行有效交流和沟通的基础，也是开发人员理解系统和进一步设计和实现目标系统的基础。用例模型代表了用户的观点，或者说代表了用户对目标系统的需求，这使得用例具有很强的客观性和交流性，但由于用例中的动作序列又通常是由人设计出来的，因此用例同时还具有很强的主观性设计性，在大多数情况下，模型中的动作序列并不是事前就已经存在的，所以，在建模过程中，分析人员与用户之间的充分合作也是项目成功的重要基础。

用例建模时，应注意如下几个问题。

1．用例的可读性

好的用例应该易于阅读理解，晦涩难懂的用例不仅影响阅读，还会进一步影响项目的进度和质量。

例如，应使用动词或动词开头的短语对用例命名。用例的名字应尽可能简短，用词准确。对于用例的前置条件、后置条件、交换消息、动作序列、交换数据及非功能性需求等方面内容，可使用文本描述，文字尽可能简短、清晰和准确，必要时可辅助图形方式描述。

用例中使用文本方式描述的内容，应该从参与者的角度同时用主动语态来编写，这种方式与用例所代表的用户观点相一致，使用例更易于阅读和理解。

2．应编写详细的场景文本，而不是仅仅笼统地描述系统的功能需求

用例需要描述的不仅仅是参与者的目的，重要的是还要描述参与者与系统之间的交互过程，这样的用例描述更有助于发现系统中的类或对象，对项目后期的设计和实现是有积极意义的。

例如，图书馆系统中的“借书”用例描述的读者借书过程，它描述了图书管理员完成图书借阅的交互过程。

3．用例描述不过多地描述类和数据规约

在用例建模阶段，建模人员往往只引用概念模型中描述的类，而不需要过于详细对类和数据建模。

例如，图书馆系统中的“借书”用例中，就可能包括了“读者”“图书”“图书管理员”和“借阅记录”等概念，在用例建模阶段，这些概念将仅使用概念模型来加以描述，而不去建模这些元素的过多技术细节。

4．选择或创建合适的用例模板

用例通常包括了相当数量的信息，使用合适的模板可以使建模人员比较容易地记录这些信息，并且这样的记录格式有助于对用例的修改、评审和进一步使用。不同的团队甚至不同的项目类型都可以有不同的用例模板。

5．注意及时组织用例图

用例模型的实质是参与者、用例以及它们之间的关系。但找到这些元素和它们之间的关系却需要一个复杂且是渐进的过程。因此，建模过程中应把用例图的建模活动贯穿整个建模过程。用例建模不太可能一蹴而就。

6．不要忽略系统对参与者行动的响应

在通常情况下，参与者与系统之间的交互是双向的。建模用例时，不仅要描述参与者如何与系统交互，同时也要描述系统如何响应这些交互，甚至有时还要描述系统如何与参与者进行交互。

事实上，在任何一个用例中，如果参与者在完成一个输入后系统不做出任何响应，这将会使参与者不知所措，进而影响下一步的顺利进行。

7．不要忽视可选流的建模

用例模型中的可选流是为了描述交互过程中各种可能出现的特殊情况以及相应的处理逻辑，如业务逻辑错误和系统异常等。这些可选流对后面的系统设计是非常重要的，因此不要忽略用例中可选流的建模，事实上，可选流的建模也是用例建模的重要组成部分。

8．不要过分关注用例之间的包含关系和扩充关系的区别

用例的包含关系和扩充关系的使用并没有太大的本质区别，很多情况下这仅仅是一个选择问题，到了设计或实现阶段会有更多的背景知识帮助你做出正确的决策。

9．编写用户文档

用户文档也称为系统使用说明书，目的是向用户说明如何使用系统。由于用例描述了参与者使用系统时所进行的动作序列，所以，可以以用例为基础来编写系统的用户文档。

10．用用例带动演示

在软件开发过程中，定期或不定期地向客户汇报工作进度或成果也是软件开发过程中的一项重要活动。用例通常也是这类活动的重要演示内容之一，因为它们包含了客户所需要希望看到的开发人员对系统有价值的理解，这也会为项目的顺利进行提供良好的保障。

11．用例应该能够对系统的作用域、功能及实现这些功能所需要的元素提供准确的定义

作为一种功能模型，用例图能够完整地描述了系统为用户提供的各项功能，因此，将系统的功能结构以目标组织的业务模型相比较，可以清楚地获得系统的作用域及其在组织中的作用和地位，这将更有利于模型的进一步评审和改进。分析这些功能的实现细节也会为识别和定义实现这些功能所需要的元素提供更有利的支持。

12．用例应该能帮助参与者实现其目标

用例实际上也是参与者为了实现他的某种工作目标或职责而使用的系统功能。因此，好的用例应该与参与者的目标或职责之间是一致的。

13．用例应该有助于帮助描述系统的体系结构

用例建模时可以使用包含、扩展和泛化等用例之间的关系来组织和划分用例，这样可以识别、抽取和管理那些公共的、可选的和相似的用例，建立起一个完整的系统用例模型，从而能够以这个用例模型为基础建立起能够满足用户需求的高效的系统体系结构。

4.5 小结

本章详细地介绍了用例模型以及用例建模中应注意的问题。介绍了用例模型的基本概念，如参与者、用例、参与者之间的关系（如泛化）、参与者与用例之间的关联、用例之间的包含和扩充关系以及用例之间的泛化关系。

用例建模最主要的作用在于定义软件需求，尤其是在用例驱动的软件开发方法中。因此，用例模型通常被认为是最重要的软件模型，它通常是软件开发过程的起点或最早进行的软件过程。

用例模型中，比较重要的是用例描述，良好的用例描述通常来自于软件支持的业务，也来自于对业务的深刻理解。在没有一个正式的业务建模过程的情况下，用例建模实际上就部分地充当了业务建模的角色。

人们并不排斥文本形式的用例描述，但基于事件流的用例描述仍然是更形式化和更正式的用例描述。因此场景和场景建模也就成了用例模型中比较重要的概念和方法了，它们也更容易地被映射到目标软件系统中去。

习题

一、基本概念题

1．简述用例的概念，试简述用例之间的包含、扩展和泛化关系的概念。

2．简述用例模型的作用有哪些，用例模型是否可以用于业务建模。

3．简述参与者之间的泛化关系在用例模型中的作用，泛化关系之外，参与者之间还有其他关系吗？为什么用例模型不描述参与者之间的其他关系？

4．在图书借阅管理系统中，读者往往是通过图书管理员进行借书和还书操作的，如何解释读者和图书管理员之间的这种关系？

5．UML 将参与者和用例之间的关系表示成一种关联关系，这样的关联的含义又是什么？为什么不用依赖关系表达这样的关系？

6．简述用例描述的概念，用例描述有哪些不同的方式，这些方式又有什么样的不同。

7．举例说明用例图是否可以用活动图描述。

8．简述场景的概念，场景在用例建模中的作用。

二、应用题

1．某图书借阅系统的需求陈述如下。

读者可以通过图书管理系统查询图书馆中所有图书的信息、状态和存放位置，以方便读者借阅。借书时，读者可自行到书架上找到相应的图书后，到借书处通过借阅管理员办理借阅手续。还书时，读者或委托人可以把书带到还书处通过借阅管理员办理归还手续。还书时，借阅管理员还需要检查图书的状态和是否超期，若图书损坏或借阅超期，还要根据规定进行相应的赔偿和处罚。

本图书借阅系统不负责图书馆的图书管理和读者信息，这些任务由其他子系统承担。

根据上述陈述分析图书借阅系统的参与者和用例，并绘制用例图；任选其中的某个用例，给出它的用例描述。

思考：上述陈述中隐含了哪些尚不明确内容，如参与者、用例、关系和业务规则等？这些不明确的内容对于你的用例模型建模有哪些影响？

2．对于为社会提供大型公共服务的单位（如医院、大型商场和游艺场所等）来说，对进入该单位的车辆进行有效的管理是一件十分重要的事情。下面讨论一下这样的系统应具有的需求问题。

为有效控制场所内停留的车辆的数量，系统需要对进入的车辆进行管理。在车场容量允许的情况下，允许车辆进入。还可以在单位入口处设置必要的拦停装置，这包括可遥控的自动栏杆、车辆识别卡生成器和一个能够识别车辆通过的传感器。车辆进入时，驾驶员可按下车辆识别卡生成器上的按钮车辆识别卡。当驾驶员取出识别卡后，系统自动打开车辆栏杆。车辆通过后，识别车辆通过的传感器通知系统放下栏杆。同时，系统记录车辆进入的准确时间。

车辆离开时，需要在出口处缴纳一定数量的停车费用。

驾驶员可在出口处将车辆识别卡插入读卡器，系统将根据停车时间和停车场指定的缴费规则计算缴费金额，并提示驾车人缴费。驾车人可在缴费完成后离开。车辆离开时，如果插入的识别卡无效，则系统开启拦停栏杆发出告警信号。

当停车场内停车的数量到达某个阈值时，系统将在入口处显示“车辆已满！”这样的信息。这时，系统不再允许车辆进入。

请分析上述陈述中有哪些参与者，并分析这些参与者之间的关系。再分析这样的系统应该有那些用例。绘制出能够表达系统功能结构的用例图。

思考：上述陈述中是否包含了某些隐含的内容，如参与者或用例等？这些不明确的内容对于你的用例模型有什么样的影响？评价一下你建立的用例模型。

3．某小型商场的业务现状描述如下：商场中的人员可分为售货经理、售货员和收银员三种主要角色。

销售经理负责商场的各种日常事务的管理工作，同时兼任售货员的工作。售货员则主要负责商品的销售工作，商品销售的主要内容包括为处理商品的出售、退货和换货等事务。

售货时，售货员可以根据商品的库存情况和日常经验等向顾客介绍或推荐合适的商品，顾客也可以自己选择合适的商品。必要时，售货员也可以通过销售系统查看特定商品的库存情况。

顾客选定了某项商品后，售货员需要为顾客开具售货凭证，凭证上应明确注明商品的货号、名称、规格、型号、数量、价格、折扣、售货金额和售货员等信息。

顾客可持凭证到收银台结账。结账时，收银员应核对凭证上的商品、价格和金额等信息，完成收银工作。顾客在结账时也可以要求调整售货凭证上的商品，如调整某个特定商品的数量或取消某个具体商品的销售等。结账完成后，应向顾客提供一份详细的结账凭证，记录清楚顾客实际购买的商品。顾客可持结账凭证到售货员处取走顾客完成支付的商品。另外，收银台应向顾客提供多种结账方式，如现金、银行卡等。还需要说明的是，结账完成后，系统应及时修改商品的库存数据。当然，后续的退货和换货也需要处理响应库存数据。

需要退货或换货时，顾客应持购物凭证和商品到商场向售货员提出退换货请求。退货时，售货员应仔细核对商品的品种、规格和数量，并检查商品的实际状况。在商品符合退换货条件的情况下，进行退换货。

退货时，售货员应为顾客出具一份退货凭证，退货凭证应注明退货商品的名称、规格、型号、数量、退货原因和退货金额。顾客持购物凭证和退货凭证到收银台办理退货手续。收银员收取这些凭证并以现金的形式向顾客返还退货金额。

系统对换货的处理相当于一次退货和一次售货处理的组合。在此不再说明。

根据上述陈述，讨论系统应该有哪些参与者，这些参与者之间有什么样的关系；系统又应该有哪些用例；将分析结果绘制成一张用例图；为你设计的用例写出基于事件流的用例描述。

思考：上述陈述中是否包含了某些隐含的内容，如参与者或用例等，这些不明确的内容对于你的用例模型有什么样的影响，评价一下你建立的用例模型。

第 5 章　类 图 建 模

学习目标

- 理解和掌握类图的概念，理解和掌握类图的构成元素及其表示法。
- 理解和掌握从用例图导出结构模型的一般方法。
- 理解和掌握类图的基本建模策略和一般建模方法。
- 深刻理解和领会类图的意义和作用。

面向对象分析过程中，用例建模过程的实质也是一个功能分析的过程，其直接结果是得到了目标系统的功能模型。但实际上可以得到的不仅仅是一个功能模型，还可以从这些用例以及这些用例的动作序列中找到与这个用例相关的业务逻辑、业务实体以及非功能属性等，这些都是影响目标系统的重要因素。

本节将主要介绍类图模型及其建模方法，同时还介绍如何从用例模型中找到相应的类（或对象），从而建立目标系统的类图模型（也称为概念模型或结构模型）。在系统分析阶段建立的类图模型并不一定就是目标系统的最终结构模型，在大多数情况下，这一阶段建立的类图模型仅仅是系统的概念模型，而到系统设计阶段还需要进一步细化为目标系统的结构模型。

5.1　类图的构成元素

类图模型的主要构成元素包括类和类之间的关系两大部分。其具体的构成元素包括类、对象、继承、关联、聚合、组合和依赖等元素，还包括类型、接口、信号等模型元素。类图模型的主要用于描述系统的静态结构，它是软件模型中最重要的结构模型。

本小节将详细介绍类图的主要构成元素和相关的基本概念。

5.1.1　类和对象

面向对象方法最基本的出发点是：系统是由若干个相互联系的对象组成的，每个对象都有其特定的状态和行为，它们相互协作完成其目标。

类（Class）被定义为具有相同属性和行为的全体对象构成的集合，实际上也代表了对对象的一种分类，分类的依据则是这些对象所具有的属性和方法。所以类所描述的并不是某个特定实体的特定行为，而仅用于描述同一类对象的公共特征。

在 UML 中，使用带有类名、属性和操作的矩形框表示类。其中，类名是类的名字，在同一个上下文中，类名不允许重复。属性和操作分别表示类的属性和操作的集合。UML 类属性和方法的一般格式如下所示。

[作用域] [可见性] 属性名[: 数据类型 [= 默认值]]
[作用域] [可见性] 方法名([[in/out] 参数名 [:数据类型],…]):

参数列表中，关键字 in 表示输入参数，out 表示输出参数。

例如，图 5-1 给出了一个类的图形表示实例，图中 Employee 是类名，Name、EmployeeID 和 Title 是属性，GetPhoto( ): Photo 和 GetContactInfo( )则是这个类的方法。

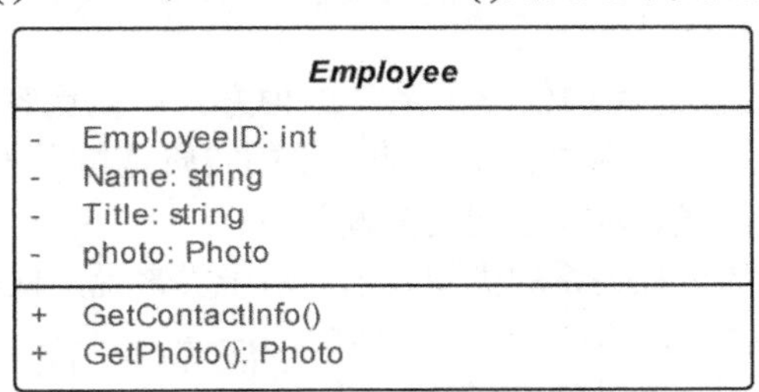

图 5-1 类的图形表示

在程序设计语言中，通常称不能实例化的类为抽象类，而称可以实例化的类为具体类。

UML 支持抽象类和具体类的描述，UML 默认的类是具体类，其外观是类名用正常体表示，而抽象类的外观则是类名使用斜体的形式表示。图 5-1 中的类就表示了一个抽象类。

与类相关的一个问题是属性和方法的可见性问题。UML 中，类属性和方法的可见性被定义分为公共、私有和保护三个级别。在 UML 类的图形表示中，使用 + 、- 和 # 分别表示公共、私有和保护这三种可见性。默认的可见性是公共可见性。

图 5-1 中，Name、EmployeeID 和 Title 三个属性的可见性均是私有可见性。GetPhoto()和 GetContactInfo()方法的可见性则是公共的。

面向对象程序语言中，属性和方法的作用域被分为类作用域和实例作用域两种情况。类作用域是指类中不依赖类的实例而存在的属性和方法。无论是否创建类的实例，类中具有类作用域的属性和方法就已经存在并可以访问。而当创建了一个或多个类的实例时，类作用域的属性和方法也没有因为这些实例的创建而建立多个不同的副本。与类作用域相反，实例作用域则是指类中其存在性和访问性均依赖于实例的属性和方法。

在 UML 类中，使用正常体和斜体的属性或方法名来表示具有作用域，斜体表示类作用域，正常体则表示实例作用域。UML 默认的作用域是实例作用域。

与类属性和方法相关的最后一个问题是数据类型，UML 以标准 UML 数据类型、程序设计语言的数据类型和自定义数据类型三种方式支持数据类型。

在 UML 类中，属性、方法以及方法的形式参数和返回值等均可以使用这些数据类型。图 5-1 中，属性 EmployeeID 的数据类型 int 就是一个标准的数据类型，而方法 GetPhoto( )的返回值类型（Photo）则可以看作是一个类或自定义的数据类型。

5.1.2 类（或对象）之间的关系

在面向对象系统中，类之间的关系主要是指类之间的泛化关系。而对象之间的关系却可以是多样的，面向对象方法将它们抽象成依赖、关联、聚合、组合四种关系。虽然这些关系描述的是对象之间的关系，但 UML 却统一地使用类图来描述，并为它们定义了相应的表示法。

因此，类图模型中的关系就被概括成依赖、关联、聚合、组合和泛化这五种关系。值得注意的是，在概念上严格地区分类关系与对象关系之间的联系和区别，是面向对象分析与设计时极为重要的基本思维方式和工作基础。

1．依赖关系（Dependency）

对于两个对象来说，如果一个对象（或类）的属性或行为发生的某种变化将会引起另一个对象（或类）的属性或行为发生必要的改变，那么就称这两个对象（或类）之间存在某种依赖关系。

UML 使用类图描述对象之间的依赖关系，这种方式可以更容易地描述目标系统中对象（或类）之间存在的依赖关系。对象之间的依赖关系的实质是指系统中存在的某种耦合关系。UML 使用一个带有箭头的虚线表示类之间的依赖关系。

图 5-2 给出了对象间的依赖关系的类图表示。对于类来说，依赖的确切含义是 A 类的某个实例访问了某个（或某些）B 类实例的某些属性或方法，当 B 类的属性或方法发生改变时，将会引起 A 类发生相应的改变。

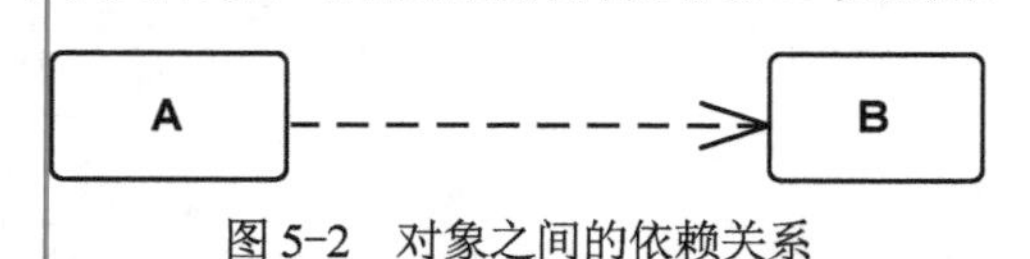

图 5-2　对象之间的依赖关系

2．关联关系（Association）

关联关系是对象（或类）之间存在的结构性的关系，其确切的定义是：对于两个对象（或类）来说，如果在一个对象的内部可以访问另一个对象的所有属性和方法时，就可以称这两个对象（或类）之间存在着关联关系。如汽车和轮胎、师傅和徒弟、班级和学生之间的关系等。显然，关联关系必然是一种依赖关系。

在 UML 中，使用一条实线连接有关联关系的对象所属的类来表示对象之间的关联关系。而在程序设计语言中，通常采用将一个类的实例或实例引用作为另一个类的成员的方式来实现对象之间的关联关系。

关联可以是有方向的，也可以是无方向的。因此，关联可以分成单向关联和双向关联。图 5-3 给出了类关联的 UML 表示。其中，a 给出了双向关联，b 给出了单向关联的 UML 表示。

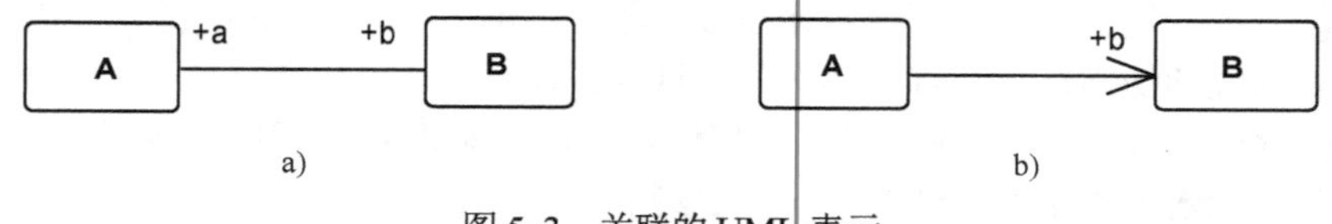

a)　　　　b)

图 5-3　关联的 UML 表示

a) 双向关联　b) 单向关联

双向关联的含义是相互关联的两个对象之间是可以互相访问的，即任何两个相互关联的对象之间可以互相访问；单向关联的含义则是相互关联的两个对象之间的访问是单向的，如图 5-3b 中的 A 类对象可以访问与之关联的 B 类对象，反之则不可以。除了关联的方向性之外，与关联相关的概念还包括关联角色的概念。

关联角色（Association Role）是指关联的两个端点，显然，每个关联都含有两个关联角色。每个关联角色的含义是关联对象在关联中所承担的角色。

描述关联关系时，通常需要为关联和关联角色命名。关联名和关联角色名具有不同的语义：关联名字用于标识实体间的某种特定联系；关联角色名则表示对象在与其关联的对象中所承担的职责。一个关联关系通常包含两个关联角色，角色名可以使类（对象）之间的关系更加明确。

每个关联角色还拥有多重性的概念。关联角色的多重性表示这种关联角色在与之关联的对象中存在的数量关系。同一个关联的两个关联角色可以有不同的多重性。多重性一般可用一个数值、一个变量或一个范围值来加以表示。其中，*表示多的，可取值不固定。常见的多重性表示包括 0、1、*、0..1、0..*和 1..*等多种形式。

将关联角色映射到实现域时，关联角色（包括关联角色名及其多重性）将被映射成对应的类或对象的一个属性。

例如，图 5-4 中的类图描述了两个类之间的一个关联。其中，关联的名字为 employee，表示两个对象之间的聘用关系。关联两端的关联角色名分别为 cop 和 staff，其中 cop 表示 Corporation 对象在 Staffmember 对象中所充当的角色名。同样，staff 表示 Staffmember 对象在 Corporation 对象中所充当的角色名。

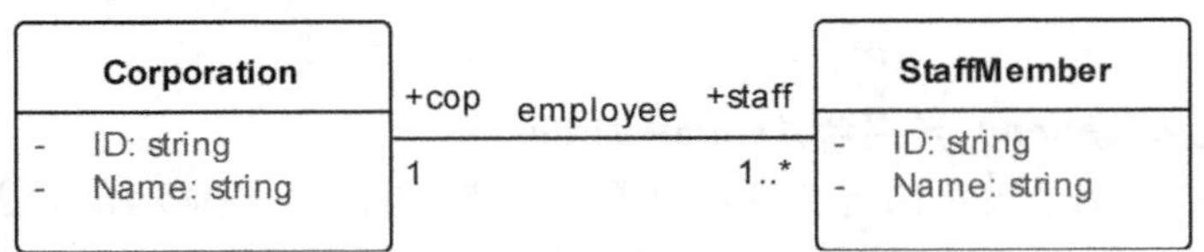

图 5-4　关联的角色名和多重性

阅读下列程序代码，会更容易地理解图 5-4 中各个模型元素或符号的意义。类图中的关联角色名 cop 被映射成 Staffmember 类的数据成员 Corporation cop。同样，关联角色名 staff 被映射成 Corporation 类的数据成员 Staffmember staff；从这个类图与代码的比较可知，关联的意义是十分明确的。

```
public class Corporation {
private string ID;
private string Name;
public Staffmember staff[];
public Corporation (){}
public Corporation (string id,string name) {
ID=id; Name=name;
}
public Add Staffmember (Staffmember m){
staff.Add(m);
}
}
```

```
public class Staffmember {
private string ID;
private string Name;
public Corporation cop;
public Staffmember(){}
public Staffmember(string id,string name,
Corporation c){
ID=id;
Name=name;
Cop=c;
}
}
```

最后一个问题是带有关联关系的类的实例化，实例化具有关联关系的类时，不仅仅要实例化相关对象，还需要建立起关联对象之间的链接。这需要一个过程来完成。

例如，假设系统的某个上下文中有一个 Corporation 对象和多个 Staffmember 对象。实例化这个关联的过程就是建立这些对象并建立对象之间链接的过程。

假设系统中的 Corporation 对象为 Corporation （001，“阳光股份”），其员工包括张三、“李四”和“王二”三个员工。此时，这组对象及其关联关系的实例化过程可以描述如下。

```
Corporation　c=new Corporation （001，“阳光股份”）； //实例化 Corporation 对象
Staffmember s1=new Staffmember（“01”，“张三”,c）；　//实例化 Staffmember 对象
Staffmember s2=new Staffmember（“02”，“李四”,c）；
Staffmember s3=new Staffmember（“03”，“王二”,c）；
c．AddStaffmember (s1)；
c．AddStaffmember (s2)；
c. AddStaffmember (s3)；
```

图 5-5 中的对象图给出了上述过程实例化出来的关联对象实例。

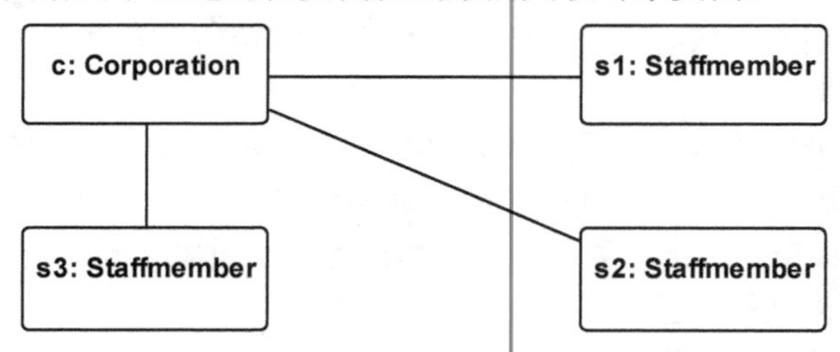

图 5-5　图 5-4 中关联的一个实例

3．聚合（Aggregation）与组合（Composition）

在关联关系中，聚合关系描述的则是对象之间具有的一种整体和部分之间的关系。如果一个对象是另一个对象的一个组成部分，那么称两个对象之间的关系是一种聚合关系。当这两个对象具有相同的生命周期时，又称这个聚合关系为组合关系。

聚合关系可以用一个带有空心菱形框的直线表示，菱形框一端是整体对象，有时也称其为聚合，另一端是部分对象。当聚合关系也是一个组合关系时，这个表示中的菱形框就换成实心的菱形框表示。图 5-6 给出了聚合和组合关系的 UML 类图表示。

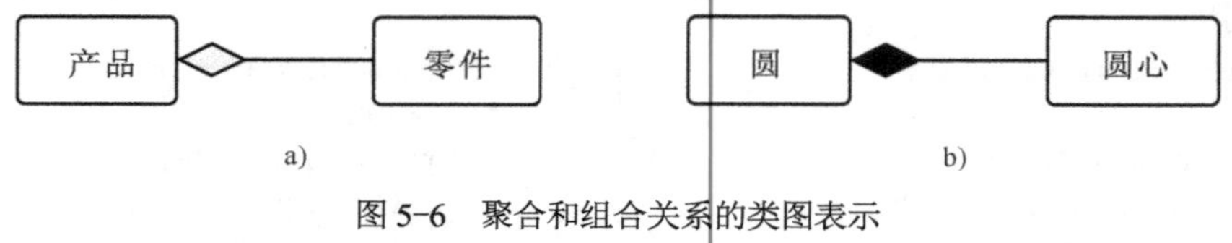

图 5-6　聚合和组合关系的类图表示

a) 聚合关系　b) 组合关系

聚合关系是一种特殊的关联关系，关联关系的一切特性都适用于聚合关系。与一般的关联关系不同的是，聚合关系中，部分对象是整体对象的一个组成部分，它（或它们）承担了整体对象所承担的某个（或某些）系统责任，是整体对象所固有不可分割的一个组成部分。组合关系则强调了部分对象与整体对象之间联系的强度，强调了部分对象与整体对象在生存期方面的紧密联系。建模时，将关联关系建模成组合或聚合需要关注的是两个对象的系统责任与生存期之间的关系。

例如，图 5-6 中，产品和零件之间是一种整体与部分之间的关联关系，每个产品所具有的各项功能通常是由其各个零件及其相互协作承担的，二者是密不可分的。从生存期的角度来看，零件损坏时，只要更换一个同类型的零件后，产品仍然可以继续使用。此时，产品和零件并不具备相同的生存期。因此，使用聚合关系描述二者之间的关系。

而圆和圆心则不同，它们之间除了具有整体和部分之间的关系之外，二者的生存期也是完全相同的。圆和圆心分离的结果必然是“圆不是圆，圆心也不再是圆心”，故我们将其建模成组合关系。

在很多情况下，将对象之间的关系建模成聚合或组合关系本身并不是客观的，如何建模实际上仅仅是一种主观决策，没有必要过分地纠结聚合或组合的选择。

4．泛化（Generalization）与特化（Specialization）

泛化关系是一种纯粹的类之间的关系。如果一个类拥有了另一个类的所有属性和方法，则称这两个类之间具有泛化关系，同其他模型元素之间的泛化关系的表示方法一样，UML 也使用带有空心箭头的直线表示类之间的泛化关系。图 5-7 给出了继承关系的类图表示实例。

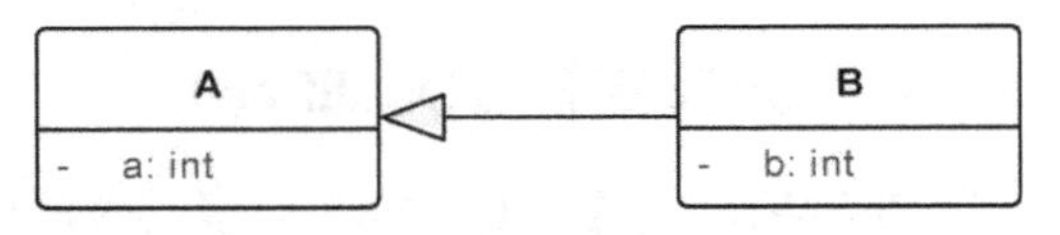

图 5-7 继承关系的类图表示

当多个泛化关系出现在同一个上下文中时，就可能构成一个多层的层次结构。在这个结构中，称比较高层（抽象）的类为超类，比较低层（具体）的类为子类。这意味着超类通常是一种代表了一组类的公共特征的通用类，子类往往是其超类在某个继承层次上的一个特例。

我们把从子类出发设计或创建超类的过程称为泛化（Generalization），反之把由超类开始设计或创建子类的过程称为特化（Specialization）。因此，泛化和特化在本质上没有太大的差别。不同的是，它们代表了不同的构建类层次结构的过程，这意味着，它们建模的目标、出发点和建模顺序均有所不同。实际的软件建模过程中，两种过程往往是混杂在一起进行的，一个良好的层次结构通常要经过一个复杂的设计过程才能获得。

泛化关系是一种纯粹的类之间的关系，它并不指明这些类的实例之间存在什么样的链接关系。

5.1.3 关联类（Association Class）

分析对象之间的关联并不是单纯地为了讨论两个对象（或类）之间的关系，而是有时还会发现新的对象。例如，对教学系统中学生与课程之间的选课关联来说，如果项目目标不仅仅关注学生选了什么课程，还要关注每个学生所选课程的成绩等相关信息，这个关联本身就不足以完成这个目标。

那么如何实现这个目标呢？在学生类中添加一个相关课程的成绩表或在每门课程中添加一个学生成绩表都不是好的解决方法，这样会带来系统一致性方面的问题。

为每个学生的每一个选课建立一个新的能记录成绩的对象是一个比较好的解决方案，这个方法能够消除前面方法带来的一致性方面的问题。图 5-8 给出了这个问题的一个解决方案，图中的 Choice 类就是引进的一个关联类。

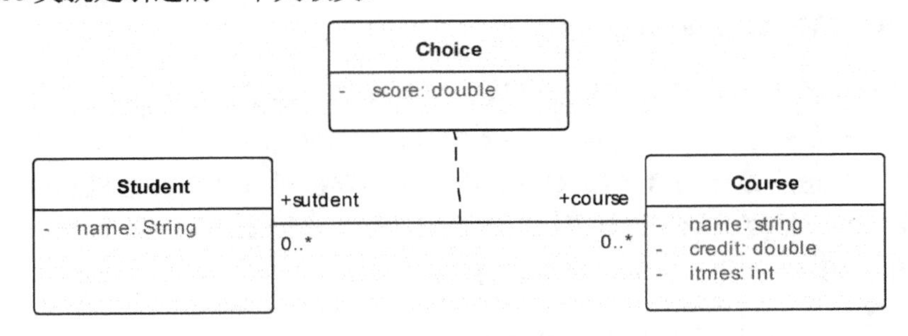

图 5-8 关联类的类图表示

关联类可以简单地定义为：如果两个对象（类）之间的关联还需要具有某种属性，那么就称这个关联为关联类。可以看出，关联类是一种将某个（或某些）属性和链接关联在一起的一种手段。在 UML 中，关联类被定义为一种模型元素，它同时具有关联和类两方面的特性，即一个关联类可以在模型中充当关联和类两种角色：一方面可以将两个类（或对象）连接在一起；另一方面，也可以像其他类（对象）一样作为系统的构成要素被使用，其属性当然可以用来存储相应的关联数据。

5.1.4 关联限定符（Qualifier）

在对象之间的一对多或多对多的关联中，当一个对象需要使用某种信息作为关键字来唯一标识与之相关联的对象时，就可以将这个关键字定义为这个关联的关联限定符(Qualifier)。关联限定符的 UML 表示如图 5-9 所示。

建模时，可以在关联的一端添加一个关联限定符，关联限定符通常与关联对象的关键字相对应。关联限定符的描述可以包括限定符的名称和数据类型两方面的内容。在使用关联限定符的关联中，关键字值应具有唯一标识关联对象的作用，每个关键字最多只能和一个对象相对应。

在现实系统中，限定符和充当对象标识符的属性之间通常是有密切联系的。例如，图 5-9a 给出了大学（University）和学生（Student）这两个类，学生具有学号（ID）和姓名（Name）两个属性，两个类之间是一种一对多的聚合关系，但图 5-9a 并没有清楚地描述出学生的学号属性应具有的唯一性。而图 5-9b 则是对图 5-9a 改进的描述，它不仅提供了图 5-9a 所具有的语义，图 5-9b 还通过关联限定符（ID）强调了学号的标识符作用。

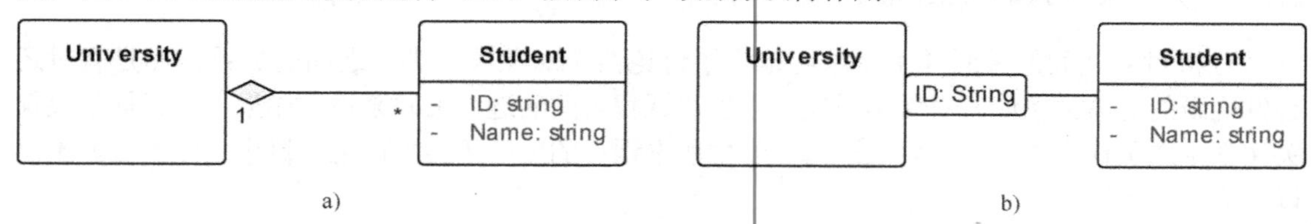

图 5-9 使用关联限定符的类图

a) 聚合 b) 关联限定符

关联限定符的使用既可用于需求分析阶段，也可以用于系统设计阶段，其意义是不言而喻的。

5.1.5 多继承（Multi Inheritance）

在类的继承关系中，通常把只有一个基类的继承称单继承，而把同时拥有多个基类的继承称为多继承。很多程序设计语言并不支持多继承，如 C#、.NET 和 Java 程序设计语言等。而在支持多继承的程序设计语言（如 C++）中，则需要提供一些特殊的机制以解决多继承中的“命名冲突”和“重复继承”等问题。

例如，图 5-10 给出了一个简单多继承的例子。

图 5-10 简单多继承

这个类图中，类 Report 具有两个不同的基类（Document 类和 Message 类），在它们共同的派生类 Report 中，可能存在着从其两个不同的基类继承的名字冲突问题。

又例如图 5-11 描述了一个银行系统中的账户分类情况，这个类图给出了一个具有公共祖先的多继承的例子。其中 Account 是一个抽象类，表示账户，它封装了所有账户的公共属性和操作。账户分为支票账户（ChequeAccount）和利息账户（InterestAccount）两类。余下的现金账户（CurrentAccount）、高级账户（DeluxueAccount）和储蓄账户（DepsiteAccount）三种账户类则用来表示系统中的各种具体账户。

对于这样的多继承，不仅需要解决高级账户中支票账户类和利息账户的名字冲突问题，还需要解决高级账户从账户类重复继承的问题。

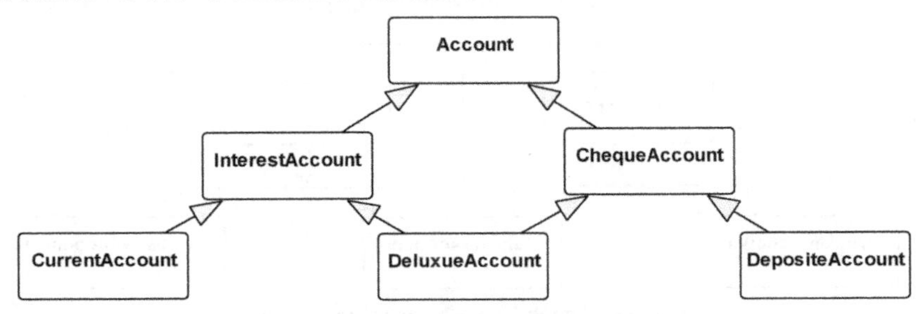

图 5-11　具有公共祖先的多继承

对于支持多继承的程序设计语言，不同的语言提供了不同的程序设计机制解决多继承带来的这些问题，如 C++语言提供了类作用域符来解决命名冲突，使用共享或分别继承方式以解决重复继承问题。分析或设计人员要做的仅仅是使用这些语言机制方式定义和使用他们所面对的多继承。

对于不支持多继承的语言，则必须使用某种方法（如混入技术）来解决多继承带来的类设计问题。

5.1.6　混入技术（Mixin Technique）

混入技术是一种以某种方式给某个类增加新的功能的技术，混入的方式可以通过继承或组合两种方式实现。图 5-12 描述了用继承方式实现的混入。其中的图 5-12a 描述了混入的意图，即要在 concrete 类中混入 Mixin 的功能。图 5-12b 给出了以继承方式实现的混入。类似地，可以给出以组合方式实现这个相同的混入。

如果一个类已经拥有了它自己的基类，那么以继承方式实现的混入将导致一个多继承的设计。这样的实现使得具体类的实例有可能会以混入者（Mixin）的身份或者原有的角色（Abstract）出现在多个不同场景之中，并承担了多种不同的系统责任。

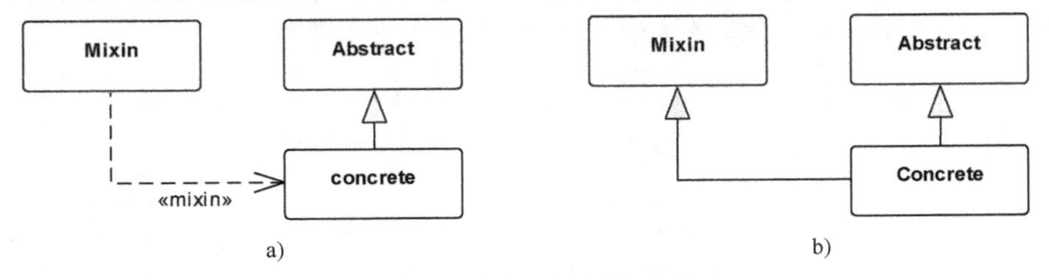

图 5-12　通过继承实现的混入技术

a) Mixin　b) Mixin by generalization

对于图 5-11 中给出的例子，可以使用混入技术来解决这个设计中的重复继承问题。

例如，可以取消支票账户类（ChequeAccount）和利息账户类（InterestAccount），取而代之的是设计一个支票簿类（CheckBook）和一个利息类（Interest）作为混入类，并把这两个混入类通过继承的方式混入到需要使用其功能的账户中。修改过的设计如图 5-13 所示。

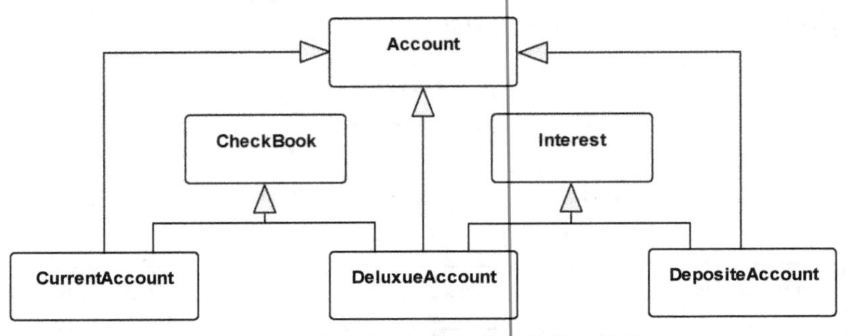

图 5-13　通过混入技术实现的简单多继承

这个设计消除了原设计中的对公共祖先（Account 类）的重复继承的问题，并且降低了类的层次，从而使原设计得到了有效的简化，这个修改也并不影响原设计中的各种规约。只要向现金账户类中添加与支票相关的属性及使用支票的相关操作，同时也为高级账户和储蓄账户添加与利息计算相关的属性和操作就可以了，这些操作并不会影响其他类型的账户。

与多继承相关的另外一个问题是，不同的程序设计语言对继承的支持方式和支持程度也不完全相同，如 C++程序语言支持继承和多继承，同时还提供了多种不同的继承机制（如虚继承等）来解决多继承带来的各种问题，使用这种语言可以使用多继承，也可以使用混入技术，这种方式把问题中的各种设计决策留给了设计人员，加大了系统的设计难度。第二种情况是程序设计语言支持继承但不支持多继承，如 Java 和 C#等程序设计语言，这些语言简化了系统的实现，但需要将分析域中的多继承设计修正为单继承的设计。最后一种情况是不支持继承（如早期的 Visual Basic 程序设计语言），这时不仅不能使用多继承，而且还需要把使用继承的设计修改为替代继承的解决方案。

当程序语言不支持多继承时，必须调整设计。使用混入技术，将设计中的多出来的继承改为组合也许是一种比较好的解决方法。图 5-14 给出了一个将多继承改为单继承的解决方法。此时，“混入”是以将具体类作为混入类的聚合方式来实现的。

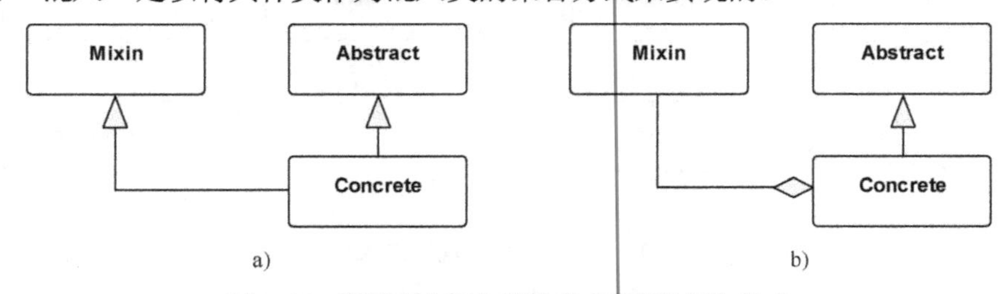

图 5-14　通过聚合混入类的方式实现的混入技术

a) Mixin by generalization　b) Mixin by Composite

思考题：如果语言不支持继承，那么又应该如何修改图 5-14 中的设计呢？

同样，对于图 5-13 中描述的使用了多继承的银行账户，调整为单继承的方案可用图 5-15 直观地加以表示。

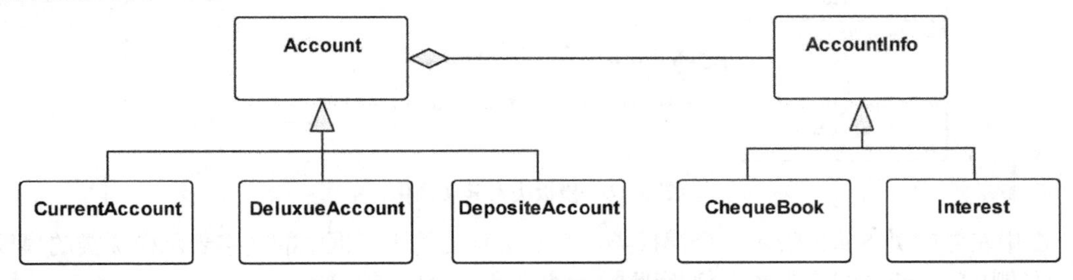

图 5-15　调整为单继承的银行账户

思考题：通过聚合或继承实现的混入技术有哪些不同，它们是等价的设计吗？

5.1.7　模板类（Template Class）

模板类是一种使用模板参数的类，很多程序设计语言（如 C++、Java、C#等）均提供了模板类机制，其意义在于定义了一个模板类就相当于定义了一个类族。使用模板类时，可以先对模板类进行实例化，所谓实例化也就是把模板类中的形式参数装订成对应的实际参数，从而可以得到一个具体的类，可以像普通的类一样使用。

例如，下列的 C++代码定义了一个模板类 Stack。

```
Template <class T, int MAXSIZE>
class Stack{//MAXSIZE 由用户创建对象时自行设置
private:
T elems[MAXSIZE];            // 包含元素的数组
int numElems;                //元素的当前总个数
public:
Stack();                     //构造函数
void push(T const&);         //压入元素
void pop();                  //弹出元素
T top() const;               //返回栈顶元素
bool IsEmpty () const;
bool IsFull() const;         // 返回栈是否已满
};
```

语句 Stack <Item, 100>表示这个模板类的一个实例，表示一个具体的 C++类。下面语句中的 StackOfItem 则是这模板类的实例，它是一个具体类而不是一个对象或对象引用。

```
Stack<Item,100> StackOfItem;
```

所以，并不应该把模板类看作是一个类。事实上，模板类仅是一个可用于实例化具体类的模板。或者说，模板类是一种比类的抽象层次更高的一个概念。模板类已成为大多数程序设计语言的重要组成部分，也是构建应用系统的重要元素。

图 5-16 给出了 UML 的模板类及其实例的表示。图中，stack 是 Stack<Order,1024>类的一

个实例，虚线表示了一个带有«bind»构造型的依赖，表示 stack 对象与模板类 Stack <T, MAXSIZE>之间的关系。

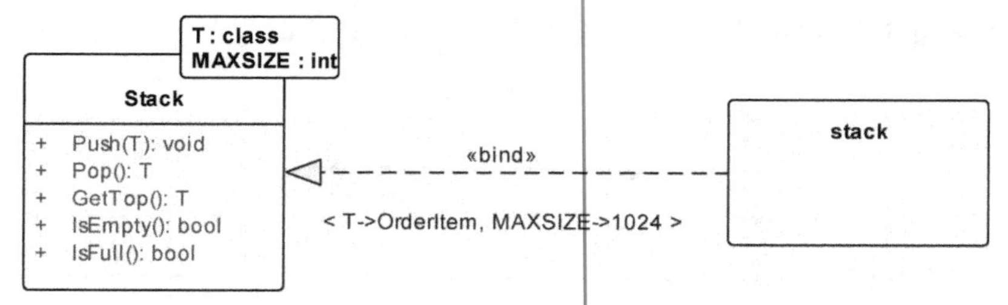

图 5-16　模板类及其实例化

图中左侧的类 Stack 表示一个模板类，其右上角上的矩形框中的文字表示模板类的模板参数；右侧的 stack 类则是这个模板类的一个实例；图中的虚线表示了 stack 类对模板类 Stack<T，MAXSIZE：int>的一个依赖，其构造型«bind»表示两个模型元素之间的依赖关系的类型，stack 是一个以 Order 和 1024 为实际模版参数的 Stack<T,MAXSIZE>类的实例。

5.1.8　接口（Interface）

接口一般被定义为一组相关的操作构成的集合，可以用来描述某个类或构件的对外可见的操作集。接口不描述任何实体的结构，也不描述任何功能的具体实现，接口之间也可以存在泛化关系，因此接口在本质上与不具有属性和方法，与仅具有抽象操作的抽象类相似。与类一样，接口也可以参与泛化、关联、依赖和实现关系。

UML 使用两种图形符号表示接口，图 5-18 给出了接口的两种不同形式的表示，它们的语义是完全相同的。事实上，UML 通常将接口定义为带有«interface»构造型的类。

图 5-17　接口的两种表示

a) 接口的圆形表示　b) 接口的矩形表示

从对象之间的依赖关系的角度来看，如果两个类（对象）之间存在依赖关系，那么，客户自然需要访问服务器的某些操作，如果将这些操作定义成一个接口，而让客户仅通过这个接口访问这个服务器，那么就可以有效地降低这两个类（对象）之间的耦合。当服务器需要修改时，在大多数情况下，只要服务器所实现的接口不变，则客户就不需要做任何改变。

图 5-18 描述了客户通过接口访问其服务器的 UML 表示。接下来问题是，任何一对客户服务器之间都需要明确地加入一个接口吗？答案是否定的。在每对客户和服务器之间均插入一个接口会为程序设计增加极大的设计和实现负担，所以，仅当增加接口更有利于降低系统复杂性时才需要增加一个显式的接口。

另外，接口的主要作用在于为对象的一组相关操作提供一个抽象描述，客户可以通过这个描述访问对象的这组操作。当一个对象实现多个不同的接口时，这些接口实际上就描述表示了这个对象在系统中所能够承担的角色或责任。

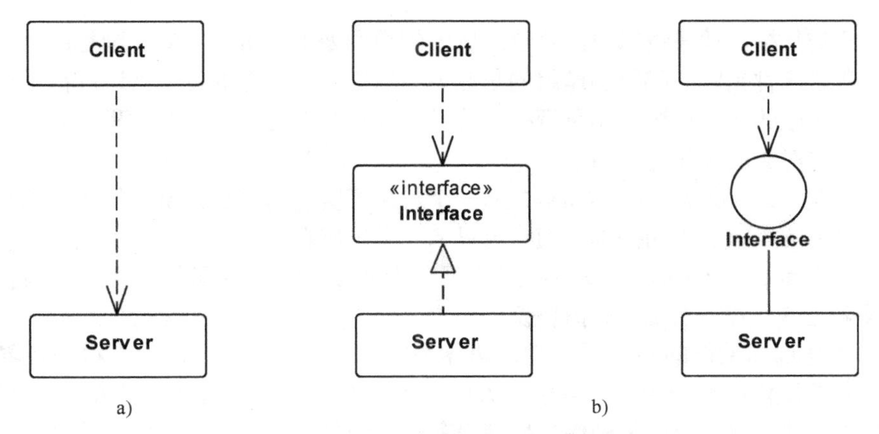

图 5-18　对象之间的依赖与接口依赖

a) Independency between Client and Server　b) Interface Independency between Client and Server

当前的大多数程序设计语言均提供了接口机制，如 Java 和.NET 中的 Visual Basic 和 C#等程序设计语言均提供了接口的定义和使用机制，同时还在其类库中定义了大量标准接口。这些接口为应用程序的设计和实现提供了良好的支持。

例如，Java 类库中提供的 Collections 和 Comparable 两个接口，其中的 Comparable 接口中定义了一个比较（CompareTo）操作。其具体作用是将实现了 Comparable 接口的对象组织在某个实现了 Collections 接口的聚合对象中，并且可以通过 Collections 接口中的 sort 方法对聚合对象中的对象进行排序。这些特征为软件中对象的组织提供了既现实又简便的方法。更进一步，实现了这个接口的对象也可以作为对象的关键字组织在某个有序映射表或有序的集合中。

5.2　从用例到类

上一节中，我们详细地介绍了类图模型的概念和表示方法。这一节中，将主要介绍分析域中结构模型的建模方法。

分析域中的类图模型是一个概念模型，并不过多地关注这些类的实现细节。这样的模型关注的是帮助分析人员获取完整的用户需求（包括功能需求和非功能需求），模型中的类可以包括实体类、业务逻辑类和边界类等，也包括各种业务逻辑、处理方法或计算方法及相关约束等方面内容。

本节主要讨论如何从系统的功能模型（用例模型）建立系统的结构模型，系统结构模型也就是类图模型，主要由类和类之间的关系构成。

分析阶段中的类模型仅仅是目标系统结构模型的初始阶段，这个阶段的类图模型仅关注问题域，不涉及具体的实现细节。具体细节可在设计阶段进一步的细化，最终得到目标系统的结构模型。

5.2.1　业务逻辑类、实体类和边界类的基本概念

建立系统结构模型，首先需要了解的是系统的结构模型中应该包括哪些构成元素。结构模型是由一些类或对象组成的，分析域中的结构模型应由业务逻辑类、实体类和边界类，三种类组成。从用例建模的观点出发，边界类主要用于在用例中控制系统与参与者之间所进行的交

互，完成用例的目标。业务逻辑类则负责用例中的数据处理逻辑。实体类则是用例中的操作的处理对象。在这三种类中，起核心作用的是业务逻辑类。系统中的每一次运行都是在某个业务逻辑的控制下实施的，业务逻辑类负责控制边界类与参与者之间的交互过程，最终的运行结果被映射到对实体对象的操作之上。

业务逻辑类（Business Logic Class）是一个封装了实现用例目标所需的属性和行为的类，主要用于实现用例执行过程的控制，通常可以和一个用例有结构性的对应关系。

边界类（Boundary Class）则是参与者与用例之间的中介，主要用于控制参与者与系统之间的过程或实现参与者与系统的通信协议。

当参与者是目标系统的某种用户时，边界类实际上就充当了系统的人机交互界面。边界类可能最终会被演化成一个由一组复杂的人机交互界面元素构成的复合对象（如窗体界面）。而当参与者是其他信息系统或某种信息处理设备时，边界类则代表了目标系统与其他系统或设备之间的通信协议等。在一般情况下，边界类和参与者与用例之间的关联也应该具有较强的结构性的对应关系。

实体类（Entity Class）通常代表了用例中需要使用的各种实体对象，它们是用例中各种操作所要涉及的实体对象。用例中的各种操作的实质就是对这些实体对象所进行的各种操作，而这些操作的内容基本上可最终归结为对这些实体对象的创建、更新、修改、持久化和删除等操作。

综上所述，边界类起到了承接参与者与系统之间交互的作用，主要用来处理系统的输入和输出。实体类实际代表了需要持续存储和处理的信息。而业务逻辑类，实际上代表了一个完整的业务逻辑，负责控制整个交互的执行过程，其内容在实质上就代表了这个用例本身所具有的特征。

5.2.2 用例模型到结构模型的映射

总体上看，用例模型的主要内容就是参与者、用例以及参与者与用例之间的关联关系；从参与者构成的角度来看，用例模型也分析参与者之间的泛化关系。从用例角度来看，用例模型则需要关心用例的更多细节，这些细节包括用例名、标识符、用例目标、前置条件、后置条件、基本流、扩充流、特殊需求、约束以及用例建模遗留的问题等。所有这些内容构成了系统的需求模型，高质量的用例模型则应该能够充分地表达系统的功能需求、非功能需求以及系统的约束。所有这些内容都应该能够映射到系统的结构模型。

表 5-1 列出了用例模型到概念模型的映射关系，建模时，可以直接把用例模型映射为目标系统结构模型。由于从用例模型到结构模型的映射并不一定是一对一的结构化映射关系，所以到了系统设计阶段，还需要对这个结构模型做进一步的细化。

表 5-1 用例模型与概念模型的映射

用例模型		结构模型的元素	映射规则
参与者	参与者	实体类	当参与者实例也是系统管理的对象时，需要将参与者建模成一个业务实体类
	参与者之间关系	实体类之间的泛化	将参与者之间的继承建模为对应实体类之间的泛化
用例	用例	业务逻辑类	用例代表了系统与其环境之间的交互，必须为每个用例建模一个业务逻辑类，来描述交互所包含的业务逻辑
	包含和扩充	类之间的聚合关系	可把用例之间的包含和扩充关系建模成对应业务逻辑类之间的聚合关系

（续）

用例模型		结构模型的元素	映射规则
用例	用例泛化	业务逻辑类之间的泛化	可把用例之间的泛化建模成对应业务逻辑类之间的泛化关系
	前置和后置条件	类之间的关系	前置和后置条件，通常表述了用例之间的关系
	基本流和扩充流中的名词	类或属性	可以把用例模型中出现的名词建模成业务实体类或业务实体类的属性
	基本流和扩充流中的动词	消息	可以把用例模型中出现的动词建模成场景中相关对象之间的消息，也就是某个类的方法
	计算方法、处理规则、技术和约束	业务规则	对用例模型中的计算方法、处理规则、处理技术和各种约束等进行分析，以便分离出合适的业务规则，并把它们封装成一个一个的业务规则类
	遗留问题	设计约束	分析用例建模时，未能解决的问题
参与者与用例关系	参与者与用例关联	边界类	为每个参与者与用例之间的关联，建立边界类。此时应注意，对于参与者与用例之间的间接关联也要建模一个边界类

面向对象分析过程中，从用例模型出发建立概念模型的过程可分为识别类、定义相关类的属性和方法以及识别类之间的关系三个步骤进行，具体如下。

1. 划分类

从用例中，识别出目标系统的边界类、逻辑类和实体类三种基本类。

建模时，可初步为每个用例建模一个业务逻辑类，为每个参与者与用例之间的关联建模一个或若干个边界类，为与每个用例相关联的实体建模一个实体类。特别地，为每个参与者建模一个实体类。可将每个边界类、逻辑类和实体类分别命名为 View、Model 或 Entity 类，这三类综合在一起，就可以得到整个系统初步的结构模型，其中，称所有的边界类为系统的视图模型，称业务逻辑类为系统的逻辑模型，而所有实体类则称为系统的实体模型。

（1）识别边界类（人机交互/其他交互）

用例模型中，参与者与用例间的每一个关联都应该至少对应着一个边界类。建模时，可为每个关联建模一个边界类。

（2）识别逻辑类（业务逻辑）

逻辑类是用例的业务逻辑（处理数据的逻辑）类形式的一种表示，承担着控制对相关实体访问的责任，即对相关实体进行的所有增、删、改、查等操作。每个用例都有它的业务逻辑。

（3）识别实体类（数据持久类）

实体类通常表示系统中需要持久化的对象，通常需要永久存在。寻找实体类时可以考虑业务逻辑中的操作需要管理、控制和访问的数据实体。识别类时，可以参考的主要因素包括以下内容。

1）系统用户：系统需要保存的各种用户信息，如银行系统里面的储户，图书馆系统里面的读者等。

2）组织结构：目标组织中的组织结构方面的信息，如银行系统中的银行、下属分行、各储蓄所等。

3）实物：目标系统管理的各种实际物品，如银行系统里面的现金，图书管理系统中的图书。

4）设备：目标系统中需要使用的各种（非标准）设备。对于目标系统来说，这些设备通常被定义为系统的参与者。它们也是系统的重要组成部分，系统还要对这些设备的身份、数量和状态等进行有效的控制和管理。

5）事件：事件是指系统内部或系统的环境中发生的某件事情。一方面，外部事件的发生可能会触发系统状态的改变。另一方面，系统状态的改变可能会激活一些事件，从而刺激系统的其他部分或参与者产生某种响应。事件包括内部事件、外部事件和系统事件等。

6）管理数据：目标组织中与项目目标相关的各种统计报表、业务凭证、账目等管理数据，这些数据是识别实体类和实体类属性的重要来源。

2．定义相关类的属性和操作

实体类的实例往往是系统中各种操作的对象，它们所具有的方法通常取决于系统对它们所做的操作。所以对于实体类来说，最重要的是分析这些实体类应具有的属性。

业务逻辑类通常封装了系统的某个业务逻辑并承担了一定的系统责任，所以业务逻辑类是系统中最重要的类，它们的结构和行为直接决定了目标系统的行为、处理能力和各种质量特性。所以，对业务逻辑类的结构和行为的分析应该是面向对象分析的核心任务。

从结构上看，逻辑类可以看成是一个能够合作完成某项系统任务的一组相关对象的集合。从行为上看，逻辑类的行为必然是在某项业务规则约束下的行为，其中的每一个操作均可以被看成是对象之间的消息传递。业务逻辑类就是通过这样一组对象并协调对象之间的协作来完成它的系统任务。所以，对业务逻辑类的分析过程实际上就是一个找到能够在指定的业务规则约束下协作完成指定系统任务业务的对象的过程。

对于边界类来说，在分析阶段，我们可以仅关注边界类的概念结构，其具体实现细节可以推迟到设计和实现阶段来进行。

综上所述，OOA 中定义类属性和操作的基本方法归纳如下。

（1）定义类属性

对于识别出的每个类，可以从以下几个方面来分析并发现对象的属性。

1）一般常识，根据常识来分析对象应具有的属性，如人员的姓名、性别、年龄等自然属性。

2）问题域，考虑实体类在问题域中需要的属性，如银行系统中的储户账号，学生系统中学生的学号等，这些属性往往来自于问题域中对实体对象的描述。

3）责任，通过分析对象所承担的系统责任来分析对象应有的属性，如储户账单必须有储户 ID、余额 Balance。

4）服务，当一个对象需要增加一些新的功能时，就有可能需要为对象增加新的属性。例如状态，一个对象有时需要定义一组不同的状态，如图书管理系统中的图书的状态就可以分为是否在库和是否预订等状态。为了记录和存储这些状态就需要为该对象增加必要的属性。

5）关系，考虑对象之间的关联、聚合和组合等关系，这些关系本身就要求把一个对象或这个对象的引用作为另一个对象的属性。

（2）定义类操作

定义类操作的基本方法是，通过分析系统的动态行为的方法来发现系统中的类和类操作。具体做法是，用交互图（如状态图、时序图或通信图等）描述用例的交互过程，将用例中的行为落实到相关的类中去。通过这样的方法，一方面可以发现新的对象（类）；另一方面，也可以分析出这些类的操作。交互图中列出的每一个对象都可能代表着目标系统中的一个角色，甚至是一个类，每一个消息则代表着接收消息的类的一个操作。

3．识别类之间的关系

找出类之间存在的继承、关联和依赖关系是分析域中结构模型的重要组成部分。识别类之间的关系时可参考的主要因素如下。

1）用例模型，建模时可参考用例模型中的各种关系，如参与者之间的继承关系；用例之间的继承、包含和扩充关系等。它们都可以映射为对应类之间的关系。

2）问题域，分析问题域中各个实体类之间已经存在的关系，并把这些关系表示为相关实体类之间的关系。如银行系统中的储户和账户之间的关系，学生系统中学生和课程之间的关系，这些关系均来自于问题域中实体对象之间的关系。

3）系统的动态行为，通过对象之间的协作分析对象之间的关系。对系统行为建模时，已经描述了对象之间的协作，这些协作实际上也给出了对象之间关系的一些线索。

5.3　问题域子系统设计中的要点

领域（Domain）通常是指一个组织的所有业务及其相关的业务逻辑。而问题域通常是指该组织中要开发的某个软件项目所涉及的应用领域，通常是指该组织中的一组相关业务。对于一个组织而言，可以把问题域看成是该组织领域的一个组成部分。在不需要对组织进行完整的业务建模的情况下，可以不严格区分这两个概念。

为一个组织开发软件时，开发人员必须面对这个组织的领域问题。显然，这个领域对于开发人员来说必须是清晰的，因为开发人员所做的一切都必须依照这个组织的业务需求和业务逻辑。

分析模型中的逻辑模型都应该属于项目的问题域，是从领域问题中按照项目目标划分出来的目标系统结构模型，也是目标系统的核心组成部分。

问题域部分设计的任务就是对分析模型中与问题域相关的部分内容做进一步的细化。其内容几乎包括分析模型的全部内容，但最主要的还是集中于分析模型中的逻辑模型和实体模型两部分内容。此时的细化主要是指对分析模型中找到类模型进行进一步的调整和完善，调整的内容就是类结构模型中的类和类之间关系的全部细节。

没有人希望开发出来的软件存在任何缺陷，但在实际的软件开发过程中，开发出一个所有指标都非常优越的系统往往是不可能的。在设计过程中，通常也不存在一整套普遍适用的设计方法来完成软件的设计，任何一个设计均是一个在能够满足项目需求的前提下，平衡了多种不同设计目标要求的设计结果。

尽管如此，在面向对象设计方法中，人们还是总结出了一些设计场景，以及在这些场景下的设计方法。

5.3.1　复用已存在的类

在软件设计中，复用（Reuse）是指重复使用已经存在的设计元素。

如果在分析阶段得到的某些类是已经存在的类，就可以考虑复用这些已经存在的类。如果这些类的分析、设计与实现同时存在，那么复用可以明显提高软件的开发效率。

如果可复用类的接口与当前类的接口完全相同，可直接复用可复用类。否则需要对可复用类做必要的调整之后再进行复用。建模时，在任何情况下都需要在引进的复用类上注明复用标记。比较可复用类和当前场景的属性与方法，可以考虑对以下几种情况分别进行处理。

1）可复用类的内容少于当前类：引进可复用类，并增加一个复用类的派生类来代替当前类，当然，此时需要在派生类中补足可复用类所缺少的信息。

2）可复用类的内容多于当前类：引进可复用类，并对可复用类进行修改，去掉复用类中多余的属性和方法。

3）如果二者仅仅是某种程度上的相似，这时可先考虑是否要复用，复用时需要修改可复用类或考虑使用适配器模式引进这个类。设计一个新类时，也有必要考虑是否可能将这个类设计为可复用类。

例如，图 5-19 描述了一个可复用的 GOF 适配器模式的结构。其中，Context 表示一个客户类，它需要通过 Interface 接口访问一个想要复用的对象（Reusable 类对象）。Adapter 实现了 Interface 接口并且组合了这个要复用的对象。这样，Context 类对象就可以使用这个要复用的对象了。

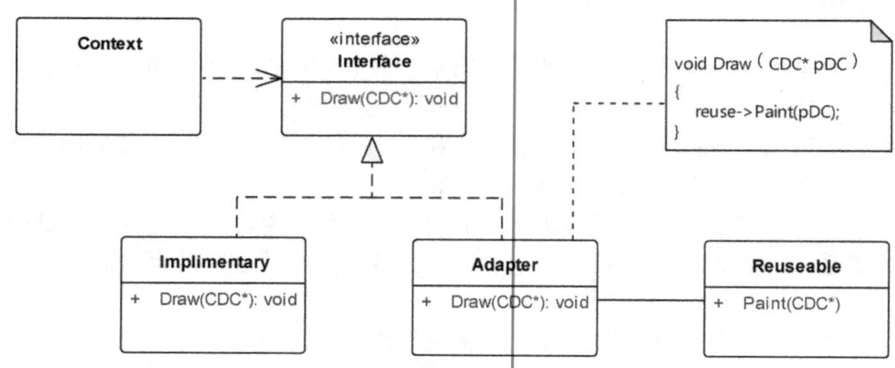

图 5-19　使用适配器模式复用类

5.3.2　为相似的类增加基类

在分析模型中，如果有一组属性和方法都是很相似的类，那么，就可以考虑为这组类定义一个共同的基类。

例如，图 5-20 描述了直线、圆和矩形等多个相似的图形元素类。这些类分别封装各自的线型、颜色等非几何属性和图形大小、位置和形状等几何属性，提供了绘制（Draw）、平移（Move）和旋转（Rotate）等外部操作。

Circle
- linestyle: int
- color: int
- fillcolor: int
- x: int
- y: int
- r: double
+ Draw(int): CDC*
+ Rotate(double): int
+ Shift(int, int): int

Line
- linestyle: int
- color: int
- filecolor: int
- startx: int
- starty: int
- endx: int
- endy: int
+ Draw(int): CDC*
+ Rotate(double): int
+ Shift(int, int): int

Rectangle
- left: int
- top: int
- right: int
- bottom: int
- linestyle: int
- color: int
- fillcolor: int
+ Draw(int): CDC*
+ Rotate(double): int
+ Shift(int, int): int

图 5-20　相似的图形元素类

将三个类中相同或相似的属性和方法抽取出来存储到同一个类中，就可以得到这几个类的基类，图 5-21 就描述了这样的一个抽象的图形元素类的基类。

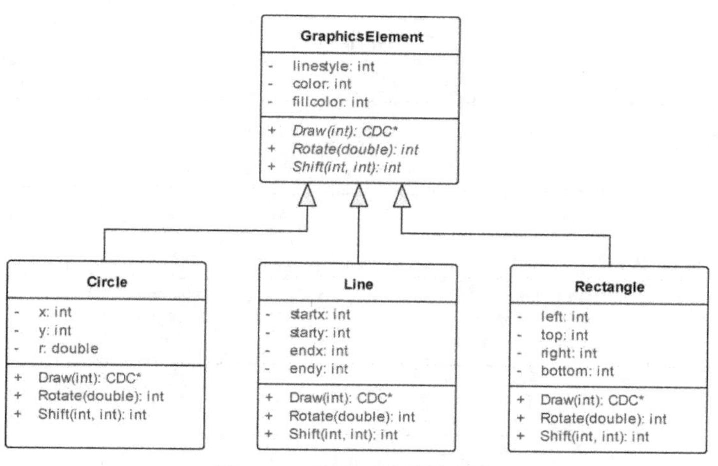

图 5-21　图形元素类的基类

这会带来两个方面的好处：一方面可以降低这些类之间的耦合；另一方面，为派生类提供一个共同的接口，使它们可以用同一种角色出现在某个特定的相同的场景之中，这将使软件的结构更具有层次感，从而拥有一个更好的程序结构。

5.3.3　多继承的调整

对于程序设计语言来说，不同的程序设计语言定义了不同的继承机制，所以它们对支持方式也不相同。程序语言支持继承的方式可以分为不支持继承、仅支持单继承和支持多继承三种情况。在面向对象设计中，需要根据程序语言的实际情况调整分析模型中的类继承。

调整类继承的基本方法是使用混入技术，也就是把多余出来的继承看成是对派生类的一种混入，调整时只是简单地把这个继承实现的混入替换成使用聚合关系实现的混入。具体的调整调整方法如图 5-22 所示。

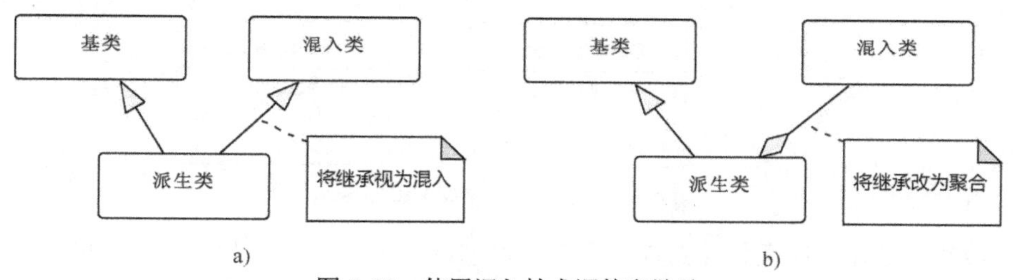

图 5-22　使用混入技术调整多继承

a) 多继承　b) 调整后

当然，这种调整方式，需要重新调整派生类中方法的实现。有时这种调整可能会丢掉原继承关系中的多态性带来的某些便利，想保持调整的等价性则需要调整相关类之间的可见性。从这个基本方法出发，可以调整分析模型中可能出现的各种多继承。

例如，图 5-23 表示了人员（Personnel）、员工（Staff）、董事（Director）和董事员工（StaffDirector）四个类之间的多继承关系，董事员工（StaffDirector）是指企业中既是董事（Director），同时也是员工（Staff）的人员。这些类所拥有的属性的不同，每个类所拥有的属性实际上可以看成是三个属性组的不同组合。

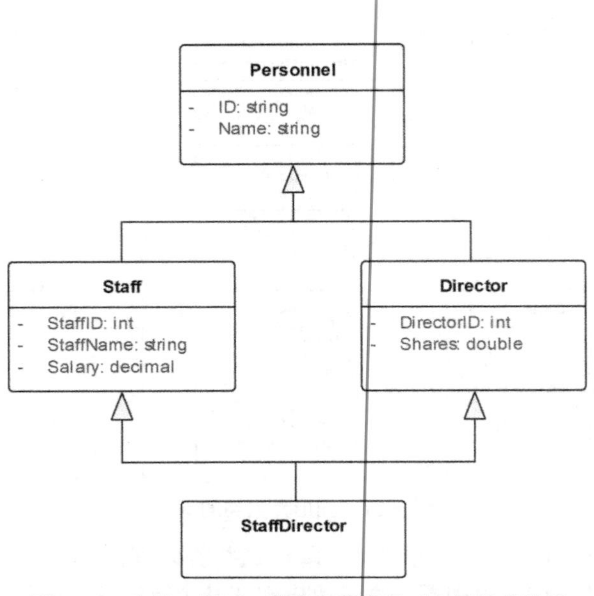

图 5-23　人员、员工、董事和董事员工之间的多继承

调整时可把这三组属性重新封装成人员身份（PersonnelIdentity）、员工身份（Staff Identity）和董事身份（DirectorIdentity）三个类，并保持了三者之间原有的继承，同时取消了原设计中的员工、董事和董事员工这三个类，并把继承替换成人员（Personnel）类与人员身份（PersonnelIdentity）、员工身份（StaffIdentity）和董事身份（DirectorIdentity）三个类之间的聚合。调整的结果如图 5-24 所示。

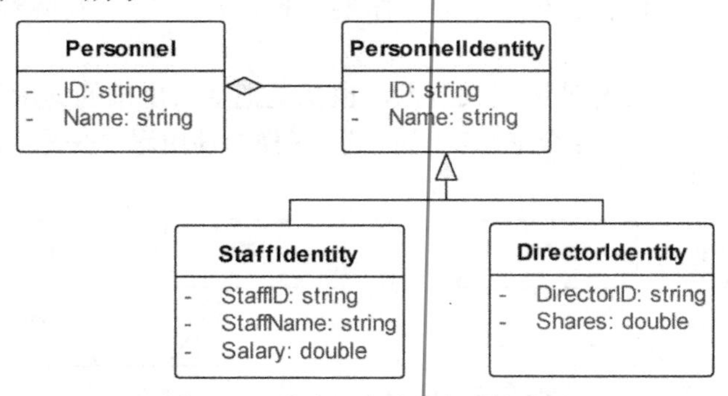

图 5-24　消除了多继承之后的类图

这个调整方法在本质上仍然是使用聚合替换继承，这显然会损失掉继承中的多态。

思考一下：调整后的设计与原设计是等价的吗？调整后的方案中聚合的多重性又是什么样的？

5.3.4　关联的转换与实现

关联实际上是对象之间的联系，通常用于描述现实世界中各种客观事物之间的联系。由于分析模型的主要用途是描述问题域的对象以及相互关系，所以，分析模型中不可避免地会包含着各种各样复杂的联系。因此，在面向对象设计过程中，有必要将复杂关联转换成简单的关联。

1. 一对一关联

一对一关联是对象之间最简单的关联，大多数程序设计语言都可以直接实现。在一般情况下不需要进一步处理，必要时可以考虑将关联的两个类合并成一个类。图 5-25 描述了一对一的关联和这个关联的合并。

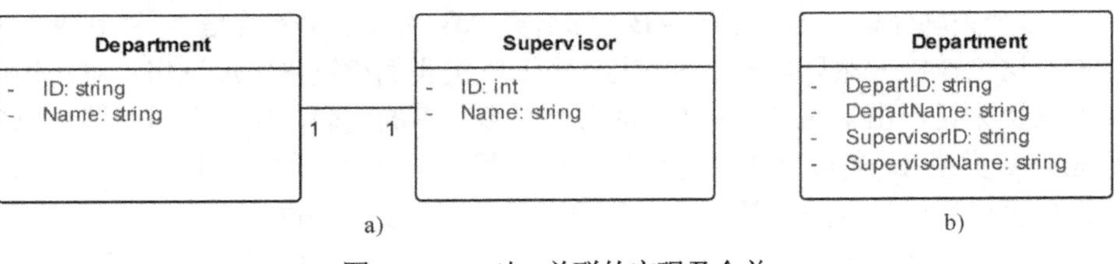

图 5-25　一对一关联的实现及合并

a) 一对一的两个关联类　b) 合并后的类

2．一对多关联

一对多关联也是比较简单的关联，也可以用程序设计语言直接实现。

例如，教学管理系统中，研究生（GraduateStudent）和导师（Director）之间的关系就是一种多对多的关系。图 5-26 描述了导师和研究生之间的一对多关联，并给出了这种关联的程序语言实现。

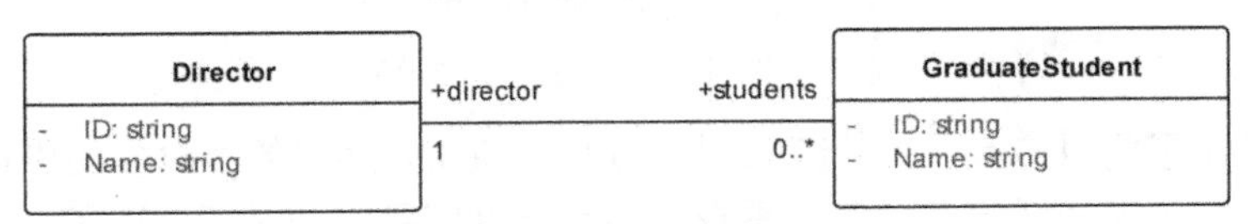

图 5-26　一对多关联与实现

其实现代码如下所示。

```
public class Director {
        private string ID;
        private string Name;
        public GraduateStudent students[];
        public Director(){}
}
```

```
public class GraduateStudent {
private string ID;
private string Name;
public Director director;
public GraduateStudent(){}
}
```

代码中的 public GraduateStudent students[]; 和 public Director director; 表示了这两个类之间的关联关系。

3．多对多关联

多对多关联则属于一种比较复杂的关联，这种关联虽然也可以直接用程序设计语言实现，但这种实现会增加系统维护数据一致性方面的负担。

例如，图 5-27 中的供应商（Provider）与客户（Client）之间的关系是一种多对多的关联，它表示一个供应商可以为多个客户供应材料，反过来一个客户也可以拥有多个供应商。

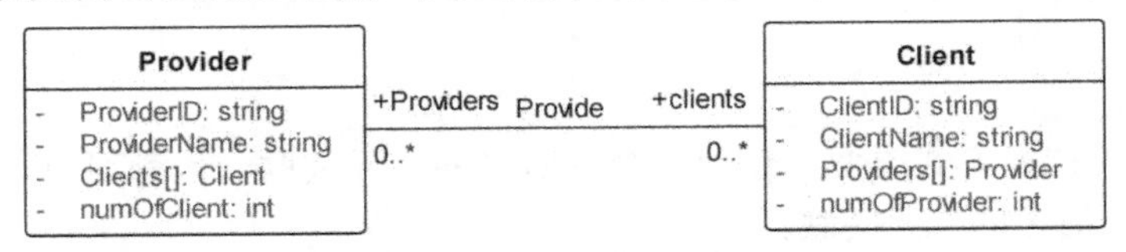

图 5-27　多对多关联及其简单实现

实现这样的关联时，对象之间的关系将呈现出一个比较复杂的情况。任何一个对象都需要维护一个与之相关联的对象列表，每一个对象都有可能同时出现在多个与之相关联的对象的列表中，这将大量增加维护成本，降低程序的可靠性和一致性。将这种多对多关联转换成一对多关联，能够降低系统结构的复杂性。

图 5-28 给出了多对多关联的分解方法。图中 A、B 两个类之间存在一个多对多的关联 AB。如果将这个关联建模成为一个类 AB，那么类 AB 的每个实例就是 A 和 B 两类对象之间的一个链接，这个链接显然只与一个 A 类实例或 B 类实例相链接。反过来，对于任何一个 A 类（或 B）实例来说，由于 A 与 B 之间的关联是多对多的关联，所以必然有多个 AB 类的实例与之对应，A 类或 B 类与 AB 类之间的关联必然都是一对多的。所以，对于任何一个多对多的关联，均可以通过加入关联类的方法分解成两个一对多的关联。

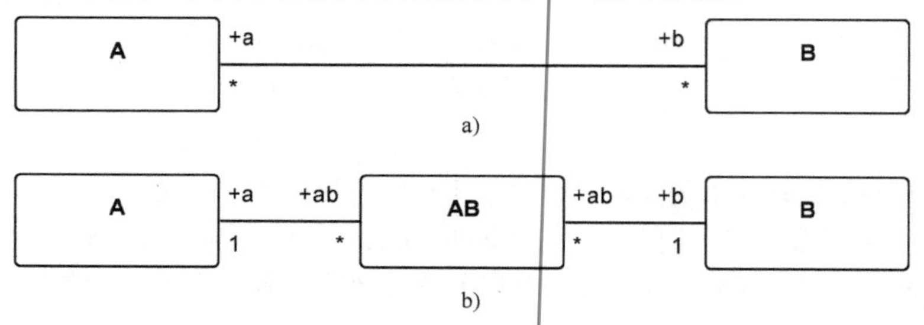

图 5-28　多对多关联的分解方法

a) 多对多关联　b) 多对多关联的分解

图 5-29 给出了将供应商（Provider）与客户（Client）之间的多对多的供货（Provide）关系分解的实例。这不仅降低了多对多关系带来的复杂度问题，同时还发现了一个新的供货合同（Contract）类。

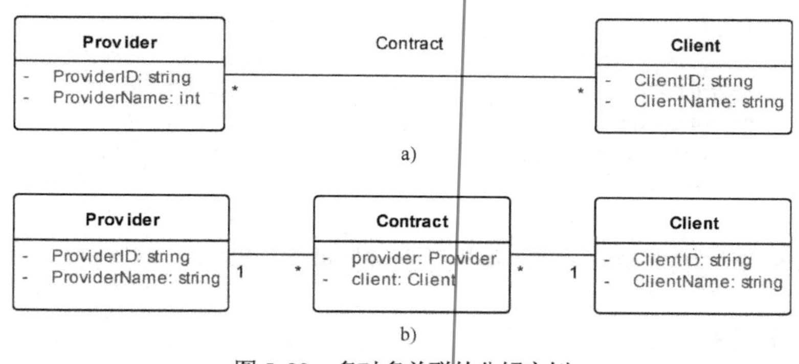

图 5-29　多对多关联的分解实例

a) 分解前　b) 分解后

另外，对于在分解一个多对多的关联时引入的关联类来说，至少需要两个能够标识关联对象的属性，可以使用关联对象的引用，也可以使用关联对象的对象标识符，也可以引入其他的相关属性。

4. 多元关联

与二元关联的转换方式类似，任何一个多对多的多元关联，也都可以通过建模关联类的方式转换成多个一对多的二元关联。

例如，图 5-30 描述了教学系统中学生（Student）、教师（Teacher）和课程（Course）之间的多元关联。通过相同的方法，将这个关联建模成一个类，就可以得到图 5-31 描述的多个简单的一对多的关联。这可以有效地降低多元关联的复杂性问题。

最后要说的一点是，关联的简化并不一定是必需的，但简化可以有效地降低问题的复杂性。

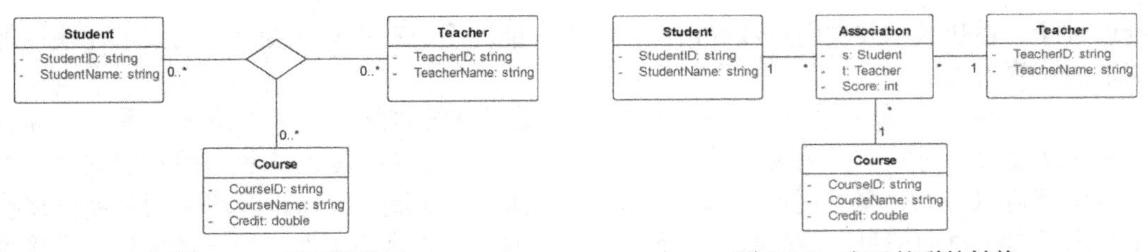

图 5-30　多元关联　　　　图 5-31　多元关联的转换

5.3.5　调整与完善属性

由于在设计阶段已经开始考虑具体使用的程序设计语言等因素，所以还需要对分析阶段获取的类属性进行必要的调整。属性的描述方式如下。

[可见性] 属性名[：类型][= 默认值]

1．可见性

可见性通常可分为公共、保护和私有三种。定义属性时，根据信息屏蔽原则，首选的属性可见性通常是私有可见性。当一个类被设计成其他类的基类时，如果某些属性需要在派生类中访问，那么这些属性的可见性就可以被定义为保护可见性；如果某些属性需要外部访问，那么这些属性就可以被定义为公共的可见性。

2．属性名、类型和默认值

对于分析模型中的每个属性，应将其属性名、数据类型以及默认值调整成目标程序设计语言能够支持的形式。

3．约束

对于分析模型中的与属性有关的各种约束，如属性的取值范围、属性间的关系、相关对象的状态以及环境变量等，则需要考虑目标程序设计语言是否支持这些约束，如不支持则要考虑将这些约束实现到相应的算法中去。

例如，商品销售系统中，订单明细中含有商品识别码、名称、单价、数量、折扣、商品金额、安装费和总金额等属性，并且，这些属性值之间存在着{商品金额=商品数量×单价×折扣，总金额=商品金额+安装费}这样两种关系，这时称这两种关系是对订单明细对象的数据约束。这两个约束的实现很简单，只要在对象的状态发生改变时，都重新计算一下商品金额和总金额这两个属性就可以了。

也可以在对象中仅保存基本属性，而对于像商品金额和总金额这样的非基本属性，则可以在需要的时候利用相应的约束条件实时地计算出来，这适合约束条件比较简单的情况。当约束来自于相关对象或外部环境时，约束的实现可能会比较复杂。在实践中可以根据具体情况设计不同的方法来实现约束。

实现约束最基本的方法是增加适当的程序代码来实现约束，并在相关属性发生改变时执行这些代码。此方法的关键问题是正确识别和触发执行这些代码的时机和条件。其次，当系统批量处理对象数据时，可对对象的属性数据进行与约束相关的一致性检查，需要时可重新计算相关属性。最后，数据库管理系统中的触发器也可以作为实现约束的一种方式。触发器的设计通常包括触发机制、触发条件和触发器的内容。

5.3.6　提高软件性能

软件的性能也是十分重要的质量属性之一。体现软件性能的指标通常包括响应时间、应用延迟时间、吞吐量和并发用户数等指标。在很多情况下，对这些性能指标的要求往往也是软件需求的重要组成部分。

首先，讨论一下响应时间的概念。响应时间是指系统对从接收外部请求、系统处理直到获得响应所需要的时间。影响响应时间的因素很多，如对于网站系统来说，用户能够感受到的响应时间就可以分为“呈现时间”和“系统响应时间”，呈现时间是指客户端浏览器在接收到网站数据后显示页面信息所需的时间，而系统响应时间是指客户端发出用户请求到完成接收服务器数据所需的时间。软件性能更关心的是“系统响应时间”，因为“呈现时间”与客户端计算机和浏览器有关，与所开发的软件没有太大的关系。进一步分析，“系统响应时间”还可以分解为“网络传输时间”和“应用延迟时间”，网络传输时间是指数据（请求数据和响应数据）在客户端和服务器之间进行传输所需要的时间，而应用延迟时间是指软件实际处理请求所需的时间。类似地，软件性能更关心“应用延迟时间”。实际上，这种分解还可以继续下去，如“数据库延迟时间”和“中间件延迟时间”等。

吞吐量也是系统性能的重要指标之一。吞吐量是指系统在单位时间内能够完成的处理请求的数量。对于不使用并发的系统来说，吞吐量与响应时间成反比关系，此时吞吐量就是响应时间的倒数。但对于并发系统来说，通常需要用吞吐量作为性能指标。吞吐量大的系统显然是处理能力更强的系统。

对于多用户系统来说，并发用户数量当然是一种直观并且重要的性能指标。并发用户数量是指系统可以同时承载的正常使用系统功能的用户的数量。与吞吐量相比，并发用户数量显然是一个更直观的性能指标。但实际上，并发用户数并不是一个非常明确的指标，因为用户与系统交互方式的不同会使用户在单位时间内发出的请求的数量上会有很大的不同。这样，对于网站系统来说，又可以有注册用户数、在线用户数和同时发出请求的用户数三个指标。这三个指标对系统影响的方式也很不相同。相比而言，把线用户数量作为性能指标应更直观，而以同时发请求用户数作为性能指标则会更准确，这就给提高系统性能提供了较大的技术空间。

最后一个指标是资源利用率，资源利用率反映的是单位时间内资源被占用的平均时间。对于单个的资源，可用占用的时间与整段时间的比表示；对于多个资源，可以用某段时间内被占用的平均资源数与总资源数的比来表示。

从以上的性能指标分析可知，改善系统性能的根本方法在于改善处理方式、处理方法以及处理流程，一个合理的软件结构对于提高系统性能显然具有良好的基础作用。

为了提高软件性能，有时需要对分析模型进行适当的调整，调整的内容可以包括对象的分布、增加必要的类或属性以保存中间结果、主动对象、合并频繁通信的类、使用聚合代替泛化等几个方面。

（1）对象分布

在分布式系统中，可尽量把频繁交换信息的类，调整到同一台处理机上。

（2）调整并发

有时可能需要引进并发来提高系统在某个方面的性能，可以将某些类建模成主动类的方式实现。

（3）调整类设计

对分析模型中具有一对一关联关系且频繁交换消息或有大量信息要进行交换的类合并成一个类，或者调整这些类属性的可见性和作用域等设计细节，以提高这些类之间通信的效率。

（4）中间结果

对于系统中某些经常重复进行的运算和处理，可以增加一些必要的类或属性来保持这些计算的某些中间结果。

5.3.7 算法的构造与优化

算法（Algorithm）通常被定义成由一系列计算机指令构成的集合。在软件系统中，算法通常承担着一定的系统责任。因此，设计过程（OOD）中不可避免地会遇到算法的构造和优化问题。对于同一个问题，可使用多个时间和空间效率不同的算法加以解决。

传统的结构化方法中，算法的基本形态是先定义一个描述问题的数据结构，再以这个数据结构为操作对象构造能够实现指定目标的基本指令序列。传统的算法评价主要使用空间复杂度和时间复杂度两个指标，算法优化是对这两个指标的优化。

而在面向对象系统中，除了极其简单的算法之外，大多数算法则演变成多个对象之间的交互序列的形式。此时，传统算法中的数据结构则被封装成一个或多个不同的对象，算法的指令序列也不再是一些复杂的过程，而是被分布到这些对象的方法之中了。

此时，算法的分析、设计、实现和优化等问题实质上演变为对象模型中的类设计问题。算法的评价指标也不再仅仅是时间和空间这两个复杂度问题了。但传统的算法分析、设计与优化方法仍然适用于面向对象领域。

5.3.8 对象的可访问性

对象的可访问性是指一个对象能否访问另一个对象，它取决一个对象是否获得了另一个对象的引用。

假设A和B是两个类，且a和b分别是A和B两个类的实例，按照一个对象获得另一个对象的引用的方式不同，对象间的可访问性可以分为如下几种方式。

（1）属性访问性

当对象b（或b的引用）是对象a的一个属性时，则称对象a与对象b之间的可访问性为属性可见性。在类A（或对象a）的所有方法中，均可以访问对象b的所有属性和方法。这种情况适用于A和B之间具有某种关联关系的情况。

（2）参数访问性

从类结构的角度来看，如果b是类A的某个方法的形式参数，那么，在这个方法中就可以访问对象b的所有公共属性和公共方法，此时，称这种可访问性为参数访问性。

系统运行时，可根据需要将对象b作为消息内容（实际参数）发送给对象a（调用a的这个方法），此时对象a就可以在这个方法中访问b的属性和方法了。对于对象a来说，对象b的可访问性仅局限在A的某个方法之内，说明参数访问性是一种局部性的可访问性。

另外的问题是，参数访问性仅描述了类之间的可访问性，实施这种访问性的具体对象则由需要使用这两种对象交互的上下文来决定。

（3）局部访问性

如果对象b被定义为类A的某个操作中的局部变量，那么称从A到B的可访问性为局部访问性。此时仅能够在A的这个方法中可以访问b的属性和方法。由于对象b被定义为类A某个操作的局部变量，所以对象b对于对象a的可见性和存在性都是局部的。

（4）全局访问性

如果对象b被定义为一个全局变量，那么系统中任何对象都可以访问B的公共属性和方法，称这种可访问性为全局访问性。实际上任何系统都很少定义全局对象，全局对象的使用需要严格的控制。

5.3.9 类作用域

大多数的现代程序设计语言均提供了类作用域这一机制。利用这一机制，可以在类中设计类作用域的属性和方法。类作用域也有存在性和可访问性的概念，与类的实例是否存在无关，它们的存在性都是全局的，可见性仍然被分成公共、保护和私有的三种。

类作用域具有公共可见性的属性和方法，具有全局的可访问性，即系统内任何可以访问类的地方均可以访问类的公共静态成员；具有私有可见性的属性和方法的可见性则是局部的，可访问范围通常被局限在这个类的内部，而在这个类的外部是不可见的；具有保护可见性的属性和方法的可见性也是局部的，但其可访问范围则从这个类的本身被扩大到这个类的派生类，而在这些类的外部则是不可见的。

另外，类作用域成员将不再具有多态性方面的意义。一个派生类的类作用域方法，不再存在覆盖其基类的类作用域方法方面的意义。

例如，在一个订单系统中，需要在订单类中定义一个订单对象的方法，如果将这个方法定义成对象作用域的方法，这个方法就必须在某个订单对象存在的情况下才能得到使用。反过来，如果将这个方法定义成具有类作用域的方法，则可以在这个类的任何实例都不存在的情况下，调用这个方法来创建这个类的实例。这样的方法显然不适合被定义成一个订单对象的方法，而应该将它定义成订单类的方法。

类代表的是具有相同属性和操作的对象全体构成的一个集合，所以，类作用域的属性和方法是这个对象集合所具有的属性和方法，其意义与普通的类属性和类方法是完全不同的。所以定义类作用域的属性和方法应从概念上仔细的斟酌和考虑只有类本身所具有的属性和方法才可以被定义成类作用域的属性和方法。

实践中，我们可以从观念上将实例作用域考虑成对象属性和对象方法，将类作用域的属性和方法考虑成类属性和类方法，可以有效地避免不合理的设计。

设计时，准确地分析和设计出类作用域的属性和方法，将更有利于系统的设计和实现。

5.3.10 例外处理机制

在对象之间的交互过程中，一个对象在处理接收到的消息时可能会发生一些意外情况，大多数的面向对象语言都提供了例外处理机制。

例外也称为异常或意外，是指系统在执行过程中可能遇到的错误或异常状态，此时系统将无法继续执行以完成它所承担的系统任务。例外通常是由程序中隐藏的逻辑错误、网络连接错误或系统硬件故障等多种原因触发的。所谓的异常处理就是想办法消除这些意外的产生原因，以保证系统能够正常运行下去。

在程序设计语言中，如 Java 等，通常定义一个可继承的 Exception 类来描述例外的信息，开发人员也可以设计自己的例外（Exception）类。

例外处理部分也称为异常处理，一般可分为捕捉异常、处理异常和最终处理三个部分，且这三个部分通常组成一个拥有固定形式的分支结构。例如，下列代码给出了一个异常处理的例子。

```
public void loadUser(String username, String password, String name, String email) {
try {
```

```
//捕捉异常部分
manager.loadUser(username);//业务逻辑部分，异常检测部分
}
catch (UserNotFoundException    e ) {
//异常处理部分
}
Finally{
//最终处理部分
}
}
```

捕捉异常是一个程序代码段，捕捉异常就是检测某段程序代码在执行过程中抛出的异常，当被检测代码发生异常时，程序将转到异常处理代码部分继续执行，否则程序将跳过异常处理部分。

异常处理部分是一个用于处理异常的代码块，其处理方法可根据异常的原因而不同。最简单的处理是向用户显示必要的信息或写入系统运行日志，以便于用户或维护人员做进一步的处理。

最终处理部分是异常处理的善后部分，不管是否发生异常，最终处理部分都会被执行。

对于任何一个异常来说，异常类的属性实质就是异常的属性，具体可以包括异常的标识、名称、发生时间、发生地点、发生原因和处理方法方面的建议等。其方法通常是由异常所具有的属性决定的，即对这些属性进行必要的处理所需要的方法，如将异常存入系统日志等方法。

5.3.11 考虑使用设计模式

设计模式是指对面向对象设计领域中不断重复出现的一些问题，以及这些问题的核心解决方案。人们可以重复地使用这些设计模式来解决面临的问题。

到目前为止，已经总结出了 23 个标准的 GOF 设计模式，这些模式能够解决软件设计中的大部分设计问题。除了 GOF 模式，还提出了多种不同的设计模式。使用这些模式可以有效地解决面临的设计问题。

关于设计模式的详细内容，可以参考本书的第 11 章的内容或其他关于设计模式理论和方法的应用。

5.4 小结

与用例模型类似，类图模型也是软件建模过程中最重要的软件模型之一。不同的是，用例模型描述的是软件的需求，而类图模型描述的通常是软件设计的最终结果。

本章比较系统地介绍了类图的概念、结构和基本的建模方法。

在类图的概念方面，比较详细地介绍了对象、类、继承、关联和聚合这些概念的 UML 表示。同时还详细地介绍了若干个问题域子系统中常见的多继承、混入技术、模板类以及接口等类图设计过程中存在的现象、技术和处理方法。

本章还介绍了从用例模型到用类图表示的概念模型的映射方法，与业务建模过程中的概念建模冲突。但这样的映射方法通常取决于建模过程的设计决策，很多情况下，对系统的用例建模往往充当了业务建模的角色。

最后，本章还介绍了问题域子系统中常见的类图建模策略和方法，包括类复用、增加基类、多继承调整、关联的实现、调整属性和提高软件性能等。

对类图建模来说，最重要的问题是建模的目的。基本的建模目的有概念建模和结构建模。不同的建模目的决定了建模时使用的方法，同时也决定了建模时使用的技术和模型的详细程度。

习题

一、基本概念题

1．简述 UML 中类的定义，UML 中的类与软件中的类是一样的吗？它们之间的不同点是什么？

2．简述对象的概念，并说明对象与类之间的关系是什么样的。

3．UML 类图中定义了哪些关系？这些关系中的哪些关系是类之间的关系？哪些关系又是对象之间的关系？UML 如何描述对象之间的关系？

4．UML 中用于描述类属性的语法成分（如作用域、可见性等）有哪些？UML 是如何描述这些成分的？

5．简述 UML 中的关联、关联角色和关联类的概念，举例说明 UML 如何描述这些概念。

6．什么是类作用域？说明具有类作用域的属性和操作都具有哪些特点。

二、分析设计题

1．仔细阅读下列句子，请分别用类和类之间的泛化、聚合、关联和依赖等关系，描述下列句子中所出现的概念和这些概念之间的关系，并说明哪些关系是对象之间的关系，哪些关系是类之间的关系。

1）一个完整的微型计算系统通常是由主机和外部设备组成的，主机又是由运算器和控制器组成的。外部设备则被分成输入、输出和输入输出三种设备。

2）在学校，教师和学生之间往往是通过特定的课程相联系的。

3）汽车、火车和轮船一样，都是一种交通工具。不同的是汽车和火车是陆上交通工具，而轮船是一种水上交通工具。

4）图书管理系统中，读者和图书之间的借阅关系。

2．某超市销售系统的购物流程描述如下。

1）顾客进入商场营业厅执行选择需要购买的商品，然后带着选好的商品到营业厅出口处的收银台结账。

2）收银台处的收银员与顾客一起完成结账处理。收银台配有销售终端负责接收销售的商品明细数据、累计和显示商品的结算金额并打印购物单。

3）出纳员通过输入商品识别码和数量等信息输入顾客购买的商品信息，每输入一个信息，系统都会自动计算累积的商品金额并显示给顾客。输入完成时，顾客就可以获得他所需要的支付信息。

4）输入完成后，收银员提示顾客支付所购买的商品。支付也可以按照多种方式进行，如现金、银行卡或其他方式。

附注：在输入过程中，如果顾客提出请求，收银员还可以按顾客的请求调整顾客所购买的商品，如增加或减少某项商品的数量、取消某项商品或取消购物过程，系统应允许这样的调整。

请使用类图的方式描述上述陈述中出现的各个概念，并分析这些概念对未来系统的设计与实现有什么样的影响。找到的这些概念一定是目标系统中的类吗？这种类图的意义是什么呢？

3．图 5-32 给出了学生类和课程类之间的关联关系。假设这个关联关系具有成绩属性，请添加必要的关联类，并绘制带有关联类的类图，并仔细讨论添加了关联类之后，类图中各个类之间的关联关系。

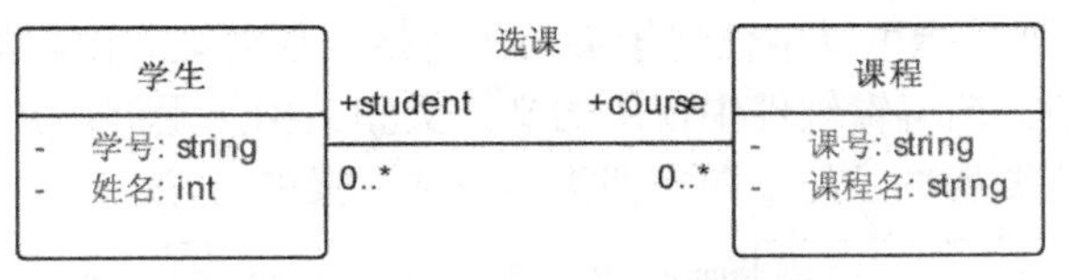

图 5-32　学生类和课程类之间的选课关系

4. 设某单位员工信息系统中设计了员工类（Employee）和住址类（Address）。员工（Employee）类包含了职工代码（empcode）、名字（name）、地址（address）和出生日期（birthday）等属性。Address 类包含的是家庭号码（houseNumber）、街道号码（streetNumber）、城市（city）和邮政编码（zipcode）等属性。请画出包含了这两个类的类图，并正确描述这两个类之间的关联关系。

需要讨论的问题是，这两个类有必要合并成一个类吗？

5. 图 5-33 给出了网络购物系统的类图模型，其中 OrderStatus 是一个枚举类型，表示订单状态。Order 是一个订单类，其实例存储了订单全部的信息。LineItem 是订单明细类，表示订单中的一个项目。StockItem 是商品类，表示一种特定的商品。Account 是账户类，表示一个用户账户。Transaction 是事务类，表示一个用户交易。ShoppingBasket 是购物车类，表示用户的购物车。

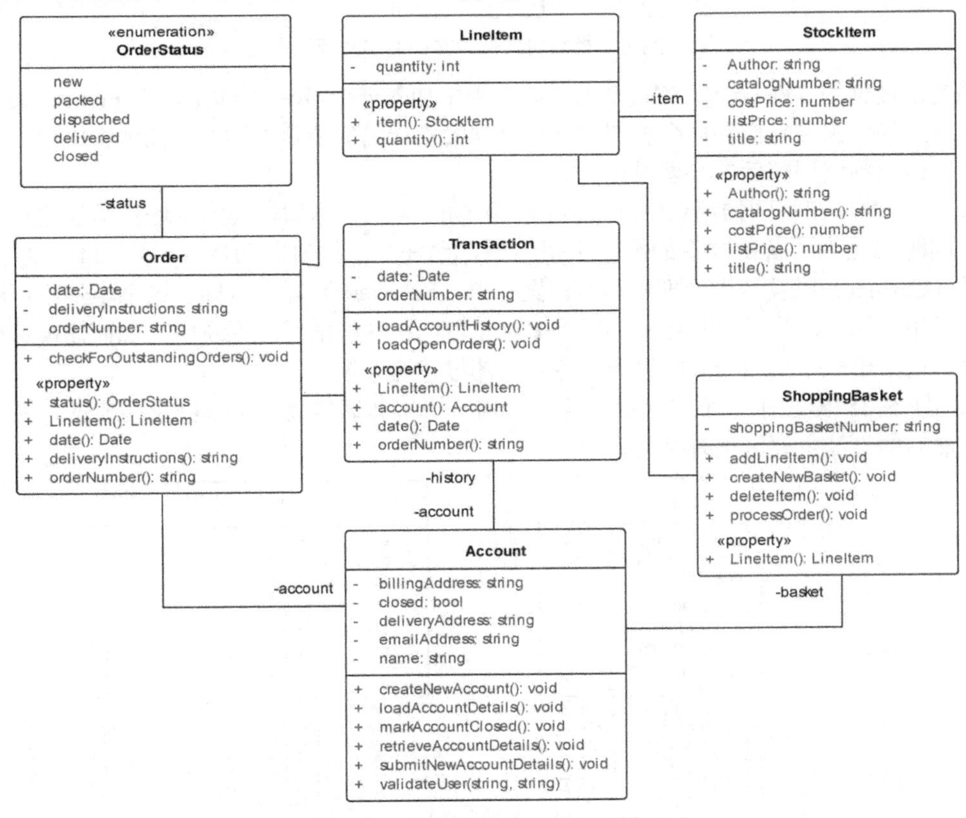

图 5-33　网络购物系统的类图模型

请为这个类图标注图中各关联的多重性。

6. 在某个信息系统中，如果一个 Control 类使用了 Order 类的 GetFee()方法，以此计算 Order 对象的税金额。请讨论一下如何描述这两个类之间的关系，以获得一个合适的设计。

7. Liskov 替换原则是指可以用任何子类实例替换在任何地方出现的父类的实例。图 5-34 所示的类图中列举了某文档编辑软件中使用的文档类和文档元素类。文档类可以看成是由文档元素构成的集合，文档类列举了几个向文档集合添加元素的方法。

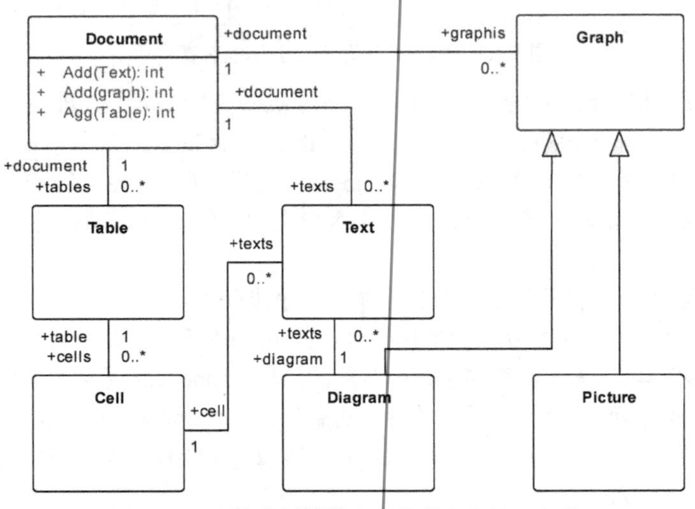

图 5-34　文档编辑软件中文档类和文档元素类

请考虑能使用 Document 的某个方法向文档中加入一个 Text 类实例吗？Picture 类呢？文档类对象又如何保存它们？这个类图是一个合理的设计吗？能否将这个类图调整成一个更简洁的设计？请绘制出调整后的合理设计。

8. 一个对象在不同的场景中往往承担了不同的角色。例如学校为了培养学生的社会实践能力，同时也是为了解决学生的经济负担问题，允许学生做兼职助教（Assistant）、校园餐厅收银员（Cashier）以及学生管理部门的档案秘书（Secretary）等。这样，这个学生就可能同时承担了学生、助教、收银员和档案秘书等多种角色。在这样的管理系统中，如何建模这样的学生类呢。请给出一个比较合理的设计，并用类图描述这个设计。

9. 图 5-35 给出了一个多继承的设计实例，请将其调整成一个单继承的设计，并讨论一下调整前后的设计主要区别有哪些。

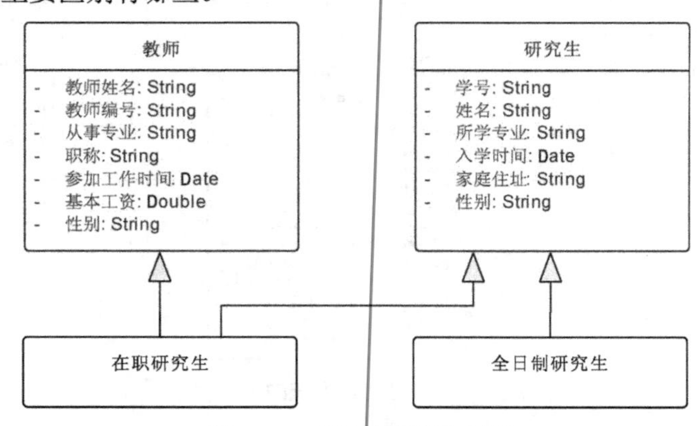

图 5-35　多继承的设计实例

10．下列 C# 程序代码给出了实现遗传算法的若干个类的定义，请分析这些类之间的关系，并使用类图描述分析结果。

```
public abstract  class Gene //基因
{
public abstract void mutation(); //突变
}
public abstract class Chromosome { //染色体
public Gene[] Gene; //基因
public int nGene; //基因个数
public int accommodation; //适应度
abstract public int Calculate();//适应度计算
abstract public void CrossOver(Chromosome chrom,ref Chromosome child1,ref Chromosome child2);   //交叉
public void Add(Gene g);
public virtual void mutation(); //突变
}
```

```
public abstract class Population { //种群类
public Chromosome[] Chromosomes; //种群
public int nChromosome;   //种群数量
protected double mutationrate; //突变率
protected double obsoleterate;  //淘汰率
abstract public void CreateChromosomes();
public Chromosome GetChromosome(int i); //取染色体
public void Add(Chromosome c);
protected virtual void MakeMutation();  //处理变异 public
virtual Boolean CanbeEnded(int looptimes); //终止条件
protected virtual void SortByAccommodation(); //排序
protected virtual void Calculate(); //计算种群适应度
protected virtual void CrossOver(); //交叉
public virtual int GeneticAlgorithm()//遗传算法
}
```

第6章　顺序图与通信图建模

学习目标

- 理解和掌握顺序图和通信图概念、构成元素和表示法。
- 理解和掌握顺序图与通信图二者之间的联系和区别。
- 理解和掌握顺序图和通信图的建模策略和建模方法。
- 深刻理解和掌握顺序图和通信图建模的意义和作用。

任何一个软件系统均包括静态结构和动态行为两个方面，使用类图可以为系统的静态行为建模，而使用顺序图、通信图、状态图和活动图四种模型者可以为系统的动态行为建模。

UML 将顺序图和通信图统称为交互图，UML 定义交互图来强调对象之间的链接和消息通信，而不是与该通信相关联的数据操纵。交互图关注的是对象之间传递的特定消息，以及如何将这些消息聚集在一起以实现特定的功能。交互图可以准确地描绘出哪些对象组成的复合结构可以满足并实现特定的需求。

顺序图和通信图之间存在语义等价的关系，但它们不仅在形式上不同，在内容和语义表达方面也不同。二者一方面是两种语义等价的两种模型，同时它们也都属于状态机模型。而另一方面，二者描述问题的角度和方法以及用途和建模方法也不同。

本章将详细介绍顺序图和通信图的构成元素、用途和建模方法。

6.1　顺序图的构成元素

顺序图是一种由对象和对象之间的消息构成的图，其最主要的特点是消息传递的时间顺序，是对系统中的若干个对象按照时间顺序进行交互时所表现出来的行为的一种结构化表示。

顺序图的主要作用在于描述系统为实现某个目的而进行的一个过程，完成这个过程所需要的参与者，以及为实现这个过程所需要的这些对象之间的消息传递（合作）。

在面向对象方法中，顺序图可用于面向对象分析、面向对象设计和面向对象程序设计等各个阶段。

在面向对象分析阶段，顺序图可用于描述用例过程，并有助于捕获系统中的信息流和系统责任。早期分析中获得的对象将被转换成系统角色，对象之间的消息最终被转换成为系统类模型中某个类的操作。

而在面向对象设计阶段，顺序图可用于描述某个用例场景或某个类方法，获得的对象将被映射为系统中的对象（类），消息也将被映射为目标系统中的某个（或某些）类方法。

顺序图的构成元素包括生命线（Lifeline）、控制焦点（Focus of Control）、消息（Message）、分支（Decision）、撤销（Destroy）和组合片段（Combined Fragement）等。下面将详细介绍这些模型元素的概念和表示方法。

6.1.1 对象（Object）

对象是顺序图的主要构成元素，它表示参与顺序图所表示的过程主体参与者，与对象图中的表示基本相同。顺序图中可以出现各种对象，这些对象通常包括参与者、边界类、控制类、实体类和普通类等类型的对象。图 6-1 列出了顺序图中常见的对象。而图 6-2 则给出了一个包含了各种对象的顺序图的实例。

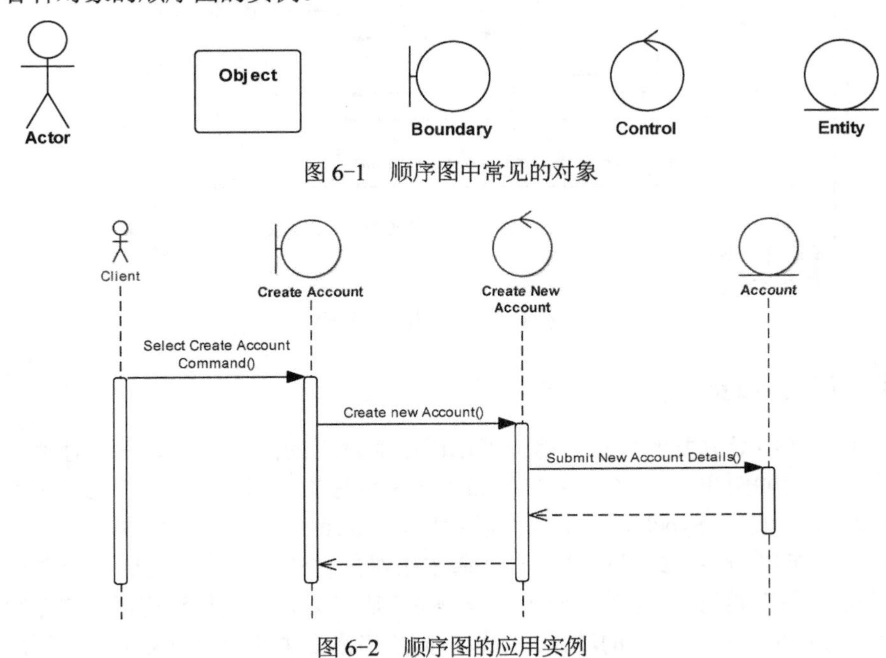

图 6-1　顺序图中常见的对象

图 6-2　顺序图的应用实例

6.1.2 生命线（Lifeline）

生命线是从对象图标向下出来的延伸的一条直线，也是和对象紧密联系在一起的一种模型元素，用于表示对象的生存期或生存期内的某个时间片段。

在顺序图中，对象和生命线是不可分割的同一个元素，生命线是对象的一个组成部分，代表了对象的整个或部分生命期。顺序图中既不存在没有生命线的对象，也不存在没有对象的生命线。

6.1.3 控制焦点（Focus of Control）

控制焦点也称为激活期（Activation），指生命线上的那些小矩形，表示对象处于的激活状态的时间片段。

如果某个对象在某个时刻或时间片段内，它处于其某个操作被正在被执行的状态，那么我们称这个对象处于激活（Active）状态，否则，处于非激活（Deactive）状态。

所以，当多个对象参与同一个活动时，并不是每个对象都处于激活状态，即使这些对象之间的活动是并发的，也不太可能每个对象都处于激活状态。

当不同生命线上的控制焦点发生时间片段重叠时，可能会引出控制焦点之间的嵌套。图 6-3 中的顺序图就包含了多个控制焦点之间的嵌套关系。

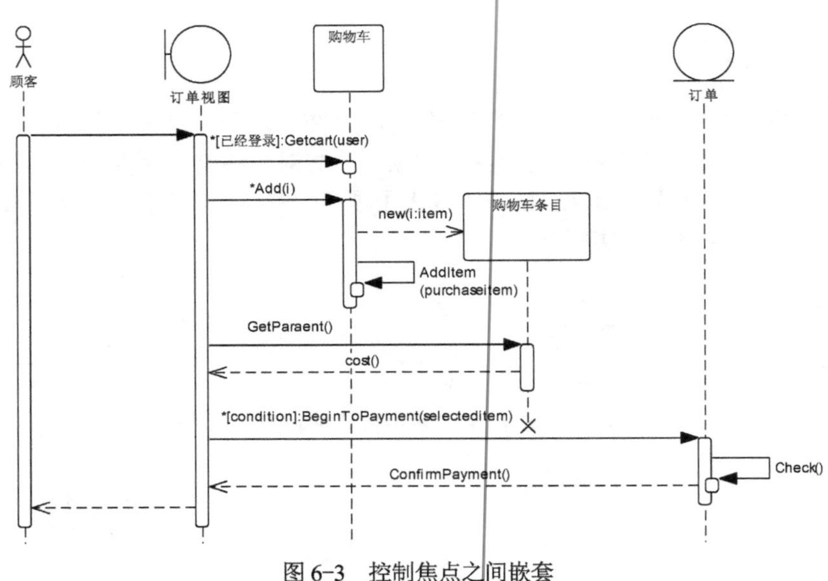

图 6-3　控制焦点之间嵌套

6.1.4　消息（Message）

消息是顺序图中最重要的概念，用于表示图中对象之间的通信，即一个对象向另一个对象发送的消息。在顺序图中，消息表示成携带了某种信息的控制流。按照消息的传递方式，可以将消息分为同步消息（Synchronous）和异步消息（Asynchronous）两大类。

同步消息是指以同步方式发送的消息，通常指对象方法的调用。发送同步消息时，发送者需要与接收者对接收到的消息处理同步，即等待接收者处理完接收到的消息并返回一个确切的消息之后，才能够进行其后续的动作。所以，同步消息必须有一个对应的返回消息，不过，返回消息可以不必显式地出现在顺序图中。对于同步消息来说，还需要存在一个与之对应的返回消息（Return）。

异步消息是指对象以异步方式发送的消息。发送异步消息时，发送者既不等待接收者处理完这条消息也不等待接收者的返回消息，而是继续执行其后续的处理。与异步消息相伴的是信号，信号可以看成是一组参数或属性构成的集合，也可以看成是以异步方式传递的消息的内容。

不同的 UML 建模软件定义了不同的消息类型。表 6-1 给出了 Rational Rose 建模系统中定义的各种消息，这些消息并不是对消息概念的严格划分，而是消息的不同属性的一种描述。这些不同的消息，适用于不同的建模场景。除了图形符号，UML 还使用消息表达式的方式来描述消息。

按照对象间交互的形式，可以把消息分成方法调用、发送信号、创建实例和销毁对象等多种形式。其中，最常用的形式就是对象间的方法调用。描述方法调用或发送信号的消息的语法格式定义如下。

[returnvalue=] message_name (arguments) : type_of_return_value

- return_value：是消息的可选部分，表示存储消息返回值的变量。这个变量可以是发送者的一个属性、整个交互的全局属性，或者是某个拥有交互的类的属性。
- message_name：表示消息名称，可以是接收者的某个方法名或发送的信号名等。
- arguments：表示消息参数列表，是一个用逗号分隔的若干个参数构成的列表，其中每个参数都可以是参数名或参数值。

- type_of_return_value：返回值类型。

表 6-1　Rational Rose 中定义的消息及其符号表示

消息类型	主要特征	符号表示
简单消息（Simple）	泛指的，不需要详细说明其类型的消息	
过程调用（Procedure Call）	与对象的操作对应的消息	
同步消息（Synchronous）	以同步方式发送的消息	
异步消息（Asynchronous）	以异步方式发送的消息	
返回消息（Return）	接收者收到某个消息后，向发送者返回的消息	
阻止消息（Balking）	指接收者不能立即接收，则发送者就要放弃的消息	
超时消息（Timeout）	接收者不能在指定的时间内接收，发送者就要放弃的消息	
自调用消息（Self）	一个对象给自身发送的消息	

6.1.5　撤销（Destroy）

撤销（Destroy）表示在过程中销毁某个对象，也表示这个对象生命期的终止。这个元素通常仅用于顺序图中的某个临时对象。这个临时对象一般是在顺序图所描述的活动中动态创建起来的，并在其完成了其职责后被撤销。图 6-4 给出了一个描述了遗传算法的顺序图，图中使用了撤销元素。

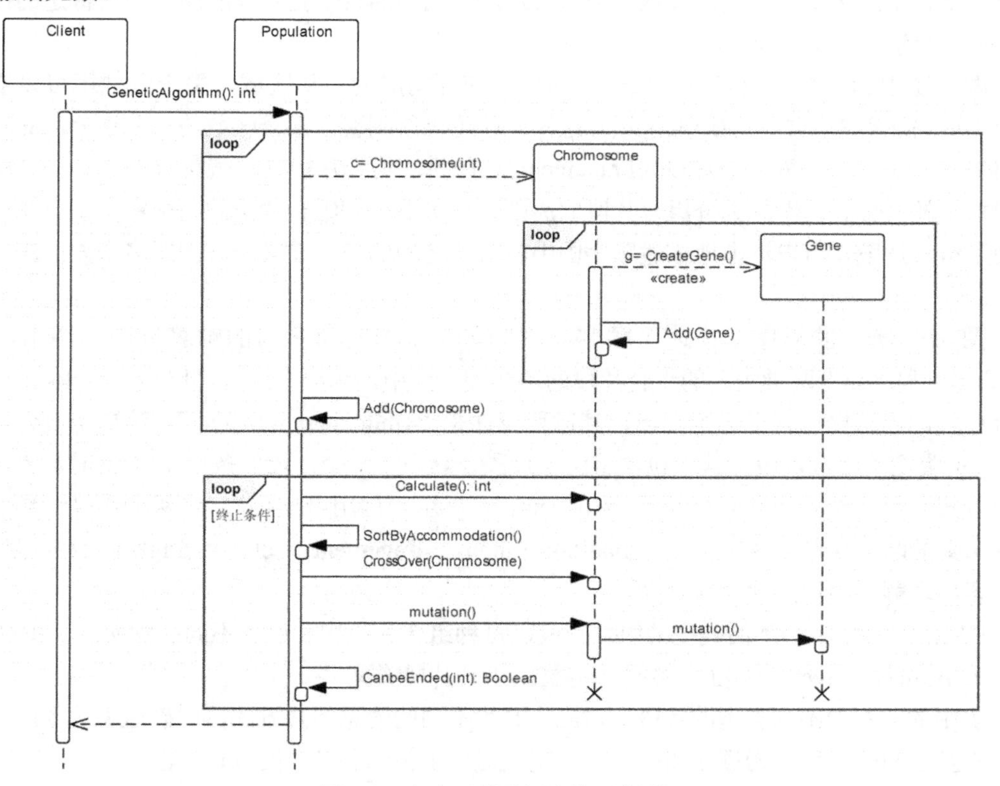

图 6-4　包含了撤销元素的顺序图

图中包含了种群（Population）、染色体（Chromosome）、基因（Gene）和客户（Client）四个类的实例。整个顺序图则描述了遗传算法在执行过程中，所有这些对象之间的交互情况。图中的所有对象的水平位置并不都是相同的，不同的位置表示了这些对象加入到顺序图所描述的过程的时间不同。

客户（Client）和种群（Population）是整个过程的全程参与者，生命周期最长，它们全程参与了算法的整个过程。染色体（Chromosome）对象和基因（Gene）对象则是在活动开始以后由种群（Population）对象创建的，并在活动结束前就已经被撤销了（图中的“×”号）。图中的创建消息和撤销元素就描述了这样的语义。

另外，顺序图中的对象创建和对象撤销是成对出现的。这一点，在不同的建模工具中的实现也是不同的。例如，在 Enterprise Architect 中，就严格要求创建和撤销这两个元素成对出现，可以有效地保证模型的合理性。而 Rational Rose 则没有这样的约束。

6.1.6 组合片段（Combined Fragment）

为表示顺序图中对象间的交互片段之间的顺序、选择、循环等各种关系方面的约束，UML 还定义了组合片段这一模型元素，组合片段的具体定义如下。

组合片段可以是一个简单的矩形区域，也可以是一个由多个片段组合而成的片段集合。有时，集合中的每个片段也可以是一个组合片段。图中的每个交互只能属于一个特定的片段，即不允许片段之间的交叉。

顺序图中的组合片段可以看成一个由多个交互构成的矩形区域，每个区域还可以依据某种原则分隔成若干个更小的矩形区域，这样，就可以得到整个组合区域的一个划分，此时，可以将每个小矩形区称为一个片段（Fragement）。此时，组合片段显然就可以看成是一个由多个片段构成的集合。再考虑划分组合片段的原则，就可以得到组合片段的完整定义了。在顺序图中使用组合片段，可以清晰地描述顺序图中各对象之间的交互在某一方面或多个方面应具有的特性。

图 6-5 所示的顺序图描述了顾客和收纳员等多个对象参与的结算过程，图中使用了“Critical”和“alt”两种类型的组合片段的顺序图。其中，第一个组合片段是一个 loop 类型的组合片段，内部仅包含了一个片段，其循环条件是“while item remains”。第二个组合片段是一个 alt 类型的组合片段，其中包含了两个片段，其中第一个片段的条件是“cash”，表示现金支付方式，第二个片段的条件是“credit card”，表示“信用卡支付”。这两个片段，显然是按条件选择的两个片段，对应了 if <condition> then <fragement1> else < fragement2> 这样的逻辑，容易理解图中片段的逻辑含义。

UML 定义了多种不同类型的组合片段，每种组合片段均表达了不同的含义。表 6-2 给出了 Enterprise Architect 建模工具软件中定义的组合片段类型。

表中的 12 种不同类型的片段，对应 12 种不同的消息组合方式，明确地表达了顺序图中各个交互之间的关系，为顺序图中的各个交互提供了精确和细致的描述方法。

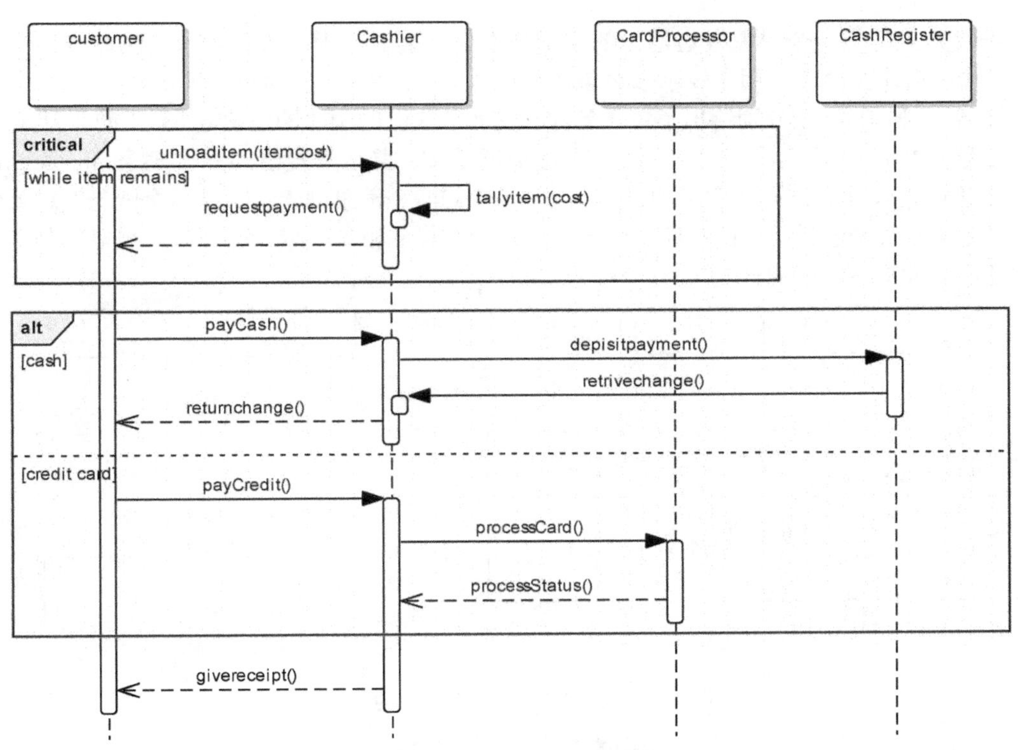

图 6-5　使用了组合片段的顺序图

表 6-2　组合区域的分类

序号	名称	关键字	作用
1	分支区域	alt	区域内各个片段按交互算子的逻辑值划分交互片段
2	可选区域	opt	封装可选的交互片段
3	并发区域	par	区域内各片段的操作是并发操作
4	循环区域	loop	区域内各片段的操作是重复执行的
5	临界区域	critical	区域内各片段均是临界区域
6	无效区域	neg	表示一个片段是无效片段
7	有效区域	assert	标明有效片段，通常封装在 consider 或 ignore 算子中
8	强顺序区域	strict	标明片段内的交互必须按照严格的顺序进行
9	弱顺序区域	seq	标明此组合片段内部各片段之间是弱顺序的
10	可忽略区域	ignore	表示在执行期间可以忽略片段中的消息
11	可跟踪区域	consider	标明片段中消息的跟踪，和 assert 一起使用
12	引用区域	ref	封装对其他图的引用

6.1.7　条件分支和从属流

顺序图中也允许使用分支，这包括条件分支和从属流两种分支。

条件分支是指一个对象发送消息的守卫条件。从属流是指从某个对象的生命线上分离出来的一个或多个生命线，用来表示该对象在某个时间片段中所进行的并发活动。

图 6-6a 和图 6-6b 分别给出了包含条件分支和从属流的顺序图。图 6-6a 中的 A 类对象生命线上就添加了一条从属流（生命线），这描述了 A 类对象发出的两个消息 message1 和 message2 的动作是并发的两个活动。而图 6-6b 中的两个消息则表示了这两个消息发送条件。然而，并不是每个建模软件的顺序图都支持从属流这样的模型元素。必要时，可以绘制两张不同的顺序图来描述不同的分支。

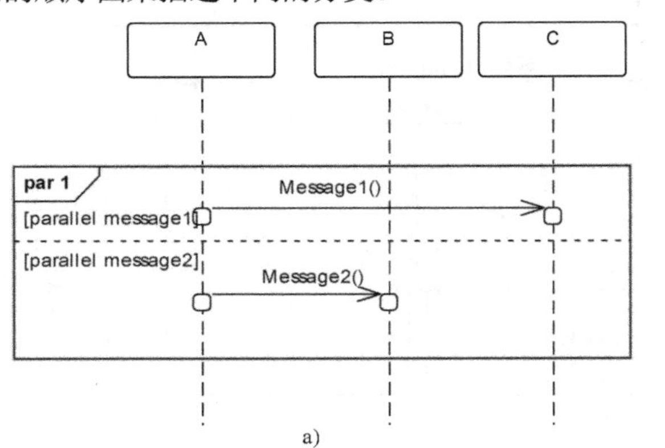

a)

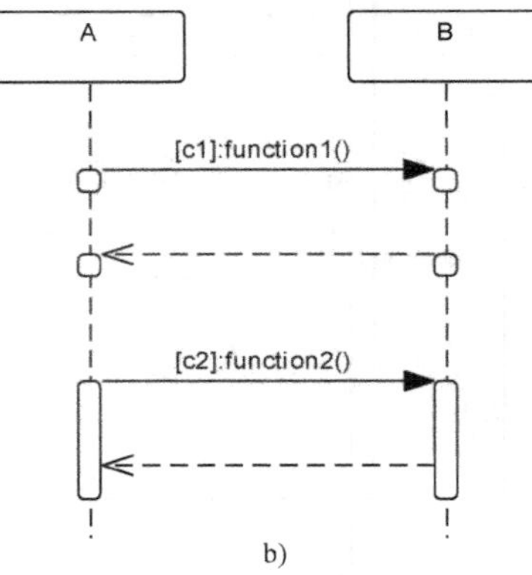

b)

图 6-6　包含条件分支和从属流的顺序图

a) 从属流　b) 条件分支

6.2　顺序图建模方法

顺序图的主要作用在于对一个过程建模，这个过程可以是一个用例、场景或类的某个方法。所以顺序图建模可以用于软件开发过程的需求分析、设计和系统实现各个阶段。

无论使用顺序图用于描述什么或将顺序图用于软件开发的哪个阶段，顺序图的主要作用主要体现在如下两个方面。

（1）找出新的职责、对象（类）和方法

顺序图中最主要的两种元素就是对象（或类）以及它们之间的消息。

顺序图建模时，每向图中添加了一个新的对象（或类），就意味着有可能找到了新的对象、类或角色。每添加一条消息，就意味着可能为对应的对象（或类）添加了一个新的方法。顺序图建模不仅可以用于描述了系统的动态行为，同时也会给系统找到了新的对象、类或角色，同时也可能找到了新的方法。

（2）软件开发人员之间的交流

顺序图直观地表示了目标系统的动态行为，这使得它更适合作为软件开发人员之间的交流媒介，尤其是设计员与程序员之间的交流，并且这种方式的表达更易于阅读、理解、交流、评价和改进。顺序图的建模过程中，可按照如下基本步骤进行。

（1）明确顺序图的建模目标和范围

顺序图的建模目标包括描述用例、描述一个或多个场景或一个方法。建模范围可以是一个用例、场景，也可以是某个类的一个方法。建模目的和建模范围的不同，决定了建模的方法和粒度的不同。越高层次的过程，其粒度往往就粗略一些，涉及的细节就少一些，层次越低的过程，其粒度就越会更细致一些。因此，建模顺序图时，首先应明确建模的目的和范围是什么。

在需求阶段使用顺序图建模时，建模的目的可能是描述需求。此时，顺序图中的对象可能仅来自于问题域，而设计域和实现域中所需要的类或方法方面的具体细节就可以被忽略。而在设计阶段使用的顺序图，可能需要包括大多数甚至全部对象（或类）和它们之间传递的消息，同时也应该尽可能给出这些类和消息的具体细节。

（2）定义顺序图中可以出现的对象（或类）

为顺序图找出能够实现建模目标所需要的全部对象（或类），这些对象（或类）可以是已知的对象（或类），也可以是新添加的对象（或类）。

建模顺序图时，为对象指定明确的类是一个值得关注的重要问题。对未明确分类的对象进行建模，并不能为建模工作带来实质性的模型增量。

对出现在顺序图中的每一个对象，还应该明确其生命期，即指明对象是临时对象还是一个全程参与的对象。全程对象的存在性及其状态构成了顺序图的前置条件。对于临时对象要标明这些对象的创建者、创建消息以及撤销符号。

在顺序图中，对象可以按任意顺序从左向右的顺序排列，但排列时应注意排列顺序对图形布局的影响。在一般情况下，顺序图中的对象可以按照参与者（或客户类）、边界类、控制类和实体类的顺序排列。

（3）定义消息

消息是顺序图中最重要的元素，每个消息都表示了两个对象之间的交互。对于每一个消息，需要明确消息的发送者和接收者，消息名称、消息内容、消息的类型，守卫条件和约束等多方面的建模细节。

每条消息都需要明确地指定一个合适的名称，明确指定发出者和接收者，当在现有的对象中找不到合适的接收者时，就意味着发现了新的对象作为消息的接收者。对于每一条消息，当消息表示方法调用时，消息名实际上就是接收者的一个方法名。当接收者没有合适的方法处理这种消息时，一种可能是选择的接收者不合适，需要更换接收者，另一种可能是需要在选择的接收者中添加一个新的合适的方法接收消息。

消息内容是指消息的参数，也可以看成是传递消息的两个对象之间的通信协议。必要时需要为消息指明消息的形式和内容。

消息可以有多种不同的类型，建模时可根据建模目标标明消息的类型。不同的建模工具支持不同的消息类型，需要明确区分的包括：消息的同步方式和异步方式；对于同步消息还要区分是过程调用消息、创建消息，还是销毁对象消息。对于返回消息还要考虑是否有可能是一个回调消息等。

守卫条件是指消息的发送条件，必要时需要指明消息的发送条件，UML 没有强制规定发送条件的结构化描述方式，但建模人员还是应该以易于理解的方式描述这些条件。

当建模工具支持组合片段时，还可以使用组合片段描述图中交互之间的各种关系。这有助于加强对模型的一致性的理解。

总之，建模时可根据建模目标和建模对象，有选择地建模这些细节。有时为提高工作效率，不必描述所有具体细节。例如，本书表 4-2 中所描述的收银用例的基本事件流，可以建模成图 6-7 所示的顺序图。

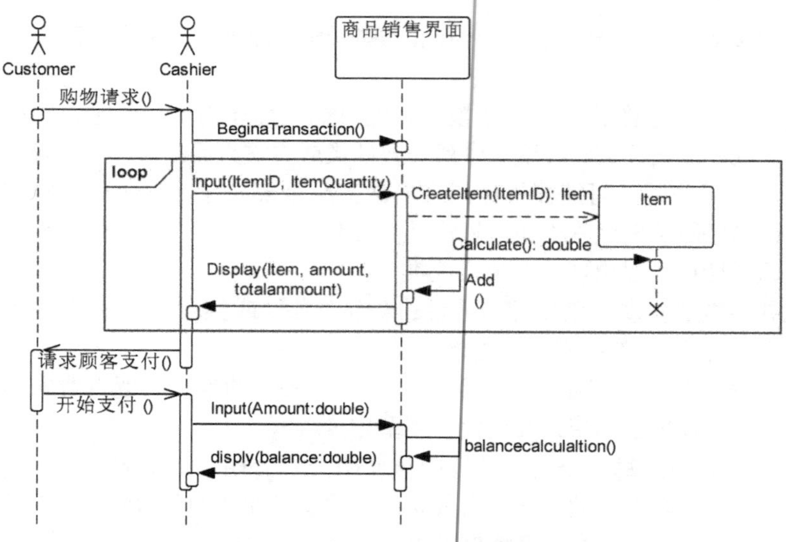

图 6-7　收银用例的基本事件流

一个完整的用例有多个事件流，如基本流、异常流和可选流。为一个用例的所有场景建模将得到一个全景的用例描述，从中可以获得用例在某个抽象层次上需要的所有参与者、对象以及对象之间的交互。

6.3　通信图的构成元素

通信图（Communication Diagram）用于表示一个结构事物表达静态结构和动态行为的概念组合，表达不同事物相互协作完成一个复杂功能。

在大多数情况下，通信图与顺序图表述的是相似的信息。通信图强调的是发送和接收消息对象之间的组织结构。一个通信图显示了一系列的对象和在这些对象之间的联系以及对象间发送和接收的消息。对象可以是命名对象或匿名对象，也可以是其他事物的实例，例如协作、组件和节点，可使用通信图来说明系统的动态情况。通信图使描述复杂的程序逻辑或多个平行事务变得更加容易。

通信图的主要构成元素包括对象（Object）、链接（Link）和消息（Message）等。其中的对象可以是边界类、控制类和实体类等类型的对象。

6.3.1　对象（Object）

对象是通信图的主要构成元素。在通信图中，对象用一个带有对象名的矩形框来表示。每一个对象可以是命名对象，也可以是一个匿名对象。常见的对象可以是参与者、边界对象、控制对象和实体对象。图 6-8 列出了通信图中常见的对象。通信图中可以出现的对象和顺序图中可以出现的对象是相同的，不同的是通信图中的对象没有生命线了。

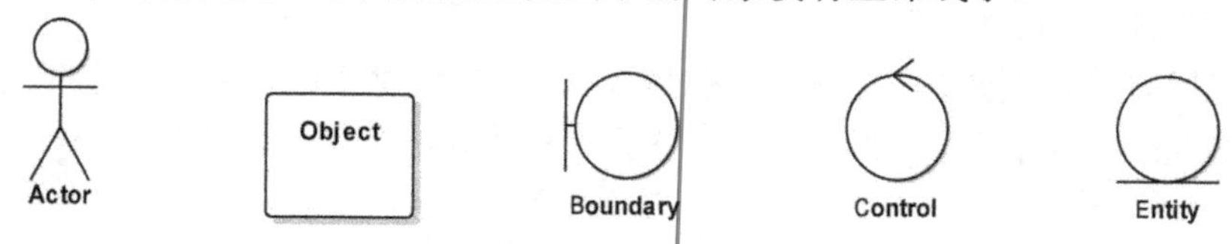

图 6-8　通信图中常见的对象

通信图中的对象也有生命期的描述问题，通信图中对象的生命期可使用一组与对象的创建和撤销有关的约束加以表示。如{new}表示对象创建，{destroy}表示撤销对象，而{transient}表示临时对象。使用时，可将这些约束放在对象名的后面。

6.3.2　链接（Link）

链接（Link）表示通信图中对象之间的链接关系，也是类关联的实例。表示通信图中对象之间的链接关系，事实上也是这些对象之间可访问性的一种实现。

通信图中，链接用对象之间的一条直线表示。图 6-9 中就包含分别表示这些对象之间的三个链接，也表示了这些类之间应该存在的链接关系。

6.3.3　消息（Message）

通信图中消息的含义、分类、表示方法和语法格式与顺序图中的消息基本相同。不同的是，通信图中的消息必须使用标号来表示消息的传递顺序和嵌套关系。

图 6-9 中包含了多个消息，这些消息的传递顺序和嵌套关系则由这些消息的类型和顺序加以描述。整张通信图表示了 Customer、CardProcessor、Cashier 和 CashRegister 四个对象为完成某个系统任务所进行的协作。它所能带来的模型增量包括对象（类）、链接（类关联）、消息（方法）甚至包括某些属性。

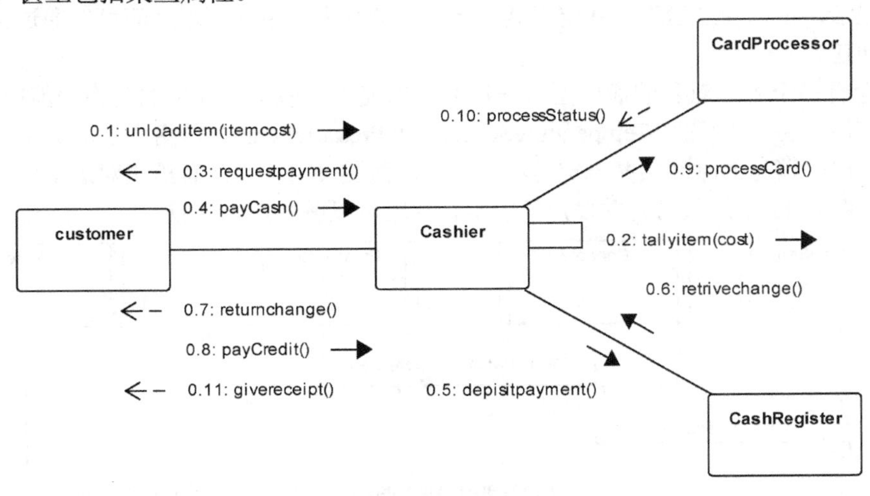

图 6-9　通信图实例

6.3.4　通信图中的主动对象（Active Object）

根据行为的自主性可将对象划分成主动对象和被动对象。在一般情况下，一个软件至少需要含有一个主动对象。只有一个主动对象时，主动对象的概念并不被特别关注。但当系统含有多个主动对象时，情况则完全不同了。主动对象之间的协作就具有了并发性这一重要的特点。

通信图中可以包含多个主动对象，主动对象（或主动类）可以用 Active 属性表示，用带有粗框的对象表示。在一般情况下，可以将能够接受并处理异步消息的对象建模为主动对象，原因是可能启动了一个新线程并在这个线程中来处理这个消息，也可能仅仅把这个消息传递给另一个主动对象，这时这个对象本身也不一定是主动对象。例如，图 6-10 给出了一个主动对象建模的例子。

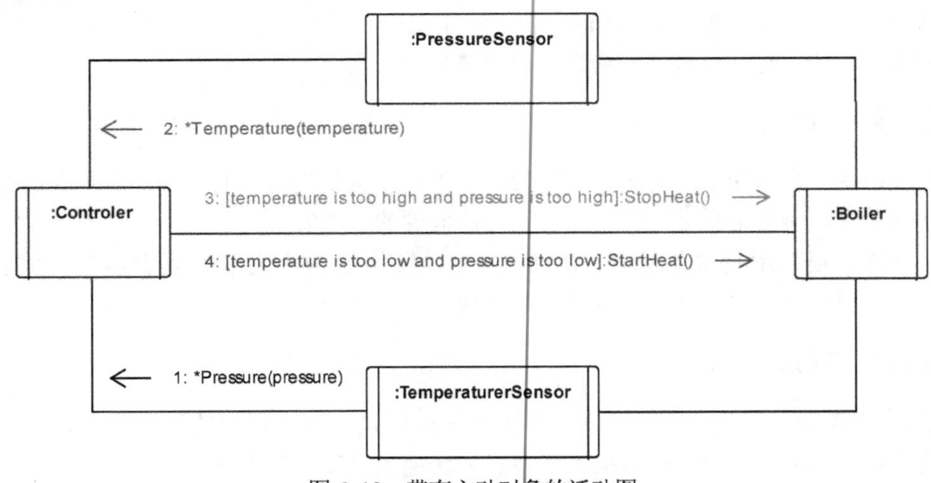

图 6-10　带有主动对象的活动图

图中的控制器（Controller）、锅炉（Boiler）、温度传感器（TemperatureSensor）和压力传感器（PressureSenser）四个对象均主动对象。图中的消息应使用异步消息来进行描述。

UML 使用活动类建模主动对象，活动类实例化后自己控制自己的行为，它不能被其他对象调用或激活，可以独立运作，并定义其自己线程的行为。主动对象之间可以通过异步事件的方式进行通信。

这张含有多个主动对象的通信图（6-10）可以使用建模工具提供的转换功能得到图 6-11 所示的顺序图。由于图中的 TemperatureSensor 和 PressureSensor 是两个独立的主动对象，所以，它们发出的消息的时间顺序一定是不确定的。而图 6-11 并没有给出对这个问题的准确描述。通过在图 6-11 中加入带有并发片段的组合片段可以解决这个问题。

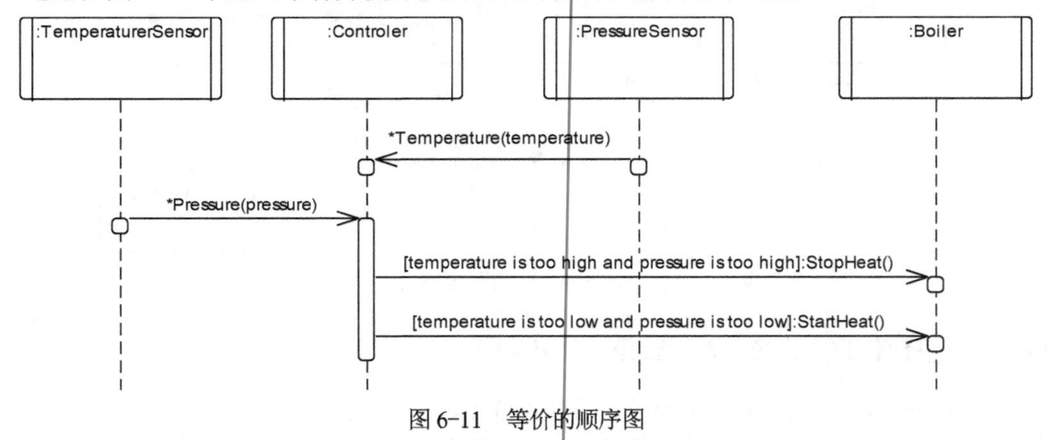

图 6-11　等价的顺序图

另外，图 6-10 中的通信图中描述了锅炉和两个传感器之间的链接，而在图 6-11 中的顺序图中，则不能直观地看到这样的链接。因此，顺序图和通信图的建模不能单纯地依靠自动转换就可以得到完全等价的结果。

例如，图 6-12 给出了一张与图 6-6 等价的活动图，仔细观察一下可以发现，图中不再包含表示重复输入的 fragement 模型元素。

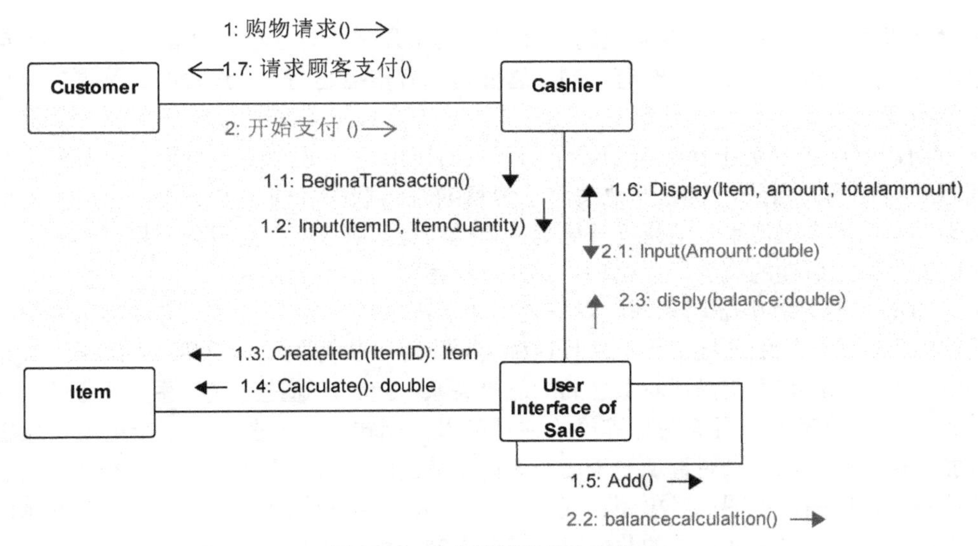

图 6-12　收银用例的基本事件流

6.4　通信图建模方法

通信图的建模方法与顺序图的建模方法基本一致，内容如下。

（1）明确通信图的建模目标和范围

通信图的建模范围可以是一个用例、场景，也可以是一个方法。根据对象和建模目的不同，确定建模的方法和粒度。表示高层协作的通信图的粒度可以粗一些，层次低的过程粒度就细一些。

（2）定义通信图中的对象（或类）

找到通信图所需要的对象并明确其所属的类。

通信图中的对象也有生命期的概念和表示法，按照通信图的表示法为对象标明其生命期。在通信图中，对象的位置可以任意排列，但排列时应注意排列位置对图形布局的影响。在一般情况下，重要的对象应放置在靠近中心的位置，并且应避免各图素之间不必要的交叉和重叠，以增加图形的可读性和可理解性。

（3）定义消息

消息也是通信图中最重要的元素。建模时，要明确每条消息的标号、发送者、接收者、消息名称、消息内容、消息的类型、守卫条件和约束等多方面的建模细节。

总之，建模时可根据建模目标和建模对象，有选择地建模这些细节。有时为提高工作效率，不必描述所有具体细节。

（4）通信图的审核和修改

审核通信图中的每一个模型元素及其属性，并做出必要的修改。

6.5　通信图与顺序图的比较

首先，通信图和顺序图都属于交互模型，均用于描述对象之间的通信或协作。并且二者是两种含义极其相近的图，具有完全的语义等价关系几乎所有建模软件都支持二者的自动转换。但两者的内容和表示形式却略有不同，这使得二者在描述同一个过程时，强调的侧重点也可以有所不同。

一方面，顺序图的突出特点是强调了消息的时间顺序。顺序图中的每个对象都带有一条与时间顺序有关的生命线，这直观地突出了消息的时间顺序，同时也强化了对象生命期的概念。虽然，通信图中也使用了消息标号机制来强调消息的顺序，并且可以采用增加附加约束的方式来强调对象生命期的概念，但这种方式的直观程度还是不一样的。

另一方面，通信图则强调了图中对象之间的组织结构。通信图可以通过对象之间的链接来描述图中各对象之间的连接关系，并且这种关系也可以映射成对应的类之间的关联关系。而顺序图中，根本就没有直接描述对象之间的连接关系，此时，这些连接关系是隐含的。

另外，虽然顺序图和通信图是等价的并且可以互相转换，但在描述多个主动对象之间的协作方面，通信图可以提供更直观的表达。无论是从图的构成元素还是从图所描述的内容上来看，通信图与顺序图、类图、对象图、状态图和活动图等各种图之间也都有着十分复杂的内在联系。不同的图只不过是从不同的角度对系统做出的一种描述。

6.6 小结

本章详细地介绍了顺序图和通信图的概念、模型元素、结构和建模方法。

这两个图通常是语义等价的两种图，主要用于建模系统的动态行为。它们仍然是用途比较广泛的两种模型，既可以用于需求获取，也可以用于系统分析和设计。

这两种图的共同特点是，它们都描述了某个场景中的一组对象之间的交互。不同的是，顺序图通过图形元素的位置关系强调了这组交互的先后顺序，这在通信图中需要使用序号明确的标注。通信图则强调了对象之间的链接关系，顺序图则没有明确地描述这种链接。

对于顺序图和通信图来说，特别值得关注的是建模过程所带来的模型增量。这个增量不仅是新增加了一张顺序图或通信图，还有可能发现了新的类、方法和关联关系。

习题

一、简答题

1. 简述顺序图的概念和用途，构成元素，这些元素的作用。
2. 简述通信图的概念和用途，构成元素，这些元素的作用。
3. 简述主动对象的概念，主动对象的表示方法。
4. 简述消息的定义及其相关概念，论述消息的种类及各种消息之间的联系和区别。
5. 简述顺序图通信图之间的联系和区别。
6. 举例说明组合片段的概念和用法，说明各种类型的片段所表示的含义。
7. 通信图中包含链接这一模型元素，顺序图中与之等价的元素吗？如何从顺序图中分析这样的链接？请举例说明。
8. 请举例说明顺序图和通信图是如何表达消息的嵌套、循环和条件发送的。
9. 举例说明顺序图和通信图中是如何描述创建和销毁对象的方法的。
10. 举例说明如何使用顺序图或通信图建模，才能够有效地为建模的软件系统带来有益的建模增量，并说明常见的建模增量有哪些。

11．简述顺序图和通信图的一般建模方法。

二、分析设计题

1．建模顺序图时，顺序图中出现的生命线模型元素代表的可能是一种系统责任、一个特定的类或一个特定的对象，究竟是哪一种情形取决于建模人员的当前工作。

对于图 6-13 所示的顺序图中的购物车来说，又应该如何描述它代表的系统责任、类或对象呢？请分别描述这三种情况，并说明它们所分别适用的情形。

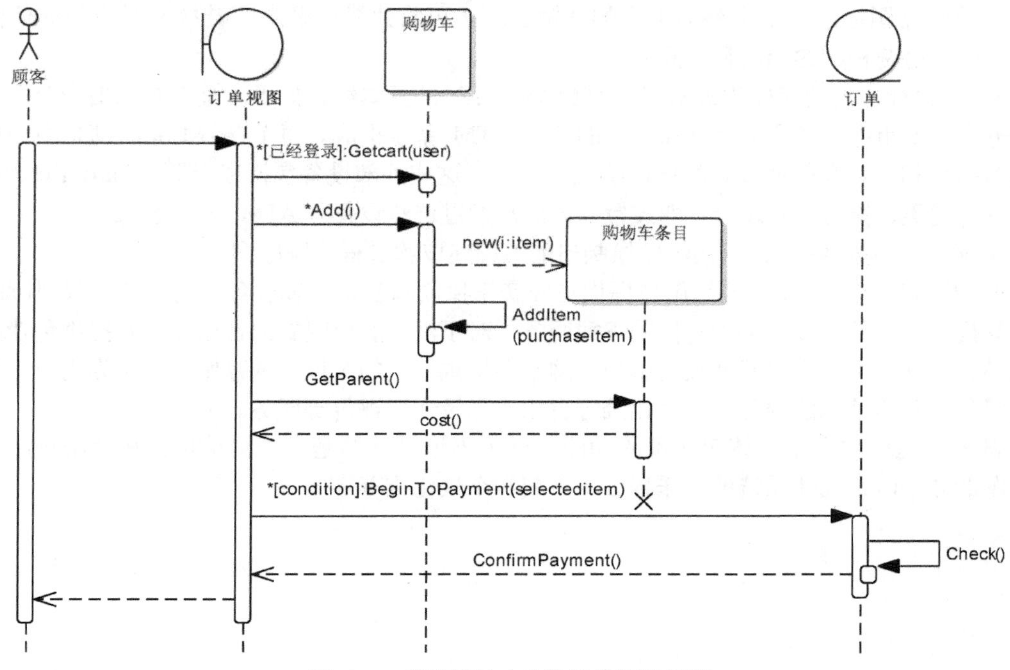

图 6-13　商务网站中购物场景的顺序图

2．某公司门禁系统的结构如图 6-14 所示，主要结构部件包括主控制机（ControlHost）、门锁控制器（Lock Controller）、指纹采集器（Fingerprint Reader）和蜂鸣器（Buzzer）四个部分。

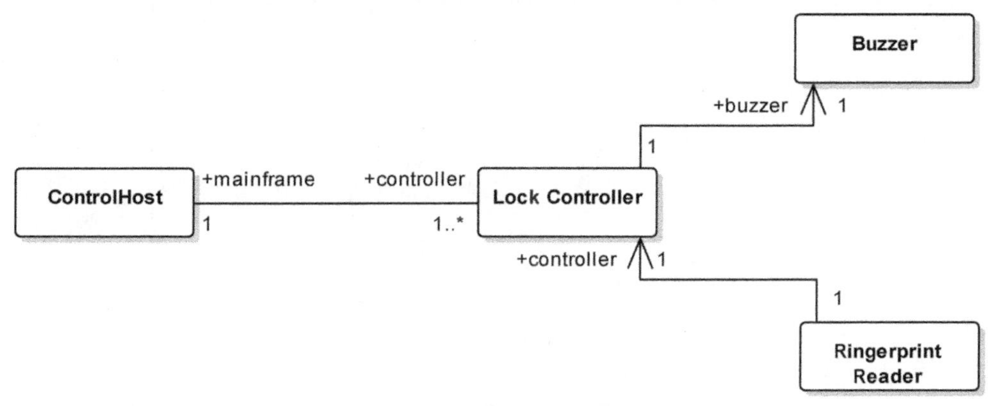

图 6-14　某公司门禁系统的结构

其中，整个系统配备一个主机系统，用于控制公司所有办公室的门锁。控制主机上部署一个数据库，用于存储每个门锁的安全级别和当前状态。公司为不同部门和不同职务的员工定义不同的开锁权限。权限与安全级别匹配的用户才能打开对应的门锁。主控制机还负责维护职工的指纹和开锁权限信息，并将这些信息保存在主机上的数据库中。

用户开锁时，先要采集指纹信息。指纹采集器将通过中断的方式将采集的信息发给门锁控制器，门锁控制器再将收到的信息和门锁标识发送到主机，主机判断用户开锁权限后，并将判断结果发给门锁控制器。如果权限匹配成功，则打开门锁。否则，门锁控制器将自动锁门并启动蜂鸣器发出报警信号。

试用顺序图描述一个完整的用户的开锁过程，再将建模的顺序图转换成对应的通信图，并比较一下这两种图的相同和不同之处。

3. 某银行的自动存提款机系统（ATM System）的基本结构如下。整个系统由一个主机系统和分布在城市中的各个储蓄网点附近的多个 ATM 系统组成。每个 ATM 系统都是由一台定制的微型机和一系列外壁设备相连接组成的系统。这些外部设备包括读卡器（Card Reader）、显示屏、键盘、摄像头和现金存取装置等；用户通过这些设备与 ATM 系统交互。

请根据您使用 ATM 系统的经验绘制出能够描述取款过程的顺序图。

4. 某音乐网站系统主要为用户提供在线音乐播放和音乐下载服务，对于有版权限制的音乐作品提供免费的播放服务和有偿的下载服务。对于没有版权限制的音乐作品则提供免费的播放服务和下载服务。为更好地吸引用户，网站还提供免费的个性化推荐服务，也为用户提供用户交流各种音乐信息的服务，如互相推荐音乐作品及音乐评价等服务。

试分析这样的网站系统应具备的功能，分析出该网站的基本逻辑结构。在使用顺序图和通信图的方法时，描述系统的音乐播放、下载和个性化推荐等服务。

第 7 章　状态图与活动图建模

学习目标

- 理解和掌握状态图与活动图的概念、构成元素和表示法。
- 理解状态图与活动图二者之间的联系和区别。
- 掌握状态图与活动图的建模方法。
- 了解复合结构图、交互概览图和时序图等 UML 扩展模型的建模方法。

对象的状态包含了它的所有特性，这里的所谓特性是指这个对象的所有属性和它与其他对象之间的关系。对于任何对象来说，对象的状态取决于代表了它的各种行为的不断积累所产生的结果。在任何给定的时间点，对象的当前状态就包括它所具有的所有特性、所处的具体情形、满足的条件及其属性的当前值。

例如，图 7-1 给出了一张电话机的状态图。电话机初次装好时，它将处于空闲状态，此时电话已准备好呼出或接收呼入。当有人拿起话筒时，电话会转为拨号状态。如果电话铃响了，此时拿起话筒，电话则会转入通话状态，可以与打进电话的人进行通话。

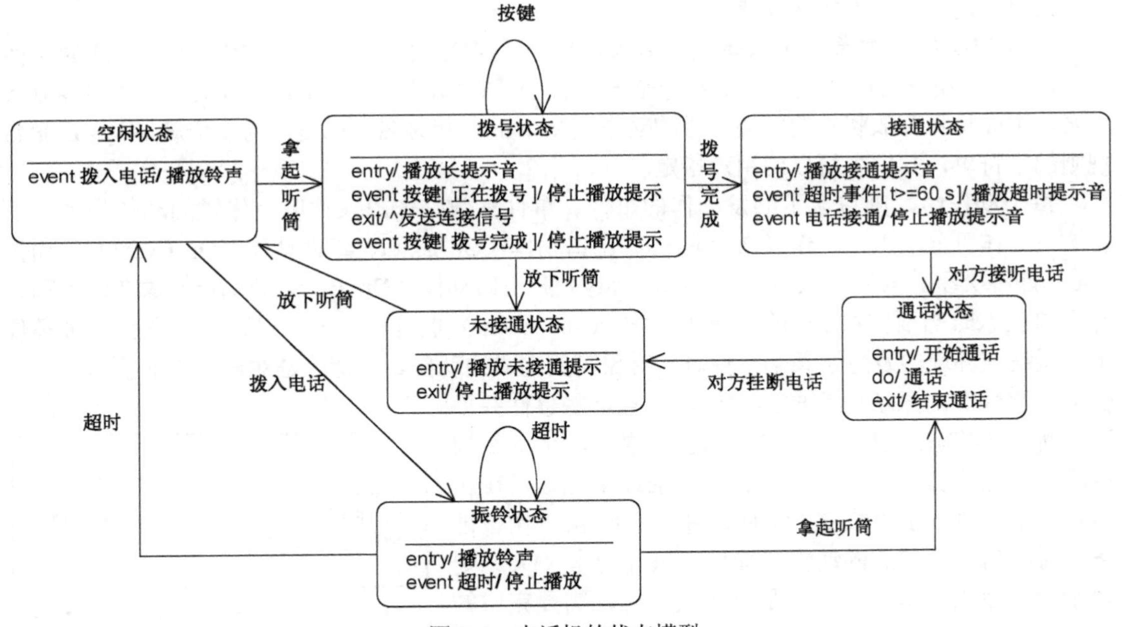

图 7-1　电话机的状态模型

可以将单个对象状态的概念进行泛化，应用于这个对象的类，因为同一个类的所有实例都处于相同的状态空间，它包含了不确定的、有限可能性的一组状态。

当一个对象处于某种特定的状态时，这意味着这个对象可能在执行某一项特定的活动，也可能在等待着某一个特定的事件的发生，或者一直在检查某一个特定的条件，甚至在做前面这些事情中的一两件或全部。一旦对象完成了它所做的某件事情，或发生了某个事件，或对象满足了某种指定的条件，则这个对象将可能会从当前状态迁移到它的另一个特定的状态。当然，不同的状态会包含不同的活动、等待不同的事件或检查不同的条件。

7.1　状态图的构成元素

在统一建模语言中，状态图主要由状态和迁移两大类模型元素组成。对于图中的每个状态，还定义了状态图主体对象在该状态下需要完成的各个动作及其触发原因或机制。对于每个迁移，状态图还定义了迁移的触发事件、迁移条件以及迁移时所要完成的动作。

状态图还对状态进行了多种分类，同时也为这些分类提供了必要的支持。如把状态按照时间顺序分为初态、终态和中间态。按照状态的层次结构划分为简单状态、复合状态和子状态。对于子状态，还可以根据它们是否参与了并发活动而划分为串行子状态和并发子状态。另外，为简单地表达某种复杂语义，状态图中还定义了历史子状态等这样的特殊模型元素。为了表示不同状态与其行为之间的关系，UML 还为每个状态和迁移定义了若干种相关的动作。

本节将详细介绍状态图的构成元素及基本建模方法。

7.1.1　状态

简单地说，状态可以定义为对象所处的当前状况或满足的某个条件，当然状态也可以被定义为对象的某些属性的属性值。

在 UML 中，对象的状态通常包括状态名、需要完成的动作、等待的事件和完成的条件等。UML 使用一个圆角矩形图形符号来表示状态，矩形内部被分成上下两栏，上栏中存放状态名，下面栏目存放状态的所要完成的动作（Action）。状态名可以是任何一个满足 UML 命名规则的字符串，其内容可以由用户指定。

每个动作中，则包含了触发动作的事件、事件参数、守卫条件以及伴发的动作序列。所有这些动作可分成入口动作（On Entry）、出口动作（On Exit）、事件动作（On Event）和动作（Do）四种类型。其中，入口动作（On Entry）和出口动作（On Exit）分别指对象在进入和离开当前状态时需要完成的动作。事件动作（On Event）也可称为内部迁移，是在指某种条件下，系统或环境中发生了某个事件时，对象需要完成的动作。其特点是对象在当前状态下，发生某种事件时对象所应完成的动作，并且这些事件并不改变对象的状态。图 7-2 中的“按键”事件，“event 按键[第一次按键]/停止播放提示音”就描述了电话机在拨号状态下，发生了“按键”事件，并且满足[第一次按键]条件时，对象应完成的动作。最后，执行动作（Do）则表示对象在当前状态下，满足某种条件时，需要完成的动作。

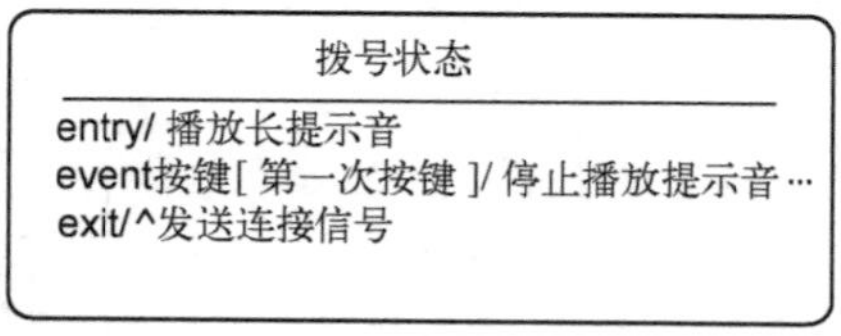

拨号状态
entry/ 播放长提示音
event按键[第一次按键]/ 停止播放提示音 …
exit/^发送连接信号

图 7-2　UML 中状态的图形符号表示

例如，Windows 系统中的“进入屏幕保护”就是一种在系统进入空闲状态一定时间（如 30 秒）以后要完成的动作。

状态还可以进一步细分为多种不同类型的状态，如初态、终态、中间状态、组合状态和历史状态等。

1．初态、终态和中间状态

初态用于表示状态图的起始位置，是对象的一个伪状态，仅表示一个和中间状态有连接的假状态。建模时，初态可以有一个向外的迁出，但不能有指向初态的迁入，可以为初态命名，但不能也不需要为初态添加任何动作。

终态则用于表示状态图的终点，和初态一样，终态也是一个伪状态，对象可以保持在终点位置，但终态不能有任何形式的迁出。

中间状态是指状态图中除了初态和终态之外的状态，这也是状态图中的需要建模的状态。

图 7-3 分别给出 UML 中这三种状态的图形符号表示，UML 规定每张状态图中只有一个初态，但可以有多个中间状态和多个终态。

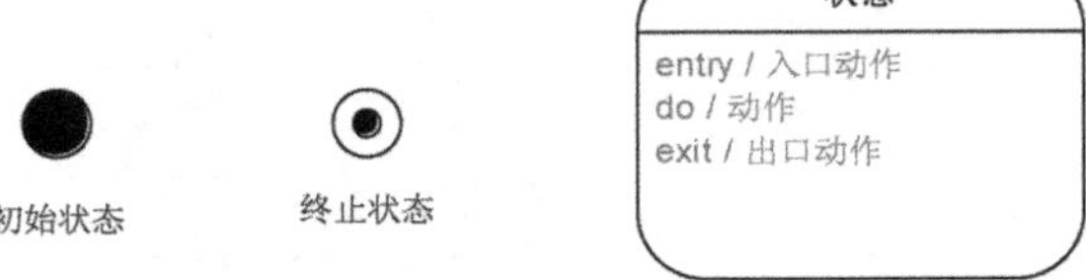

图 7-3　初态、终态和中间状态的 UML 符号表示

2．简单状态、组合状态和子状态

如果某一个状态还可以进一步细分为若干个子状态，则称这个状态为组合状态或复合状态，并称这些细分得到的状态为组合状态的子状态。由此，可进一步将没有子状态的状态称为简单状态。

图 7-4 给出了一个以嵌入方式表示的状态图。整个状态图包含了初态、初始状态、操作状态和终态四个状态，其中的“操作状态”是一个复合状态，它又包含了计时、报警和暂停三个子状态。

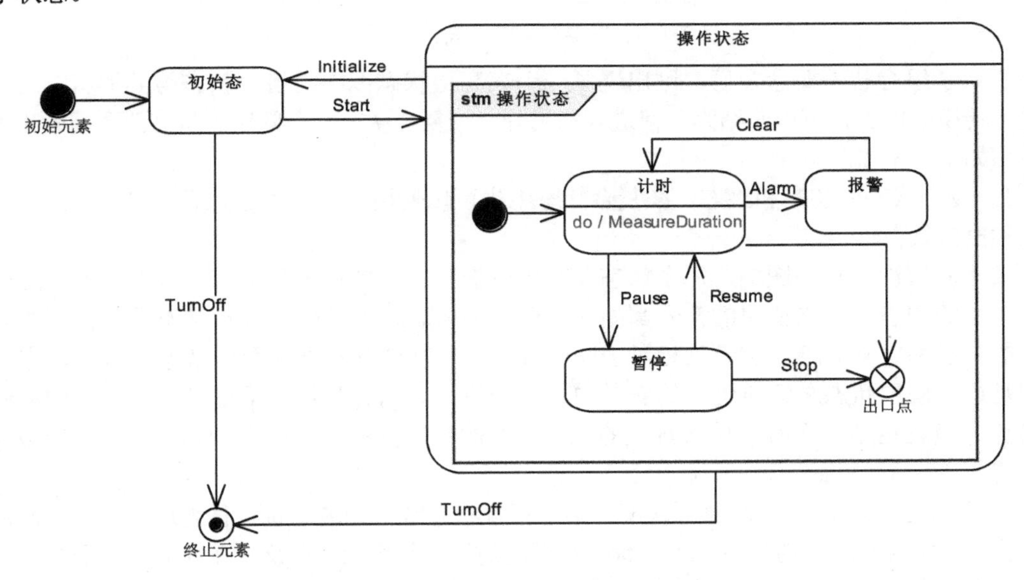

图 7-4　嵌入方式表示的状态图

对于任何一个对象来说，其状态图模型很有可能是一个具有某种层次结构的状态模型。对于含有复合状态的状态图来说，一般可以采用按不同的层次分别建模或将子状态嵌入到组合状态这两种基本方式进行建模。

图 7-5 和图 7-6 给出了以分层建模的方式绘制的状态图。其中，图 7-5 给出了计时器的总体（高层）状态图，而图 7-6 则给出了计时器对象在“操作状态”下的各个子状态及其变迁

的状态图。图 7-5 和图 7-6 一同表达了与图 7-4 相同的语义。

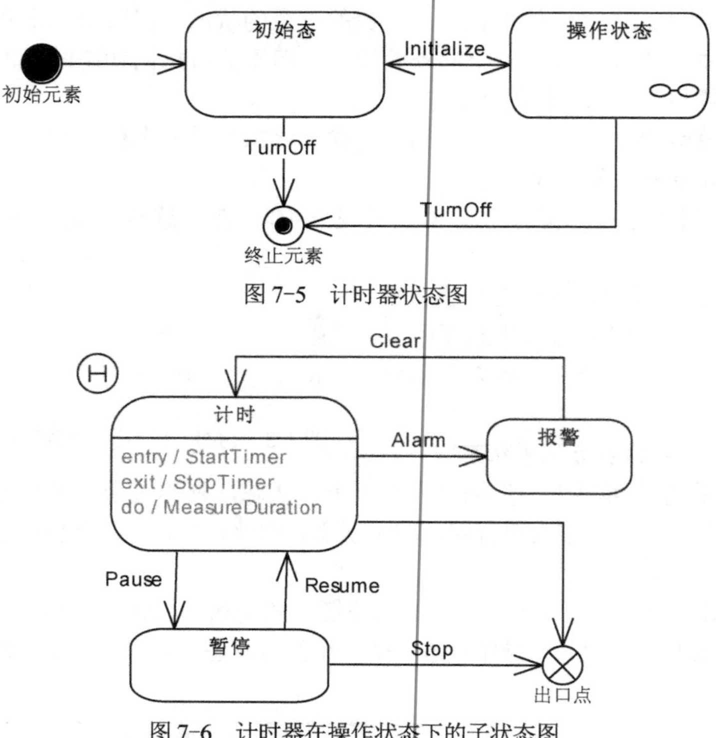

图 7-5　计时器状态图

图 7-6　计时器在操作状态下的子状态图

引入了组合状态概念之后，则出现了一个在高层状态图中，组合状态与其他状态之间如何进行转换的问题，可以归结为如何进入和离开一个复合状态两个问题。从这两个问题出发，可引出如下两个概念。

1）复合状态的初态和终态，在复合状态中也可以使用初态和终态来表示复合状态的入口状态和出口状态。

在不同层次的状态图中，每个状态图都可以拥有自己的初态和终态。虽然，不同层次的状态图中的初态和终态使用的符号都相同，但它们所表达的具体含义却是不同的。每张状态图中的初态和终态，表示的都是相对于图中各不同层次的状态意义上的初态和终态，它们描述的是这些同层状态之间所进行的变迁的起点和终点。初态和终态不仅是一个状态图的起点和终点，而且也是一个具有层次意义的概念，在同一层次的状态图中，起点和终点都应该是唯一的。

2）历史子状态，一个对象上次离开某个复合状态时所处的子状态称为这个复合状态的历史子状态。复合状态中的任何一个子状态都可能是这个复合状态的历史子状态。当子状态也是一个复合状态时，这将引出**深历史子状态**和**浅历史子状态**这两个不同的概念。

如果期望一个对象在进入某个复合状态时直接进入它的历史子状态，则可以在状态图中使用历史子状态来表达这样的语义要求。或者说建模时，可以根据这样的语义要求为复合状态标注历史子状态。图 7-5 中的“操作状态”中的带有小圆圈的 H 就是一个历史子状态。

当计时器对象进入“操作状态”时，计时器对象将不再是简单地进入到“计时”子状态，而是检查上一次离开“操作状态”时所处的子状态，如果是第一次进入“操作状态”，则进入“操作状态”的初始态，否则就要进入到它的历史子状态中。如图 7-7 所示。

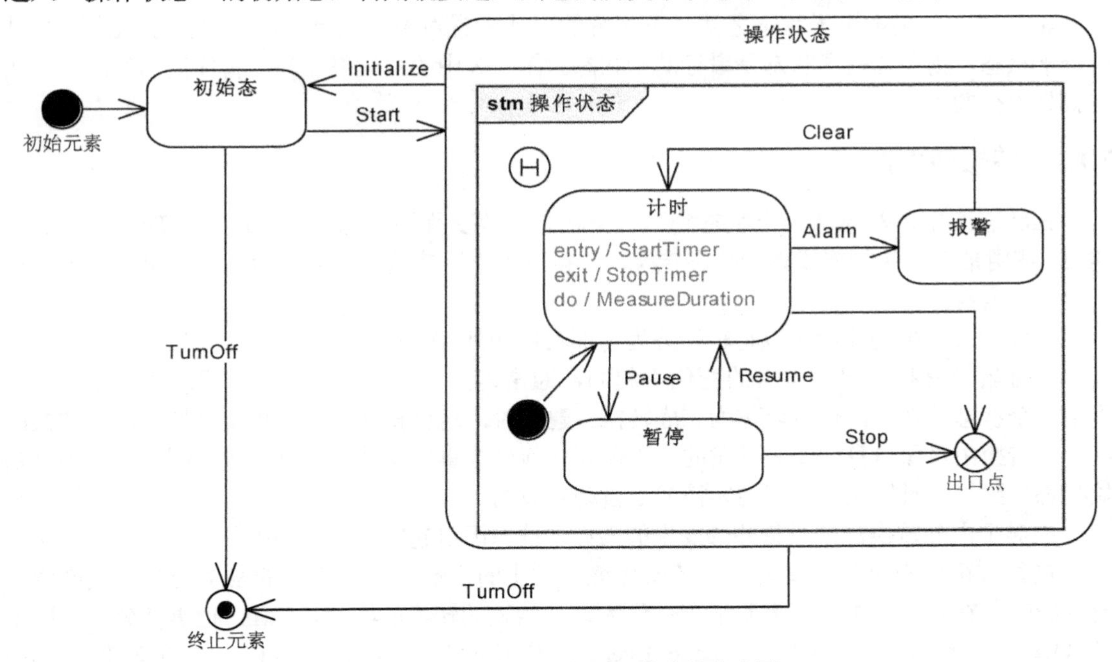

图 7-7　引入了历史和初始子状态的状态图

另外，对于一个参与了并发活动的对象来说，对象在这些并发活动的过程中所呈现出来的状态也是一种复合状态，它们之间就有相容的子状态和不相容的子状态之分了。例如，图 7-8 描述了一个学生对象在“读书”状态下所进行的各项活动和子状态图。图中描述的学生进行了读书、吃零食和听音乐三项活动所处的状态，这三项活动是并发的且不需同步。

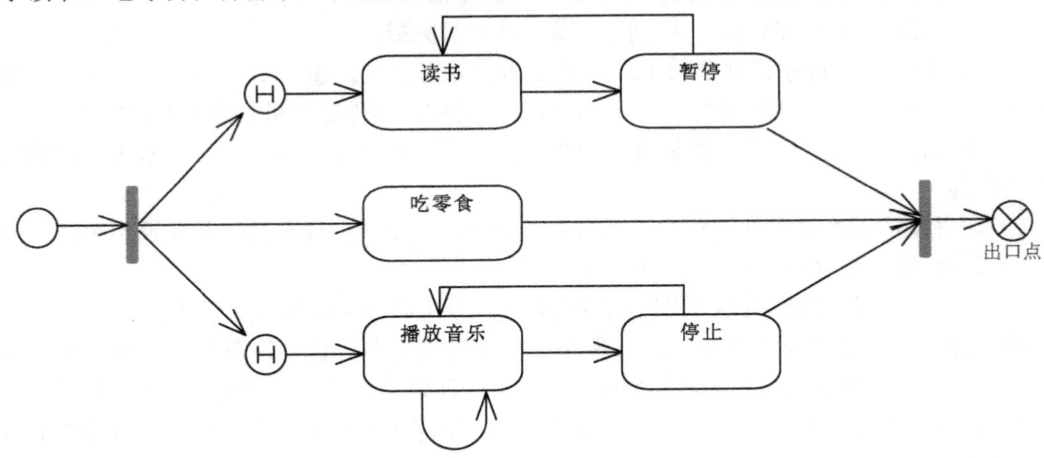

图 7-8　串行子状态和并行子状态

进行读书活动时，学生对象处于读书和暂停读书两种不同的子状态；而吃零食时，学生对象可处于吃零食和暂停吃零食两种子状态；听音乐时，则又可以处于音乐播放和音乐停止两种状态。这三组不同的子状态之间互不干扰，构成了所谓的并行子状态。

此时，如果多个子状态之间是相容的，或者说对象可以同时处于多个不同的子状态，则此时称这样的子状态是**并行的子状态**。

相反地，如果多个子状态之间是不相容的，或者说对象只能是一组不同的子状态中的某一个子状态，则称这些子状态是**串行的子状态**。图 7-8 中的“读书”和“暂停读书”两个子状态就是串行的子状态。

7.1.2 转换与事件

在状态图中，对象从一个状态到另一个状态的改变称为状态转换或迁移（Transaction）。UML 使用带有箭头的连线表示状态转换，转换可用于连接两个不同的状态，也可以用于指向一个状态自身。

按照状态转换的原因可以将转换分为内部转换和外部转换。

内部转换是指由对象本身的变化引起的，通常是指当对象完成了某个状态的工作后转入到下一个状态的转换，也可以称为完成转换。建模时，这种转换可以不指定事件。内部转换的特点是转换由对象自身的演进触发的，不需要任何外部事件驱动就可以完成。图 7-4 中的“初始状态”到“计时”状态之间的转换就是自动完成的。

相对于内部转换，把对象外部发生的某件事情原因引起的转换称为外部转换。

这里，可以把事件定义为：系统或环境中发生的事情，这个事情的发生会对系统产生一定的影响。在状态图中，还需要把事件作为事件触发的转换的标注。UML 把事件分为调用事件（Call Event）、更改事件（Change Event）、信号事件（Signal Event）和时间事件（Time Event）四种类型。这四种事件的定义如下。

1）调用事件（Call Event）：指某个操作被调用或者接收到某个消息的事件。例如，某个对象的操作被调用了。

2）更改事件（Change Event）：指某个属性值被修改的事件。

3）信号事件（Signal Event）：指接收到一个异步信号实例的事件。

4）时间事件（Time Event）：指到达了某个特定时刻或时间变化所引起的事件。

目前，大多数的程序设计语言中均提供了事件处理机制，事件机制为系统与环境之间的交互提供了一种重要的交互手段。例如，在 Java 语言中，事件处理机制的主要内容如下。

1）事件：一种用于封装事件属性（事件相关信息）的对象，内容还应包括为事件响应者提供的服务。

2）事件源：即产生事件的对象。当事件发生时，它负责创建事件信号并调用事件激活程序，向事件订阅者们发出事件信号（事件对象）。

3）事件响应者：需要对事件做出相应的对象。一个事件可以有多个事件响应者。

响应者们需要做如下两件事情：一件是在事件发生之前将自己注册给事件源对象，以保证事件发生时，它能够接收到必要的事件信号；另一件则是对事件的响应（对事件的内容进行的处理），这通常可以用实现某种接口的方式实现，不同的事件响应者对同一个事件的响应通常是不相同的。

4）事件处理接口：指用于处理一个事件所需要的方法，其内容通常被定义成一个接口，其具体实现则被推迟到事件响应者中完成。

其他的程序设计语言机制与之类似，由此可以看出状态图建模的作用不仅仅是动态建模，建模的结果还在于能够发现或设计出更多和更详细的系统成分，当然，这些细节成分并没有脱离像类、属性、方法等这些最基本的成分。

7.2 状态图建模方法和原则

状态图主要用于表示一个对象在其生存周期内的状态及其变迁情况。所以，状态图建模有助于开发人员弄清对象的状态及其变化规律。

7.2.1 状态图的建模方法

在 UML 中，交互模型用于描述系统中的若干对象共同协作完成某一项工作，而状态图则是为某个对象在其生命期间的各种状态建立模型。状态图适合描述一个对象穿越若干用例的行为，不适合描述多个对象的相互协作。建立状态图模型的过程可划分为如下几个步骤。

1．确定状态建模对象

状态图描述的主体可以是代表整个系统的对象，也可以是和某个用例相关的对象，还可以是一个实体对象。用状态图描述这些对象的状态转换，有利于分析和设计出这些对象应有的属性和方法。

面向对象系统中，会有很多种不同类型的对象，而且也不是每种对象都需要状态建模，因此要首先明确对哪些对象需要进行状态建模。

对于实体类来说，当一个实体对象具有多种不同的状态，并且系统目标还要求对这些状态做出严格的区分时，就需要进行状态图建模。以保证不同的参与者对这些对象的状态有一个一致的理解，同时保证能够对这些对象的状态进行有效的控制和管理。例如，图书馆系统中的图书对象，就可能需要使用一个状态图来加以描述。

对于表示业务逻辑的控制类来说，如果一个控制类中封装了比较复杂业务逻辑，并且处理这些业务逻辑时又有比较复杂的处理时，那就需要对这种对象进行状态图建模了。这可以保障业务逻辑更符合用户需求。

而对于边界类来说，边界类通常承担了与参与者进行交互的重要职责，其中人机界面部分设计的作用将尤为重要，其设计质量直接影响系统的可用性和使用效率。因此，对复杂边界类的状态图建模将具有更重要的作用。

2．定义状态图的范围

状态图的范围可以是对象的整个生命周期，也可以是其生命周期中的某个片段，这通常与对象参与某项活动的过程相关。确定状态图范围的方法是为状态图定义适当的初态和终态。

一个对象通常可以承担多种系统职责，也可以参与多种不同的活动，状态图的范围应该是对象参与某项活动时所呈现出来的各种状态。因此，所谓明确状态图的初态和终态也就是定义状态图的范围。

状态图中，初态用于表示对象在开始参与一项活动所呈现出来的状态。终态则是对象参与的这项活动结束时所呈现出来的状态。因此，一个状态图中只有一个初态，一项活动的执行可能会有多种不同的结果，活动结束时，对象可能会因活动结果的不同而呈现出不同的状态。所以，一个状态图可能会有多个不同的终态。

3．定义对象的状态

分析对象是在活动期内所处的各个稳定状态以及对象在这些稳定状态下所进行的各项动作，定义状态图的各个状态，必要时，还可以为状态做进一步的划分，定义状态的子状态。

定义状态时，应注意状态定义的完整性。所谓完整性是指对象参与某项活动时，状态的定义必须是一个划分，即定义的状态集合必须是对象状态的一个覆盖，并且其中任何两个状态之间也必须是不相容的。

当对象参与并发活动时，不同的控制流可能会导致不同的状态划分，但同一控制流中的各个状态也必须划分。同时还要严格地定义清楚不同的控制流之间对状态的控制和管理。

例如，在图书管理系统中，对读者对象的状态就可能被简单地定义成注册和注销两种状态，如图 7-9 所示。这两个状态显然是对读者状态的一个划分，它们既不相容，也是对读者状态的一个覆盖。

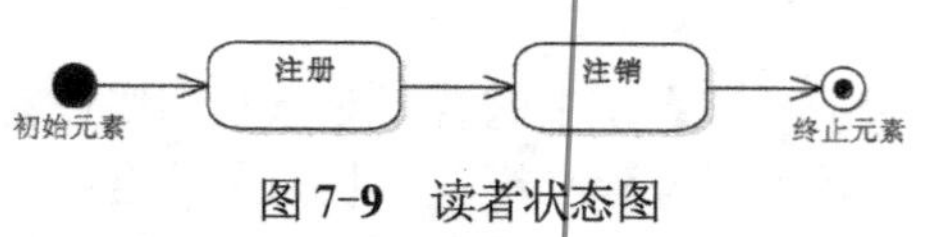

图 7-9　读者状态图

图 7-10 所示的状态图，其状态定义显然就复杂得多，其状态的定义仍然需要满足上述的完整性要求。

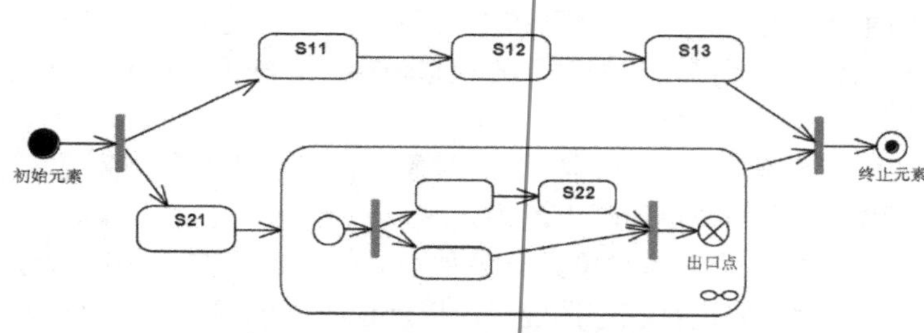

图 7-10　带有并发控制流的状态图

图中的状态定义虽然有一点复杂，但这些状态之间的完整性要求还是比较清晰的。图中的状态集合{S11,S12,S13}和{S21,S22}都应该是对象状态的一个划分。而 S22 内部也是一个类似的划分。

4. 定义状态之间的变迁

当对象完成了它在某个状态下的全部动作或发生了某个特定的事件时，对象的状态就要发生必要的变迁，从而使对象的状态发生必要的改变。

对象之间的变迁可分为自动变迁和事件触发变迁两种，前者可从对象本身在当前状态中动作的完成情况及所满足的条件进行识别。对于事件触发的变迁则要识别触发变迁的事件及其条件来定义状态的变迁。对于事件变迁，还要定义它们的各项细节，包括事件的名称、来源、参数、守卫条件和相应的动作等。

5. 为状态和迁移设计必要的动作

在状态图中，动作可以附加在迁移或状态这两种模型元素上。为状态和迁移这两种元素建模时，需要为它们添加必要的动作。这带来的问题是如何区别与状态相关联的动作和与迁移相关联的动作这两类动作。

与状态相关联的动作是指对象进入这个状态后要做的动作，这些动作的特点是：无论从哪个状态、由哪个事件触发或经过哪个迁移进入的这个状态，都要做的那些动作。

而与迁移相关联的动作则是指进行某个特定的迁移时要做的动作。从时间上说，这些动作应该是在对象处于正在转换这个时间片段内完成的动作。从空间上说，这些动作往往是与具体的迁移有关的，指向同一个状态的迁移可以有多个，但这些迁移所需要完成的动作却可以是不同的。

6. 状态图的调整

当一个状态图比较复杂时，可以对状态图进行必要的调整，以便使状态图得到一定的简化。调整时可以利用复合状态、子状态、分支、并入、并出和历史状态等建模技术对状态图进行必要的简化。

如使用复合状态和子状态技术，可以把一个比较复杂的状态图分解成若干个简单的状态图。使用分支、并出和并入等模型元素，可以表示状态之间的串行子状态和并发子状态的控制关系。而使用历史状态则可以用十分简单的方法来表示更为复杂的状态转换规则。

7．状态图的审核

状态图审核的目的是要确保状态图的有效性和可行性，这可以包括如下审核。

首先，要分析状态图的有效性。所谓状态图的有效性是指图中的每一个状态都能够在某些事件触发时能够达到。即状态图中不能够存在无法到达的**状态**。

其次，分析状态图的可行性，以确定状态图中没有**死状态**（Dead State）。死状态是指任何事件的发生都不能触发其实现向外迁移的状态。

总之，要保证状态图中的所有事件都要有被触发的机会，同时，所有的迁移条件都能够得到满足，以保证所有状态迁移都能够得到有效的实现。.

7.2.2 状态图的建模原则

任何一个状态图只能表示系统的某一个侧面，没有哪一个单独的状态图可以描述出系统的全貌。在软件开发的不同阶段，使用状态图建模的目的和方法也都有较大的不同。系统分析阶段，所进行的状态图建模的主要目的是获取需求，所讨论的状态以及变迁均局限于问题域。而在设计阶段，状态图建模要讨论的问题不仅来自于问题域，还与设计域和实现域密切相关，因此这个阶段需要对在分析阶段建立的状态图模型做进一步的细化和确认。

虽然状态图是用于描述对象的动态行为建模的，但并不需要为每种对象都要进行状态建模。事实上，当一个对象的状态及变迁足够复杂时，才有必要为这种对象进行状态建模。

如前面给出的读者状态图（图 7-9）就是这样的简单状态图。其中的读者状态属于比较简单的情况，当项目的所有参与者都可以无歧义地理解和掌握这种对象的状态及其变迁时，就没有必要继续为这样的对象画一张状态图了。

同样在图书管理系统中，图书对象的状态会比较复杂，其细节往往取决于图书馆的图书借阅制度或管理方法（业务逻辑），而且不同的图书馆的管理制度往往又是不同的。所以，为图书对象建模一个状态图就很有必要了。图 7-11 给出了一张表示图书状态的状态图，这两张状态图中所包含的状态及变迁均来自于应用域。

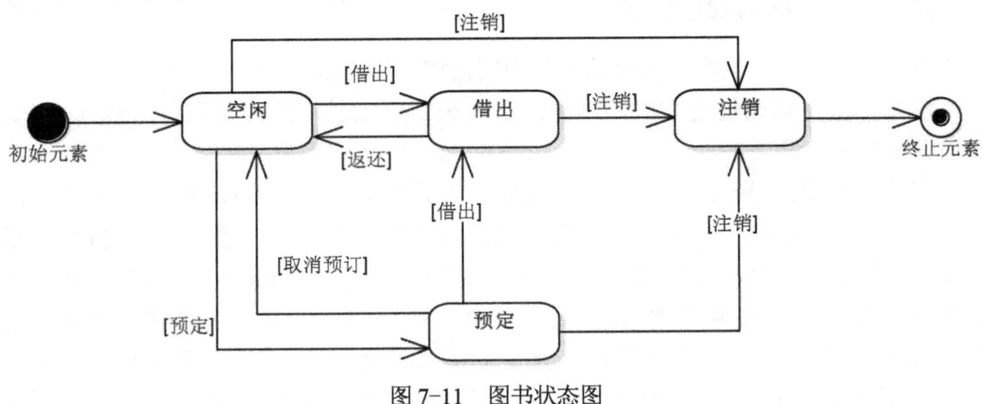

图 7-11　图书状态图

状态图建模时，除了满足前面讨论过的建模要求，还应该满足以下要求。

1）任何一个状态图，都应该能够准确地描述相应对象的动态行为，从而可以从某一个侧面描述系统的整体行为。

2）状态图中应该只描述状态图的范围相关的重要信息，而不要包含超出该范围的任何信息。

3）必要时，可为状态图添加必要的附加信息，这将有助于开发人员理解状态图的含义。

状态图建模时应注意如下一些事项。

1）元素命名：状态图建模时，大多数模型元素（如状态、迁移、迁移条件）都需要取一个能够准确表达其目的的名称或文字描述，合适的命名将会给理解和应用模型带来极大的便利，反之，将为后续工作带来各种困惑、麻烦甚至是障碍，会严重影响工作效率。

2）建模顺序：建模时最好先为对象的稳定状态建模，然后再为状态迁移进行建模。这样，有助于建模人员保持一个良好的状态和逻辑清晰的思路。

3）分支、并发和同步等模型元素的建模应在状态和迁移建模完成之后进行，也可将分支、并发和同步等元素作为子状态图在低层的状态图中给出。对于对象流可在状态和迁移模型建立完成之后补充到模型中去。

4）调整好模型元素的位置，尽量避免线段之间的交叉。

7.3 状态图与人机界面

任何系统都必须与其环境进行必要的交互，绝对封闭的系统既不存在也是毫无意义的。大多数系统通常会与环境（用户、其他系统或设备）进行大量的交互，并通过这些交互完成它所承担的任务。

在面向对象分析与设计方法中，虽然没有定义专门的用于表示人机界面的软件模型，但在面向对象方法中，人机界面仍然被视为一种对象，所以人机界面设计的基本思维和基本方法与其他对象是一样的。

7.3.1 人机交互界面的表示模型

面向对象方法中，人机界面的模型可分为逻辑模型和表示模型两种。

逻辑模型部分可以通过建立类图模型的方式来加以描述，其内容则可以通过建模动态行为的方式进行分析和设计。

人机交互界面设计通常可以从用例模型出发，根据用例图中用户与用例之间的关联关系设计系统的人机界面，也可以根据用例描述中定义的动作系列建模人机界面的静态结构和动态行为。其动态行为部分可以通过建立用例（或场景）的动态模型（如活动图、状态图、顺序图和交互图等），分析或设计系统（含用户界面）所应具有的状态和行为，从而设计出每个人机交互界面的内部结构，得到系统的人机交互模型。状态图的建模将为人机界面的设计发挥着极为重要的作用。必要时，还可以根据这些行为模型建立系统的表示模型。

人机交互界面的表示模型可以使工具软件或草图的方式加以描述。很多 UML 建模工具（如 Sparx Systems 公司的 Enterprise Architect 和微软公司的 Visio 等）都扩展了人机界面建模功能。图 7-12 给出了一个人机界面表示模型的示意图。

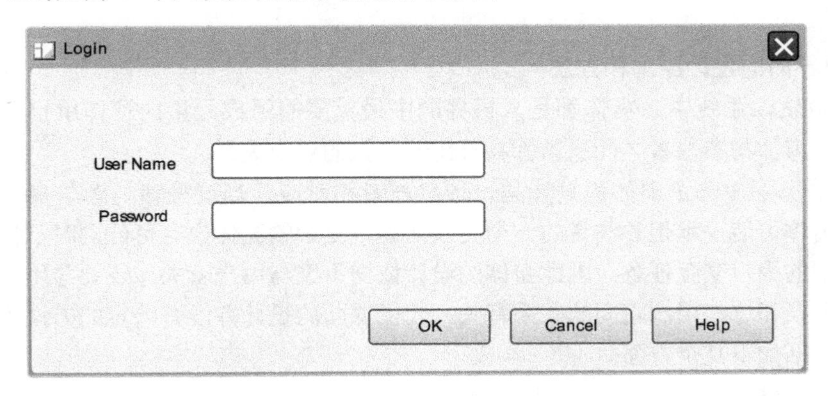

图 7-12　人机界面表示模型实例

7.3.2　人机交互界面的基本结构

目前，在基于图形的计算机系统中，人机界面通常是由窗口、视图、菜单、命令按钮、文本框、图形框等多种界面元素构成的，每个界面元素可以承担不同的系统责任，主要起到与用户交换信息的重要作用。在软件开发工具中，这些界面元素被表示成各种不同形式的可复用构件。应用程序中，可以直接或间接地使用这些构件（用户也可以设计和实现自己的界面元素）来构建目标系统的用户界面。

1．常见的界面元素

人机交互界面设计的工作内容通常包括选择合适的输入输出设备、窗体设计、菜单设计、命令按钮设计以及输入输出控件设计。

常见的输入输出设备包括键盘、鼠标和显示器等标准设备，还包括磁卡阅读器、条码扫描器、光电字符扫描设备、打印机、绘图仪等非标准设备。对于标准设备，软件开发环境中，通常提供一套标准的类或接口供开发人员使用。因此，设计时一般不考虑标准设备，而主要考虑非标准设备的使用。使用非标准设备时，设备厂商会提供相应的设备使用接口，必要时也可能需要自行定义一些设备接口类，并把相应设备的接口程序封装在对应的类中。系统可以通过这些设备接口类来控制和访问相应的设备。当设备需要以主动的方式工作时，设备接口类实例就需要是系统中的主动对象。这时就需要把这个设备接口类定义成主动类，并考虑在类中引入合适的同步机制控制和协调设备与系统之间的协作。

选择完输入输出设备之后，下一步要做的就是设计系统的输入输出界面。

在基于图形的人机交互界面中，界面的基本结构取决于系统的运行环境，基本的人机交互界面元素通常包括窗口、视图、对话框、菜单、图标、卷滚条和命令按钮等。

窗口是人机界面的重要组成元素，系统的人机界面通常是以窗口为单位构建起来的，一个窗口通常对应一种系统用户。窗口通常被定义为屏幕上的一个矩形区域，其内部通常是由一组相关的界面元素聚合而成的对象集合。所有这些界面元素通常具有可视的部分，并以此向用户表现系统的状态和行为。

在面向对象开发环境中，几乎所有的界面元素均被封装成为某种类或对象，它们都具有面向对象意义方面的所有特征。所以，所有面向对象的设计原则和方法都可以适用于界面元素的设计。

2. 人机界面的设计原则和方法

在大多数软件系统中，窗体都是人机界面中最重要的组成元素。窗体承担着与用户交互的重要职责。窗体与参与者之间通常都具有比较直接的对应关系。

在任何情况下，一个窗体都只能与一种参与者相对应，当这种参与者与多个用例相关联时，简单的窗体可能仅承担参与者的一个交互活动，复杂的窗体也有可能同时承担了某个用户的多个用例中的用户交互任务。因此窗体的设计依据不仅与用户有关，还要与用户关联的用例有关，甚至还要和这些用例之间的关系有关。人机界面的设计并没有固定的方法可循，基本的设计过程应包括如下几个方面。

（1）定义窗体

从用例模型出发，为每个参与者定义一个（或多个）窗口，窗口定义的实质是对用户用例的一次划分，划分到同一组中的用例应具有一定的逻辑依据。

（2）定义视图

视图可以认为是窗体的一个组成部分或子窗口。视图的内部也可以看成是一组界面元素构成的集合。设计时，可以根据用例模型，为其中的用例设计一个（或多个）视图，然后再将获得的这些用例视图分配到对应的窗口中去。

（3）定义菜单

菜单是一种用于输入用户命令的界面元素。一般可分为系统菜单、应用程序菜单和上下文菜单等多种形式。从其作用域上来看，可分为全局菜单和局部菜单。不同形式的菜单往往有不同的存放位置，在系统中的地位和作用也就有很大的不同。设计菜单时应按照它所承载的命令的层次、地位和作用以及它所使用的上下文来定义菜单的形式和内容。

（4）定义命令按钮

与菜单命令一样，命令按钮也是一种用于输入用户命令的界面元素。其分类和设计方法与菜单基本类似。

（5）设计界面元素

根据用例模型中的用例描述，或动态模型中的活动图、状态图、顺序图和通信图等模型设计窗口或视图的界面元素。状态图中的动作、事件、消息、信号等内容都是设计人机界面的启发性因素。图 7-13 中给出了一个图书借阅管理系统的用例模型。

图中共定义了 16 个用例，其中包含了 13 个与用户直接关联的用例和 3 个扩充用例。对于后 3 个扩充用例来说，虽然它们没有直接与参与者关联，但实际上这些用例仍然通过被它们扩充的用例与相关参与者相关联。因此，这些扩充用例实际上也是与参与者相关联的。

另外，再考虑参与者之间的继承，与读者关联的三个用例与借阅管理员、图书管理员和读者管理员也是有关联关系的，即图书借阅情况查询、图书信息查询和图书预定这三个用例实际上是与图中的所有参与者都有关联关系的。

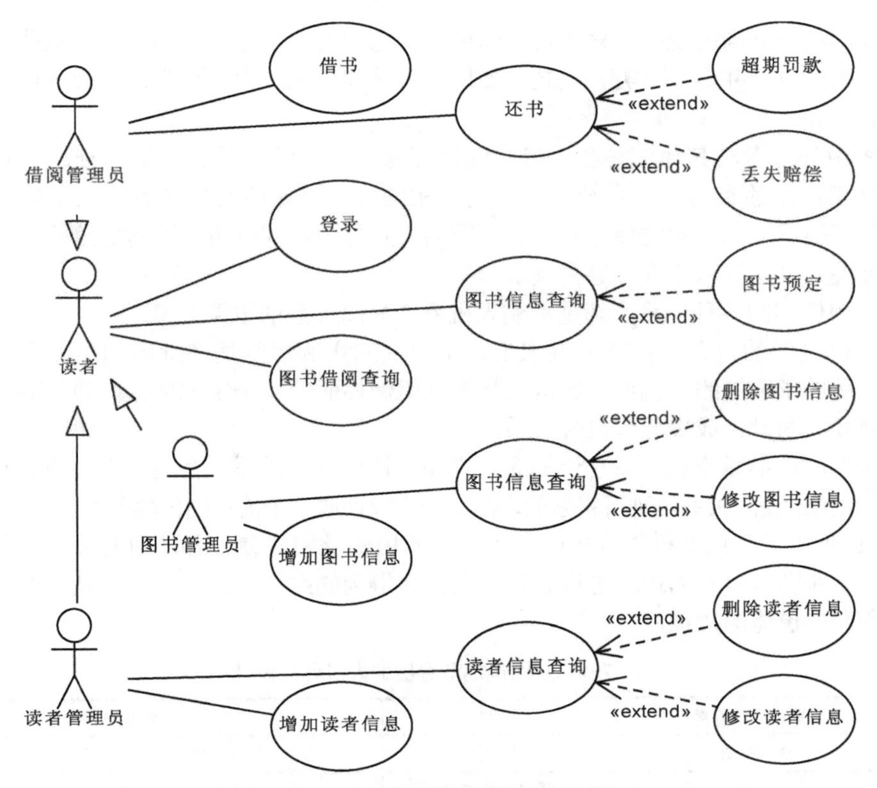

图 7-13 图书借阅管理系统的用例模型

如果把用例模型中的每一个用例或参与者与用例的关联建模成一个视图，那么，就可以得到图 7-14 所示的人机界面视图。这个设计还需要进行进一步的调整，如补充或去掉一些冗余的界面，对某些边界类进一步的分解与合并等。

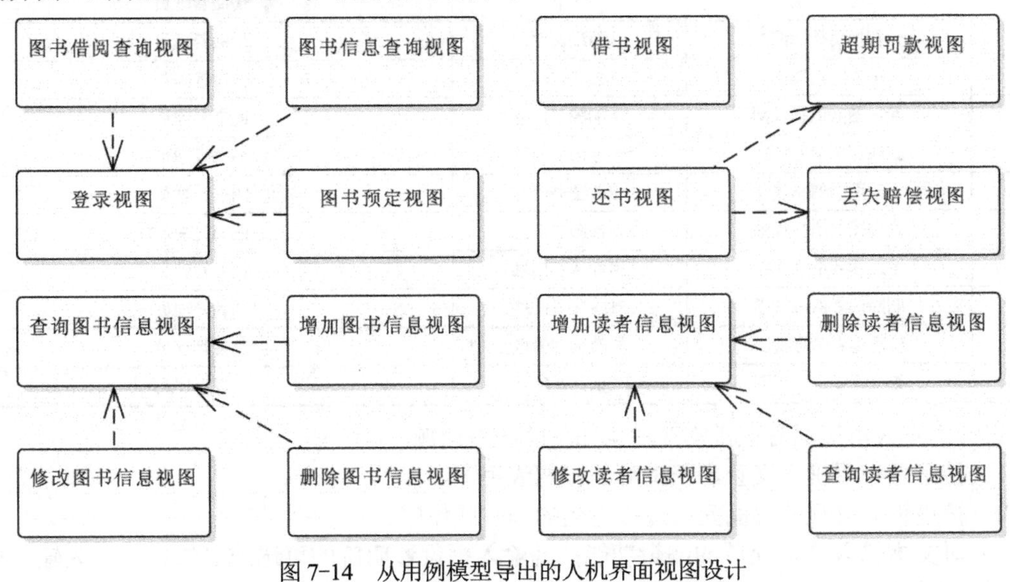

图 7-14 从用例模型导出的人机界面视图设计

如图中包含了两个图书信息查询视图，它们在逻辑上分别是用于系统与读者和图书管理员进行交互的两个不同的视图，只不过在建模时给它们的命名相同而已。如果这两种交互没有太大区别，则可以合并为一个类。反之，如果二者区别较大，则可视为两个类，当然此时还需要解决命名冲突。

又如图中的读者与其他三种参与者之间存在着某种继承关系。如果基础参与者与系统之间的交互与其派生的参与者与系统的交互完全相同，那么这两类参与者可共用同一个交互界面。反之则可能需要为不同的参与者定义不同的交互界面，同时也需要考虑这两种界面之间是否存在某种关系（如继承和聚合等关系）。

另外，用例间的各种关系也都是影响人机界面之间关系的重要因素。

对于用例之间的包含和扩充关系来说，子用例的实例通常是基础用例的一个（可选的）组成部分，所以子用例的人机界面通常也是基础用例界面的一个组成部分，最直观的设计就是将这两种交互界面设计成聚合或组合关系。

对于用例间的继承来说，将它们的人机界面设计成继承关系，会是一个简单并且有效的设计；对于用例间的使用关系，则可将它们之间的关系设计成一个简单的依赖关系。

表 7-1 列出了从用例模型导出的人机界面和用例及相关参与者之间的关系。最终的设计结果则应该是对图 7-13 的设计进行必要的调整后得到的结果。设计时可以从用例模型出发，确定系统所需要窗体的数量。

表 7-1　从用例模型导出的人机界面设计

序号	人机界面（边界类）	用例	主要参与者
1	登录视图	登录	读者、借阅管理员、图书管理员和读者管理员
2	图书信息查询视图	图书信息查询	读者、借阅管理员、图书管理员和读者管理员
3	图书借阅情况查询视图	图书借阅情况查询	读者、借阅管理员、图书管理员和读者管理员
4	图书预定视图	图书预定	读者、借阅管理员、图书管理员和读者管理员
5	借书视图	借书	借阅管理员
6	还书视图	还书	借阅管理员
7	超期罚款视图	超期罚款	借阅管理员
8	丢失赔偿视图	丢失赔偿	借阅管理员
9	增加图书信息视图	增加图书信息	图书管理员
10	删除图书信息视图	删除图书信息	图书管理员
11	修改图书信息视图	修改图书信息	图书管理员
12	查询图书信息视图	查询图书信息	图书管理员
13	增加读者信息视图	增加读者信息	读者管理员
14	删除读者信息视图	删除读者信息	读者管理员
15	修改读者信息视图	修改读者信息	读者管理员
16	查询读者信息视图	查询读者信息	读者管理员

设计用户人机界面时通常需要注意如下的一些问题。

1）使用具有明确含义且易于理解的标题或短语。

2）按逻辑对可视的界面元素进行适当的分组或排序。

3）对文本输入提供简单的编辑功能；为输入框设置明确的可选或必选标记；为输入框提供必要的解释信息。

4）对输入数据中可能出现的语法、文法错误提供必要的检查，防止错误数据的输入。

5）对多个数据项的输入提供逻辑检查，保证这些数据项之间应有的逻辑关系的正确性。

6）对输入数据的有效性提供必要的检查，如有效的取值范围、位数等。防止无效数据被输入到系统中。

所有输入数据的过程中，出现错误时都要及时提供必要的出错信息，并阻止进一步的错误操作，以避免因错误数据的输入引起系统状态的不一致。

对于输出设计来说，除了选择合适设备之外，还需要确定输出设计的内容和形式。

从内容上来看，输出设计可以分为提示信息、计算或处理结果和与用户交互过程中提供给用户的必要反馈。输出的表示形式往往可以是多样化的，不同类型的输出可采用不同的输出形式。基本的输出形式通常包括文字、图形、图像、声音和动画等。

提示信息通常用于提示用户在系统当前状态下可以进行的操作等。这种提示信息通常会随系统当前状态的改变而随时发生变化。因此，这种信息的组织和输出时机往往是一个比较复杂的问题。

对于某些比较重要的操作来说，通常需要在操作结束后显示其执行结果，而有些操作还要考虑是否需要用户对操作结果的确认，以强化用户对系统操作结果的明确认知。例如，银行系统中，修改储户重要信息时的数据保存操作，访问远程账户信息等。

对于某些需要较长处理时间的操作，可能还需要采用线程技术实现这个操作的并行处理，同时提供必要且实时的过程（进度）反馈。这样的反馈信息通常具有动态性，可能需要使用一个含有进度条的对话框或视图来动态地显示过程反馈信息。

3. 人机交互界面的面向对象表示

在面向对象系统中，人机交互界面及其构成元素也都可以使用对象的概念加以描述。

在目前的基于图形的计算机系统中，软件系统的人机界面通常是由若干个具有某种层次结构的窗口组成。窗口通常是由多个界面元素组成的一个交互界面。其中，每个界面元素都具有一定的交互能力，与用户进行交互。有时窗口还可以被划分成若干个被称为视图的子窗口，每个子窗口或视图又分别承担了不同的交互任务或系统职责。

人机界面元素是人机交互界面中最基本的构成元素，这些元素承担着直接与用户交互的任务。系统可以通过这些界面元素，与用户进行直接交互。人机界面设计的好坏，直接影响系统的可用性。用户与界面元素交互时，如果用户操作改变了界面元素的状态，界面元素就会激活一个事件以便通知系统其状态发生了改变，系统在响应这个事件时再给出对这个事件进行必要的处理，以便使系统对用户操作做出必要的相应。

设计人机交互界面时，可以直接把窗口建模成一个类或某个现有的窗口类的派生类。而对于窗口内的界面元素来说，一般在现有的软件包里面选择合适的界面元素类，也可以建模为现有界面元素类的派生类，必要时也可以自己设计专门的界面元素类，并且把这些界面元素类与窗口类之间的关系建模成一种聚合关系。

人机界面设计时，所涉及的主要步骤和方法如下。

1）选择界面支持系统（窗口系统、图形用户界面、可视化编程环境）。

2）设计报表及报告，对要生成的报表和报告格式等进行设计。每一种报表或报告应对应于一个类。

3）设计诸如安全/登录、设置和业务功能之类的窗口，并为每一种窗口对应于一个类。

4）为每个窗口设计所需要的界面元素，如菜单、工作区和对话框等，并为每个界面元素选择或设计合适的界面元素类，并建立窗口类和界面元素类之间的聚合关系。

5）发现窗口类间的共性以及部件类间的共性，定义较一般的窗口类和部件类，分别定义窗口类以及部件类间的泛化关系。

6）用类的属性表示窗口或部件的静态特征，如尺寸、位置、颜色和选项等。

7）用操作表示窗口或部件的动态特征，如选中、移动和滚屏等。有的操作涉及问题域中的类。

8）发现界面类之间的联系，建立关联。必要时，进一步地绘制用户与系统会话的顺序图。

7.3.3 从用例描述到人机界面

从用例模型导出系统的人机界面模型之后，下一步就应该考虑对每个界面的构成细节进行建模。建模时，可以从分析用例的事件流描述开始，分离出动作序列中人与系统之间的交互动作，并以这些交互动作为基础设计人机界面所需要的界面元素。

例如，图 7-15 中给出的借书用例中，带有下划线的部分表示了用例中的交互动作。这些动作其实已经隐含了交互界面的重要信息，分析这些信息将有助于设计出人机交互界面的概念结构，进而再细化和实现这个概念结构，从而得到最终的人机界面设计。

借书用例

基本流部分

1 借阅管理员首先输入读者编号，验证读者信息。

2 系统显示该读者的基本信息和借阅信息。

3 输入图书识别码，系统验证图书信息。

4 系统自动显示该图书的书名、作者和出版社等图书信息。

5 系统检查此次借书是否满足借阅规则。

6 系统显示借阅成功，并保存借阅记录。

7 重复步骤2~6，直到完成整个借书过程为止。

扩充流部分

1a 如果读者验证失败，则系统显示读者验证失败信息并结束借书过程。

3a 如果输入图书识别码时，发生识别码识别错误，则管理员需要收回这本书，并取消这本书的借阅。

5a 如果这本书不满足某个借阅规则，则系统需要显示不能借阅此书的原因，并取消本书的借阅。

7a 在借阅过程中，如果读者提出要取消某本书的借阅，则管理员可以收回这本书，并请求系统取消这本书的借阅。

图 7-15 借书用例中的交互动作

目前的软件开发方法中，人机交互界面元素通常是由软件开发环境负责提供的，例如 MyEclipse 以及 Microsoft Visual Studio 等开发环境都以各自的方式都提供了大量的类以及可视化的开发环境来支持人机界面的设计。只在某些特殊的应用领域才需要开发人员去独立设计有特殊需求的人机界面。尽管如此，实际的分析和设计过程仍然需要按照面向对象的思维去分析软件的人机界面。

所以，分析时可以只关注界面元素的功能，设计和实现时才考虑具体的界面元素，当然有时也需要独立设计和实现这些模型元素。这时，这些模型中的交互动作就可以作为人机界面的设计基础。

图 7-16 给出了一个从借书用例得到的人机界面的设计，图中包含的界面元素主要用于实

现用例中包含的交互动作。检查这个设计的方法就是检查界面元素是否能够有效地支持用例描述中定义的各种交互动作。

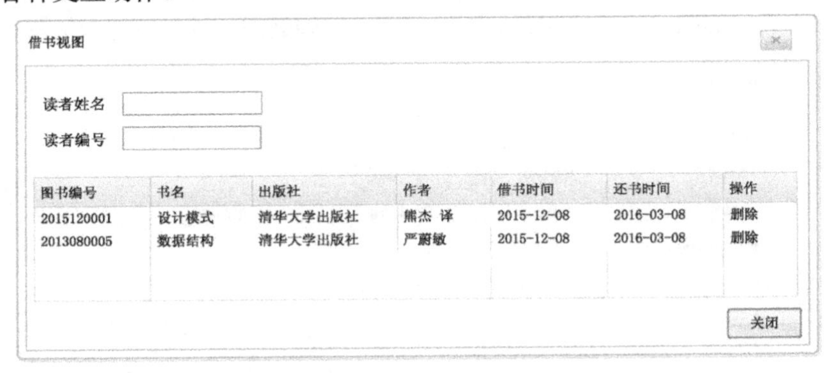

图 7-16　借书用例交互界面的设计

从顺序图和活动图与人机交互界面的设计方法类似，将这些图看成是对用例的一种描述，就不难理解在界面设计时如何使用这些模型了。

事实上，在基于用例的软件开发过程中，建模的顺序图、通信图等模型本身也都应该是对用例或用例场景的一种描述。

7.3.4　从状态图到人机交互界面

图 7-17 给出了一个状态图的例子，该状态图描述了一个超市收银系统用户界面的状态图。分析图中的状态、事件和动作，可以绘制出这个对象的用户界面的表现模型。我们可以简单地绘制出一个收银系统用户界面的界面表示模型，如图 7-18 所示。

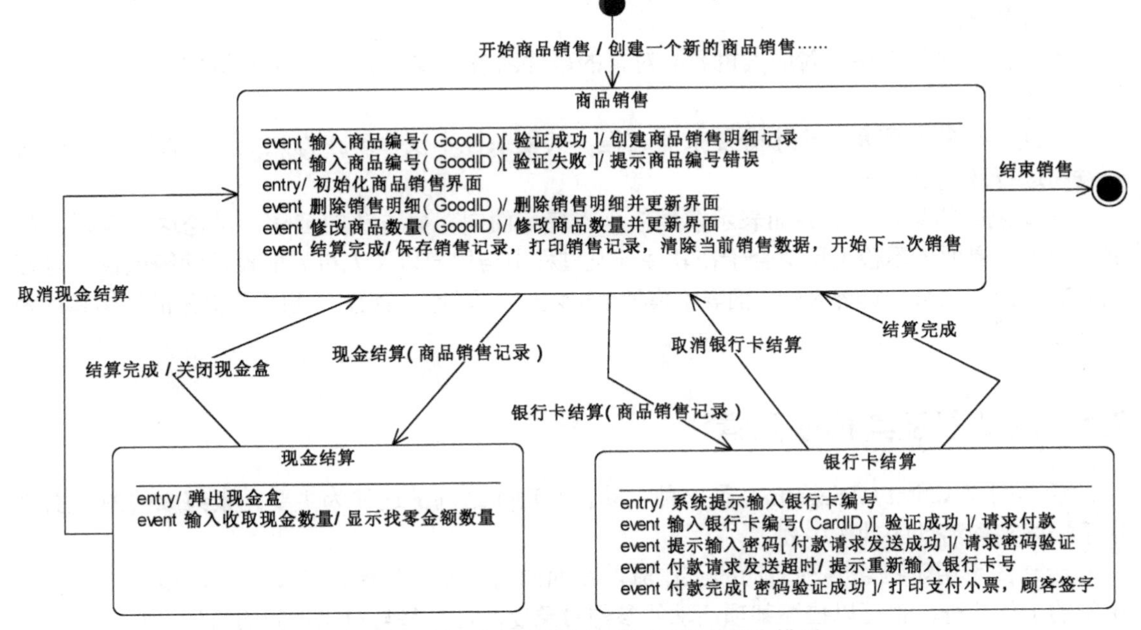

图 7-17　超市收银系统用户界面对象的状态模型

比较这两个图形，可以看出图 7-18 中的用户界面表示模型在结构基本能够对状态图提供比较充分的支持，可以通过观察界面表示模型中是否包含了能够触发状态图的状态迁移的界面元素来检查这一情况。进一步考虑，这个界面表示模型并没有描述状态模型中包含的动作，这些动作只能用于表示这些人机界面对象的其他模型，例如类图、顺序图和通信图等模型。

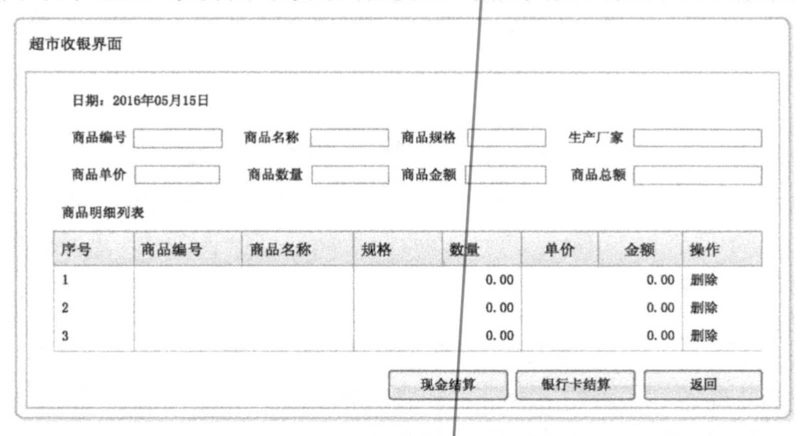

图 7-18　超市收银系统用户界面表示模型

对人机界面对象的状态图建模实质就是一个对人机界面对象进行建模的过程。在这样的建模过程中，不仅建模了人机界面对象的结构，也建模了人机界面对象的行为。

使用状态图建模人机界面标识模型的基本方法如下。

首先，根据界面对象状态的语义，定义人机界面对象的状态表示。这个状态表示能够清晰地表示对象的当前状态。

其次，根据确定人机界面的外部事件，如源自于参与者的外部事件添加界面元素，这些界面元素可以是菜单项、命令按钮、快捷键等可以激活外部事件的对象，并将它们作为人机界面的组成部分。

然后，将这些事件映射成人机界面对象的事件函数（或方法），之后在这些事件函数中添加必要的动作。

上述过程的实现是一个十分复杂的过程，其复杂性不仅体现在方法上，也体现在系统的开发和运行环境上。

需要说明的是，人机界面表示模型似乎不属于面向对象方法的范畴，讨论这一问题的意义在于人机界面表示模型更适合于在软件开发过程中与用户以及人机界面设计师等项目参与者之间的交流。而且，这种人机界面表示模型也可以作为设计人员设计人机界面对象的结构和行为的基础。

7.4　活动图及其构成元素

活动图（Activity Diagram）是一种由动作和动作之间的迁移为主要元素组成的图，主要用于描述某项活动的动作序列。

活动图可用于描述各种活动的工作流，在面向对象分析领域，活动图可以用于描述系统用例的工作流程，也可以描述某项活动的参与对象以及这些参与对象之间的协作。

活动图可以看成是一种特殊的状态图，其状态大多处于活动状态，且大多数变迁都是由变迁源状态中的某项活动的完成所触发的。

活动图的构成元素主要包括活动（Activity）、动作（Action）、控制流（Control Flow）、对象流（Object Flow）、对象（Object）、决策（Decision）、并出（Fork In）和并入（Fork Out）等元素。图7-19给出了活动图的主要构成元素。

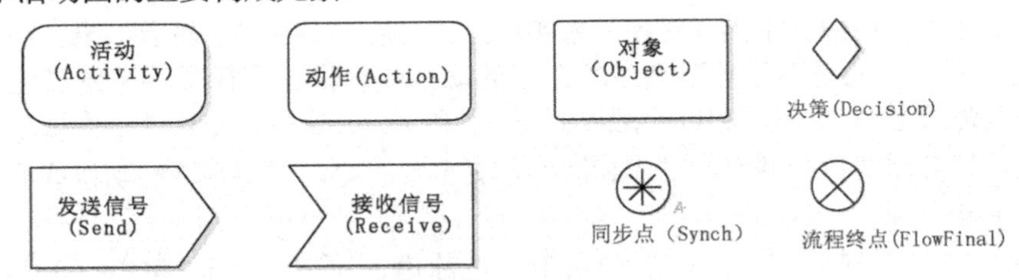

图7-19　活动图的主要构成元素

7.4.1　活动（Activity）

活动图中的活动表示系统中某项任务的执行，活动图定义了两种表示活动的节点：一个是活动节点（Activity）；另一个是动作节点（Action），其中，动作节点表示原子的动作，是不可以再进一步分解的。而活动节点则与之相反，活动节点还可以进一步分解为若干个活动或动作，活动节点一般用于表示系统的某个复杂的动作或活动。

建模时，可根据需要选择这两种节点对系统进行建模，如果不需要对系统的某项动作做进一步的细节建模分析，则可以将这个动作建模为动作节点。反之，如果对某个系统动作的细节还有进一步的建模需求，就需要把这个系统动作建模为活动节点，之后在下一步的建模活动中为这个活动建模其动作方面的细节。

7.4.2　控制流（Control Flow）

活动图中的控制流（Control Flow）表示活动或动作之间的迁移，其含义是上一个活动或动作结束，下一个活动或动作的开始。迁移可能与某个对象所处的某种状态有对应关系。

与控制流相关的内容可以有触发事件（Event）、守卫条件（Guard Condition）和相关动作等，和迁移相关的触发事件、守卫条件和相关动作可以组成迁移的迁移表达式。

7.4.3　决策（Decision）

活动图中的决策（Decision）和守卫条件（Guard Condition）主要表示活动图之间有条件的转移，建模时可在活动图中加入决策或守卫条件表示活动的条件执行。

图7-20给出了一个分别使用了守卫条件和决策的例子。两个图表达的语义是完全相同的。

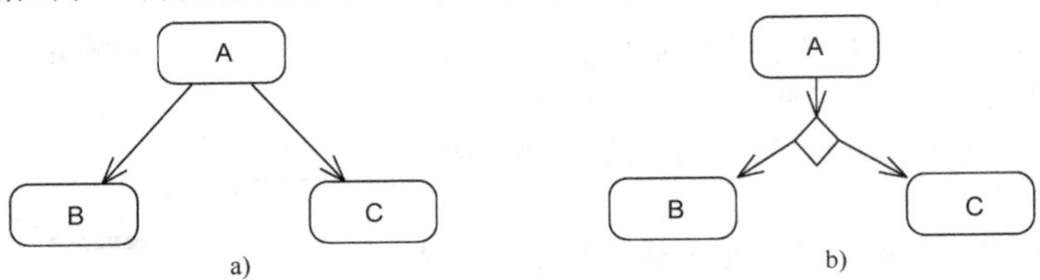

图7-20　使用守卫条件和决策的活动图

a) With Guard　b) With Decision

7.4.4 泳道（Swim Line）

在 UML 中，泳道被定义为活动图的一个区域，每个泳道需要有一个名字，表示它所代表的职责。一个泳道可能由一个类（对象）来实现，也可能由多个类（对象）来实现。

活动图通常表示的是系统需要完成的某项活动，或者说在履行某项系统责任。系统中的大多数活动通常需要由多个对象共同参与和合作才能完成。这时，建模活动图就不仅要弄清楚系统完成某项任务需要执行的哪些动作和活动，更重要的是，还要为这些动作或活动找到合适的责任者。

泳道就发挥了这样的作用。在活动图中引进泳道，可以对活动图中的所有活动或动作进行一个划分，这时每一个泳道就代表了一种系统责任，而找到的一种系统责任的实质就是找到了一个系统角色。在大多数情况下，这个系统角色就可能是目标系统中的某个或某些对象。

图 7-21 给出了一个带有多个泳道的活动图的例子。图中包含了读者、管理员和图书系统三个泳道，分别表示了参与借书活动的三个参与者。

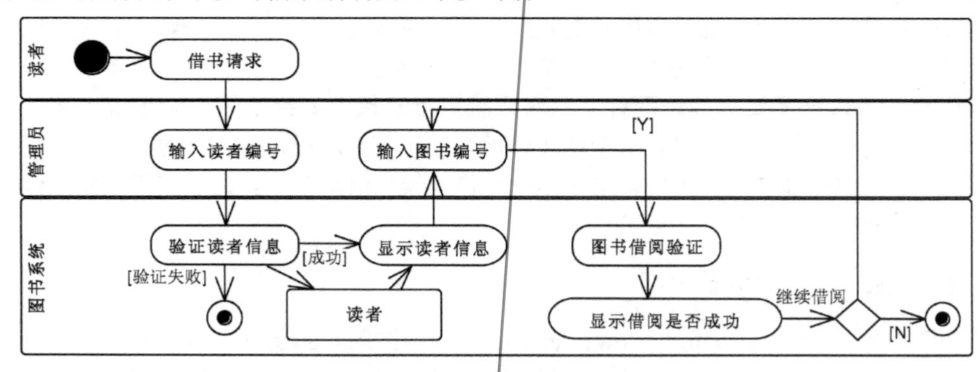

图 7-21 带有泳道的活动图

7.4.5 并入（Fork In）和并出（Fork Out）

活动图使用并入（Fork In）和并出（Fork Out）表示活动中可并发的控制流。**并出**表示一个并发活动的起点，**并入**表示一个或一组并发活动的终点。

在活动图中使用这两个元素，可以明确地为并发活动标注关键的控制点，从而为后续的设计提供良好的设计基础。

图 7-22 给出了一个描述了并发活动的例子。图中的打印订单和保存订单就是两个可并发的活动，并入和并出这两个符号分别表示了并发活动的开始点和结束点。

图中并出符号的确切含义是创建订单活动完成后，两个并发的活动就可以同时开始。并入的含义则是两个并发活动都完成后才可以进行下一个活动，即交付货物。

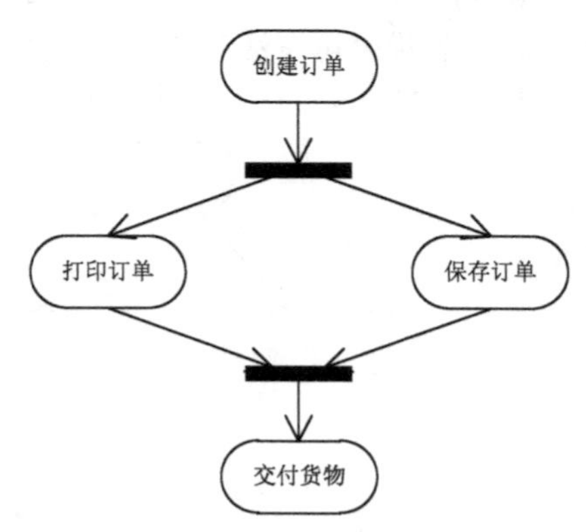

图 7-22 描述并发活动的活动图

7.4.6 信号（Signal）

信号是一种在对象之间以异步方式传递的某种请求的实例的规约，信号的具体内容由发送对象决定，接收者负责处理接收到的请求。

随信号发送的请求数据表示为信号的属性，信号的每个属性可以是简单类型的数据，也可以是系统中任意类型的对象。信号的定义通常独立于处理信号发生的分类器。在一般情况下，信号可以出现在类图或包图中。

对于信号的接收者来说，信号仅仅是以异步方式触发了接收者的一个反应，但不需要对此做出回应。当然，信号的发送者也不会等待接收者的回复。接收者可以指定其实例能够接收到哪些信号以及接收这些信号时的行为。

活动图中，定义了发送（Send）和接收（Receive）这两个与信号相关的模型元素。

发送表示对象将某个信号发送给另一个对象的动作，它可能会改变接收者的状态或触发接收者开始进行某项活动。信号发出后，请求者会立即继续其后续动作，接收者的任何回复都将被忽略并且不传递给请求者。

接收表示接收者在接收到某个信号时需要完成的动作。接收（Receive）也可以看成是一个声明，说明一个类需要对接收到的信号做出的反应，需要接收的信号和接收到信号的预期行为。信号处理的细节是由接收者本身关联的行为指定的。

发送和接收的图形符号表示如图 7-19 所示。图 7-23 给出了一个带有接收动作的活动图。图中包含了一个接收的动作（Order Cancel Request），其含义是接收“取消订单请求”信号，这个信号的有效区域是图中名为“Interruptible Activity Region1”的虚线框。

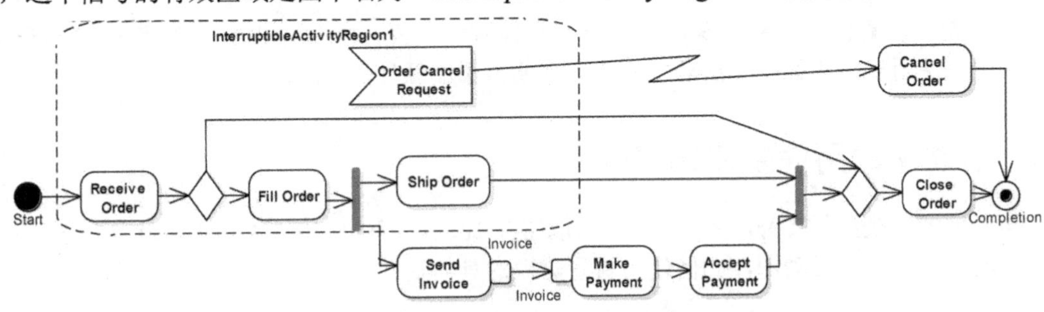

图 7-23 带有发送信号的活动图

7.4.7 对象（Object）和对象流（Object Flow）

活动图也可以使用对象（Object）和对象流（Object Flow）。

在活动图中引进对象和对象流可以显式地描述活动与对象之间的关系。活动图中，活动或动作与这些对象之间的关系（对象流）不外乎可以归结为创建、更新、读取和撤销四种操作。

活动与对象之间的关系如下。

1）创建。即一个活动完成的结果是创建了一个特定的对象，这个对象可以为后续动作或活动提供某种服务。

2）更新。指一个活动在执行时访问了某个对象提供的服务，并且这次访问有可能修改了这个对象的状态。

3）读取。指一个活动在执行时，以只读的方式访问了某个相关对象，使用了该对象提供的服务，但不修改该对象的状态。

4）撤销。只有一个活动在执行时，销毁了某个对象。

这四种关系的划分更明确地指明了活动与对象之间的关系，为后续或正在进行的设计活动提供了更详细的细节描述。

图 7-24 给出了一个使用了对象和对象流的活动图。其中的“借阅记录”是一个对象，指向和离开这个对象的两条虚线就是一个对象流，同时，它们也表示了一个从“创建借阅记录”到“保存借阅记录”的控制流。

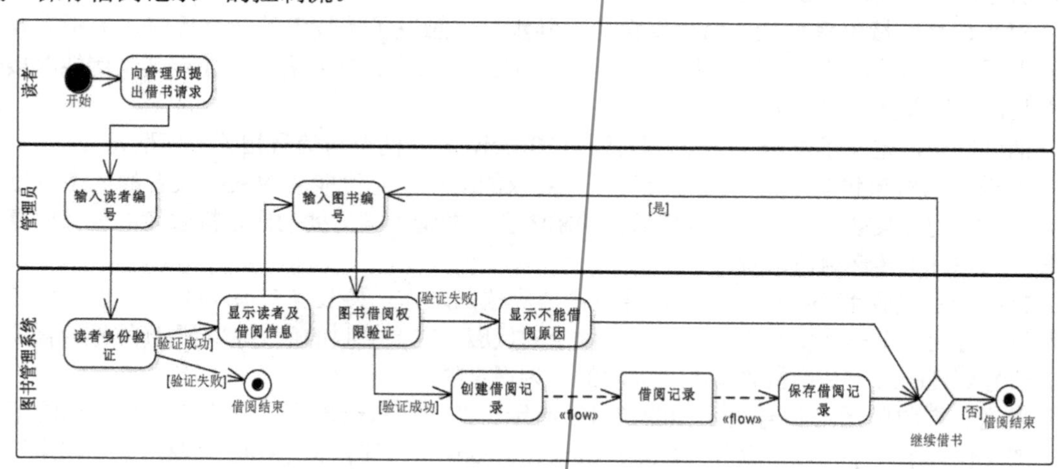

图 7-24　使用对象和对象流的活动图

对象流可以看作是一种特殊的控制流。与控制流一样，对象流也可用于表示两个活动之间的关系，使用对象流的两个活动之间就不需要再添加额外的控制流了。

7.5　活动图的用途及建模策略

与其他各种类型的 UML 图一样，活动图也有比较广泛的应用。事实上，软件开发的任何一个阶段都可以使用活动图，如何使用要看建模的具体目的。

7.5.1　活动图的主要用途

活动图的应用范围十分广泛，从系统的业务流程到用例的场景描述，甚至是对象操作的算法均可以使用活动图描述。活动图还可以应用到软件之外的领域方面的过程建模。

本节将通过几个例子说明活动图在面向对象分析与设计领域中的主要用途。

1．描述用例

由于活动图所处的抽象层次较高，因此活动图最主要的用途就是描述用例或用例的场景。虽然可以用多种方式描述用例，但使用活动图可以把用例描述得更加直观。当使用带有泳道的活动图建模用例或场景时，还可以更直观地帮助建模人员划分系统责任，或者说找到实现用例所需要的各种角色。

图 7-25 给出了一个描述用例场景的活动图。可以看出，该例子描述了一个图书管理系统中还书用例的主要场景。在这张图中，列出了读者、图书管理员和借阅管理界面这三种角色。

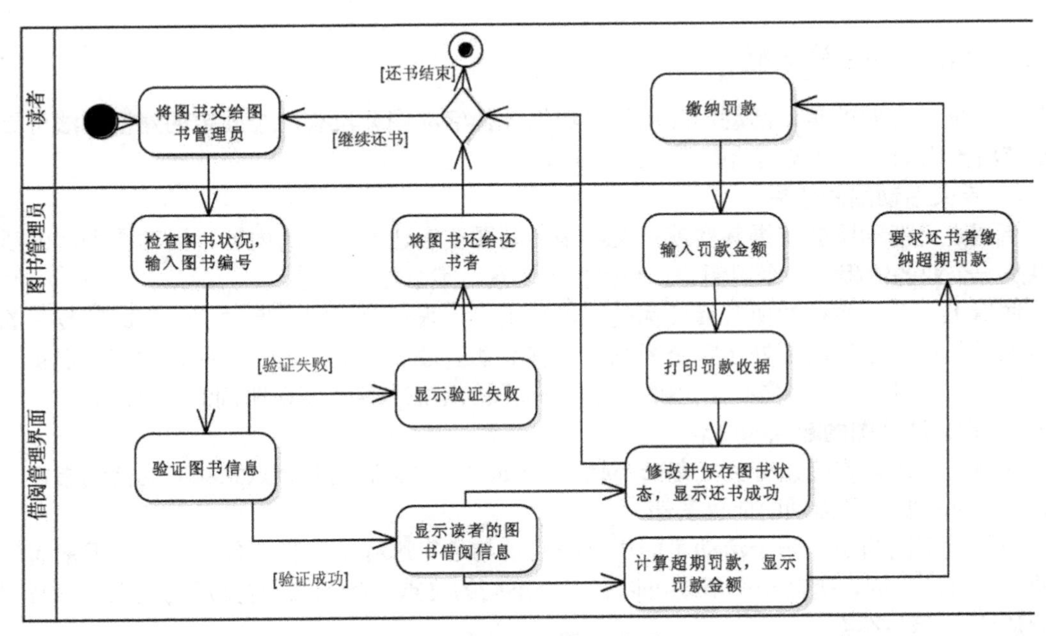

图 7-25　还书用例活动图

如果进一步分析系统的还书过程，还可以找到更多的系统角色。如还书过程需要的表示还书界面的边界类，表示还书业务规则的业务逻辑类，用于访问数据库的数据存取控制类以及相关的实体类等。

2．描述算法类

活动图还可以用于过程建模，例如对类的某个操作的算法建模。对算法进行活动图建模的方式类似于结构化方法中的程序流程图建模，但类中方法的实现仍然会涉及多个对象之间的协作，这与结构化方法中对算法建模有着较大的区别。图 7-26 给出了一个描述还书用例中验证图书信息操作的活动图的例子。

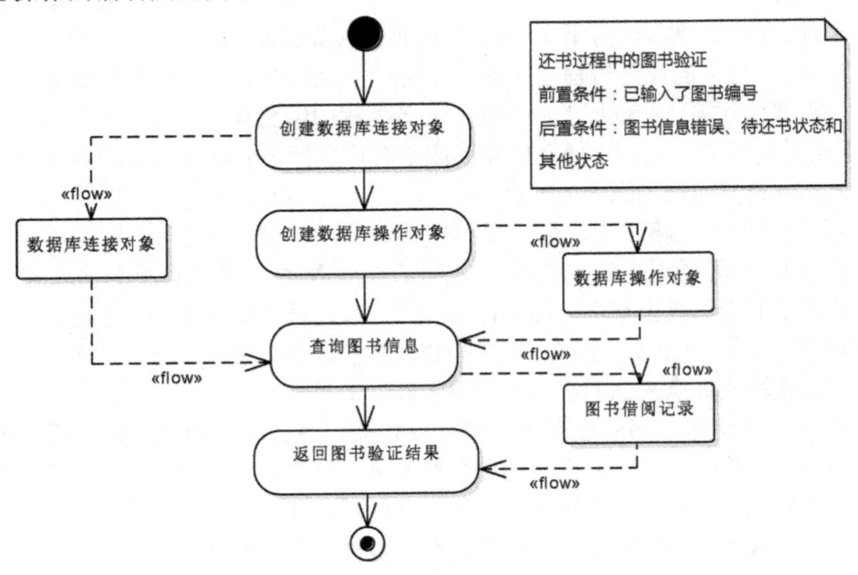

图 7-26　还书用例中图书信息验证操作

7.5.2 活动图的建模策略

首先需要说明的是，活动图应用的广泛性使得活动图并没有一个固定的建模方法可寻，本小节将给出如下活动图的建模策略。

1．定义活动图的范围

所谓定义活动图的范围其实就是要明确活动图要表达的活动的内容，活动图表达的活动可以是一个业务流程、一个用例、一个或多个场景、某个类方法等。

逻辑上，一个系统的所有活动都是可以绘制成一张活动图的。但对于一个比较复杂的系统容来说，用一张活动图描述整个系统的所有活动会过于复杂，这时这种方式不太现实。因此，绘制活动图之前，事先必须明确定义好活动图的起点和终点，即明确活动范围。

2．定义活动图的起点和终点

任何一个活动均应该有且仅有一个起点（Start），定义活动的起点意味着为活动指定一个入口，同时也明确了活动的前置条件。

与起点不同的是，一个活动可能由于在活动的进行过程中受到的各种干扰等因素而使活动的结果有所不同，因此一个活动可以有多个不同的终点（Final）。定义活动范围时，必须定义清楚每个活动终点。

3．定义活动

活动图中，提供了活动（Activity）和动作（Action）两种节点来表示活动或动作，两种节点的定义是明确的。但在应用时，这两种节点的区别却往往是模糊不清的。当需要为两种节点的选择做出决策时，唯一的指导原则就是看这个节点是否还需要进一步分解为一系列动作。是否需要进一步分解不仅决定于这个活动或动作本身，还取决于建模任务的上下文。

事实上，在计算机世界里面，可能只有机器指令才是原子的，但有时一个机器指令却也可以被分解为一系列不同的硬件动作。

关于这个问题的决策可遵循下列原则。

1）建模用例时，可以将参与者与系统的交互动作建模为活动节点，因为参与者的交互动作往往会包含有更进一步的细节动作，并且这些细节也需要进一步建模。

2）对高层的或抽象的业务流程建模时，可将这个流程中的主要步骤建模成活动节点。因为，这些主要步骤往往需要在低层的或具体的业务流程中给出详细的动作（Action）系列。

3）对于难以决策的节点，不妨直接建模成带有待定标记的动作节点或活动节点。随着认识的不断深入，再将其明确为正确的节点。

4．添加活动之间的迁移和决策点

活动图建模时，需要根据活动或动作之间的顺序关系，在活动图中加入控制流或对象流，当控制流表示的迁移是由某个外部事件触发的，或迁移需要满足某个条件，或迁移时还需要完成某些额外的动作，则要为迁移加上这些触发事件、守卫条件和相关动作。当迁移带有守卫条件时，可以使用决策点来强调迁移的守卫条件。

另外，当活动或动作之间的迁移与某个对象相关，并且有必要在模型中显示地表示迁移与对象之间的这种关系时，则可以在活动图中加入这个对象，并用对象流代替原来的控制流。

比较图 7-24 和图 7-27，二者描述的是同一个用例，表达了同样的语义，区别是后者增加了新的泳道，并引入了对象和对象流，或者说后者包含了更多的细节。

5. 并发活动

活动图建模时，有必要识别出可并发执行的活动，并将它们建模成并发活动。建模并发活动时，需要引入并出（Fork Out）和并入（Fork In）两个模型元素来明确地表示并发活动的开始和结束。

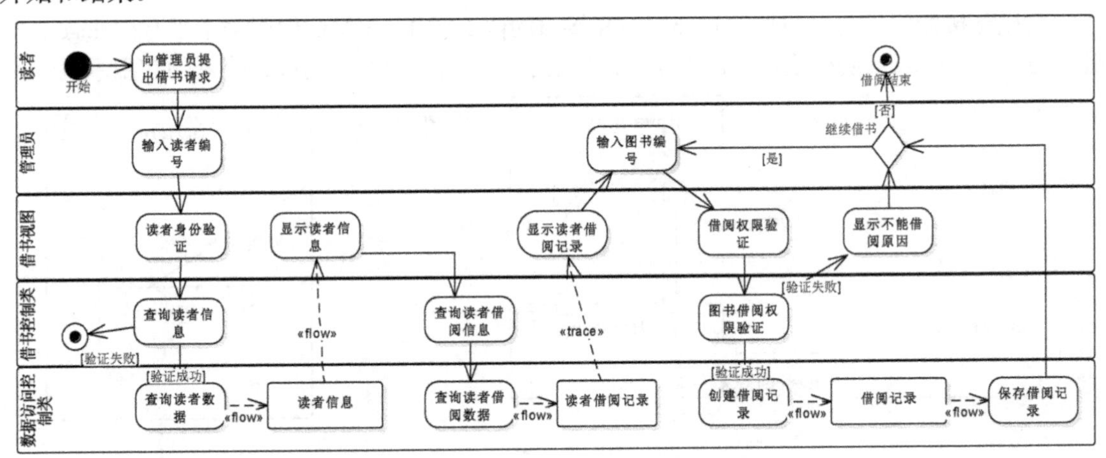

图 7-27　经过细化的借书用例活动图

6. 加入泳道，识别系统责任

活动图所表示的是一个由多个对象共同参与的活动，图中的每个活动都代表了一个系统责任，这些责任是由不同的对象承担的。在活动图中加入泳道的实质是通过对图中的活动或动作进行分类，从而分析出系统责任，进而分析或设计出系统所需要的类或对象。

在图 7-25 所示的活动图中，使用了读者、管理员和图书管理系统三个泳道，这三个泳道分别表示了借书过程的三种参与者（或角色）。如果进一步细化图书管理系统部分，就可以得到图 7-27 所示的活动图。

7.6　其他 UML 图的建模方法

UML 2.0 及其后续版本还在动态视图中扩展了多种不同的 UML 图。它们包括复合结构图（Composite Structures Diagram）、交互概览图（Interaction Overview Diagram）和时序图（Timing Diagram）等。下面将简单介绍这些图的建模方法。

7.6.1　复合结构图

复合结构图（Composite Structure Diagram）是一种用于显示某个分类器的内部结构的静态视图，包括它与系统其他部分之间的交互点。复合结构图的配置以及它与系统其他部分之间的关系一起，共同表现了它所包含的分类器的行为。

复合结构图的构成元素包括部件（Part）、接口（Interface）、端口（Port）以及连接器（Connector）、协作和结构化类元（Classifier）等。

其中，部件是类或构件的结构化成员，它描述了一个实例在该类或构件实例内部所扮演的角色，是一个类或者构件内部的组成单元。接口是一种封装了一组方法的类元。连接器是一种端口之间的关联。连接器分成装配连接器（Assembly Connector）和委托连接器（Delegate

Connector）两种。其中，装配连接器用于连接两个内部部件。

装配连接器有两种连接方式。

1）使用一条实线连接两个不同的端口。

2）使用供应接口和需求接口连接两个部件。

委托连接器用于定义组件的外部端口和接口的内部运作，UML 使用一个带有«delegate»构造型的单向关联表示委托连接器。图 7-28 给出了复合结构图中的两种连接器的使用示例。

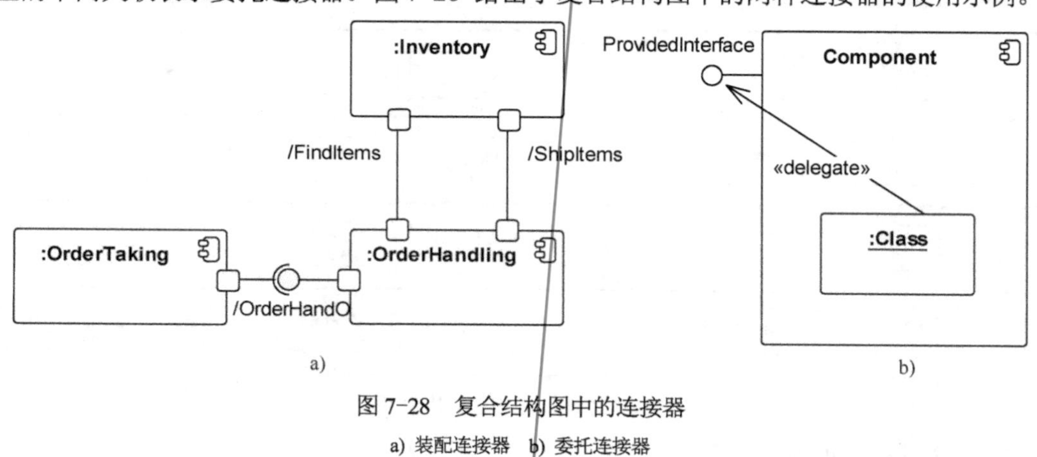

图 7-28 复合结构图中的连接器

a) 装配连接器 b) 委托连接器

在复合结构图中，还可以描述多个对象之间的协作。与协作相关的元素包括协作（Collaboration）、角色绑定（Role Binding）、表示（Represent）和发生（Occurrence）等。图 7-28 给出了复合结构图中协作及其相关元素的表示和使用方法。

一个协作定义了一组相互合作的角色构成的集合，用于说明它们共同完成的某个特定功能。协作应仅显示完成特定任务或实现特定功能所需要的角色和属性，分离主要角色是简化结构和澄清行为的一个基本练习，也可以提供重用。一个协作通常意味着一个设计模式（Pattern）。

图 7-29 和图 7-30 分别展示了协作的构成以及与协作相关的连接符的图形表示。

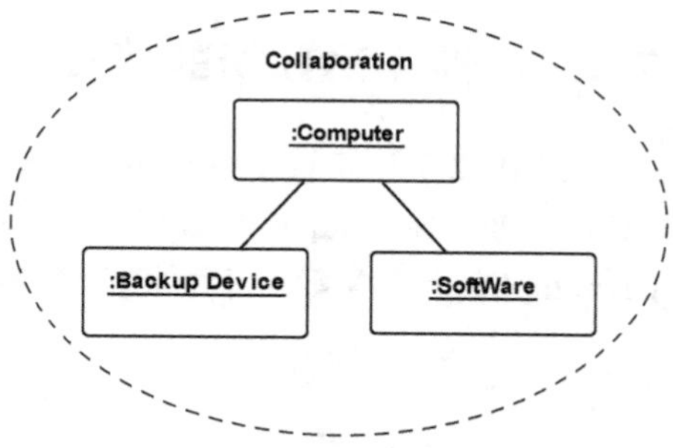

图 7-29 协作的构成示例

为描述协作的角色，UML 定义了三种用于描述协作与分类器（Classer）之间的连接符，它们包括角色绑定（Role Binding）、表示（Represents）和发生（Occurrence）等。

1）角色绑定指某个分类器满足或需要满足协作的要求，并能够或需要在协作中充当某个特定的角色。

2）表示其含义是某个分类器使用了这个协作，UML 使用带有«represents»构造型的箭头虚线表示这个连接符。

3）发生表示分类器描述了这个协作。UML 使用带有«occurrence»构造型的箭头虚线表示这个连接符。

例如，图 7-30 就分别给出了这三种情形，它分别描述了 Class1 充当了 Collaboration1 的某个角色；Class2 使用了 Collaboration2 定义的协作；Class3 描述了 Collaboration3 这个协作。

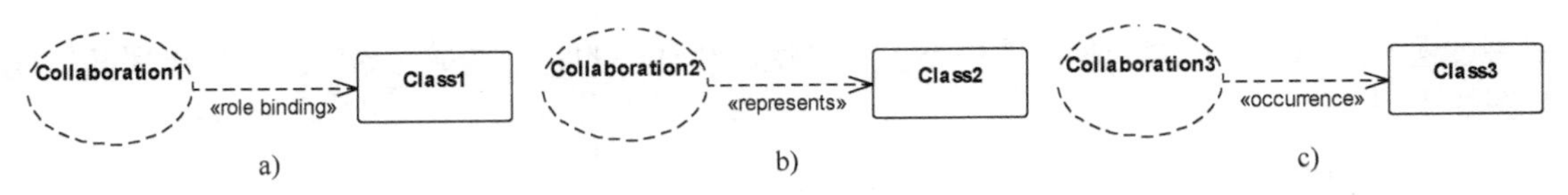

图 7-30　协作连接符的符号表示

a) 角色绑定(Role Binding)　b) 表示(Represents)　c) 发生(Occurence)

7.6.2　交互概览图

交互概览图（Interaction Overview Diagram）是在 UML 2.0 中定义的一种图，它主要使用交互（或序列）之间的控制流描述系统的高层行为。

与活动图的结构类似，只不过其中的活动节点被替换成被称为交互片段（Interaction Fragment）的节点来表示。交互片段可以是一个顺序图、通信图、时序图，甚至也可以是另一张交互概览图等已经存在的交互图。同时每一个交互片段都可以以交互引用（Interaction Reference）、交互元素（Interaction Element）、超级链接（Super Link）和列表（Table）等多种形式出现在交互概览图中。

交互概览图中的其余符号与活动图几乎完全相同。例如，初始点、终点、决策、合并、交叉和连接节点等，它们的形式和含义也都是相同的。

（1）交互引用

交互引用使用一个矩形方框的形式表示对已有的某个交互图的引用。方框的左上角带有 ref 标签，方框正中央显示被引用的交互图的名称。

（2）交互元素

与交互事件相似，交互元素也使用一个矩形方框表示对现有交互图的引用。不同的是交互元素以在线的方式在方框中显示引用的交互图的内容。所谓的在线方式是指，当引用的交互图被修改了，概览图中的交互片段能够自动跟踪这个修改。

图 7-31 给出了一张交互概览图，其中包含了两个交互片段：一个是交互引用，另一个是交互元素。建模时，活动图的所有图形元素（叉、连接、合并等）都可以用于交互概述图，以便在较高层次级别的图表上放置某种控制逻辑。

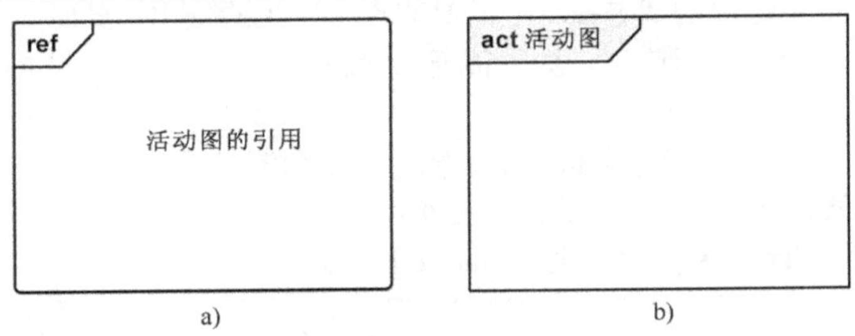

图 7-31　交互概览图中的交互片段

a) 交互事件　b) 交互元素

图 7-32 给出了使用交互概览图描述销售过程的例子。图中的每个交互引用，如 Search For Item、Add To Shopping Basket、Create Record 和 Cancel Sale 都分别描述了销售过程中的某项单独的活动，而这张交互概览图的作用就是将这些活动组织起来，构成一个更宏观的控制流，以便从更高的视角描述整个销售过程。在逻辑上，整张图可以被视为是一张更宏观的描述

销售过程的活动图，不同的是，图中不仅可以使用活动图的各种构成元素，还可以出现其他交互图的引用。

图 7-32 交互概览图示例

与活动图相比较，交互概览图可以被看成是一个具有更高层次的活动图。使用分治方式建模活动图时，可以先建模描述低层活动的各种交互图，如活动图、时序图和通信图等，然后再将这些交互图聚集成一张更高层次的活动概览图来宏观地描述整个活动的概貌或全貌。这种方式的建模有助于以简化对复杂活动的建模。

另外，交互概览图还可以使建模人员能够从更高的层次来检查系统的主要交互流，也为建模人员提供了更宏观地描述交互控制流的方法。

7.6.3 时序图

UML 时序图（Timing）主要用于显示对象的状态或者一个或多个元素值随时间的改变而发生的变化。它也可以显示定时事件之间的交互以及支配它们的时间约束和持续时间约束。

UML 定义了状态生命线（State Lifeline）和值生命线（Value Lifeline）两种表示形式的时序图，用于描述项目的状态或属性值随时间的变化情况。

UML 时序图使用一个带有水平时间轴和垂直状态轴的二维矩形区域来表示特定选项的状态（或属性值）随时间的变化情况。

1．状态生命线

状态生命线使用一条平面折线用于表示选项（对象）状态随时间发生的变化。折线上的每个转折点均表示给定选项的状态在对应的时间点上发生的变化。此时，图中的水平轴表示时间，可使用任意选定的时间单位。垂直轴表示状态，可使用给定的状态列表中的各个状态来标记。

如图 7-33 所示给出了一张带有状态生命线的时序图的实例，图中的选项拥有四种不同的状态，其中的生命线分别在 20 和 90 这两个时间点上发生了状态改变，表示选项的状态在对应的时间点上从初始的 State 1，依次变化成 State 2 和 State 3。

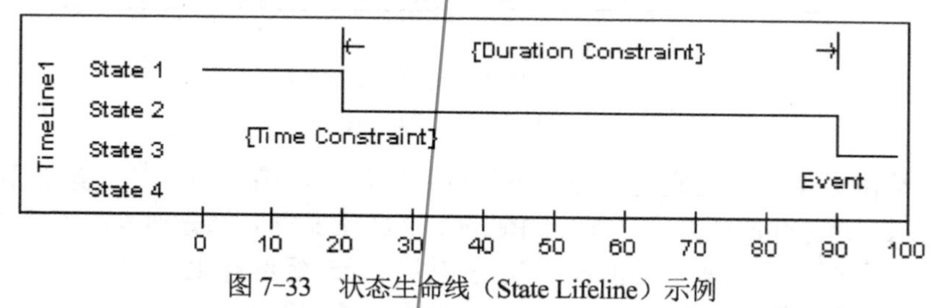

图 7-33 状态生命线（State Lifeline）示例

2．值生命线

与状态生命线相同，值生命线也表示选项状态随时间发生的变化。不同的是，这种形式的时序图使用值生命线的交叉表示选项状态的变化，其中每个交叉点用于表示项目状态的一次变化。选项状态在两次变化之间的取值则标记在这两条水平线中两个交叉点之间的位置上。

例如，图 7-34 给出了一个使用了值生命线表示状态随时间变化的例子。图中表示的选线值经过了三次变化，发生变化的时间点依次为 20、70 和 90，对应的选项值经历了从初始的 0 依次改变成 2.5、1 和 10。

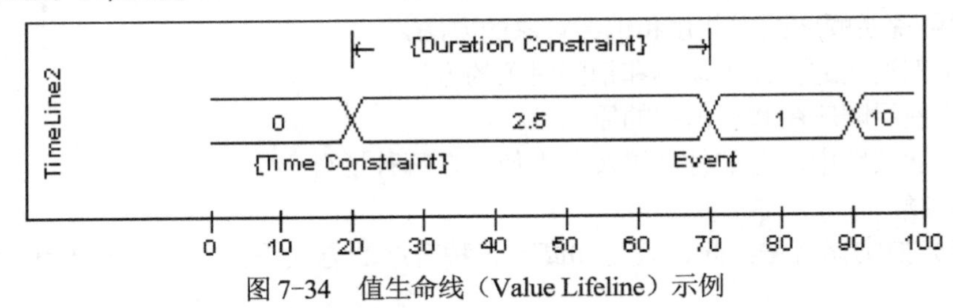

图 7-34　值生命线（Value Lifeline）示例

这两种形式都可以用于表示特定的选项值随时间发生变化的情况。当设计中包含了与时间相关的因素时，使用时序图将有助于给出一个既直观又清晰的设计描述。同时，时序图中还可以添加与改变有关的时间约束、持续时间约束以及相关事件等。

7.7　小结

与第 6 章相似，本章介绍了用于系统动态行为建模的另外两种图，即状态图和活动图的概念、模型元素和建模方法。

状态图描述了某个特定对象在特定的时间片段内的状态及其状态迁移的情形，还描述了对象在某个状态下需要执行的动作，也包括触发状态迁移的事件、进行迁移的条件和迁移时需要执行的动作。

与状态图相对应的是，活动图描述了为实现某个特定目的而进行的一系列活动，整个活动过程通常是由多个对象相互协作完成的。活动图描述了多个对象之间的交互。泳道界定了对象之间的界线。

比较而言，活动图更适合于描述需求，如用例或业务流程方面的内容，状态图则更适合描述特定对象。同样值得关注的是状态图和活动图带来的模型增量问题。

另外，本章还简单介绍了 UML 2.0 新增加的几种图，即是复合结构图、交互概览图和时序图三种图。它们都不是基本的 UML 图，而是由 UML 基本图派生出来的，为我们观察 UML 模型提供了一个比较具有概括性的视角。

习题

一、简答题

1．简述活动图的概念、用途和主要特点。

2．简述通信图的概念、用途和主要特点。

3．简述活动图中的泳道有什么样的作用。

4．简述事件的定义，状态图中的时间有哪些类型，这些事件之间有什么样的联系和区别。

5．简述信号的概念，说明活动图中与事件相联系的动作，再说明状态图中与信号相联系的事件。

6．简述状态图中的事件的种类及各种事件之间的联系和区别。

7．从消息的表达式中如何看出嵌套发送、循环发送、条件发送。

8．简述无效状态和死状态的概念，说明无效状态和死状态对状态图的影响。

9．试举例说明顺序图中创建和销毁对象的方法。

10．试举例说明通信图中创建和销毁对象的方法。

11．简述使用顺序图和通信图的原因。

12．简述通信图中消息的种类以及分别使用在哪种场合。

二、分析题

1．某灯光控制器可按冷光、暖光和高亮三种有序的方式提供照明。不使用时，灯光可置成关闭状态。

1）若控制器使用一个带有 Cool、Warm、Bright 和 Close 四个按钮的控制面板，请绘制一个状态图描述这个控制器的状态及其变化情况。

2）若控制器仅使用一个开关控制照明方式。每个开关仅有“开”和“关”两种状态来对应灯光的打开和关闭。初始时，开关状态是关闭状态。每次打开开关时，如果距离上次开关关闭的时间间隔比较短时，灯光都会被设置成上次亮灯状态的下一个状态。否则，灯光状态被设置成冷光状态。请绘制一个状态图描述这个控制器的状态及其变化情况。

2．在一个简单的电梯系统中，电梯的状态可以用上行、下行和停止三种情况表示，其当前位置可以看成内部属性。电梯的运行规则描述如下：电梯的初始位置是停在一楼。当有上行或下行按钮被按下时，电梯将根据电梯的状态决定是否立即响应用户请求，当用户请求发生的位置在电梯的运行方向时，电梯将响应这个请求。否则，电梯将把这个请求缓存起来。等待完成当前任务后再响应这个请求。根据上述陈述，绘制电梯的状态图。

3．人力资源系统中，一个员工（Employee 类对象）的状态包括申请（Apply）、录用（Employed）、离职（Leave of Absence）、辞退（Terminated）和退休（Retired）等多种状态。

1）申请状态是指潜在的员工向公司提交了求职申请，并等待录用的状态。这个状态下，需要进行面试，并等待可能的录用事件。

2）录用状态是指申请人被录用以后的状态。该状态下员工被分配了特定的工作职位。

3）离职状态是指员工因某种原因（如健康原因或事假等）申请暂时离开工作岗位的状态，员工的每次离职期限不得超过 1 或 2 年（事假一年，病假两年）。离职期满，员工应及时返回原先的工作状态。未能按期返回的，将自动转入辞退状态。

4）辞退状态是在录用状态下，员工辞职或被开除进入的状态。

5）退休状态员工在满 60 岁时，通过退休进入的状态。进入此状态时，应及时处理员工与公司的各种债权债务，计算养老金等。

根据上述描述，建立一个描述 Employee 类的状态图，使用活动图建模一个员工从提交申请到退休的全过程。

4．某公司门禁系统的结构如图 7-35 所示，其主要结构部件包括主控制机（Control

Host）、门锁控制器（Lock Controller）、指纹采集器（Fingerprint Reader）和蜂鸣器（Buzzer）四个部分。

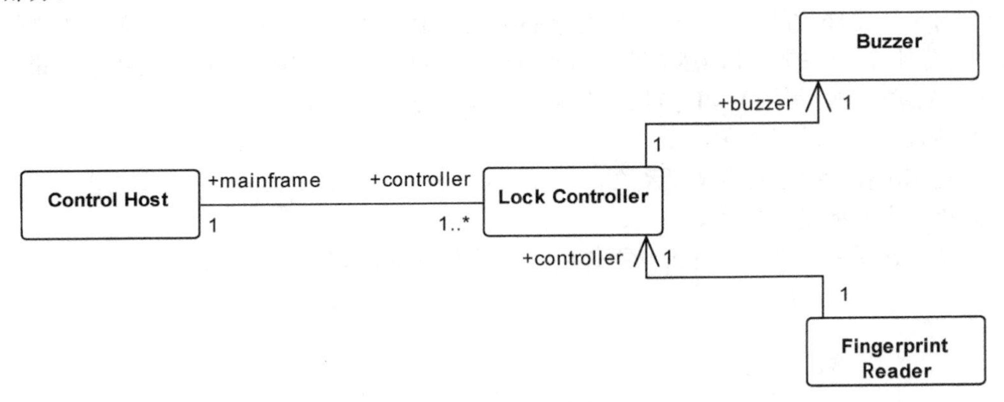

图 7-35　某公司门禁系统的结构

其中，整个系统配备一个主机系统，用于控制公司所有办公室的门锁。控制主机上部署一个数据库，用于存储每个门锁的安全级别和当前状态。公司为不同部门和不同职务的员工定义不同的了开锁权限。权限与安全级别匹配的用户才能打开对应的门锁。主控制机还负责维护职工的指纹和开锁权限信息，并将这些信息保存在主机的数据库中。

用户开锁时，先要采集指纹信息。指纹采集器将通过中断的方式将采集的信息发给门锁控制器，门锁控制器再将收到的信息和门锁标识发送到主机，主机判断用户开锁权限后，并将判断结果发给门锁控制器。如果权限匹配成功，则打开门锁。否则，门锁控制器将自动锁门并启动蜂鸣器发出报警信号。

试用状态图描述一个锁的状态变迁，再用活动图描述一个完整的开锁过程。

分析一下，这样两个模型带来的模型增量有哪些？

5. 某期刊在线审稿系统主要负责处理论文在线投稿和在线审稿等事务。系统的用户可以包括管理员、作者和审稿人。系统的需求描述如下。

1）作者使用在线审稿系统时，应实现在系统中注册，只有通过注册的用户才能向杂志社进行投稿。

2）作者可向系统输入论文稿件和浏览稿件审阅结果。输入稿件时应输入论文的作者信息、题目、摘要、关键字、主题类型、参考文献和论文的电子文档，有时还可以输入推荐的审稿人。系统将自动审核作者输入的信息，通过审核后，作者可以提交其输入的全部信息。提交之前，作者还可以修改其输入的全部信息。

3）提交完成后，杂志社的编辑可进行论文的初审，对没有发表价值的或有严重缺陷的论文进行处理。对合格的论文，则要根据论文所涉及的学科、技术领域以及作者的推荐，为稿件安排审稿人，并通知被选中的审稿人。有时，重要的论文还可以安排多名审稿人。

4）审稿人需要经常登录系统并及时评审他负责评审的稿件。评审时，评审人可直接将评审意见以标注的形式添加在稿件中。评审完毕后，应及时提交评审结果。评审结果可分为通过、按评审意见修改和拒绝发表三种情况。有时还需要进行再审，即安排多名审稿人进行评审。

5）对于通过评审的稿件，管理员要安排稿件的发表日期、计算所需要的版面费用并写出录用通知发给作者。对于退稿的稿件，也要给作者发一份退稿通知，以便作者进行后续的处理。

6）对于需要修改的稿件，则需要将审稿结果发给作者。作者修改后需要再次提交修改后的稿件，而且修改后的稿件仍然需要交给原审稿人继续评审，直至得到确定的审稿结果。

根据上述描述，采用 UML 方法对其进行必要的分析与设计。

1）请画出稿件的状态图。

2）绘制出作者投稿过程的活动图。

3）审稿人审稿过程的活动图。

4）从构建系统的角度，评价一下你绘制的状态图和活动图。

第8章　包图、组件图和部署图建模

学习目标

- 理解和掌握包图的概念、构成元素、表示法、建模原则和建模方法。
- 理解和掌握组件图和部署图的概念、构成元素、表示法和建模方法。
- 掌握状态图与活动图的建模方法。

大多数的软件项目都需要都对系统的体系结构进行建模。分析阶段建立的体系结构模型往往仅是一个粗略的框架，而在系统设计阶段要对这个粗略的体系结构模型进行进一步的细化、补充和完善，以得到最终的系统软、硬件系统体系结构模型。面向对象的体系结构模型主要使用构件图和部署图来加以描述。本章首先介绍用于描述模型结构的包图的建模方法，然后介绍构件图和部署图的建模方法以及它们在系统体系结构建模中的应用。

8.1　包图

一个完整的软件模型通常是由多个部分组成的，例如，模型的视图结构，为有效地组织一个模型的结构，UML 提供了包（Package）机制来定义和描述模型的结构。

包是一种基本的 UML 模型元素，也是一种用于存放或封装模型元素的通用机制。包元素不仅可以用于组织模型元素，而且也可以用于定义或控制包中元素的可见性和访问性。

一个包可以拥有多个模型元素，但一个模型元素只能被一个包所拥有。如果从模型中删除一个包，那么这个包所拥有的元素也都将被删除。包中可以包含的元素类型取决于包所在的位置（如所属的视图），这在不同的建模软件中有不同的约定。

UML 把不属于任何包的包称为根包（Root Package），根包的名称通常就是模型的名字。任何一个模型中都有且仅有一个根包。除了根包之外，模型中任何一个包都必须唯一地从属于某一个包，称后者为前者的父包，前者称为后者的子包。

另外，包是一种纯概念元素，即它一般不会被映射成最终的目标系统中的可运行的实例。换句话说，包是一种不能被实例化到最终目标系统中的概念性元素。

包图（Package Diagram）是一种用于描述包和包之间关系的图，包图建模关注的重点在于模型元素的组织结构，同时也关注包之间的关系。

8.1.1　包图的构成元素

包图中的主要构成元素包括包和包之间的关系，当然也包括指向模型中任何一个图的链接或引用，还包括注释等公共元素。

1．包

包是包图中最基本的模型元素。每个包都有名字，在相同的上下文中，包应具有唯一的包名字。包命名的主要问题就是避免命名冲突，命名时应避免不同元素使用相同的名字。当不同包中的两个模型元素取相同的名字时，可以使用路径名来加以区别。

包中元素也有可见性问题，包的可见性主要用于控制包中元素的可见性和访问性。与类的可见性一样，包中元素的可见性也被分为公共（Public）、私有（Private）和保护（Protect）三种情况，具体含义如下。

1）具有公共可见性的元素，对所有包都是可见的。

2）具有私有可见性的元素，仅对包含这些元素的包是可见的，对其余任何包都是不可见的。这意味着，私有元素只能被拥有该元素的包中元素使用和访问。

3）具有保护可见性的元素，仅对包含这些元素的包及其子包（有泛化关系的子包）是可见的，而对于其余的包均是不可见的。

图 8-1 给出了一个包图的例子，图中包含了一个名为 Package 3 的包元素，这个包中包含了 A、B、C 和 D 四个公共可见性的类。图中还嵌入了一个描述了这些类之间关系的类图。

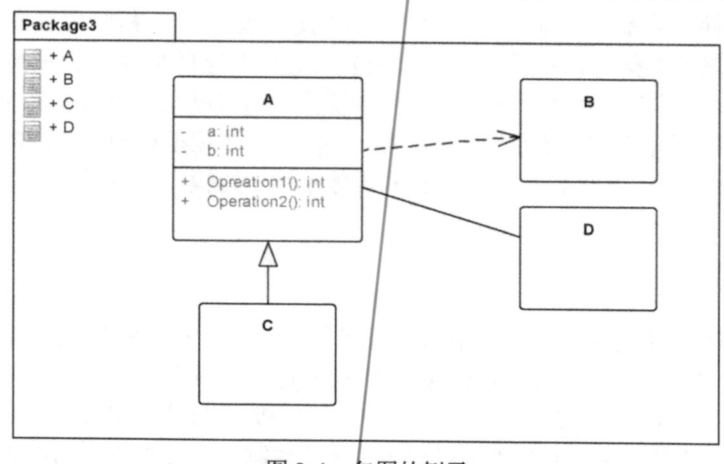

图 8-1　包图的例子

2．包之间的依赖

包之间通常有依赖、精化和泛化等多种关系。除了结构性的关系以外，包之间的关系主要取决于这两个包中包含的元素之间的关系。

（1）包之间的依赖关系

在模型中使用包机制会使模型的元素分布在多个不同的包里，一个包的元素会引用另外一个（或一些）包中的元素。也就是说，不同包中元素之间的关系形成了包之间的关系。

如果一个包中的元素使用了另一个包中的元素，则称这两个包之间也存在着某种依赖关系。

为了清楚地描述包之间的关系，UML 还可以使用构造型机制描述包之间的不同依赖关系。常见的构造型有导入依赖（Import）、访问依赖（Access）和合并依赖（Merge）等。

1）导入依赖。

导入依赖表示一个包可以引用导入包中的可引用元素，可引用元素不仅包括导入包中的元素，也包括导入包从其他包中导入的可引用元素。并且导入包可以不使用完全路径名称就可以使用这些引入的元素。在包图中，使用带有构造型«import»的依赖表示导入依赖。

2）访问依赖。

和导入依赖关系类似，访问依赖关系主要用于指定包之间元素的访问关系，其含义是导入包中的元素也可以访问被导入包中的公共元素，但只能访问被导入的包中的元素，并且不能省略元素名的路径。在包图中，使用带有构造型«access»的依赖表示导入依赖。

3）合并依赖。

合并依赖是使用构造型«merge»表示的依赖，其含义是将指定包中的元素合并到当前包中，合并的元素还包括从其他包中合并到导入包中的元素。合并时，如果当前包中已经包含了要合并的模型元素，那么这些合并过来的元素将被定义成原有元素的某种扩展，并且所有合并导入的新元素都将被标记为源包的泛化。

在建模过程中，如果希望将一些包合并成一个包时，就可以使用合并依赖来描述这样的建模意图。合并时，必须要考虑解决元素的命名冲突问题，解决方法要视这些元素的具体情况而定。

另外，包之间的细化关系（Refine）也是一种形式的依赖。细化依赖的主要作用在于描述不同软件开发阶段模型的进化情况。

如图 8-2 所示即为包之间的实现关系，其中 Common 中包含了一组接口，另外两个包（OleDB 和 SqlDB）则分别包含了这组接口的两种不同的实现。

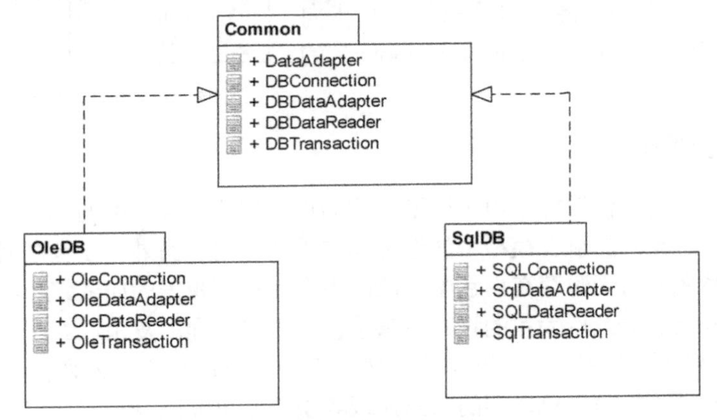

图 8-2　包之间的实现关系

最后要说明的是，包之间依赖关系的最终实现依赖于具体的程序设计语言。例如，在 C# 和 Java 程序设计语言中都明确定义了包和导入的概念，Java 程序员经常将需要的 Java 包导入到他们的程序中，以便直接引用它们需要的 Java 类（如 Vector 类）而不必使用任何限定符。而 C++中则使用了名字空间（Namespace）、使用（Using）和包含（Include）等语句实现包的导入。

同样，建模时使用什么样的模型元素或构造型还与选择的程序语言有关。

（2）包之间的泛化

如果一个包中元素继承了另一个包中某些公共或保护的元素时，就称两个包之间具有泛化关系。包间的泛化的表示法与类的泛化的表示方法相同。图 8-2 给出了一个描述了包之间的泛化关系的实例。图中的 Common、SqlClient 和 OleDb 分别是.NET 中的三个类包，这三个包中的类之间的泛化关系（如图 8-3 所示）导致了这些包之间存在的泛化关系。需要时，可以将这些关系绘制在包图中。

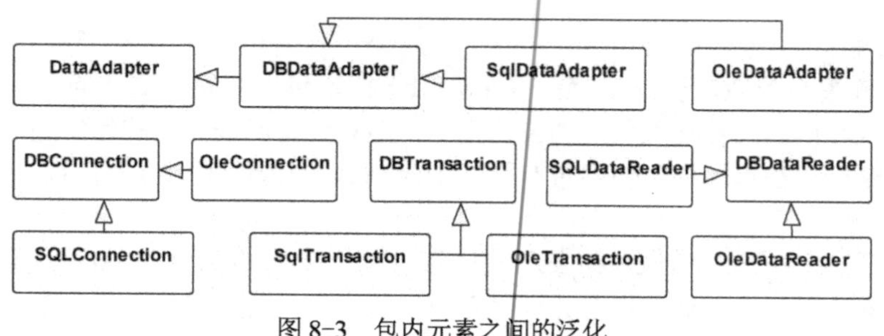

图 8-3　包内元素之间的泛化

3．超链接

包图中常见的另一种元素是超链接，其含义是一种对模型中另一资源的引用形式，如模型中的某个 UML 图。建模时，可以将模型中已经存在的一张图拖放到当前包图中，再将其设置成超链接形式。

超链接是包图中包含的除了包和包关系之外最重要的模型元素，它起到了在模型中导航的重要作用。双击这一元素，可以直接导航到它所指向的软件模型。图 8-4 中的包图中就给出了一个指向某类图（Association between reader and books）的超链接。

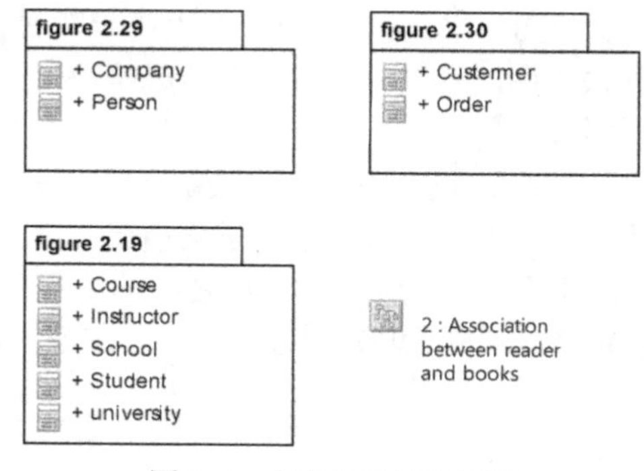

图 8-4　含有超链接的包图

8.1.2　包的设计原则

在 UML 中，包的建模发挥了组织模型结构的重要作用。模型中的任何一个包都是模型的特定组成部分，并且不同的包在模型中的地位和作用也不同。另外，在包之间除了存在着结构性的层次结构关系之外，同时存在由包中存放的模型元素所带来的如依赖、继承等各种关系。因此，这些错综复杂的关系也为包的设计带来了模型结构方面的复杂性。

清晰的模型结构显然更有利于提高软件建模工作的质量和工作效率。设计包时，最基本的设计原则就是要尽可能简化包之间的关系，或者说要尽可能减少和弱化包之间的关系。设计时，通常需要考虑如下一些设计原则。

1．共同闭包原则

共同闭包原则是指把需要同时改变（或有依赖关系）的模型元素放在同一个闭包中。闭包是指包含模型元素的包或某个上层的包。需要同时改变的模型元素也就是指具有某种依赖关系的模型元素，这些关系包括泛化、组合、聚合、关联、依赖和实现等关系。

将有依赖关系的模型元素存放在同一个闭包中，可以有效地控制相关元素在模型中的分布范围。当修改了某个模型元素时，不容易遗漏对相关模型元素的修改。反之，需要在分别存放这些模型元素的包之间引入新的依赖关系。

2．共同重用原则

共同重用原则要求不要把不相关的类放在同一个包中，这个原则的作用在于回避不存在的依赖关系。例如，当包中的某个模型元素发生了某种改变，在建模时就可能会检查这个包中的所有元素，以便做出相应的修改。违反了这个原则时，会增加很多无谓的工作负担。

3．可重用原则

可重用原则是指设计包时应充分考虑包的可重用性问题。当设计中包含了具有可重用性考虑的需要时，就可以考虑添加一个合适的包作为可重用包，并将模型中可重用的模型元素分门别类地组织在这样的包中。并把可重用性作为包的特性明确地标记清楚，例如标记一个«reuse»构造型等。同时，还要避免将非重用的模型元素放在这样的包中。

可重用的模型元素通常是那些领域相关，或与具体业务逻辑无关或弱相关的模型元素，它们一般属于某个特定的应用领域，如可重用的类和构件等。

4．非循环依赖原则

非循环依赖原则是指不允许在包之间存在循环的依赖关系，循环依赖会严重增加模型结构的复杂性和耦合度。如果循环依赖是由模型元素之间的依赖引起的，这样的设计会严重影响设计质量，甚至影响目标系统的可重用性和可扩展性等质量指标。

消除循环依赖最根本的方法是重构设计，消除模型元素之间存在的不合理的依赖，并消除包之间的循环依赖。

总之，上述原则仅是一些一般性的建模原则，最基本的建模原则要求建立的包结构要有利于建立满足高内聚低耦合的软件结构。另外，包之间实际存在的依赖关系并不取决于包的结构关系，而是取决于包中存放的模型元素。因此，包中元素的存放也必须要严格遵守包的可见性和可访问性等规则。

8.1.3 包图的建模方法

在软件模型中，包图主要具有两个方面的作用：一方面，包图的主要作用是定义或描述软件模型的结构，以图形的方式描述模型的包和包之间的关系；另一方面，包图的主要作用是为软件模型添加必要的导航。目前的建模软件均支持包图的导航功能，借助这个功能，建模人员可以更高效地查找或浏览软件模型的内容，从而提高建模的工作效率。

以上述两个方面的作用为出发点，给出包图建模的基本方法。

1．定义模型的基本结构

目前的 UML 建模工具通常会给出一系列预定义的模型模板，建模人员可以根据要完成的工作性质和内容选择满足其需求的模板，并定制其模板的主要内容。

例如，建模人员要完成一个完整的软件项目时，可能会选择标准的软件模型模板，并为模型选择合适的子模型，如用例视图、逻辑模型视图、构件视图、动态视图和部署视图等标准的视图。这时，创建了一个基本的软件模型。

此时可以为模型的根包添加一个包图，也可以将根包中的每个子包元素添加到这张包图中，以展现当前包的结构，还可以为这些包元素添加必要的关系。

当然，也可以为每个子包添加一张包图。此时，系统将自动建立从根包的包图到子包的包图之间的链接，即从根包导航到子包中的包图。

2．定义各子包的模型元素和包图

当子包是模型的某个视图时，包内元素代表的是软件建模的某个阶段需要的模型元素了。例如，用例视图（包）需要的主要元素通常是参与者、用例和软件概念模型等需求建模阶段需要的内容；逻辑视图需要的模型元素则是描述软件结构所需要的类和描述类之间关系所需要的类图等。

UML 规定任何包均可以包含子包，因此建模人员可以根据实际情况定义需要的子包并规划好子包之间的逻辑关系。为了描述和理解包之间的关系，有必要在这样的包中添加包图，以描述当前包的结构和建立包之间的导航，当然也可以建立向包内其他各图或相关的各种图的导航。

最后要说明的是，除了结构性的关系以外，包之间实际存在的各种依赖关系并不取决于包图中的关系描述，而取决于包内存放的元素之间实际存在的关系。因此，在包图中绘制的包之间的依赖关系仅仅是建模人员的主观设计或主观描述。

8.2 构件图

面向对象方法中，软件体系结构一般可以使用包图进行建模。在 UML 中，描述软件体系结构的包又可以由若干个构件组成。构件图通常被定义成若干个构件及这些构件之间的关系构成的集合，构件可以看成是系统逻辑结构模型中定义的概念和功能（如类、对象及它们间的关系和协作）在物理体系结构中的实现，它通常是开发环境中的实现性文件。

8.2.1 构件及其特点

构件是系统中遵从一组特定接口并提供实现的一个物理的、可部署和可替换的单元。构件也具有封装性，构件一方面封装了其内部的实现细节，另一方面还清楚地展现其对外接口。构件还具有可重用性，是软件复用的基本物理实现单元，也是逻辑模型元素（如类、接口、协作等）的物理包。

在 UML 中，对象库、可执行程序、组件（如 COM+组件或企业级 JavaBeans 等）都可以描述成构件。构件的内部元素所实现的服务则通过其对外提供的一组接口来加以描述。对于系统功能在物理节点上的配置则通常采用部署图进行描述。

1. 构件的主要特征

构件可能会根据其表示内容的不同而呈现出不同的表示形式。但大多数情况下的构件一般都具有如下一些特征。

（1）可重用性

在软件项目中，设计和实现一个组件的目的不仅仅是为了完成当前的项目，而且还要考虑组件将来在其他项目中的重用。构件最重要的特征就是它的可重用性，可重用性要求构件仅包含那些抽象的（或业务无关的）功能，其抽象程度越高则其可复用的程度就越强。

（2）结构性

从结构上看，构件是由一组类和接口构成的集合。其中的各个类、接口之间的关系是泛化、关联、聚合、组合、依赖和实现。

（3）封装性

构件与同类一样具有其特定的内部状态属性和期望的外部行为。所以，构件同样应具有封装性的特征。另外，从可重用性的角度来看，构件面临的是不确定的应用环境，因此构件的封装性定义应充分地考虑到其功能扩展、信息一致和信息安全等方面的要求。

（4）语言无关性

构件通常可能用来实现某个通用的功能或封装了某个抽象的业务逻辑，这些通常与实现这些功能的语言是无关的。例如，某个封装了 POP3 协议的电子邮件组件，虽然这些组件最终都要通过使用某种特定的程序设计语言加以实现，但组件的功能与语言却是无关的，并且实现组件使用的语言和重用组件的项目所用的语言也不同，有时甚至可以完全不同。

（5）可靠性

构件的开发一般都经过了比较严格的测试，基本上不会含有错误，出现错误的概率大大降低。

2．构件与类之间的区别

构件和类之间有着极大的相似性，但它们之间也存在着一些很明显的区别。其区别主要体现在抽象层次和表现形式两个方面。

（1）二者的抽象层次不同

类是对系统描述的某些实体的一种逻辑抽象，这些实体通常仅承担系统中某些比较小的粒度的职责。组件则是一种物理的抽象，通常用于表示系统中某个粒度较大或具有比较完整的功能的具体实现。

（2）二者的表现形式不同

类的表现形式主要包括类的定义和实现，内容包括属性和操作的描述，通常是静态的。在一般情况下，构件的表示形式通常仅是物理的，而且其内部结构是不可见的，可见的仅仅是操作或构件所公开的外部接口。

8.2.2　构件图的主要元素

构件图最基本的构成元素包括构件和构件之间的链接两大类。构件图中通常可以使用构件（Component）、类（Class）、接口（Interface）、端口（Port）、对象（Object）和工件（Artifact）等实体元素，以及关联（Association）、泛化（Generalization）、代理（Delegate）、实现（Realize）和聚合（Assembly）等链接元素，这些链接元素主要用于链接实体元素。

图 8-5 给出了构件图中的部分基本实体元素的 UML 符号表示。

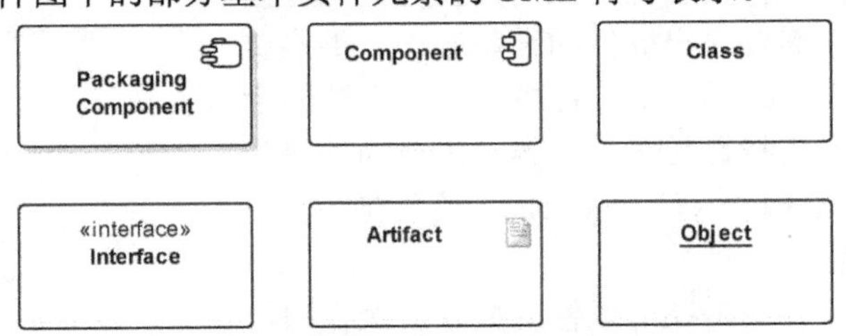

图 8-5　构件图中基本实体元素的图形符号表示

1．构件（Component）

构件（Component）可以看成是系统中遵从一组接口并提供实现的一个物理的、可替换的单元，构件的图形符号如图 8-5 所示。目标系统中的任何一组对象、一个可执行程序、一个可重用的组件（如 COM+组件等），甚至是一组源程序代码都可以描述成构件。

构件包（Packaging Component）是一种用包的形式表示的构件，用来描述包的构成元素的层次结构。

2．端口（Port）

端口（Port）是一个类、子系统或构件与其环境之间的交互，用于描述控制这个交互所需要的接口。任何一个指向端口的连接必须提供端口所需要的接口。建模时，端口可放置在类或构建的边界上。与其他模型元素一样，每个端口都需要有一个名字。

图 8-6 给出了构件图中端口的图形符号表示，图中构件上的小圆角矩形就是一个端口，它直观地描述了构件对外提供的可进行的交互。

3. 工件（Artifact）

工件的含义是人工制品，在构件图中，表示软件开发过程中产生的中间或最终产品，包括文档、模型和程序等。

4. 聚合（Assembly）

聚合元素表示构件图中的实体元素（构件或类）之间通过接口连接起来的关系。图 8-7 给出了两个构件之间的聚合关系，描述的是构件 Packaging Component 和构件 Component 之间存在的某种聚集（接口依赖）关系。

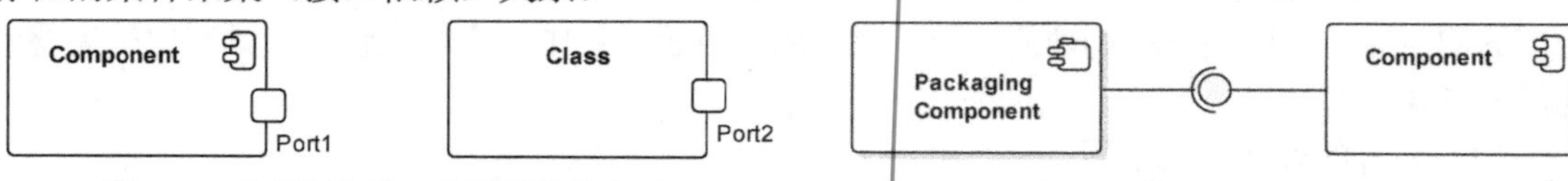

图 8-6　构件图中端口的图形符号表示　　图 8-7　构件之间的聚合关系

除了聚集关系，构件图中还可以使用关联、聚合、实现和代理等关系。这些关系的表示和含义与类图中的这些关系是完全一样的。

5. 接口（Interface）

构件的接口分为供接口（Provider Interface）和需接口（Required Interface）两种。供接口是由构件定义并向外发布的接口，环境可以通过接口访问构件并获得构件提供的服务。需接口也是由构件定义的、向外发布的接口，环境中实现该接口的对象可以通过这个对象与构件合作完成系统功能。图 8-8 给出了构件的供接口和需接口的图形符号表示。

供接口和需接口之间是有细微的区别的，二者的主要区别在于，供接口代表了构件为其客户提供的服务；需接口代表了构件在为其客户提供这些服务的过程中，反过来需要客户提供的某些协作。供接口和需接口为构件与其客户之间的协作提供了一个完整的合作机制，这种协作的本质特征是实现了客户需要的某些功能。图 8-8 给出了一个构件（Component）及其与环境之间的接口（供接口和需接口）。

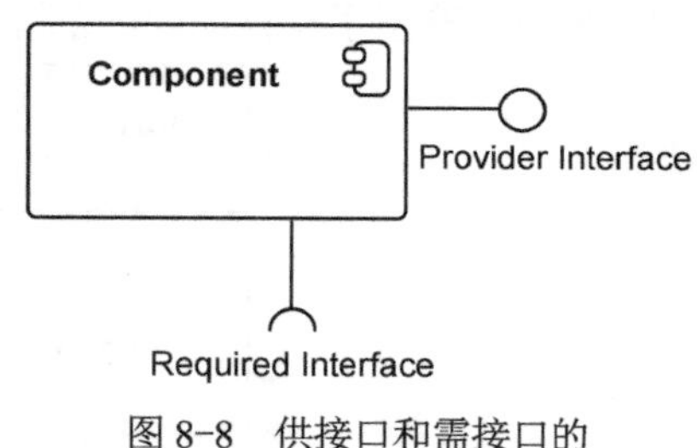

图 8-8　供接口和需接口的图形符号表示

除了聚集关系，构件图中还可以使用关联、聚合和实现等关系。这些关系的表示和含义与类图中的这些关系是完全一样的。

8.2.3　构件图的应用举例

在面向构件的程序设计方法中，构件通常被定义成以二进制形式表示的应用程序。在这种方法中，开发人员既可以使用现有的软件组件（目前的主流程序设计方式）构建目标系统，也可以独立设计可开发自己的软件组件，依次构建目标系统。自定义组件时，组件的可重用性将是组件设计的重要目标。

本节将通过一个简单且可重用的数据报表构件来说明构件图的应用问题。

1. 数据报表构件

在信息系统中，输出数据报表是一种常用的功能，尤其是在一款软件需要输出大量的、各种各样的数据报表时的情况。因此，设计和实现一个独立的、可重用的数据报表构件将具有十分重要的现实意义。

所谓的数据报表构件可以看成是一个二进制形式的、可执行的软件构件，其主要功能包括生成、显示和打印一个由一系列数据对象组成的数据报表。为了支持重用，所生成的报表的结构还应该具有较强的通用性。

从功能上来看，数据报表构件应能够根据输出数据的结构、内容和输出上下文（窗口或打印机）等信息生成数据报表，这既包括数据报表的总体格式，也包括数据报表中每个数据项的位置和格式等信息，数据报表构件还应该负责显示和打印生成数据报表。在输出的数据报表中，输出的每个数据项的内容和格式则由用户提供的数据对象提供。

从结构上看，数据报表构件由一个控制对象和一个数据对象构成，控制对象负责完成与客户程序以及用户之间的交互，从而实现报表的生成、显示和打印，数据对象用于存储用户输入的报表数据，还要缓存根据输入数据生成的报表的内部表示。

为了能够在不同的软件系统中使用这个构件，该构件需要向客户提供输入数据的接口。为了实现与用户的交互，数据报表构件定义了自己的图形用户界面，还定义了使用打印机控制的接口。

可以将数据报表构件中控制对象的方法定义成构件的供接口，客户可以通过这个接口与数据报表构件交互。同时，还需要为数据对象定义一个用于显示或打印的接口，这就是数据报表构件的需接口，加入到数据报表构件中的每一个数据对象都需要实现这个接口。

图 8-9 描述了数据报表构件的供接口和需接口的定义，图中包括了数据报表构件的一个供接口和三个需接口。IDataReport 是数据报表构件的供接口，客户程序使用数据报表构件时需要实现这个结构，并使用这个实现构造数据报表对象。其中的 IDataItem、IUserInterface 和 IPrinterInterface 是三个需接口，分别表示数据项、用户界面和打印机控制三个接口。使用数据报表构件时，构件可以通过这三个接口分别与环境中的数据选项、用户界面对象和打印机控制对象相连接，并以此实现与这些链接对象之间的交互。图中的 UserInterface 和 PrinterCtrl 分别表示支持打印预览和打印的用户界面对象和打印机控制器对象，它们实际上也是两个不同的构件。

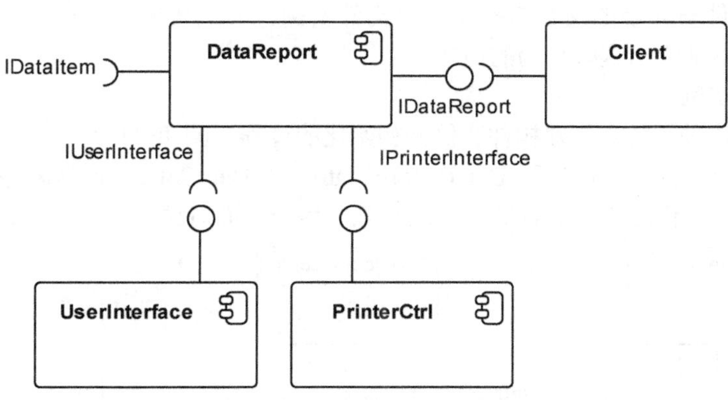

图 8-9　数据报表构件及其供接口和需接口

2．数据报表构件的内部结构

下面，再说明一下数据报表构件的结构设计。

从数据报表构件的功能进行分析，不难设计构件的内部结构。图 8-10 给出了一个简单的结构设计，其中仅包含了数据报表控件（DataReportControl）和数据集（DataCollection）两个主要成分，其余的结构成分则是前面提到过的几个接口。

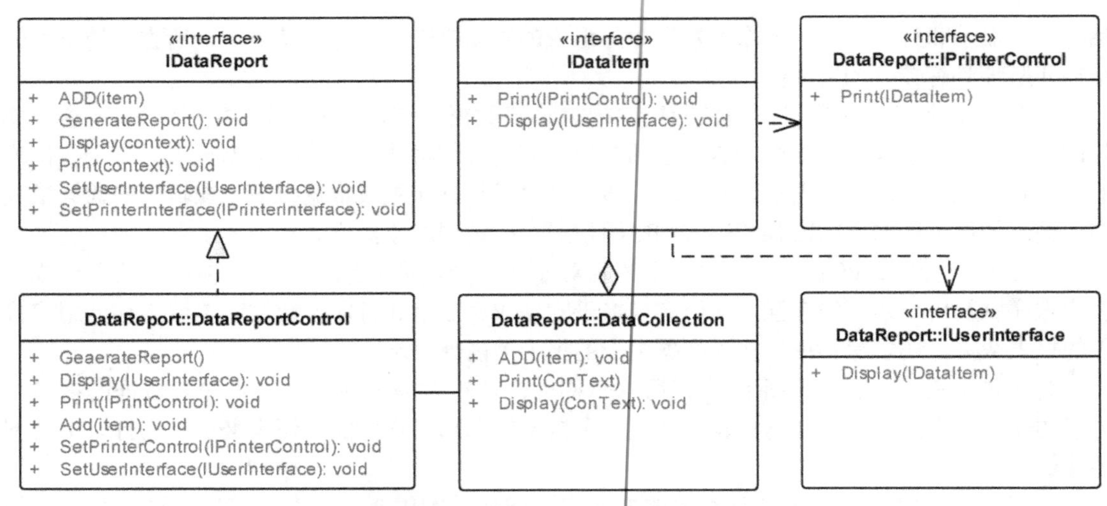

图 8-10 数据报表构件的基本结构

其中，数据报表控件（DataReportControl）是数据报表构件的控制对象，它负责控制整个数据报表构件的运作。数据集合（DataCollection）是数据报表构件的内部对象，其内容是报表中的数据，数据则是实现了 IDataItem 接口的数据对象，通过 DataReportControl 中的 Add 方法可以将它们聚集到数据集合中，所有发给数据对象（DataObject）的消息则都是通过这个接口（IDataItem）实现的，并且这些消息都是从数据报表构件的内部对象发出的。

这说明了需接口的重要作用，通过需接口使得数据报表构件表现出来的行为实际上也包括了其客户所期望的行为，这扩展了数据报表构件的可重用性。

仅从结构上来看，并不能完整地描述数据报表构件。接下来介绍构件的行为。

3. 数据报表构件与环境之间的交互

数据报表构件与环境的交互包括初始化构件实例、添加数据以及打印和显示报表等多种行为。下面，将分别给出这些行为的描述。

（1）构件的实例化

构件的实例化过程就是创建构件实例并初始化的过程，图 8-11 给出了数据报表构件的初始化过程，在这个过程中，创建了 DataReportControl 和 DataCollection 等对象，并向构件中设置了数据报表构件工作时需要的打印机控制对象和用户界面对象。

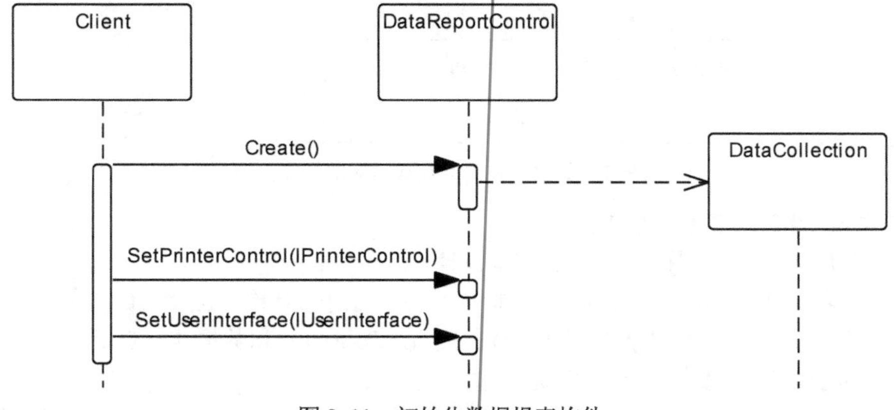

图 8-11 初始化数据报表构件

（2）创建数据报表

创建数据报表是指客户程序向数据报表构件的数据集中添加数据并生成报表格式数据的过程，图 8-12 给出了这个过程的顺序图描述，在这个过程中，既实现了向数据集（DataCollection）中添加了数据，也实现了报表的生成，为后续的报表打印和显示功能创造了必要的前提条件。

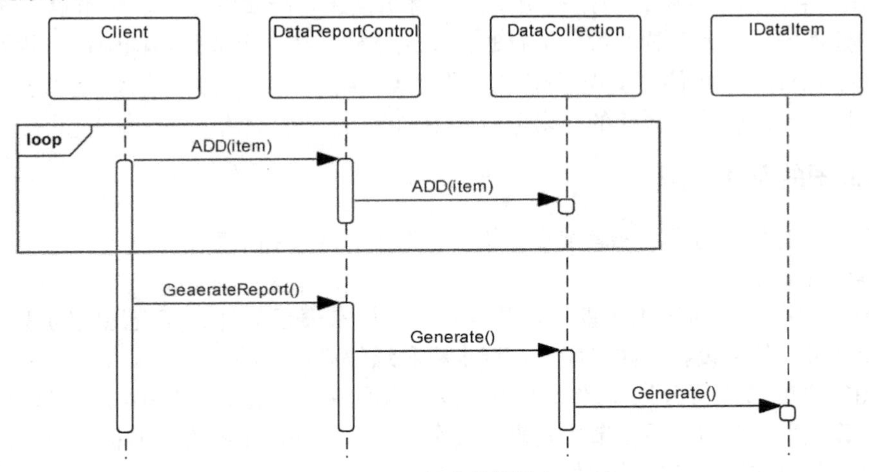

图 8-12　创建数据报表

（3）打印或显示数据报表

打印和显示数据报表是数据报表构件最重要的功能，这个过程的参与对象是用户和用户界面，图 8-13 给出了这个过程的顺序图描述。

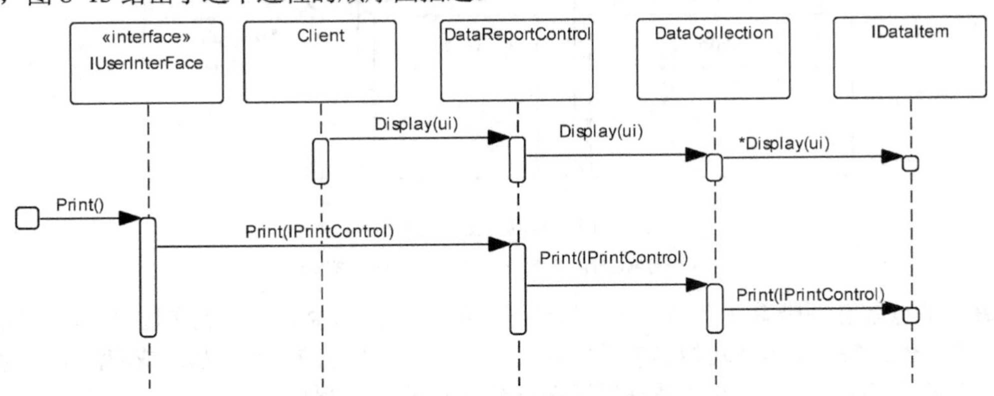

图 8-13　显示或打印数据报表

如图 8-13 所示可以看出数据报表构件的请求对象不仅可以有客户，甚至还可以有终端用户。这使得数据报表构件的设计更像是一个应用程序的设计，事实上，本案例中的数据报表构件本身也是一个应用程序，只不过它的使用者不仅有终端用户，也可以有客户程序，其设计与实现的过程与普通的面向对象程序的设计与实现过程并没有本质的区别。

另外，图 8-11、图 8-12 和图 8-13 均忽略了用户界面（IUserInterface）和打印控制（IPrinterControl）这两个接口的实现，其实它们不仅是数据报表构件的需接口，事实上也是数据报表构件中各种活动过程的参与者。这种方式使得数据报表的输出可以在不同的窗口和打印机之间进行不同的定向，从而使得报表的输出更加灵活。

8.3 部署图

一个完整的面向对象系统应该包含软件和硬件两个方面，经过开发得到的软件（包括程序、数据和软件构件等）必须部署在硬件上才能真正发挥其应有的作用。

在 UML 中，系统硬件体系结构模型由部署图描述。配置图由节点和节点之间的联系组成，描述了处理器、设备和软件构件运行时的体系结构。在这个体系结构中可以看到某个节点上在执行哪个构件，在构件中实现了哪些逻辑元素（类、对象、协作等），完成了何种功能，最终可以从这些元素追踪到系统的需求分析（用例图）。

8.3.1 部署图的基本元素

组成部署图的基本元素主要有节点、构件、对象、连接和依赖等。

1. 节点（Node）

部署图中，最基本的构成元素就是节点。节点用来表示某种计算资源的物理（硬件）对象；包括计算机、外部设备（如打印机、读卡机和通信设备）等。

部署图定义的节点可分为普通节点和设备节点两种。普通节点是指可以部署软件构件或具有一定计算能力的节点，设备节点则表示具有一定输入和输出能力的非标准设备，其特点是设备节点上不需要部署任何软件构件。

图 8-14 给出了节点的图形符号表示。其中，图 8-14a 给出了一个带有某些属性的节点，这些属性描述了设备应具有的状态；图 8-14b 描述了一个普通节点；图 8-14c 则描述了一个设备节点。

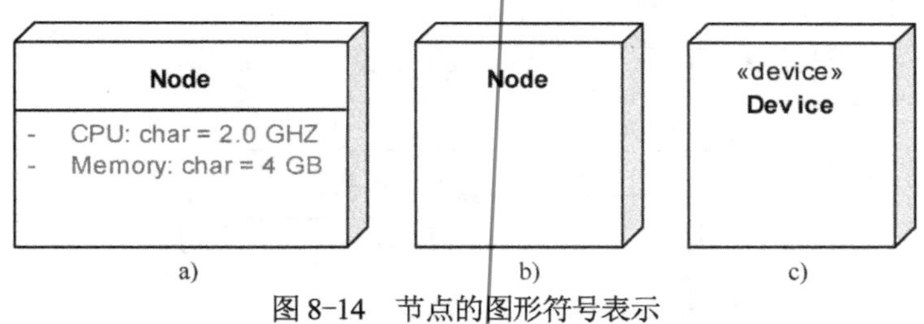

图 8-14 节点的图形符号表示

a) 带有属性的各节点 b) 普通节点 c) 设备节点

每个节点都必须带有一个名字作为标识符，写在立方体中间。节点名还可以带有路径且应具有唯一性。每种节点都可以带有某些属性，用于描述设备应具有的状态或应满足的约束条件。节点还可以带有方法，用于描述需要在该节点上部署的构件。

2. 构件（Component）

可执行构件的实例可以出现在部署图中的节点实例图形符号中，表示构件实例与节点实例之间的部署关系。

图 8-15 描述了一个图书管理系统的部署图实例。图中包含了 6 个节点和 3 个设备节点。其中，Database Server 是数据库服务器，其部署的构件是数据库和数据库管理系统。Application Server 是一个应用服务器，用于部署 Web 服务程序。Book Borrowing Terminal 是一个图书借阅终端，部署图书借阅管理程序，主要负责借书和还书业务。Information Inquiry Terminal 为图书信息查询终端，与应用服务器相连，主要提供各种信息查询。Information

Collection Terminal 图书信息采编终端，主要用于图书采编等业务。

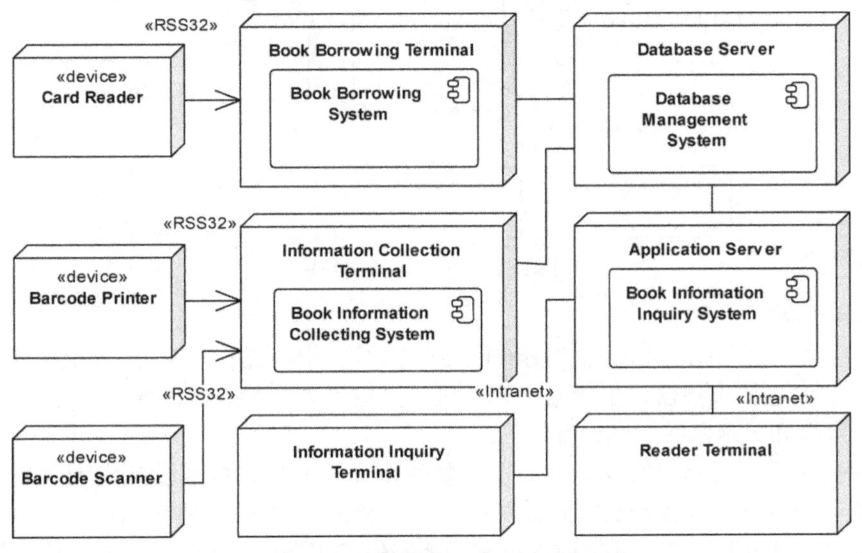

图 8-15　图书管理系统的部署图

另外，图中还包含了图书借阅系统（Book Borrowing System）、数据库管理系统（Database Management System）、图书信息采编系统（Book Information Collecting System）和图书信息查询系统（Book Information Inquiry System）四个子系统。这四个构件与节点之间的部署关系也被直观地表示出来。

3. 节点之间的关系

在实际的系统中，各个节点之间是通过物理连接发生联系的，以便从硬件方面保证系统各节点之间的协同运行，连接方式可以多种多样。部署图中的连接元素主要包括节点之间的通信关联和节点与构件之间的依赖关系两种。

（1）节点之间的通信关联

节点通过通信关联用一条直线表示，表示出节点之间存在某种通信路径。通过这条通信路径，节点间可交换对象或发送信息。通信关联上可以带有标明其某种特殊语义的（如连接方式）构造型，如«TCP/IP»和«Ethernet»等。图 8-16 给出了一个关于多个节点之间的通信关联实例。

（2）节点与构件之间的依赖关系

部署图中的依赖关系主要描述构件图中各要素之间的依赖，主要包括节点和构件之间的部署关系的依赖，不同节点上的构件或对象之间的迁移依赖。

部署依赖是指表示构件是否可以或是否需要部署到某个节点的依赖，这可以使用带有«deploy»或«support»构造型的依赖表示。对于分布在不同节点上的构件或对象之间的迁移关系可以使用带有«become»构造型的依赖加以描述。

图 8-16 描述了节点之间的关联关系和构件与节点之间的«deploy»依赖关系。

8.3.2　部署图的建模方法

部署图可用于描述整个系统的总体物理结构。在一般情况下，部署图的建模工作应在软件开发的系统设计阶段开始进行。可用于由多种计算机和设备构成的系统的建模，如嵌入式系统、C/S 模式或 B/S 模式的网络系统等。一个基本的网络应用系统部署模型的建模方法如下。

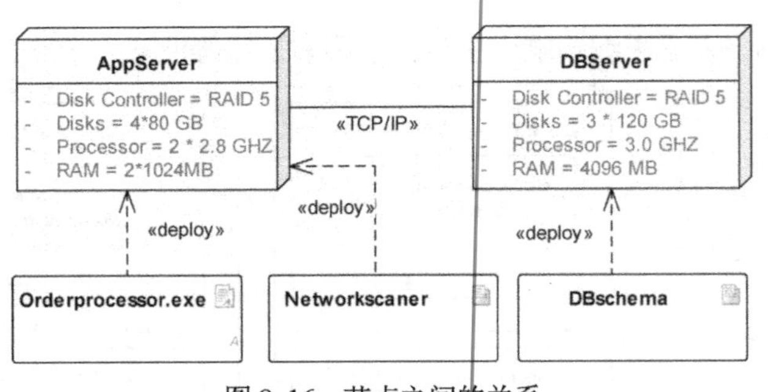

图 8-16　节点之间的关系

1．确定节点

综合考虑项目的目标、规模、地理分布以及所选的软件体系结构等因素，定义所需要的节点。

常见的节点包括服务器、工作站、交换机、网络设备和某些特殊输入/输出设备，一般不考虑鼠标、键盘和显示器等标准设备。

在一般情况下，可将每种（或具有某种特殊用途的）计算机或设备作为一个节点，一个设备也看作一个节点，设备一般没有计算能力（不能执行构件），但它们往往是系统与外界交互的重要接口。对于服务器，还需要根据它们所提供的服务的类型将它们划分成多种不同的类型，如数据库、应用、通信和视频服务器等。

2．定义构件在节点上的分布

根据软件体系结构和系统功能要求将构件分配到不同的软件节点上，并用构件图描述出来。

3．明确节点的特征

根据节点的用途、计算能力和处理能力等方面的特性和要求，分析清楚每个节点应具有的特征，必要时可使用节点的属性、操作和构件来描述这些节点所应有的性质。

4．明确节点之间的关系

对于节点之间的简单通信联系，可直接用关联描述，并标明关联使用的连接类型，如通信协议或网络类型等。

对于分布式系统，还要注意各节点上驻留的构件或对象之间可能存在的迁移的依赖联系，并用构件«become»加以说明。

5．绘制配置图

对于一个比较简单的系统，可仅绘制一张部署图就可以了。

但对于复杂系统，可以按照分治策略对节点进行分组的方式进行部署图的建模，即将部署模型分成多个包的方式进行建模，从而形成结构清晰的具有层次结构形式的部署模型。

此时应注意包中节点名称的唯一性，还要注意包间的联系问题。

8.3.3　部署图的应用举例

本节将介绍一个关于供水监控系统项目的部署图设计案例。该供水监控系统的目标是以无线通信的方式实现对分布在一个直径为几十千米的地域范围内的多个水泵实现远程监控，以确保实现对用水单位的持续供水，满足用水单位的用水需求。系统工作时，主要检测每台与水泵相连接的电机的状态，并根据电机的状态以及状态变化做出及时的控制决策，以避免因不正常的状态或状态变化造成设备故障或损坏而造成损失。

为实现这个目标，人们开发了一个供水监控系统，该系统的主要功能包括远程启动、远程关机、水泵状态监控以及运行日志管理等功能。其中，远程启动是指启动特定的水泵，使水泵处于供水状态；远程关机是指关闭指定的水泵，使该水泵处于停机状态；远程监控是指实时监测每一台水泵的运行状态，当水泵处于某种临界状态时，自动报警并关闭水泵。

根据系统应有的功能及其地域分布的特点，设计系统的物理结构。结构中，使用一台工业控制机（Industrial Control PC）和一台通信控制器（Communication Controller）作为中心节点、使用了多个通信终端（Communication Terminal）和水泵状态传感器（Motor Status Sensor）等多个设备与每一台水泵电机相连。其中，工业控制机和通信控制器之间是一一对应的关系，通信接收终端和水泵状态传感器之间也是一一对应的关系，而通信控制器和通信接收终端之间是一对多的关系，通信接收终端的数量则不小于现场连接的水泵数量。

图 8-17 中的部署图就清晰地描述了这个监测系统的物理结构，同时也清楚地描述了系统的软件构件（如 WaterProject.exe 和 Daily Record Of Work）在这些节点上的部署情况。

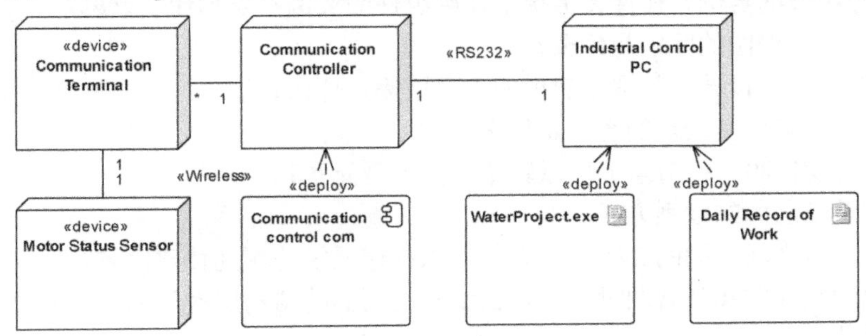

图 8-17　部署图的应用举例

从这个例子可以看出，部署图具有结构比较简单的特点，它们通常不包含过多的技术细节。其作用也是比较重要的，它可以使人一目了然地看清楚系统的结构，甚至能看出系统的运作情况。

8.4　小结

本章介绍了 UML 包图、构件图和部署图三种图。

对于包图，值得注意的是包和包图是两个不同的概念。包是一种模型分组机制，一个完整的 UML 模型通常可以看成是一个包，这个包中包含了该模型的所有内容。这个包中的内容又可以划分成若干个包。一个模型中的所有包和模型元素共同构成了一个完整的 UML 模型。

包图则是描述模型中的包以及包间关系的一种 UML 图，为人们提供了用于观察包结构方面的视图。在具体的建模工具（如 Enterprise Architect）中，包图还起着在模型之中导航的作用。

构件图描述了目标系统的软件构件及这些构件之间的关系，构件图可以看成是目标软件的物理结构，也是对软件功能结构的一种划分和实现。在具体的建模工具中，如 Rational Rose 构件图还可以作为正向工程的操作对象的作用。

构件则可以看成是逻辑结构模型中定义的概念和功能（如类、对象及它们间的关系和协作）在物理体系结构中的实现，它们通常是开发环境中的实现性文件。

部署图用于描述系统的硬件体系结构。部署图由处理器节点、设备节点以及节点之间的联系组成。在这个体系结构中，也可以看到节点部署的构件，以及这些构件中包含了哪些结构元素（如类、对象、协作等）。

习题

一、简答题

1．简述建模包含组件的作用。

2．在系统分析与设计中，组件图建模的主要用途是什么？

3．在 UML 中，组件的图符由几部分组成？每部分的内容是什么？

4．组件有哪些种类？

5．什么是接口？组件有哪几种接口？如何定义？

6．组件之间有哪些联系？这些联系的意义何在？

7．什么是组件的实例？在什么情况下使用组件的实例？表示什么意思？

8．组件图和部署图的区别是什么？

9．在系统分析与设计中部署图建模的主要用途是什么？

10．什么是节点？其表示的意义是什么？

11．节点有实例吗？在节点上可以驻留哪些模型元素？

12．说明节点之间的联系方式。

13．通过节点之间不同的连接，部署图可以描述系统的哪几种建模方式？

14．在绘制组件图和部署图时，为什么要解决它们的结构层次问题？如何解决？

二、简单分析题

1．假设有一个用 Java 实现的在线销售 Web 应用。这个应用通过 HTML 网页和 Servlet 的方式，向终端用户提供可访问的用户界面，访问请求被传递给正在应用服务器上运行的应用。该应用包含完成所有在线销售交易所需的业务逻辑。该应用宿主于数据库中的在线销售数据库中，以便对顾客数据进行存储、操作和检索。在地理分布上，有多台应用服务器。各应用服务器与区域数据库服务器进行交互，而区域数据库服务器则与主数据库服务器同步。

试确定此在线销售 Web 应用的组件和节点，并绘制相应的组件图和部署图。

2．在某网上书店系统中，可以确定的系统业务实体类包括用户（User）、图书（Book）、订单（Order）、订单明细（OrderDetail）、购物车（ShoppingCart）、控制类（MainManager）和边界类（MainPage）。

请建立一个 UML 模型，建模上述实体类，并将这些实体映射到一个名字为 Book 的组件中，并根据它们之间的关系绘制一张组件图。

3．网上书店系统中使用了若干台支持不同业务的客户端、一个应用服务器和一个数据库服务器。而 Web 用户可以在不同的 PC 上通过互联网连接到系统。请根据上面描述，绘制出该网上书店系统的部署图。

第9章　UML模型与程序设计

学习目标

- 通过对各种元素到应用程序映射规律的讨论，理解和掌握软件建模与系统实现之间的关系。
- 重点掌握类图模型中的类、关系等模型元素到程序代码的映射方法。
- 理解和掌握UML中顺序图到程序代码的映射方法。
- 理解和掌握UML中状态图到程序代码的映射方法。

软件开发过程中，在完成了软件建模后，接下来要做的就是将这些模型转换成具体的代码实现。在一般情况下，可使用建模软件中的“正向工程”功能将模型中的结构模型转换成相应的应用程序框架代码，程序设计人员可以在此框架代码基础上添加模型中尚未实现的细节，完成系统的程序设计。

UML模型中，类和类图是最重要的模型元素，它们描述了构建目标系统所需要的类和类之间的关系，这些类所具有的属性和方法，同时也包括了这些元素的各种约束。在目前的UML模型元素中，能够以自动化的方式映射到程序代码的仅有类图模型。

本章将以C++程序设计语言为例，介绍UML模型向程序代码映射的基本原理和基本方法，重点讨论类图到C++类的映射，其中包括类之间各种关系的映射。最后，再简单介绍一下模型中的顺序图、通信图、活动图和状态图等其他模型到C++程序的映射。

9.1　类的映射

从静态结构的角度来看，任何一个C++程序均可看成是一个由多个类的定义和实现构成的集合。因此，将一个UML模型映射到C++程序的本质，就是将在UML中定义的类转换成C++程序表示的类。为了叙述方便，本书将UML类图中的类简称为UML类，而将C++中的类简称为C++类。

9.1.1　C++类的基本结构

C++程序中，类的定义通常由类名、数据成员和函数成员三个部分组成。C++程序设计语言通常将每个类的描述分为定义和实现两个部分，类的定义部分从整体上描述类的基本结构及其与相关类之间的关系，存放在类定义文件（扩展名为.h文件）中。而类的实现部分则是类中每个函数成员的具体实现，在一般情况下存放在类的实现文件（扩展名为.cpp文件）中。

类的结构元素包括以下内容。

1）类名：C++中的类等同于类型，类名实际上也是一个类型声明符，可用它声明对象。

2）数据成员：也就是类属性，C++类可以没有数据成员，也可以有多个数据成员。

3）函数成员：即所谓的类方法，C++类中的成员函数分为函数声明和函数实现。函数声明属于类定义，存放在类的定义文件中。函数实现则属于类的实现部分，存放在类的实现文件中。实际上，函数成员描述了一个类的对象所能提供的服务。一个类可包含多个成员函数。

C++对类的数据成员和函数成员都提供了可见性定义，C++中的可见性分为私有（private）、受保护（protected）和公有（public）三种类型。

9.1.2 UML 类到 C++类的映射

在将一个 UML 类映射为相应的 C++类时，通常分别生成一个头文件和一个实现文件。头文件应给出类的定义部分，包括类名、数据成员和函数成员的声明部分。实现文件则应给出这个类的框架（无具体实现代码的成员函数），其具体实现细节则由程序人员自行设计和添加，或由某种建模软件根据模型中的其他信息自动生成。

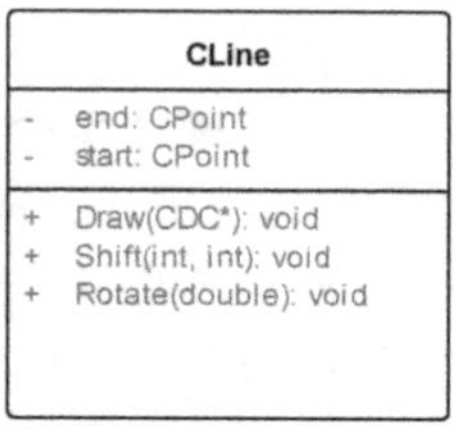

例如，图 9-1 给出了一个 CLine 类，其中定义了两个数据成员和三个函数成员，可直观地看出其所有成员的可见性。

CLine
- end: CPoint
- start: CPoint
+ Draw(CDC*): void
+ Shift(int, int): void
+ Rotate(double): void

图 9-1　CLine 类的类图

由这个 UML 类生成的 C++类如下所示。

```
//File: CLine.h
class CLine : public CGraphElement
{
public:
   CLine();
   virtual ~CLine();
   void Shift(int dy, int dx);
   void Rotate(double alpha);
   void Draw(CDC* pDC);
private:
   CPoint start, end;
};
```

```
//File: CLine.cpp
#include "CLine.h"
CLine::CLine(){
}
CLine::~CLine(){
}
void CLine::Shift(int dy, int dx){
}
void CLine::Rotate(double alpha){
}
void CLine::Draw(CDC* pDC){
}
```

注意：在将 UML 类映射为 C++类时，类的构造函数和析构函数通常是自动生成的。在一般情况下，建模 UML 类时可忽略构造函数和析构函数的建模。例如，代码中的构造函数 CLine()和析构函数~ CLine()就是自动生成的。

CLine 类的映射非常简单，其中只包含了属性的映射和方法的映射。实际上，UML 类的映射远比这里所描述的复杂得多，类之间通常存在泛化关系、关联关系、聚合关系、组合关系和依赖关系等。在将 UML 类映射为 C++类时，类之间的这些关系也必须进行映射。

9.1.3 属性和方法的映射

在 UML 类中，通常使用修饰符或属性值来描述类、属性和方法的可见性、作用域、抽象类和抽象方法等方面的特性或约束。表 9-1 给出了常见的修饰符以及对应的 C++表示方法。

表 9-1　常见的 UML 类修饰符以及对应的 C++表示方法

类特性	UML 修饰符	C++关键字	说明
可见性	公共 +	public	表示属性或方法对任何类均是可见的
	私有 -	private	表示属性或方法只在本类中可见
	保护 #	protected	表示属性或方法只在本类及派生类中可见

（续）

类特性	UML 修饰符	C++关键字	说明
作用域	实例（默认）	默认	C++类的成员默认为实例作用域
	类（下划线）	static	C++类用静态成员表示类作用域
抽象操作	斜体方法名 或 abstract	纯虚函数	C++用纯虚函数表示抽象操作 virtual 类型名 方法名([参数表])= 0
抽象类	斜体类名		C++用含有纯虚函数或将构造函数可见性置为 protected 的方法表示抽象类
方法修饰符	Query	const	C++用 const 关键字表示只读操作，只读操作不修改对象属性值
	Update	默认	C++类的操作的默认属性，使用 const 关键字表示只读操作，只读操作不修改对象属性值
参数修饰符	In	const	不允许在方法中修改参数的值或状态
	out 或 inout	const &	允许在方法中对参数做任何操作

C++类中，属性和方法的可见性定义与 UML 类中的可见性定义完全相同，不同的仅仅是表示符号不同而已。

C++使用静态成员表示具有类作用域的属性和方法。C++类中，静态成员的含义与 UML 类中类作用域的含义完全一致。同样，UML 类中实例作用域的含义与 C++类中的普通成员的含义也是相同的。

可以把类作用域方法（静态成员函数）看成是为类（类的对象集合）提供的服务，而不是专门为这个类的某个实例提供的服务。因此，这些方法并不与特定的对象相联系，当然也不能直接访问该类的任何实例和具有实例作用域的方法。

UML 类中使用斜体方法名或 abstract 关键字表示抽象类，C++类则将纯虚函数或构造函数定义成保护或私有可见性的方法定义抽象类。二者在表示方法上略有不同，但二者的含义是相同的。如果 UML 抽象类中不包含抽象方法，那么映射时应将对应的 C++类的构造函数的可见性置为保护或私有。这样，将会使得这个类因不能实例化而变成抽象类。

将 UML 类中的抽象操作映射到 C++类时，可使用带有 virtual 关键字的纯虚函数表示，纯虚函数的语法形式表示为：virtual 类型名 方法名([参数表])=0。在这一点上，二者的表示法和语义也是相同的。其共同特征是：基类中都没有给出相应的实现，其实现被推迟到它的某个派生类。包含抽象操作的类本身就是抽象类，它不能被实例化。

另外，UML 类中某些方法的特性中可能会出现 query 或 update 关键字。特性 query 的含义是该方法的执行不会修改该对象的任何属性值，即它对对象属性的访问是只读的。与此相对的是，特性 update 表明该方法可以修改对象中的属性值，即它可以对对象中的属性进行读写访问。

C++类操作的默认特性是读写的，类操作的 query 特性可以用带有 const 关键字的成员函数表示。C++类中被声明为 const 的成员函数，只能对对象中的数据成员进行只读访问而不进行写访问。任何不带有 const 关键字的成员函数都被看成是需要修改对象数据成员的函数，而且编译程序不允许为一个 const 对象调用这个函数。如果仅仅在类头中将一个函数声明为 const，那么就不能保证成员函数也是这样定义的，所以编译程序迫使程序人员在定义函数时要重申 const 说明。为确保函数的只读特性，在 const 函数中，任何一个修改成员变量值的语句或非 const 成员函数的调用都会触发一个编译错误，以保证函数对对象状态的保护作用。

在 UML 类中，每个方法可带有若干个形式参数，每个参数的语法形式如下。

参数类别 形式参数名：类型[= 默认值]；

其中参数类别的取值可以包括{in，out，inout}三个选项。当参数类别取值为 in 时，表示在方法内只能对这个参数进行读访问，而不能进行写访问；当参数类别为 out 时，表明该参数为输出参数，在方法体内可调用参数对象的写访问；当参数类别为 inout 时，表明方法体内可对参数进行任何访问。

在 C++中，可用关键字 const 限定函数参数的可修改性。如果函数中出现了对 const 类型的参数进行写操作语句，那么编译程序会给出一个出错信息。

构造函数和析构函数是两种特殊方法。程序在创建对象时会自动调用构造函数，以便完成对象的初始化工作。在 C++中，构造函数名必须与类名相同，它没有返回值。析构函数也用类的名做函数名，只不过前面加一个特殊符号“~”以便和构造函数区分开。它不带任何参数，也没有返回值，其目的是用来为对象做一些清除性的工作。

在映射时，如果在 UML 类中没有用衍型«constructor»和«destructor»修饰方法，那么一般应自动生成默认的构造函数和析构函数。在 C++中，复制构造函数采用相同类型的对象引用作为它的参数，可用来从现有的对象创建新的对象。当用传值方式传递或返回一个对象时，编译程序就自动调用该复制函数。如果 UML 类涉及指针的管理，那么为保证对指针进行正确的操作，同时还应自动生成复制构造函数及进行“=”操作符重载。当 UML 类中存在抽象方法，即相应的 C++类包含虚函数时，那么在映射时应自动生成虚析构函数而不是默认的析构函数。当 UML 类中包含子类时，父类映射所得的 C++类的析构函数也应为虚析构函数，虚析构函数的目的是保证正确地清除对象。

因此，在把 UML 类映射为 C++类时，一般应遵循如下映射规则。

（1）类、属性和方法的映射

根据类图中定义的类名、属性及方法定义类，定义存放在头文件中，类实现存放在.cpp 文件中。

（2）可见性的映射

将 UML 类中用+、-与#修饰的属性或方法分别映射成带有 public、private 与 protected 等关键字的数据成员或成员函数。

（3）作用域映射

将 UML 类中的具有类作用域的属性或方法分别映射成带有 static 关键字的静态数据或函数成员。

（4）构造函数和析构函数

在 C++类中添加默认构造函数和析构函数。

（5）抽象方法映射

将 UML 类中的抽象方法（方法名为斜体或后面带有 abstract 关键字）映射成纯虚函数。

（6）设置成员函数的只读属性

将 UML 类中 query 特性为真的方法映射成带有 const 关键字的方法，同时将 UML 类方法形式参数带有的{in,out,inout}中的具体选项映射成对应的 C++类成员函数的形式参数。

设 UML 类中某个参数的数据类型为 T，则其具体映射方法如下。

1）若参数的类别为 in，则应将该参数类型映射为 const T &。

2）若参数的类别为 out 或 inout，则可将该参数类型映射为 T &。

（7）带有泛化关系的 UML 类的映射

若映射的 UML 类之间存在泛化关系，则将相应 C++类的析构函数设置成虚函数。

（8）抽象类的映射

若 UML 类是一个抽象类，则构造函数的可见性将被映射为保护的（Protected）。

图 9-2 中给出了一个类图，图中包含了图形文档（CGraphicDocument）、图形元素（CGraph Element）、直线（CLine）和圆（CCircle）四个类，还包含了两个继承和一个关联关系。

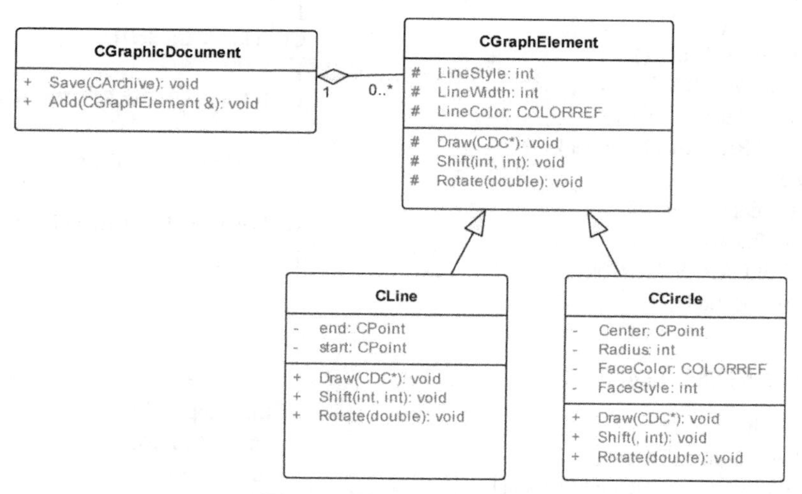

图 9-2　图形文档结构类图

按照上述规则，从这个类图生成的 C++程序代码如下。

1）CGraphicDocument 类的定义与实现。

```
// CGraphicDocument.h
#include "CGraphElement.h"
class CGraphicDocument{
public:
      CGraphicDocument();
      virtual ~CGraphicDocument();
      void Save(CArchive ar);
      void Add(CAgrphicElement & e);
      CGraphElement *m_CGraphElement;
};
```

```
// CGraphicDocument.cpp
#include "CGraphicDocument.h"
CGraphicDocument::CGraphicDocument(){
}
CGraphicDocument::~CGraphicDocument(){
}
void CGraphicDocument::Save(CArchive ar){
}
void CGraphicDocument::Add(CGraphElement & e){
}
```

2）CGraphElement 类的定义与实现。

```
// CGraphElement.h
class CGraphElement{
public:
      CGraphElement();
      virtual ~CGraphElement();
protected:
      int LineStyle,int LineWidth;
      COLORREF LineColor;
      void Draw(CDC* pDC);
      void Shift(int dx, int dy);
      void Rotate(double Alpha);
};
```

```
// CGraphElement.cpp
#include "CGraphElement.h"
CGraphElement::CGraphElement(){
}
CGraphElement::~CGraphElement(){
}
void CGraphElement::Draw(CDC* pDC){
}
void CGraphElement::Shift(int dx, int dy){
}
void CGraphElement::Rotate(double Alpha){
}
```

3）CGraphElement 类的定义与实现。

```
// CCircle.h
#include "CGraphElement.h"
class CCircle : public CGraphElement{
public:
      CCircle();
      virtual ~CCircle();
      void Draw(CDC* pDC);
      void Shift(dx, int dy);
      void Rotate(double alpha);
private:
      CPoint Center;
      int Radius;
      COLORREF FaceColor;
      int FaceStyle;
};
```

```
// CCircle.cpp
#include "CGraphElement.h"
#include "CCircle.h"
CCircle::CCircle(){
}
CCircle::~CCircle(){
}
void CCircle::Draw(CDC* pDC){
}
void CCircle::Shift(dx, int dy){
}
void CCircle::Rotate(double alpha){
}
```

4）CLine 类的定义与实现。

```
// CLine.h
#include "CGraphElement.h"
class CLine : public CGraphElement{
public:
    CLine();
    virtual ~CLine();
    void Shift(int dy, int dx);
    void Rotate(double alpha);
    void Draw(CDC* pDC);
private:
      CPoint start, end;
};
```

```
//CLine .cpp
#include "CLine.h"
CLine::CLine(){
}
CLine::~CLine(){
}
void CLine::Shift(int dy, int dx){
}
void CLine::Rotate(double alpha){
}
void CLine::Draw(CDC* pDC){
}
```

这些代码虽然给出了完整的类定义，但却仅仅生成了一系列的空方法，这些空方法的实现则留给了程序员。这时，模型中关于各种模型元素的描述细节将成为程序员编程的重要依据。

9.2 泛化关系的映射

在面向对象设计方法中，泛化关系用于从一个类中派生出新的类，即向一个泛化类中添加新的信息或对其进行修改而得到新的特化类。

在 C++中，与泛化关系对应的机制是继承关系，C++不仅支持继承，而且还支持多继承的设计。继承提供了一种能够促进代码共享、复用和扩展的重要机制。

在继承关系中，不仅可以在基类的基础上定义派生类，而且还可以在派生类中添加新的数据成员和函数成员。C++还提供了一种虚函数机制，以便在派生类中覆盖基类中的某些成员函数。C++规定，在派生类中可以重新定义那些在基类中被声明为虚函数的成员函数。

在 C++中，还定义了公有、私有和保护等多种继承方式，派生类可按公有方式继承基类，也可按私有方式或受保护的方式继承基类。

1．公有继承（public）

公有继承的特点是基类的公有成员和保护成员作为派生类的成员时，它们都保持原有的可见性，而基类的私有成员仍然是私有的，不能被这个派生类的子类所访问。

2．私有继承（private）

私有继承的特点是基类的公有成员和保护成员都可以被派生类继承，但它们在派生类中的可见性被定义为私有的，所以它们不能被这个派生类的子类访问。

3．保护继承（protected）

保护继承的特点是派生类继承基类的所有公有成员和保护成员，并把它们定义为派生类的保护成员，基类的私有成员仍然是基类私有的，可以被它的派生类或友元访问。

在将 UML 类中的泛化关系映射为 C++类中的继承关系时，一般选择**公有继承**。

在多继承的情况下，有时会出现重复继承的情况发生，图 9-3 中的 GraduateStudentOnJob 类（在职研究生）就重复地继承了 Person 类（人员）的属性，这可能会导致了派生类中属性的冗余。

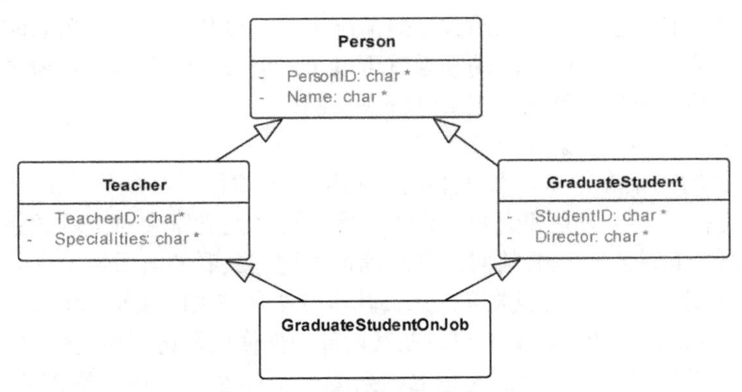

图 9-3 多继承中的重复继承

C++定义了一种被称为虚继承的方式来解决这个问题。当使用虚继承时，不论从派生类到其超类有几条继承路径，派生类都将仅一次性地继承其虚基类的属性，这样就可以有效地避免因多继承产生的冗余所导致的不一致性。必要时也可以不使用虚继承。

为简单起见，在将泛化关系向继承关系映射时，应让所有的派生类都以虚继承的方式描述它从基类中的继承。

将图 9-3 中的多继承映射到 C++后生成的程序代码如下所示。

```
class Person{
public:
        Person();
        virtual ~Person();
private:
        char * PersonID;
        char * Name;
};

class Teacher : virtual   public Person{
public:
        Teacher();
        virtual ~Teacher();
private:
        char* TeacherID;
        char * Specialities;
};

class GraduateStudent : virtual public Person
{
public:

class GraduateStudentOnJob
        :virtual public Teacher, virtual public
GraduateStudent
```

```
        GraduateStudent();
        virtual ~GraduateStudent();
    private:
        char * StudentID;
        char * Director;
    };
```

```
    {
    public:
        GraduateStudentOnJob();
        virtual ~GraduateStudentOnJob();
    };
```

这些代码中，所有类之间的继承就都使用了虚继承方式来定义这些类之间的泛化。

9.3 关联关系的映射

关联关系是对象之间十分重要的一种关系。关联关系不仅存在于系统应用域中的实体类之间，也存在于系统的分析域、设计域及实现域中的各种类型的类之间。

关联最重要的含义在于，一个对象可以通过关联访问到与之关联的对象所提供的任何服务。

面向对象模型将关联关系描述成一种类之间的静态的结构性的关系。但实际上，关联关系却是对象之间存在的动态关系。虽然大多数情况下，实例化一个关联关系时，往往是简单地实例化几个对象，然后建立它们之间的联系就可以了。但很多情况下，对象之间的关联却是选择性的，有可能需要一个相对复杂的逻辑过程来实例化。

本节将介绍关联关系的映射问题。

影响关联映射的因素有很多，如关联的方向性、多重性、强制性、有序性、带有关联类的关联、带有限定符、聚合关系和组合关系等，所有这些因素都会对关联关系的映射产生较大的影响。实现关联关系映射最重要的问题是准确把握这些关联的实质性含义。

在 C++程序设计语言中，实现关联关系的基本方法是在关联起始端的类中嵌入一个指向被关联对象的指针，通过这个指针，对象可以在其内部的任何位置访问被关联对象提供的服务。

在映射时，可以将关联端点上的角色名映射为一个属性（指向被关联对象的指针），其可见性一般设置为 private。有时为了维护对象之间的关联关系，相应的 C++类中还应添加对指针进行读写操作的访问成员函数。

9.3.1 关联的方向性

从关联的多重性的角度来看，关联可以分成单向关联和双向关联两种情况。图 9-4 就给出了单向关联和双向关联的例子。单向关联的含义是关联中 A 类对象可以通过这个关联访问 B 类对象。反之，B 类对象却不能通过这个关联访问 A 类对象。

双向关联的含义是关联中任何一端的对象都可以通过关联访问另一端的对象。

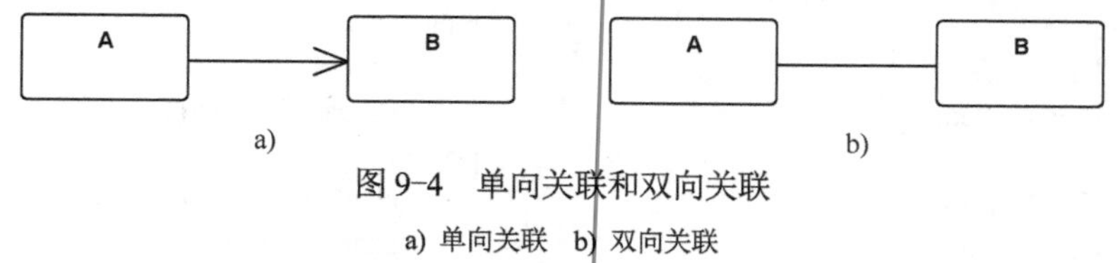

图 9-4　单向关联和双向关联

a) 单向关联　b) 双向关联

这两种情况的关联映射出来的 C++类定义如下所示。

（1）单向关联的映射

```
class A{
```

```
class B{
```

```
private:
        B *m_B;
public:
        A();
        virtual ~A();
};
```

```
public:
        B();
        virtual ~B();
};
```

（2）双向关联的映射

```
class A{
private:
        B *m_B;
public:
        A();
        virtual ~A();
};
```

```
class B{
private:
        A *m_A;
public:
        B();
        virtual ~B();
};
```

这两种关联的映射的区别在于关联对象的访问的方向性。

9.3.2 多重性与关联映射

关联角色在类中的具体实现还依赖于关联的多重性。在通常情况下，关联角色的多重性一般可分为 0..1、1、0..*和 1..*等多种情况，关联的两个关联角色含有一个多重性。

这可以使关联组合出多种不同的情况，映射时需要关注的是关联对象之间的关联是否满足特定的多重性要求。实现关联多重性既包含了类结构方面的约束，同时还可能包含了算法方面的约束。

图 9-4 中给出了若干个具有不同多重性的关联实例，不同的关联给系统的实现带来了不同的约束条件，将它们映射到程序设计语言所得到的结果也会有重要的差别，有时甚至会有很大的区别。探究这些差别将有助于更深刻地理解关联的建模和编程意义，这些区别将主要体现在类的关联角色属性定义、类的方法、关联对象的实例化以及这些方法的使用等多个方面。

下面将详细介绍图 9-5 中 a、b 两种情况下的关联映射的实现问题。

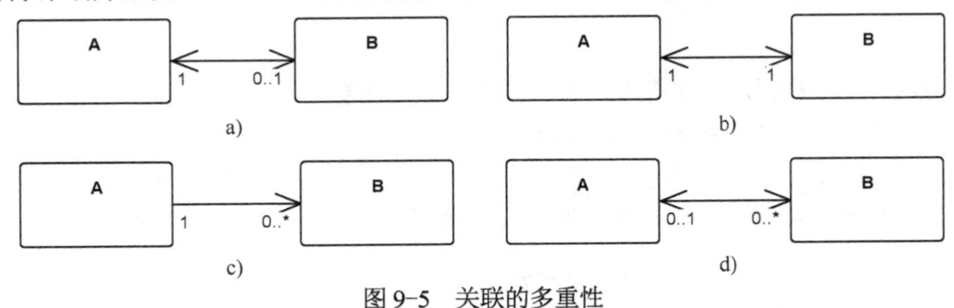

图 9-5 关联的多重性

a) 强制对可选的一对一关联 b) 强制对强制的一对一关联 c) 强制对可选的一对多关联 d) 可选对可选的一对多关联

1．强制对可选的一对一关联

对于图 9-5a 中所示的关联来说，其具体含义是：对于每个 B 类对象 b，必须有一个 A 类对象 a 和从对象 b 到对象 a 的链接。反之，对于 A 类对象来说，却并不要求必须存在一个 B 类实例与其对应。

将这个关联映射到 C++程序可以使用如下的程序代码表示。

首先，映射得到的两个类定义如下。

```
class A{                              class B{
private:                              private :
    B *m_B;                               A * m_A;
public:                               public:
A();                                      B(A &a);
virtual ~A();                             virtual ~B();
    void SetB(B*b);                   };
    B* GetB();
};
//强制对可选的关联的类实现
#include "A.h"                        #include "B.h"
A::A(){}                              B::B(A *a){m_A=a;}
A::~A(){}                             B::~B(){}
void A::SetB(B*b){m_B=b;}
B* A:: GetB(){return m_B;}
```

创建和使用图 9-5a 中表示的强制对可选一对一关联的示例如下。

1）创建任何一个 B 类的实例时，必须先创建相应的 A 类的实例，并创建这两个对象的链接关系。创建过程如下。

```
A *a=new A();           //首先，创建 A 类实例 a
B* b=new B(*a);         //创建与 a 关联的 B 类实例 b
a.SetB(*b);             //设置对象 a 到对象 b 的关联
```

2）需要单独创建 A 类实例时，可不必创建 B 类的实例，也不必创建这个关联的实例。A 类实例以单独的身份履行它所承担的系统责任。创建过程如下。

```
A *a=new A();
```

3）撤销 A 类对象时，如果存在与其关联的 B 类对象，那么应首先撤销这个 B 类对象，然后撤销这个 A 类对象。撤销过程如下。

```
if(!a->GetB()){
    delete a->GetB();
}
delete a;
```

4）撤销 B 类对象时，如果存在与其关联的 A 类对象，那么应首先在 A 类对象中注销这个关联，然后撤销这个 B 类对象。撤销过程如下。

```
if(!b->GetA()){
    b->SetA(NULL);          //在 A 类对象中注销这个关联
}
delete b;                   //撤销 B 类对象
```

2．强制对强制的一对一关联

而对于图 9-5b 中强制对强制的一对一关联来说，它所表达的含义则是：对于每一个 A 类的对象 a，必须有一个 B 类的对象 b 和从对象 a 到对象 b 的链接。同时，对于对象 b 来说，也要求存在一个从对象 b 到对象 a 的链接。

其映射代码如下所示。

```
//强制对可选的关联的类定义
class A{                              class B{
```

```
private:
        B *m_B;
public:
        A();
        virtual ~A();
        void SetB(B*b);
        B* GetB();
};
//强制对可选的关联的类实现
#include "A.h"
A::A(){m_B=NULL; }
A::~A(){}
void SetB(B*b){m_B=b;}
B* GetB(){return   m_B;}
```

```
private :
        A & m_A;
public:
        B(A &a);
        virtual ~B();
};

#include "B.h"
B::B(A &a){m_A=a;}
B::~B(){}
```

创建和使用图 9-5b 中表示的强制对强制一对一关联的示例如下。

1）关联中任何一个类的实例都不能单独创建，创建类实例时，必须创建两个类的实例并建立这两个对象之间的链接关系。创建过程如下。

```
A *a=new A();          //首先，创建 A 类实例 a
B* b=new B(*a);        //创建与 a 关联的 B 类实例 b
a.SetB(*b);            //设置对象 a 到对象 b 的关联
```

2）使用关联，若两个关联的对象之间具有明确的客户与服务之间的关系，则二者的使用可以明确地按照这个关系使用。否则，可以根据关联的上下文使用这个关联。

3）撤销对象，必须同时撤销两个对象，即撤销这个关联的实例。撤销过程如下。

```
delete a;   delete b;
```

从上面两个例子不难看出，理解了关联多重性的确切语义，不难完成关联到程序设计语言的映射。另外一个问题是，关联到程序设计语言的映射方案并不是唯一的，唯一的是二者所表示的语义。

9.3.3 组合和聚合关系的映射

聚合关系是一种特殊的关联关系，其特殊性在于它描述了对象之间的整体与部分的关系。组合关系则是一种特殊的聚合关系，所不同的是，组合关系强调了整体对象与部分对象具有了相同的生存期的关系。C++程序设计语言中并没有与聚合和组合关系直接对应的语言成分。在将这类关系映射为 C++程序时，与关联的实现方式类似，可采用嵌入指针的方式实现聚合关系。

在一般情况下，可采用嵌入对象的方式实现组合关系，也就是说，组合关系中的整体被映射成一个容器对象，个体部分则被实现为容器的嵌入对象。

图 9-6 给出了一个描述了订单构成的类图，虽然这张图是由订单和订单细则两个类构成的，但它表示的语义却是，任何一个 Order 类的对象，都是由一组特定的 OrderItem 类的对象组合而成的，并且这些整体对象（订单）与它们的子对象（订单明细）必须具有相同的生命周期。

根据这个类图生成的 C++程序代码如下所示。可以看出，这段代码中只是简单地将两个类的组合关系映射成一个单向的关联关系，而组合关系概念中所强调的整体和部分应具有的相同生命期特性的责任则留给了程序员，程序员必须在他们编写的程序中添加能够实现这样一种责任的程序代码。

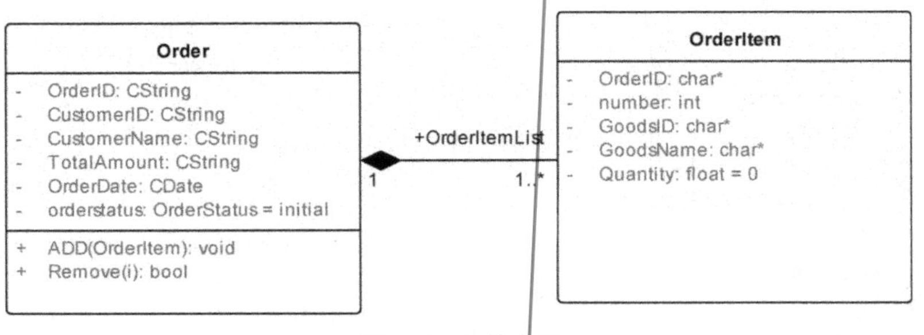

图 9-6　订单类图

```
//订单类的定义 order.h
#include "OrderItem.h"
class Order{
private:
        char* OrderID;
        char* CustomerID;
        char* CustomerName;
        char* TotalAmount;
        char OrderDate;
        OrderItem *OrderItemList;
public:
        Order();
        virtual ~Order();
        void ADD(OrderItem item);
        bool Remove(i int);
};
```

```
//订单细则类的定义 ordeitem.h
class OrderItem{
private:
        char* OrderID;
        int number;
        char* GoodsID;
        char* GoodsName;
        float Quantity;
public:
        OrderItem();
        virtual ~OrderItem();
};
```

```
//订单类的实现 order.cpp
Order::Order(){}
Order::~Order(){}
void Order::ADD(OrderItem item){}
bool Order::Remove(i int){return false;}
```

```
//订单细则类的实现 ordeitem.h
OrderItem::OrderItem(){}
OrderItem::~OrderItem(){}
```

另外，影响关联映射的其他因素，如关联对象有序性、关联类、限定符等也都可以映射到程序代码中，具体的映射方法则由程序员负责完成。

9.4　依赖关系的映射

对象之间的依赖体现为一个对象以某种方式访问了另一个对象，从而导致了两个对象（或类）之间的依赖。按照对象之间的访问方式，可将依赖分为成员依赖、参数依赖和局部变量依赖三种情况。在同一个程序中，对象（类）之间的依赖关系还可以分为属性依赖、参数依赖和局部变量依赖三种情况。

1）属性依赖。如果一个类的实例或实例引用是另一个类的属性时，那么称这两个类之间存在属性依赖。例如，如下程序代码所示的两个类，就表示了两个类之间的属性依赖。

```
class A{                                   class B{
        B b;                                       …;
        void funca(){b.funcb();}                   void funcb();
}                                          }
```

可以看出，类 B 对象被定义为类 A 的一个属性，此时，类 A 和类 B 之间存在着一种属性依赖。显然，在类 A 中的任何地方，都可以访问到与之相对应类 B 对象 b 的服务。这时，这个依赖的作用范围是类 A 的所有方法。

2）参数依赖。如果一个类（或对象）以方法的形式参数的形式出现在另一个类中，那么称这两个类（或对象）之间存在的关系为参数依赖关系。例如，如下程序代码所示的两个类，就表示了两个类之间的属性依赖。

```
class A{                                   class B{
        …;                                         …;
        void funca(B b){b.funcb();}                void funcb();
}                                          }
```

可以看出，类 B 的实例 b 是以形式参数的形式出现在类 A 的方法中，这时，类 A 和类 B 之间存在着一种从 A 到 B 的依赖，并且 A 对 B 的依赖仅局限在 A 的方法 void funca(B b)的内部，所以参数依赖是一种比属性依赖弱一些的依赖。

3）局部变量依赖。如果一个类的实例或实例引用是另一个类的某个方法的局部变量，那么称这两个类之间的依赖为局部变量依赖。例如，如下程序代码所示的两个类，就表示了两个类之间的局部变量依赖。

```
class A{                                   class B{
        void funca(){ B b；b.funcb();}             void funcb();
}                                          }
```

显然，这种类 A 对类 B 的局部变量依赖对类 A 的影响区域与参数依赖相似。但这两种依赖仍有区别，区别在于局部变量依赖的影响区域被牢牢地控制在对应方法的某个子程序内。

例如，如下 Circle 类中的函数 void draw(CDC *pDC)，就描述了 Circle 类与 CDC 类之间的参数依赖。与上述的局部变量依赖相比较，这个依赖的影响范围就扩大到整个 void draw(CDC *pDC)函数。

```
class Circle{
        int x,y;
        double radius;
        void draw(CDC *pDC){pDC->Ellipse(x,y,radius,radius);}
}
```

9.5 接口和包的映射

9.5.1 接口的映射

接口是由一组操作构成的集合。如果一个类实现了某个接口中的某些操作，那么就称这个类实现了这个接口。

在 C++程序设计语言中，没有定义专门的表示接口的语法，直接表示接口的方法就是定义一个仅包含若干个纯虚函数的类。

将接口映射到 C++程序时，可以将接口映射成一个用 C++描述的抽象类，或者将抽象类看成是接口。如果映射得到的是一个每个操作都是具有公共可见性的纯虚函数的类时，得到的类就是一个纯粹的用 C++程序设计语言描述的接口。

下面是一个接口映射的例子，如图 9-7 所示。

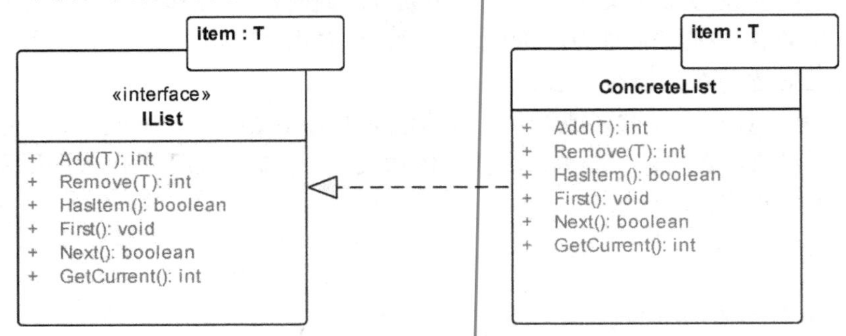

图 9-7　接口及其实现

图 9-7 中给出一个接口及其实现，将它们映射到 C++后，得到的程序代码如下所示。

```
//接口 IList.h
template<T item>class IList
{
public:
        IList() {}
        virtual ~IList() {}
        virtual bool Add(item T) =0;
        virtual void First() =0;
        virtual T GetCurrent() =0;
        virtual bool HasItems() =0;
        virtual bool Next() =0;
        virtual T Remove(i int) =0;
};
```

```
//实现 ConcreateList.h
#include "IList.h"
template<T item>class ConcreateList : public IList<T item>
{
public:
        ConcreateList() {}
        virtual ~ConcreateList() {}
        virtual bool Add(item T){return false;}
        virtual void First(){}
        virtual T GetCurrent(){return    NULL;}
        virtual bool HasItems(){return false;}
        virtual bool Next(){return false;}
        virtual T Remove(i int){return    NULL;}
};
```

9.5.2　包的映射

首先要说明的是，包的映射方法不是唯一的。在一般情况下，模型中的包主要用于组织和管理模型中的模型元素，因此，模型中的包也不一定都要映射到程序代码中。但对于模型中用于组织某些结构元素（如类等）的包，有时就可能需要这样的映射了。

在 UML 中，包可以看成是由若干个模型元素构成的集合，使用包可以将一个大系统划分成多个比较小的子系统。同时，各个包之间还可以存在各种依赖关系。

例如，在图 9-8 中，给出了 IList 和 Order 两个包，其中，Order 与 List 之间，存在了一个引入«import»依赖。

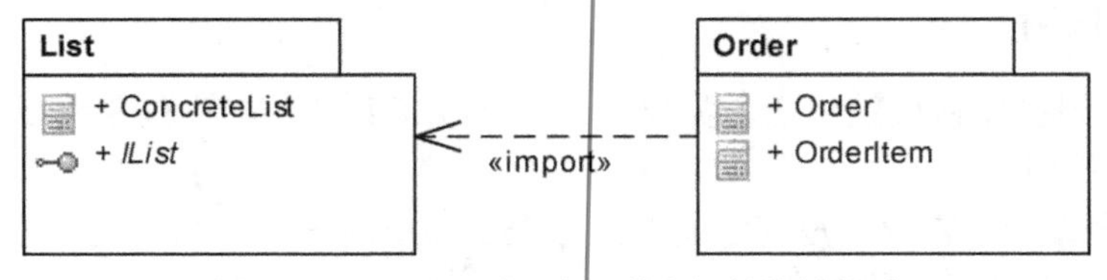

图 9-8　IList 和 Order 包及其之间的依赖关系

在 C++中，可以与包元素建立对应关系的语法成分是名字空间（namespace）。名字空间可以用来隐藏数据结构的定义，从而防止程序中的命名冲突。当需要引用某个名字空间中定义的符号时，可以使用 using 语句引入这个名字空间，using 语句实际上与 UML 中包之间的某种依赖关系相对应。

在映射时，可将选定的包和一个名字空间对应，包之间的依赖关系则可以在代码中使用一个 using 语句实现。将图 9-8 中的接口 IList 映射到 C++程序时，可使用下列形式的代码实现包的映射。

```
//接口 IList 的定义 IList.h
namespace IList{
    template<T item>class IList{
    public:
            IList() {}
            virtual ~IList() {}
            virtual bool Add(item T) =0;
            virtual T Remove(i int) =0;
            virtual bool HasItems() =0;
            virtual void First() =0;
            virtual bool Next() =0;
            virtual T GetCurrent() =0;
    };
}
```

```
//接口 IList 的引用
using IList
template<T item>
class ConcreateList : public IList{
public:
        ConcreateList() {}
        virtual ~ConcreateList() {}
        virtual bool Add(item T){return false;}
        virtual void First(){}
        virtual T GetCurrent(){return NULL;}
        virtual bool HasItems(){return false;}
        virtual bool Next(){return false;}
        virtual T Remove(i int){return NULL;}
};
```

代码中，接口 IList 被封装在 IList 包中，需要时，可使用 using namespace IList 语句引用这个名字空间中的 IList 接口。

9.6 UML 中其他各种图的映射

在 UML 模型中，类和类图之外的各种图与程序代码之间也都存在着某种形式的映射关系，尽管这些映射不像类或类图那样可以直接映射，但它们仍然对最终的系统实现产生重要的影响。在很多情况下，这些图到实现的映射通常是通过对类施加的影响而最终映射到目标系统的。事实上，开发人员建立的这些模型本身也不一定能够全面地描述软件在结构和行为的全部细节，几乎每一个模型都仅仅是从某一角度或某一侧面对系统的概括性描述。

虽然，目前的大部分建模软件都没有提供这些模型到实现的自动映射方法，但这样的转换却是内在的，也是可行的。本节将简单地介绍顺序图和状态图这两种动态模型到程序的映射方法。

9.6.1 顺序图的映射

在软件设计过程中，顺序图主要用于对系统的行为建模，通常用于描述系统的一个过程。顺序图到实现的映射并不是直接进行的，其基本思想是通过行为建模不断丰富和完善系统的类模型，从而完善系统的结构模型。

这些动态模型，包括顺序图、通信图、状态图和活动图等，可以为系统带来的模型增量如下。

1．发现新的类

如果动态模型中出现了新的类，那么就意味着可能为系统找到了新的类。在建模过程中，应及时将新发现的类作为新的模型元素加到模型中。

2．新的关系

如果在动态模型中出现了新的对象（类）之间的消息传递，那么就意味着可能找到了新的对象之间的链接关系。进一步分析这些消息，可以确认这些关系的具体类型及其他细节，并把它们补充到模型中。

3．新的属性和方法

动态模型中出现的每一个消息，都可能与系统中的某个对象、对象的属性或方法相对应。新的消息就意味着可能找到了新的对象、属性或方法。在建模过程中，应及时将新发现的对象（类）、属性或方法加入到模型中。

4．方法的实现细节

在动态模型中，两个对象之间的消息将被映射成目标对象的某个方法。消息的顺序和约束就可能构成了这些方法的实现细节。图 9-9 给出了一个某商品销售用例的顺序图。

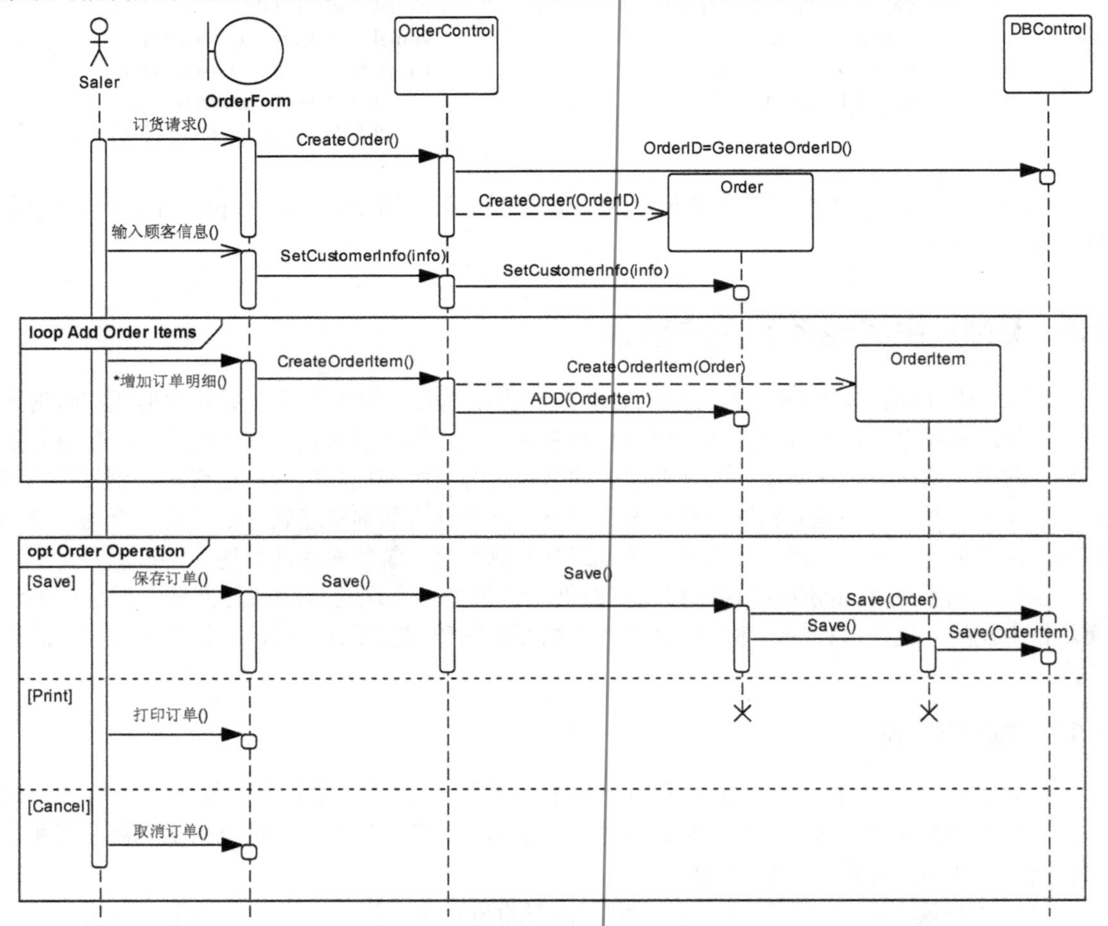

图 9-9　商品销售用例的顺序图

分析这张顺序图，可以获得如下一些信息。

（1）类或对象

图中出现的了销售员（Saler）、订单窗体（OrderForm）、订单控制（OrderControl）、数据库控制（DBControl）、订单（Order）和订单明细（OrderItem）等多个生命线元素。除了销售员是参与者以外，其余的均为系统中的类，它们都将被映射到最终的软件中去。

（2）关系

分析顺序图中的消息传递关系，可得到对象之间应有的链接关系，从而分析出这些类之间的关联关系。如果观察每个对象的生命周期，还可以确定出实例化这些关联关系的时机和方法。

从图 9-9 中可以得到的关系包括 Saler 与 OrderForm、OrderForm 与 OrderControl、OrderControl 与 Order、OrderControl 与 OrderItem、OrderControl 和 DBContro 以及 Order 和 OrderItem 之间的关联关系。

（3）属性和方法

首先，分析参与者（Saler）与边界类（OrderForm）之间的交互，可以设计出边界类的属性和方法。包括边界类中的界面元素、需要响应的事件及事件的响应方法。表 9-2 列出了从图 9-9 中可以得到的边界类所需要的界面元素、相应事件以及事件的相应方法。

表 9-2　边界类（OrderForm）的界面元素、事件及事件处理方法

消息	界面元素	对应的事件	事件响应	说明
订货请求	用户命令	激活	CreateOrder	创建订单
输入顾客编号	字符串输入	完成输入	SetCustomerID	输入订单中的顾客信息
输入顾客姓名	字符串输入	完成输入	SetCustomerName	
输入顾客地址	字符串输入	完成输入	SetCustomerAddress	
增加订单明细	用户命令	激活	CreateOrderItem	增加一条明细记录
输入商品编号	字符串输入	完成输入	SetGoodsID	填写订单明细
输入商品数量	数值输入	完成输入	SetGoodsAmount	
保存订单	用户命令	激活	Save	保存订单
打印订单	用户命令	激活	Print	打印订货单
取消订单	用户命令	激活	Cancel	取消订单

显然，图 9-9 为边界类的设计提供了比较充分的设计依据。

图 9-9 中，除了表 9-2 列出的消息以外，其余的所有消息均被建模为过程调用消息。换句话来说，这些消息均可被映射为图中相应的类的方法。

图 9-10 所示的类图中列出了上述顺序图中包含的类及其属性和方法。这些属性和方法中，比建模顺序图之前多出的部分就是通过这个顺序图建模所得到的建模增量。

（4）方法的实现细节

最后再介绍一下顺序图所呈现出来的方法的实现细节问题，注意到图 9-9 中每一个对象的生命线上都从上到下排列了若干个被称为“控制焦点”的小矩形。动态地看这些“控制焦点”时，它们表示了对象在某个时间片段所处的状态。而静态地看这些“控制焦点”时，它们则在某种意义上直观地描述了对应消息（方法）的处理逻辑。

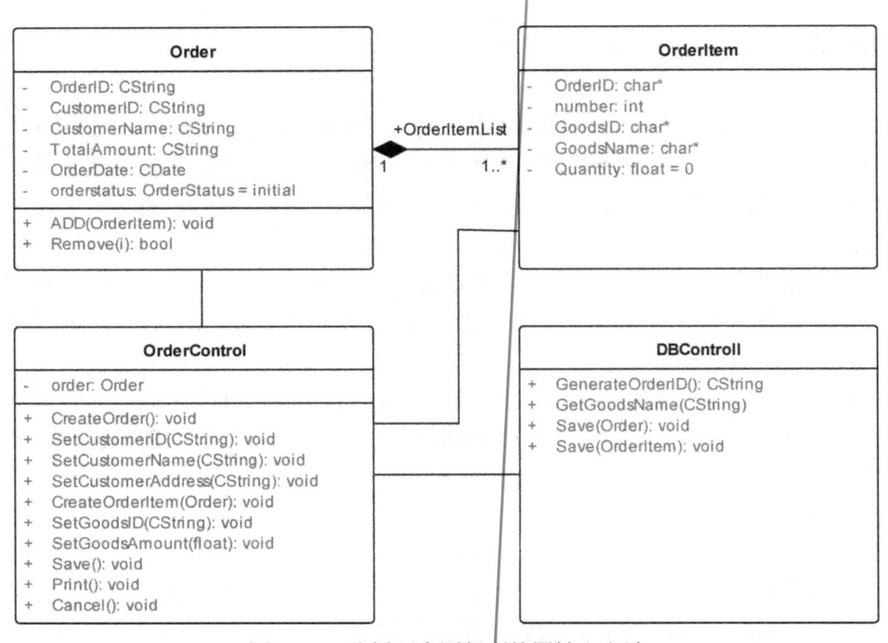

图 9-10　分析顺序图得到的属性和方法

同时，顺序图中使用的组合片段也描述了各消息之间的顺序、选择、循环甚至并发等方面的约束。为方法的实现提供了明确且无二义性的支持。

例如，图 9-9 中类型为 OrderControl 的对象在处理 CreateOrderItem()消息时，首先向当前的 OrderItem 对象发了一个 CreateOrderItem(Order)消息，创建一个 OrderItem 对象，然后向 DBcontrol 对象发了一个 ADD（OrderItem）消息向订单对象加入这个订单明细对象。

显然，这个处理逻辑对程序员编程具有非常直接的意义，把这个过程实现到程序设计并不困难。

另外一个问题是，任何一个模型都不可能代表目标系统的最终实现。模型中总有可能会忽略某些较小粒度的技术细节。对于顺序图来说，被忽略的可能包括类、属性、方法、约束条件等多个技术层面的内容，只要丢掉的细节不影响这张图要表达的内容就可以了。

例如，图 9-9 中的顺序图就忽略了商品（Goods）对象，图 9-10 中却出现了 GoodsID、GoodsName、Price 等商品对象的属性，也出现了与商品有关的 GetGoodsPrice（GoodsID）方法，但这并不影响整个模型所要描述的过程。

实现时，可以把创建、使用和销毁商品对象的过程封装在 GetGoodsPrice（GoodsID）方法内部，这并不影响整个过程的实现。

值得注意的是，顺序图既包含十分丰富的信息，同时也会忽略掉很多细节。因此将顺序图直接转换成程序代码几乎是一个不可能的问题，或者说将一张顺序图转换成程序代码实际上也是一个伪命题。因此，顺序图到实现的映射将是一个十分内在的过程。

对于通信图来说，通信图是与顺序图语义等价的一种图。所以，通信图的映射与顺序图的映射的总体思路和基本方法也都是相同的。不同的是，通信图中增加了对象之间的链接，直接给出了类之间应具有的关联关系，而顺序图中则要分析对象之间的链接关系。反过来，顺序图中可以使用组合片段（Combined Fragment），用来描述不同的交互片段之间的顺序、选择、循环和并发等各种约束，这些约束为顺序图的映射提供了更多的实现细节。

9.6.2 状态图的映射

与顺序图不同，状态图通常用于描述某个特定的对象在其生命期内（或参与某项活动时）所处的各个状态及其变迁情况。由于状态图主要用于描述一个特定的对象，所以状态图建模的主要意义在于对某个特定对象的属性和方法进行建模。

状态图中最重要的两种元素就是状态和迁移。状态通常可以表示为对象的某个属性（如状态变量）或对象所满足的条件，与状态相关联的动作则可以映射为有一个或若干个程序语句描述的动作或对象的方法。迁移用于表示对象状态的改变，通常是由某个事件触发的。当事件发生时，对象会根据对事件处理的结果修改相应的属性值，改变对象的状态。

因此，迁移可以映射为对象中的事件及其对事件的响应，不同的程序设计环境提供了不同的事件处理机制，这使得事件的映射方法也不同。

例如，对于队列这样一种比较简单的对象来说，其状态通常被定义成空（Empty）、满（Full）和半满（SemiFull）三种状态。队列对象的状态图通常可以描述成图 9-11 所示的状态图。由于队列对象仅用于对外提供数据缓存服务，通常不需要具有自主的主动行为，所以，队列对象状态通常不需要关联的动作。

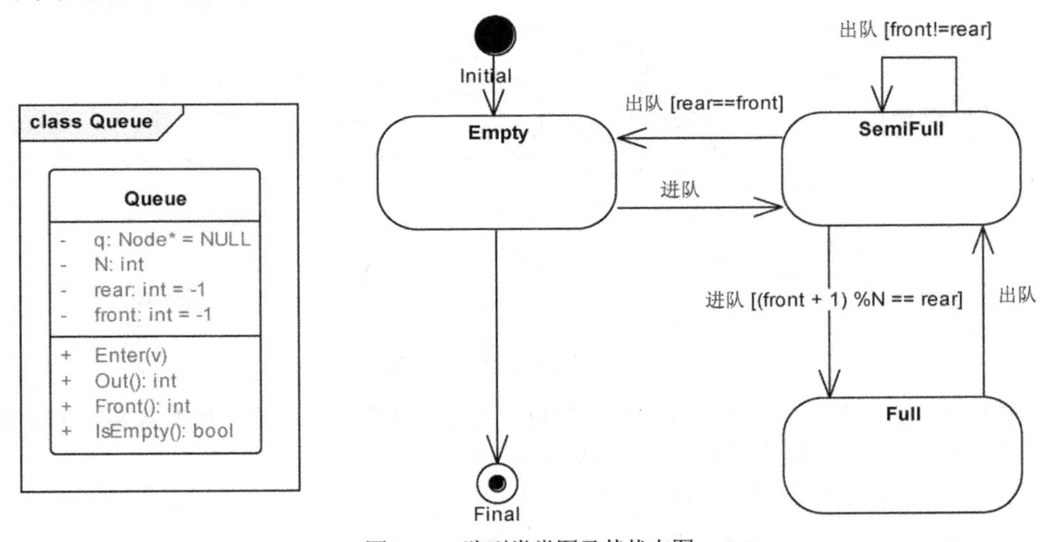

图 9-11　队列类类图及其状态图

队列对象的三种状态均可表示为队列对象的两个属性 front 和 rear 之间的关系，所以，对象的状态可以使用特定的条件来表示。如图 9-11 中出现的三个逻辑表达式就表示了三个状态所满足的条件。

图 9-11 映射到 C++程序时，所得到的就是用 C++实现的一个队列类的定义与实现。此时，状态图所起的作用仅仅是描述了对算法实现方面的约束。

例如，对于网络销售系统中的订单状态问题，首先将订单在其生存期内的状态划分成初始、待支付、待发货、待收货、待确认、退货、完成和取消等多个状态。

这些状态的定义如下。

1）初始状态：表示客户新提交的订单，需要审核商品的品种和数量等信息后才能进行销售，审核不通过的订单将被自动取消。

2）待支付：表示订单已审核通过，需要在指定期限内进行支付，超过期限的订单将被取消，用户需要时可重新订货。

3）待发货：表示客户已支付到第三方账户，正在组织发货。

4）待收货：表示货物已经发出，客户可以根据发货信息跟踪货物的物流情况。

5）待确认：表示客户已收到货物，客户可以在指定期限内确认收货已完成最终支付或提出退货请求。超出期限，订单将自动转入已完成状态。

6）退货：表示客户已提出退货申请，并完成退货处理的状态。

7）完成：表示客户完成货物的签收或完成退货确认，订单处于最终的完成状态。

8）取消：表示审核未通过或逾期未支付的无效订单。

图 9-12 给出了订单状态的状态图。这张状态图直观地描述了一个订单对象的状态及其变迁情况，可以进一步得到的是状态图为订单对象带来的模型增量，如表示订单状态的属性和修改状态的方法。

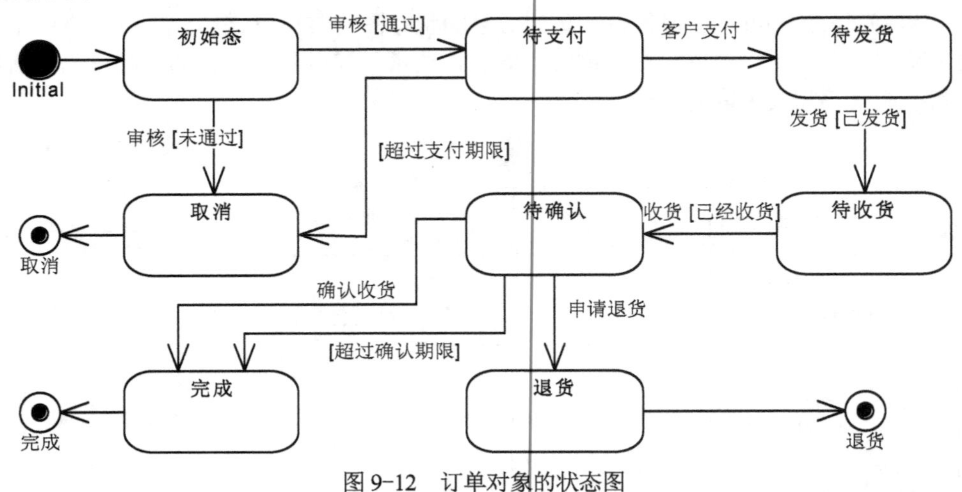

图 9-12　订单对象的状态图

实现时，可以定义一个表示订单状态的枚举类型，然后在订单类中添加必要的属性和操作。这样可得到经过细化的订单类，如图 9-13 所示。

其中，表示订单状态的枚举类型可定义如下。

```
typedef enum {initial, paying, delivering, receiving, returning, confirming, complished, canceled} OrderStatus;
```

新添加的属性包括 CDate VerifyDate、ReceivedDate、ConfirmedDate、ReturningDate 和 OrderStatus 等，它们分别表示订单的状态、审核日期、收货日期、确认日期和完成日期等。

新添加的操作则包括 verify（审核）、cancel（取消）、pay（支付）、send（发货）、receive（收货）、confirm（确认）和 back（退货）等。

这些新的属性和操作进一步细化了订单类的设计。需要说明的是，这个例子中给出的映射方法并不是唯一的，也不一定是最合理的。例如，设计模式中的状态模式就提供了一个不同的表示状态的解决方式。

最后要说明的是，与顺序图和通信图不同的是，状态图是一个相对封闭的软件模型，即它仅用于描述一个对象的状态。因此，目前已经有建模软件能够实现状态图的自动映射了。只要状态图建模足够完善或完备，使用这样的自动转换也将是十分有意义的。

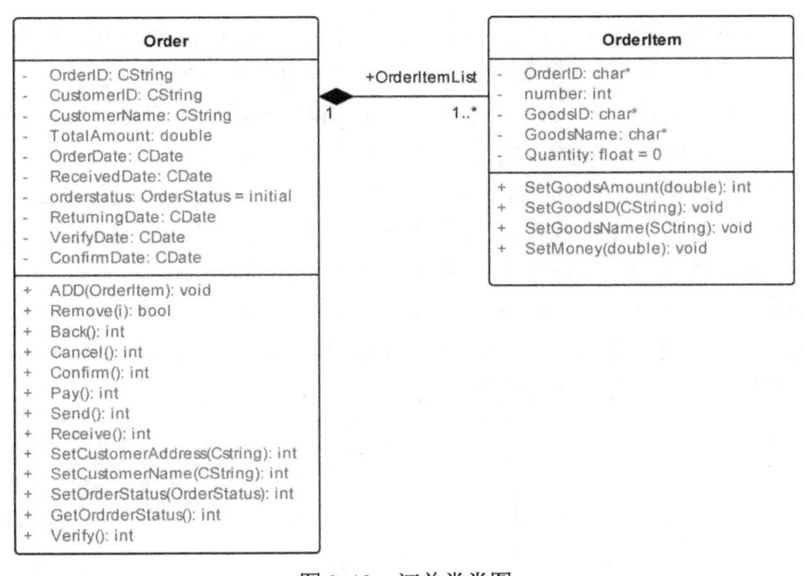

图 9-13　订单类类图

9.7　小结

UML 模型到应用程序的映射实际上就是 UML 模型中的类模型到应用程序的映射。实际的软件建模过程中，可以使用建模工具提供的正向工程功能实现这个映射。

本章讲述的内容仍然是原理性的，目的是帮助读者能够充分理解模型中的各种不同要素对应用程序（甚至是目标系统）的影响，并帮助读者能够正确地运用建模机制设计出更充分的软件模型。

需要指出的是，目前的大多数建模软件还不能自动映射类图之外的 UML 模型，如状态图、活动图、顺序图和通信图等。但这些模型描述的内容却也是可以通过它们对类图的影响映射到应用程序中。

本章仅介绍了基于 C++模型映射。对于其他一些程序设计语言（如 Java 或 C#）来说，细节方面可能会有不同。

习题

1. 说明类模型中的继承关系是如何映射到程序代码的，映射到不同的程序设计语言时，映射结果有什么样的联系和区别。

2. 说明类图中的关联是如何映射程序代码的，影响映射的主要因素有哪些。

3. 说明对象之间的依赖关系又应该如何映射到程序代码，这样的映射有什么样的规则。

4. 说明接口的概念，接口应该如何映射到程序代码。

5. 对于图 9-14 所示的类图中的各个类，添加下列方法。

1）为每个类的每个属性中添加一组 Set/Get 方法，如对于 OrderItem 类的 ItemID 方法，则需要添加 void SetItemID（id: string);和 string GetItemID（id: string);这样的两个方法。

2）为 Customer 类添加一个 GetAmount（year: int，month: int）方法，用于计算客户在指定月份产生的订单总额。注意，此时可能需要在相关类中添加必要的方法。

3）为 Customer 类添加一个 GetAmount（year: int）方法，用于计算客户在指定年份产生的订单总额。注意，此时可能需要在相关类中添加必要的方法。

4）在 Customer 类中添加计算指定月份和指定年份产生的税金总额的方法。

5）为图中每个类添加实现数据库操作（Insert、Delete、Update 和 Select）的方法。例如，为 OrderItem 类添加 Insert(con: DataConnection):boolean;Delete(con: DataConnection)、Update(con: DataConnection)和 Select(con: DataConnection)等方法。

完成这些添加后，使用建模工具的正向工程功能，将图中的类转换成 C#或 Java 程序代码。生成后，仔细观察代码与类图之间的关系。

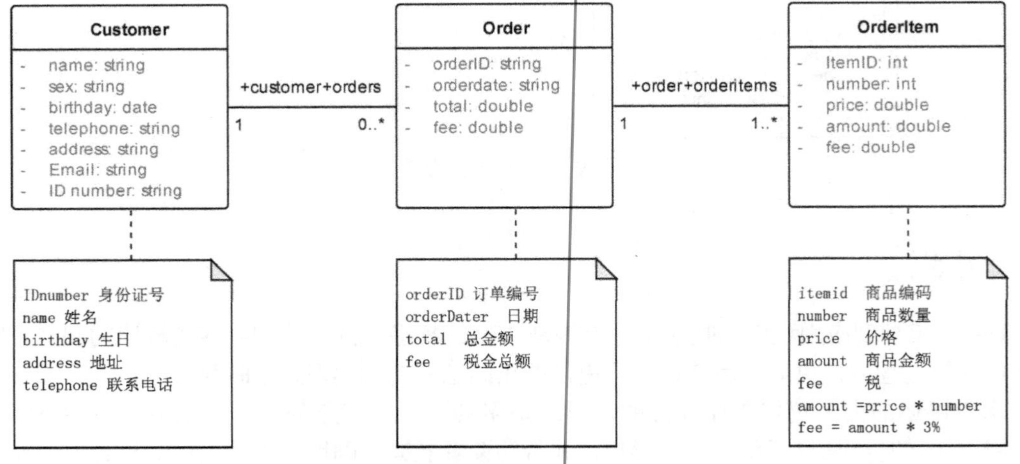

图 9-14 客户订单类类图

6. 图 9-15 给出了一张状态图，图中描述了 CAnimation 类的状态及其变化情况。假设图中的事件 MoveIn、MoveOut 分别是两个调用事件，HasMoveToCenter 和 HasMoveOut 分别是这个对象的两个状态检测函数。请尝试一下写出这个类的定义，以及它的状态迁移函数。

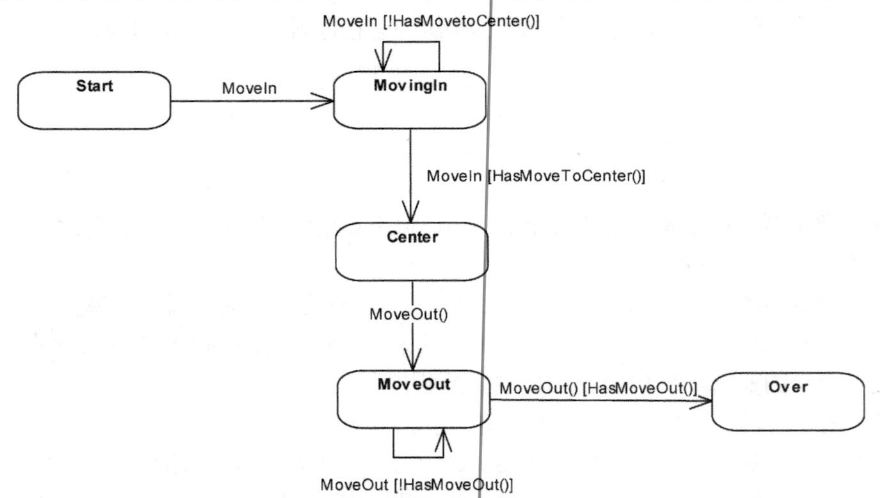

图 9-15 CAnimation 类的状态图

第10章　面向对象的软件设计原则

学习目标

- 理解和掌握软件质量属性的基本概念，理解软件质量与开发效率之间的关系。
- 理解和掌握基本的面向对象设计原则。
- 通过案例学习在软件设计过程中贯彻面向对象设计原则的方法。

不论是用什么样的软件开发方法，软件质量和开发效率永远都是开发人员追求的目标。而衡量软件质量的指标又是多元化的，不同的参与者对软件质量的要求往往又不是完全一致的，甚至是相互冲突和矛盾的。开发人员更注重软件的开发效率和可维护性，用户更关心软件的有效性、可靠性、可用性和运行效率。软件开发过程中，如何均衡各方面的要求则成为一个无法回避的问题。

本章将介绍常见的软件质量属性和基本的面向对象的软件设计原则，并讨论如何贯彻这些设计原则以设计高质量软件的一般方法。

10.1　软件质量属性

开发高质量的软件是一项极具挑战性的工作，其中最重要的原因就在于对软件质量的认识，不同的人对于软件质量的定义和理解都不尽相同，这使得软件开发过程充满变数。

所谓软件质量，是指软件与明确叙述的功能和性能需求、文档中明确描述的开发标准以及任何专业开发的软件产品都应该具有的隐含特征相一致的程度。

影响软件质量的因素有很多，很多因素不仅仅来自于软件本身，它们还可能来自整个计算机系统，有的甚至来源于系统的环境。例如，系统的响应时间就同时来源于系统的硬件和软件；安全性则取决于系统的硬件、软件、人员以及其他环境因素。

有些质量因素是强制性的，如过程控制系统或其他技术系统中的响应时间。不满足这样的质量要求将会引起严重后果，也有些因素是非强制性的。例如系统屏幕的刷新时间，这样的时间稍长一点不会引起系统的失效。

在很多情况下，不同的系统对非强制性的质量因素有不同的要求，但任何系统都需要将强制性的质量因素视为必须满足的基本要求。不满足这样的要求的系统将被视为无效的系统。

为了完整地给出软件的质量定义，人们从各种不同的角度分析和总结了影响软件质量的各种因素，并依据这些因素定义了各种不同的软件质量属性。

人们从软件用途的视角出发，将软件的用途划分成操作（Operation）、修改（Revision）和转移（Transition）三个方面。并给出了这三种用途的定义，它们的具体定义如下。

1）操作（Operation）是指软件用户对软件的日常使用。

2）修改（Revision）是指对软件的维护及扩充。

3）转移（Transition）是指将软件用于新的用途，如与其他系统相连接，或者将软件移植到新的系统环境中。

表 10–1 列出了与软件用途相关的这些质量属性及其定义。

表 10–1　与软件用途相关的软件质量属性

属性分类	软件质量属性	软件质量属性定义
操作(Operation)	完整性(Integrity)	系统在处理物理干扰、防止非法存取等方面的能力
	正确性(Correctness)	系统中的错误数目
	可靠性(Reliability)	平均故障间隔时间以及可用时间所占的比例
	可用性(Usability)	学习系统的容易程度，执行日常任务的有效程度
	有效性(Efficiency)	系统响应的快慢，使用资源的多少，计算的准确程度等
修改(Revision)	可维修性(Maintainability)	错误的定位和修复的难易程度
	可测试性(Testability)	测试的难易程度
	灵活性(Flexibility)	扩充新特性的难易程度
转移(Transition)	可移植性(Portability)	将系统移植到其他硬件或软件平台的难易程度
	可重用性(Reusability)	把部分软件重用于其他系统的难易程度
	互操作性(Interoperability)	与其他系统协同工作的难易程度

上面列出的这些质量属性来源于美国空军的 McCall 和 Matsumto 定义的质量属性列表，除此之外，还存在很多其他标准的质量属性列表。它们不仅列出的软件质量属性相同，并且对一些具有相同名称的质量属性给出的定义或描述也相同。

需要强调的是，所有这些标准都不是完备的，实践中可以将这些标准作为参考，而根据需求定义出与特定项目相适应的质量属性列表。

在需求分析过程中，人们可以分析非功能需求中的所有质量因素，衡量这些因素中的重要性，并将那些重要的质量因素写入需求规格说明书中，作为软件的质量属性列表。

从开发者和用户的角度出发，人们又给出了另一种定义软件质量属性的标准。表 10–2 列出了按照这个分类标准定义出来的软件质量属性列表。

表 10–2　不同视图下的软件质量属性

用户视图下的软件质量属性	开发者视图下的软件质量属性
有效性(Availability)	可维护性(Maintainability)
效率(Efficiency)	可移植性(Portability)
灵活性(Flexibility)	可重用性(Reusability)
完整性(Integrity)	可测试性(Testability)
互操作性(Interoperability)	
可靠性(Reliability)	
健壮性(Robustness)	
可用性(Usability)	

比较表 10–1 和表 10–2 两个质量属性列表，它们列出的质量属性并不完全相同，后者多出了健壮性（Robustness）和有效性（Availability），但同时缺少了正确性（Correctness）和可用性（Usability），但它们对软件质量属性的描述在整体上应该是一致的或完全相同的，不同的地方仅仅体现它们给出的具体的质量属性定义上的差异。下面我们将详细介绍表 10–2 这个质量属

性列表所列的软件质量属性。

10.1.1 用户视图下的软件质量属性

所谓用户视图下的软件质量属性是指对用户特别重要或用户特别关心的质量属性。在这些方面，具有良好的质量属性的软件可以有效地帮助用户实现其业务目标，解决他们在生产和经营活动中存在的各种问题，提高他们的工作效率，降低运营成本，提高他们的运营效率以及易于使用等很多用户需要的软件特性。

用户视图下的软件质量属性包括有效性（Availability）、效率（Efficiency）、灵活性（Flexibility）、完整性（Integrity）、互操作性（Interoperability）、可靠性（Reliability）、健壮性（Robustness）和可用性（Usability）等。

下面将给出这些质量属性的定义。

1．有效性（Availability）

有效性是指在预定的启动时间中，系统真正可用并且完全运行时间所占时间的百分比。

更准确地说，有效性等于系统的平均故障前时间（MTTF）比上平均故障前时间与故障维修时间之和。显然，这个比值越高，系统的有效性就越好。

2．效率（Efficiency）

效率是指系统的运行效率，主要指系统资源的使用效率，可用处理器、存储空间或通信带宽等资源的使用效率。当系统耗尽了所有可用资源，那么用户遇到的将是系统性能严重下降，甚至会影响到系统的安全性。

3．灵活性（Flexibility）

和可扩充性、可扩展性等一样，灵活性主要指在软件中增加新的功能时所需要的工作量的大小。如果软件开发者能够预见到软件的可扩展性，那么他们就可以选择合适的开发方法来最大限度地增加系统的灵活性。在软件开发过程中，选择增量模型和迭代式开发方法将可能是一种能够有效增加系统灵活性的方法。

4．完整性（Integrity）

完整性也可以称为系统的安全性，主要指系统在防止非法访问系统功能、数据丢失、病毒入侵和非法数据进入等事件的发生方面的抵御能力。任何一个系统，尤其是互联网系统，都应该具有良好的完整性。任何违背完整性事件的发生，都有可能对系统的一致性和信息安全构成巨大的威胁。

5．互操作性（Interoperability）

互操作性表示的是系统与其他系统交换数据和服务的难易程度。开发软件时，开发人员必须弄清楚用户对系统在互操作方面存在的现实或潜在的需求，以便实现或在将来扩充需要的互操作功能。

6．可靠性（Reliability）

可靠性一般被定义成系统无故障工作一段时间的概率。健壮性和有效性有时可以被看成可靠性的一个部分。衡量一个软件的可靠性，可使用计算正确执行的操作所占的比例、统计平均故障前执行时间和统计缺陷出现的密度等多种不同的方法加以实现。

7．健壮性（Robustness）

健壮性是指当系统及其组件遇到非法输入数据、相关软件或硬件组成部分的缺陷或异常操作等情况时，系统能够继续正常执行的程度。具有良好健壮性的软件应该能够容忍由于用户的不当操作等引起的错误，也可以从发生了各种异常的情形中将系统恢复到某个具有一致性的状态。

8．可用性（Usability）

可用性也被称为易用性，它通常包含了多个用户友好方面的特性。可用性首先应包括的是用户与系统交互方面应呈现出来的特性，如系统在准备输入、操作和理解输出方面应具有的特性。可用性还应包括用户在学习使用产品方面应呈现出来的特性。

满足这些质量属性要求的软件或系统，可以保证用户能够容易、有效、安全、高效率地使用相应的软件产品，帮助他们完成特定的工作，实现他们的工作目标。

对于任何一种软件产品来说，所有这些质量属性都是必须满足的质量指标。从开发方法的角度来看，这些质量属性与开发方法并没有直接的关系，它们并不要求必须使用面向对象方法开发满足这些质量要求的软件。

开发复杂的软件时，人们通常以分层或组件等方式来提高其结构的灵活性，其基本的原则是用简单的构件构造复杂的系统。软件系统本身可以是非常复杂的，然而构建这个软件系统的基本单元却应该是非常简单的。

当使用面向对象方法开发复杂软件时，如何确保软件满足操作方面的质量属性，将是一个巨大的挑战。

10.1.2 开发人员视图下的软件质量属性

除了上述对用户重要的质量属性以外，其余的质量属性均属于开发人员视图下的质量属性。

这些属性包括可维护性（Maintainability）、可移植性（Portability）、可重用性（Reusability）和可测试性（Testability）等，从软件开发者的角度来看，由于重用、测试和软件维护都是软件开发过程中十分基本的软件开发活动，因此可维护性、可重用性和可测试性等质量属性必然是十分重要的软件属性，这些属性对于提高软件开发质量和开发效率都是十分重要的。

1．可维护性（Maintainability）

可维护性表示的是纠正软件中存在的缺陷或对软件进行修改的难易程度。软件的可维护性既取决于软件本身的结构，也取决于维护人员对软件的理解，当然也取决于维护人员的水平和能力。但具有较好灵活性的软件结构会降低软件维护的难度。高可维护性的软件对于需要持续更改和扩充或快速开发的软件具有十分重要的意义。

实践中，可使用统计修复一个问题所需要的平均时间和修复正确的比率两个指标来衡量软件的可维护性。

2．可移植性（Portability）

可移植性是指将软件从一种运行环境转移到另一种运行环境的难易程度。可以用移植所需要的工作量加以描述。具有较好可移植性软件的设计与具有可重用性的软件的设计方法类似，基本的设计方法就是在软件结构中隔离与环境相关的部分，移植时替换这个被隔离的部分。可移植性并不是对于每个软件项目都是重要的，很多软件并没有可移植这样的需求，特别是那些与环境无关的项目。

3．可重用性（Reusability）

可重用性是指在软件开发过程中，不仅要开发出当前项目需要的软件产品，还要将软件产品中那些可能用于其他项目的软件组件分离出来，并形成可重用的形式。以便在将来实现对这些组件的重用，一个拥有大量可复用组件的团队无疑是一个充满活力的团队。

4．可测试性（Testability）

可测试性是指测试一个软件组件或集成产品时查找缺陷的难易程度。可测试性通常与软件的功能有关，如果软件中包含了复杂的算法和逻辑，或包含了复杂的结构或功能，那么，设计时可测试性的考虑就变得十分重要。如果软件需要一个持续的变更或维护过程，那么可测试性的考虑也同样是十分必要的了。

对于上述所有这些质量属性，面向对象方法都能够给予比较充分的支持。其中，可维护性通常被视为最受关注的重要质量特性。人们在设计面向对象程序语言时的主要目标就是提高程序的可维护性。面向对象方法为提高软件的可维护性提供了全面和充分的支持。同时，面向对象方法也为可测试性、灵活性、可移植性、可重用性和互操作性等特性都提供了比较充分的支持。

10.1.3　软件质量属性的权衡

所有这些不同的质量属性之间也往往是错综复杂的，某些质量属性之间可以有相互促进作用，例如可维护性与有效性、灵活性、可靠性和可测试性就具有相互促进的作用，它们之间通常不存在实质性的冲突和矛盾。

而某些属性之间却往往是相互影响甚至是相互冲突的，如灵活性与效率和完整性之间，在某些情况下就可能存在一定的冲突或矛盾了。为充分支持可维护性或可移植性时，就可能设计出一个具有较多抽象层次的结构设计，这不仅有可能增加了软件结构的层次，还有可能会增加了系统在完成某一项任务时需要执行的指令序列的长度，从而增加了系统的执行时间，影响了系统的运行效率。

当质量属性需求列表中含有相互冲突的质量要求选项时，调整设计方案以权衡相互冲突的质量要求就变得十分重要了。

表 10-3 列出了软件质量属性间的相互关系，其中“+”表示属性间的相互促进，“-”表示属性间的相互影响，空白表示属性之间的没有直接的相互作用。

表 10-3　软件质量属性之间的相互关系

	有效性	效率	灵活性	完整性	互操作性	可维护性	可移植性	可靠性	可重用性	健壮性	可测试性	可用性
有效性								+		+		
效率			−		−	−	−	−		−	−	−
灵活性		−		−		+	+	+			+	
完整性		−			−				−		−	−
互操作性		−	+	−			+					
可维护性	+	−	+					+			+	
可移植性		−	+		+	−			+		+	−
可靠性	+	−	+			+				+	+	+
可重用性		−	+	−	+	+	+	−			+	
健壮性	+	−						+				+
可测试性	+	−	+			+		+				+
可用性		−								+	−	

在实际的软件开发过程中，首先要做的就是弄清楚软件的需求，这包括软件的功能需求，同时也包括软件的非功能需求。软件的质量属性就包含在软件的非功能需求当中。因此，在需求的获取和分析的过程当中，必须明确地定义出软件应满足的各项质量要求，还要明确地定义好这些质量需求的优先级别。

在软件设计过程中，软件中所有的设计选项都应该尽可能地满足需求说明当中列出的各项质量要求，并且要优先考虑对那些优先级高的质量要求，对于优先级别比较低的质量要求选项，则应该在充分满足了高优先级质量要求的基础上尽量满足。

10.2　七个面向对象的软件设计原则

从提高软件的可维护性和可复用性的角度出发，人们提出了一系列面向对象设计原则。设计软件时，就需要在充分权衡用户需要的各种质量要求的基础上，按照这些设计原则设计出既能满足用户需求，又具有较好的可维护性和可复用性的软件产品。

人们提出了很多面向对象的软件设计原则，在这些众多的设计原则的基础上，人们总结出七条软件设计原则，并把它们称为基本的软件设计原则。表 10-4 列出了所有这七条基本的设计原则，包括每条设计原则的名称、定义和重要程度。

表 10-4　常见的面向对象原则

名称	定义	重要程度
开闭原则 Open-Closed Principle, OCP	一个软件实体应当对扩展开放，对修改关闭	★★★★★
里氏代换原则 Liskov Substitution Principle, LSP	在软件中，任何一个可以接受某类对象的场景必然可以接受这个类的任何子类的对象。或者说，把软件中任何一个对象替换成它的子类对象，程序都不会产生任何错误和异常	★★★★★
依赖倒置原则 Dependence Inversion Principle, DIP	在软件的层次结构中，高层模块不应该依赖于低层模块，高层模块和低层模块都应该依赖抽象。任何抽象都不应该依赖于其具体的实现细节，而实现细节应该依赖于抽象	★★★★
单一职责原则 Single Responsibility Principle, SRP	一个类仅应该承担一个职责，并且这个职责还应该被完整地封装在一个类中	★★★★
合成复用原则 Composition/Aggregate Reuse Principle, CRP	尽量使用对象组合，而不是继承来达到复用的目的	★★★★
迪米特法则 Law of Demeter, LoD	每一个软件单元都应该仅对那些有密切关系的软件单元有最少的知识	★★★
接口隔离原则 Interface Segregation Principle, ISP	客户不应该依赖那些他不需要的接口。换句话说，一旦一个接口太大，则需要将它分割成一些更细小的接口，以便使用该接口的客户仅需知道与之相关的方法即可	★★

从表 10-4 中列出的这七条设计原则的内容来看，可以认为开闭原则和里氏代换原则是最重要的两条设计原则，这两条设计原则影响的是软件的最基本的质量属性，违背了这两条基本原则的设计影响的不仅是软件的开发和维护效率问题，它们甚至还会影响软件的有效性、完整性、可靠性和健壮性等对所有软件都极为重要的质量属性。

而像单一职责原则、依赖倒置和合成复用原则等可以认为是比较重要的设计原则，但它们不一定是具体的软件设计中必须严格满足的设计原则，过分地追求这些原则的满足，可能会导致软件开发效率的下降。例如，对于单一职责这样一个设计原则问题来说，这个原则要求一个类仅承担一个职责。在一个开发团队中，不同的人对一个类承担了什么样的职责这样的问题，都可能有不同的认识和理解。有时在讨论一个类是否是一个满足了单一职责原则的设计时，不同的人也都可能会有不同的判断。

而相对其他设计原则来说，迪米特法则和接口隔离原则是优先程度最低的两条设计原则。

在大多数情况下，要求软件设计完全地符合迪米特法则和接口隔离这两个设计原则，不仅是不必要的，有时也是不可能的。

在软件设计过程中，应该做到的是熟记这些设计原则，并且能够根据设计的具体情况灵活地运用这些设计原则，以保证高效率、高质量地设计出能够满足项目需求的软件。

10.2.1 开闭原则（Open-Closed Principle，OCP）

伯特兰·迈耶一般被认为是最早提出开闭原则的人，他在 1988 年发行的《面向对象软件构造》中给出了这一著名的设计原则。开闭原则的定义是：一个软件实体应当对扩展开放，对修改关闭。也就是说在设计一个模块的时候，应当使这个模块可以在不被修改的前提下被扩展，即实现在不修改源代码的情况下改变这个模块的行为。其中，软件实体可以是一个软件模块、一个由多个类组成的局部结构或一个独立的类。

在软件结构中，不可避免地会使用继承机制。在类的层次结构中，高层类代表了系统中高层的抽象，高层设计考虑的通常是系统中多种不同的对象所具有的一般性意义的状态和行为。一旦这样的层次结构建立起来，就应该尽可能地避免在后续的设计过程中去改变高层的设计。这样的改变会严重影响系统的开发进程，对开发过程的影响甚至是灾难性的。

例如，在 MFC 类库中，CObject 类就是一个非常重要的抽象类。在类库的层次结构中，这个类居于根类的重要位置，MFC 类库中的大多数类都是这个类的子类。

图 10-1 给出了 CObject 类的类图表示，类图中详细列出了这个类的属性和方法。

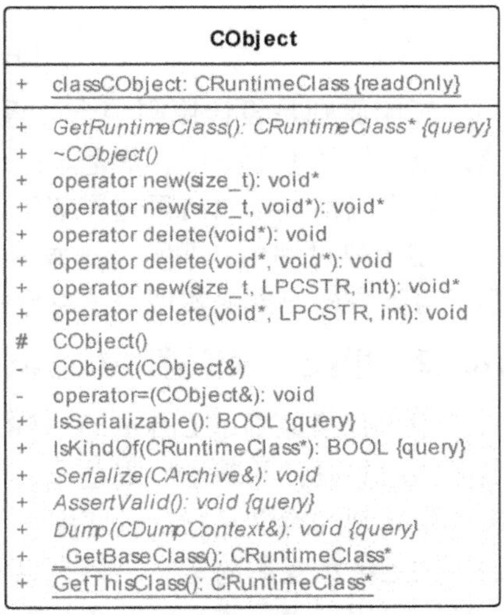

```
CObject
+ classCObject: CRuntimeClass {readOnly}
+ GetRuntimeClass(): CRuntimeClass* {query}
+ ~CObject()
+ operator new(size_t): void*
+ operator new(size_t, void*): void*
+ operator delete(void*): void
+ operator delete(void*, void*): void
+ operator new(size_t, LPCSTR, int): void*
+ operator delete(void*, LPCSTR, int): void
# CObject()
- CObject(CObject&)
- operator=(CObject&): void
+ IsSerializable(): BOOL {query}
+ IsKindOf(CRuntimeClass*): BOOL {query}
+ Serialize(CArchive&): void
+ AssertValid(): void {query}
+ Dump(CDumpContext&): void {query}
+ _GetBaseClass(): CRuntimeClass*
+ GetThisClass(): CRuntimeClass*
```

图 10-1　MFC 中的抽象类 CObject 类

CObject 类中，封装了一个具有类作用域的 CRuntime Class 类型的对象 classCObject，该对象用于描述类 CObject 本身的信息。还定义了一系列方法，其中包括多种形式的 new 和 delete 运算符、询问是否可以序列化（IsSerializable():BOOL）、判断对象类型（IsKindOf(CRuntimeClass*):BOOL）、序列化（Serialize (CArchive&):void）、获取类信息（GetThisClass():CRuntimeClass*）和获取基类信息（GetBasesClass():　CRuntimeClass*）等基础性操作。所有这些方法，为 CObject 类定义了一个公共的接口。

MFC 类库中的大多数类，都是在 CObject 类的基础上扩展出来的。

图 10-2 给出了描述 MFC 中部分类构成的层次结构，除了 CRuntimeClass 以外，这些类都是 CObject 类的子类。在这个结构中，CObject 类代表了对所有这些的子类最高层次的抽象，其每一个子类都在这个抽象的基础上，逐层扩充新的功能或特性，每一次扩充都不需要修改其上层的抽象。

例如其中的 CCmdTarget 类就是一个添加了 DECLARE_DYNAMIC 宏的 CObject 类的派生类，它为 CObject 类扩充了消息映射机制，而 CWind 类又是一个以 CCmdTarget 类为基类的派生类，它在继承了消息映射机制的基础上，又封装了 Windows 窗口数据结构，同时还封装了一系列的与窗口有关的 API 函数，同时这个类也被定义成 MFC 中所有窗口类的基类。

MFC 类库的结构本身就十分贴切地体现了开闭原则。事实上，当我们构建一个基于 MFC 类库的应用程序时，从来没有人想过去修改 MFC 类库中定义的那些类，就是直接使用 MFC 类库。

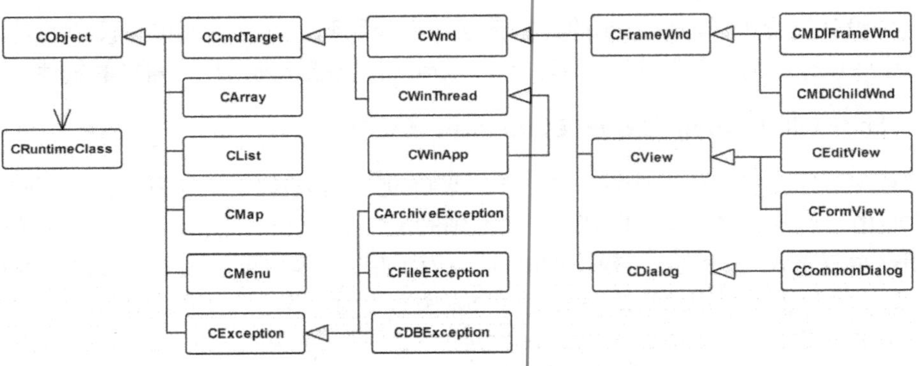

图 10-2　MFC 中部分类构成的层次结构

开闭原则是设计原则中十分重要的指导性原则。设计软件结构时，我们首先要做的就应该是找出软件中最重要、最基本的或最具有不变性东西，把它定义或描述出来作为目标系统的最高层次的抽象，然后再逐层细化，逐渐构建出系统的总体结构。

在构建过程中，只要上一层抽象中没有错误，就不要去修改这个抽象，持续进行这个过程，直到构建出能够实现系统目标的软件结构时为止。

10.2.2　里氏代换原则（Liskov Substitution Principle，LSP）

里氏代换原则是 Liskov 于 1987 年提出了一个关于继承的软件设计原则，里氏代换原则也是面向对象设计的基本原则之一，任何一个软件的设计，都必须严格遵守这一重要的原则。里氏代换原则的意义是指在程序中，任何基类对象可以出现的地方，子类对象也一定可以出现。该原则是继承复用的基石，只有当使用子类替换基类而软件的功能又不受影响时，基类才能真正地被复用，而子类也能够在基类的基础上增加新的行为。

里氏代换原则的定义如下。

在软件中，任何一个可以接受某类对象的场景必然可以接受这个类的任何子类的对象。或者说，把软件中任何一个对象替换成它的子类对象，程序都不会产生任何错误和异常。反过来，在可以使用某类对象的场景中则不一定能够替换成它的超类对象。

从语言的层面来说，所有面向对象程序设计语言都支持这样一个特性，即可以使用基类的引用访问派生类的对象。

例如，在某 C++程序中，假设 CBaseElement 是一个类，CLine、CRectangle 和 CText 等是它的子类。下面的语句定义了一个 CBaseElement 类指针 p，指向了一个 CLine 类的对象，并且这个对象还可以出现在任何使用 CBaseElement 类型对象的场景中。事实上，这样的指针同样可以指向任何一个 CBaseElement 派生类的实例。

```
CBaseElement *p = new CLine();
```

当使用基类指针引用这些派生类对象时，只能通过基类定义的接口访问这些派生类对象。因此，里氏代换原则要求的就是在继承结构中，派生类对象中不能包含任何形式的对基类对象的违背，以确保在替换时软件功能的正确实现。

下面，我们从类继承的角度讨论一下如何运用开闭原则来设计一个软件的结构。

从继承关系的角度来看，父类可以看成是对其所有子类的在某种意义上的一种抽象，即父类中含有的属性和方法是对子类拥有的属性和方法的一种抽象和概括。反过来，子类则是父类的一种具体实现，子类必须继承（或拥有）父类的属性和方法。子类也可以修改或扩充基类中的某些方法，可以添加新的属性和方法。

所以，在结构设计中使用继承关系时，必须从概念上明确定义父类与子类之间的抽象与实现关系。当定义的继承不能满足这种抽象与具体之间的概念关系时，违背里氏代换原则的情况就会自然而然地出现在设计之中了。

例如图 10-3 所示的继承结构中，类 Rectangle 表示一个矩形类，height 和 width 分别是矩形的高和宽，area()用于返回矩形的面积。类 Square 是一个正方形类，它被定义成矩形类的子类。因此它直接继承了矩形类和方法，不同的是它重新定义了 SetWidth 和 SetHeight 这两个方法。

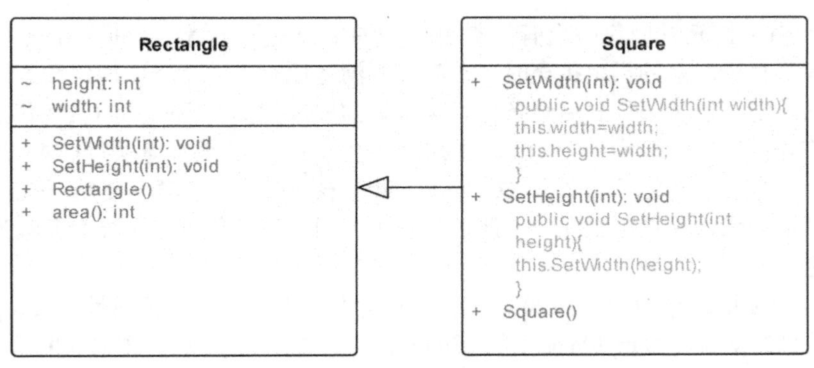

图 10-3　继承结构实例

这个设计从概念上将“正方形可视为一种特殊的矩形（长和宽相等的矩形）”定义成继承关系，从而得出了这样一个概念上不够明确或逻辑上模糊不清的设计，这个设计使得正方形类中拥有了一对设置边长（SetWidth 和 SetHeight）的方法，这造成了方法的冗余。当这两个方法的实现不能够协调一致时，程序运行时就会出现错误。

而从里氏代换原则的角度考虑，当使用父类类型的引用访问这个正方形时，正方形将被视为一个矩形，从而会得出如下的运行结果。

```
Rectangle r = new Square();
r.SetWidth(10);
r.SetHeight(20);
double s=r.area();
s=400;
```

即长为 10，高为 20 的矩形面积是 400。

在这个运行结果中，使用基类接口（Rectangle）访问了派生类（Square）对象，得出了长为 10，宽为 20 的矩形的面积等于 400 这样一个不符合逻辑或者荒唐的结果。出现这样一个结果的原因在于设计中使用了不适当的继承。

图 10-4 给出了一个改进的设计，改进后的抽象被定义成了一个接口（Figure），当然这个接口变窄了，即接口中只有一个方法（area():double）。改进后的设计将不会出现原设计中出现的错误了。

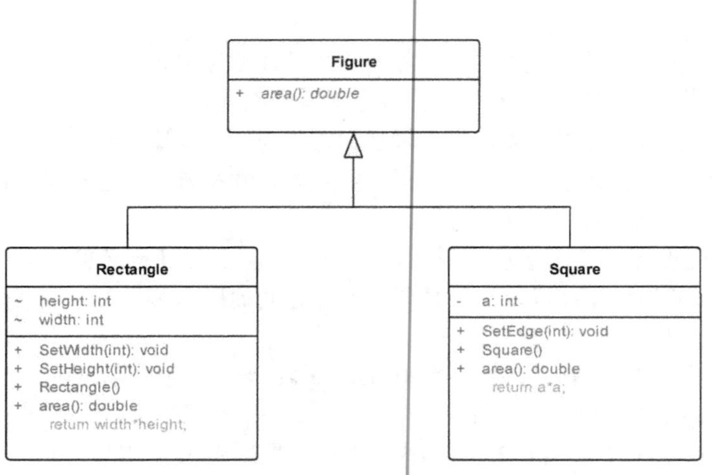

图 10-4　改进后的设计

软件设计中，扩充领域包中现有的类也是一种十分常见的情形。通常的做法是根据已有的类扩充具有某种新功能的类。扩充时，首先要弄清楚原有类的功能、属性和方法，弄清楚类中每个方法的功能、前置条件和后置条件。再根据需要来定义自己的类的属性和方法。

例如，在第 13 章的案例中，就以扩展 MFC 定义的一个界面元素类（CMFCPropertyGridColorProperty）的方式定义了一个类（CColorGridProperty）。这个类主要用于修改指定图形元素的颜色属性，它们通常被组织在一个属性列表中。用户可以通过这个界面元素为当前图素选择需要的颜色。

为了更好地使用这个对象，我们在这个扩充类中，添加一个标识属性的 PropertyID 和一个表示接受消息的窗口句柄 m_hWnd 作为新的属性，并重定义了原有（CMFCPropertyGridColorProperty）类的 OnUpdateValue 方法，使得当颜色选项的当前值被修改时，OnUpdateValue 方法将向由 m_hWnd 指定的窗口发送一个颜色更新消息。使该窗口接收到这个消息后，再做出进一步的响应。图 10-5 就详细地描述了这个扩展。

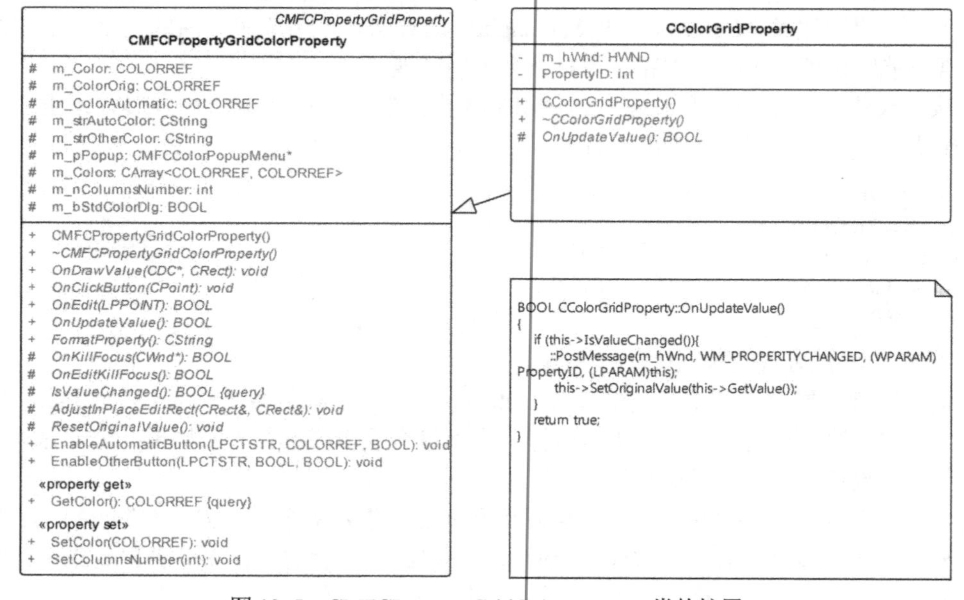

图 10-5　CMFCPropertyGridColorProperty 类的扩展

更一般的使用继承的情形就是在软件设计中独自继承各个层次，这要求在设计时对任何一个层次中的类都要从各个角度给予充分的考虑。在此列出如下需要考虑的一些因素。

1．对象的整体性设计

从实现对象的整体性的角度来看，必须规划清楚每个类的封装性。要详细定义每个类中的属性和方法，详细地定义每个属性的可见性，如公共、私有和保护等可见性，为对象定义其具体的外部接口。

2．定义继承中的覆盖

在较高层次的类中，仔细定义类中的可覆盖的方法。这些可覆盖方法可以被看成是在使用高层接口中访问对象时，既使用了子类对象新添加的特有的功能，又能够保持软件有效性的方法。

对于在子类中新添加的方法，只要这些方法不被覆盖方法调用并且不破坏对象的一致性，它们一般不会违背里氏代换原则。

3．宽接口和窄接口

在继承关系中，只要子类接口中包含了父类接口中没有定义的方法。那么我们就可以说，子类拥有了比父类更宽的接口，当然，父类也就拥有了相对较窄的接口。此时，子类对象既可以出现在使用父类引用访问的场景，也可以出现在使用子类引用访问的场景中，这些不同的场景构成了软件的另一种结构层次。只要这场景之间不出现矛盾或冲突，软件就不会出现违背里氏代换原则的情况。

10.2.3 依赖倒置原则（Dependence Inversion Principle，DIP）

依赖倒置原则的定义是：在软件的层次结构中，高层模块不应该依赖于低层模块，高层模块和低层模块都应该依赖抽象。任何抽象都不应该依赖于其具体的实现细节，而实现细节应该依赖于抽象。

在面向对象的软件结构中，最基本的结构层次是继承和聚合（或组合）这两种。接下来将介绍如何按照依赖倒置原则完成这一设计。

假设 BMWCar 与 AudiCar 分别表示 BMW 与 Audi 两种不同品牌的汽车，并假设它们之间相对独立。下面的代码给出了表示这两种汽车的类的定义。

```
public class AudiCar{
    public void Run(){
        Console.WriteLine("启动");
    }
    public void TurnLeft(){
        Console.WriteLine("左转");
    }
    public void TurnRight(){
        Console.WriteLine("右转");
    }
    public void Go(){
        Console.WriteLine("前进");
    }
    public void Stop(){
        Console.WriteLine("本田开始停车了");
    }
}
```

```
public class BMWCar{
    public void Start(){
        Console.WriteLine("启动");
    }
    public void Left(){
        Console.WriteLine("左转");
    }
    public void Right(){
        Console.WriteLine("右转");
    }
    public void MoveForward (){
        Console.WriteLine("前进");
    }
    public void Stop(){
        Console.WriteLine("本田开始停车了");
    }
}
```

现在要开发一个适用于这两种汽车的自动控制系统，人们设计了一个类（AutoDriveSystem），并使用这个类来控制这两种汽车的自动驾驶过程。图 10-6 描述了这个设计，其后的代码给出了这个设计的具体实现。可以看出这个设计基本能够满足上述陈述所描述的需求。

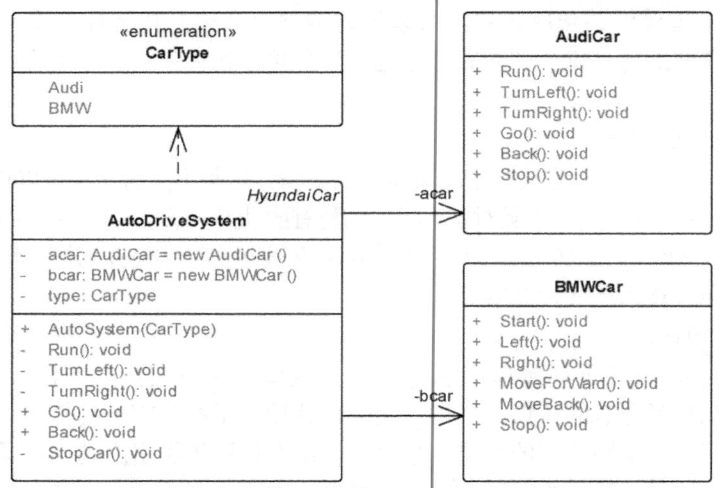

图 10-6　AutoDriveSystem 类

为了实现对这两种不同车型的控制，人们还给出了 AutoDriveSystem 类的具体实现。

在这个类中，分别定义了两个成员，表示两种不同类型的汽车。并且在这个类的每个方法中，又都分别实现了对不同类型的车辆操作的调用。这样，这个类就可以在自己的控制逻辑下实现对这两种汽车的自动驾驶了。

```
public class AutoDriveSystem{
public enum CarType{ Audi, BMW };
    private AudiCar acar=new AudiCar ();
    private BMWCar bcar=new BMWCar ();
    private CarType type;
    public AutoSystem(CarType type){
        this.type=type;
    }
    private void Run(){
        if(type==CarType.Audi)
            acar.Run();
        else
            bcar.Start();
    }
    private void TurnLeft(){
        if(type==CarType.Aidi)
            acar.TurnLeft();
        else
            bcar.Left();
    }
private void TurnRight(){
        if(type==CarType.Audi)
            acar.TurnRight();
else
            bcar.Right();
}
public void Go(){
        if(type==CarType.Audi)
            acar.Go();
        else
            bcar.MoveForward ();
}

private void StopCar(){
        if(type==CarType.Ford)
            acar.Stop();
else
            bcar.Stop();
}
}
```

随着项目的进展，人们又希望扩大项目的适用范围，在项目中增加像丰田、现代、本田等的其他品牌的汽车。如果仍然采用原有的设计，那么将会得到图 10-7 所示的设计。

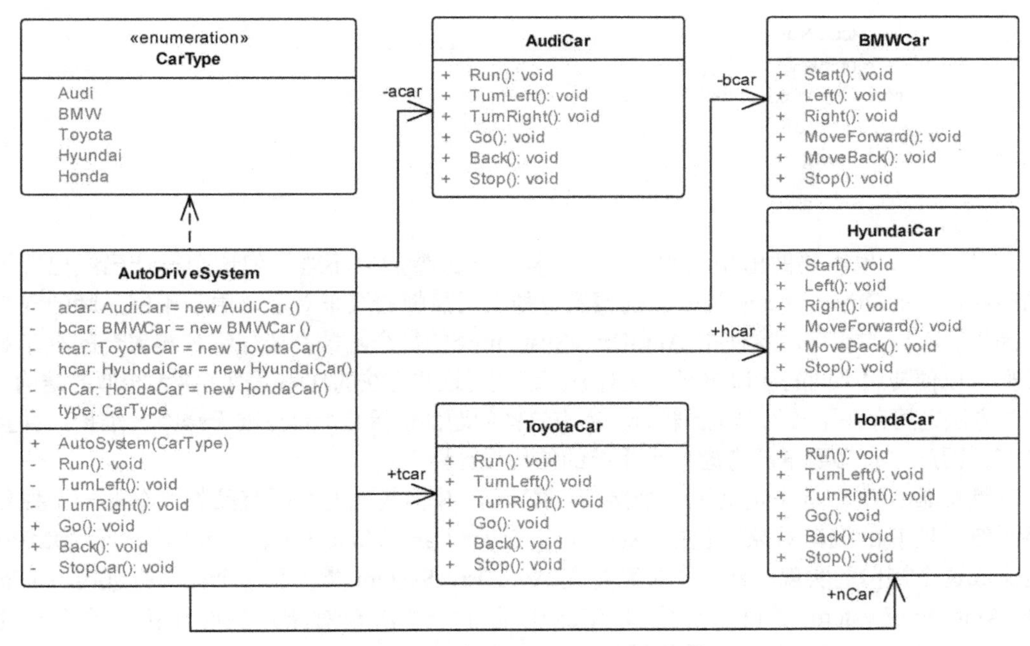

图 10-7 扩充的 AutoDriveSystem 类

在这个设计中，除了要添加 HyundaiCar、ToyotaCar 和 HondaCar 及各类之外，还需要修改 AutoDriveSystem 类的所有实现代码。例如，AutoDriveSystem 类将需要做出如下形式的修改。

其中的 CarType 数据类型需要重新定义成如下的形式。

```
public enum CarType{ Audi, BMW, Hyundai , Toyota, HondaCar};
```

还要在类中添加新增加的表示车辆的成员。

```
private AudiCar acar=new AudiCar ();
private BMWCar bcar=new BMWCar ();
private HyundaiCar hcar=new HyundaiCar ();
private ToyotaCar tcar=new ToyotaCar ();
private HondaCar ncar=new HondaCar ();
```

类中的每个方法也需要做出相应的修改，例如，AutoDriveSystem 类中的 Run 方法就需要修改成如下的形式。

```
private void Run(){
    switch(type){
    case CarType.Audi:
        acar.Run();
        break;
    case CarType.BMW:
        bcar.Start();
        break;
    case CarType.Hyundai:
        hcar.Start ();
        break;
    case CarType. Toyota:
```

```
                tcar. Run ();
                break;
            case CarType.Honda:
                ncar.Run();
                break;
        }
    }
```

其他的方法也需要做出相似的修改，这样的修改看起来不难，但这个设计已经出现了较大的问题。AutoDriveSystem 类中分别聚集每种不同品牌的汽车对象，由于不同品牌的汽车还对外提供了不同的接口，这使得 AutoDriveSystem 类的每个函数都要仔细分辨聚合的汽车对象的类型，以便使用不同的接口访问这些对象。这使得这些方法的代码呈现了极为相似的结构，使得这些方法之间存在了较为严重的耦合。所有这些问题都使得这个设计难于修改、维护，并且难于扩充。因此，有必要重新考虑这个系统的结构设计。

在新的设计中，首先定义了一个接口（ICar），并将其视为对所有品牌汽车的一个抽象，再将系统中所有的汽车对象，包括 AudiCar、ToyotaCar、HondaCar、HundaiCar 和 BMWCar 等定义成这个接口的实现。然后再重新定义 AutoDriveSystem 类，在这个类中引进接口 ICar。这使 AutoDiveSystem 类仅通过接口 ICar 聚合了一个汽车对象，从而简化了这个类的结构。图 10-8 给出了这个修改后的设计。

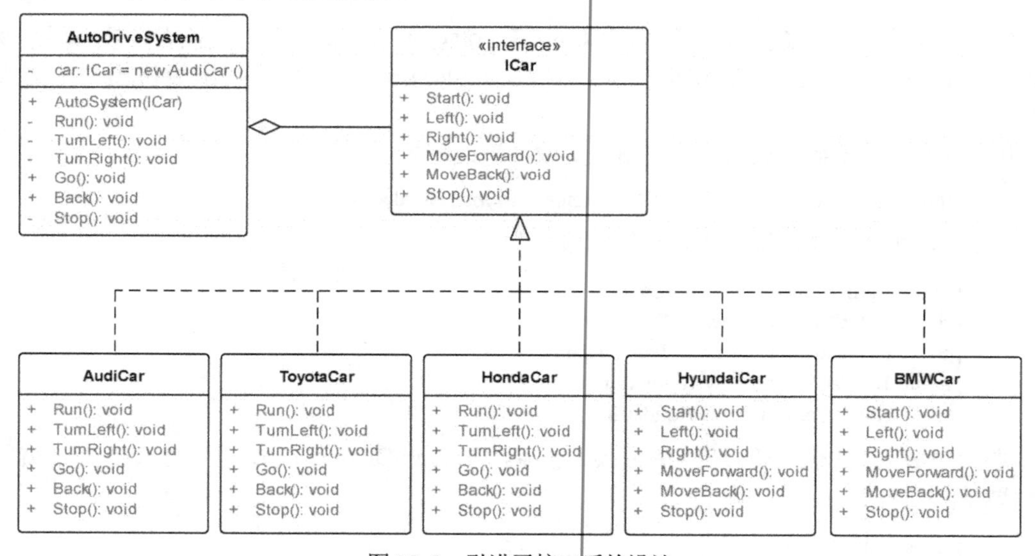

图 10-8　引进了接口后的设计

新类中的方法，再不需要分辨它所访问汽车类型，并且每个方法都可以简单地将服务请求委托给实现接口的对象。这极大地简化了这个类的结构，并且在需要维护和扩充时，只需要极小的工作量就可以实现。此时，AutoDriveSystem 类的代码将呈现出如下极为简洁的形式。

```
public class AutoDriveSystem{
    private ICar car;
    public AutoDriveSystem (ICar c){ car=c;}
    private void Run(){ car.Start();}
    ……
}
```

其中的 Run 方法，其实现仅仅是将操作委托给聚集的 ICar 对象，而不必关心它到底是哪个品牌的汽车对象。类中其他方法的实现也是同样的。

由于在 AutoDriveSystem 类中引进了这样的一个抽象（ICar），这使得 AutoDriveSystem 类的实现不再依赖具体的车辆类，只要这个抽象（ICar）能够准确地描述具体事物的本质特征，这个设计就可以充分满足需求，并且能够保证系统具有良好的可扩充性等质量属性。这使得修改后的设计（如图 10-8 所示的结构），比较充分地体现了倒置依赖的设计原则。

10.2.4　单一职责原则（Single Responsibility Principle，SRP）

单一职责原则是指：一个类仅应该承担一个职责，并且这个职责还应该被完整地封装在一个类中。换句话说，一个类应该有且仅有一个能够引起它的状态改变的原因。

可以将职责看成是对系统中的一组方法的抽象，因此职责也代表着对一种系统角色，设计时需要将这个角色职责到系统中某个类所具有的一组方法来加以实现。换句话来说，就是将实现职责的方法添加到承担了这个职责的类中。

对于任何一个类来说，只要它拥有了能够支持完成某个职责所必需的资源或属性，就都可以把这个职责落实到这个类当中去。

因此，将多个职责分配给同一个类，似乎可以构造出一个有很强能力的类。但让一个类承担了过多的职责时，不仅会影响到类的复用，同时也会造成类中承担了不同职责方法之间的耦合。

一方面，当一个类承担了过多的职责时，这个类在将来被复用的可能性将会变小，这是因为，不同的复用场景对类的需求不太可能完全相同，承担的职责多了，会使得这个类在不同的场景中将会变得无法复用。

另一方面，当一个类承担了多个职责时，通常将会使这个类中同时并存着多组不同的方法，这些方法纠结在一起，以竞争的方式使用这个类的资源（属性），这可能会造成这些方法之间的严重耦合。从外部来看，这些不同的职责之间并没有一个明确的界线，从而为类的外部使用造成不必要的麻烦。

进一步说，一个类承担的职责越多，它所带来的问题就会越严重。这将为类的设计和使用都带来更大的复杂性。因此可以说，将多个职责分配给同一个类的设计不是一个好的设计，这将严重违背高内聚、低耦合的设计原则。

从变化的角度来看，当某个职责发生变更时，修改这个职责的方法将有可能改变类中所用方法使用其共同资源的使用方式，严重时，会导致整个类的重新设计，从而影响这个类所承担的其他职责。

在面向对象方法中，类通常被划分成实体类、边界类和业务逻辑类三种不同的泛型。当然也可能还会有其他泛型的类，如工具箱类等。

对于实体类来说，实体类一般代表着系统对某种客观事物的一种抽象，其属性一般是事物在某一方面所具有的特性或性质的描述。实体类方法的实质就是以某种特定的方式访问其拥有的各个属性。因此，对实体类方法的最基本的分类就是分成只读和修改两种类型。更详细的分类，则取决于系统的业务逻辑，即取决于系统需要的对这些实体类所需要进行的处理方式。系统对实体类所进行的处理大致可以分成修改、存储、显示、网络传输等几种方式。

运用单一职责原则时，不能简单机械地照搬这个原则，这样会将问题进一步的复杂化。运用单一职责原则的关键在于如何定义系统的职责，即使你考虑的单一职责这样的设计原则问题，职责定义的粒度的不同也会导致不同的设计。

对于实体类，一个比较实际的做法是，首先分析清楚系统对其实体类所需要进行的各种处理，然后再根据这些处理对实体类进行分类，定义这些实体类所需要的接口，再将这些接口定义成一个个单独的系统职责。这样能够设计出满足单一职责原则的实体类，并且能够清晰地控制和管理这些实体类中不同方法之间的耦合。

例如，图 10-9 中列出了某高校教学管理系统中的部分实体类构成的一个实体模型。

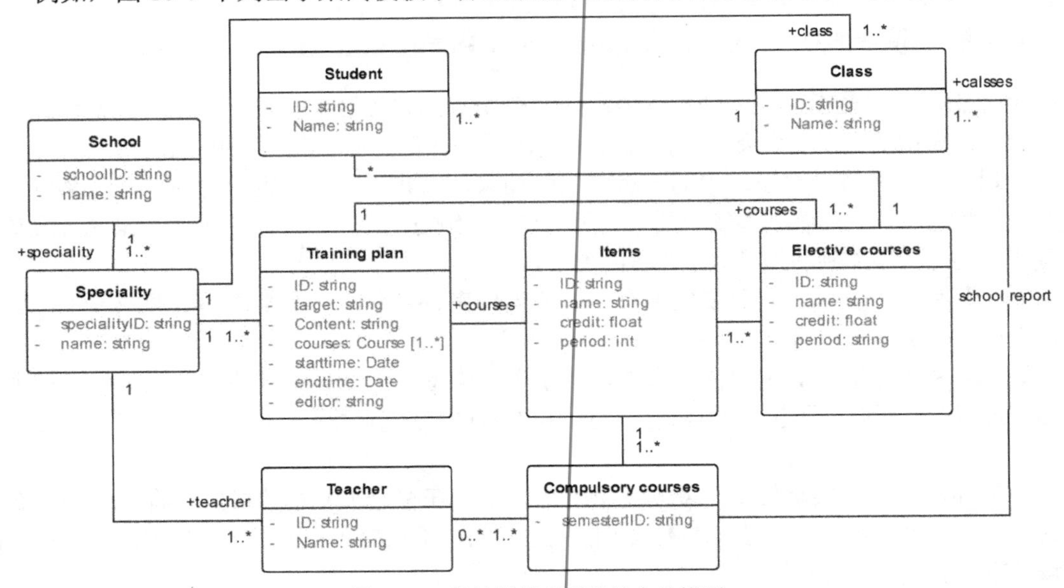

图 10-9　某教学管理系统的实体模型

图中列出了该系统的大部分实体类。其中，School 是学院类，表示该学校所有学院构成的集合。Speciality 是专业类，用于表示一个专业，一个学院可以拥有多个专业。Class 是班级类，一个专业拥有多个班级。Student 是学生类，一个班级拥有多名学生。Training plan 是培养计划类，一个专业可以拥有一个或多个培养计划，一个培养计划被定义成一组选项构成的集合，这组选项可以有课程、课程设计、毕业实习和毕业设计等内容。一般情况下，每届学生执行一个培养计划。学校规定每四年为一个计划执行周期，每个执行周期修订一次培养计划。Teacher 是教师类，Compulsory courses 和 Elective courses 分别是必修课和选修课，图中的每个类仅给出了有限或有代表性的属性，并且没有给出这些类的具体方法。

下面介绍一下如何应用单一职责原则设计这些类应承担的职责或方法。

从这些实体类的结构角度来分析，可以将实体类划分成复合对象和简单对象两种情形。因此，我们可以抽象出两组不同的简单对象和符合对象的基本操作。

1）简单实体对象的操作集合，即简单实体对象的创建、修改、删除和查询等操作。例如类图中的学生类、教师类、必修课类和选修课类等实体类的管理。

2）复合信息的操作集合，指复合对象信息的增删改查。例如类图中的学院类、专业类、班级类、培养计划类等。

这两个不同的操作集合之间还应该具有一种包含的关系。图 10-10 描述了这两种操作，这两组操作中，所有操作之间的耦合仅仅在于它们是定义在同一个属性集合之上，而这个属性集合的变更仅仅服从于这些类定义本身，不会有大的需求变更，即使有需求变更，也不会因为某个方法引起这样的变更。

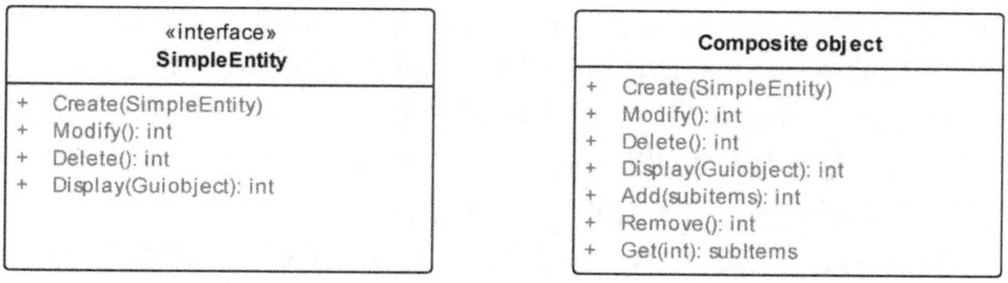

«interface»
SimpleEntity

+ Create(SimpleEntity)
+ Modify(): int
+ Delete(): int
+ Display(Guiobject): int

Composite object

+ Create(SimpleEntity)
+ Modify(): int
+ Delete(): int
+ Display(Guiobject): int
+ Add(subitems): int
+ Remove(): int
+ Get(int): subItems

图 10-10　简单对象和复合对象的两组操作

从功能需求的角度来看，某些特殊的功能需要可能需要在这些实体类中增加一些新的、不同的操作，像计算实体的某种特征、检查实体是否满足某种特殊的条件，或将实体对象输出到某个特定的窗口、报表、电子邮件或网络节点这样的需求，这些方法的本质都是在既定的属性上添加一些必要的操作，它们一般不会引起大的耦合问题。并且，添加这些操作时还可以使用添加和实现特定接口的方式进行。

软件中常见的第二种类是业务逻辑类，业务逻辑类通常承担了一个主导和控制一个用例或场景的执行过程的系统责任。它需要负责组织一个过程的参与对象，为这些对象分派职责并控制这个流程向着完成系统目标的方向发展。因此，当一个业务逻辑仅仅与一个特定的过程相联系时，这个业务逻辑的职责就是单一的，它不会违背单一性原则。否则，如果一个业务逻辑类承担了多个不同作业流程的组织和控制任务时，它所承担的职责就不再是单一的了。此时，如果不同的作业流程之间的参与者和控制流均有较大区别，违背单一性原则所引起的问题就会产生。

还有一种情形就是，一个业务逻辑类仅负责一个用例或场景的工作过程，但这个类承担了这个过程中的所有工作。当工作较多，并且不同的工作又对其资源或环境有不同的要求时，将这些工作分解成多个不同的职责时，就可能会得到一个更为简单的设计了。

例如，在软件设计时，应尽可能为每个用例或场景设计单一的业务逻辑类，当然也可以设计多个相关的业务逻辑类以支撑一个过程，但应该避免使用一个逻辑类来支撑多个不同的过程。当系统中有多个相似的业务逻辑时，可以使用继承与多态或聚合等机制设计一组相关的业务逻辑类，来支撑这组相似的过程。

软件中最后一种常见的类是边界类。与业务逻辑类类似，边界类通常充当了一个过程的边界对象，负责过程中与系统外部实体之间的交互。一个过程中可以有多个边界对象。因此，当一个边界类只承担一种交互责任时，它必然是符合单一职责原则的。否则，如果一个边界承担了多个作业流程的交互责任时，它所承担的职责就不再是单一的了。

软件设计过程中，将边界类、业务逻辑类和实体类分开可能是落实单一职责原则的较好的方法。

例如，图 10-11 给出了一个实现了登录过程的类。这个类既是一个窗口类，也是一个负责登录过程的业务逻辑类，同时还承担了用户验证过程的数据库访问这一职责。图中象征性地列出了实现这些职责需要的大部分属性和方法。

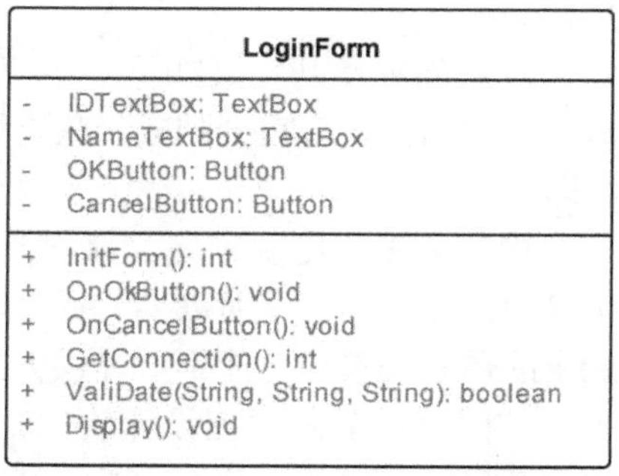

LoginForm

- IDTextBox: TextBox
- NameTextBox: TextBox
- OKButton: Button
- CancelButton: Button

+ InitForm(): int
+ OnOkButton(): void
+ OnCancelButton(): void
+ GetConnection(): int
+ ValiDate(String, String, String): boolean
+ Display(): void

图 10-11　承担了过多职责的类

这个类显然承担了较多的职责，使得其内部结构将过于复杂，其内部不仅仅要包含用于输入数据和命令的窗口组件，如输入用户 ID 和密码的文本输入组件以及命令按钮，还要包括处理相关事件的响应函数，包括存储连接数据库所需要的连接字串等相关信息，当然还要包括处理登录过程需要的属性和函数等，这些具有不同类型或性质的属性和方法混杂在同一个类中，导致了一个混乱且逻辑复杂的结构。编写这些函数的实现代码时，需要仔细地分辨这些函数和这些函数需要访问的属性，以避免可能出现的错误。

根据单一职责原则，可将这个类分解成界面、业务逻辑和数据库访问等若干个类，让每个类只处理更简单的职责，从而得到一个更满足单一职责原则的设计。图 10-12 给出了一个经分解后得到的设计。其中 LoginForm 是边界类，仅负责登录过程中的用户交互；UserDao 是用户数据库存取访问对象类，负责用户表数据的访问；DBUtil 是数据库工具箱类，负责数据库的连接。

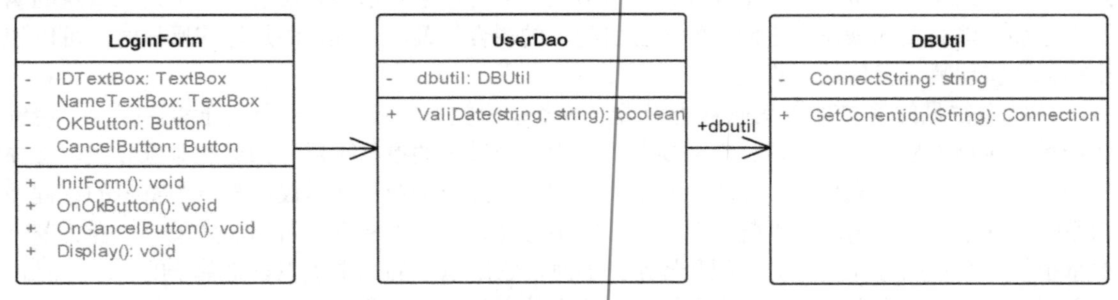

图 10-12　满足单一职责原则的设计

可以看出，这三个类分担了图 10-11 中的 LoginForm 类所承担的全部职责，得到了一个更简单的设计，每一个类中都只包含了相对简单的属性和方法，实现时每一个类的代码的编写、修改和扩充都将变得更加容易。

10.2.5　接口隔离原则（Interface Segregation Principle，ISP）

在软件结构中，可以认为一个接口代表了对系统中一种角色的具体实现。实现接口的对象通常以其所代表的角色的形式出现在特定的场景之中。当一个对象实现了多个接口时，这就意味着这个对象将可以以接口所表示的角色的身份出现在各自不同的场景之中。接口隔离原则所要求的就是接口不能过于宽泛，或者说接口中仅应该含有角色出现的在场景之中需要的那些方法，当接口中含有多余的方法时，将会给场景的设计与实现带来一定的复杂性或负担。

接口隔离原则定义如下：客户不应该依赖那些它不需要的接口。换句话说，一旦一个接口太大，则需要将它分割成一些更细小的接口，以便使用该接口的客户仅需知道与之相关的方法即可。

接口隔离原则要求定义接口时，应使每一个接口仅承担一种相对独立的角色。并且，每个接口仅提供客户端所需要的行为，客户端不需要的行为则隐藏起来，应当为客户端提供尽可能小的单独的接口，而不要提供大的总接口。

按照接口隔离原则设计软件时，当设计方案中出现了比较宽的接口时，则需要将这个较宽的接口拆分成多个分别承担了某种单一角色的接口，或者说每个接口仅充当一个单一的系统角色，仅将与角色相关的操作定义在同一个接口之中。这可以使得软件结构在满足高内聚的前提下，接口中包含的方法越少越好。在系统设计时，可以为不同的客户提供宽窄不同的接口，使得每个接口仅提供客户需要的行为，从而隐藏那些用户不需要的行为。

图 10-13 给出了一个可以出现在多个不同场景中的对象的例子，其中 ClientA、ClientB 和 ClientC 分别表示三个不同的对象，它们分别以不同的方式访问同一个对象。

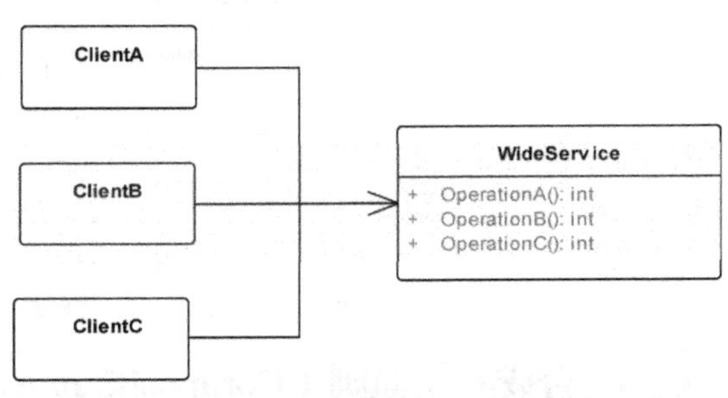

图 10-13　可以出现在多个不同场景中的对象

WideService 是一个拥有宽接口的服务对象，它在软件中充当了三种不同的角色，所有方法构成了其对外接口。这个设计显然违背了接口隔离原则，当不同客户需要访问 WideService 对象时，就需要设计或实现这些为不同客户访问所需要的方法，这就需要设计人员仔细地考虑或分辨这些方法。

如果希望得到一个能够符合接口隔离原则的设计，可以考虑拆分 WideService 类的接口，使得每个客户均能够使用一个合适的接口来访问这个对象。

一种简便可行的方法是不修改 WideService 类的结构，而是仅仅分别定义每个角色需要的接口，再让 WideService 分别实现这三个接口，图 10-14 给出了这个修改方案的示意图。在这个新的方案中，三个客户都不再直接依赖服务对象，它们均仅依赖于其需要的特定接口，从而简化了客户的设计与实现过程。新的复杂性落实到如何在 WideService 类中实现这三个接口这样一个设计问题上。

直观地看，这个类是一个充当了多种不同角色的类，如果这些不同的角色需要访问的是同一组相同的资源，并且它们访问这同一组资源的方式也没有很大的矛盾和冲突，那么就可以认为图 10-14 是一个可以接受的设计方案。

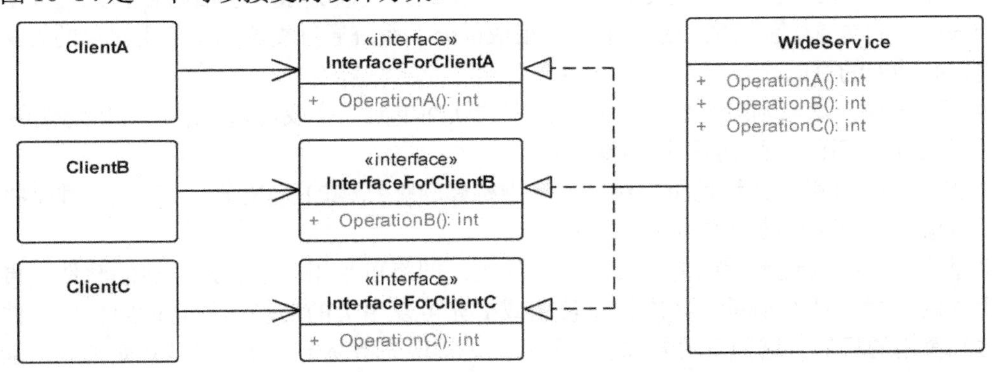

图 10-14　按接口方式实现的设计方案

在一般情况下，当一个类具有较高的内聚度时，即使它可能需要承担多种不同的角色，也没有必要拆分成一个个仅充当单一角色的类。如果需要，也可以将 WideService 类拆分成多个不同的对象，如图 10-15 所示，这样就得到一个既满足接口隔离原则，同时也满足单一职责的设计方案。

在软件结构设计中，落实接口隔离原则时也需要注意接口的粒度，定义大量小粒度的接口将会导致软件结构的复杂化，甚至影响软件的设计，只有在某些类的接口太宽，以至于影响这个类的使用时，才需要调整。

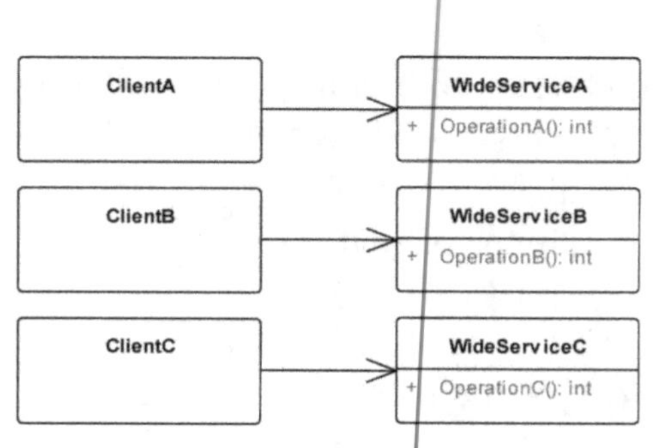

图 10-15　拆分服务后得到的结构设计

10.2.6　合成复用原则（Composition/ Aggregate Reuse Principle，CRP）

软件复用是指在软件设计中重复使用已有的软件元素，可复用的软件元素的粒度可大可小。一段代码、一个函数、一组逻辑相关的函数构成的一个功能模块、一个类、一组逻辑相关的类或对象组成的软件构件，甚至一段具有通用性的需求分析规格说明都可被视为可复用的软件元素。软件复用既可以有效地提高软件开发效率，也可以有效地提高软件的质量。面向对象方法中，类或对象通常被视为最基本的结构元素。从复用的角度来看，类或对象也是这一方法最重要的可复用软件元素。

合成复用原则强调的是使用复用类或对象时应遵守的一项比较重要的软件设计原则，通常又称该原则为组合/聚合复用原则，该原则的具体定义如下：尽量使用对象组合，而不是继承来达到复用的目的。

这个定义首先强调了落实这一原则的具体情形是复用，同时强调了实现复用这一目的的手段应首选组合，应避免使用继承这一基本的复用方法。

合成复用原则的具体含义就是指在一个对象里通过关联关系（包括组合和聚合关系）来使用一些已有的对象，使之成为系统的一个组成部分，系统通过委派调用复用对象的方法来达到复用已有功能的目的。

换句话来说，该原则就是要求在复用已有的软件单元（类或对象）时，要尽量使用组合/聚合的形式进行复用，尽可能不用继承的方式。

事实上，继承和组合都是面向对象方法中构建软件结构的基本方式。它们也都是将可复用类或对象引入到现有结构中的基本方式。

继承方式是指通过继承的方式复用已有的类，即将可复用类添加到当前的软件，再定义可复用类的子类，通过继承和多态机制使用或扩充可复用类的功能，使之适应目标软件的需求，达到复用的目的。这种复用方式的主要特点是实现简单易于扩展，其缺点是继承可能会破坏系统的封装性，并且由于从复用类继承而来的实现是静态的，不可能在运行时动态改变，没有足够的灵活性，只能在有限的环境中使用，人们通常称这种复用方式为“白箱”复用。白箱复用的特点是需要在对复用类有比较充分的了解的基础上设计这个类的具体实现，并且可能需要在新定义的派生类中重新定义某些方法，其实现过程相对复杂。

复用的另一种方式是组合/聚合复用，这种方式是指将复用对象以某种方式（静态或动态的方式）组合到系统的某个对象中，并以委托的方式向复用对象传递服务请求。这种复用方式可以使发出服务请求的对象与提供服务的对象之间的耦合度相对降低（不需要考虑多态机制），系统可以选择性地调用复用对象的操作，并且对象的复用甚至可以在运行时动态地进行。人们通常也称这种方式为“黑箱”复用，黑箱复用的好处是只需要知道复用对象提供的外部服务接口，而不用了解这个对象的更多细节就可以实现对象的复用。

组合/聚合可以使系统更加灵活，类与类之间的耦合度降低，一个类的变化对其他类造成的影响相对较少，因此一般首选使用组合/聚合来实现复用，其次才考虑继承。在使用继承时，需要严格遵循里氏代换原则，有效使用继承会有助于对问题的理解，降低复杂度，而滥用继承反而会增加系统构建和维护的难度以及系统的复杂度，因此需要慎重使用继承复用。

以下是一个按照合成复用原则引进一个可复用对象的例子。对于一个图形编辑软件，其中比较基本的类就是图形元素类。假设该软件的图形元素类的定义如图 10-16 所示。

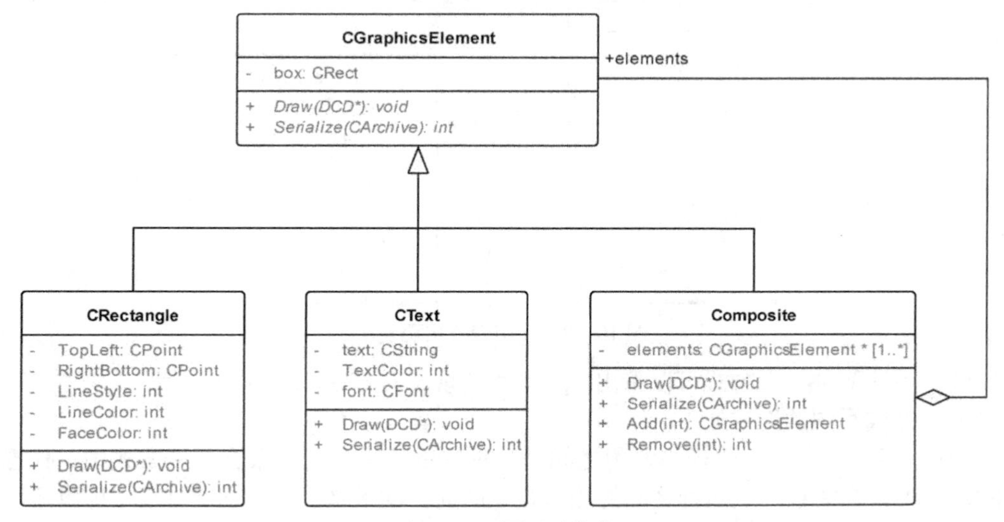

图 10-16　图形元素类

若希望在该图形软件中加入一个可复用的名为 CTrangle 的实体类，并假设 CTrangle 类具有当前软件所要求的所有功能，但对外提供却是与当前系统对实体类的要求不完全一致的接口。

比较简单的方法是使用代理机制引进这个可复用类。

一种方式是使用继承实现复用，即定义一个 CTrangle 类的代理类，将这个代理类定义成 CGraphics Element 接口的实现，同时还需要将这个代理类定义成 CTrangle 类的子类。这样，不仅使这个代理类继承了复用类的功能，同时也实现了系统要求的接口。从而实现了这个类的复用。图 10-17 描述了使用继承实现复用。

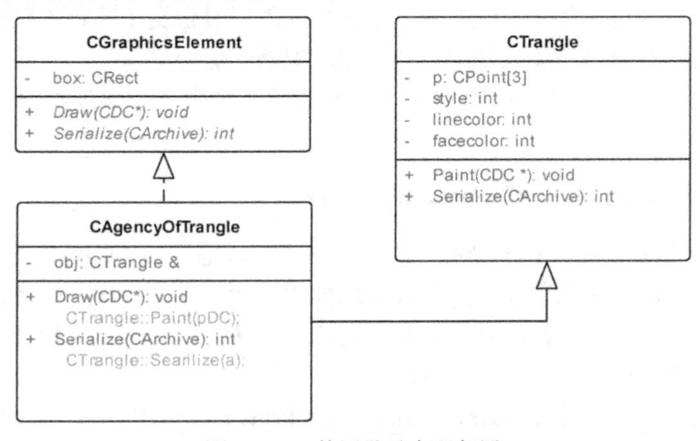

图 10-17　使用继承实现复用

图 10-18 描述了使用聚合实现复用，即在系统中定义一个 CTrangle 类的代理类对象，将这个代理类定义成 CGraphicsElement 接口的实现，同时还需要将这个代理对象定义成一个聚合了 CTrangle 类对象的复合对象。这样就可以使这个代理对象既实现了系统所要求的接口，同时也可以以委托的方式将系统需要的请求传递给复用对象，从而实现了这个对象的复用。

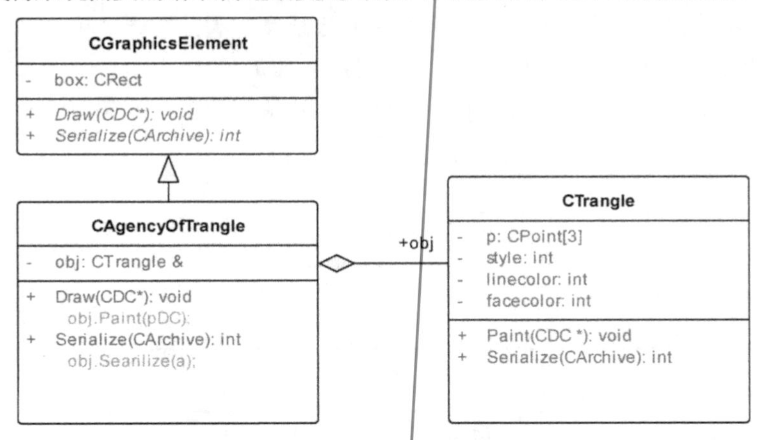

图 10-18　使用聚合实现复用

比较一下这两种实现方式可以看出，二者均实现了对 CTrangle 类的复用。

这两种方式不同的地方如下。

1）继承复用方式中，代理与复用之间是一种继承关系，而在聚合服用方式中，代理与复用之间是一种聚合关系，这两种之间的接口是不同的。继承是一种更强的耦合，即继承关系中的子类既可以访问父类中公共的属性和方法，而且也可以访问父类中保护的属性和方法。而在聚合关系中，整体对象只能访问部分对象的公共属性和方法，因此，聚合是一种相对松散的耦合。聚合复用更有利于构建较低耦合的结构。

2）继承关系是一种静态关系，静态关系的建立和维护都是在程序设计过程代码中完成的，这种关系一旦建立，就没有办法实现动态的修改和扩充；与之相反的是，聚合关系是对象之间的一种动态的关系，对于任何一个对象，只要它实现了整体对象所要求的接口，就可以将其添加到整体对象中，在满足某种条件的情况下，甚至可以动态地替换原有的部分对象。因此，聚合复用显然是一种更具有广泛适用性的复用方法。

另外，下一章将要讨论的 GOF 中的适配器模式就同时定义了两种不同的适配器模式，它们分别使用了类适配器模式（集成复用）和对象适配器（组合复用）。

如果考虑组合复用这一设计原则，使用适配器模式复用一个类或对象时，对象适配器模式将应该被作为首选的设计模式。

10.2.7　迪米特法则（Law of Demeter，LoD）

迪米特法则源自于美国东北大学的一个名字为 Demeter 的研究项目，其实质内容就是要求任何一个软件实体都应该尽可能少地与其他软件实体发生交互作用。这样，当一个软件实体发生改变时，就会尽可能少地影响到其他软件实体。这条规则实际上为软件实体之间的关系规定一种限制，它要求严格限制软件实体之间的各种通信。

该原则又称为最少知识原则（Least Knowledge Principle, LKP），其定义如下：每一个软件单元都应该仅对那些有密切关系的软件单元有最少的知识。简单地说，就是软件实体应当尽可能少地与其他实体发生相互作用。这样，当一个模块修改时，就会尽量少地影响其他的模块。

在软件设计过程中，对于系统来说，最重要的设计就是软件的结构设计，而软件结构设计的实质就是将软件划分成若干个组成部分并确定各个组成部分之间的关系，结构中的每个组成部分都可以被看成是一种特定形式的软件实体。软件实体之间的关系又可以分成关联、依赖和没有关系等各种情况。

软件结构还呈现出一种比较复杂的层次结构的形式，即一个软件在整体上可以被看成是一个由多个构件构成的系统，当然还要考虑这些构件之间的关系。而这个结构中的每一个构件不仅要被视为一个整体，这些构件本身也可能又要被视为一个由干个不同的小构件构成的系统，这样的分解可能需要持续下去，直到一个结构的每一个构件都不再需要分解为止。

因此，可以说迪米特法是一个在整个软件结构设计过程中都需要严格遵守的重要法则。

在软件设计过程中，比较常见的概念如系统、子系统、构件、包、类和方法等都可以被视为一种特定的软件实体。而落实迪米特法则就是要求在软件的结构设计甚至包括行为建模过程中，都需要充分考虑限制这些软件实体之间的各种关系。所谓限制这些关系，就是尽可能使用比较弱的关系来描述这些实体之间的关系，以使得实体之间的交互最少。

一个软件场景通常由若干个对象构成，这些对象相互协作完成这个场景的目标。每个对象在场景中所充当的角色决定了这些对象之间应有的关系。因此，使用顺序图或通信图对场景进行建模就是一个比较合适确定这些对象之间关系的较好的方法。

例如，图 10-19 就描述了某图形编辑软件中的一个保存文档的场景，这个场景中出现的所有对象就构成了这个场景的结构，这个结构包括了 User、CGraphicsApp、CGraphicsDocument、CPage、CGraphicsElement 和 CArchive 等若干个结构元素。

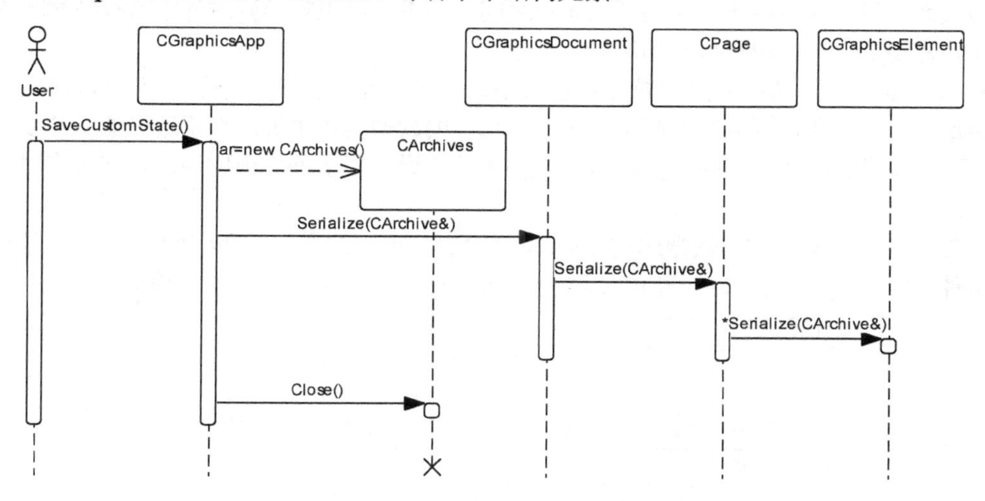

图 10-19　图形编辑软件中保存文档的场景

接下来的问题是这些结构元素之间的关系又应该是什么样的呢？

分析这张图中的元素和消息可以知道，这个场景的前置条件是，在进入场景之前，就已经实例化了 User、CGraphicsApp、CGraphicsDocument、CPage、CGraphicsElement 等角色，并建立好它们之间应有的关系。

在这个结构中，User 是系统外实体，CGraphicsApp 是应用程序对象，User 通过界面对象与 CGraphicsApp 交互，向系统传递各种命令。在场景中，CGraphicsApp 创建一个 CArchives

对象，并负责将这个对象传递给其他对象，因此 CArchive 对象与场景中其他每个对象具有一种特定的依赖关系；过程结束前，CGraphicsApp 还需要负责销毁这个 CArchive 对象，因此，CGraphicsApp 与 CArchive 对象之间是一种拥有的关系；再考虑这些对象之间的消息传递关系，可知 CGraphicsApp 对象与 CGraphicsDocument 对象、CGraphicsDocument 对象与 CPage 对象、CPage 对象与 CGraphicsElement 对象应该存在着一种单向的关联关系。

图 10-20 详细描述了从图 10-19 分析出来的这些元素之间的关系，这些关系指明了这些实体之间可以进行的交互以及交互的强度，其中没有任何关系的两个类或对象之间不需要任何直接的交互。

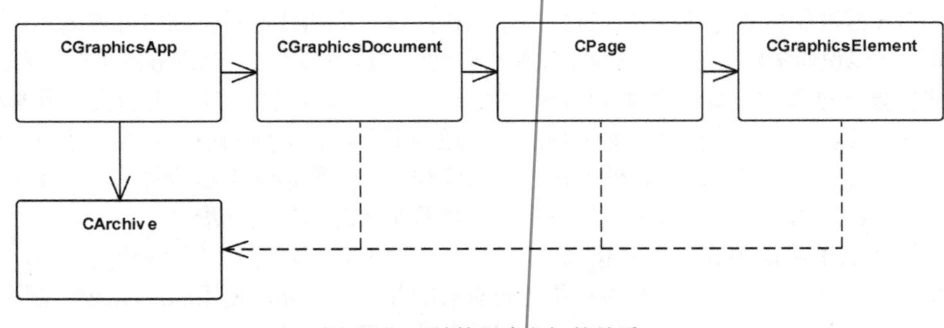

图 10-20　结构元素之间的关系

这些关系是这些对象之间的必须具有的关系，是满足了迪米特法则的关系。

当然，图 10-20 中描述的这些元素之间的关系仅仅是能够满足图 10-19 所描述单位场景需求的关系，不是软件中所有这些结构元素之间的关系。如果想得到软件中所有结构元素之间的关系，需要综合考虑所有可能的场景。

在软件结构中，结构元素的粒度可以很小，例如一个方法或一个类；也可以很大，例如一组函数、一个类包，或名字空间等。对于小粒度的软件实体来说，严格遵守迪米特法则不仅可行，而且也是必要的。但对于大粒度的软件实体来说，要求严格遵守迪米特法则有时却是不可能的。

例如，在一个需要访问数据库的 User 类的 ValiDate 方法中，需要引用某个包含了数据库访问组件的类包 System.Data。图 10-21 描述了 User 类与 Data 包之间的引用关系。

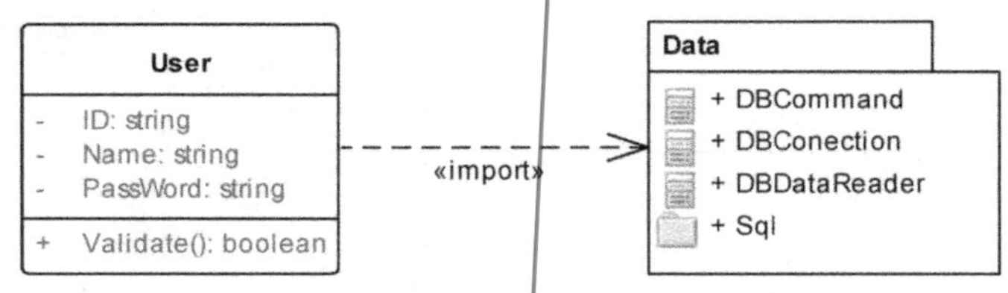

图 10-21　User 类与 Data 包之间的引用关系

在 User 类的定义中，就需要添加相应语句。

这样就使得 User 类不仅可以访问到它所需要的类或组件，还可以访问到这个类包中定义的任何组件，换句话说，User 类就拥有了这个类包的过多知识，或者说，这个设计就不是一个遵守了迪米特法则的设计。

10.2.8 七项设计原则的总结

上述各小节中介绍的七项设计原则是面向对象设计中必须要尽量遵循的设计原则，尽管这些设计原则要求的侧重点各有不同。

在这些设计原则当中，开闭原则和里氏代换原则是最重要的两个设计原则。其中，开闭原则是最基本的设计原则，它告诉我们任何一个软件实体都应该对扩展开放而对修改关闭。在设计任何一个软件模块时，都应当使这个模块可以在不修改模块内容的前提下被扩展，即可以在不修改模块本身的情况下改变这个模块的行为；而里氏代换原则要求的是不要破坏软件结构中由继承关系构成的体系结构，使用高层接口访问低层对象时，不应构成对系统本身的任何违背。

单一职责、依赖倒置和合成复用原则是软件设计中应可能遵守的设计原则，单一职责原则告诉我们要尽可能设计承担单一职责的类，或者说尽可能避免设计出过于复杂的类；依赖倒置原则要求我们要面向接口编程，而不要面向实现编程；合成复用原则告诉我们要优先使用组合或者聚合关系复用已有的类，尽量减少继承关系复用的使用。

接口隔离原则和迪米特法则是设计原则当中并非必须严格遵守的两个设计原则。接口隔离原则要求我们在设计适度的接口以控制软件中可能出现的错误，但过分要求遵守这一原则或在导致设计中添加大量的接口，会增加了系统的复杂性。

迪米特法则告诉我们要降低不同软件结构之间的耦合度，对于粒度较小的软件实体，当然需要严格地控制实体之间的耦合度，但对于粒度较大的软件实体，严格控制它们之间的耦合度，不仅没有必要而且有时也是不可能的。

10.3 软件设计案例——制作一个幻灯片播放软件

本节将通过一个具体的软件设计案例详细说明如何在软件开发过程中确定软件质量属性，以及如何按照面向对象设计原则开发出满足特定质量要求的软件。

本案例设计目标是按照面向对象方法设计并制作一个《幻灯片播放软件》，其功能包括相册编辑和幻灯片播放两大主要功能。

相册被定义成一个由若干张位图图片构成的集合，其中的每一张图片都可以使用常见的位图格式，如 jpg 和 bmp 等格式的图形文件。相册可以以磁盘文件的形式存储在磁盘上。相册编辑功能包含了添加图片文件和删除图片文件等功能。

幻灯片播放功能被定义成以动画的方式逐张显示相册中各个图片的过程，显示每张图片时，都可分别采用移动、改变大小、旋转、改变色彩等多种方式动态地显示每张图片。

从软件的性能上来看，软件的首要性能要求就是播放过程的流畅，要求播放过程中播放的每一帧画面都应该能够清晰的显示，同时还要使相邻帧的画面之间衔接自然，整个播放过程不能出现任何卡顿，能够带给人以美感，使整个播放过程能够带给人愉悦的享受。

10.3.1 软件的主要功能

使用用例模型来描述软件的主要功能。软件本身的特点决定了该软件只有一种角色，即用户，其用例则可以分成幻灯片的组织和播放两大类。

1．软件用例

图 10-22 给出了软件的用例模型。

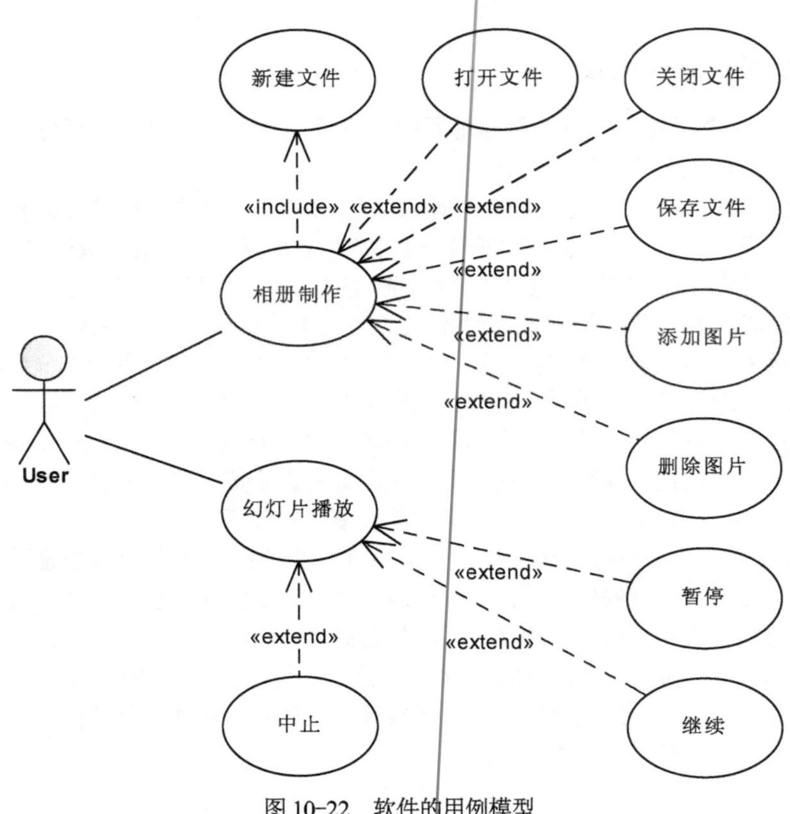

图 10-22　软件的用例模型

各用例的定义如下。

1）新建文件：创建一个新的相册文件。

2）打开文件：打开一个已经保存在磁盘上的相册文件。

3）关闭文件：关闭当前打开的相册文件。

4）保存文件：将当前相册文件保存在磁盘上。

5）添加图片：向当前相册文档中添加一张或多张图片。

6）删除图片：从当前相册中移除选定的图片。

7）幻灯片播放：按照图片在相册中的顺序，以特定的方式演示当前相册中的每一张图片，同时播放背景音乐，直到演示完相册中的所有图片为止。

演示每一张图片时，均从某个特定的起始状态开始，不断改变图片的显示方式，逐渐过渡到一个中间状态，此时在屏幕中央显示完整的图片内容并停留一段时间，然后再持续不断地改变图片的显示方式，逐渐过渡到一个特定的中止态，此时一张图片的显示过程结束。

8）暂停：暂停当前幻灯片的播放，画面停止，同时暂停背景音乐的播放。

9）继续：继续当前处于暂停状态的幻灯片的播放，同时继续背景音乐的播放。

10）中止：中止当前幻灯片的播放，返回到幻灯片编辑状态。

总结以上对幻灯片播放过程的描述，在图 10-23 中给出了幻灯片播放过程的活动图。

2．幻灯片的演示方式

为了增加趣味性，还定义了多种不同的播放方式。图 10-24 通过用例模型给出了软件中定义的各种播放方式。

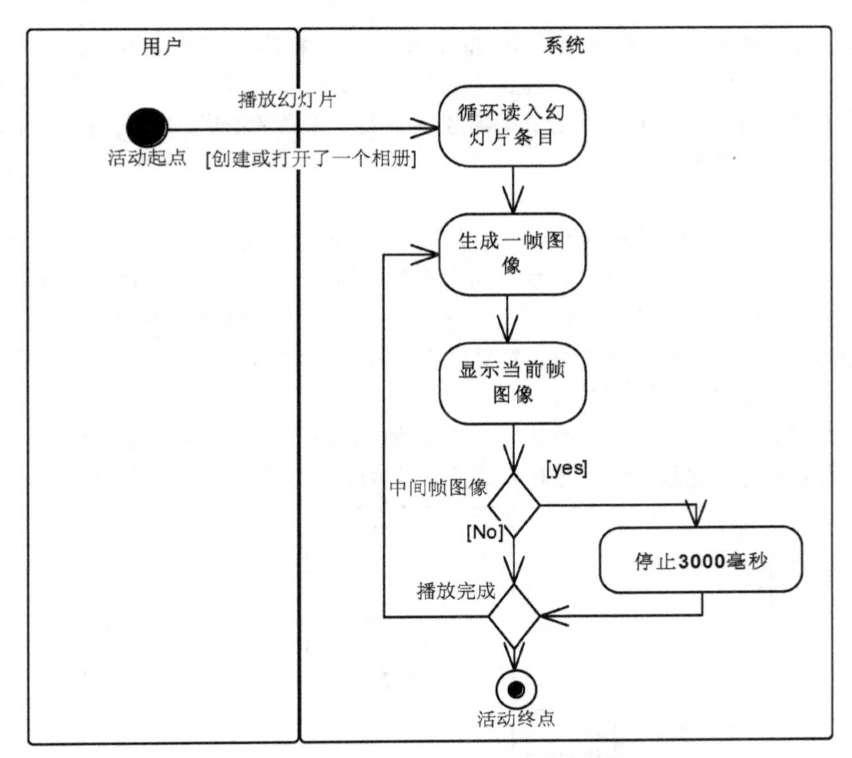

图 10-23　幻灯片播放过程的活动图

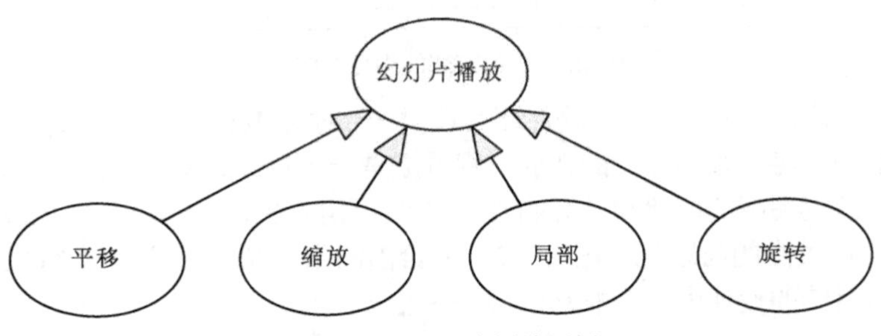

图 10-24　幻灯片播放用例

（1）平移

平移是指将图片从规定的起始点（如演示屏幕的某个角落）以固定的大小开始显示，逐渐将图片移进屏幕，然后继续将图片移动到屏幕的中央位置，暂停一个时间间隔，然后再将图片逐渐向终止点（如起始点的对角点）移动，移动到特定的终止点后，图片完全移出演示屏幕，此时一张图片的演示过程结束。

（2）缩放

缩放是指将图片从规定的起始点（如演示屏幕的某个角落）以一个最小的图片尺寸开始显示，在演示过程中，逐步移动并放大图片，直到将图片移动到屏幕的中央位置并放大到一个最大的尺寸，暂停一个时间间隔后，再逐步缩小和移动图片，直到将图片移动到终止点（如起始点的对角点）的位置并且图片完全消失为止，此时一张图片的演示过程结束。

（3）局部

局部是指将图片定位在屏幕的中央位置，按规定的起始大小开始显示图片的某个局部区域（例如矩形或椭圆等），随后按照固定的时间间隔，以特定的方式逐步放大这个局部区域的大小并在这个局部区域中显示图形，直到将图片完整地显示在屏幕的中央位置，停留一个时间间隔后，再以相反的方式逐步缩小这个局部区域的大小并显示图形，直到图片完全消失为止，一张图片的演示过程结束。

（4）旋转

旋转是指将图片从规定的起始点开始以一个规定的最小画面显示，逐渐将图片移动进入演示屏幕，每次移动时都要改变一下图片的大小和旋转角度，直到将图片移动到屏幕的中央位置，并使此时的图片大小和角度均以一个合适的方式以完整体显示这张图片，暂停一个时间间隔，然后继续向终止点移动，移动时，继续改变大小和旋转图形，直到图片移动到特定的终止点消失后，一张图片的演示过程结束。

以缩放方式为例，图 10-25 给出了幻灯片演示过程的示意图。其他的演示方式与此类似。这个示意图所蕴含的基本演示过程被定义成案例演示幻灯片过程的基本过程。

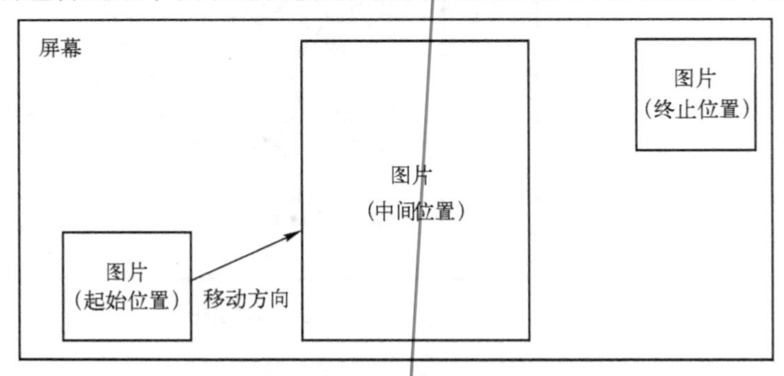

图 10-25　缩放方式的幻灯片演示过程

除上述 4 种演示方式外，这个软件还可以进一步扩展其他的演示方式。所有播放方式的共同特点是，它们都将一张幻灯片的播放过程看成是一个持续改变图片的位置和外观并显示这张图片的过程，改变图形的位置和外观的方式将产生不同的播放方式。

还有一个值得关注的问题是，图 10-24 中给出的用例图使用了用例之间的继承，这些继承的实现也将是后续的设计中一个非常值得关注的一个问题。

10.3.2　软件的非功能需求

定义描述清楚的非功能需求对于软件质量属性的确定和在设计中权衡不同的设计原则将是十分重要的。

从软件本身的设计目标来看，本软件属于个人休闲娱乐软件。从这样的软件的性能上来看，软件实现的播放过程的流畅、播放画面的美感以及播放过程中每一帧画面的精美显示将成为最重要的质量要求。

另外，从维护、扩充和重用等角度出发，与这些特性相关的质量属性也是软件的质量要求。

综合所有这些质量要求，可以分析和确定这个软件需要满足的质量属性如下。

软件能够以多种方式实现幻灯片的演示，要求播放过程流畅，画面精美，不同画面之间切换自然。另外，还能够很方便地进行后续的修改、维护和扩充，软件中的重要模块还应具有某种程度的可重用性。

表 10-5 列出了与软件相关的主要质量属性要求及其优先级。

表 10-5　软件的质量属性要求及其优先级

质量属性	优先级	基本要求
可用性(Usability)	高	要求幻灯片的播放过程自然流畅，播放过程中画面清晰，无卡顿现象
可维护性(Maintainability)	高	系统应便于修改和进一步扩充
可重用性(Reusability)	可选	系统中，重要模块应具有较好的可重用性

要尽可能以定量的方式给出软件应满足的质量属性要求。虽然上述非功能需求没有给出定量的描述，但它们仍然给出了设计和实现时，软件的具体设计和实现方案应该满足的要求，即明确地给出了软件应满足的属性质量要求。

10.3.3　软件的结构设计

本案例的实现使用 MFC 框架，选择基于文档视图架构的多文档应用程序框架。

从图 10-22 可以看出，软件的功能可以分成相册制作和幻灯片播放两大部分。其中，相册制作功能主要用于支持相册文件的生成、编辑、保存和使用。这里仅给出相册制作功能的结构模型描述，并在程序中给出一个非常简单的实现。将详细说明幻灯片播放功能的设计与实现，并以此为基础讨论面向对象设计原则的运用问题。

1．相册制作功能的结构模型

图 10-26 给出了相册制作功能的结构模型。图中的各个类均是由 MFC 框架生成的类。它们分别用于表示应用程序对象类（CImageBrowserApp）、应用程序主框架窗口（CMainFrame），用于组织文档视图的子框架窗口类（CChildFrame）和用于显示和编辑文档的视图类（CImageBrowserView）；还有用于显示文档内容的 CMusicFileView 类，用于显示文档中保存的图片文件名。

最后一个类是文档类（CImageBrowserDoc），其主要内容是相册中保存的图片文件名列表。这些图片的具体内容并不存储在文档类中，这种方式的优点是节省存储空间，缺点是一旦相册文件脱离了这些图片文件所在的环境或图片文件失效或改变存储位置，将引起相册文件的失效。

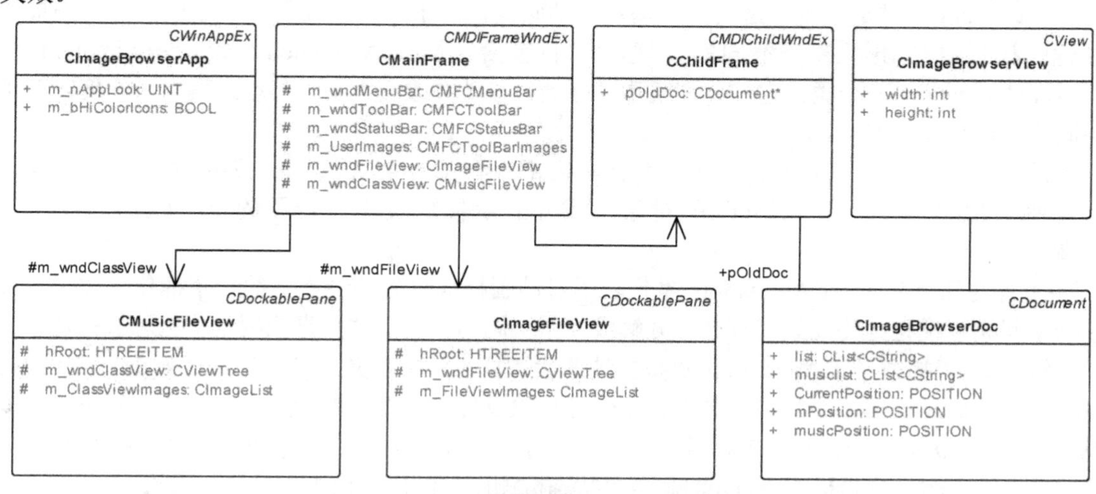

图 10-26　相册制作功能的结构模型

2．幻灯片播放功能的结构模型

幻灯片播放功能主要用于实现幻灯片的播放，图 10-27 完整地给出软件中用于支持幻灯片播放功能的结构模型。

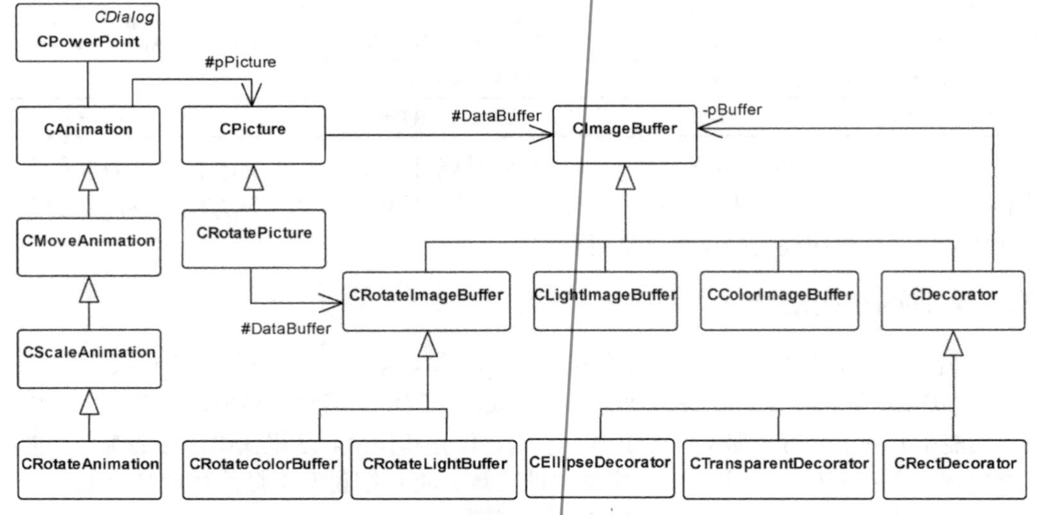

图 10-27　幻灯片播放功能的结构模型

在这个结构模型中，CPowerPoint 类是一个以 MFC 对话框类（CDialog 类）为基类的窗口类，用于实现相册的演示过程。该类中定义了一个静态函数 static int WorkThread(void* arg)，用于控制和实现整个相册的幻灯片演示过程。这里，将这个函数设计成静态函数的原因是 MFC 框架要求实现线程的函数必须是静态函数，这将使得这个函数的可访问性与特定对象的生命期无关，避免因对象的被撤销而导致线程失效。函数的具体实现可参考图 10-32 所示的顺序图描述的过程，也可以参考案例的程序代码。

其余的类可以分成动画（CAnimation）类、图片（CPicture）类和图片缓冲区（CImageBuffer）类三种不同的类型。

（1）动画类

CAnimation 类是系统中定义的最基本的动画类，用于描述和实现前面所提到的动画播放过程。同时还给出了多个不同的实现，它们包括 CMoveAnimation、CScaleAnimation 和 CRotateAnimation 三个类，它们分别表示了移动、移动并改变大小、移动改变大小并旋转三种不同的幻灯片播放方式。

从结构上看，所有的动画类对象都在其内部组合了一个 CPicture 类的对象，系统运行时动画对象将驱动这个 CPicture 对象生成并显示播放过程中需要的每一张幻灯片（一帧图像）。

所有这几个类中，CAnimation 类代表了对动画播放过程的最重要的一个抽象。该类封装了一个状态机模型，将动画播放过程分解成多个不同的状态，并负责控制这个状态机的迁移。

图 10-28 描述了 CAnimation 对象封装的状态机，其中定义了 Start、MovingIn、Center、MoveOut 和 Over 等多个状态，分别表示幻灯播放过程中幻灯片的初始状态、进入状态、中间状态、移出状态和结束状态。其中的 MoveIn()和 MoveOut()表示两个过程调用事件。HasMoveToCenter()和 HasMoveOut()是两个状态检测函数，用于检查幻灯片的位置。

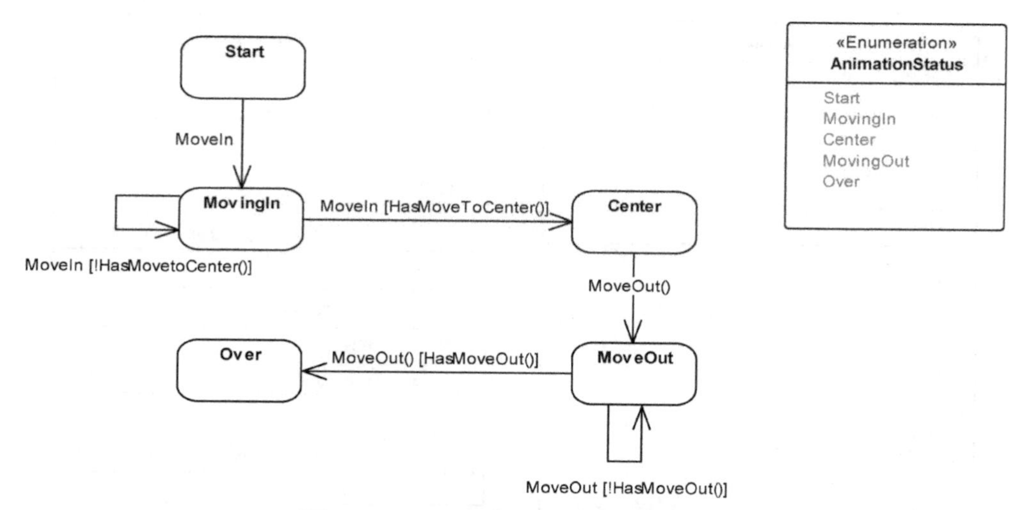

图 10-28 CAnimation 对象的状态机模型

与此相关的另一个问题是如何实现对幻灯片的播放进程的控制。CAnimation 类对此给出了一个相对具体的表示。具体的实现方法是在 CAnimation 类中封装了一对按如下定义的变量。

```
private:
double progress, delta;
AnimationStatus status;
```

其中，变量 status 是图 10-28 所示的枚举类型 AnimationStatus 的变量，其值的含义为当前幻灯片的播放进程所处的阶段。

变量 progress 被定义的取值范围为 0 到 1 之间的一个实数，CAnimation 对象负责控制其值从 0 到 1 再从 1 到 0 变化，以表示图片在演示过程中所处的当前状态，不同的实现可以对这个状态变量做出不同的解释。例如案例中实现的不同演示过程就分别将其解释成图片位置、大小、旋转角度、亮度和色彩等，并且这个状态变量还可以进一步扩展出其他不同的解释，以便定义出不同的演示过程。

总之，这两个量联合表示了幻灯片的当前状态。不同的 CAnimation 类的实现可以根据自己的播放策略对这两个变量的值做出不同的解释，从而定义和实现不同的幻灯片播放策略。因此可以说，这个类的定义是一个对扩展比较开放的例子。

图 10-29 描述了 CAnimation 及其多种不同的实现（派生类）。

几乎所有 CAnimation 类的方法，都是为了实现对演示进程进行控制的一组算法。对于不同的派生类来说，它们仅仅是提供了不同的控制方法而已。

在整个播放过程中，这对变量的值将通过特定的方式，例如以函数参数的方式传递给参与幻灯片演示过程的其他对象，如后面将要介绍的 CPicture 对象和 CImageBuffer 对象，以便它们能够在演示进程中为自己的行为做出符合各自设计目标的决策。

在不同的实现中，CAnimation 类的很多方法都可以有不同的实现，以支持不同的动画播放过程。例如，图 10-29 所示的 CAnimation 类中，具有斜体表示的方法都可以在其具体实现中拥有不同的实现。并且，在重定义这些实现时，只要清楚这对变量的逻辑含义，就可以很容易地编写出自己的实现代码，而不必顾忌基类中是如何使用这一对变量的。

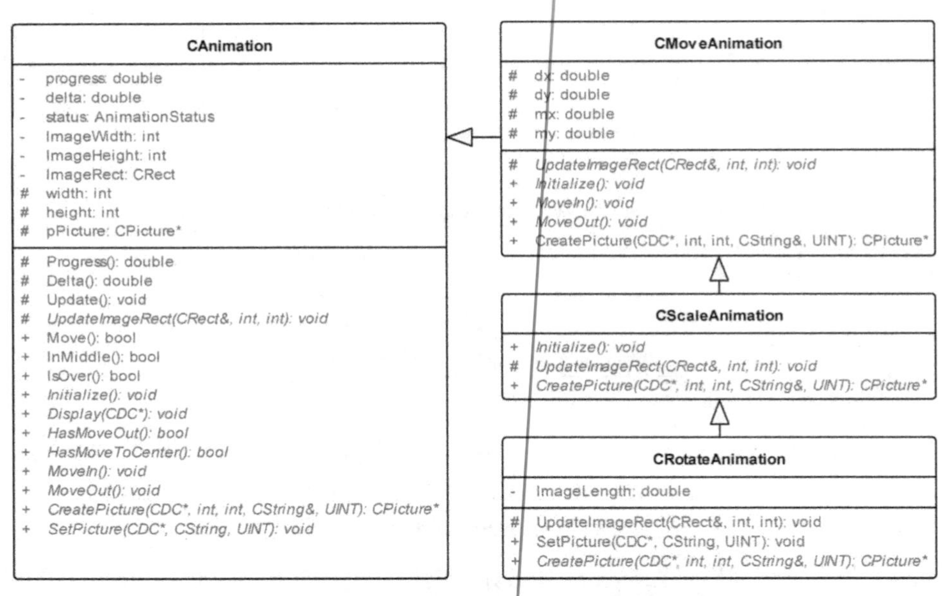

图 10-29　CAnimation 及其派生类

（2）CPicture 类

CPicture 类代表了一个具体的图片对象，它负责在动画的播放过程中实时地生成并显示每一帧图像，并且根据生成每一帧图像的方式的不同，还为 CPicture 定义了两种不同的实现。

为了实现其职责，CPicture 类封装了一个 CImageBuffer 对象，负责向它的请求者提供生成每一帧图像的（更新图片状态）服务。依据演示图片方式的不同，CPicture 又被分成普通的图片（CPicture）和可旋转的图片（CRotatePicture）两种类型。

图 10-30 描述了 CPicture 类及其具体实现。可以看出，CRotatePicture 类的定义极其简单，仅重定义了其基类的两个方法。因为它们封装的 CImageBuffer 对象之间的差异十分微小。

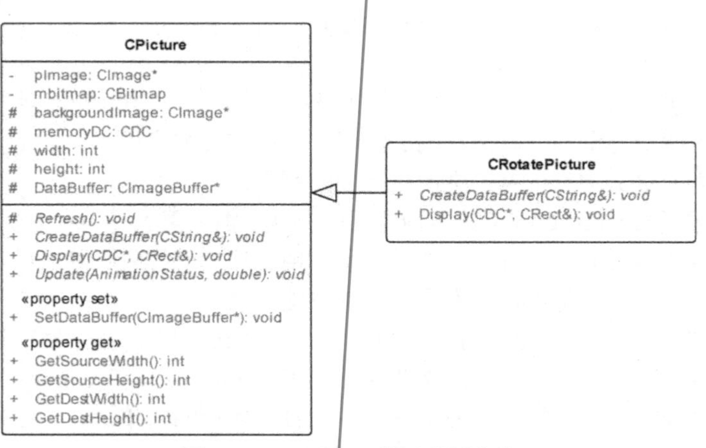

图 10-30　CPicture 类及其派生类

（3）CImageBuffer 类

CImageBuffer 是处于结构中最底层的类。该类对象仅封装了图片文件的像素数据，并通过修改像素数据向它的客户提供它们需要的幻灯片。这使得演示幻灯片时，并不是简单地显示原始图像，而是以某种特定的方式显示经过处理过的图像，从而产生特殊的艺术效果。对图像进行像素级的封装为图片的处理提供了十分丰富的可能性。

图 10-31 给出了案例软件中 CImageBuffer 类的定义以及它与 CPicture 类之间的关系。

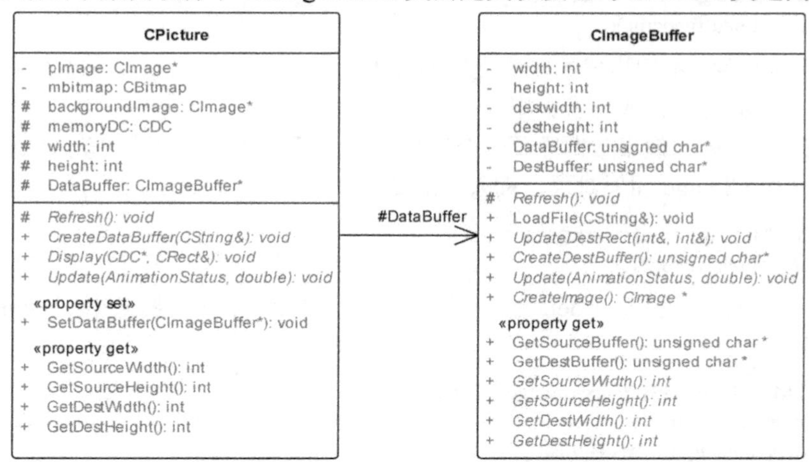

图 10-31　CPicture 类与 CImageBuffer 类之间的关系

图中的 CPicture 类表示系统要演示的一张图片，它与一个图形文件相对应。为了便于实现在演示过程中对图片的处理，又从 CPicture 对象中分离出一个图像缓冲区（CImageBuffer）对象，其主要内容为图片的像素数据。演示时，程序可以根据需要对图素数据进行适当的数据处理，从而产生出不同的艺术效果。

3．案例中的图像处理技术

为了更好地帮助读者理解案例软件的设计与实现方法，在这一小节简单介绍一下案例软件使用的基本的数字图像处理技术。

（1）案例软件的应用程序框架

案例软件使用 Microsoft Visual Studio 中的 Visual C++程序设计语言进行开发，选择多文档应用程序框架作为本软件的基本框架，并使用以 MFC 类库为基础的面向对象程序设计方法实现本应用软件。

（2）图像的内部表示

为了简化系统的设计与实现过程，同时也为了提高系统运行的效率并保证系统的运行效果，案例中使用了 MFC 类库框架提供的 CBitmap 和 CImage 这两种图像对象作为基本的数据对象。程序中，对所有图形对象的输入、处理和显示均使用了这两种图像对象为基础。

（3）图像像素数据的表示

为了实现对图像的像素一级的处理，使用了如下的数据结构表示数字图像的像素数据。

```
int w, h;
unsigned char *Buffer;
```

其中，w 和 h 分别表示图像的宽和高，Buffer 表示图像的像素数据缓冲区，用于存储图像中所有像素数据。每个像素使用四个字节，分别表示 B、G、R 和 A 四个通道的数据。Buffer 缓冲区的总长度为 4*w*h。

（4）数字图像的输入

数字图像的输入使用了 CImage 类提供的 Load()方法，该方法只需要提供图像的文件名即可以完成图像数据的输入。例如，下面的代码即可创建一个 CImage 对象，并完成图像的输入。

```
CImage* pImage = new CImage();
pImage->Load(filename);
```

该方法可输入多种不同格式的图形文件的输入。

（5）从 CImage 对象读入像素数据

从 CImage 对象读入像素数据需要一个过程，我们可以使用下列过程读入像素数据。

1）创建一个 CImage 图形对象，读入图形文件。

```
CImage* pImage = new CImage();
pImage->Load(filename);
```

2）从 CImage 中分离（detach）图像句柄，并将这个句柄连接（attach）到一个 mBitmap 对象。

```
HBITMAP HSourceBitmap=pImage->Detach();
CBitmap mBitmap;
mBitmap.Attach(HSourceBitmap);
```

3）解析 mBitmap 对象，获取图像的结构信息，包括图像的宽度、高度、每行的像素长度等格式信息。

```
BITMAP bitmap;
mBitmap.GetBitmap(&bitmap);
width = bitmap.bmWidth;
height = bitmap.bmHeight;
int sourcebpp = bitmap.bmBitsPixel/8;
int bmWidthBytes = bitmap.bmWidthBytes;
```

4）将像素数据写入到自定义的像素数据缓冲区。

```
DataBuffer = new unsigned char [4 * width * height];    //创建缓冲区,读入数据
unsigned char *tempbuffer=new unsigned char[bmWidthBytes*height];
mBitmap.GetBitmapBits(bmWidthBytes*height, tempbuffer);
long sourceaddress = 0;
long destaddress = 0;
for(int r = 0 ; r < height; r++){
        long source = sourceaddress, dest = destaddress;
        for(int c = 0 ; c < width ; c++){
                DataBuffer[dest] = tempbuffer[source ];
                DataBuffer[dest+1] = tempbuffer[source + 1 ];
                DataBuffer[dest+2] = tempbuffer[source + 2 ];
                DataBuffer[dest+3] = 255;
                source += sourcebpp;
                dest += 4;
        }
        sourceaddress += bmWidthBytes - different;
        destaddress += width * 4;
}
```

（6）从像素数据生成 CImage 对象

为了显示指定的图像，需要将像素数据转换成 CImage 对象，具体方法如下。

1）创建一个 CImage 对象，并指定该对象的格式。

```
CImage *pImage=new CImage();
pImage->Create(width, height, 32);
```

2）创建一个临时的位图对象，将 CImage 对象的句柄绑定到这个位图对象。

```
CBitmap mBitmap;
mBitmap.Attach(pImage->Detach());
```

3）将图素缓冲区绑定到这个位图对象。

```
mBitmap.SetBitmapBits(4*width*height,DestBuffer);
```

4）将位图对象句柄重新绑定到 CImager 对象。

```
pImage->Attach((HBITMAP)mBitmap.Detach());
pImage->SetHasAlphaChannel(true);
```

完成了这个过程后，我们就可以得到一个从图素缓冲区数据生成的 CImage 对象。

（7）内存设备上下文

内存设备上下文是 MFC 定义的设备上下文对象，使用这个对象可以预先将要绘制的图像绘制在这个对象上，而到真正需要显示绘制到内存设备上下文的图形时，可以调用指定窗口的设备上下文的 BitBlt 方法，快速地将这些图形显示在指定的窗口中。

（8）图像对象的显示

案例中使用了 CImage 类中定义的 AlphaBlend 方法显示图像，就像这个方法的名字一样，该方法可以特有的方式将图像绘制到指定的设备上下文中，其最主要的特点就是支持图像数据的 Alpha 通道，从而可以产生具有透明度特性的图像。

（9）幻灯片的显示过程

幻灯片的现实过程需要一个持续更新画面的过程，每一张幻灯片又是由一张相对固定的背景图像和不断改变大小、位置和形态的图像组成的。因此，幻灯片的显示也需要一个特殊的方法加以实现，以保证演示过程中和画面的稳定。案例中使用的幻灯片显示的具体方法如下。

1）从当前的图素数据缓冲区创建一个 CImage 图像对象。

```
CImage *p = DataBuffer->CreateImage();
```

2）创建一个内存设备描述表。

3）将背景图像绘制到内存设备描述表。

```
backgroundImage->AlphaBlend(memoryDC.m_hDC,*CRect(0, 0, w, ht), CRect(0, 0, bw, bh));
//绘制背景图片
```

4）将当前图像绘制到内存设备描述表。

```
p->AlphaBlend(memoryDC.m_hDC,rect, CRect(0, 0, w, h));//绘制图片
```

5）使用 BitBlt 方法，将内存设备描述表中的图像显示到屏幕上。

```
pDC->BitBlt(0,0,width,height,&memoryDC,0,0,SRCCOPY);
```

10.3.4 软件的动态行为建模

单独看软件的结构模型并不能完整地描述整个软件系统的全貌。软件的动态行为模型可以帮助人们清晰地设计出参与演示过程的对象，这些参与对象之间传递的消息，以及对象之间

传递的消息的内容。

图 10-32 给出了一张描述了幻灯片播放过程对象之间的交互的顺序图。这张图完整地描述了幻灯片播放过程中相关对象之间的交互以及交互顺序，可以很好地帮助我们理解这个软件的工作过程。

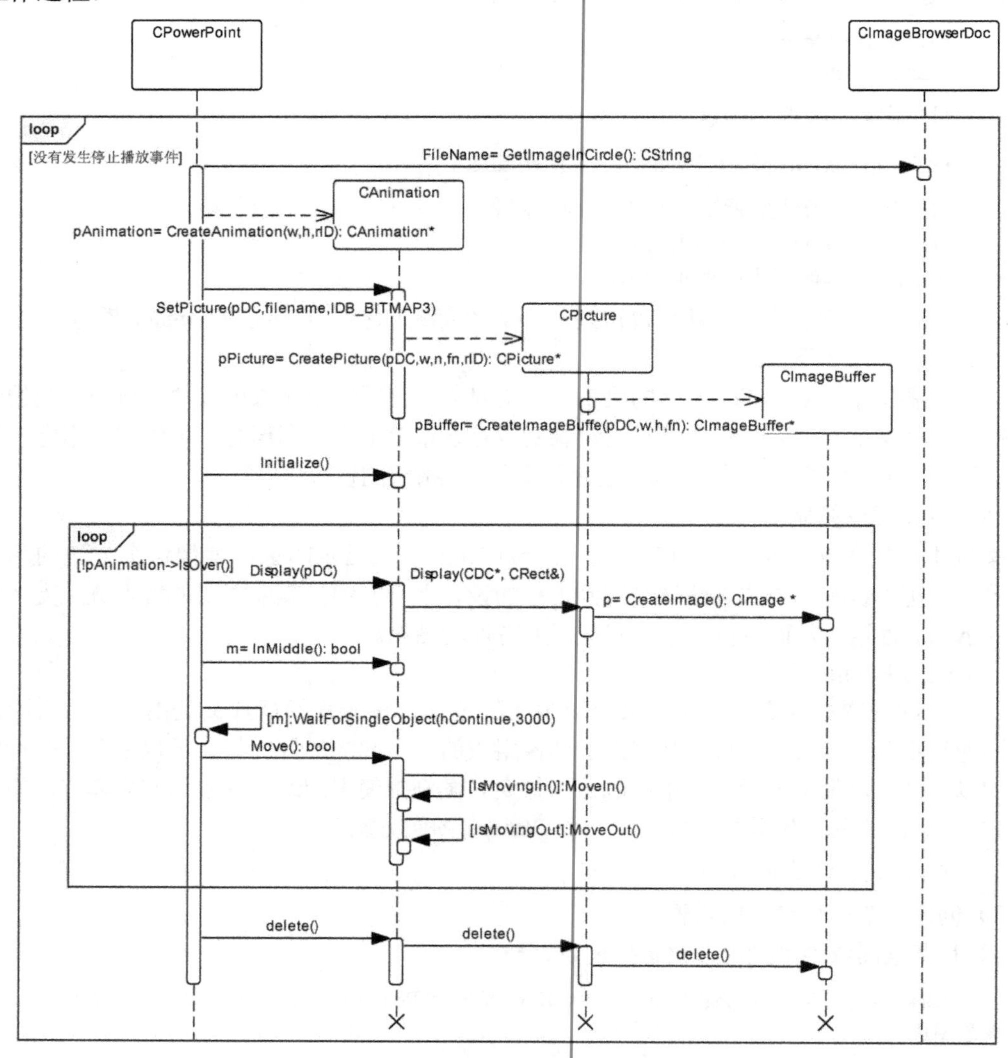

图 10-32 幻灯片播放过程中各对象之间的交互

在此不再详细介绍这个交互过程，感兴趣的读者可以对照案例的实现代码理解这张图的细节。

10.3.5 软件结构的重构和调整

在实际的软件项目中，遵守设计原则可能并不是最重要的设计要求，它们有时甚至还可能会因为项目复杂性、技术压力、成本压力或工期压力等因素的影响而被忽略掉。尽管如此，在软件设计过程中，面向对象设计原则永远有重要的指导作用，满足这些原则将会得到一个更具有可维护、可重用和可扩充的设计或软件产品。下面将针对几个在设计案例软件过程遇到的具体情形，讨论一下设计过程中遇到过的与设计原则相关的一些问题。

1. 最初的设计方案

软件最初的设计方案也非常简单，就是实现一个以平移、放大、旋转和局部显示四种方式显示图片的方式来实现选择一个幻灯片软件。为此，我们给出了最初的幻灯片播放程序的结构设计，如图 10-33 所示。

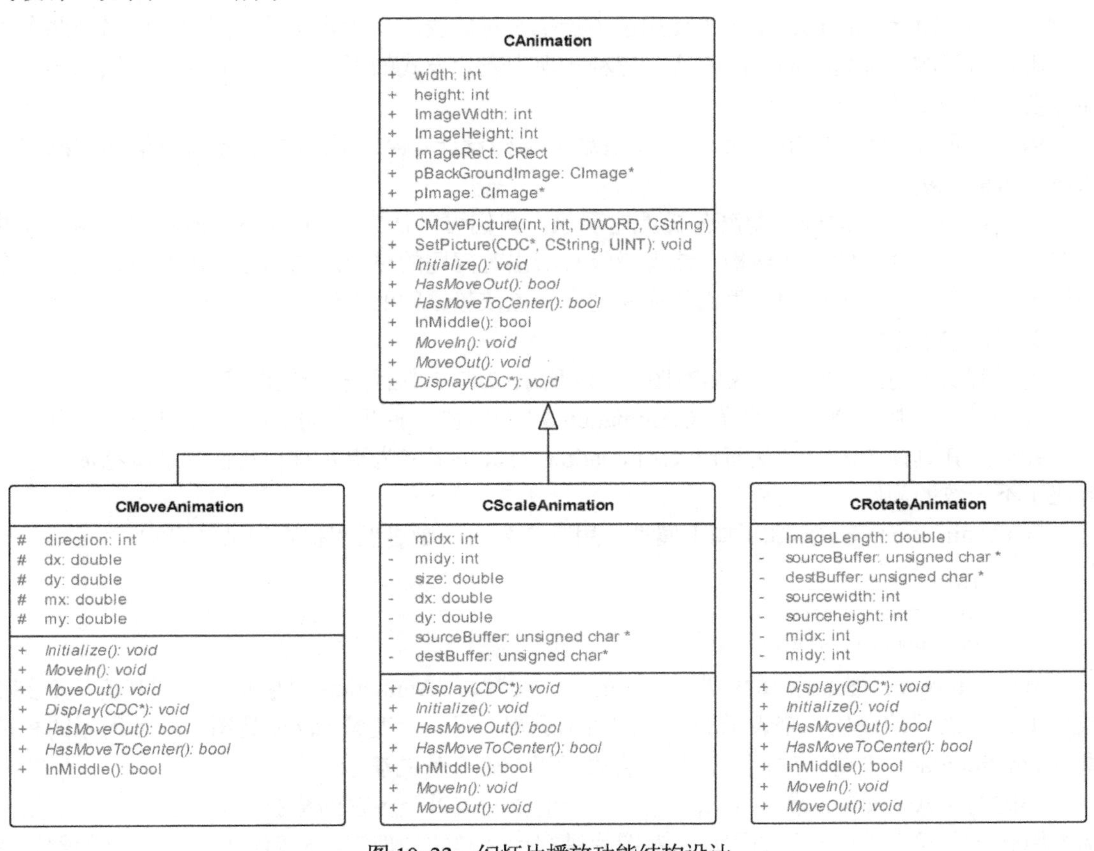

图 10-33　幻灯片播放功能结构设计

在这个设计中，CAnimation 类被定义成一个抽象类，它封装了播放幻灯片所需要的一些基本的属性，这些属性分别表示屏幕的宽度和高度（width 和 height）、图像的最大显示高度和宽度（ImageWidth 和 ImageHeight）、图像的显示位置（ImageRect）、图像对象（pImage）和背景图像对象（pBackGroundImage）等。并实现了它们共有的操作，对于那些具有不同实现的操作，还将它们定义成可重载类的抽象方法（即虚函数）。

图中其余的三个类则是 CAnimation 类的三个实现。其中，CMoveAnimation 类用于以移动方式实现幻灯片的演示过程，移动时从屏幕的某个角落将图像移到屏幕中央，再将图像移动到与起点对称的角落；CScaleAnimation 类则在移动图像的基础上，同时控制图形从小到大再从大到小持续变化的幻灯片演示过程；CRotateAnimation 则在移动和控制图像大小的同时，持续旋转图像，直到演示过程的结束。

分析这个设计，我们发现这个结构中存在如下几个问题。

首先，设计中的三个派生类分别以各自独立的方式实现了其本身的幻灯片演示过程，忽略了它们之间应有的内在联系，没有为幻灯片的演示过程提供一个一致的表示方式。这种不一致导致的结果就是没有办法为用户提供一个具有一致性的（例如相同的演示速度或效果）的幻灯片演示过程，从而影响了幻灯片播放的整体效果。

第二个问题是，结构中的三种方式都将幻灯片播放过程中需要的最重要的对象（图片）封装在各自的类中，而没有给出一个独立的表示。而且这三种方式对图像的内部表示也不完全一致，例如 CMoveAnimation 类中使用了 CImage 对象表示其所要显示的图像；而另外两个类中，则使用了图形像素缓冲区的方式。三种实现中表示方式的不一致，也阻碍了对演示图片可能需要的进一步的处理。

解决这两个问题的方法，都需要调整这个结构设计。从上述结构中分离出单独的图像对象将有可能解决这个问题。

从面向对象设计原则的角度分析上述现象，我们可以认为，图 10-33 所示的结构设计并没有构造出一个合理的层次结构，或者说没有给出对问题的更合理的抽象，因此可以认为这个结构不是一个符合开闭原则、里氏代换原则和倒置依赖原则的设计。

2．改进的结构设计

为了解决上述两个问题，我们对图 10-33 所示的结构进行了第一次调整。

在调整过程中，重新定义了 CAnimation 类的结构，抽象出动画的状态和进度这两个概念，并给出其具体的表示。从而使 CAnimation 及其子类成为更具有一致性的动画播放过程。解决了不一致的问题。

在 CAnimation 类中添加了如下属性，用来作为对动画进度和状态的具体表示。

```
private:
double progress, delta;
AnimationStatus status;
```

其中，progress 被表示成 0 到 1 之间的一个实数，CAnimation 对象负责控制其值从 0 到 1 或从 1 到 0 之间的变化，来表示幻灯片的演示进程。另一个变量 status 是图 10-28 所示的枚举型 AnimationStatus 变量，这两个变量联合表示当前幻灯片的演示进程。

不同的 CAnimation 实现可以根据这两个变量的值以及各自的播放策略做出自己的决策，例如用什么方式生成要显示的图片，对图片进行什么样的处理等，从而实现自己定义的幻灯片播放策略。

同时，CAnimation 类还定义了一组方法，通过控制和管理这些状态变量的值以实现动画的演示进程。同时也定义了一些可行方法，以便在 CAnimation 的不同实现中，重新定义它们所需要的操作。

这样的调整为提供一个既具有一致性又便于扩充的演示过程奠定了一定的结构基础。

另一方面，还从原来的 CAnimation 类中分离了原有的表示幻灯片对象，并将其封装在新增加的 CPicture 类中，用于表示动画播放过程中需要的幻灯片对象。这个调整为图 10-33 所示的三个子类提供了一致的表示，也为后续的设计或实现过程中幻灯片对象的扩充提供了重要的结构基础。

从依赖倒置原则的角度来看，CAnimation 类中对动画状态和演示进程的封装也使得在 CAnimation 类的继承层次结构中，消除了高层类（CAnimation）对低层类（CAnimation 的派生类）可能存在的依赖，从而得到了一个更满足依赖倒置原则的设计。另外，CAnimation 类还定义了一组可覆盖的方法（图 10-34），以便其实现重定义演示过程。

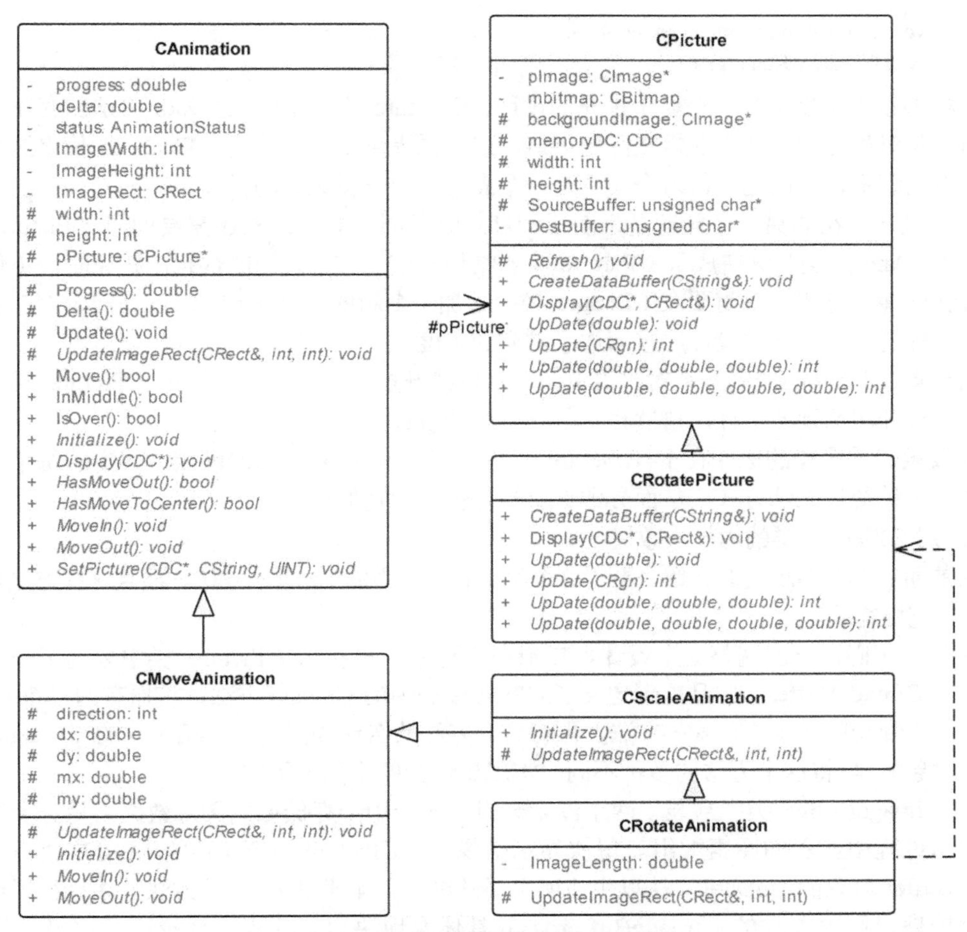

图 10-34　分离了图像对象的结构设计

例如，如下一些方法就是 CAnimation 类中定义的部分可重定义的方法，并且这些方法的重定义并不影响不同演示进程之间的一致性。

```
virtual void Initialize();
virtual void Display(CDC *pDC);
virtual bool HasMoveOut();
virtual bool HasMoveToCenter();
virtual void MoveIn();
virtual void MoveOut();
```

相对于图 10-33 中的结构，改进的设计较好地解决了前面提出的两个问题。但这个设计中，仍然存在如下一些问题。

仔细观察图 10-34 中的 CPicture 类，可以看出图中的 CPicture 定义了多个 UpDate 方法，其中每一个 Update 方法都实现了一种根据图素缓冲区的不同生成图像的算法，显然，这个类可实现多种不同的处理算法。例如，下面列出了这些 UpDate 方法，它们分别实现了旋转、修改透明度、修改图像颜色和屏蔽局部区域等不同的处理。

```
void Update(double alpha);            //旋转
void Update(int transparent);         //透明度
```

```
void Update(int red, int green,int blue);        //色彩
void Update(CRgn region);                        //局部区域
```

这样的设计仍然不是一个便于扩充的设计。CPicture 类中多个 UpDate 方法的存在又使得 CPicture 类对外提供了一个非常宽泛的接口，或者说提供了多个不同的接口。这使得这个类承担了过多的职责，从而也使得这个类不是一个满足单一职责原则的设计。

这个设计存在的另一个问题是，演示幻灯片时不同的演示方式还需要调用 CPicture 中的特定的 UpDate 方法，这造成了 CPicture 类的结构与演示方式之间的耦合。扩充时，不仅每增加一种新的演示方式，都需要在 CPicture 类中增加一个新的 UpDate 方法，还需要增加新的控制演示过程的类，这样的设计严重增加了扩充的难度。

这使得 CPicture 成为一个对扩展关闭，对修改开放的设计。因此这个 CPicture 类当然不是一个符合开闭原则的设计，自然也不是一个好的设计。

导致设计质量差的原因在于 CPicture 类中定义了那组 UpDate()函数，其中的每个函数各自实现了一种图片显示方式，从而导致这个类提供了较宽的接口。

3. 对 CPicture 类的再一次改进

从前面对 CPicture 类的介绍来看，这个类重载了过多的 UpDate 方法，而且这些方法仍然无法满足扩充性需求。

为此，我们再一次调整这个设计，在新的设计中，再次从 CPicture 类中分离了一个图素缓冲区类 CImageBuffer，并且重新定义了 CPicture 类中的 UpDate 方法，将原有的多个 UpDate 方法合并成唯一的一个 UpDate 方法，再将这个方法的实现委托给与之相关联的 CImageBuffer 类（或对象），再将这个方法的多种不同的实现延迟到的不同子类中去。

在 CImageBuffer 类中封装了两个图素数组，一个用于存储原始图片数据，另一个用于存储在演示过程中显示的图素数组。每次显示图像时，CPicture 对象都可以调用与之相关联的 CImageBuffer 对象的 UpDate 方法以生成所需要的图像。至于其 Update 方法具体执行了什么样的图像处理，则由关联的 CImageBuffer 类的具体实现决定。这极大地提高了原设计的可扩充性。

图 10-35 给出了调整之后 CPicture 类。

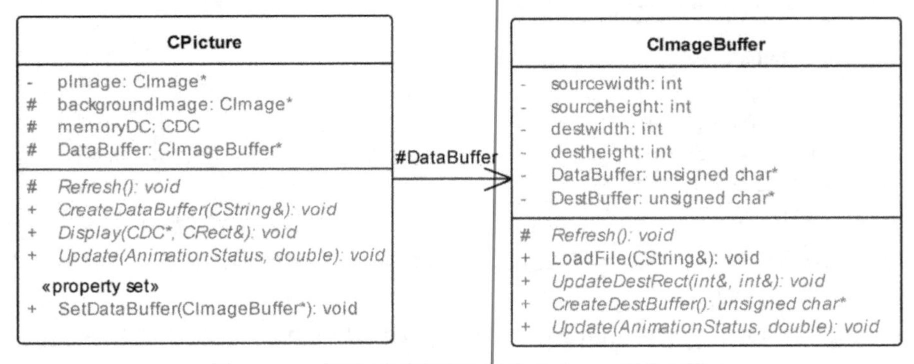

图 10-35　分离了图素缓冲区的 CPicture 类的设计

从面向对象设计原则的角度来看，调整后的设计更好地满足了开闭原则、单一职责原则等要求。通过上述对软件结构的调整，得到了一个相对比较好的结构设计。与最初的设计相比较，这个设计更满足面向对象设计原则，也具有更好的可扩充性。

4．幻灯片结构的扩充

在随后的设计过程中，遇到了一个需要满足如下要求的功能扩充需求，具体如下。

增加一种新的幻灯片演示方式，即演示一张幻灯片时，图像从动画路径的起点（如屏幕的左下角）开始，控制图像向屏幕中央移动，并且移动时还要持续地移动和改变图像的大小，移到屏幕中央时暂停一段时间，然后再以同样的方式向动画路径的终点移动。直到演示过程的结束为止。

由于原有设计中不带有旋转图像的要求，并且此原设计中也没有考虑这样一个特殊的要求，因此，这一要求为扩充原有的设计实现提出了比较困难的要求。

此时，可行的扩充方法可以有两种，一种是调整原有的设计，这样可以得到一个较好的更满足设计原则的方案。另一种是不改变原有的设计，而是在原有方案上进行扩充。

前一种方案涉及软件重构，修改的工作量较大，经济性较差。后一种方案则不需要修改原有设计，只是在原有的设计方案上扩充，工作量较小，经济性较好，但扩充后的方案需要附加新的设计约束，影响设计质量。

本案例采用后一种方案，即在原来的以 CAnimation 为基类的类层次结构中添加新的扩充，例如添加一个名为 CRotateAnimation 的 CAnimation 子类，以实现带有旋转功能的动画演示过程。同时，还要添加新的带有旋转功能的与之相关联的 CPicture 和 CImageBuffer 子类，例如名为 CRotatePicture 和 CRotateImageBuffer 子类。

图 10-36 描述了案例中使用的扩充方法，图中 CRotatePicture 类是对 CPicture 类的扩展，CRotateImageBuffer 类是对 CImageBuffer 的扩展。这两个类协作实现了对上述要求的扩展。

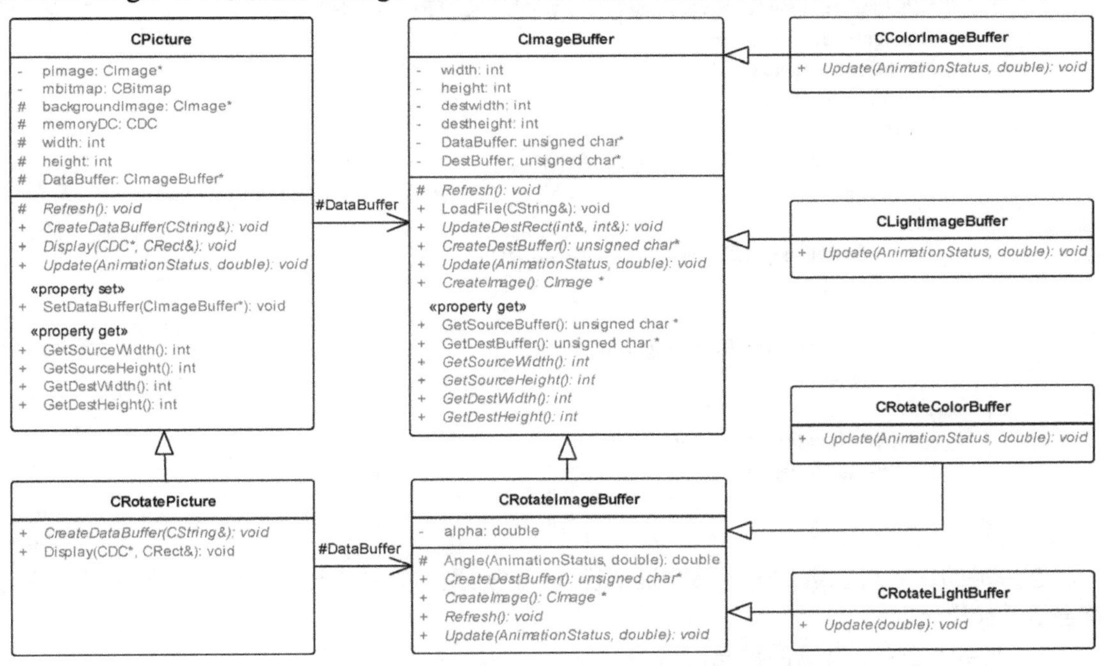

图 10-36　软件中使用继承方式实现的扩展

CRotatePicture 是新添加的带有旋转处理功能的图片类，CRotateImageBuffer 是新添加的带有旋转处理功能的图片缓冲区类。它们在演示幻灯片时，需要实现的操作细节与原有实现稍有不同，为此，在这两个实现中重新编写了这些操作的实现。

与原有的设计结构类似，图 12-36 中还给出了 CRotateImageBuffer 类的两个实现，即 CRotateColorBuffer 和 CRotateLightBuffer 两个派生类。它们分别实现了在旋转图片的同时，还分别改变了图片的颜色或亮度，从而提供了扩充的动画演示方式。

新的设计方案实现了项目的修改要求，但这个折中的修改方案为程序中动画的组织带来了一个比较强的程序设计约束，即使用 CRotateAnimation 对象组织一个幻灯片过程时，必须使用 CRotatePicture 对象和 CRotateImageBuffer 对象及其实现，反之亦然。

这使得这个结构设计并不是一个能够充分满足里氏代换原则的设计方案。当随意地组合参与幻灯片演示过程的对象时，例如，一个将 CRotateAnimation、CRotatePicture 和 CRotateImageBuffer 三种对象组织在一起时，程序将会正常的方式演示幻灯片。但将 CScaleAnimation、CRotatePicture 和 CColorImageBuffer 三种对象组织在一起时，这样的演示过程就会出现问题。

为了实现这样的约束，我们在 CAnimation 类中定义了一个名为 CreatePicture 的方法，用来组织参与演示过程需要的对象，并在 CRotateAnimation 子类中重定义了这个 CreatePicture 方法，来实现这个约束。

例如，CRotateAnimation 子类中实现的 CreatePicture 方法如下所示，可以看出，这个方法中创建的对象均为带有旋转功能的 CImageBuffer 对象，这样的设计就可以简单地实现这个设计约束。

```
    CPicture* CRotateAnimation::CreatePicture(CDC *pDC, int width, int height, const CString & filename,
UINT ResourceID)
    {
        CPicture* p= new CRotatePicture(pDC, width, height,ResourceID);
        CImageBuffer *pBuffer;
        int buffer =   rand() % 3;
        switch(buffer){
        case 0:
            pBuffer=new CRotateImageBuffer();
            break;
        case 1:
            pBuffer=new CRotateColorImageBuffer();
            break;
        case 2:
            pBuffer=new CRotateLightImageBuffer();
            break;
        }
        pBuffer->LoadFile(filename);
        p->SetDataBuffer(pBuffer);
        return p;
    }
```

感兴趣的读者可以尝试一下修改这个设计，改用别的方法去掉设计约束，使之能更好地符合里氏代换原则。

5. 使用组合方式实现的扩充

案例中，最需要的扩充就是对幻灯片演示过程（CAnimation）和图像处理方法（CImageBuffer）的扩充。多种方式的扩充可以为软件提供更为丰富多彩的幻灯片播放效果。从合成复用原则的观点来看，组合方式是一种更符合设计原则的扩充，这种方式能够更灵活地扩充软件功能。

下面以图像处理方式为例，讨论一下软件中对图像处理功能的扩充。图 10-37 给出了使用组合方式对图像处理算法进行扩充的例子。图中 CDecorator 可以看成是一个抽象类，它实现了 CImageBuffer 类接口的全部操作，同时还组合了一个 CImageBuffer 对象。所实现的操作仅仅是将操作委托给它所包含的组合对象。例如，CDecorator 类中，部分方法的实现代码如下。

```
unsigned char* CDecorator::CreateDestBuffer(){
    return pBuffer->CreateDestBuffer();
}
void CDecorator::LoadFile(const CString & filename){
        pBuffer->LoadFile(filename);
}
```

而在 CDecorator 的具体实现（例如 CRectDecorator 和 CEllispseDecorator）中，只需要重定义实现图像处理算法的 Update 方法就可以了。图 10-37 中的 CRectDecorator 和 CEllispse Decorator，就仅重定义了这个方法（void Update（AnimationStatus, double））。

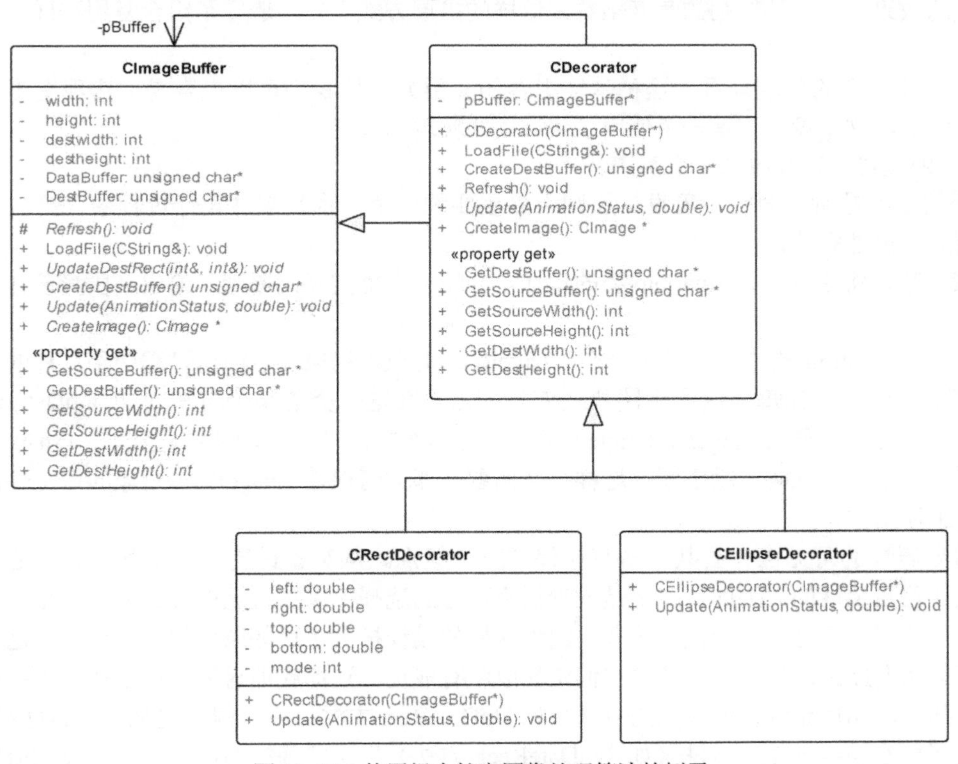

图 10-37 使用组合扩充图像处理算法的例子

其中，CRectDecorator 类中的 void Update（AnimationStatus, double）方法的程序代码如下。

```
void CRectDecorator::Update(AnimationStatus state,double progress){
    CDecorator::Update(state,progress);
    unsigned char * buffer=GetDestBuffer();
    int w = GetDestWidth();
    int h = GetDestHeight();
    Calculate(state,progress);
```

```
        long address=0;
        for(int r=0;r<h;r++)        {
            for(int c=0;c<w;c++)    {
                if(( left <= c ) && ( c <= right) && (top <= r ) && ( r <= bottom) )
                    buffer[address+3] =   255;
                else
                    buffer[address + 3] = 0;
                address = address + 4;
            }
        }
    }
```

需要说明的是，该方法首先调用了其基类的 Update 操作，即它所包含的 ImageBuff 对象的 Update 操作，接下来才是这个类本身实现的图像处理，这使得这个算法对图像进行了双重的处理，或者说实现了图像处理的叠加。

这种扩充方式可以更随意地多次组合不同类型的 CImage 对象，从而为幻灯片的播放产生更丰富的效果。从设计原则的角度来看，这样的扩展方式更好地遵守了组合复用这样一个设计原则。

从设计原则的角度来看，这种基于组合的复用方式使我们可以更容易地实现更丰富的扩充。事实上，这个设计也是一个使用了装饰模式实现的设计。

6. 处理封闭和开放的一个例子

开闭原则是所有面向对象设计原则中最重要的一个，也是软件设计过程中，给出高质量设计所必须要准守的设计原则。

接下来，将通过 CAnimation 类的设计，介绍一个落实开闭原则，给出高质量设计方案的例子。

在 CAnimation 类中，封装了一个 ImageRect 对象，用来表示演示过程中幻灯片的当前位置。演示过程中，在每一次显示图片之前，都需要在这个类的某个方法（如 UpDateRect 方法）中修改这个对象（ImageRectangle）的值，但这个方法却有可能被推迟到 CAnimation 类的某个派生类中了。这时，就出现了这样一个问题，即如何保证 ImageRect 对象的可见性，才能够满足上述要求。

对象属性的可见性有公共、私有和保护三个级别。从对象封装性的角度考虑，公共可见性是最违背封装性的，因此，一定是一种最不可行的选择；保护可见性看起来似乎是一个可行的选择，但仍然不是一个最佳的选择，因为这样的设计扩大了这些属性的可见范围，这同样也违背了封闭的原则；最佳选择是将它们定义成私有成员，这彻底地封闭了派生类对这些成员的访问。那么，如何允许在派生类的方法（如 UpDateRect 方法）中访问这些私有的属性呢？

为了能在子类的某个方法（如 UpDateRect 方法）中访问基类的这些成员，我们给出了如下的设计方案。

1）定义可见性，封闭子类对基类数据成员的访问。

在 CAnimation 类中，将 ImageRect 等成员定义成私有成员，封装了子类对这些成员的访问。

```
private:
    int     ImageWidth,ImageHeight;     //图片的最大显示宽度和高度
    CRect ImageRect;                    //目标图像的显示区域
```

2）在基类中，定义可重定义方法，并以形成参数的形式定义对封闭成员的访问规约。

在 CAnimation 类中，定义一个可重定义的 UpDateRect 方法，并在这个方法中，添加一组参数，并根据需要定义这些参数的引用传递类型参数，并以此开放子类对基类成员的访问。

```
protected:
    virtual void UpdateImageRect(CRect &,const int w,const int h);//更新显示区域
```

3）在基类中，选择或定义一个非覆盖的方法，调用上述可覆盖函数。调用时，将基类的数据成员以引用的形式传递给可覆盖函数，从而实现对私有成员的开放。

在 CAnimation 类中，定义了一个不可覆盖的 UpDate 方法，并在这个方法中实现了对 ImageRect 对象的开放。

```
void CAnimation::Update()
{
//以 ImageRect 为参数，调用可覆盖的 UpdateImageRect 函数，实现子类对 ImageRect 的访问
UpdateImageRect(ImageRect, ImageWidth, ImageHeight);
    pPicture->Update(status,progress);
}
```

4）在派生类的重定义方法，通过引用参数访问这个基类的数据成员。

例如，在 CScaleAnimation 类的方法中，重定义了 UpDateRect 方法，并在这个方法中，访问了这个 ImageRect 对象。

```
void CScaleAnimation::UpdateImageRect(CRect & rect ,const int w, const int h)
{
    double r=Progress();
    rect = CRect(mx - r*w/2 , my - r*h/2, mx + r*w/2, my + r*h/2);
}
```

通过这种方式不仅实现了对 CAnimation 类中 ImageRect 的开放，同时也实现了对 int ImageWidth, ImageHeight；这两个成员的开放，并且它们开放的方式也是不同的。

还需要说明的是，这个设计既实现了封装，又实现了开放，并且使得仅在派生类中的某个方法中实现了开放，它很好地控制了开放的范围。这样的设计是一个较好地体现了开闭原则的设计。

换一个角度来看，这样的设计也是一个比较符合迪米特法则原则的例子，迪米特法则要求模块之间应尽可能少地发生交互作用。上面的设计，就有效地控制了 CAnimation 与其派生类之间的联系，派生类不需要知道基类如何使用 ImageRect 对象，只需要在特定的方法中，按照自己的逻辑使用这个对象就可以了。

7．设计中关于里氏代换原则的考虑

最后，再说明一下设计中关于里氏代换和接口隔离等原则的一些考虑。先看一段程序代码。

```
int CPowerPoint::DisplayImage(CString filename)
{
    CDC *pDC=this->GetDC();
    CAnimation *pAnimation = CreateAnimation(width,height);
    pAnimation->SetPicture(pDC,filename,IDB_BITMAP3);
    pAnimation->Initialize();
    while(!pAnimation->IsOver())
    {
        if(WaitForSingleObject(hStop,0)==WAIT_OBJECT_0)
```

```
                break;
            if(WaitForSingleObject(hPause,0)==WAIT_OBJECT_0)
                WaitForSingleObject(hContinue,INFINITE);
            pAnimation->Display(pDC);
            if(pAnimation->InMiddle())//幻灯片进入中间位置
                WaitForSingleObject(hContinue,2000);//stoptime);
            pAnimation->Move();
        }
        ReleaseDC(pDC);
        delete pAnimation;
        pAnimation=NULL;
        return 0;
    }
```

这段代码是系统中唯一的一段用于实现幻灯片演示过程的程序代码，对应的顺序图描述可参见图 10-33。仔细观察就会发现，代码中仅出现了抽象类（CAnimation），在软件的结构设计中（如图 10-34 所示），这个抽象类（CAnimation）的具体实现有很多，但它们却一个也没有出现在这段代码中。但实际运行时，它的所有派生类实例均可以出现在这个场景中。事实上，前面的讨论中所提到过的所有 CPicture、CImageBuffer 及其派生类对象也都可以出现在这个场景之中，这充分体现了落实里氏代换原则的设计所带来的好处设计或实现某个场景时，只需面对抽象编程，而不必考虑那么多复杂的细节。

10.3.6 案例总结

本节中，比较详细地介绍了案例软件的设计过程，说明了设计过程中经历的若干次大的调整或重构，每次调整的原因、方法和结果，以及设计原则对软件设计影响。

当找到了这些缺陷，实际上也就是发现了违背了原则的设计，符合设计原则的重构或调整将能够有效地帮助人们解决所面临的设计问题。

在软件设计过程中，定义合理的抽象、继承、明确的封装范围、宽窄适度的接口、合适的方法等都是影响设计质量的重要因素。

案例软件的设计过程中经历了多次的重构和调整，也认真地考虑了各种设计原则的运用，尽管如此，这个软件仍不能说是一个充分符合了各种设计原则的设计。

事实上，任何软件都不是绝对符合所有设计原则的软件，软件永远都是一个在特定的设计目标指导下，通过一个受到各种环境约束和限制影响的开发过程设计和开发出来的产品。尽管如此，在开发过程中，严格遵守这些基本的设计原则，对开发出高质量的产品将具有十分积极的作用。

10.4 小结

在本章中，首先介绍了各种软件质量属性的概念，以及不同的软件质量属性之间的相互影响。详细地介绍了面向对象的软件设计原则的基本概念，并通过一些简单的设计实例，介绍了如何理解和遵守这些设计原则。

为了更有效地理解这些设计原则，在本章的最后给出了一个具体的软件设计案例，并通过分析这个案例设计过程中的一些具体的设计问题，比较详细地说明了如何评价、调整和改进设计方案，以便使其能够更好地符合这些设计原则。

习题

一、简答题

1．简述单一职责原则的含义，说明案例软件中 CImageBrowserDoc 类的设计是否满足了这个设计原则。

2．简述开闭原则的定义，以类的设计为例说明什么样的类才是满足了开闭原则的设计。

3．简述里氏代换原则的定义，分析案例软件中幻灯片演示过程的结构设计是否符合了里氏代换原则的设计。

4．简述倒置依赖原则的定义，说明在软件结构设计中如何落实这个原则。

5．接口隔离原则的含义是什么？说明案例软件中幻灯片演示过程是否符合了这一原则。

二、设计题

1．对于本章案例中的 CAnimation 类来说，扩充一个只具有图片进入过程而省略离开过程的实现，请给出一个这样的实现，并说明原设计是否充分支持这样的扩充。

2．对于案例中的 CImageBuffer 来说，假设需要定义一个新的实现，要求在实现中首先显示一张模糊的图片，然后在演示过程中，逐步显示更为清晰的图片，演进到中间状态时，显示最清晰的图片，然后再逐步使图片变得更加模糊，直到演示过程结束时为止。请给出你的设计。

3．说明图 10-37 中的 CImageBuffer 及其派生类的设计是否符合里氏代换原则，为什么？能否给出一个更符合设计原则的设计。

4．倒置依赖原则强调了软件结构中抽象与具体之间的依赖关系，请说明软件结构或软件开发过程中有哪些常见的抽象和实现，并说明违背倒置依赖原则可能带来的问题。

5．案例软件中，对 CImageBuffer 类定义和使用了基于组合的扩充，能否对 CAnimation 也使用组合方式进行扩充，给出你的设计方案。

6．案例软件中，如果希望在动画中给目标图片加上一个边框，请考虑修改现有设计实现这样一个扩充，并给出你的设计方案

7．案例软件中，对 CPicture 类给出了两种实现，即默认实现和具有旋转功能的实现，说明是否还可以给出其他形式的实现，如果可以请至少给出一个你自己定义的实现。

8．如果希望在案例的幻灯片播放过程中，在显示图片的同时，还在图片上显示一段文字，例如一段小散文、一首诗等，考虑如何实现这样的扩充，并给出你的设计方案。

9．如果希望案例的幻灯片演示时，实现一种首先显示若干个图片的局部小区域，然后逐步放大这些小区域，直到这些区域覆盖整个图片为止，请考虑如何实现这样的扩充，并给出你的设计方案。

10．阅读案例软件的源代码，分析一下这个案例的不足，根据你的想法重构这个设计，并评价设计方案。

第 11 章　设计模式及其应用

学习目标

- 理解和掌握设计模式的基本概念，掌握设计模式的应用规律和方法。
- 通过实例说明各种类型的设计模式的概念结构和应用方法。
- 通过一个遗传算法的设计实例学习和掌握灵活应用设计模式的方法。

模式的概念起源于加利福尼亚大学 Christopher Alexander 博士所著的《A Pattern Language：Towns，Buildings，Construction》一书，书中总结了 253 个建筑和城市规划模式。

Alexander 给出了经典的模式定义：每个模式都描述了一个在我们的环境中不断出现的问题，然后描述了该问题的解决方案的核心，通过这种方式，我们可以无数次地重用那些已有的解决方案，无须再重复相同的工作。

GOF（俗称四人团，包括 Erich Gamma、Richard Helm、Ralph Johnson 和 John Vlissides 四人）将上述概念引入到软件领域，并从大量的案例中总结和归纳出 23 个经典的软件设计模式，意图用设计模式来统一面向对象分析、设计和实现之间的鸿沟。在此之后，有很多人在这一领域做出了大量的探索和研究。到目前为止，已经积累了很多新的可重用的设计模式。

本章将概要介绍设计模式的基本理论和基本方法，并详细介绍 GOF 模式的意图、结构、适用情况和具体应用实例等内容。

11.1　设计模式的概念

软件模式可以认为是对软件开发这一特定“问题”的“解法”的某种统一表示，即软件模式等于一定条件下出现的问题以及解决方法。每个模式都是从许多优秀软件系统中总结出来的、成功的、能够实现可维护性并可重用的设计方案，使用这些方案将会帮助我们避免做重复性的工作，并且可以设计出高质量的软件系统。

11.1.1　设计模式的定义

设计模式是指面向对象设计领域中不断重复出现的一些问题，以及这些问题的核心解决方案。有了这些设计模式，人们就可以重复地使用这些设计模式来解决面临的问题。

为了描述这些模式，人们使用名称、问题、解决方案和效果来描述不同的设计模式，并称之为设计模式的四个基本要素。

（1）名称（Pattern Name）

模式名称不仅被用来标识一个特定的设计模式，还进一步丰富了设计人员的工作词汇，使得设计人员可以在一个比较抽象层次上从事设计工作和交流设计问题。

（2）问题（Problem）

所谓的问题是指对模式要解决的问题的一个描述，内容包括模式的使用时机、问题存在的原因、解决问题要实现的目标，有时也包括使用模式的前提置件。

（3）解决方案（Solution）

解决方案主要指设计模式的构成元素、构成元素之间的关系及每个元素的职责和协作方式。

每个设计模式通常具有一定的抽象性，可以应用于多种不同的场景，并不描述特定而具体的设计或实现。模式提供的通常是问题的抽象描述和一组具有一般意义的元素组合（类或对象的组合）。

（4）效果（Consequence）

讨论设计模式的应用效果及使用模式时需要权衡的问题，模式效果对于评价、设计、选择和理解使用模式的代价及好处具有重要意义。

在设计模式中，模式效果的讨论主要关注它对系统的灵活性、扩充性或可移植性等方面的影响，列出这些效果对理解和评价这些模式是很有意义的。

一个模式的命名、抽象、解决方案和效果四个要素确定了一个通用结构设计的主要方面，这些结构能被用来构造可复用的面向对象设计。

设计模式确定了它所包含的类和实例，它们的角色、协作方式以及职责分配。每一个设计模式都集中于一个特定的面向对象设计问题或设计要点，描述了什么时候使用它，在另一些设计约束条件下是否还能使用，以及使用的效果和如何取舍。

11.1.2 设计模式的分类

到目前为止，人们已经总结出了很多不同的设计模式，设计模式主要有按目的分类和按范围分类这两种分类方式。

1．按目的分类

按照模式的目的，可以将模式划分成创建型（Creational）、结构型（Structural）和行为型（Behavioral）三种类型。

1）创建型模式：创建型模式主要考虑解决对象的创建问题，这种类型的模式主要讨论如何分配创建对象这一系统职责问题。

2）结构型模式：结构型模式主要考虑处理系统种类或对象之间的组合，即如何用类或对象构造更大的复杂结构。

3）行为型模式：行为型模式主要考虑系统行为方面的问题，即讨论类或对象之间如何交互和如何分配职责的问题。

2．按范围分类

按照模式的适用范围（一组类及其关系，或一系列对象及其关系），可以将设计模式分为类模式和对象模式两种情况。

1）类模式：如果一个模式的适用范围是类（即使用一组类和类之间的关系来讨论要解决的问题），则称该模式是一个类模式。

类和类之间的关系是通过继承方式建立起来的，这是一种在编译时就确定下来了的静态关系。

2）对象模式：如果一个模式的适用范围是对象（即使用一组对象之间的关系来讨论要解决的问题），则称该模式是对象模式。

对象模式主要处理对象和对象之间的关系，如关联、聚合、组合和依赖等关系都是对象之间的关系，这些关系是动态的。在运行时是可以变化的，更具动态性。

严格地说，几乎所有模式都使用了继承机制，但它们并不都是类模式。所谓的“类模式”只是那些仅集中处理类之间关系的模式，大部分模式都属于对象模式。

综合这两种分类，可以得到模式的详细分类。表 11-1 列出了 23 个 GOF 模式的详细分类情况。

表 11-1　GOF 模式的详细分类

		目的		
		创建型	结构型	行为型
范围	类	Factory Method	Adapter(类)	Interpreter Template Method
范围	对象	Abstract Factory Builder Prototype Singleton	Adapter (对象) Bridge Composite Decorator Facade Flyweight Proxy	Chain of Responsibility Command Iterator Mediator Memento Observer State Strategy Visitor

除了上述两种分类以外，模式之间还存在其他一些形式的关联或联系，如绑定、替代、相似和互相引用等关系。有些模式经常会被绑定在一起使用，例如，组合模式（Composite）常和迭代器（Iterator）或访问者（Visitor）一起使用。

又如有些模式是可互相替代的，例如，原型模式（Prototype）常用来替代抽象工厂模式（Abstract Factory）。有些模式尽管使用意图不同，但产生的设计结果却是很相似的，例如，组合模式（Composite）和装饰模式（Decorator）的结构图是十分相似的。

理解和掌握模式之间的各种联系对于模式的应用非常重要。

11.1.3　设计模式的主要特点

设计模式的主要优点如下。

（1）设计模式为软件开发人员提供了一种新的沟通和交流的方式

设计模式源自与众多软件开发人员的设计经验，并以一种标准的形式呈现给软件开发人员。它提供了一整套通用的设计词汇和语言以便开发人员之间沟通和交流。对于开发人员来说，设计模式提供了一种新的抽象层次的语言来表达和交流它们的设计思想方案。

（2）有助于提高软件开发质量和开发效率

设计模式使人们可以简单地复用已有的这些设计模式，也可以依托现有模式构建符合它们自身特点的软件体系结构，甚至也提醒人们不断总结以发现新的设计模式。这将有效地降低系统设计的难度，并有助于提高它们的软件开发质量和开发效率。

（3）提高软件开发人员的设计能力和设计水平

设计模式有助于初学者更深入地理解面向对象思想，更深刻地领会对象模型中的核心概念。设计模式不仅提供了一组可重用的设计方案，更重要的是，设计模式也开阔了人们的设计思路和知识视野。

11.2　设计模式的应用

前面几节中，我们概要地介绍了经典的设计模式的意图、结构、参与者和主要特点等内容。本节中，我们将结合软件设计中的若干个常见的问题介绍设计模式的具体应用。

11.2.1 如何应用设计模式

面向对象设计中最值得关注的问题不外乎软件的结构、行为和质量属性等几个方面的问题，下面将简要介绍设计模式的基本应用方法。

1．寻找合适的类或对象

在软件设计中，最重要的问题是如何分析或设计出构成系统所需要的类或对象。虽然有很多来自于问题域的类或对象，但更多的来源于人的主观设计，这些类或对象几乎充满了系统的各个层次或角落。设计模式为我们提供了很多这样的类或对象，同时也提供了这些类或对象之间应有的层次结构或对象之间的组合结构。

例如，组合模式（Composite）就定义了一种基于主观设计的组合对象；策略模式（Strategy）则定义的封装了一组可互换的算法组的对象。

抽象工厂（Abstract Factory）或生成器（Builder）模式设计了专门用于生成其他对象的对象。访问者（Visitor） 和命令（Command）模式则定义了专门负责实现向其他对象发出请求的对象。这些对象都不是源于问题域的对象。

事实上，源自问题域的对象也不是现实世界中对象的完全镜像，它们也需要进一步的设计。

2．决定对象的粒度

在软件系统中，不同的对象在规模和数量方面通常会有很大的差异。一些设计模式很好地讨论了对象的粒度问题，并为某些特殊粒度对象的设计提供了具体的指导。

如外观（Facade）模式描述了如何用一个或若干个对象表示一个完整的子系统；享元模式（Flyweight）描述了如何支持大量的最小粒度的对象。还有一些模式描述了将一个对象分解成许多小对象的特定方法。

3．指定对象接口

在面向对象系统中，接口通常被定义为一组操作构成集合。接口设计也是面向对象方法的重要组成部分。接口定义了对象与外部交流的方式，分离了接口及其实现，不同的对象可以对同一接口做不同的实现。

几乎每个设计模式都定义了一个或若干个接口，这些接口定义为我们提供了可直接复用的接口设计方案，也提供了进一步的接口设计方法方面的指导和启发。

如备忘录（Memento）模式描述了如何封装和保存一个对象在某个时刻的内部状态，以便在以后能恢复到这一状态。该模式为备忘录对象定义了两个接口：一个是用于从原对象创建备忘录对象的接口；另一个是从备忘录恢复原对象状态的接口。

有些设计模式还指定了接口之间的特殊关系。例如，Decorator 模式要求修饰对象与被修饰的对象实现一致的接口。

4．描述对象的实现

面向对象方法中，实现代表了抽象事物与具体事物之间的一种关系。

这种关系通常包括类和实例之间的实例化、抽象类与具体类之间的关系、类与派生类之间的继承关系、模板类和模板实例事件的实例化关系、接口与其实现之间的实现关系等多种情况。这些关系均可以视为是一种实现关系。

几乎每个模式都使用了各种各样的实现关系。将变量声明为某个特定的抽象而不是具体的实例构成了设计模式的一个最基本的重要特征。桥接（Bridge）模式甚至将对象之间的聚合或组合扩展成为一种新的实现。

5. 设计模式的复用

设计模式最重要的目标是支持设计高灵活性并且可复用程度更高的软件。经典的设计模式中，每一个设计模式都是可复用的。一方面，在设计过程中，可选择合适的设计模式解决面临的设计问题；另一方面，由于模式的可复用性，使得每个具体的设计模式又具有较强的抽象性，因此，应用设计模式还需要一个从抽象到具体的转换过程。

6. 系统的动态行为和静态结构

系统的动态行为通常是由其静态结构决定的，但又与其静态结构具有较大的差别。静态结构一般由继承关系固定的类组成，是在编译时确定下来的。而系统的动态行为则是由一组动态变化的对象之间所进行的各种交互活动以及系统的演化所表现出来的。

许多设计模式（特别是对象模式）显著地呈现了二者之间的差别。如装饰模式（Decorator）就是一种特别适用于构造复杂动态结构的设计模式，而职责链模式（Chain of Responsibility） 则可产生了继承所无法展现的通信模式。

总之，只有理解了模式，才能更清楚地理解和掌握系统运行时的结构及其动态行为。

7. 设计应支持变化

获得最大限度复用的关键在于对需求变化的预见性，并要求所做出的系统设计能够适应预见到的这些变更。每个设计模式都允许系统结构在某方面的变化独立于系统的其他方面，这样的系统将更能适应系统在这些方面的变化。

11.2.2 应用设计模式应注意的几个问题

1. 选择设计模式

GOF 定义了多个可供选择的设计模式，简单地找出一个能够解决特定问题的模式可能并不是一件十分容易的事，尤其是面对一组比较陌生的模式时。选择模式时，需要全面考虑如下几个方面的问题。

（1）模式的工作方式

面向对象设计中，最基本的设计工作就是设计出系统所需要的对象，并为这些对象分配相应的系统责任。了解每个设计模式的工作方式有助于找到合适的对象、确定对象的粒度、明确这些对象的接口等。

（2）浏览模式的意图

每个设计模式都明确地给出了其意图（Intent）部分。理解和掌握每个模式的意图，找出与问题相关的一个或多个模式，可以有效地缩小模式的选择范围。

（3）研究模式之间的相互关联

设计模式之间并不是彼此独立的，研究清楚模式之间的相互关联有助于找到合适的模式或模式组。

（4）研究目的相似的模式

按照模式的目的，模式被分成创建型、结构型和行为型模式三类。即使是同一类的模式之间，模式的目的也会有不同层次细节上的差异，分析目的相似的模式将有助于得到更好的设计结果。

（5）检查重新设计的原因

设计过程中应分析引起重新设计的各种原因，然后再找出哪些模式可以帮助人们避免这些会导致重新设计的因素。

（6）考虑设计中的可变因素

关注可变因素不是考虑那些可能会改变设计的因素，而是考虑需要的。但不会引起重新设计的变化，封装这样的变化，这是许多设计模式的主题。

2．使用设计模式

应循序渐进使用设计模式。

1）浏览一遍模式，特别关注其适用性部分和效果部分，选择合适的模式。

2）研究模式的结构、参与者和协作，理解这个模式的类和对象以及它们之间的关联。

3）查看模式的代码示例部分，研究如何实现所选择的模式。

4）确定模式各参与者的名字，使它们具有复合应用的上下文意义。

命名模式的参与者时，通常不直接使用模式参与者的名字。但将参与者的名字和应用中的名字合并将是一种比较好的做法。例如，在文本算法中使用 Strategy 模式时，像 SimpleLayoutStrategy 或 TeXLayoutStrategy 这样的类名字就是比较好的命名。

5）定义类。定义类的工作包括声明类的接口、建立类间的继承和定义实例变量。应用模式有时会影响到设计中已经存在的类，也会要求做出相应的修改。

6）定义模式中的操作名称。操作的名字一般依赖于应用，命名时可以使用与操作相关联的责任和协作作为指导。另外，命名约定要具有一致性。例如，使用“Create-”前缀统一标记 Factory 方法。

7）实现执行模式中责任和协作的操作。实现部分提供线索指导人们进行实现。代码示例部分的例子也能提供帮助。

设计模式的应用也是有一定限制的。使用设计模式通常会使设计获得了较大的灵活性和可变性，但同时也会使设计变得更加复杂，甚至会牺牲一定的性能。

11.3　创建型模式及其应用

创建型模式主要用于解决对象的实例化问题，其目的是将系统中对象的创建过程和对象的使用过程相互独立，进而增强系统在可扩充、可扩展和复用等方面的性能。

创建型模式将创建对象的过程从硬编码（Hard-Coding）方式转变成定义一个比较小的基本行为集，其中的行为可以被组合成任意数目的更复杂的行为。这样创建有特定行为的对象要求的不仅仅是实例化一个类。类创建型模式使用继承实例化可变的类的实例，而对象创建型模式则通常将实例化过程委托给一个专门的对象来完成对象的实例化。

所有创建型模式都具有如下两个主要的特点。封装了系统要创建的对象的具体类信息；隐藏了实例的创建和组织方面的细节。

整个系统对这些对象可见的仅仅是由某个抽象类所定义的接口或这些实例所实现的某个高层抽象。创建型模式在创建什么，谁负责创建，怎样创建的，以及何时创建等方面提供了很大的灵活性。它们允许用结构和功能差别都很大的“产品”对象来配置一个系统。并且配置方式既可以是静态的（即在编译时指定），也可以是动态的（在运行时指定）。有时，不同的创建型模式是相互竞争的，即不同的模式都可以以不同的方式承担同样的创建任务。

GOF 共归纳了抽象工厂模式、工厂方法模式、生成器模式和单件模式四个创建型模式，它们的共同特征是用于实例化。下面，我们将简单地介绍这四个模式的意图、结构、主要特点和部分应用。

11.3.1 创建型模式简介

1. 抽象工厂（Abstract Factory）模式

抽象工厂模式是一个类创建型模式，主要用于为一组相互关联或相互依赖的对象提供一个接口，这使得在创建具体实例时仅需要指定这个接口的一个特定实现，而不需要具体指定这些对象所属的类。抽象工厂模式的结构如图 11-1 所示。

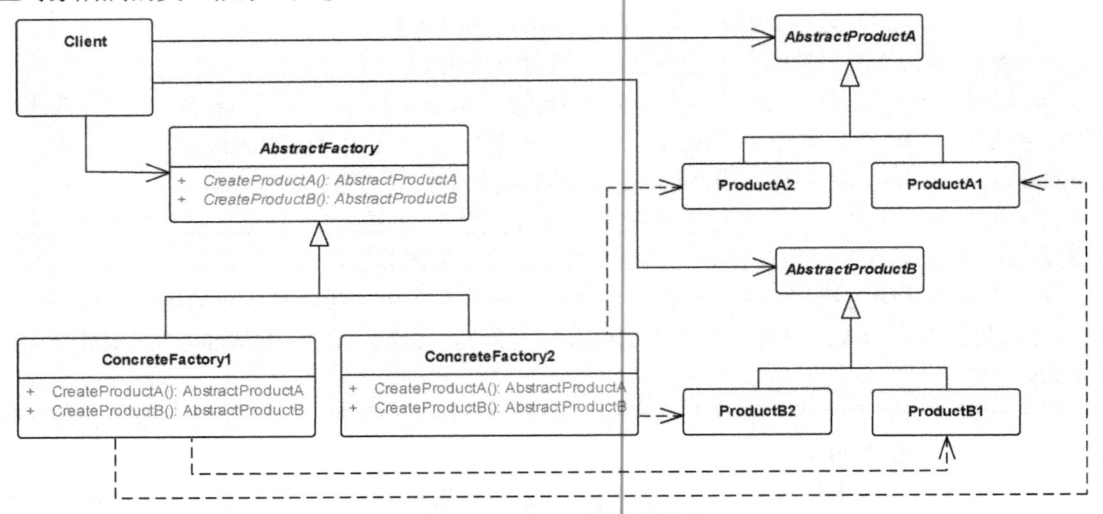

图 11-1 抽象工厂模式的结构

抽象工厂模式主要由工厂和产品这两种角色组成，工厂的主要职责是负责创建产品对象。工厂分为抽象工厂（AbstractFactory）和具体工厂（ConcreteFactory）两类角色，产品也分为抽象产品（AbstractProduct）和具体产品（ConcreteProduct）两类角色。

其中，AbstractFactory 定义了创建产品对象的操作接口，接口中的一个方法负责创建产品系列中的一种产品。一个 AbstractProduct 定义了一种抽象产品，为对应产品对象定义了一个接口。所有抽象产品构成了一个产品族，产品族与 AbstractFactory 中的方法具有对应关系。

ConcreteFactory 是抽象工厂的一个实现，负责具体产品对象的创建。ConcreteProduct 指系统需要的具体产品，是 AbstractProduct 的一个实现。Client 则是使用这个模式的对象，它需要知道 AbstractFactory 和 AbstractProduct 类声明的接口。

抽象工厂模式具有如下几种适用情况：

1）系统要独立于它的产品的创建、组合和表示时。

2）系统要由多个产品系列中的一个来配置时。

3）需要强调一系列相关的产品对象的设计以便进行联合使用时。

4）需要提供一个产品类库，而只想显示它们的接口而不是实现时。

使用时，通常需要通过 AbstractFactory 接口创建特定的具体工厂实例，再调用这个实例的方法，创建特定的产品对象。为了创建不同的产品对象，客户需要选择具体工厂。

抽象工厂模式具有如下特点。

1）分离了具体的类。抽象工厂模式控制了一个应用创建的对象的类。因为一个工厂封装创建产品对象的责任和过程，它使客户与具体工厂类的实现相分离。客户仅通过它们的抽象接口操纵实例。产品的类名也在具体工厂的实现中被分离；它们不必出现在客户的代码中。

2）使改变产品系列变得更加容易。一个具体工厂类可以在应用中仅出现一次，即在它被初始化时。这使得改变一个应用的具体工厂和对应产品变得很容易。它只需改变具体的工厂对象即可，这是因为抽象工厂定义并创建了完整的产品系列的接口，所以改变具体工厂也就改变了整个产品系列。

3）有利于产品的一致性。当一个系列中的产品对象被设计成一起工作时，一个应用一次只能使用同一个系列中的对象，这一点很重要。而抽象工厂模式很容易实现这一点。

4）难以支持新种类的产品。由于 AbstractFactory 接口本身决定了要创建的产品集合，增加新的产品意味着需要扩展这个接口，这将引起原有的 AbstractFactory 类及其所有子类的修改。

2．工厂方法（Factory Method）模式

工厂方法模式是一个对象创建型模式，也可称为虚构造器（Virtual Constructor）。该模式定义了一个用于创建对象的接口，由这个接口的实现决定实例化哪一个类。该模式将类的实例化延迟到这个接口的实现。

图 11-2 给出了工厂方法模式的结构。其中，抽象产品（Product）定义了要创建的对象的接口。具体产品（ConcreteProduct）类是接口 Product 的一个实现。生成器类（Creator）定义了工厂方法，该方法返回一个 Product 类型的对象。Creator 也可以定义一个工厂方法的默认实现，它返回一个默认的具体产品（ConcreteProduct）对象。可以调用工厂方法以创建一个 Product 对象。具体生成器（ConcreteCreator）重定义工厂方法以返回一个具体产品（ConcreteProduct）实例。

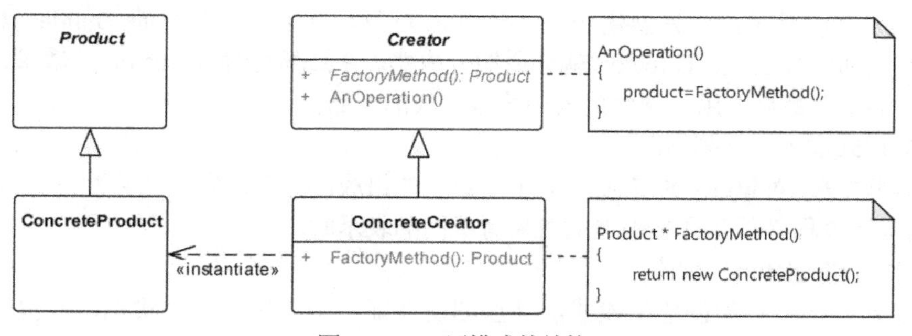

图 11-2　工厂模式的结构

使用这个模式时，用户仅需要创建一个 Creator 类或其子类的实例，然后再调用这个实例的工厂方法，并获得它返回的适当的 ConcreteProduct 实例即可。

在下列情况下可以使用工厂方法模式。

1）当一个类不知道它所必须创建的对象的类的时候。

2）当一个类希望由它的子类来指定它所创建的对象的时候。

3）当一个类希望将创建对象的职责委托给它的多个子类中的一个，并且希望将哪一个子类是代理者这一信息局部化的时候。

工厂方法模式具有如下特点。

1）工厂方法不再将与特定应用有关的类绑定到客户代码中，客户代码仅处理 Product 接口即可。因此它可以与用户定义的任何一个具体产品类（ConcreteProduct）一起使用。

2）创建特定的具体产品（ConcreteProduct）对象时，将不得不创建对应的 Creator 的子类。

3．生成器（Builder）模式

生成器模式是一个对象创建型模式，其意图是将一个复杂对象的构建与它的表示分离，使得同样的构建过程可以创建不同的表示。生成器模式的结构如图 11-3 所示。

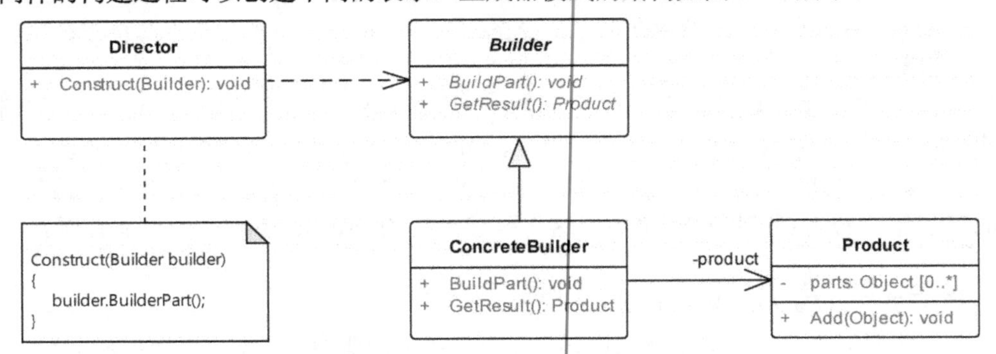

图 11-3　生成器模式的结构

图 11-3 中，Director 是一个使用 Builder 接口的对象，通过 Builder 接口创建和组装需要的复杂对象。生成器（Builder）是一个为创建产品（Product）对象的各个部件定义的抽象接口。具体生成器（ConcreteBuilder）则是 Builder 接口的一个实现，用于构造和装配该产品的各个部件。需要定义并明确它所创建的表示，并提供一个检索产品的接口。产品（Product）表示被构造的复杂对象。

ConcreteBuilder 负责创建该产品的内部表示并定义它的装配过程，包括组成部件的类，和将这些部件装配成最终产品的方法。

使用生成器模式时，首先创建一个 Director 对象，并用它所想要的 Builder 对象进行配置。一旦产品部件被生成，Director 就会通知生成器。生成器处理 Director 的请求，并将部件添加到该产品中。最后，用户从生成器中检索生成的产品。

生成器模式适用于下列情况。

1）当创建复杂对象的算法需要独立于该对象的组成部分以及它们的装配方式时。

2）当构造过程必须允许被构造的对象有不同的表示时。

4．单件（Singleton）模式

单件模式是一个对象创建型模式，其意图是保证一个类仅有一个实例，并提供一个全局的访问点。单件（Singleton）模式的结构如图 11-4 所示。

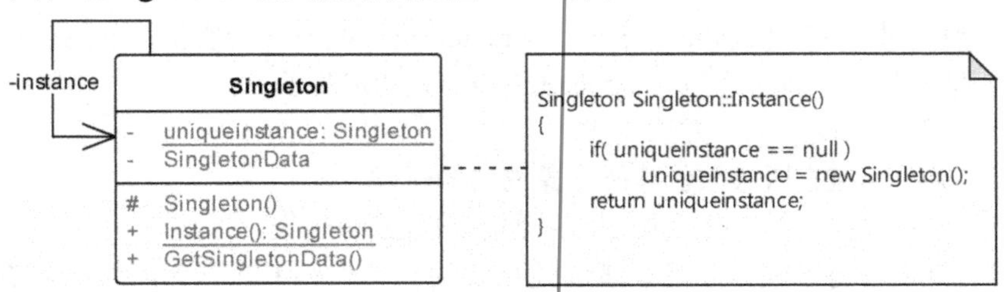

图 11-4　单件模式的结构

该模式中只有一个类，Singleton 定义了一个 Instance 操作，以允许客户访问它的唯一实例。Instance 是一个类操作，负责创建它自己的唯一实例。客户只能通过 Singleton 的 Instance 操作访问一个 Singleton 的实例。

在以下两种情况下可以使用单件模式。

1）当类只能有一个实例而且用户可以从一个众所周知的访问点访问它时。

2）当这个唯一实例应该是通过子类化可扩展的，并且用户应该无须更改代码就能使用一个扩展的实例时。

单件模式的主要优点如下。

1）对唯一实例的受控访问。因为 Singleton 类封装了它的唯一实例，所以它能够严格地控制用户对其实例的访问。

2）缩小名空间。单件模式有点像全局变量，但它避免了使用存储唯一实例的全局变量污染名空间。

3）允许对操作和表示的精化。Singleton 类可以有子类，而且用这个扩展类的实例来配置一个应用是很容易的，可以用所需要的类的实例在运行时刻配置应用。

4）允许可变数目的实例。允许实例化多个实例时，可以用与单件模式类似的方法控制应用所使用的实例数量来支持某些类似的需求。

5）比类操作更灵活。另一种实现单件功能的方式是定义一个仅使用类作用域属性和方法的类。这样的实现不允许一个类有多个实例，从而丢失了实例数量方面扩充的灵活性。此外，静态成员函数既不能继承也不能实现多态。

11.3.2 创建型模式应用

创建型模式主要用于解决对象的创建问题，目标是构造出具有较好的可维护、可复用、易于扩充并且具有较高灵活性的应用程序。其最基本的思维方式就是将创建对象的过程封装在一组类或一组对象构成的模式中，由这组类或对象承担创建对象的职责。程序中任何需要创建这些对象的场景都可以仅仅通过使用这个模式来创建它们所需要的对象。

首先看一个简单的例子，在一个图形编辑软件中，通常需要用户交互式地创建一些基本的图形对象以构造他所需要的图形文档，可以称之为图形元素。这些图形对象通常具有不同的形状和类型。下面将针对这样的软件，说明创建型模式的具体应用。

1. 封装实例化过程

用户创建一个具体的图形文档时，通常会首先选择图形类型，然后再交互式地绘制出所需要的图形对象。而创建对象的动作则被隐藏在这样的交互过程中了。此时，创建的对象应属于哪一种类型所需要的依据就是用户选择的图形类型。

对于这样的场景，可以简单地定义一个以图形类型作为参数的方法，将创建过程封装起来，从而解决这个对象创建过程的问题。图 11-5 就描述了这样的一个解决方案。

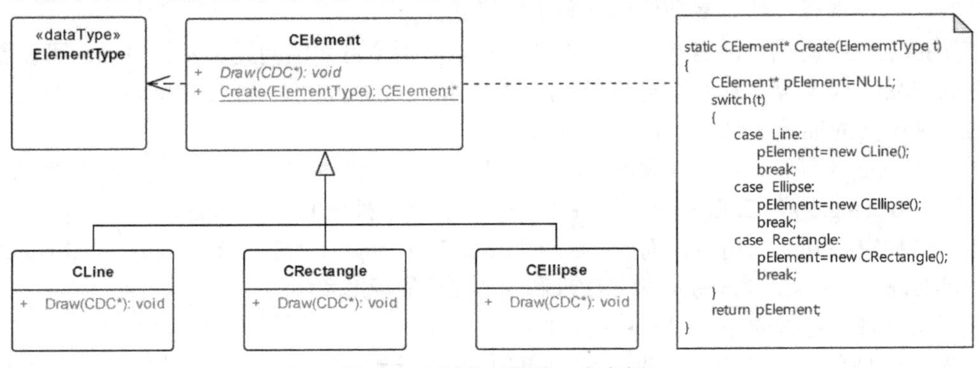

图 11-5　创建对象的一个实例

图 11-5 中，CLine、CRectangle 和 CEllipse 表示三种具体图形元素，CElement 是它们的共同接口。图中所示的解决方案是，在 CElement 类中封装一个具有类作用域的方法 CElement * Create(ElementType t)，该方法封装了创建对象的决策过程。创建对象时，只需要调用这个方法即可创建需要的对象。

2．应用抽象工厂模式创建不同风格的图形元素

如果这个图形软件需要分别创建不同风格的图形文件，例如使用空心、带有纹理或者实心等多种不同风格的图形元素创建图形文件，并且要求每一种风格的图形文档中只允许包含同一种风格的图形元素。这时，创建图形元素的过程就需要引进与图形风格相关的决策，并且还要避免不同图形风格的图形元素的混合使用。从图形风格的角度考虑，图 11-5 给出的图元结构将变化成图 11-6 所示的结构。

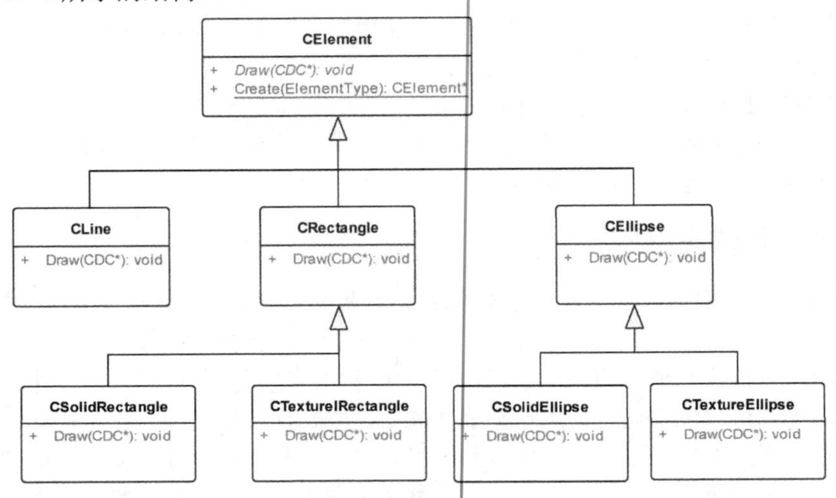

图 11-6　新的图元结构

图中，CRectangle、CTextureReactangle 和 CSolidRectangle 分别代表空心、纹理和实心风格的矩形。CEllipse、CTextureEllipse 和 CSolidEllipse 分别代表空心、纹理和实心风格的椭圆。

此时，若仍沿用图 11-5 中的解决方案，例如修改 CElement 类的成员函数 CElement * Create(ElementType t)，创建对象的过程则略显复杂。而且，也没办法控制图形中各图形元素在风格上的一致。

此时，一个更现实的方案是使用抽象工厂模式。

使用抽象工厂模式时，需要考虑的是产品和工厂两个方面的问题。从图 11-6 可以看到，该软件的产品结构包含了三种不同的产品，即 CLine、CRectangle 和 CEllipse。它们可视为模式中的三种不同的抽象产品，其具体产品则略有不同。

对于 CLine 来说，它既是抽象产品，又是具体产品，即它同时充当了三种不同风格的产品角色；对于 CRectangle 和 CEllipse 来说，它们既分别充当了抽象的矩形和椭圆，也分别充当了具体的空心矩形和空心椭圆的角色；而剩下的 CTextureReactangle、CSolidRectangle、CTextureEllipse 和 CSolidEllipse 四个类，则分别代表了纹理和实心风格的矩形和椭圆。

接下来，再考虑抽象工厂模式中工厂的设计。

首先考虑抽象工厂的设计，即工厂对象的接口设计，这个接口中显然应包含与每种产品对应的方法，即分别生产直线、矩形和椭圆的方法。考虑产品的结构特性，这个接口中的每一个方法都可以有一个默认的实现，即分别生成 CLine、CRectangle 和 CEllipse 对象。

接下来再考虑具体工厂的设计。具体工厂可设计为生产纹理和实心产品的两个工厂，图 11-7 给出了这个具体的解决方案。

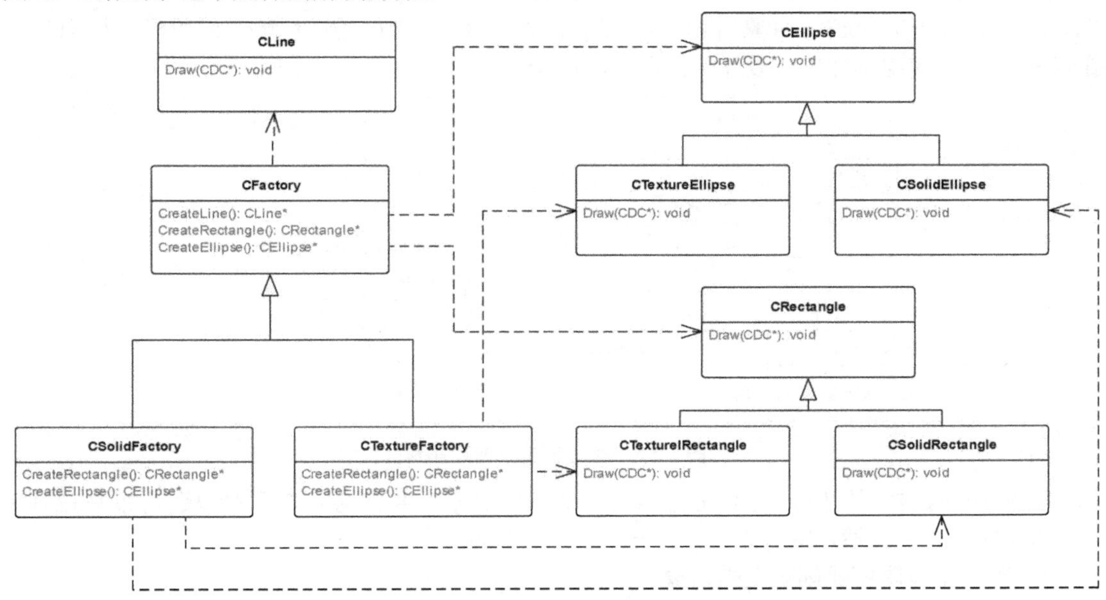

图 11-7　抽象工厂模式的应用实例

接下来的问题是，假设软件已经事先设定好了选中图形风格。此时，当用户创建图形元素时，就可以根据事先设定的风格和选择的图形元素来创建具体的对象了。此时，只要将图 11-5 中描述的过程改写成如下的形式就可以了。

```
static CElement* Create(ElememtType t, CFactory f)
{
        CElement* pElement=NULL;
        switch(t)
        {
              case   Line:
                     pElement=f.CreateLine();
                     break;
              case   Ellipse:
                     pElement=f.CreateEllipse();
                     break;
              case   Reactangle:
                     pElement=f.CreateRectangle();
                     break;
        }
        return pElement;
}
```

这个方法中，使用了一个抽象工厂的实例作为参数，这个实例的类型不同，其创建的产品的类型也不尽相同。这里面一个值得关注的问题是，这个工厂的实例应该如何创建。

在前面提到的假设条件下，系统中并不需要同时存在多个不同的工厂对象。此时，使用单件模式是一个创建工厂对象的比较现实的方法。

3．应用单件模式创建抽象工厂实例

为了将抽象工厂设计成单件类，一方面需要封装工厂类的构造函数，另一方面还需要在工厂类中添加一个静态的对象引用和静态的创建对象的方法，用于维护和创建工厂对象。图 11-8 给出了应用单件模式设计的工厂类的例子。

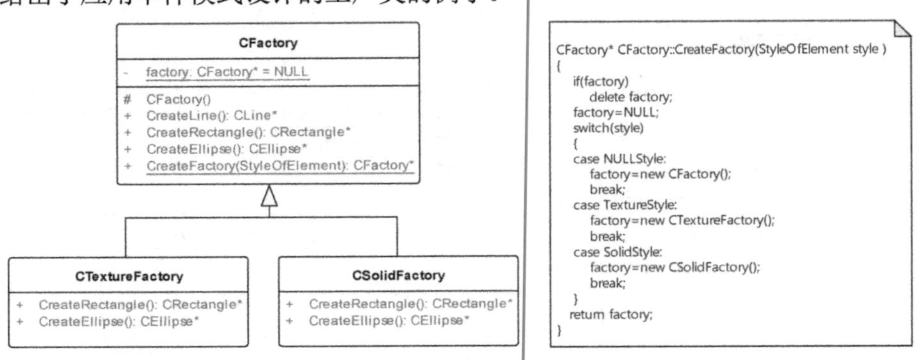

图 11-8　单件模式的应用举例

在这个例子中，任何时候都只能存在一个工厂对象，并且这个工厂对象还可以是三种工厂中的任何一种。当然，这并不是单件模式的唯一用法。

4．使用生成器模式创建文档对象

最后，再说明软件的文档结构以及文档操作方面的问题。软件的文档结构可以被定义成一组图形元素构成的集合。而更复杂一点的情况是，前面的讨论中提到过的图形元素虽然都是一些简单的图形元素，但绝大多数图形软件都允许将简单元素组合成复杂的复合元素，即允许用户使用基本的图形元素构造复杂的图形对象，以支持构造具有更复杂的语义的图形元素。

为此，可以修改图 11-6 中的图元结构，得到图 11-9 所示的带有复合元素的图元结构。

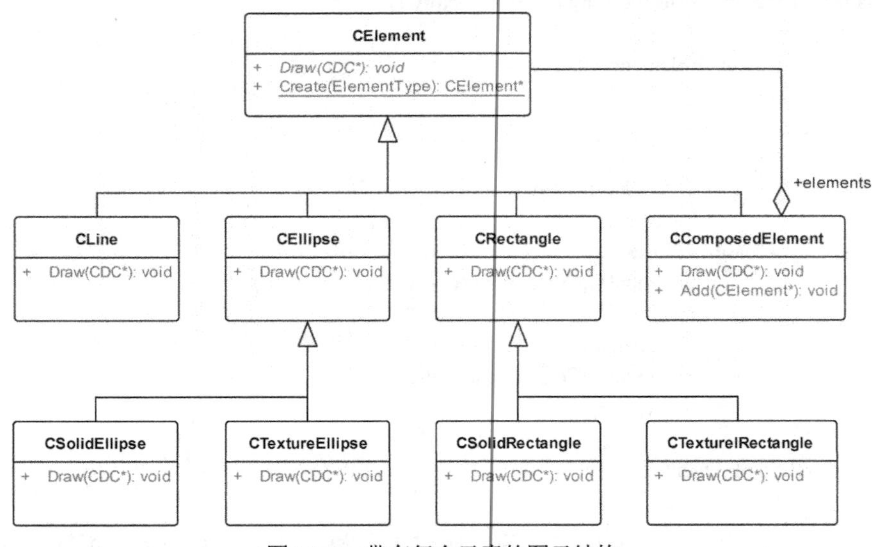

图 11-9　带有复合元素的图元结构

引进复合元素后，该软件管理的整个文档则可以被视为一个复合元素的实例，仔细分析一下就会发现，这是一种递归的结构。在这个结构中，文档由简单对象和复合对象组成，其中的复合对象又可以由若干个简单对象或复合对象组成。

在这样的结构中，对象的实例化过程就不仅仅包含了简单对象的实例化过程，而且还应该包括复合对象的组装过程。

当软件从文件中读入数据并创建这些对象时，程序就不仅需要根据读入的数据创建对象，还需要按对象之间的组合或嵌套关系组装其中的复合对象。

这时，使用生成器模式不仅可以有效地解决对象的创建问题，还可以有效地解决复合对象的创建及组装过程。使用生成器模式解决文档对象创建问题的方案如图 11-10 所示。

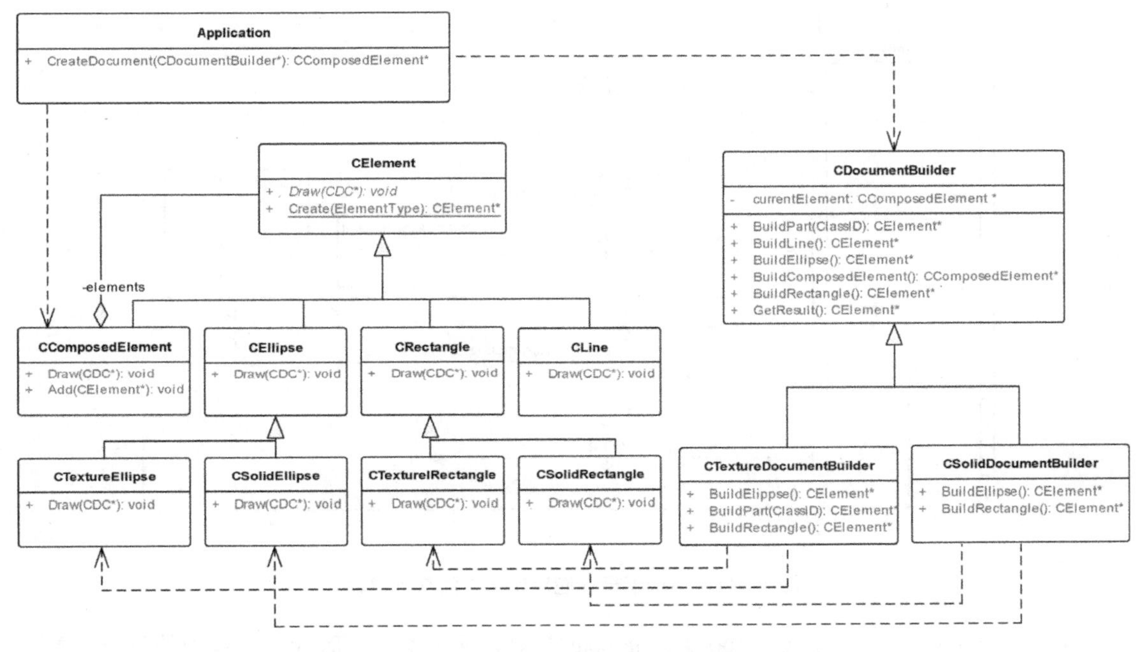

图 11-10　生成器模式的应用举例

使用生成器模式解决文档创建问题的方法包括如下几个步骤。

1）定义生成器接口。根据文档对象的结构定义生成器的接口；接口的内容应包括生成产品（复合对象）和产品部件（简单对象）的方法，还包括返回创建结果的方法。

2）定义生成器接口的实现。根据产品结构定义生成器接口的实现；本例中需要根据产品（图形文档）的分类情况定义生成器的具体实现。本例中，CDocumentBuilder 被定义为默认实现；CTextureDocument Builder 和 CSolidDocumentBuilder 被定义为生成器的两个具体实现。

3）定义组装算法。组装算法应该是一个与文档结构相关的具有不变性的算法。本例中，组装方法被封装在表示应用程序的 Application 类中。

图 11-10 中，CElement 类及其子类表示文档结构，CDocumentBuilder 类及其子类是生成器类；CDocumentBuilder 类中的 BuildLine()、BuildEllipse()、BuildRectangle()和 BuildComposed Element()分别生成默认的图形元素。BuildPart（ClassID）将根据参数值的不同分别调用 BuildLine()、BuildEllipse()、BuildRectangle()和 BuildComposed Element()等方法创建图形元素。

而 CTextureDocumentBuilder 和 CSolidDocumentBuilder 两个类的 BuildEllipse()和 Build

Rectangle()方法分别生成带纹理和实心的椭圆和矩形图形元素。

Application 类中的方法 CComposedElement* CreateDocument (CDocumentBuilder*)则用于封装复合对象的组装过程。

在软件中，打开文档文件并读入文档数据的过程实质就是一个创建并组装文档对象的过程，图 11-11 中给出的顺序图就描述了这样的交互过程。其中，Application 对象通过调用 CDocumentBuilder 对象的 CreateDoucment 方法使用生成器模式创建文档对象。

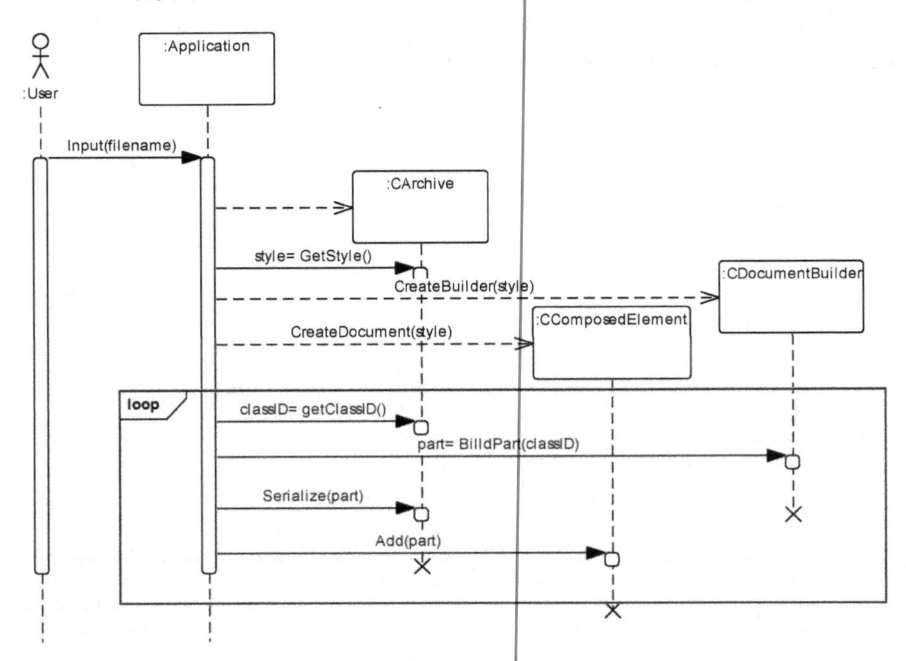

图 11-11 生成器模式应用实例中的交互过程

需要说明的是，图中的 CComposedElement 是复合元素类，它既代表文档中的复合元素，也代表与整个过程相关的文档类，表示软件的文档对象。整个顺序图描述了从文档文件读入数据并建立文档对象的过程。

11.4 结构型模式及其应用

结构型模式主要解决如何组合类或对象以获得更大的结构。结构型模式中，类结构型模式采用继承机制来组合接口或实现。对象结构型模式则使用对象之间的组合来实现新的更大的结构。比较而言，由于对象之间的组合关系是一种可以在运行时改变的动态关系，所以对象组合方式往往具有更大的灵活性，这种机制往往使用静态类组合是不可能实现的。

结构型模式最基本的组合方式就是使用多重继承将多个类派生出一个新的类，这个类包含了所有各基类的所有属性和方法。例如，Adapter 模式就是按这样方式得到的一个结构。

GOF 共定义了 Adapter 模式、Composite 模式、Proxy 模式、Flyweight 模式、Facade 模式、Bridge 模式、Decorator 模式七个结构型模式。下面将选择性地介绍其中几个典型的结构型模式。

11.4.1　结构型模式简介

1．组合模式（Compostite）

组合模式是一种软件系统中非常重要的结构型模式，绝大多数的文档编辑类软件均采用了这一模式设计其文档结构。

组合模式的意图是将对象组合成树形结构以表示“部分与整体”的层次结构。并且使用户可以以一致的方式访问这些对象。组合模式的结构如图 11-12 所示。

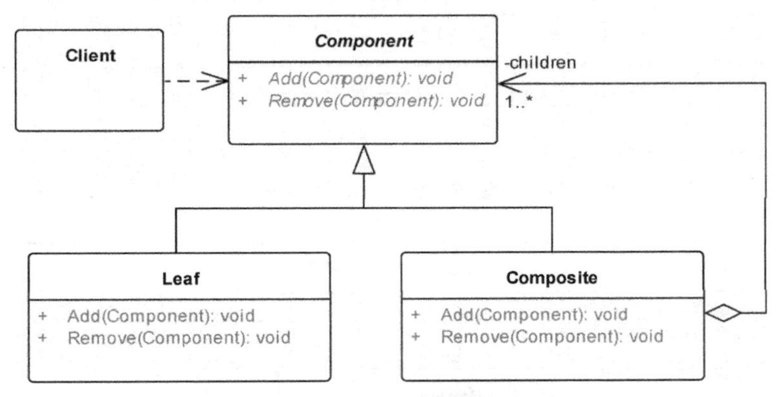

图 11-12　类适配器模式的结构

其中的 Client 用于表示组合模式的客户，它通过 Component 接口访问模式中所包含的所有对象，包括简单对象；Component 类则是为客户提供用于访问对象的接口。必要时，它也可以为其实现提供必要的默认行为。

结构中，包含了叶子节点和带有子结构的组合节点两种节点。Leaf 类则表示在模式中的叶节点对象，其特征是叶节点没有任何子节点；Composite 类则表示模式中含有子节点的节点。

组合模式主要用于表示具有整体与部分层次结构的对象结构，并且能够以统一的方式使用结构中的整体对象和部分对象。

使用组合模式的例子非常之多，几乎所有面向对象的软件均使用了组合模式。在本书的 11.3.2 节和第 13 章的案例（见图 13-6）的设计中均给出了应用组合模式的例子。

2．适配器（Adapter）模式

从复用的角度来说，适配器模式是一个非常有用的模式。适配器模式的意图是将一个类的接口转换成应用上下文中所期望的另外一个接口。这可以使得那些原本由于接口不兼容而不能一起工作的类（或对象）可以一起工作。适配器模式还可以被称为包装器（Wrapper）。

适配器模式具有类适配器模式和对象适配器两种不同的结构，图 11-13 和图 11-14 分别给出了这两种模式的结构定义。

图中，Client 是模式的客户，它希望通过 Target 接口访问 Adaptee 类对象。但 Adaptee 接口与 Target 的接口不兼容。Adapter 是新引入的类：一方面，它实现了 Adaptee 接口，这使得 Client 可以通过 Target 接口访问这个类；另一方面，它又继承了 Adeptee 类或组合了 Adeptee 对象。这就使得 Client 类（或对象）能够通过 Target 接口的实现（Adapter 类（或对象））访问 Adaptee 类（或对象），从而实现了模式的意图。

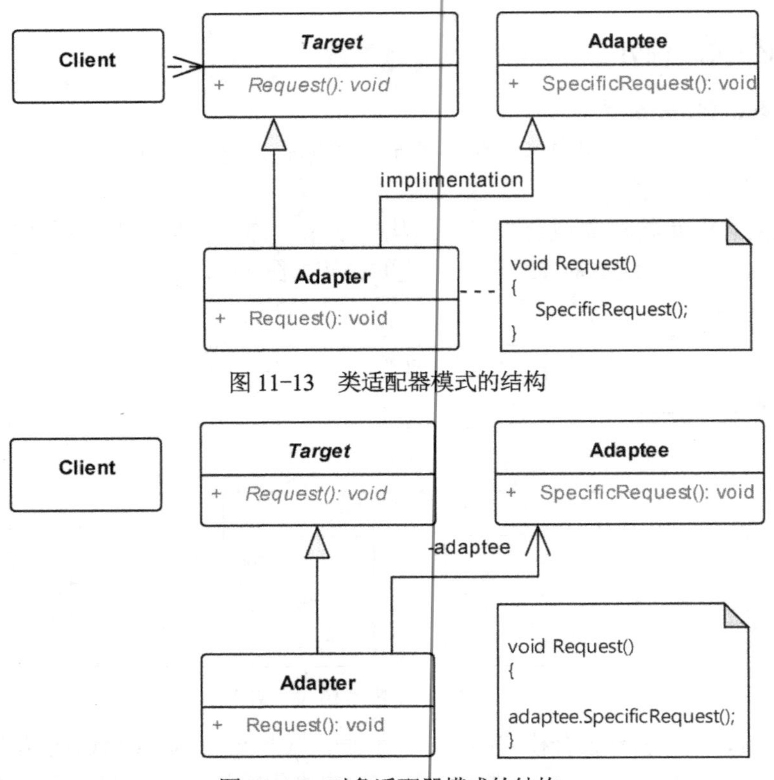

图 11-13　类适配器模式的结构

图 11-14　对象适配器模式的结构

Adapter 模式可以应用于以下几种情况。

1）复用一个已经存在的类，当然这个类已经具有了用户所期望的功能，但它的接口不符合当前应用场景的需求。

2）创建一个可以复用的类，并且使该类可以与其他不相关的类或接口不一定兼容的类协同工作。

3）复用一些已经存在的子类，但不能对每一个子类都进行子类化以匹配它们的接口。此时，使用对象适配器则可以适配它的父类接口。

3. 桥接（Bridge）模式

桥接模式是一个对象结构型模式，其意图是将某个结构的抽象部分与它们的实现部分相分离，从而使这两个部分可以各自独立的变化。

在面向对象方法中，当一个抽象可能有多个实现时，通常用继承来描述它们之间的关系。但继承机制有时不够灵活，它将抽象部分与它的实现部分固定在一起，难以各自独立地进行修改、扩充和复用。更严重的是，当抽象部分和实现部分都已经是一个由泛化关系构成的层次结构时，继续使用继承机制描述二者之间的关系，将会使系统出现“类爆炸”现象，从而使系统陷入混乱。图 11-15 给出了桥接模式的结构。

图中，Abstraction 是抽象类的接口。它需要维护一个指向 Implementor 对象的指针。而 RefinedAbstraction 则是对接口 Abstraction 的一个扩充。

Implementor 是为抽象的实现定义的接口，该接口与 Abstraction 接口可以完全不同。但 Abstraction 依赖这个 Implementor 定义的接口，其中，Implementor 接口仅提供基本操作，而

Abstraction 则定义了以这些基本操作为基础的较高层次的操作。ConcreteImplementor 定义了 Implementor 接口的具体实现。

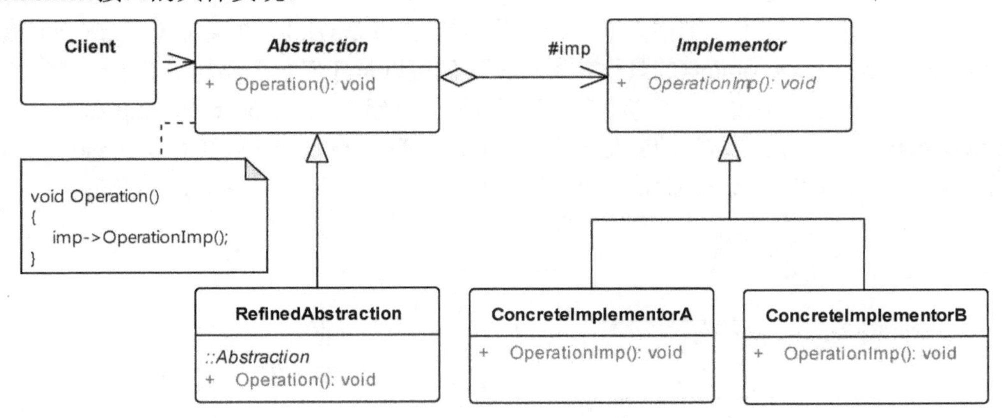

图 11-15 桥接模式的结构

桥接模式的主要优点如下。

1）分离了接口及其实现部分。一个抽象的实现未必一成不变地绑定在一个接口上。分离后的实现甚至可以在运行时刻进行配置，一个对象甚至也可以在运行时刻动态地改变它的实现。另外，抽象与实现的分离还有助于分层，从而产生更好的系统结构，其中系统的高层部分仅需知道 Abstraction 和 Implementor 这两个接口即可。

2）提高可扩充性。桥接模式可以使得对结构的抽象（Abstraction）部分和实现（Implementor）部分的层次结构进行独立的扩充。

3）对客户隐藏了实现部分的细节。使用桥接模式时，客户只需要通过抽象部分提供的接口访问实现，而不必知道实现部分的具体细节。

Bridge 模式可适用于如下一些情况。

1）如果不希望使用紧耦合的关系（如泛化关系）来描述一个结构的抽象部分和它的实现部分之间的关系时。

2）当一个结构的抽象部分和实现部分都可以通过子类进行扩充时，Bridge 模式可以使客户对不同的抽象接口和实现部分进行组合，并分别对它们进行扩充。

3）要求修改抽象的实现部分时不影响用户，或者说不需要重新编译用户代码。

4）在多个对象间共享实现，但要求用户并不知道这一点。

4. 装饰（Decorator）模式

装饰模式是一种对象结构型机构模式，其意图是动态地给一个对象添加一些额外的职责。装饰模式又称为包装器（Wrapper）。

面向对象方法中，职责分配的基本方式是在类中添加一组适当的方法。但当希望给某个对象动态添加额外的职责时，这种方式就不再适用了。虽然使用继承也是添加功能的一种有效途径，但这种方法却不够灵活，因为这种方式的扩充是静态的，而且用户也不便控制使用扩充的方式和时机。

装饰模式则提供了一种动态的扩充对象功能的方式。图 11-16 描述了装饰模式的结构。

装饰模式中包含了如下几种参与者。

Component 是装饰模式中为被装饰对象定义的一个接口，用户主要通过这个接口访问被装饰的对象；ConcreteComponent 是 Component 接口的实现，代表被装饰的对象，而装饰模式的意图是要给这一类对象动态地添加新的职责；Decorator 代表了对装饰模式中要添加的职责的一个定义，其内部组合了一个指向被装饰对象的指针（或引用），并实现 Component 接口；ConcreteDecorator 是 Decorator 的具体实现，其实例可以是任何一个添加了若干个特定职责的组件。当客户通过 Component 接口访问的是一个组合了 ConcreteComponent 对象的 ConcreteDecorator 时，用户访问的就是一个被 ConcreteDecorator 装饰过的 ConcreteComponent 对象了。显然，此时的 ConcreteComponent 的功能就已经被 ConcreteDecorator 扩充了。

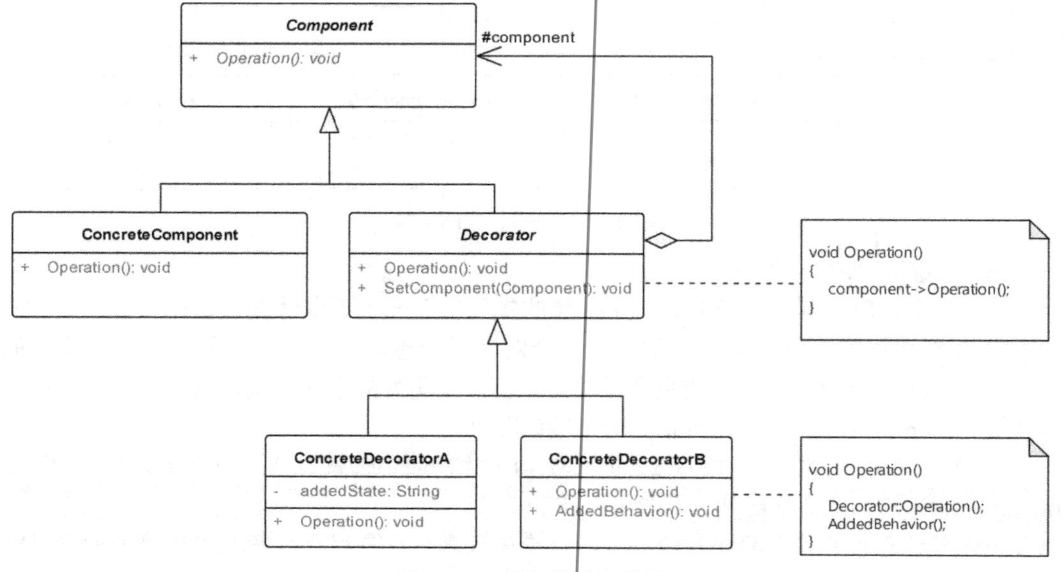

图 11-16　装饰模式的结构

在以下三种情况下，可以使用 Decorator 模式。

1）在不影响其他对象的情况下，以动态、透明的方式给单个对象添加职责。

2）处理那些可以撤销的职责。

3）当不能采用继承机制扩充对象的功能时。

5. 代理（Proxy）模式

代理模式是一个对象结构型模式，其意图是为其他对象提供一个代理以控制对这个对象的访问，称为 Surrogate。图 11-17 给出了代理模式的结构。

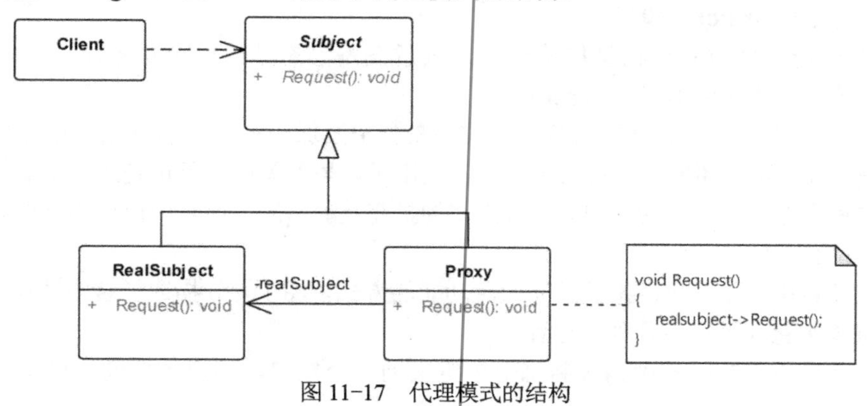

图 11-17　代理模式的结构

图中，Subject 是一个接口，代表模式中实际对象（RealSubject）和代理对象（Proxy）的公用接口，这使得在任何通过 Subject 接口访问实际对象的地方都可以使用代理对象；Proxy 表示模式中定义的代理对象，它保存了被代理的实体对象的引用以使得代理可以访问这个实体对象。如果 RealSubject 和 Subject 的接口完全相同，那么 Proxy 也可以通过 Subject 接口引用实际对象；代理模式最后一个参与者是 RealSubject，它表示模式中被代理的实际对象。

代理模式也是面向对象程序中被经常使用的模式，按照代理对象和被代理对象之间的关系，代理又可以分为远程代理、虚拟代理和保护代理等多种类型。

① 远程代理（Remote Proxy），当代理与实际对象分布在不同的地址空间时，代理承担的职责通常是对客户请求及其参数进行编码，并向实际对象转发经过编码后的请求。

② 虚拟代理（Virtual Proxy），当直接访问对象会造成较大的事件或存储开销时，代理可以用于缓存实体对象的附加信息，以便延迟对实体对象的访问。

③ 保护代理（Protection Proxy），负责检查客户对象是否具有必需的访问权限。

代理模式在访问对象时引入了一定程度的间接性。不同类型的代理，对实际对象的访问附加了不同的间接性用途，如远程代理隐藏了实际对象的地址空间；虚拟代理为对实际对象的访问提供了某种优化，如延迟创建对象的时间等。而保护代理和智能引用（Smart Reference）还允许在访问一个对象时附加一些必要的处理。

11.4.2 结构型模式的应用

结构型模式关注的主要问题是如何组合类或对象以获得更大的结构。结构模型无疑是软件模型中最重要的模型之一。一个结构性好、性能优良的结构模型是软件设计过程中追求的重要目标之一。

1. 适配器模式的应用实例

此处我们仍然以 11.2.2 小节中的图形编辑软件为例。假设我们想在这个软件中增加一种表示三角形的图形元素，并且找到了一个在其他软件的开发过程中定义并使用过的表示这个三角形的类。问题是现有的三角形类与当前定义图素接口不一致。现在要做的是将这个现成的类引入到当前项目中来。

此时，一个较好的办法就是使用适配器模式。假设图 11-5 所示的类图是当前的结构模型，图 11-18 则给出了这个问题的一个解决方案。

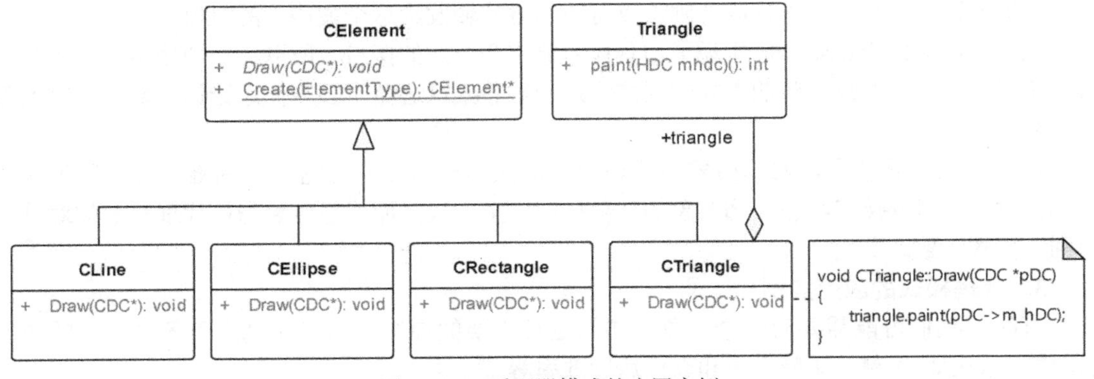

图 11-18 适配器模式的应用实例

图 11-18 中，CElement 是所有图元类的接口，Triangle 是要引进的复用类，显然二者的接

口是不一致的；CTriangle 类是为三角形类定义适配器，它实现了 CElement 的接口，并将接口中实现的方法转接到 Triangle 的接口。这样，通过这个适配器，在原来的结构模型中引进了现有的类，实现了复用的目的。

当然这种方式的复用是有条件的，只有当引进的类拥有了当前场景所期望的图元应具备的所有功能时，这样的引进才是有效的，否则可能会引起更复杂的情况的发生。

2. 装饰模式的应用实例

线程安全是指面向对象的应用系统中对象的一种属性，其含义是指该对象可以在多线程的运行环境中可以被安全访问。但设计线程安全的对象往往会为对象的设计增加额外的开销，尤其是设计一个具有层次结构的类时，这种开销将会额外增加。而当一个对象运行在单线程的环境下时，线程安全这一特性不但不需要，反而会增加软件在运行方面的开销。下面我们将给出一个使用装饰模式为类增加线程安全的例子。

已知一组对象的接口 InterfaceForObject，并假设这组对象是非线程安全的。现在要为组对象设计一个装饰对象，使被装饰的对象具有线程安全这一特性。一个可行的解决方案如图 11-19 所示。

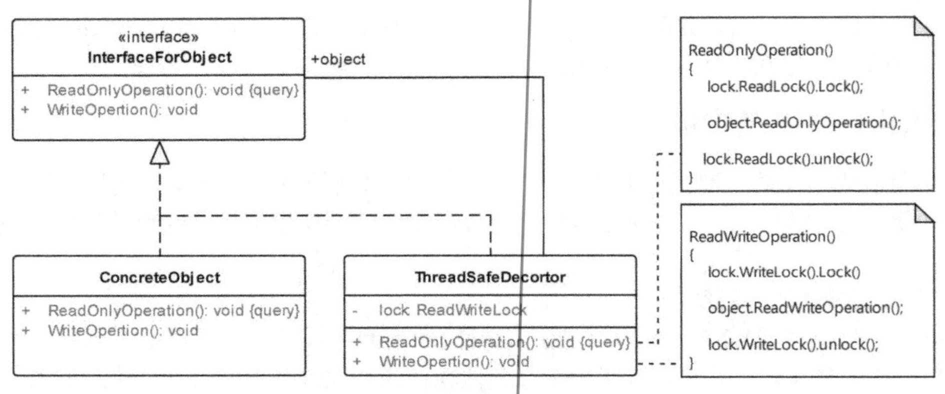

图 11-19　装饰模式的应用实例

图 11-19 中，InterfaceForObject 是一组对象的接口，ConcreteObject 是具体对象，它们表示需要修饰的对象；ThreadSafeDecortor 表示为 InterfaceForObject 接口定义的修饰对象，在其内部组合了一个与特定线程相联系的同步控制机制实例 lock，同时，在每个装饰器内部还组合了一个被装饰的对象，其外部服务则被以可控的方式转发给这个被修饰的对象。

由于 ThreadSafeDecortor 实现了与具体对象完全一致的接口，所以，在使用装饰对象时，可以使用与非装饰对象一致的方式使用装饰过的对象，这避免了因应使用装饰对象所带来的新的复杂性。

还有一个问题就是，修饰模式与代理模式的接口非常相像。它们之间唯一的区别仅仅在于修饰对象的对外接口与被修饰对象的外部接口完全一致，而代理对象与被代理对象的对外接口则不要求一致。

3. 代理模式的应用实例

有时，我们可能需要对一个对象的访问进行必要的控制，这可能是由于各种不同的原因引起的，如远程对象、访问权限和软件运行效率等。

对于一个可以在文档中嵌入图形对象的文档编辑器软件来说，有些图形对象（如一个较大的位图图像）的创建开销可能就很大。软件通常要求打开文档这一操作必须很迅速，因此有必要在打开文档时避免一次性地创建所有这些时间和空间开销都很大的对象。

另一方面，又因为并不是所有这些对象都是在视图中同时可见的，所以也没有必要在打开文档时就创建好所有这些对象。

这就意味着，对于文档中每一个开销很大的对象，可以根据实际需要进行创建，即当一个图像变为可见时才创建这样的对象。这时可以在文档中使用一个代理对象来代替这个对象。图 11-20 中的类图描述了这样一个解决方案。

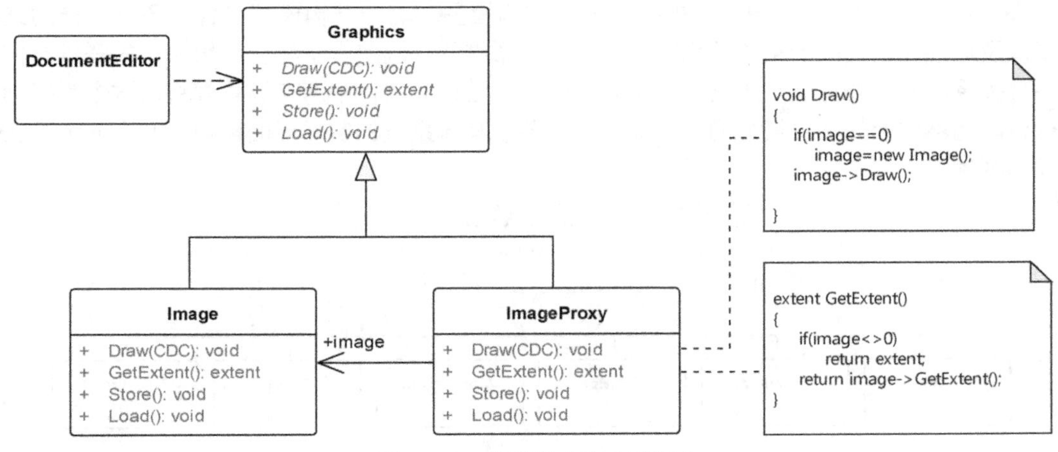

图 11-20　代理模式的应用实例

该解决方案是使用另一个对象（即图像 Proxy）来替代那个真正的图像。 Proxy 可以代替一个图像对象，并且在需要时负责实例化这个图像对象。

只有当文档编辑器激活图像代理的 Draw 操作时，图像 Proxy 才创建真正的图像对象。创建这个图像以后，代理对象中必须有一个指向这个图像的引用。并通过这个引用将随后的请求转发给这个图像对象。

如果图像存储在一个独立的文件中，代理可以保存这个文件的文件名作为对实际对象的引用。当然，Proxy 还应存储图像的尺寸（extent）等信息，这使得 Proxy 无须真正实例化这个图像就可以响应格式化程序对图像尺寸的请求。

4．桥接模式的应用实例

使用桥接模式最典型的例子是解决软件移植性问题。

假设我们希望这个图形编辑软件可以运行在像微软的 Windows、开源的 Linux 或苹果的 Mac 等多种不同的系统环境下，即希望软件是可以移植的。

这些系统环境之间既具有较大的差异，同时也具有较大的相似性。下面仅讨论与软件界面相关的结构设计。这些系统的共同点是，它们均使用窗口系统，虽然不同的窗口系统的结构及其表示并不完全一致，但它们仍然具有极大的共性。

首先，需要考虑的是定义出一个抽象的软件界面结构，这个结构将会是由一组不同类型的窗口（如主窗口、子窗口、工具栏、菜单栏、状态栏、工具按钮、菜单选项和状态栏选项）组成的一个复合结构。这些不同的界面元素之间还会有各种复杂的关系，如继承、组合、聚合和依赖等各种关系。

显然，当软件运行在某个特定的系统环境下时，这个软件需要使用与环境匹配的界面结构。换句话来说，软件的抽象界面结构需要多个在不同环境下的具体实现。这给我们提供了一个具体的设计场景，即设计抽象的软件界面结构及其具体实现。

抽象的界面结构设计需要考虑到所有具体系统环境的界面元素的各自特点，每一种抽象界面元素都应该在每个具体的环境中找到特定的或可替代的实现。这样，程序中所有的应用场景都可以在使用抽象的界面元素的层次上进行设计和编程，从而实现软件的可移植性。

具体的界面结构设计需要考虑抽象界面在具体的系统环境中的实现，既需要考虑每种抽象界面元素的实现，还需要考虑抽象界面元素之间关系的实现。

图 11-21 给出了一个象征性的抽象界面结构模型。这个结构模型包含了各种各样的结构元素以及这些元素之间的结构关系，其中既包含了继承，也包含了组合、聚合、关联以及依赖等各种关系。其主要意义在于它定义了软件的界面结构，软件中所有场景都将以这个为基础进行构建。当然实际的抽象模型的设计需要考虑各个具体系统的实际界面模型，并充分考虑它们之间的共性。

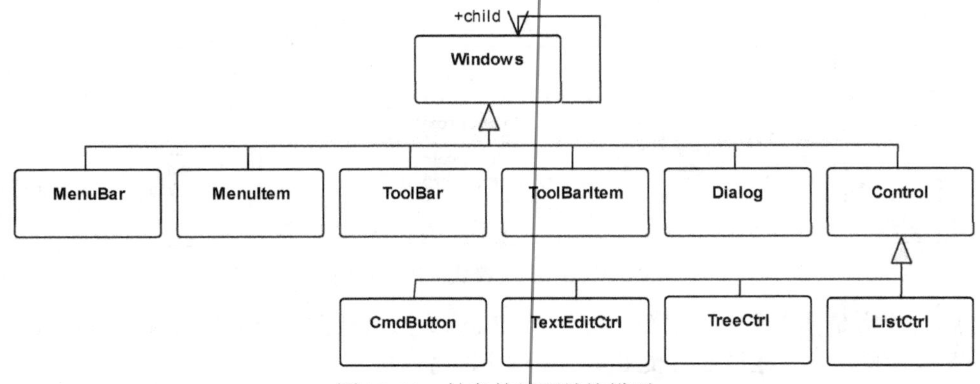

图 11-21 抽象的界面结构模型

接下来，可以分别设计出每种环境下的界面结构模型，它们都应该是抽象界面模型的一个具体实现。图 11-22 给出了 Linux 环境下的界面模型。

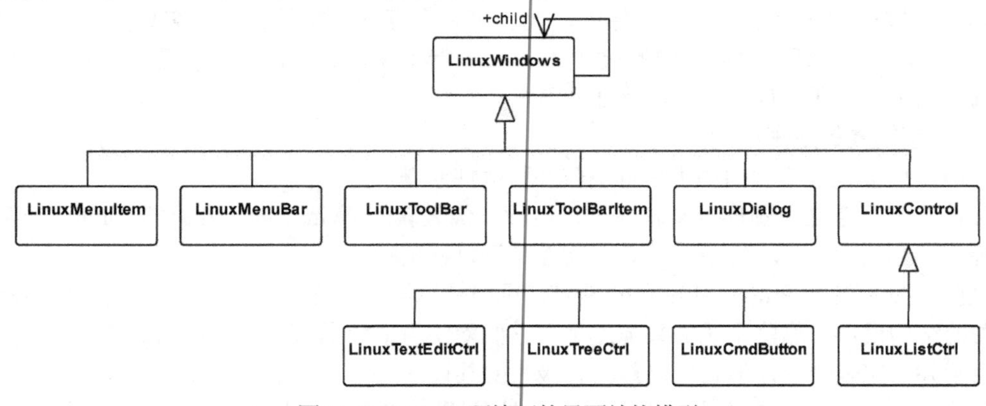

图 11-22 Linux 环境下的界面结构模型

另外两种环境下的界面结构模型与图 11-22 类似，在此省略。

当某一个环境下缺少某个特定的界面元素或某种行为时，应使用该环境下其他界面元素或行为加以替代，即这个界面结构模型在不同环境下的行为可以不完全相同，但其表现出来的结构特性应该是相同的。

接下来，讨论这些模型之间的关系问题。直观地看，抽象的界面结构模型与具体的界面模型之间显然是一种抽象与实现之间的关系。如果使用继承描述这样的关系，将得到含有大量继承关系的并且一个十分复杂的结构模型，极大地增加这个结构模型的复杂性。

按照桥接模式的结构，可以设计出图 11-23 所示的结构模型。

使用了这样一种结构模型之后，还可以使用抽象工厂模式为图 11-21 所示的结构模型设计一个抽象工厂，再为每一种具体的结构模型定义一个具体的工厂，以创建具体结构模型中的每种界面元素。这样，就可以使得软件中的几乎每个场景均可以在抽象模型的层次上进行设计和编程。从而构造出具有可移植性的应用程序了。

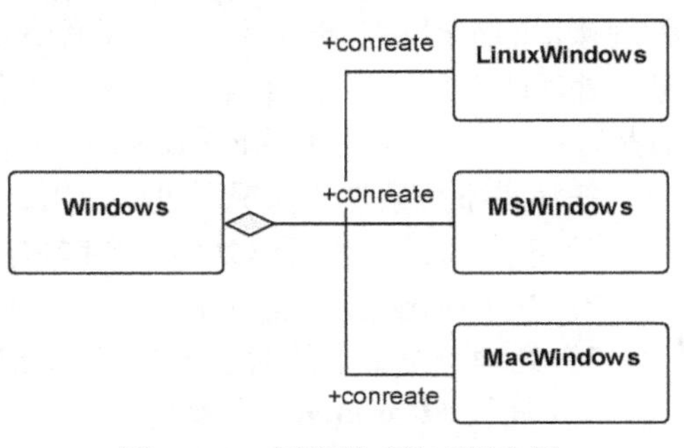

图 11-23　桥接模式的应用实例

11.5　行为型模式及其应用

行为型模式主要关注算法和职责在对象间的分配问题。行为型模式不仅描述模式中对象或类之间的关系，还描述它们之间的交互模式，这些模式刻画了在运行时难以跟踪的复杂的控制流。

行为型模式包括了模板方法（TemplateMethod）和解释器（Interpreter）两个类行为型模式。其中模板方法模式更为简单和常用。模板方法可以看成是一个算法的抽象定义，它逐步地定义该算法，每一步调用一个抽象或原语操作，子类负责实现这些抽象操作以具体实现该算法。解释器可以将一个文法表示为一个类层次，并实现一个解释器作为这些类的实例上的一个操作。

行为型模式中的其余模式均为对象模式，其共同特征是使用对象复合（不是继承）来实现模式的目标。这些模式包括中介者（Mediator）模式、职责链（Chain of Responsibility）模式、观察者（Observer）模式、策略（Strategy）模式、命令（Command）模式、状态（State）模式、访问者（Visitor）模式和迭代器（Iterator）模式等。

11.5.1　典型的行为型模式简介

本小节将选择性地介绍五个典型的行为型模式。

1. 职责链（Chain of Responsibility）模式

职责链模式是一个对象行为型模式，其意图是使多个对象都有机会处理某一个请求，从而避免请求的发送者和接收者之间的耦合关系。将这些对象连成一条链，并沿着这条链传递该请求，直到有一个对象处理它为止。图 11-24 给出了职责链模式的结构。

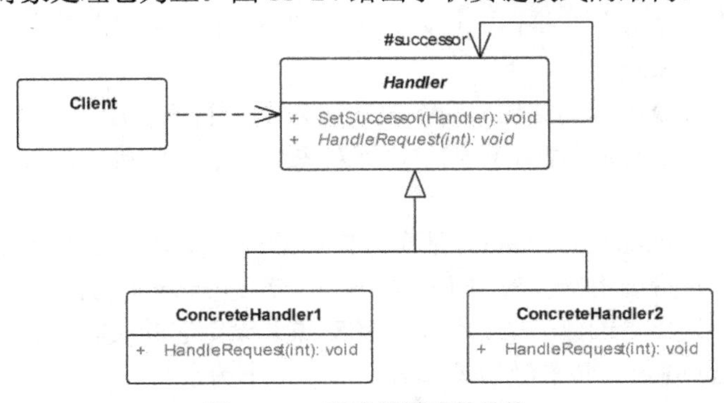

图 11-24　职责链模式的结构

职责链模式中有如下的参与者。事件处理接口（Handler），接口中定义了处理请求所需要的操作，同时还要实现该处理请求的后继链；事件处理者（ConcreteHandler），指模式中事件处理接口的实现，它既可以处理它所负责处理的请求，也可以访问它的后继者，当该对象接收到某个处理请求时，该对象或者处理某个请求，或者将这个请求转发给它的后继者；最后一个参与者是客户（Client），它负责向职责链上的某个具体事件处理者（ConcreteHandler）提交请求。

在满足下列条件的情况下可以使用 Responsibility 链模式。

1）有多个的对象可以处理一个请求，哪个对象处理该请求运行时刻自动确定。

2）在不明确指定接收者的情况下，向多个对象中的某一个提交一个请求。

3）处理一个请求的对象集合应被动态指定。

2. 命令（Command）模式

命令模式是一个对象行为型模式，其意图是将一个请求封装为一个对象，从而使用户可用不同的请求对客户进行参数化；并可以对请求排队或记录请求日志，以便支持可撤销的操作。命令模式又可称为动作（Action）或事务（Transaction）。

命令模式适用于如下几种情形。

1）对于菜单命令对象，可以抽象出待执行的动作以参数化某对象。可使用回调（callback）函数表达这种参数化机制。

所谓的回调函数是指函数先在某处注册，之后在稍后的某个需要的时候被调用。命令模式是回调机制的一个面向对象的替代品。

2）在不同的时刻指定、排列和执行请求。一个 Command 对象可以有一个与初始请求无关的生存期。如果一个请求的接收者可用一种与地址空间无关的方式表达，那么就可将负责该请求的命令对象传送给另一个不同的进程并在那儿实现该请求。

3）支持取消操作。Command 的 Excute 操作可在实施操作前将状态存储起来，在取消操作时这个状态用来消除该操作的影响。Command 接口必须添加一个 Unexecute 操作，该操作取消上一次 Execute 调用的效果。执行的命令被存储在一个历史列表中。可通过向后和向前遍历这一列表并分别调用 Unexecute 和 Execute 来实现重数不限的“取消”和“重做”。

4）支持修改日志。当系统崩溃时，这些修改可以被重做一遍。在 Command 接口中添加装载操作和存储操作，可以用来保持变动的一个一致的修改日志。从崩溃中恢复的过程包括从磁盘中重新读入记录下来的命令并用 Execute 操作重新执行它们。

5）用构建在原语操作上的高层操作构造一个系统。这样一种结构在支持事务（transaction）的信息系统中很常见。一个事务封装了对数据的一组变动。命令模式提供了对事务进行建模的方法。 Command 有一个公共的接口，可以用同一种方式调用所有的事务。同时使用该模式也易于添加新事务以扩展系统。

图 11-25 给出了命令模式的结构。命令模式包含了如下参与者。

1）命令接口（Command）表示模式中执行对象封装的操作接口，其内容应至少定义一个 Execute 方法。

2）具体命令（ConcreteCommand）是命令接口的一个实现。在具体命令对象中，需要绑定命令的接收者，并负责调用接收者的相应操作，以实现 Execute 方法。

3）客户（Client）负责创建一个具体命令的对象并设定它的接收者。

4）激活对象（Invoker）负责激活具体命令执行这个请求。

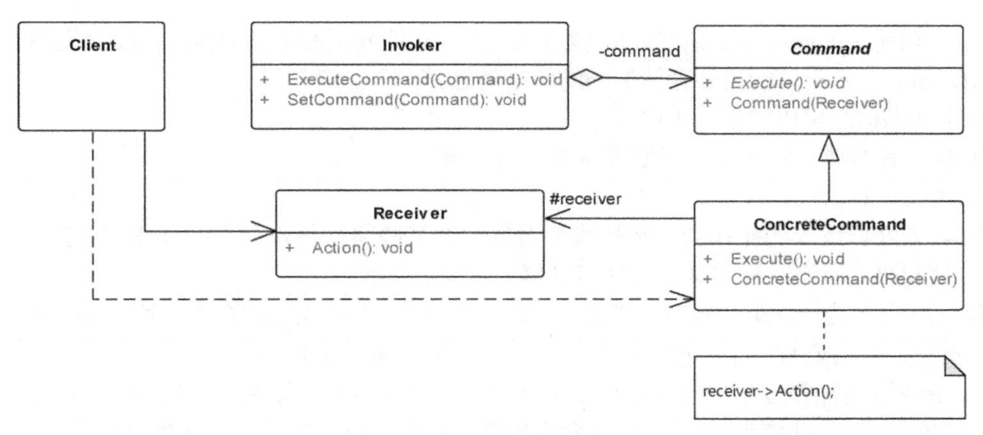

图 11-25　命令模式的结构

5）接收者（Receiver）。任何类都可能作为一个接收者，它需要知道如何实施与执行一个与请求相关的操作。

命令模式的协作过程如图 11-26 所示。

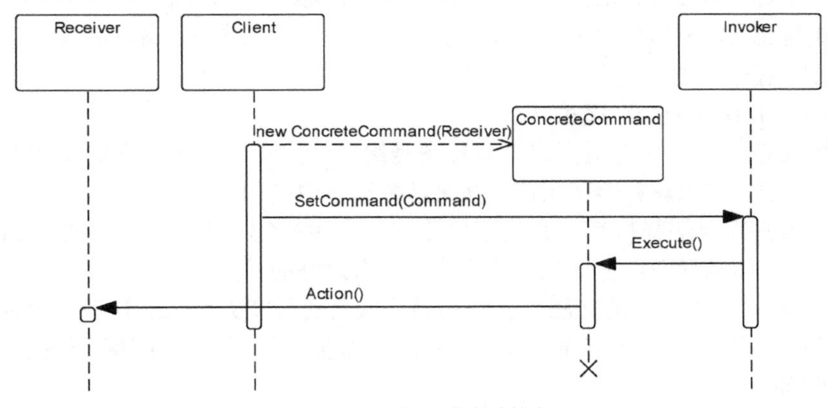

图 11-26　命令模式的协作

具体的协作过程如下。

1）Client 创建一个 ConcreteCommand 对象，并指定它的 Receiver 对象。

2）Invoker 对象存储该 ConcreteCommand 对象。

3）Invoker 通过调用 Command 对象的 Execute 操作来提交一个请求。若该命令是可撤销的，ConcreteCommand 就在执行 Excute 操作之前存储接收者的当前状态以用于取消该命令。

4）ConcreteCommand 对象对调用它的 Receiver 的 Action 操作以执行该请求。

实现 Command 模式时须考虑如下几个问题。

1）命令对象的智能程度。不同的命令对象可以有不同的处理。一种极端情况是它仅能确定一个接收者和执行请求动作。另一种极端情况则是它自己就能实现所有功能，根本不需要额外的接收者对象。

当需要定义与已有的类无关的命令，如没有合适的接收者，或当一个命令隐式地知道它的接收者时，可以使用后一种极端方式。

在这两个极端之间的情况是命令对象有足够的信息可以动态地找到它们的接收者。

2）支持取消（Undo）和重做（Redo）。如果 Command 提供方法逆转（Reverse）它们操作的执行（例如 Unexecute 或 Undo 操作），就可支持取消和重做功能。为达到这个目的，ConcreteCommand 类可能需要存储额外的状态信息。

这个状态信息可以包括以下内容。

- 接收者对象，它真正执行处理该请求的各操作。
- 接收者对象执行操作的参数。
- 如果处理请求的操作会改变接收者对象中的某些属性值，那么必须先将这些属性值存储起来。取消时再将这些属性值恢复到它先前的状态。

若应用只支持一次取消操作，那么只需存储最近一次被执行的命令。而若要支持多级的取消和重做，就需要有一个已被执行命令的历史表列（History List）。

3）避免取消操作过程中的错误积累。在实现一个可靠的、能保持原先语义的取消/重做机制时，可能会遇到滞后影响问题。由于命令重复的执行、取消执行，和重执行的过程可能会积累错误，以至一个应用的状态最终偏离初始值。这就有必要在 Command 中存入更多的信息以保证这些对象可被精确地复原成它们的初始状态。

4）使用 C++模板。对不能被取消且不需要参数的命令，可使用 C++模板来实现，这样可以避免为每一种动作和接收者都创建一个 Command 子类。

命令模式是面向对象软件系统中应用极其广泛的设计模式之一。本书的第 12 章将详细介绍这一模式的应用与实现。

3．解释器（Interpreter）模式

解释器模式是一种类行为型模式，其意图是给定一个语言，定义它的文法的一种表示，并定义一个解释器，这个解释器使用该文法来解释语言中的句子。

当有一个语言需要解释执行，并且可以将该语言中的句子表示为一个抽象语法树时，可使用解释器模式。而当存在以下情况时该模式将会有最好的效果。

1）文法简单。对于复杂的文法，文法的类层次会变得庞大而无法管理。此时语法分析程序生成器这样的工具是更好的选择，因为无须构建抽象语法树即可解释表达式，可以更节省空间和时间。

2）对运行效率的要求不是很高。最高效的解释器通常不是通过直接解释语法分析树实现的，而是首先将它们转换成另一种形式。例如，正则表达式通常被转换成状态机。但即使在这种情况下，转换器仍可用解释器模式实现，该模式仍是有用的。

图 11-27 给出了解释器模式的结构。

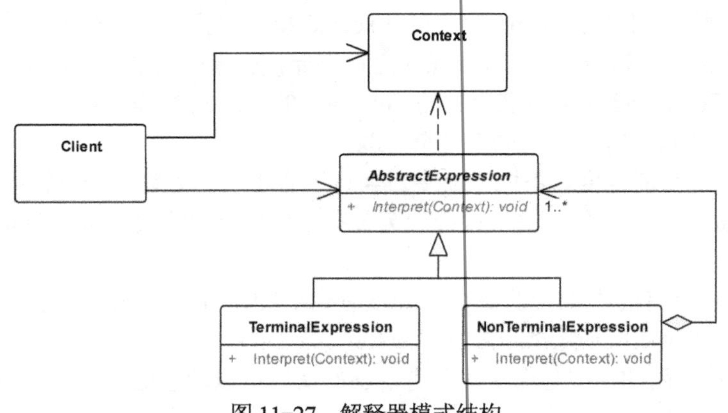

图 11-27　解释器模式结构

解释器模式包括了如下主要参与者。

1）抽象表达式（AbstractExpression），声明了一个抽象的解释操作，这个接口为抽象语法树中所有的节点所共享。

2）终结符表达式（TerminalExpression），实现与文法中的终结符相关联的解释操作，一个句子中的每个终结符都需要该类的一个实例。

3）非终结符表达式（NonTerminalExpression），对文法中的每一条规则 R ::= R1R2…Rn 都需要一个 NonTerminalExpression 类。为从 R1 到 Rn 的每个符号都维护一个 AbstractExpression 类型的实例变量。为文法中的非终结符实现解释操作。解释一般要递归地调用表示 R1 到 Rn 的那些对象的解释操作。

4）上下文（Context），包含解释器之外的一些全局信息。

5）客户（Client），构建（或被给定）表示该文法定义的语言中一个特定的句子的抽象语法树。该抽象语法树由 NonTerminalExpression 和 TerminalExpression 的实例装配而成，调用解释操作。

解释器模式具有下列优点和不足。

1）易于改变和扩展文法。因为该模式使用类来表示文法规则，可使用继承来改变或扩展该文法。已有的表达式可被增量式地改变，而新的表达式可定义为旧表达式的变体。

2）也易于实现文法。定义抽象语法树中各个节点的类的实现大体类似。这些类易于直接编写，通常它们也可用一个编译器或语法分析程序生成器自动生成。

3）复杂的文法难以维护。解释器模式为文法中的每一条规则至少定义了一个类（使用 BNF 定义的文法规则需要更多的类）。因此包含许多规则的文法可能难以管理和维护。可应用其他的设计模式来解决这一问题。但当文法非常复杂时，其他的技术如语法分析程序或编译器生成器更为合适。

4）增加了新的解释表达式的方式。解释器模式使得实现新表达式“计算”变得容易。例如，可以在表达式类上定义一个新的操作以支持打印或表达式的类型检查。如果经常创建新的解释表达式的方式，可以考虑使用访问者模式以避免修改这些代表文法的类。

4．迭代器（Iterator）模式

迭代器模式是一个对象行为型模式，其意图是提供一种方法顺序访问一个聚合对象中各个元素 ，而又不需暴露该对象的内部表示，又称为游标（Cursor）。

该模式的作用是为一个聚合对象提供一种访问其元素的方法而又不需暴露它的内部结构。

迭代器模式的关键思想是，将对列表的访问和遍历从列表对象中分离出来，放入一个迭代器对象中。迭代器类定义了一个访问该列表元素的接口。迭代器对象负责跟踪当前的元素，即它知道哪些元素已经遍历过了。

迭代器模式包括以下参与者。

1）迭代器，定义了一个访问和遍历元素的迭代器接口。

2）具体迭代器（ConcreteIterator），是迭代器接口的一个具体实现，用于遍历特定的聚合结构并跟踪元素的当前位置。

3）聚合结构（Aggregate），定义了创建于聚合相对应的迭代器对象的接口。

4）具体聚合（ConcreteAggregate），表示具体的聚合对象，需要实现 Aggregate 中定义的创建迭代器的接口操作，该操作返回一个适当的 ConcreteIterator 的实例。

图 11-28 给出了迭代器模式的结构。

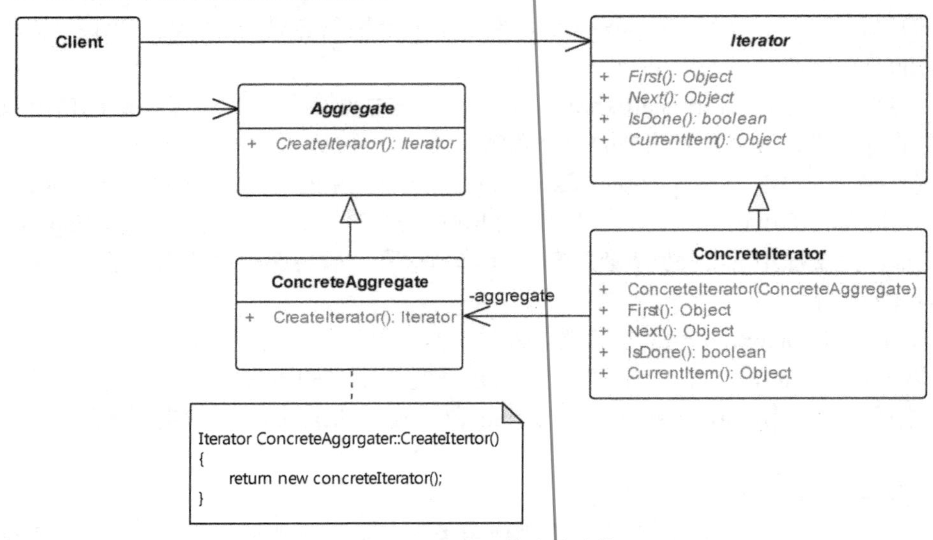

图 11-28 迭代器模式的结构

迭代器模式的主要作用包括如下内容。

1）支持以不同的方式遍历一个聚合对象。复杂的聚合可用多种方式进行遍历。

例如，代码生成和语义检查要遍历语法分析树。代码生成可以按中序或者按前序来遍历语法分析树。迭代器模式使得改变遍历算法变得很容易：仅需用一个不同的迭代器的实例代替原先的实例即可。也可以自己定义迭代器的子类以支持新的遍历。

2）迭代器简化了聚合的接口。有了迭代器的遍历接口，聚合本身就不再需要类似的遍历接口了，接口得到了简化。

3）在同一个聚合上可以有多个遍历。每个迭代器都可以保持它自己的遍历状态，因此可以同时进行多个遍历。

迭代器模式适用于如下几种情况。

1）访问一个聚合对象的内容而无须暴露它的内部表示。

2）支持对聚合对象的多种遍历。

3）支持多态迭代，即为遍历不同的聚合结构提供一个统一的接口。

5. 模板方法（Template Method）模式

模板方法模式是一个类行为型模式，其意图是定义一个操作算法的整体框架，而将算法框架中的一些步骤的实现延迟到子类中。该模式使得子类可以在不改变一个算法结构的情况下重定义该算法的某些特定步骤。

模板方法模式适用于下列几种情况。

1）一次性实现一个算法不变的部分，并将可变的行为留给子类来实现。

2）各子类中公共的行为应被提取出来并集中到某个公共父类中以避免代码重复。

3）控制子类扩展。模板方法只在特定点调用“hook”操作，这样就只允许在这些点进行扩展。

图 11-29 给出了模板方法模式的结构。

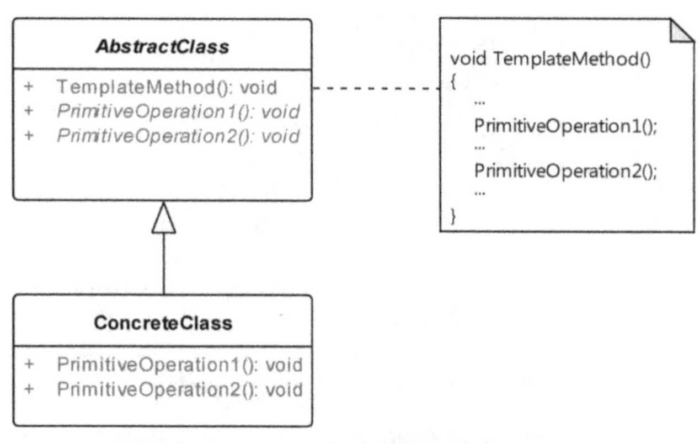

图 11-29　模板方法模式的结构

模板方法模式有抽象（AbstractClass）和具体（ConcreteClass）两种参与者。

其中，抽象用于实现模板方法和定义抽象的原语操作。其中，模板方法用于定义一个算法的整体框架，它可以调用 AbstractClass 类中的原语操作，也可以调用 AbstractClass 甚至是其他相关对象中的操作。这里的原语操作（Primitive Operation）一般被定义成抽象操作，具体类将重定义它们以实现一个算法的各个步骤。

具体类是抽象类的派生类，主要内容为原语操作的实现，用以完成算法中与特定子类相关的步骤。模板方法是一种基本的代码复用技术，它们在类库中显得尤为重要，它们提取了类库中的公共行为。

使用模板方法模式时，应注意的三个实现问题。

1）使用 C++访问控制。在 C++中，一个模板方法调用的原语操作可以被定义为保护成员，这可以保证它们只能够被模板方法调用。必须重定义的原语操作必须定义为纯虚函数。当模板方法不需要重定义时，可以将模板方法定义为一个非虚成员函数。

2）尽量减少原语操作。定义模板方法应尽量减少一个子类必须重定义的原语操作的数目。因为重定义的操作越多，客户程序就越冗长。

3）命名约定。可以给应被重定义的那些操作的名字加上一个合适的前缀以识别它们。

11.5.2　职责链模式的应用实例

大多数基于图形用户界面的软件系统，通常都提供了联机帮助这样的功能，这样的功能有助于提高软件的可用性。这使得用户在软件的任何一个状态下点击帮助按钮或热键时，都可以得到相应的联机帮助信息。这里，所谓的联机帮助信息是指与用户的当前工作场景相关的帮助信息。

按照职责链模式，可以将系统中能够处理这个联机帮助请求的对象（如软件的用户界面对象，包括窗口和窗口组件）按照某种方式链接起来。系统接收到请求者发出的请求时，将请求发到这个对象链中的某个节点（如当前用户界面对象），若该节点能够处理这个请求，则直接处理。否则，该节点负责将请求传递到链中的下一个节点，直至链中的某一个节点处理了这个请求为止。

图 11-30 描述了由五个界面对象构成的链。若 PrintButton 是当前对象，则用户的帮助请求将从 PrintButton 节点开始沿着由 PrintButton、PrintDialog 和 Mainframe 这三个对象构成的链传递，直到其中某个节点响应并处理了这个请求为止。

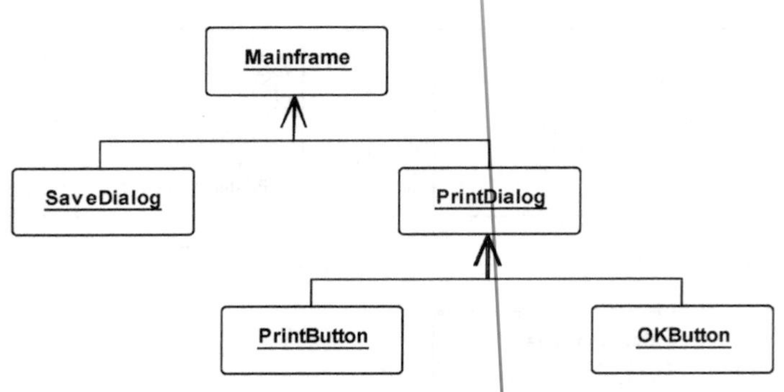

图 11-30　五个界面对象构成的链

在这个解决方案中，我们将界面对象链接起来并通过这个链传递请求，大多数开发环境中的界面元素类本身就支持这样的结构。

这个联机帮助的解决方案如图 11-31 所示。图中的 UserInterface 类是一个接口，职责链中的每一个对象都需要实现这个接口；HelpProvider 和 NonHelpProvider 是这个接口的两个实现，它们分别表示了两种不同的实现：一个（HelpProvider）是提供帮助信息的实现；另一个（NonHelpProvider）是不提供帮助信息但继续传递请求的实现。

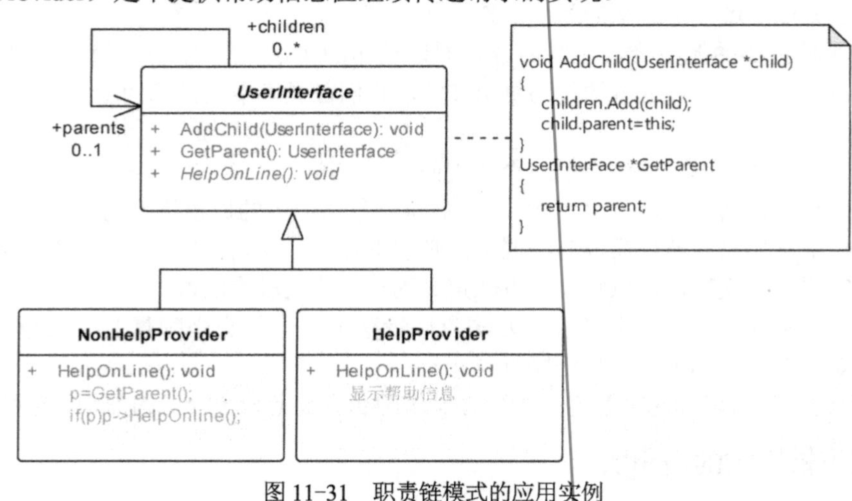

图 11-31　职责链模式的应用实例

11.5.3　解释器模式的应用实例

解释器模式描述的问题是，当系统需要处理一些既不同但又有些类似的问题时，可以定义一个描述这些问题的语言，使用这个语言写出描述待解决的问题的句子之后再解释，从而来解决这类问题。

1．报表生成器

本小节将给出一个使用解释器模式实现报表生成器的一个例子，并通过这个例子详细说明解释器模式的应用情况，以帮助读者能更好地理解这一模式。

报表生成器要解决的是针对一个由若干行和列构成的数据表中的数据进行操作，以生成满足不同格式要求的报表。表 11-2 所示的游泳比赛成绩单就是这样的一个数据表。

表 11-2　游泳比赛成绩单

Firstname	Lastname	Age	Club	Time
Amanda	McCarthy	12	WCA	29.28
Jamie	Falco	12	HNHS	29.80
Neaghan	O'Donnell	12	EDST	30.00
Greer	Gibbs	12	CDEV	30.04
Rhiannon	Jeffery	11	WYW	30.04
Sophie	Connolly	12	WAC	30.05
Dana	Helyer	12	DEC	30.18

对于表 11-2 所示的游泳比赛成绩单，报表生成器的目标就是根据表中数据生成多种不同形式的报表，输出报表中的行可以按照任意指定的一个或两个列进行排序，也可以不排序，表中输出的各个列可以任意选定，且排列顺序也可以任意指定。

2. 报表生成器的文法

按照解释器模式的设计思想，首先需要定义一个简单的“语言”来描述这个报表生成问题。

我们给出的报表的文法定义如下。

```
sentence ::= printcommand [orderbycommand]
printcommand :: = print   variable   [variable* ]
orderbycommand ::= orderby   variable   [ variable ]
variable:: =   firstname| lastname| age| club| time
```

文法中定义了 printcommand、orderbycommand、variable 和 sentence 非终结符，分别表示打印、排序、变量和句子。其中，句子表示用户最终输入的报表输出命令。任何一个符合上述文法的句子都表示了一个满足了某用户需求的输出报表。

使用上述文法，可以确定将报表的生成过程分成符号分析、归约动作和执行动作三个主要步骤。

3. 符号分析

符号分析过程的主要工作就是分析用户输入的句子是否符合上述文法，并为下一步规约句子中的动作做好准备。符号分析过程就是扫描句子，并将识别出来的每一个单词封装成一个个 ParseObject 对象保存在一个栈中。

例如，对于如下的句子：

```
print lname frname club time sortby club thenby time
```

按上述过程分析完成后，可得到表 11-3 所示的栈，表中的每一行就是一个 ParseObject 对象。ParseVarable 和 ParseCommand 是这个抽象栈的两个实现，分别表示两种单词的分析结果。

表 11-3　栈的内容

类型（type）	数字标识符（value）
variable	Time
ordercommand	Ordertby
variable	Club

（续）

类型（type）	数字标识符（value）
command	Sortby
variable	Time
variable	Club
variable	Firstname
variable	Lastname
printcommand	Print

如果栈中的各个 ParseCommand 或 ParseVariable 对象封装的都是符合上述文法的单词，它们的 isLegal()方法将返回 true，这将被作为扫描过程中的进栈条件。

图 11-32 给出了符号分析栈和栈元素的结构类图。图中，Stack 是一个使用 ArrList 实现的栈，其元素类型是 ParseObject。ParseObject 类定义了 Key 和 Value 两个属性，分别表示句子中单词的类型和值。

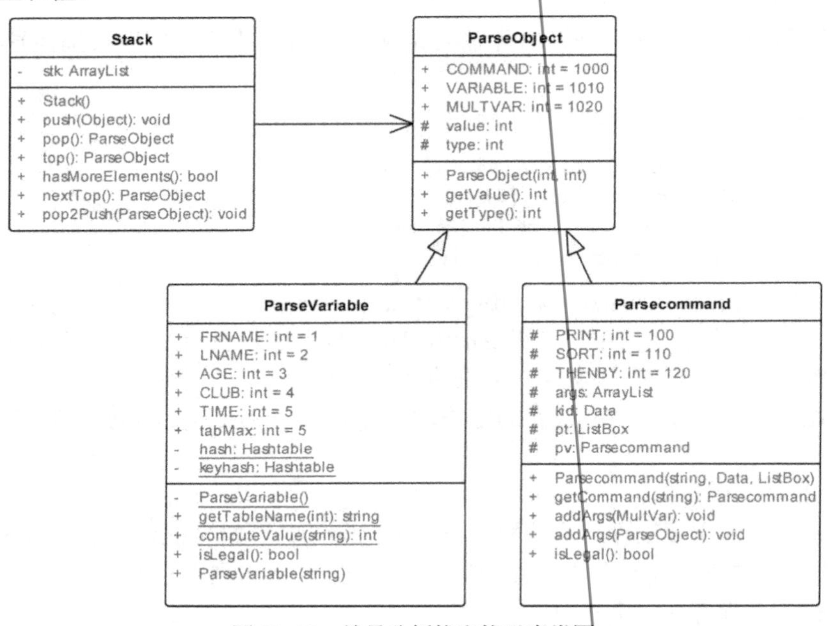

图 11-32　符号分析栈和栈元素类图

另一方面，ParseObject 类还是一个抽象类，它由 ParseVariable 类和 ParseCommand 类具体实现，分别表示句子中的变量和命令两类单词的封装。其具体实例将构成一个聚合，其结构如图 11-32 所示。

4．归约分析栈

符号分析过程完成以后的下一步是规约分析栈，即按元素类型整理栈中的元素，将栈中连续的 ParseVariable 类型的对象归约成一个 MuitVariable 类对象，直到将所有参数都归约成一个 MuitVariable 对象，如图 11-33 所示。

5．执行动作

当把栈中缓存的各个 ParseObject 对象规约成一个动词时，该动词及其参数将被存放在一个动作列表中。当栈中所有对象均被规约完成后，再开始执行这个动作列表中每个动词所定义的动作。图 11-34 所示的类图表示规约后得到的动作的类图。

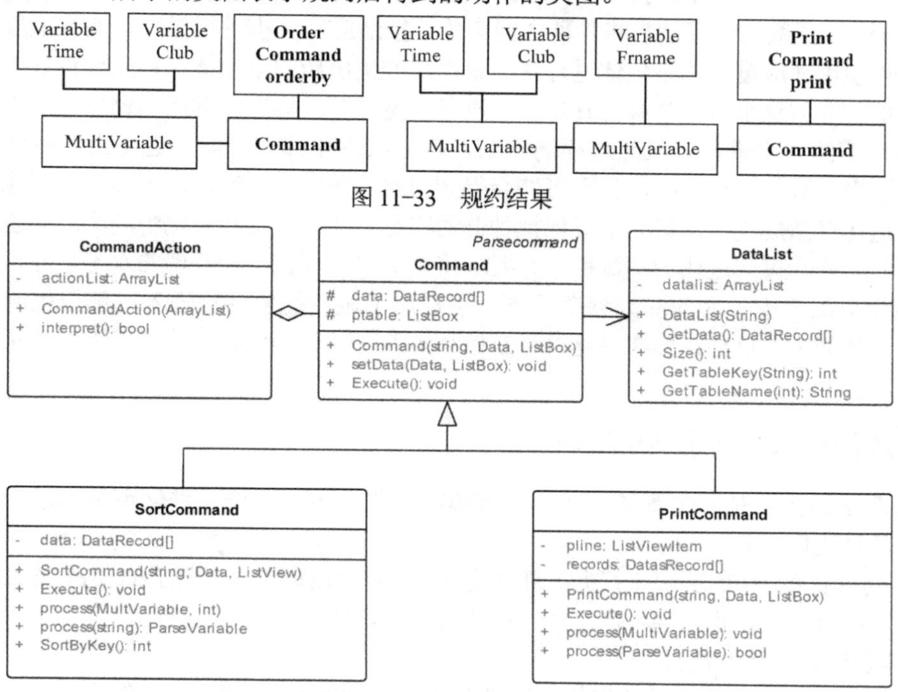

图 11-33　规约结果

图 11-34　用户命令的内部表示

其中，在 Parsecommand 类的基础上，又定义了一个由命令类（Command）及其两个派生类 SortCommand 类和 PrintCommand 类构成的层次结构，并以此构成用户输入命令（句子）的内部表示。正是这样的一个内部表示，构成了解释模式的一个应用实例。

11.6　遗传算法设计实例

模板方法模式封装了一个操作的算法整体框架。该模式使得其子类可以在不改变一个算法结构的情况下重定义该算法的某些特定步骤。

本节中，我们将详细介绍一下如何使用模板方法模式设计和实现一个面向对象的遗传算法，并给出一个具体的应用实例。

11.6.1　遗传算法概述

遗传算法（Genetic Algorithm，GA）是一种模拟达尔文生物进化论的自然选择和遗传学机理的生物进化过程的计算模型，也是一种通过模拟自然进化过程搜索最优解的方法。

遗传算法将问题的一个潜在解的集合称为种群（Population）；种群中的每个元素称为一个染色体（Chromosome），即种群可以被视为一组染色体构成的集合，种群中染色体的数量称为种群容量；再进一步，将染色体定义成若干个基因构成的集合；最后，基因则被定义成由若干个基因位构成的有序集合。

整个求解过程是求解问题最优解的过程，该算法将优化过程中的使用的优化函数称为问题的适应度函数，优化过程就变成求使适应度函数值最大或最小的染色体的过程。

优化过程从一个特定的初始解的集合（初始种群）开始，计算种群中的每个染色体的适应度（Fitness）函数的值，然后将种群中的染色体按适应度大小进行排序，淘汰适应度较低的染色体，再使用适应度高的染色体进行交叉繁殖，产生出新的染色体，补充到种群中，形成一个新的种群。并将这个从一个种群开始，经过适应度计算、排序、淘汰和繁殖并产生新种群的过程称为种群的一次进化。按照这样的策略，每一次进化都有可能会进化出适应度更高的种群。经过适当次数的进化之后，就有可能会得到问题的最优解。当然，遗传算法不保证会得到最优解，遗传算法规定每次进化都要保持种群的容量不变。将每次进化中淘汰的染色体数量与种群容量的比称为每次进化的淘汰率，并要求将淘汰率控制在一个合理的水平。

为模拟自然界中生命的基因突变现象，也是为了避免优化过程陷入局部最优解，遗传算法还定义了基因突变机制，即在进化过程有控制地改变部分染色体的特定基因位，从而改变问题的潜在解。

11.6.2 遗传算法的基本实现策略

遗传算法的实质是一个算法框架，通过模拟进化论中的遗传、进化等基本思想来解决人们面临的各种优化问题。

但生物进化的复杂性决定了遗传算法也不能完全地按照一个固定的模式来求解各类问题。因此应用遗传算法也需要考虑下述一些实现策略问题。

1．染色体和基因的定义

应用遗传算法时，首先应考虑的是生物个体（Individual），即染色体的定义。这个定义不仅要考虑如何描述问题的解，还要考虑种群繁殖时，父代个体如何将其基因遗传给下代个体。

定义染色体时，通常把染色体的长度定义成固定长度，但在特殊情况下，也可以考虑变长的染色体，这将导致定长和变长两种不同的遗传算法。

2．基因型的表示

将基因型经过某种变换处理后得到的结构形式叫作表现型（Phenotype）。在优化问题中，表现型源于基因型。在有些情况下，基因型的复杂和多变会使得进化过程变得复杂和困难。为此，需要对基因型进行某种变换处理，用表现型来表示。表现型的定义没有固定模式，必须根据问题的实际设定变换处理的方法。

3．适应度计算

适应度就是一个以基因型为自变量的函数，计算方法也没有固定的格式，必须根据实际问题进行适当的设定，复杂度与问题的复杂度相关。

适应度计算方法的不同也会导致算法性能方面的不同，优良方法的定义可能会使问题得到更有效率的解决。

4．淘汰和增殖计算

淘汰是指在进化过程中保存适应度高的个体，而淘汰适应度低的个体的过程。而增殖则是指选择上一代优秀个体繁殖新的下一代个体的过程。

淘汰和增殖都可以有多种不同的实现策略，它们都可能会对优化过程产生不同的影响。

最基本的淘汰策略是淘汰适应度低的个体。在有些情况下，随机的淘汰策略也可能是一种更合适的选择。无论如何，淘汰率都将是算法的重要指标之一

无论是用什么样的淘汰策略，遗传算法都必须遵守的策略是优秀个体保存战略，所谓的优秀个体保存战略是指，进化过程中必须把种群中适应度最大的个体强制地保存到下世代种群

中，以防止丢失可能的最优解。

5．突变

与淘汰和增殖类似，突变也有各种各样的方式。遗传算法的突变是指以突然变异率的概率方式，改变某个基因位的值，基本的改变方法为基因位是 0 则变为 1、是 1 则变为 0。这可能会产生出仅由交叉而不可能产生的个体。从保持种群个体的多样性观点来解释，可能产生远离现有种群个体的新个体，使搜索从局部最优解中脱出。应该注意的是，如果突然变异率过大，将会使基因型失去由交叉所持有的上代遗传特征。一般可将突变率控制在 0.1%～0.5%之间为好。

6．种群的评价

评价已生成的种群是否满足进化的评价基准，叫作种群的评价。评价基准一般与算法的实际问题有关。

典型的评价基准如下。

1）当前种群中个体的最大适应度已经超过了事先设定的预期值。

2）当前种群中个体的平均适应度已经超过了事先设定的预期值。

3）相对于进化次数，种群的适应度增加率仍在某指定值以下，即种群在一定时间内没有大的变化。

4）进化次数达到了事先设定的次数。

四个基准中，1）和 2）是标准的评价基准。3）表示进化过程一直处于低适应度状态下，种群徘徊在搜索空间的局部最优点附近，搜索以失败而告终。4）与 3）同样，表示其搜索已经以失败而告终。

在满足评价基准的情况下，即可结束进化仿真。搜索成功时，可把种群中适应度最高的个体作为问题的解。在不满足评价基准的情况下，进化过程可反复进行。

上面罗列了影响遗传算法的各种因素及其实现策略，应用时，它们都将对遗传算法的设计和实现产生较大的影响。设计和实现一个能够适应各种变化的算法将是后面要讨论的主要问题。

11.6.3 遗传算法的基本过程

遗传算法的基本运算过程如下。

1）算法初始化：初始化进化计数器 t=0，设置最大进化代数 T，生成初始种群 P(0)。

2）重复执行下列步骤，直到获得满意解。

① 适应度计算：计算种群中每个个体的适应度。

② 选择运算：将种群中的元素进行排序，淘汰适应度低的个体。

③ 交叉：对种群中的个体进行配对交叉，繁殖新的个体。并补充到当前种群中去。

④ 变异运算：按照特定的突变率，随机地选择某个个体进行变异计算，并将得到的新个体保留在种群中。种群(t)经过选择、交叉、变异运算之后得到下一代种群 P(t+1)。

⑤ 计算终止条件：若满足终止条件，则转到 3）

3）输出最优解，算法结束。

11.6.4 遗传算法的结构模型

按照上述遗传算法的基本思想，我们可以设计出遗传算法的结构模型。

遗传算法的概念结构应包括种群、染色体、基因以及基因位等概念聚合而成的一个复合结构，还应该包括定义在这些概念之上的一系列操作，而这些操作则构成了遗传算法的基本操作。遗传算法的结构模型如图 11-35 所示。

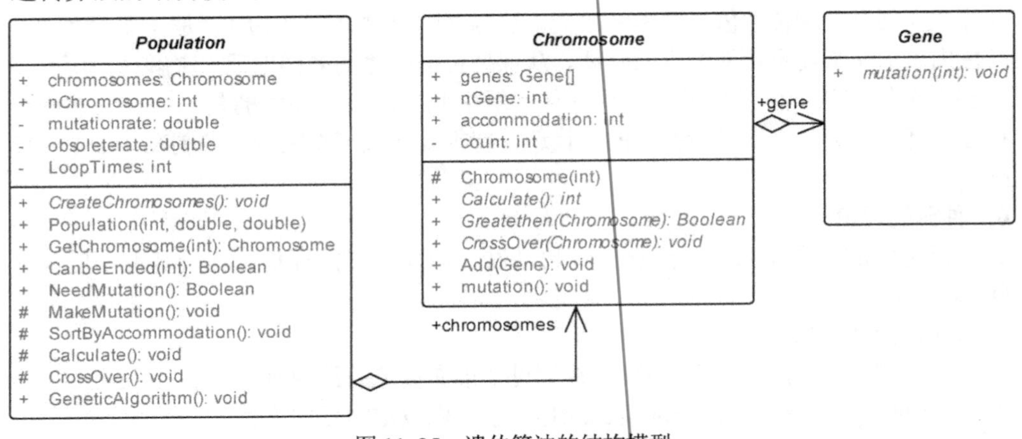

图 11-35　遗传算法的结构模型

图 11-35 中，包含了的种群（Population）、染色体（Chromosome）和基因（Gene）三个类，它们构成了遗传算法的逻辑结构。由于遗传算法是一个抽象的算法，并且结构中的每个类都包含了抽象的方法，因此，这个结构中的每个类均被定义成抽象类。

1. 种群类

种群类用于表示遗传算法中的一个种群对象。

每个种群对象都是一个由若干个个体构成的集合组成的整体，Chromosomes 描述了这个个体集合，整数 nChromosome 表示这个集合中个体的个数。

种群类的属性还包括突变率（Mutationrate）、淘汰率（Obsoleterate）和最大进化次数（LoopTimes）遗传算法所需要的三个重要属性，它们分别用于控制进化过程中的突变、淘汰和算法终止条件。

种群类还封装了实现了遗传算法及其各原语操作的方法。其中，GeneticAlgorithm 方法表示遗传算法，其内容定义了遗传算法的进化过程；Calculate 方法则描述了进化过程中需要的适应度计算，其实现是计算种群中每个个体的适应度；SortByAccommodation 方法则是对种群中的个体进行重新排序，以便于下一步进行的淘汰和增殖；CrossOver 方法定义了种群进化过程中的交叉操作，其具体实现是决定种群中哪些个体进行交叉繁殖；NeedMutation 方法和 MakeMutation 的方法用于控制和执行进化过程中的突变操作；CanbeEnded 方法则用于计算遗传算法的终止条件优化结果。

下面仅给出 GeneticAlgorithm 的实现代码。

```
public virtual int GeneticAlgorithm ()
{
  int looptime = 0;
  CreateChromosomes();                    // 创建出始终群
  for (looptime=1; ; looptime++)
  {
        Calculate();                      // 计算种群中个体适应度
     SortByAccommodation();               // 对种群按适应度排序
```

```
            CrossOver();                    // 交叉
            if ( NeedMutation())            // 变异
                MakeMutation();
            if (CanbeEnded(looptime))       // 检测终止条件
                break;
        }
        return 1;
    }
```

2．染色体类

染色体类定义了一个对遗传算法中的染色体对象个体的抽象，它被定义成一个由若干个基因构成的集合。它定义了适应度计算（Calculate）、染色体比较（GreateThen）、交叉（Crossover）和突变（Mutation）等多个方法。

其中，适应度计算是一个抽象方法，用于计算个体的适应度，其具体实现被推迟到具体的染色体类中；染色体比较方法主要用于实现两个不同个体之间的比较；交叉操作用于实现两个染色体之间的交叉，交叉的结果是产生两个新的个体；突变操作的默认实现是按照随机的方式控制和实施基因突变。

3．基因类

基因类是描述基因定义的类，其内容封装了一个基因位序列和一个处理基因突变的方法。该方法实现的是以随机的方式控制和实现变异，而具体的变异方法被推迟给具体的基因类。

这些类中定义的所有方法大致可以分成以下三种情况。

第一种情况是已经给出了实现并且不需要在其具体应用实例中加以改变的方法，例如种群类中的遗传算法，如适应度计算、比较、交叉和突变等方法；重载这些方法可以为遗传算法提供不同的实现策略。

第二种情况是虽然已经给出了具体实现但在具体应用实例中也可以修改的方法，例如种群类中的适应度计算、比较、交叉和突变等方法，这些方法可以直接使用，但必要时也可以进行必要的修改，以调整遗传算法中的繁殖、淘汰和突变等进化策略。

最后一种情况是没有给出具体实现而在具体应用实例中必须给出实现的方法。例如染色体类中的适应度计算、适应度比较、交叉和突变等方法都是抽象方法，它们必须在其应用场景中给出具体实现。

为了说明该算法的工作过程，图 11-36 给出这些对象之间的协作。

11.6.5 遗传算法的应用实例

遗传算法应用的实例有很多，上述结构模型仅仅给出了遗传算法的抽象部分。解决具体问题时，只要给出这个问题的结构模型的具体实现就可以构造出具体的遗传算法了。

下面，我们将具体分析一个应用问题——Job-Shop 问题，并通过遗传算法解决这个问题。

问题描述如下：现使用 M 台机床加工 N 个不同工件，每个工件均可以使用任意一台机床进行一次性加工，由于每个工件的加工工艺和各台机床的性能特点方面不同，使得不同机床加工不同的工件所需要的时间也不相同。问题是如何安排这些工件在机床上的加工次序，可以使这批工件所需的加工工期最短。

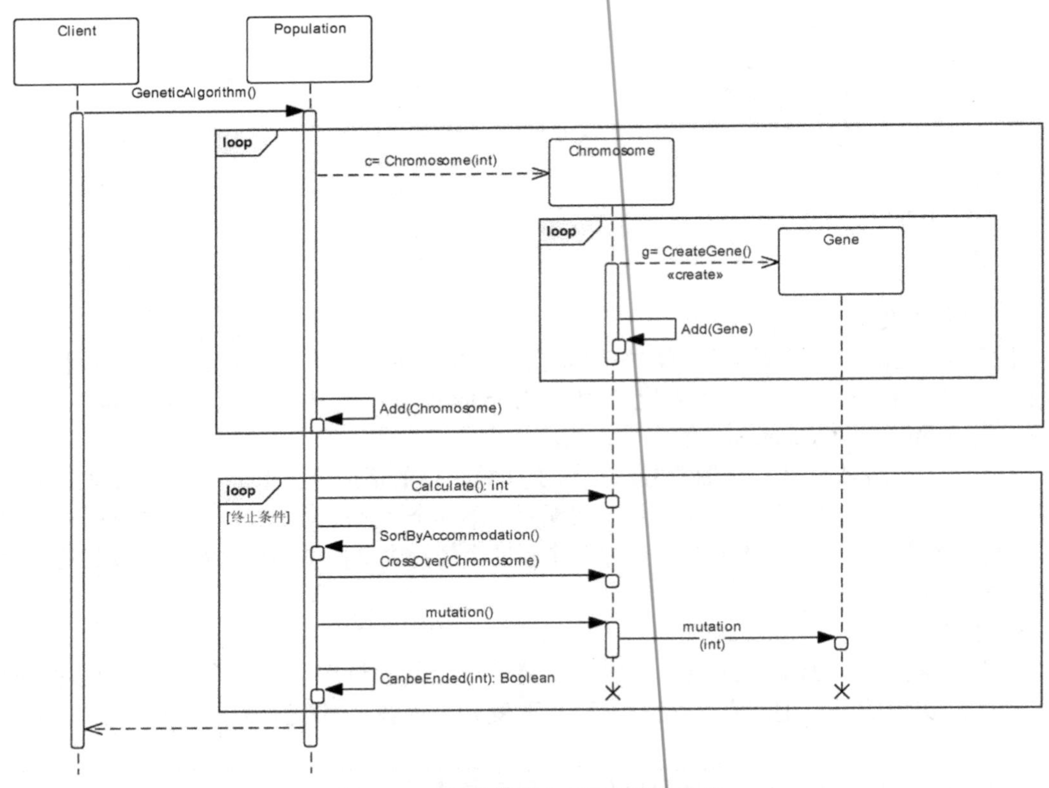

图 11-36　遗传算法中对象之间的协作

应用上述遗传算法结构模型解决这个问题的关键因素就是问题的染色体和基因位的定义以及适应度计算、交叉和突变等操作的实现。

1．Job-Shop 问题的遗传算法描述

（1）染色体定义

为便于实现交叉和变异等方法，可以将每一个候选的加工计划定义为一个染色体；其内容是为每个工件安排的机床号和加工顺序构成的一个序列。显然，染色体的长度是固定的，即工件数量。

例如：当工件集中有 10 个工件，加工机器集有 4 台机器时，{(1,1), (1,2), (1,3), (2,1), (2,2), (2,3), (2,4), (3,1), (3,2), (3,3)}就构成了一个染色体，其中的每一个二元组表示一个工件，工件按工件编号在染色体中顺序排列。二元组中的两个数字分别表示机器号和加工顺序。例如，如果染色体中第五个元素是（2,2），它表示第五个工件被安排在第二台机器上，并且排在第二个加工。当然，不同的染色体就表示了一个具体的加工计划。

（2）交叉

采用两染色体单断点方式交叉。交叉式采取随机选择父体，再随机选取交叉断点的方式进行交叉。

假定 A 和 B 分别为：

A= {(1,1), (1,2), (1,3), (2,1), (2,2), (2,3), (2,4), (3,1), (3,2), (3,3)}

B= {(3,1), (3,2), (3,3), (1,1), (1,2), (1,3), (1,4), (2,1), (2,2), (2,3)}

当交叉断点为 6 和 7 时，交叉后的两个子代 A′、B′为：

A′= {(1,1), (1,2), (1,3), (2,1), (2,2), (2,3), (1,4), (2,1), (2,2), (2,3)}

B′= {(3,1), (3,2), (3,3), (1,1), (1,2), (1,3) , (2,4), (3,1), (3,2), (3,3) }

从 A′、B′可以看出每个工件所对应的机器号是可行的，但机器上的加工排序却不可行，例如，A′中第四个工件和第八个工件都安排在二号机器上第一个被加工，显然不可行。

此时，修改 A′、B′中工件的加工排序可以得到可行解。

因此，可以补充一个有理化操作将其变为可行解。值得注意的是有理化并不是一般遗传算法所具有的，它的实现就是重新安排每台机器上工件的加工顺序。

如将 A′、B′有理化后的结果如下。

A′= {(1,1), (1,2), (1,3), (2,1), (2,2), (2,3), (1,4), (2,4), (2,5), (2,6)}

B′= {(3,1), (3,2), (3,3), (1,1), (1,2), (1,3) , (2,1), (3,4), (3,5), (3,6)}

（3）突变

染色体突变的实现是随机选取一个基因位，并随机地修改这个基因位所对应的机器号的值，从而得到一个新的个体。当然，突变处理后染色体同样需要一个有理化的处理。

（4）适应度计算

按照问题定义，可知该问题的适应度函数就应该是每批工件的工期，即每台机器的总加工时间的最大值。据此，可以很容易地给出染色体的适应度函数的具体实现。

2．Job-Shop 问题的遗传算法解决方案

按照上述分析，通过使用遗传算法来解决 Job-Shop 问题。在这个解决方案中，分别定义了具体的种群（JSPopulation）、染色体（JSChromosome）和基因（JSJene）三个类，并实现了其中定义的各个方法。染色体类中定义的 Rationalization 方法就是前面提到的染色体的有理化方法，该方法被染色体类的交叉和突变方法调用，以实现对染色体的需要的有理化。图 11-37 展示了这个算法的结构。

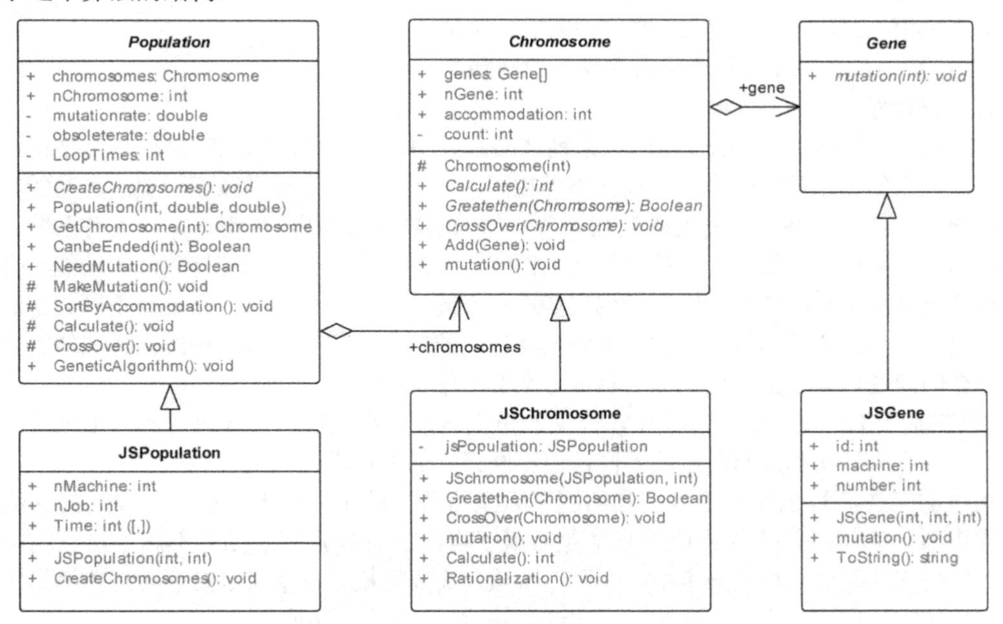

图 11-37　Job-Shop 问题的遗传算法结构

可以看出，这三个派生类直接继承了大部分抽象类重定义的实现，同时也实现了原有框架的抽象操作。这个设计有效地解决了 Job-Shop 问题。由于这些操作的实现细节均为程序设计方面的内容，因此，本书省略了这些细节方面的描述，本案例的全部细节可参考本书的随书附加资源。

最后要说明的是，本节中给出的遗传算法的解决方案与模板方法模式之间的关系。

首先，这两个结构之间具有极强的相似性。它们都封装了一个有明确定义的算法，都将封装的算法分成了抽象和具体两个组成部分，都在抽象部分实现了算法的具有不变性的部分，而将可变的部分推迟到算法的具体实现部分。

不同的地方仅仅在于，模板方法模式定义的结构中，将算法的所有成分均封装在一个类中。而我们给出的解决方案涉及的是一个由多种对象构成的复合结构，并且算法的抽象和实现还具有同构的关系。

11.7 小结

本章概括性地介绍了设计模式的基本思想、定义及其分类情况。简单介绍了部分 GOF 模式的意图、动机、适用性和结构等方面的内容，并选择性地给出了几个具体的设计模式的应用实例。

在设计模式概念中，比较难以理解的是设计模式的范围分类。这样的分类源于对对象和类的概念的不同抽象和理解。正确理解对象和类的概念是理解这一概念的重要基础。

习题

一、简答题

1．简述设计模式的定义、作用和组成元素。

2．简述类模式和对象模式的本质区别是什么。

3．简述什么是 Visitor 模式，举例说明其应用情况。

4．简述为什么说设计模式是软件复用的基础。

二、设计题

1．某公司要开发一个电子排队机系列产品。其中，各种不同系列产品的功能结构是基本一样的，但它们使用的外壳和交互设备不尽相同。为提高产品的开发效率，要求产品的软件部分能够充分支持不同系列产品使用交互设备（如触摸屏或普通屏+小键盘）以支持系统的正常工作。这些不同的交互设备在结构和外观上都有一定的差别，但它们支持相似的功能集合。开发人员希望开发出来的软件能够有效地支持这些不同类型的交互设备，当更换不同类型的交互设备，只需要修改必要的设置信息（不修改软件）即可。请问选择哪一种结构模式能够较好地解决这样的问题？请画出使用这个人解决方案的类结构图。

2．在基于工作流的政务系统中，公文的审批是按分级审批的方式进行的，根据公文涉及的领域、内容、性质和发布范围的不同，由不同级别的人员进行审批。

系统的工作流程描述如下：公文的起草人撰写公文的主要内容。撰写完成后提交给其上级领导审核。审核时，审核人检查公文是否属于自己的审核范围，如果不属于自己的审核范围，则将公文转交给上级领导审批。否则，审核人需要给出审核意见。必要时还需要组织相关会议进行评审。审核结果分为通过、不通过和修改后再审核三种情况。

为了表示该政务系统的系统结构，请选择合适的设计模式建模该软件的结构，并使用类图描述设计结果。

第 12 章　对象的持久化

学习目标

- 了解和掌握持久化的概念和一般方法。
- 理解和掌握通过序列化技术实现的持久化方法。
- 理解和掌握对象关系映射的概念和实现方法，理解和掌握对象到关系数据库的映射方法。
- 了解和掌握数据对象到关系数据库的持久化方法。

面向对象系统中，对象是系统最基本的构成要素，不同的对象往往有不同程度的持久性。因此，设计和实现一个面向对象系统时，不仅仅需要考虑对象和对象之间的协作。还需要考虑对象的持久化问题。任何对象都有其特定的生存期，对于生存期较长的持久对象，还需要有其特定的持久方法。

关系数据库和文件是实现对象持久化的两种基本技术，也可以说是实现对象持久化的重要方法。使用数据库时，不仅要考虑持久化的实现方法，还要考虑如何将实体模型转化成关系数据库的逻辑结构这样的数据库设计问题。

本章将首先介绍持久对象和持久化的概念问题，其次介绍基于数据文件的持久化技术和方法，然后介绍将实体模型转化成关系数据库逻辑模型的方法，最后再介绍基于数据库的对象持久化方法。

12.1　持久对象和持久化方法

软件中的任何对象都要占用一定量的存储空间（内存或外存），并在一定的时间内存在。我们把一个对象从最初的建立到最终消亡的时间间隔称为对象的生存期。

显然，不同的对象会有不同的生存期。从持久化的角度来看，可以将系统中的对象分为非持久对象和持久对象。

非持久对象是指那些仅在软件运行期间存在的对象。这些对象的主要特征是其存在性与软件状态相关，软件运行时它们可以根据需要而存在，软件停止运行时，这些对象则不再需要继续存在，所以，它们也不需要持久化。

持久对象是指存在性与软件的运行状态无关的对象，持久对象需要在软件停止运行时也还要继续存在。直到其生命期终结时，这些对象才被最终撤销。

在一般情况下，持久对象可以跨越不同的软件运行期而存在，有的持久对象还可以跨越不同的软件系统而存在。

软件运行时，系统中的对象一般都占据一定的内存空间。当软件停止运行时，持久对象通常需要存储在某个数据文件或数据库中，以保证其存在性。当软件重新处在运行状态时，这些对象将会根据需要被调入内存并参与系统的运行。程序运行结束后，这些对象的属性数据（可能是更新后的）将再被保存在数据文件或数据库中。对象最终被撤销时，这些对象的数据将从数据文件或数据库中删除，从而结束其生命周期。

我们将实现对象在数据文件或数据库和内存之间转换的技术称为对象的持久化。

实现持久化技术所需要的主要操作，包括增、删、改、查四个基本操作。

1）增加对象：系统在创建新的持久对象时，需要及时地将这些对象的属性数据保存到某个数据文件或数据库中去，以实现这些对象的持久性存储。

2）删除对象：当系统最终撤销一个持久对象时，需要及时删除被撤销对象存储在外存上的属性数据。

3）修改对象：系统修改了某个或某些持久对象的属性时，需要及时更新存储在外存上的相应的属性数据，以保持系统状态的一致性。

4）查找对象：当系统需要读取或定位存储在外存上的某个或某些持久对象时，所需要完成的操作。其过程是根据给定条件（如对象标识符），在外存上定位或读取满足条件的对象属性数据。当系统中使用了大量持久对象的数据时，创建、修改和删除这三个操作还都应该包含这个查找操作。

另外，持久化技术必然需要使用数据存储技术。目前，数据在外存上的存储技术主要分为文件存储和数据库存储两种。所以，最常见的持久化技术就包括使用文件存储的持久化技术和使用数据库存储技术的持久化技术两种情况。

12.2 基于数据文件的持久化技术

基于数据文件的持久化技术又被称为序列化或串行化（Serialize）技术，是一种将对象的属性数据持久化到磁盘文件的技术。在软件中，适用于这种技术的持久对象的数量相对固定或较少，并且这些对象之间通常还不具有强制性、结构性和一致性方面的约束情况。

序列化（Serialization）技术是一种将对象的状态信息转换为可存储或可传输形式的技术。通过序列化技术，可以将对象的当前状态写入到某个具有持久性的存储介质。随后，还可以从这个存储区中读出（或反序列化）出对象的状态数据，并以此重建对象。

可以看出，序列化过程实际上包含了两个过程：将对象的状态信息转换为适合存储或传输的形式，将序列化的数据重新转化成对象。二者显然是互逆的。

序列化时，对象的大多数属性都应该是可序列化的，这与系统的业务逻辑有关。这在客观上要求需要序列化的对象必须实现其自己的序列化过程（或方法）。

基于数据文件的序列化技术相对简单，只要在对象中标注清楚需要序列化的属性，实现时可以按照特定的程序语言中实现这些属性的序列化即可。不同的程序语言中，通常又提供了不同的序列化技术和方法。

下面我们简要介绍一下 MFC 和 Java 程序设计语言中的序列化技术。

12.2.1 MFC 框架提供的序列化技术

图 12-1 给出了 MFC 类库中提供的序列化框架。其中 CSearlizeObject 是一个自定义的需要序列化的类，它需要以 CObject 类作为基类，并实现 Serialize()方法以实现序列化，属性的序列化决策就包含在这个方法（Serialize）中。

图 12-2 描述了 MFC 程序使用序列化技术将对象属性数据写入某个文件的过程。

MFC 中使用 CObject 抽象类，为序列化定义了一个接口，需要序列化的类必须实现这个接口，并且覆盖 CObject 类中的 Serialize（CArchive & ar）方法。这个方法的主要特点是它同时封装了序列化和反序列化这两个互逆的过程。用户实现这个过程时，可以自主地决定序列化哪些属性及其序列化的读写顺序，此方法对设计人员的主要约束是序列化和反序列化这些属性的顺序必须一致。

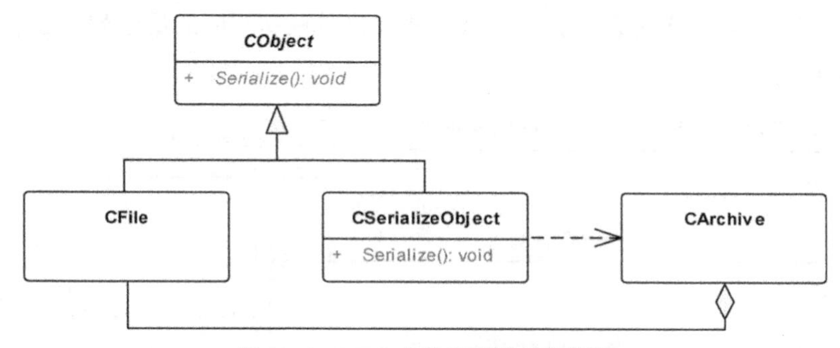

图 12-1　MFC 中的序列化技术框架

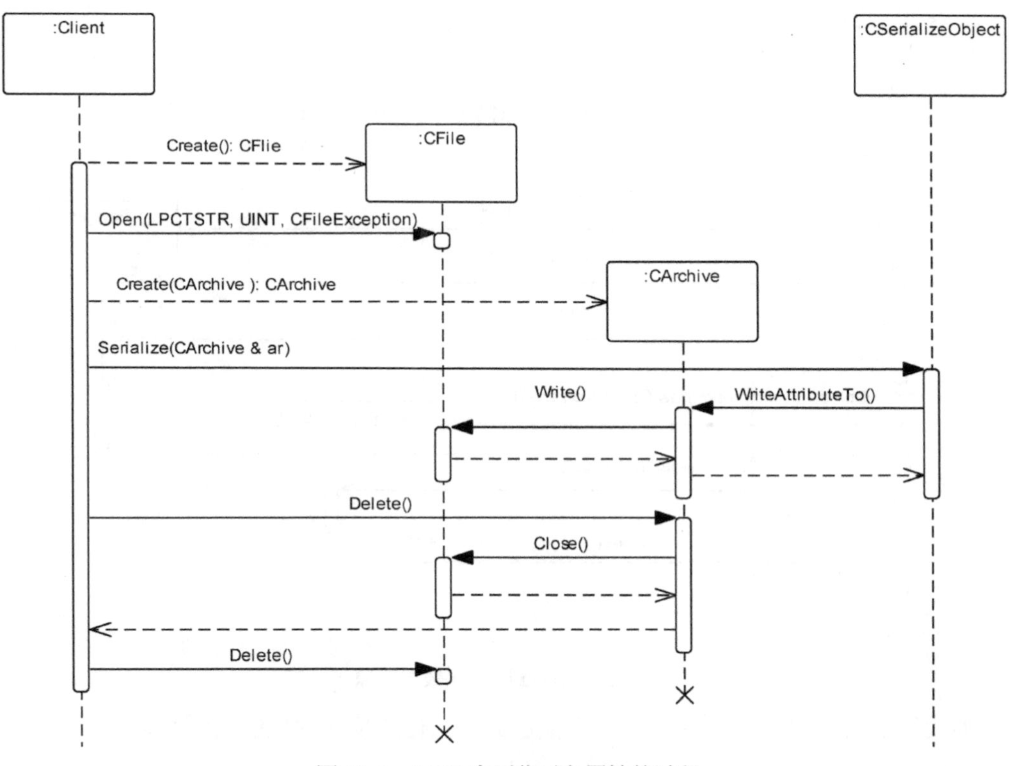

图 12-2　MFC 序列化对象属性的过程

12.2.2　Java 语言提供的序列化技术

Java 程序设计语言也提供了一种使用起来非常简单的序列化技术。Java 序列化技术提供了 Serializable 接口和 transient 关键字两个机制来支持序列化。

Serializable 接口是一个没有封装任何属性和可重定义方法的一个接口，其主要作用是声明一个类是否支持序列化。对于可序列化对象的属性来说，其默认选项都是可序列化的，当某个属性不需要序列化时，就可以在这个属性前面加上一个 transient 修饰符，这个属性就不再参与序列化了。其具体的序列化和反序列化过程则被 Serializable 接口完全封装。

另外，Java 序列化的结果是将对象的内容序列化成一个流，对于通过转换得到的流，既可用于网络传输，也可用于磁盘文件的读写。

图 12-3 和图 12-4 则分别给出了一个 Java 序列化过程和相应的反序列化过程的例子。

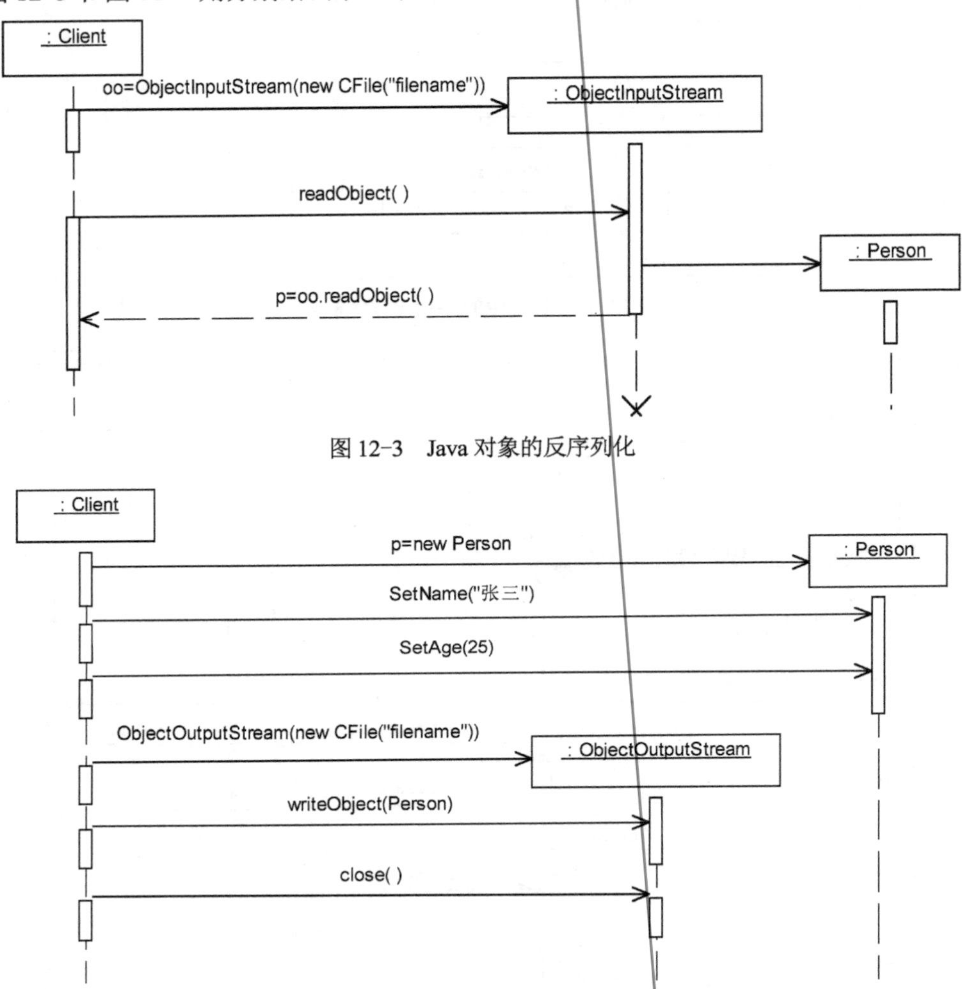

图 12-3　Java 对象的反序列化

图 12-4　Java 序列化数据对象

下列代码给出了图 12-2 和图 12-3 中描述的序列化和反序列化的具体实现。

```
import java.io.Serializable;
public class Person implements Serializable {
        private String name;
        private int age;
        public void    setName(String name){ this.name = name;}
        public String getName() { return name; }
        public void setAge(int age) {this.age = age; }
        public int getAge() {return age;}
}
```

```
public class TestObjSerializeAndDeserialize {
        public static void main(String[] args) throws Exception {
            SerializePerson();   //序列化 Person 对象
            Person p = DeserializePerson();   //反序列 Person 对象
            System.out.println(MessageFormat.format("name:{0},age:{1}",p.getName(), p.getAge());
        }
}
private static void SerializePerson() throws FileNotFoundException,IOException {
        Person person = new Person();
        person.setName("张三");
        person.setAge(25);
        ObjectOutputStream oo= new ObjectOutputStream(new FileOutputStream(new File("E:/Person.txt")));
        oo.writeObject(person);   // 序列化 Person 对象
        oo.close();
}
private static Person DeserializePerson() throws Exception, IOException {
        ObjectInputStream oo= new ObjectInputStream(new FileInputStream( new File("E:/Person.txt")));
        Person person = (Person) ois.readObject(); //反序列化 Person 对象
        return person;
}
```

12.3 基于关系数据库的对象持久化

基于数据库的持久化是指将对象的属性数据持久化到数据库文件中的对象持久化，也是目前使用最为广泛的对象持久化方式。

由于数据库系统本身所具有的特点，在开发使用数据库的系统时，不仅要考虑数据的存储过程问题，还需要考虑数据库的设计问题，即考虑如何从系统的实体结构模型导出系统数据库的概念结构和逻辑结构。

面向对象方法中，人们通常使用实体模型替代传统方法中的实体联系（ER）模型来完成数据库的逻辑结构设计。然后，再以这样的逻辑结构，设计出数据库的物理结构。面向对象的实体模型比传统的实体联系模型具有更强的表现力，同时也更适合于面向对象的分析和设计方法。

本节中，将首先介绍如何将实体模型转换成关系数据库的逻辑模型，然后再说明如何实现基于关系数据库的对象持久化。

12.3.1 将实体模型转换成关系数据库的逻辑模型

在关系数据库的设计过程中，通常的设计过程是：首先设计数据库的概念模型，其次设计数据库的逻辑模型，最后再设计数据库的物理模型。面向对象方法中，我们可以将在设计的初始阶段得到的实体模型视为数据库的概念模型，其次将概念模型转化成数据库的结构模型，最后再设计数据库的物理模型。

本小节中，我们将详细说明如何将系统的实体模型转化成数据库的逻辑结构。

1．对象到数据表的映射

对象模型到关系模型的映射方法的基本思路就是将对象模型中的每个类映射成一个关系，将这个类的持久属性映射成域，类的每个实例（即对象）映射成一个记录。

而在具体实现映射时，还要考虑到对象模型中类之间的各种关系（如继承、关联、组合、聚合和依赖等），并把这些关系也都映射到关系模型之中。

（1）数据表主键的映射

在将一个类映射到一个关系时，一个比较重要的问题就是主键的映射。映射时应根据对象属性的语义特征识别或定义出对应表的候选键和主键，从而对应定义数据表的实体完整性。当然，也可以根据这些类之间的关系识别出表的外键，从而进一步定义表的参照完整性。

图 12-5 给出了一个将“教师类”映射成“教师表”的例子。教师表是从教师类直接映射得到的，其主键是教师类的一个属性（对象标识符）。

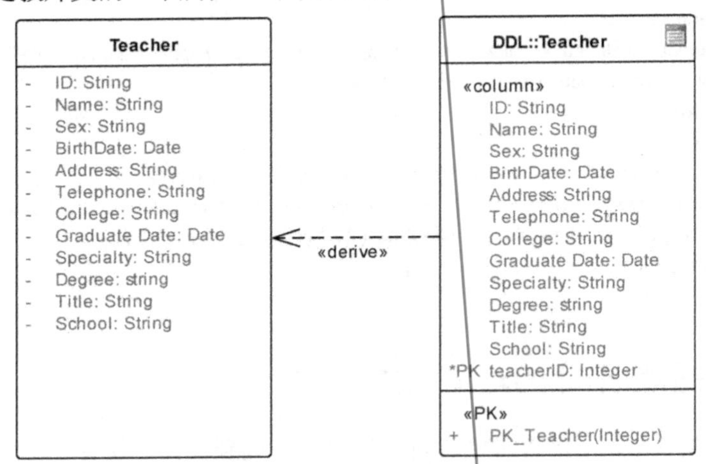

图 12-5　类到数据表的映射

关系数据库中，候选键是指由表中能唯一标识表中记录的属性构成的集合。一个表中可能会有多个不同的候选键，数据表中对候选键的约束是候选键中的任何属性的值都不能为空。

主键可以是任意选定的一个候选键，这通常是人为选定的，选定原则是选定的主键应具有用户可理解的标识数据方面的意义并且服从用户的业务逻辑。每个数据表必须拥有一个主键。

外键则是指当前表中某个属性集合，这个属性集合恰好是数据库中某个表的主键（或候选键）。数据库系统中，对外键的约束条件是，它要么取空值，要么其值必须包含在相关联的数据表中。外键通常用于持久化对象模型中的关联关系和泛化关系。

在一般情况下，应该为每张表均定义一个主键，并且所有的外键都应该设计为对主键的引用，而不是设计为对其他候选键的引用。

在将类映射成表时，可用如下两种方法来定义对应的主键。

1）将对象标识符定义为表的主键。

设计需要持久化的实体类时，就可以为这个类设计一个或若干个具有唯一标识其实例作用的属性（对象标识符），映射到数据库时可直接将这个属性映射为数据表的主键。例如，学生的学号、工厂的设备编号等。

这样设计出来的属性兼具对象标识符和数据库主键两个方面的意义。并且在将类映射为关系时，仅在每张表中增加一个列，该列既可作为表的主键，也可作为该对象的对象标识符列。

在将对象模型中的关联关系或关联类映射为数据表时，关联表的主键就可以由与该关联关系相连接的类的对象标识符组成。

这种方法的缺点是，有时会导致对象中可能会含有缺乏问题域方面意义的属性，不便于用户理解和使用。

2）将对象的某些属性映射为主键。

将对象（或类）的某些具有唯一表示作用的属性映射为数据表的主键。这种方法的优点是主键具有问题域方面的意义，便于用户的理解和使用。但这种方法可能会设计出含有多个属性的主键，这将为数据的修改和维护带来不便，因为一个主键属性值的修改可能要涉及许多外键。

当一个数据库应用程序的对象模型中有较多的需要持久的类时，最好的方法是使用对象标识符作为关系数据库中表的主键。对较小的数据库应用而言，两种映射方案都可以。

（2）对象属性到域的映射

关系数据库中的域（Domain）被定义成一组具有相同数据类型的值的集合。落实到具体的关系数据库系统时，其内容就包含了数据类型、取值范围、存储长度、默认值和是否可以取空值等方面的内容。

将类属性映射到域时，需要清楚地给出每一个域的准确定义。

定义数据类型时，需要考虑的是如何将属性的数据类型转换成数据库系统支持的数据类型，二者的关系一致时可直接使用，不一致时，则需要考虑使用等价的或兼容的数据类型，以确保对象存储在不同位置的等价性。

对象模型中，通常定义了一些约束条件，如属性的默认值、取值范围以及属性之间的关系等，这些约束条件通常还与用户的业务逻辑有关。映射时可考虑将这些约束映射到数据库表中，如对象属性默认值可直接映射到数据表中相应字段的默认值，取值范围可视情况映射成表属性的数据类型、存储长度，甚至可以映射成 SQL 的 Check 子句来表示。

枚举域限定了域所能取值的范围。枚举域的实现比简单域的实现要复杂一些。

（3）对象属性到表属性的映射

并不是每个类属性都需要映射到数据表中，映射时可将需要映射的类属性映射为数据表中的一个或多个表属性。如类中的某些临时属性就可能不需要映射为数据库表中的列，而某些可以根据类实例的其他属性通过计算导出属性，设计时可权衡软件性能需求后来决定是否进行映射。当 UML 类的一个属性本身是一个类的实例时，就可能要将它映射为数据库表中的几个列。当然有时候也可以将几个属性映射成数据库表中的一个列。如身份证号就是一个包含了省、市、区（县）、出生日期、顺序码和校验码等多种含义的数字编码连接而成的字符串。作为人的一种重要社会属性，在现实的数据库设计中，身份证号均被设计成单独的列存储在数据库中。

2. 继承关系的映射

在将类映射成关系数据库中的数据表时，必然需要处理类之间的继承关系。

从本质上来说，继承是纯粹的类之间的一种关系，而不是对象之间的关系。同对象之间的关联关系相比较，继承关系是一种更为抽象的关系。数据库中存储的数据通常是系统中某些对象的数据映像。因此，继承关系到数据库的映射应该兼顾类及这些类的实例到数据库的映射。

图 12-6 给出了某学校管理信息系统中的员工信息类的类图。

将这些类映射到数据库时的实质就是要将学校的所有员工都存储到数据库中。值得注意的是，从图 12-6 中可以看出，类图描述了教师（Teacher）、管理人员（Manager）和工人（Worker）三种角色，并且它们还拥有一个共同的员工角色。这时的每个对象都至少拥有了两种角色，即其本身的角色（如教师、管理人员和工人）和员工角色。

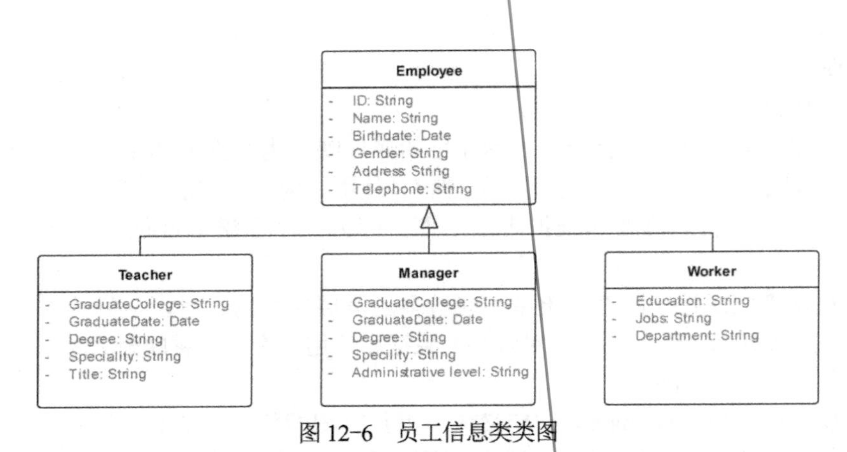

图 12-6　员工信息类类图

实现这样的映射时，自然要考虑每种角色（类）的映射，还要考虑继承（多重角色）的映射。继承关系的本质是子类继承了父类的属性和方法，其特殊性在于子类的实例同时也是它任何一个超类的实例，即同一个对象可能在系统中充当了多个不同的角色。

将子类对象按照它所充当的角色（所属的类）映射到数据库中显然会造成数据存储上的冗余。反之，仅按照实例的存在性进行映射还可能造成存储空间上的浪费。因此具体选择哪一种映射方法，还应该综合考虑系统对存储空间的利用效率、数据的访问速度等多方面因素的要求来加以确定。

映射时，通常可采取如下几种基本方法来处理类之间的继承关系。

（1）将每个类都映射成一个数据表

这种方式将继承关系中的每一个类（超类和子类）都映射成一张表，所有这些表都共享同一个公共的主键。在这种方式下，将图 12-6 中的类映射成数据表时，得到的映射结果如图 12-7 所示。

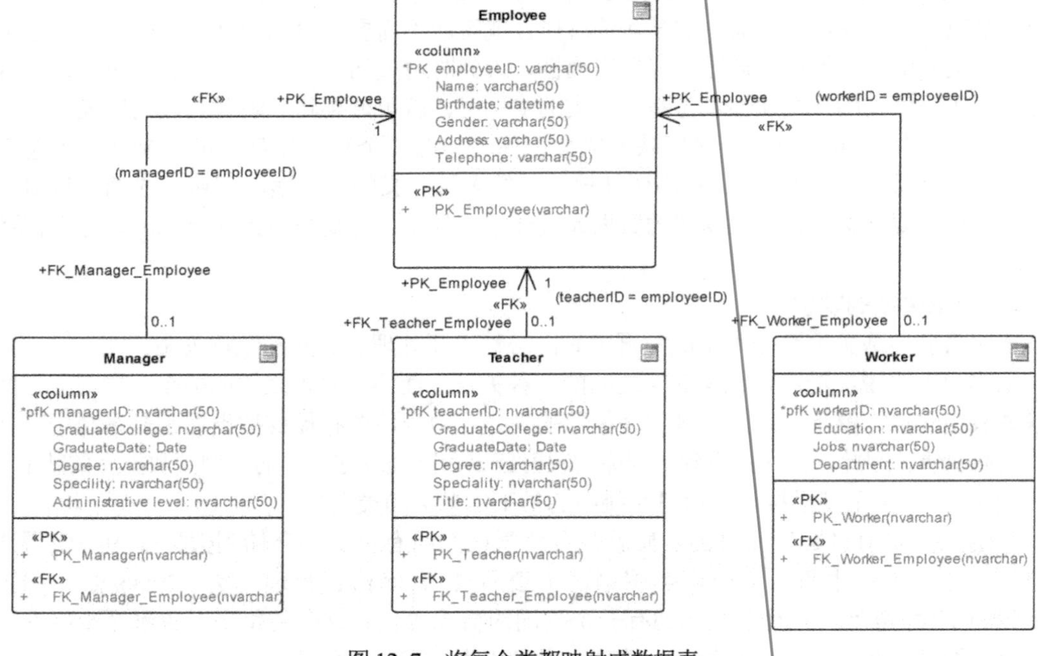

图 12-7　将每个类都映射成数据表

其中，员工编号是四张表所共享的主键，教师编号、管理人员编号和职工编号是外键，它们都是对主键员工编号的引用。

这种方法实现了继承关系到数据库的映射，既能支持多态性又可以最大限度地减少冗余从而节省外存空间。对于软件系统来说，每个对象都可以按照它所充当的角色，保存在相应的数据表中。修改这些类和添加新的子类也都非常容易，只需要修改或添加一张新的表。

这种方式的缺点如下。

1）每个类都被映射成一张表会导致数据库中表的数量偏多。

2）同一个对象的属性需要存储在多个相互关联的表中，这会导致大量的多表操作，从而延长数据的读写时间，影响数据库的访问效率。

（2）将继承关系中的每个子类映射成一张数据表

在这种映射方法中，继承关系中的超类将不再映射为数据表，而是仅将继承关系中子类映射成数据表，并且建立的数据表中既包含对应子类中的属性，也包含该子类从其基类中继承的属性。这样就可以有效地减少了数据库表的数量。

例如，将图 12-6 中的类按此方法映射得到的数据表如图 12-8 所示。

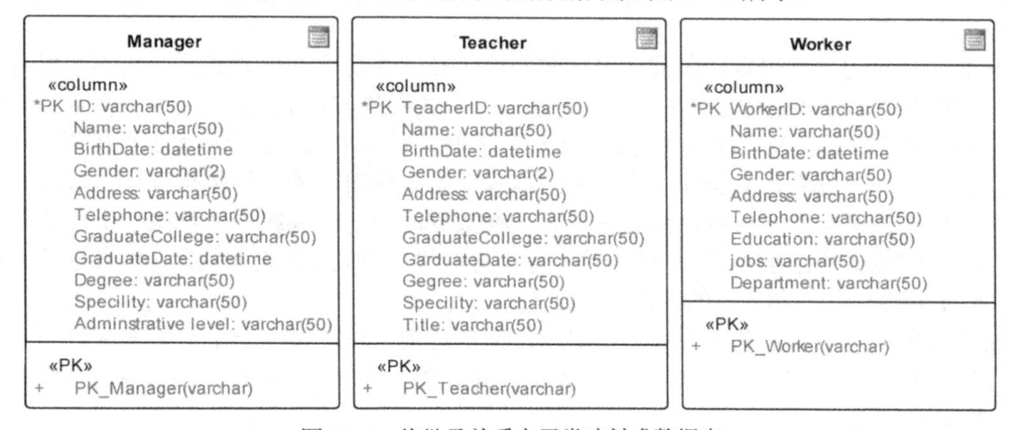

图 12-8　将继承关系中子类映射成数据表

这个例子中，分别为教师类、管理人员类和工人类建立了数据表，而没有为它们的共同基类人员类建立数据表。三张表分别将教师编号、管理人员编号和职工编号设置为各自的主键。

这种方法的优点是每一类对象的属性数据都存储在同一张表中，可以有效地避免第一种映射方法导致的多表操作。

其缺点是当修改某个类时，必须修改它对应的表和它的所有子类对应的表。如果要向人员类中添加“工龄”这样一个新属性时，那么就需要同时在上述三张表中添加同样的属性。另外，当对象充当多种角色时，为系统增加了新的完整性负担。

当图 12-8 中的教师、管理人员和工人三种对象以员工的身份同时出现在系统中时，系统还需要维护这些实体本身的完整性。解决办法是分别为教师、管理人员和工人三种对象的主键定义不同的编码规则，以便系统能够正确地区分这些不同的实体。

（3）将继承关系中的超类映射成一张数据表

在使用这种方法时，需将所有子类的属性都存储在超类所对应的数据库表中。换句话来说，就是将一个完整的类层次结构映射为一张数据库表，并且将这个层次结构中所有类的持久属性都存储在这张数据库表中。这种方法避免了将每一个子类都映射为数据库表，从而减少了数据表的数量。图 12-9 给出了按照此方法将图 12-6 中的类层次结构映射得到的数据库表结构的例子。

这种方法的优点是简单，因为所需的所有数据都可以在一张表中找到。缺点是任何一个类的修改都会影响到数据表的修改。这种映射方法还增加了类层次结构中的耦合性，即该结构层次中的任何一个类的修改都可能引起数据表结构的修改，当然也就有可能影响到这个类层次结构中的所有类。

由于这种方法将多种不同类型的对象存储在同一个数据表中，显然会存在大量的空字段，从而造成数据库空间上的浪费。

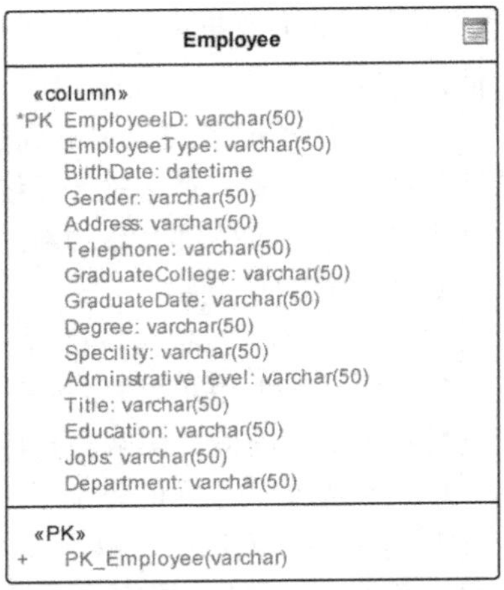

Employee

«column»
*PK EmployeeID: varchar(50)
EmployeeType: varchar(50)
BirthDate: datetime
Gender: varchar(50)
Address: varchar(50)
Telephone: varchar(50)
GraduateCollege: varchar(50)
GraduateDate: varchar(50)
Degree: varchar(50)
Specility: varchar(50)
Adminstrative level: varchar(50)
Title: varchar(50)
Education: varchar(50)
Jobs: varchar(50)
Department: varchar(50)

«PK»
+ PK_Employee(varchar)

图 12-9　将继承关系中超类映射成数据表

3．关联关系的映射

在将对象模型向关系数据库映射时，不仅要将对象映射至数据库，而且还要将对象之间的关系也映射到数据库。对象之间主要有关联、聚合和组合三种关系。

从面向对象的角度来看，关联、聚合与组合都是对象之间的关联关系，只不过组合和聚合是一种特殊的部分和整体之间的特殊的关联关系。关联的方式不同，决定了关联对象之间的连接方式、访问方式以及承担的系统责任不同。同时，对象之间的耦合程度也不相同。

从数据库的角度看，数据库中存储的对象仅仅是系统对象的一种数据镜像，数据库中的对象将不再直接参与系统事务，或者说，它们在数据库中与在系统中所承担的责任是不相同的。因此，数据库中的对象只要能够正确描述本身的状态和他对象之间关系，并能够正确地跟踪和及时更新这些状态和关系的变化就可以了。

面向对象系统中，关联关系描述了对象之间的访问关系，即在一个对象内部的任何地方均可访问到关联对象提供的服务。在数据库中，关联关系则仅需要描述成当前对象与哪些个对象有关联关系即可。

关系数据库中，对象之间的关系可以使用外键机制加以描述。对于一张表来说，外键是当前表的一个或多个数据属性，它同时还是另一张表的主键或主键的一部分。通过外键，可以描述一张表中的一个记录（对象）与另一张表中的某一记录（对象）之间存在的关联。系统在实例化这些对象时，就可以通过解析表中存储的这些外键的值，实例化出对象之间的关联关系。

下面，将从关联多重性的角度出发，说明关联关系到数据库的映射。

（1）一对一关联的映射

一对一关联表示对象之间的一对一的联系，这种关联的映射可以在一个映射表中加上另一个映射表的主键即可。

当关联的两端至少有一个是必选的关联时，可将必选端对象映射表的主键加在另一端对象的映射表中。此时，加入的外键应该带有一个非空的完整性约束。当关联的两端都可选时，可将任意一端对象的映射表的主键加在另一端对象的映射表中。

图 12-10 给出了一个实现一对一关联映射的实例。

值得注意的是，实现一对一关联映射时应避免将关联双方的主键分别放置在对应的两张表中，原因是这种做法容易引起数据库数据一致性方面的问题，并且这种做法也不能改善数据库的性能。

（2）一对多关联的映射

实现一对多关联映射时，可将多重性等于 1 的一端对象的主键添加到多重性为多的对象映射表中，并作为表的外键，如果多重性为 1 的关联是强制的，则还需要进一步为这个外键添加非空约束，这个非空约束也为数据库系统带来操作方面的约束。

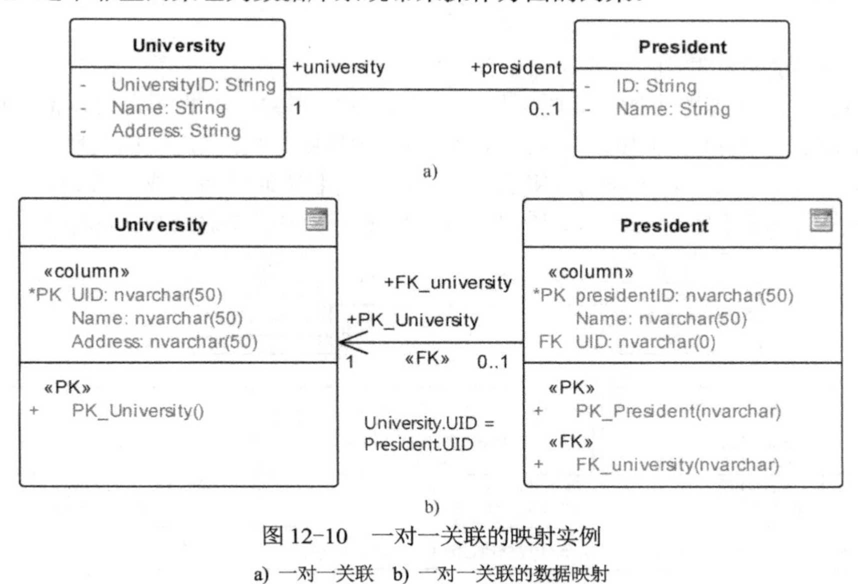

图 12-10　一对一关联的映射实例

a) 一对一关联　b) 一对一关联的数据映射

图 12-11 给出了实现一对一关联映射的实例。图中，描述了将学院类（School）、教师类（Teacher）以及二者之间的关联映射到关系数据库的结果。映射时，将每个类分别映射成一张表，二者之间的关联则通过将学院类的主键 SchoolID 加入到教师表（Teacher Table）中，并作为教师表的外键。从而实现了一对多关联到关系数据库的映射。

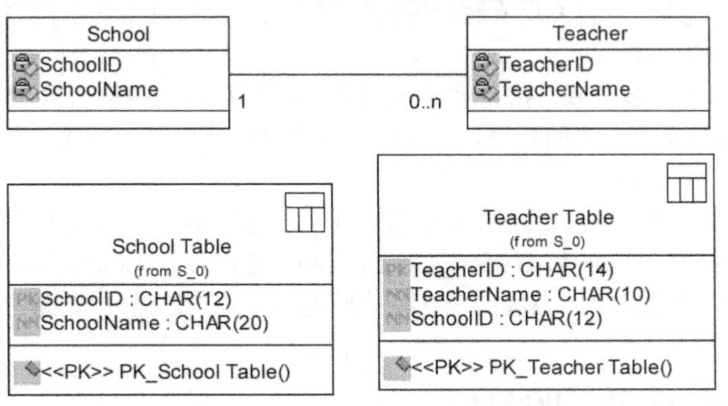

图 12-11　一对多关联到关系数据库的映射

对父表进行（如 School Table）操作时，应使修改后的表仍然满足这样的约束。

1）插入操作。对强制可选约束来说，任何对象（Teacher 对象）都可以不受任何约束地添加到父表中，因为这种约束中的父亲不一定必须有子女。

2）修改父表的键值。如果需要修改父表的键值，可以使用数据库事务的方式同时修改两张表的数据，以维护数据的参照完整性。

3）删除父表记录。可先删除所有子表中的对应记录，然后再删除父表中要删除的记录。对于子表来说，除了对外键的非空约束之外没有其他附加的约束。如果在 School 类和 Teacher 类的关联中，存在的是可选对可选的约束，则在映射所得的数据库表中，Teacher Table 中的列 SchoolID 则仅是一个外键，其值可为空。此时，对映射得到的父表上的操作就不存在上述的强制约束。

（3）多到多关联的映射

多对多关联映射到关系数据库时，为了节省存储空间并减少数据冗余，需要引入一个关联表。关联表是一个存储在数据库中的表，用于维护两张或多张表之间的关联。关联表中的属性通常应包括关联关系中各个表的主键组合。关联表的名字通常命名成它所关联的表的名字组合，或者是关联本身名字。图 12-12 给出了一个将多对多关联映射到数据库中的实例。

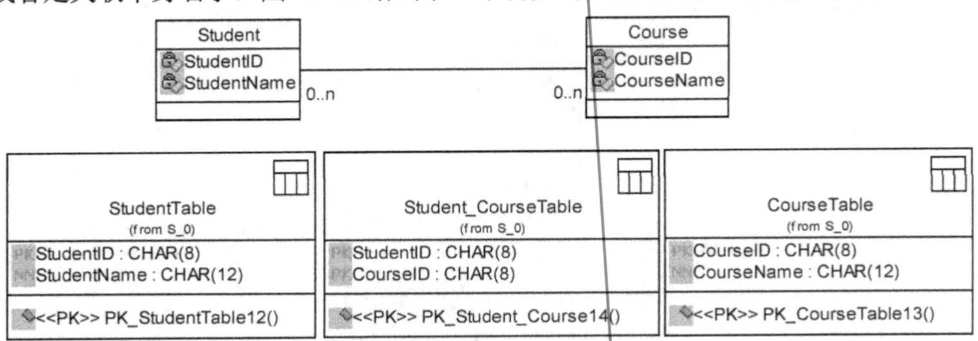

图 12-12　将多对多关联映射到关系数据库

图中给出了学生（Student）和课程（Course）两个类，二者之间存在着一个多对多的关联关系。映射到关系数据库后得到三个表。其中，学生表（StudentTable）和课程表（CourseTable）分别由学生类（Student）和课程类（Course）映射得到，第三张表学生选课表（Student_Course_Table），则是由两个类之间的关联映射后得到的关联表，其属性就是前两张表的主键组合，并且构成这个关联表的主键。

对于一对多和多对多关联，应注意不要将多个类和相应的关联合并成一张数据表，尽管这样可以减少关系数据库中表的数目，但这种方法会导致违背第三范式的数据库的设计，从而违反了关系数据库的设计原则。

对于多对多的关联来说，上述映射方法实际上已经将多对多关联分解为两个一对多的关联，图 12-12 中 StudentTable 和 Student_Course Table 之间以及 CourseTable 和 Student_Course Table 之间都是一对多的关系。因此，多对多的关联映射带来的操作方面的约束与一对多映射的情况相同。

12.3.2　数据库对象的持久化过程

面向对象系统中，将对象持久化到数据库的过程与基于文件对象持久化过程类似，也可以分成序列化和反序列化两个过程。不同的是：一方面，关系数据库拥有着严格的结构定义；另一方面，数据库的访问通常要使用标准的 SQL 语句来访问数据。

下面简单地介绍面向对象系统中访问数据库的基本技术。

1．使用 SQL 语句

当需要使用数据库持久化软件中的对象时，通常就是将能够持久化对象属性的 SQL 语句嵌入在这些对象之中，如果将生成、修改和执行这些 SQL 语句的职责赋予这些对象或相关对象，那么将会使我们能够更加容易和更加清晰地设计和实现这样的面向对象系统。

在通常情况下，使用 SQL 语句可以完成的任务包括以下内容。

- 查询：通过查询语句可以从数据库中查找满足条件的记录，必要时可以根据查询结果创建对象，并将这些对象加入到系统中。
- 插入：将系统中新产生的系统对象插入到对应的数据库表中。
- 删除：当某个系统对象的生命期结束时，可以通过发送一个删除语句删除数据库中存储的数据记录。
- 修改：当某个持久对象的持久属性得知发生改变，可以通过发送一个更新语句修改该对象的属性数据，以持久化对象的状态。

这些任务中，可将以增加对象、删除对象和修改对象属性为目的的插入、删除和修改三种操作定义成类方法直接安排在所对应的类或相关的类中。以读入和创建对象为目的的查询操作则可定义成实例方法安排在对应的类中。其余情况下的数据库操作则可根据执行操作的目的和对象职责的分配分布在适当的类中。有时，将某些数据库操作定义成类作用域方法会使程序具有更大的灵活性。

在大多数软件开发环境中，都定义了可重用的数据库访问控制类，通过这些类，可以很容易地实现数据库的控制和访问。

2．事务操作

在关系数据库中，通常使用事务机制以解决数据操作的一致性和完整性问题。

事务（Transaction）被定义成一组数据库操作构成的集合。处理事务时，可以使一个事务里的操作要么被完全执行，要么完全地不执行。正确的事务处理机制有助于保证事务性单元内的所有操作都成功完成，从而保证了数据的完整性和一致性。

在面向对象系统中，可以通过使用 SQL 事务处理语句，将数据库操作封装成一个完整的事务，并通过执行这些语句实现事务处理。

3．序列化过程

与面向数据流的序列化相比，使用数据库的序列化消除了序列化和反序列化过程之间的耦合。同时，还允许用户通过随机访问的方式修改对象的某个属性，这有效地提高了系统的工作效率。

图 12-13 给出了已知的订单和订单明细类两个类的定义，图 12-14 给出了订单类和订单类数据库表的结构定义。其中 orderid 是 OrderTable 的主键，orderid 和 id 是表 OrdeItemTable 的主键，并且 orderid 是与 OrderTable 相关联的外键。

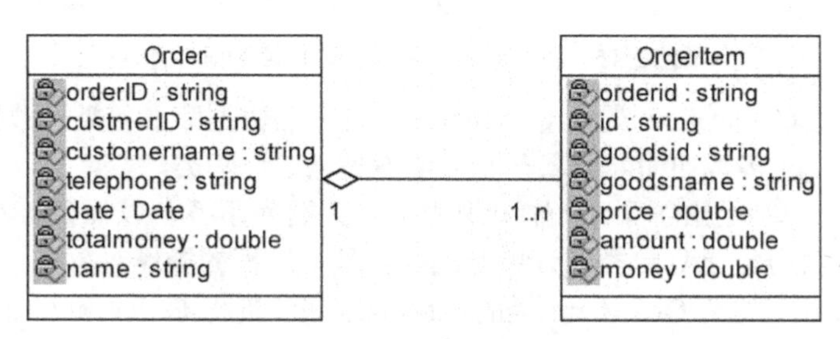

图 12-13　订单和订单明细类

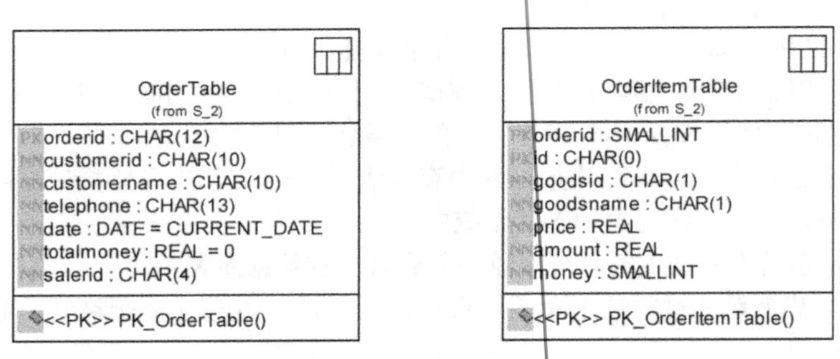

图 12-14　订单和订单明细类对应的数据表

图 12-15 给出了一个将订单数据添加到数据库中的过程。图中出现了 Client 类、Transaction 类、Connection 类、Command 类、Order 类和 OrderItem 类等类型的对象。其中，Client 类是整个过程的客户类，它负责组织、发起和控制完成了整个过程。

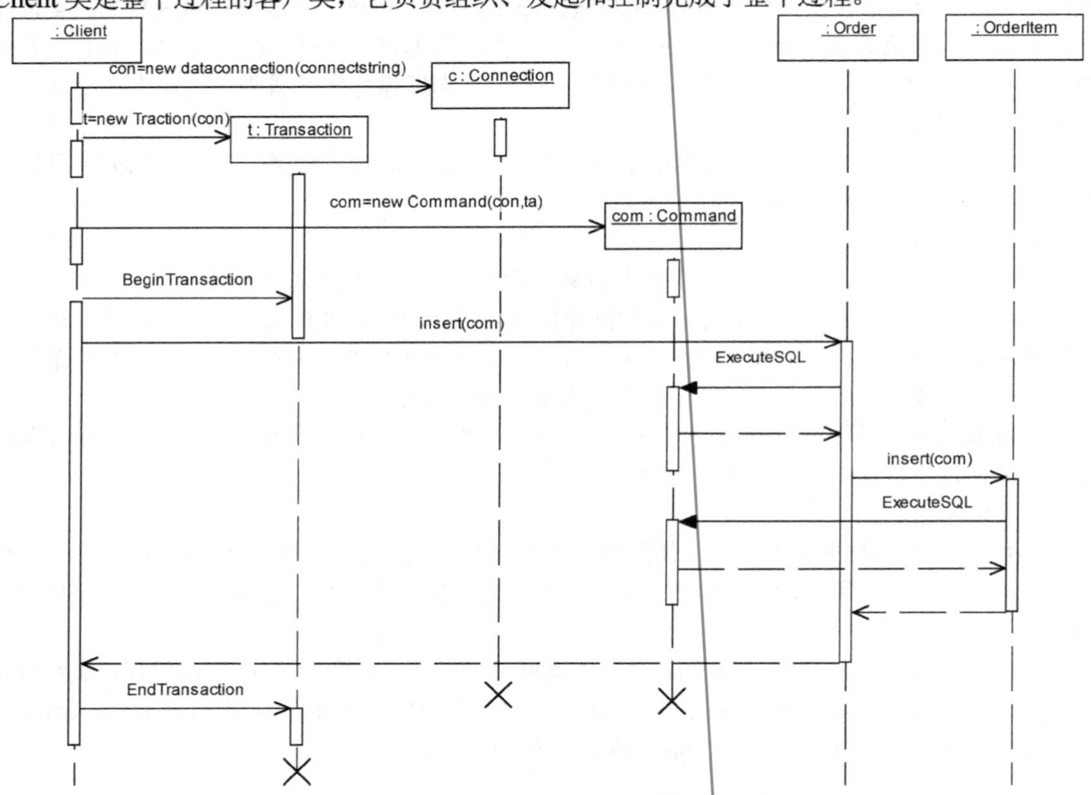

图 12-15　将订单数据添加到数据库的顺序图

Transaction 类、Connection 类和 Command 类分别是数据库事务类、数据库连接对象类和数据库命令对象类，大多数的面向对象开发环境均提供了这些类。

本过程将所有订单数据的插入操作组织成一个数据库事务，以保证订单数据的完整性。Order 和 OrderItem 类分别是订单类和订单明细类，是本过程的操作对象。

图中出现的 Order 类和 OrderItem 类的 insert()方法负责将 Order 和 OrderItem 对象插入到数据库中。算法的基本描述如下，这个方法可以将当前一个订单对象插入到数据库文件中，从而实现了对象的序列化过程。图中出现的 Order 类和 OrderItem 类的 insert()方法可按照下列方式实现。

```
        void insert(com Command){ //Order 类的insert()方法
            com.execute(this.InsertComand())
            for each item in this.orderitemlist(){
                item.insert(com);
            }
        }
```

```
        void insert(com Command){ // OrderItem 类的insert()方法
            com.execute(this.InsertComand())
        }
```

图中出现的 Order 类和 OrderItem 类的 InsertComand()方法用于生成插入对象属性数据的 SQL 语句。其实现代码如下。

```
        string InsertComand (){//Order 类 InsertComand ()方法
            string s;
            s="insert into ordertable values('"
            s+=orderid + "','"
            s+=customerid + "','"
            s+= customername + "','"
            s+=telephone + "','"
            s+=date.tostring("yyyy-MM-dd") + "',"
            s+=totalmoney.tostring() + ",'"
            s+=sailerid + "')"
            return s;
        }
```

```
        string InsertComand (){//OrderItem 类的insert()方法
            string s;
            s="insert into ordertable values('"
            s+=orderid + "','"
            s+=id + "','"
            s+=goodsid + "','"
            s+=goodsname + "',"
            s+=price.tostring()+ ","
            s+=amount.tostring()+ ","
            s+=money.tostring() + ")"
            return s;
        }
```

可以看出，这两个函数并不复杂。它们说明的是整个过程的参与对象以及这些对象上职责的分配，只有在找到一组合适的对象并进行合适的职责分配才会导致如此简单的代码实现。

优美的结构设计会带来可读性好，更易于维护、修改和扩充的系统。

实现订单对象创建、修改和删除等过程的实现方式类似，这里不再详细介绍了。

12.4 小结

本章介绍了对象持久化的概念和方法。简单介绍了基于数据文件的持久化问题和方法，重点介绍了基于关系数据库的对象持久化，详细介绍了实体模型与关系数据库的关系模型之间的映射的思想和基本方法。还介绍了基于关系数据库的持久化的实现方法。

习题

一、基本概念

1. 简述对象的持久性的概念，说明按照对象的生存周期，可以将对象分成哪些类型。
2. 使用你所熟悉的程序设计语言描述一个序列化到磁盘文件的例子。
3. 简述继承到关系数据库的映射方法，并讨论这些方法的优缺点。
4. 简述关联关系到关系数据库的映射方法，讨论这些方法的优缺点。
5. 简述对象之间的依赖关系是否需要持久化。

二、建模题

1. 图 12-16 给出了一张描述订单的类图，请选择合适的映射方式将图中的类映射成关系数据库模型，并画出对应的数据关系图。

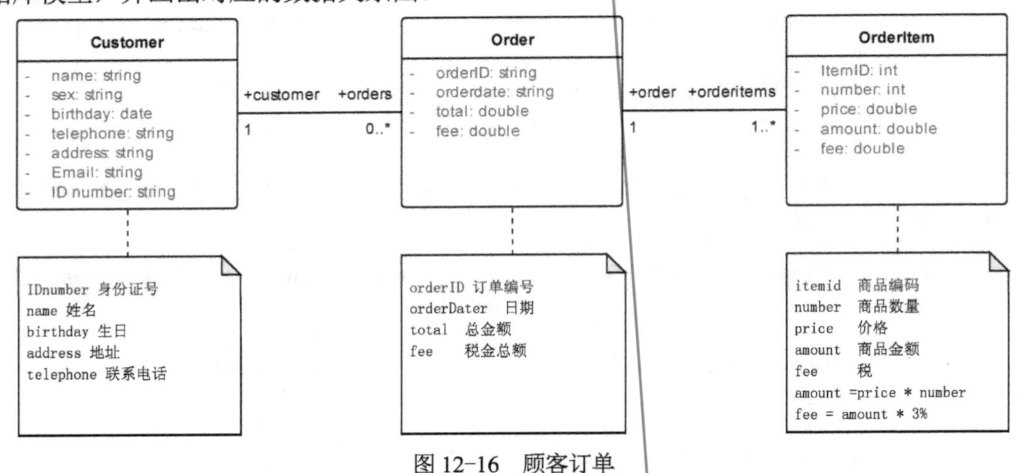

图 12-16　顾客订单

2. 为图 12-15 中得每个类添加一组实现数据库操作（insert、delete、update 和 select）的方法。例如，为 OrderItem 类添加 Insert(con: DataConnection):boolean、Delete(con: DataConnection)、Update(con: DataConnection)和 Select(con: DataConnection)等方法。

并思考如下问题。

1）题目中提到的 DataConnection 应该是什么？它与图中的类之间具有什么样的关系？

2）对于每个类来说，如何实现这些算法？每个算法又应该满足什么样的约束？

3）图中类的关联关系与这些算法的实现又有什么样的关系？

3. 图 12-17 描述了某教学系统的结构模型，请将图中的类映射成关系数据模型，并说明不同的转换方法的优缺点。

4. 与第 2 题类似，为图 12-17 中的每个类添加一组实现数据库操作（insert、delete、update 和 select）的方法。

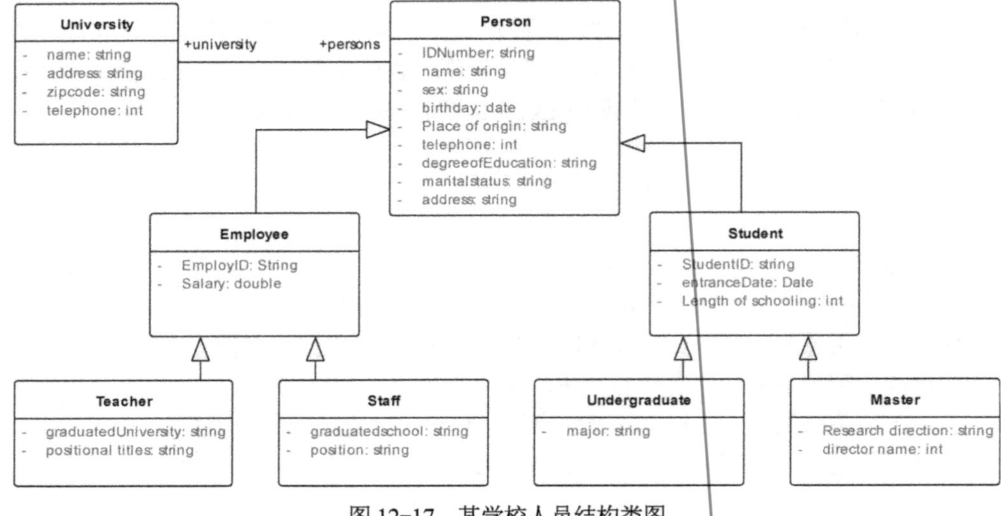

图 12-17　某学校人员结构类图

并思考下面的问题。

1）系统中可能有哪些可能的需求需要在 University 类中添加适当的方法，这个设计能够满足这样的需求吗？

2）如果系统需要统计目前全体员工（或全体教师 Teacher、全体职员 Staff）的工资总额，这个设计能支持这样的需求吗？如何支持？

3）如果系统需要统计满足某个特定条件的学生（或研究生）人数，这个设计能支持这样的需求吗？如何支持？

4）如果系统需要统计目前全体学生应缴的学费情况，这个设计能支持这样的需求吗？如何调整这个设计才能实现这样的支持？通过对上述问题的思考，你能得出什么样的结论？

第 13 章　面向对象分析设计案例

学习目标

- 通过案例巩固和加强对软件开发过程中用例模型的作用和建模方法的理解。
- 加强对软件结构模型设计过程和方法的理解，加强对概念模型及其获取方法的理解。
- 理解应用程序架构在软件设计中的地位、作用及其应用方法。
- 理解动态建模在软件设计过程中的作用和使用方法。

为了更直观有效地帮助读者理解和掌握面向对象的分析与设计方法，本章将给出一个完整的“交互式图形编辑软件”的分析和设计案例，可以为读者加深对面向对象分析和设计领域的概念、方法和技术等学习提供有效的帮助。

13.1　软件概述

这个交互式图形编辑软件是一个运行在 Windows 系统下的图文编辑软件，其主要功能是编辑一个以直线、矩形、多边形、椭圆、图片以及文本等多种基本图形元素构成的图形文档。

这个软件主要用于教学。在教学过程中，可以将该软件视为一个实验素材，读者可以阅读这个软件的全部内容（如系统分析、设计以及程序源代码等全部资料），也可以根据自己的兴趣修改和扩充这个软件，从而帮助读者学习和理解面向对象分析和设计方面的内容。

为了更好地帮助初学者学习，本案例不仅给出了软件的分析和设计方面的描述，还给出了软件的全部源代码。通过阅读这些源代码，读者可以从分析、设计与实现等多个角度来分析和讨论问题。

13.2　软件功能结构

由于这个交互式图形编辑软件仅是一个用于创建由直线、矩形、多边形和文本等图形元素为构成要素的数据文档的图形软件，所以这个软件仅有一个参与者，我们称之为用户。

软件用例的主要内容也就是编辑图形文档所需要的各项功能。

13.2.1　用例建模

在通常情况下，开发软件首先要做的工作就是需求分析，即建立系统的功能模型，从而确定目标软件的功能需求。

根据软件的设计目标，比较简单地为其定义了如下一些用例，如图 13-1 所示，这些用例包括了该软件提供的各种常规基本操作，表 13-1 列出了该软件的主要用例及其说明。

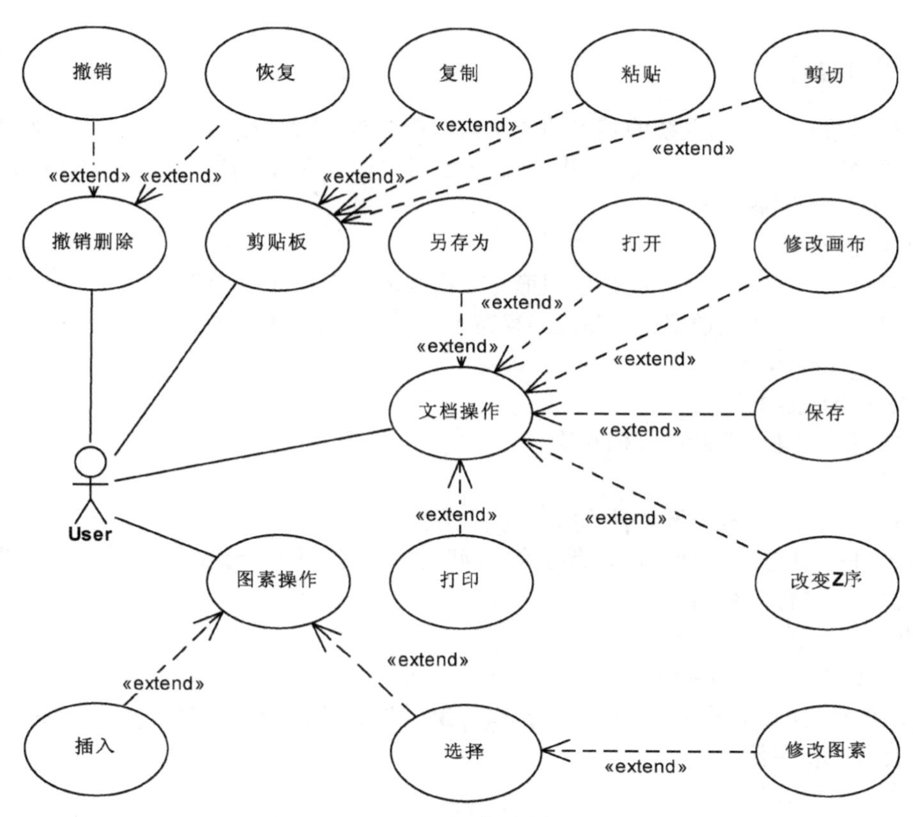

图 13-1　交互式图形编辑软件用例图

表 13-1　软件的主要用例及其分类

用例分类	用例名称	说明
文档操作	创建文档	创建一个新的数据文档文件，此数据文档文件中没有任何数据
	打开文档	打开一个已经存在的数据文档文件，并将文档数据显示在屏幕上
文档操作	保存文档	将当前文档保存到磁盘文件中
	打印文档	将当前文档输出到指定的打印设备
图素操作	插入图素	向当前文档中插入一个指定的图形元素
	选择图素	将指定的图形元素设置为选中状态
	删除图素	将选定图形元素从当前文档中删除
	改变位置	将选定图形元素从当前位置移动到指定位置
	改变大小	指在不改变图形元素形状的情况下，改变选定图素的大小
	改变形状	用改变图素的纵横比来改变指定图形元素的形状
	改变 Z 序	改变图形元素的显示顺序
撤销与恢复	撤销	撤销刚刚执行的用户操作
	恢复	重新执行刚刚撤销的操作
剪贴板操作	复制	将选定的图形元素复制到剪贴板上
	剪切	将选定的图形元素从文档中删除，并将这些图形元素存储到剪贴板上
	粘贴	将剪贴板上的数据以本软件能够接受的形式插入到当前文档中
其他	修改画布	画布是指图形的显示区域，改变画布大小意味着改变软件所绘制的图形显示区域的大小

需要说明的是，图 13-1 中的修改图素操作可看成是选择图素用例的扩充用例。

13.2.2 用例描述

用例模型描述了目标系统的基本功能结构，但需求分析过程中，仅给出功能结构是远远不够的。用例建模过程中，不仅要有用例图，还需要有每个用例所包含的交互的细节。以下是部分用例的详细描述。

1. 文档操作

在本软件中，文档可以看成是由图形元素构成的集合，文档操作将整个文档作为操作对象进行处理，这种操作的前置条件是已经存在了一个或多个文档对象。

（1）创建文档用例

用例名：创建文档。

用例描述：创建一个新的文档对象。

参与者：用户。

前置条件：用户已经打开软件系统。

后置条件：创建了一个新的文档对象，同时创建并打开一个新的文档窗口，并把软件的当前状态置于新文档的初始状态。

用例的事件流如下。

1）用户选择创建新文档命令。

2）创建一个文档对象及相应的文档窗口对象，并把这个文档对象置为当前文档对象。

（2）打开文档用例

用例名：打开文档。

用例描述：打开一个已经存在的文档文件。

参与者：用户。

前置条件：用户已经打开软件系统。

后置条件：打开一个已经存在的文档文件，创建一个新的文档窗口，并在这个文档窗口中显示这个文档内容，同时把系统置于就绪状态。

用例的事件流如下。

1）用户选择打开文档命令。

2）系统提示用户输入文件名。

3）系统将检查文件的存在性以及合法性。若文件不存在，则提示文件名输入错误，并将系统返回到先前的状态。

4）系统打开这个文件并对文件进行合理性检查，若文件类型非法，则提示用户文件类型错误，并将系统返回到先前的状态，否则系统读入并显示这个文件的内容。

（3）保存文档用例

用例名：保存文档。

用例描述：将当前文档的内容保存到指定的磁盘文件中。

参与者：用户。

前置条件：当前文档非空，即当前文档是一个含有图形元素的文档。

后置条件：当前文档的数据被正确地保存到指定的文件之中。

用例的事件流如下。

1）用户选择保存文档命令。

2）系统提示用户输入文件名。

3）系统将检查文件是否存在。若文件已经存在，则提示用户文件已经存在，并询问用户是否覆盖，若用户输入不覆盖，则放弃本次操作。若文件不存在或用户同意覆盖，则按用户输入的文件名创建文件并将当前文档中的数据保存到该文件中去。

4）将系统返回到先前的状态。

（4）打印文档

用例名：打印文档。

用例描述：将当前文档输出到系统当前的打印管理程序。

参与者：用户。

前置条件：当前文档非空，即当前文档是一个含有图形元素的文档。

后置条件：创建了一个新的文档对象，同时创建并打开一个新的文档窗口，并把软件的当前状态置于新文档的初始状态。

用例的事件流如下。

1）用户选择修改画布操作命令。

2）输入画布参数并确认。

3）系统刷新图形的显示。

（5）修改画布大小

用例名：修改画布大小。

用例描述：修改当前文档的画布尺寸。

参与者：用户。

前置条件：用户已经打开或选择了合适的文档。

后置条件：将新的画布参数保存到当前文档对象中，并更新了当前文档的显示。

用例的事件流如下。

1）用户选择修改画布操作命令。

2）输入画布参数并确认。

3）系统刷新图形的显示。

（6）修改图素Z序

此操作是一个比较特殊的操作，其含义是改变图形元素的 Z 轴方向的位置。其主要特点是不改变图形元素本身的状态，改变的仅仅是其显示位置而已。

用例名：修改图素Z序。

用例描述：修改指定图形元素的Z序。

参与者：用户。

前置条件：选择了合适的图形元素。

后置条件：将新的画布参数保存到当前文档对象中，并更新了当前文档的显示。

用例的事件流如下。

1）用户选择修改画布操作命令。

2）输入画布参数并确认。

3）系统刷新图形的显示。

2．图素操作

（1）插入图素

用例名：插入图素。

用例描述：向当前文档中插入一个特定的图形元素。

参与者：用户。

前置条件：用户已经创建或打开了某个文档。

后置条件：向当前文档中插入了一个指定的图素对象，并将软件的当前状态置于正常状态。

用例的事件流如下。

1）选择图形元素类型。

2）输入创建的图形元素的位置等属性。

（2）选择图素

用例名：创建文档。

用例描述：创建一个新的文档对象。

参与者：用户。

前置条件：用户已经打开软件系统。

后置条件：将指定的图形元素设置为选中状态。

用例的事件流如下。

1）用户用鼠标单击欲选择的图形元素。

2）系统清除现有的图形元素上的选中标志。

3）系统查找出文档中距离鼠标位置最近的图形元素，再检查这个最近距离是否小于某个特定的临界值。如果最近距离小于这个临界值，则将这个图形元素设置成被选中状态。

4）刷新图形元素的显示。

（3）修改图素

修改图素是修改图形元素的位置、大小、形状等几何属性和颜色、线型等非几何属性。修改图素用例又可以分成移动图形元素的位置、大小、形状和 Z 序等多种情况。

用例名：修改图素。

用例描述：修改指定图形元素的几何属性和非几何属性的修改。

参与者：用户。

前置条件：用户已经选中了某个（或某些）图形元素。

后置条件：刷新了图形显示，使被修改的图形以新的状态显示，并将修改结果保存在文档对象中，使系统处于一个合适的状态。

用例的事件流。

1）以适当的方式（如拖动、对话框以及文本输入等）输入图形属性的参数。

2）刷新图形显示。

这里将修改图素建模成一个抽象用例。并为其定义了大小、属性、形状、移动和删除五个具体用例。它们分别用于修改图形元素的大小、非图形属性、形状和位置以及删除图形元素，如图 13-2 所示。这些用例对修改图素用例给出了不同方式的实现，因篇幅的原因，这里不再给出具体的描述了。

3. 撤销与恢复操作

撤销操作用于撤销用户最近刚刚执行的操作，操作的结果是将文档对象恢复到被撤销操作执行前的状态。而恢复操作则是重新执行刚刚被撤销的操作。

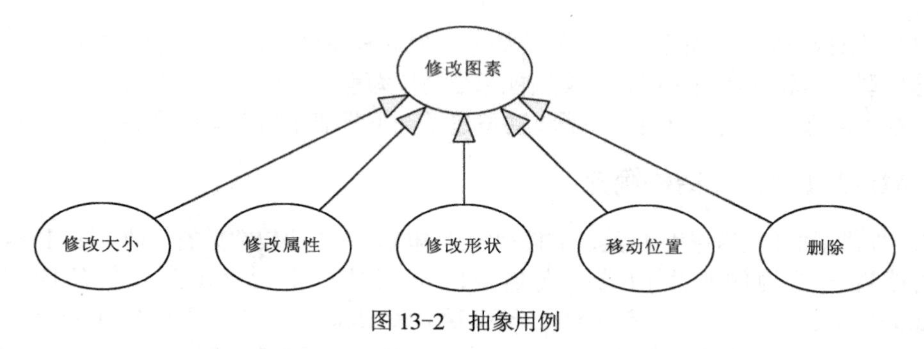

图 13-2　抽象用例

4．剪贴板操作

剪贴板操作的具体实现不在本书中详述，具体内容可参见本书所附带的源程序。

13.2.3　概念模型

根据本软件的目标和特点，我们定义了软件的文档结构，并将这个文档结构作为软件的概念模型，如图 13-3 所示。

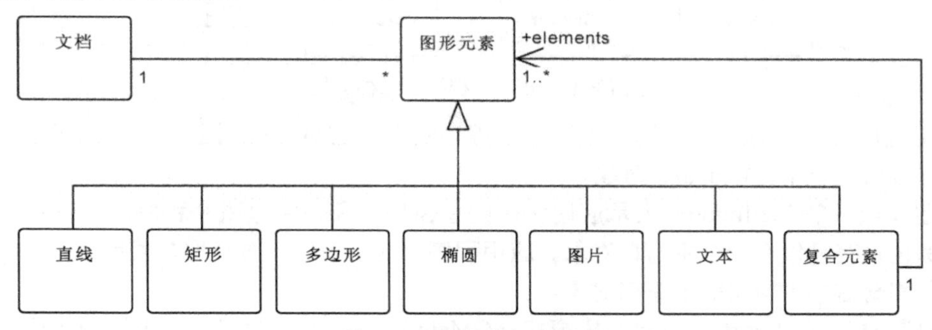

图 13-3　软件的概念模型

在这个模型中，文档被定义成一系列图形元素构成的有序集合。其内容可以以文件的形式存储在磁盘文件中。

图形元素分成简单元素和复合元素两种类型。简单元素可以分成直线、矩形、多边形、椭圆和文本以及图片等多种形式。除了直线和图片文件以外，每种简单元素还可以嵌套一个文本对象。复合元素可以看成是若干个简单元素或复合元素构成的有序集合，复合元素使用户可以利用简单的图形构成更复杂的图形。

前面提到的 Z 序是指图形元素的显示顺序。对于用户来说，后显示的图形元素会遮挡先前显示的图形元素。

虽然概念模型给出的仅仅是一些概念，但这些概念及其相互关系为后续的设计提供了非常重要的基础。概念模型建模的完备程度，将直接影响后续工作的质量和效率，甚至影响项目的成败。

13.3　软件结构设计

明确了软件的功能需求和概念模型之后，就可以考虑软件系统的结构设计了。这里，我们将以系统的功能需求为出发点考虑系统的结构设计。

在结构设计阶段，首先需要考虑的是如何将概念模型转换成某种特定的开发环境支持的软件结构模型。本软件使用 MFC 的文档视图结构作为程序的总体结构框架。另外还需要对软件的动态行为进行更细致的建模，并通过动态建模，不断细化和完善系统的结构模型。

13.3.1 MFC 文档视图结构简介

MFC 提供了多种应用程序框架，文档视图结构就是其中比较常见的一种。图 13-4 展示了 MFC 文档视图结构的基本构成。文档视图框架是一个由 MFC 提供的应用程序类（CWinApp）、主窗口类（CMainframe）、子窗口类（CChildFrame）、视图类（CView）、文档类（CDocument）和文档模版（CDocTemplate）类等构成的应用程序框架。

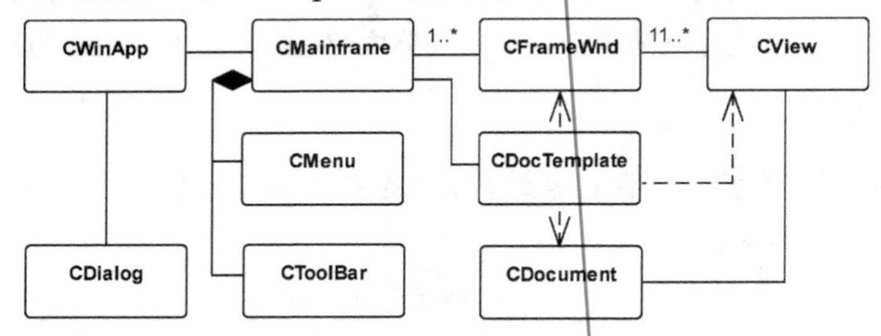

图 13-4 MFC 文档视图结构的构成

应用程序类（CWinApp）用于表示一个程序实例，它负责控制整个程序的运行。每个应用程序有且仅有一个 CWinApp 对象。

主窗口类（CMainframe）表示应用程序的主窗口对象，它是整个程序的容器窗口。每个程序实例也是有且仅有一个主窗口对象。应用程序中的子窗口、对话框、菜单、工具栏以及工具栏等，都是这个主窗口的子窗口对象。

子框架窗口（CFrame）对象是主窗口（CMainframe）的子窗口，用于组织应用程序的交互界面（CView），一个主窗口可以有多个子框架窗口。

文档类（CDocument）是文档视图结构中最重要的类，可以将其看成是应用程序处理的所有（数据）对象构成的集合。

视图类（CView）对象可以看成是窗口中的一个矩形区域，这个区域也代表了软件中最基本的人机交互界面，几乎所有基本的交互操作都是通过这个视图对象实现的。每个子框架窗口还可以拥有一个或多个视图。

MFC 还定义了多个不同的视图类，其中的一些视图类就已经具有了十分强大的功能，如 CEditView 类和 CRichEditView 类就直接封装了文本编辑方面的交互功能。设计时，选择合适的视图类将可以充分地复用这些功能。视图类中，CView 类既是所有视图类的基类，也是其中最基本的类。

文档模版类封装了文档、视图、框架窗口三种类的 RuntimeClass 类实例，以及一个用来指定特定文档需要的菜单资源的成员变量。

在一般情况下，当应用程序只处理一种类型的文档时，应用程序不需要访问这个文档模版类对象。

13.3.2 软件的基本结构

本软件的基本结构基于 MFC 的多文档应用程序框架，如图 13-5 所示。

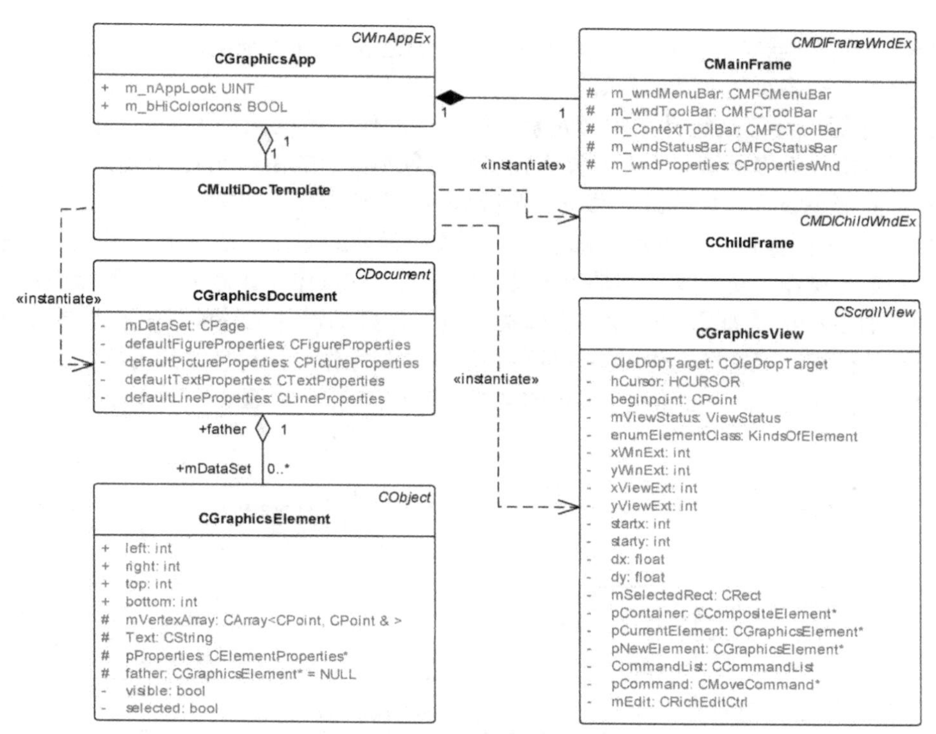

图 13-5 程序总体结构框架

图中，类 CGraphicsApp 是 MFC 类库中应用程序类 CWinApp 的一个实现，其实例表示程序的应用程序对象；类 CMainFrame 是框架中 CMDIFrameWindEx 类的实现，其实例表示应用程序的主窗口对象；类 CChildFrame 是子窗口类，其实例是主窗口的子窗口，它也是视图对象的容器；CGraphicsDocument 是文档类，是框架中文档类 CDocument 的一个实现；CMultiDocTemplate 是 MFC 特有的文档模板类，每个实例都可以封装一个由子窗口类、视图类和文档类的运行时类实例（CRuntimeClass 类）的组合，这个组合描述了子窗口、文档以及视图之间所特有的关系，从而为支持多文档程序框架提供了一种方便的实现机制。最后，CGraphicsElement 类是自定义的图形元素类。

13.3.3 图形文档类的设计

首先考虑文档类的设计，设计内容既包括文档类的物理结构设计，也包括文档元素类的设计。好的设计应严格封装文档的物理结构，以使得外部对象仅按照某种特定的逻辑访问这些文档对象。下面将从这个概念结构出发介绍文档及其相关类的设计。

1. 图形元素类

从前面的概念模型中，可以看出图形元素是文档中最重要的组成元素，这些元素的首要特征是元素的结构特征。软件支持多种不同类型的图形元素。而从扩充的角度来讲，概念模型中也许并未包含所有最终的图形元素类型。但这些图形元素的共同特征是，它们均包含了描述图形元素的拓扑结构所需的**几何特征**和其他信息（如颜色、纹理和宽度等信息）所需的**非几何特征**。必要时，它们还可能包括某种特定的**语义特征**（如应用于特定领域的图形元素所具有的语义特征）。

其次，这些图形元素的第二个方面的特征是图形元素的组合性，即可以将多个简单的图形元素组合成更复杂的复合元素。这使得文档结构具有更复杂的层次结构，从而支持用户编辑更具有层次感的文档结构。另外，复合元素的引入还会为软件带来更好的可扩充性，如从一个单页的文档扩充成多页的文档结构等。

第三个方面的特征是定义在图形元素上的各种操作，这些操作可分为元素操作、元素组操作以及复合操作等多种情况。元素操作指操作对象是单个的图形元素的操作，即直接修改图形元素状态的简单操作，如修改、移动、删除和 Z 序操作等。元素组操作指定义在多个元素（元素集合）之上的操作，如移动、修改和删除成组元素的操作，还包括对多个元素进行的**组合**和**解组**等集合操作。复合操作则是指定义在操作之上的操作，如撤销和重做操作。

上面所有这些因素都影响着软件实体类的设计，好的设计应该能够充分地支持或反映所有这些结构特征和功能特征，更应该使软件在实现这些操作时具有良好的可靠性。

综合上述各种因素，下面给出了具体的文档元素类的设计，如图 13-6 所示。

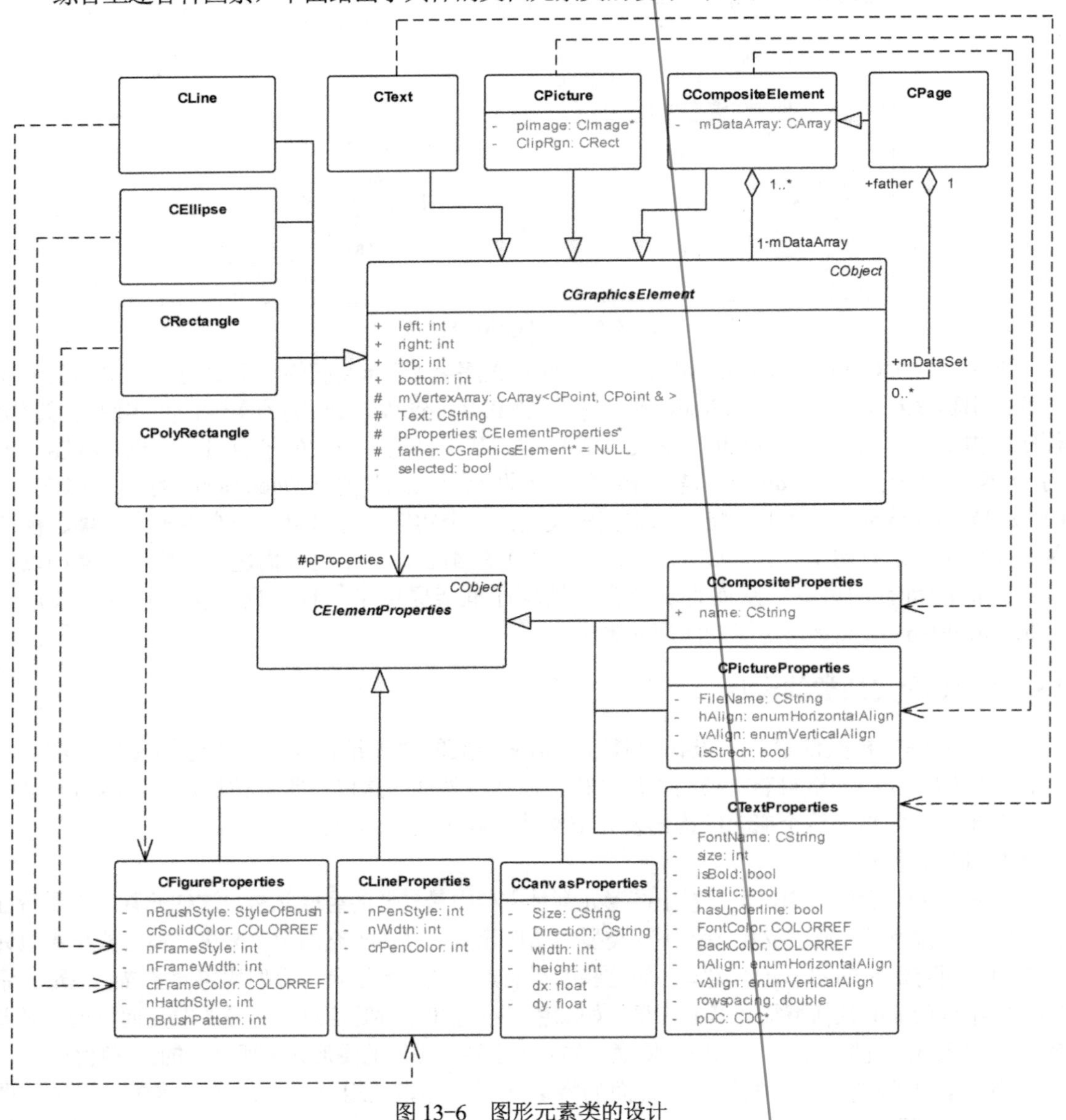

图 13-6　图形元素类的设计

图中，CGraphicsElement 类是一个抽象类，表示软件中所有各种类型的图形元素的基类。具体的图形元素类包括 CLine、CRectagle、CEllipse、CPolyRectangle、CText、CPicture 和 CCompositeElement 等多种具体的图形元素。

CGraphicsElement 类中定义了所有图形元素共有的属性，包括图形元素的基本属性、几何属性和非几何属性等。

（1）基本属性

指所有图形元素所共有的属性。本软件的基本属性被定义成图形元素的“包围盒”，即一个包含了图形元素所有顶点的最小矩形区域，用于支持图形元素的拖放操作。

（2）语义属性

语义属性是一种用于表示模型元素所具有的特定语义的属性。当软件属于某个特定的应用领域（例如文本编辑、软件建模等）时，可使该应用领域特定的语义属性表示。

这个软件的语义属性被简单地定义成一段文本，这些属性定义如下。

```
int left, top, right, bottom;          //表示图形元素的矩形包围盒
CString Text;                          //用户定义的字符串
```

（3）几何属性

用于表示图形元素的基本拓扑结构，如表示图形的位置、大小和形状等方面的属性。本软件中，几何属性被简单地定义成一个图形顶点的集合。

```
CArray<CPoint, CPoint & > mVertexArray;
```

（4）非几何属性

用于描述绘制图形元素时所需要的属性。例如图形中线的色彩、粗细、形状和风格等方面特征的属性。

对于不同类型的图形元素，往往又拥有不相同的非几何属性。因此，专门定义了一个特定的层次结构来表示不同图形元素的非几何属性。

2．图形元素的非几何属性

为了在同一场景中能够以统一的方式使用各种不同的图形属性，定义了一个抽象的图形属性类（CElementProperties）作为图形属性对象的接口，并得到了一个层次结构，如图 13-7 所示。

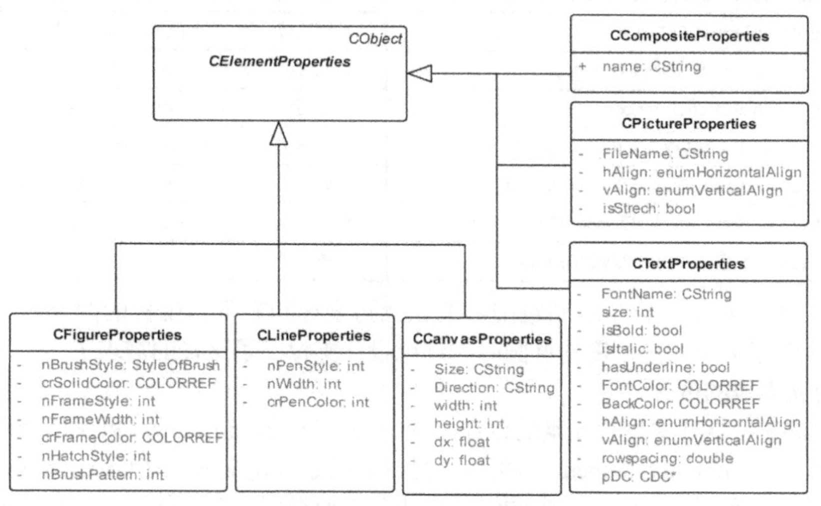

图 13-7　图形元素的非几何属性

事实上，图 13-7 仅是图 13-6 的一个组成部分，并且图 13-7 中也已经明确标出了不同的图形元素类与这些非几何属性之间的关系。表 13-2 明确列出了它们之间的关联关系。

表 13-2 图形元素的非几何属性

序号	图形元素	图形元素类	对应的非几何属性类
1	直线	CLine	CLineProperties
2	矩形	CRectagle	CFigureProperties
3	椭圆	CEllipse	CFigureProperties
4	多边形	CPolyRectangle	CFigureProperties
5	文本	CText	CTextProperties
6	图片	CPicture	CPictureProperties
7	复合元素	CCompositeElement	CCompositeProperties
8	页	CPage	CCanvasProperties

表中的矩形（CRectagle）、椭圆（CEllipse）和多边形（CPolyRectangle）三个类的非几何属性的定义是相同的，它们使用了同一种非几何属性（CFigureProperties）。这样设计的目的是尽量减少这些类之间数据定义甚至是程序代码之间的冗余，这更有助于提高程序的设计效率。

接下来要说明的是图形元素类的方法的设计问题。

3. 图形元素类的方法

表 13-3 列出了 CGraphicElement 类的主要方法，这些方法为所有图像元素类定义了一个共同的接口，在本设计中，CGraphicElement 类的大部分均定义成可重载的形式。这样设计是为了允许它们在子类中可以具有一个自己的实现。至于这些子类是否需要重定义这些操作，以及如何重定义它们，则由子类决定。对于更具体的设计细节，读者可参考具体的程序代码。

表 13-3 图形元素类的主要方法

序号	方法	说明
1	virtual CGraphicElement* Clone();	复制图形元素对象
2	virtual void Serialize (CArchive& ar);	序列化函数，用于序列化当前对象
3	virtual void Draw(CDC* pDC);	绘制函数，用于绘制图形元素
4	virtual void DrawFrame(CDC* pDC);	绘制边框，用于绘制图形的矩形包围盒
5	virtual int Included(CPoint point);	判断指定点是否包含于图形的区域内
6	virtual enumPointAt PointAt(CPoint point);	返回指定点关于当前图素的相对位置
7	virtual int Adjust(CGraphicElement *Orgin);	调整大小，按指定图素的大小调整图形元素的大小
8	virtual int Offset(CGraphicElement*Orgin, int dx, int dy);	移动位置，按指定图素的位置移动当前图形元素的位置
9	virtual void SetVisible(bool IsVisible = true);	设置可见标识

本软件的设计是仅包含了椭圆包围盒的左上角坐标和右下角坐标的两个点。但当用户需要的是一个旋转了某个特定角度的椭圆时，这个设计支撑不了这样的需求了。

4. 复合元素类的设计

图 13-8 描述了软件中复合元素的设计，图中的 CCompositElement 就是所谓的复合元素。它一方面继承了 CGraphicsElement 的接口，另一方面还被定义成了 CGraphicsElement 元素的集合。这个设计应用了 GOF 模式中的组合模式。它使得用户可以将图形文档中的简单元素组

成更大的复合元素，从而使用户可以构建更复杂的复合文档。

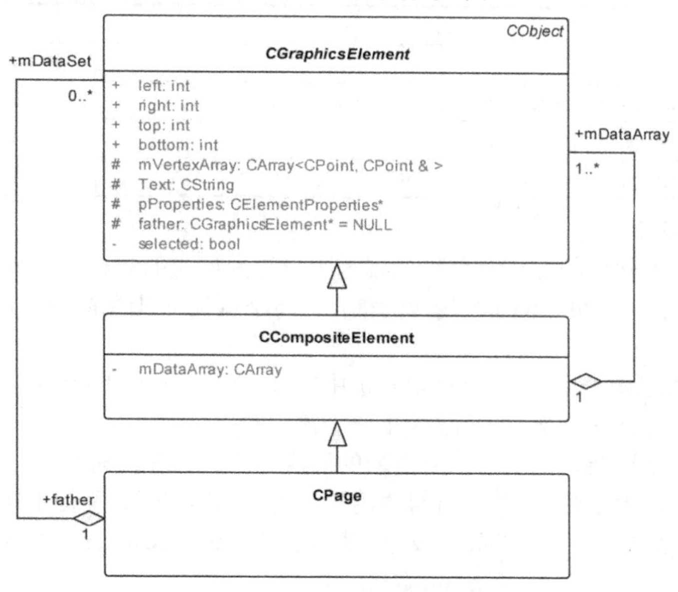

图 13-8　复合元素的设计

图 13-8 中还描述了一个特殊的复合文档类 CPage。这个对象被定义成一个特殊的、用于连接文档和图形元素之间关系的对象，用于表示文档的一个页。可以进一步修改或扩充一下这个软件，使其包含多个页。CPage 对象的引入，使得很多原来被分配到文档类中的方法被转移到复合类中，极大地简化了文档类的设计，并使软件具有了更清晰的结构和更好的可扩充性。

复合元素类的主要方法如表 13-4 所示。这些方法主要包括图形元素的添加、删除和修改等元素管理方面的操作，还包括图层操作、序列化操作、选择和移动等操作。

表 13-4　复合元素类的主要方法

序号	方法	说明
1	void Add(CGraphicsElement*p);	添加元素
2	void Insert(int index, CGraphicsElement *pElement);	插入元素
3	CGraphicsElement* Remove(int i);	删除指定元素
4	int Remove(CGraphicsElement *pElement);	
5	int ReplaceWith(CGraphicsElement *O, CGraphicsElement *N);	替换元素
6	void SwapeElement(int i, int j);	交换两元素位置
7	boolean BringToFront(CGraphicsElement *p, int i);	图层操作
8	boolean SetToBottom(CGraphicsElement *p, int i);	
9	boolean BringToPrevious(CGraphicsElement *p, int i);	
10	boolean SetToNext(CGraphicsElement *p, int i);	
11	virtual void Serialize(CArchive& ar);	序列化
12	virtual void Draw(CDC *pDC);	绘制
13	CGraphicsElement * SelectElement(CPoint point);	选择元素
14	CGraphicsElement* SelectElement(CRect rect);	

（续）

序号	方法	说明
15	void Move(CSize offset);	移动图形元素
16	CCompositeElement* CreateCommposite(CElementGroup *p);	生成复合元素
17	virtual CCompositeElement * Clone();	克隆操作
18	virtual enumPointAt PointAt(CPoint p, HCURSOR& h);	检索鼠标位置

5. 文档类的设计

从逻辑上看，本软件的文档对象可以视为图形元素构成的集合。从物理结构的角度，文档对象则被定义成若干个页（page）构成的集合，每个页又可以看成是一个由多个图形元素构成的集合。

为了实现这样的物理结构，在文档类对象中组合了一个页（CPage 类）对象集合，其中的每个 CPage 类对象又被设计成组合元素类的一个派生类。

这样的设计为文档结构提供了一个清晰的层次结构。在任何时刻，用户所看到的元素均呈现出组合和元素这样的层次结构，既符合用户的逻辑思维习惯，又便于软件的具体实现。

图 13-9 描述了这样一个文档类的设计，其中的 CGraphicsDocument 类就是这个文档类。

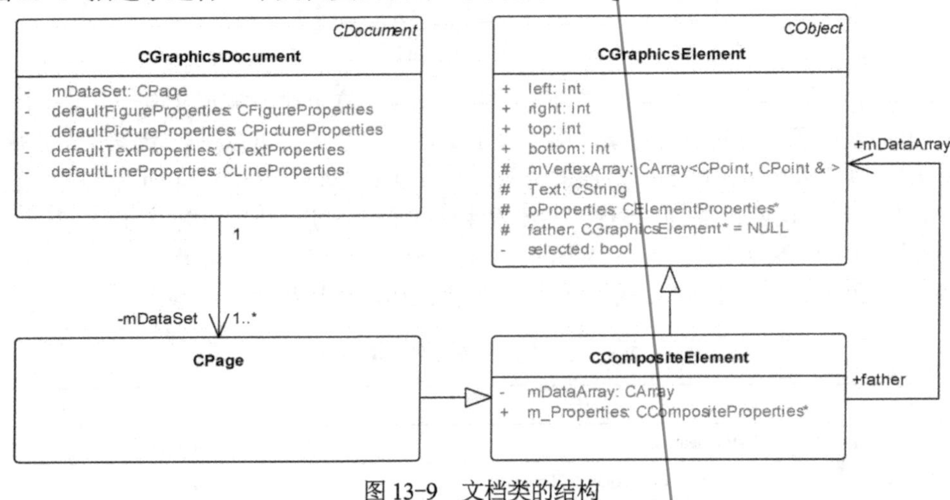

图 13-9　文档类的结构

CGraphicsDocument 类中，defaultFigureProperties、defaultPictureProperties、defaultTextProperties 和 defaultLineProperties 四个属性表示图形元素的默认非几何元素属性。建立新图形元素时，这些属性的值将作为新图形元素的默认属性。

图 13-9 中的 CPage 类就是所谓的页，它是复合文档元素类（CConmpositeElement）的一个派生类。不同的是，页具有相对固定的大小，而复合文档元素的大小则是可变的，其具体的大小与其内容有关。CGraphicsElement 是图形元素类。

由于文档类对象在逻辑上被视为若干个图像元素构成的集合，因此，其主要的方法就应该是为组织、管理和存储它所拥有的所有图形元素提供外部服务。文档类的设计方法则可以对在需求分析阶段中定义的（用例）功能进行适当的动态建模，如使用活动图、状态图、顺序图或通信图建模，找出文档对象在这些模型中所承担的职责，就可以找出文档类中应有的方法了。

例如，软件中需要提供保存文档功能，可以使用动态模型对保存过程进行建模，这样就可以为文档类及其相关类找到相应的职责，并给出明确的设计。图 13-10 所示的顺序图就描述了保存文档过程的参与者及之间的交互。

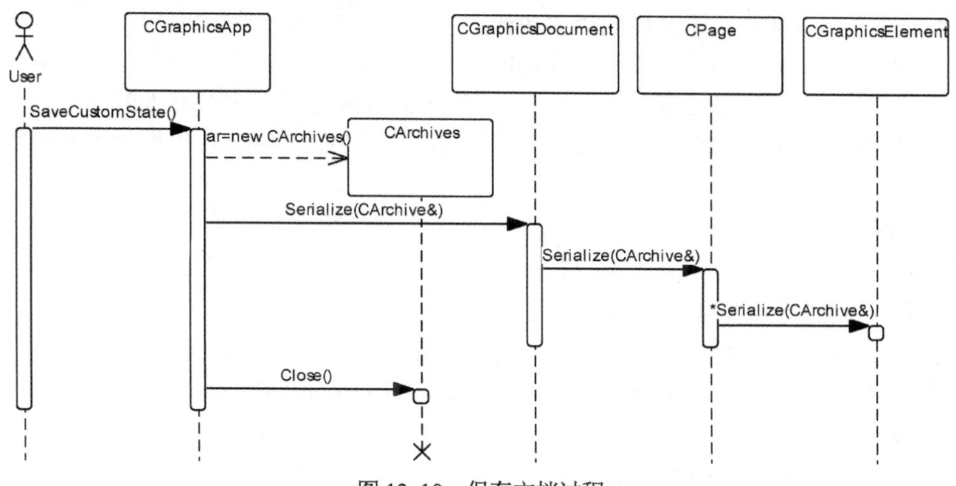

图 13-10　保存文档过程

图 13-10 所示的顺序图描述了保存文档选择一个系统职责。这一系统责任被分配给图中出现的各个对象。每个对象接收到的消息集合就可视为它在实现这个系统责任时所承担的具体职责。需要指出的是，保存文档这一责任并不是由文档对象独自承担的，而是由文档对象及文档中每个具体图形元素对象和其他相关对象共同承担的。

下面再说明一下文档类的方法，文档类的主要方法如表 13-5 所示。这些方法并没有直接与文档的用例建立直接的联系，但它们可以被视为文档对象为支持所有用例所需方法的集合。这显然需要一个比较细致和复杂的设计过程，这个过程要做的就是分析、整理、修改和完善这些方法的过程。

这个过程中，所需要的方法仍然是前面各章节所讨论过的内容，如第 5 章中介绍的那些方法。

表 13-5　文档类的主要方法

序号	方法	说明
1	virtual void Serialize(CArchive& ar);	序列化图形元素
2	int Add(CGraphicElement *pElement);	添加图形元素
3	int Delete(CGraphicElement *pElement);	删除图形元素
4	void InsertTo(int index,CGraphicElement *pElement);	插入图形元素
5	void Draw(CDC *pDC);	显示图形元素
6	int GetItemCount();	返回文档元素个数
7	CGraphicElement * SelectElement(CPoint point, int & Index);	按位置查找图形元素
8	int SwapeElement(int Orgin, int New);	交换图形元素
9	int GetWidth();	返回画布宽度
10	int GetHeight();	返回画布高度
11	int Replace(CGraphicElement *O,CGraphicElement *N);	替换图形元素

13.3.4 视图类设计

在基于 MFC 文档视图框架结构的应用程序中，视图对象承担了用户与文档之间交流的桥梁，视图对象负责向用户显示文档的内容和状态，甚至还可以向用户展示用户与系统之间的交互过程。同时，视图对象还负责接收和处理用户的操作请求，并负责将这些用户请求转交给相关对象。视图类对象的设计是基于文档视图结构的程序框架中最具有挑战性的部分。

为了简单起见，我们省略了大部分与 MFC 程序设计相关的部分，仅展示逻辑设计部分的内容。

1．属性定义

1）视图状态：

```
ViewStatus mViewStatus;
```

其中，mViewStatus 是一个枚举类型的变量，用于表示视图的当前状态。

其具体的取值为{normal, create, creating, textedit, selected, multiselected, moving}。

2）对象类型：

```
KindsOfElement CurrentElementClass;
```

其中的 CurrentElementClass 是一个枚举型变量，用于表示创建图形元素时，用户选择的图形元素类型。其具体的取值为：

{ enumNone, enumLine, enumRectangle, enumPolyRectangle, enumText, enumEllipse, enumPicture };

3）窗口范围和视口范围：

```
int startx, starty;
int xWinExt, yWinExt, xViewExt, yViewExt;
```

它们分别表示视图对象的视口原点、窗口范围和视口范围，用于实现图形缩放操作。

命令列表：

```
CCommandList OperationList;
```

命令列表对象，用于支持恢复和重做操作。

2．方法定义

对于视图类中的方法，这里仅介绍软件中开发者自行添加的部分方法，而忽略框架生成的那些方法。

1）生成创建对象：根据与欲创建的图素类型，生成一个具体的创建对象类实例。

```
CCreateCommand * GenAnCreateOperation(ClassOfElement enumObject, HWND hwnd, CPoint point);
```

2）绘制文档：这是一个在视图类基类中定义的函数，用于绘制文档内容，其具体实现是显示文档的内容。

```
virtual void OnDraw(CDC* pDC);
```

3）创建图素对象：这是一组用于处理用户创建图素对象请求的函数，每一个函数对应一种具体的图素类型。在用户界面上，也对应了一组用户界面元素（如命令按钮和命令菜单等)。这些函数包括：

```
afx_msg void OnLine();          //直线
afx_msg void OnRectangle();     //矩形
```

```
afx_msg void OnPolyrectangle();     //多边形
afx_msg void OnText();              //文本
afx_msg void OnEllipse();           //椭圆
afx_msg void OnPicture();           //图片
```

4）Z 序操作：用于修改图形元素的 Z 序。

```
afx_msg void OnPrivious();          //上移一层
afx_msg void OnNext();              //下移一层
afx_msg void OnTop();               //移到顶层
afx_msg void OnBottom();            //移到最底层
```

5）缩放操作：用于放大和缩小图形元素的显示。

```
afx_msg void OnSizedown();          //缩小
afx_msg void OnSizeup();            //放大
```

6）属性：用于修改图形的非几何属性。

```
afx_msg void OnProperty();          //属性
```

7）鼠标事件函数：这是视图类中最重要的四个函数，它们实现了图 13-17 的状态图中大部分交互操作和几乎所有的状态变迁的控制。

```
afx_msg void OnLButtonDown(UINT nFlags, CPoint point);
afx_msg void OnLButtonUp(UINT nFlags, CPoint point);
afx_msg void OnMouseMove(UINT nFlags, CPoint point);
afx_msg void OnLButtonDblClk(UINT nFlags, CPoint point);
```

8）删除图形元素：用于删除文档中指定（选定）的图形元素。

```
afx_msg void OnDelete();
```

9）恢复和重做：恢复操作指取消用户刚刚执行的操作，将对象恢复到这个操作执行之前的状态，重做则指重新执行刚刚被恢复的操作。

```
afx_msg void OnEdieRedo();
afx_msg void OnEditUndo();
```

观察这些函数时将会发现，除了第一个函数之外，其余函数都是事件驱动函数，即每一个函数都对应了一个特定的事件。而图 13-11 中的状态图，并没有完全涵盖所有这些事件，当然也没有涵盖视图对象对这些事件的反应。这也说明了，任何一个单独的模型都只能是对软件的概括性描述。

总的来说，这些方法应该包括了前面所提到过的大多数软件功能、用例和文档结构等方面的描述。

13.3.5 交互操作的结构

交互式图形编辑软件的一个最主要特点就是软件中包含了大量的交互操作。无论是图形元素的创建、位置的移动和形状的修改以及图形元素的各种属性的修改，均需要不同形式的交互操作。这些操作还需要能够支持撤销和重做等操作。对于任何一个交互操作来说，通常都需要由一组相关对象相互协作才能够加以实现，因此，软件设计过程中，交互操作的设计就是这组相关对象的结构和相互之间交互的设计。并且，对软件中的这些交互进行有效的管理和控制无疑是十分重要的。

1. 交互操作的封装

为了有效地管理软件中定义的各种操作并进行撤销和恢复，我们将用户操作封装成一个对象来加以实现。用户每执行一个操作，系统就创建一个对象来封装用户所完成的操作，同时按照操作进行的顺序保存好这些对象。当用户想要撤销他刚刚做过的操作时，系统就可以取出用户刚刚完成的操作对象，执行这个操作的逆操作。为此，我们设计了一组如图 13-11 所示的命令类，用于封装可撤销的用户操作。

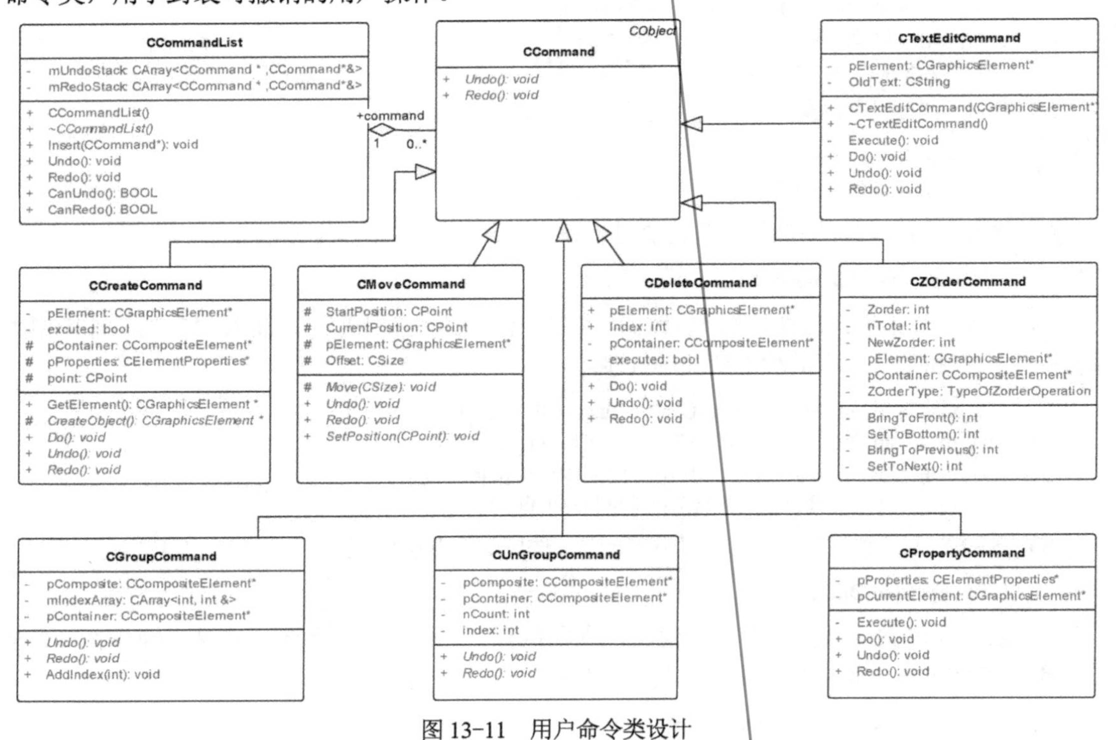

图 13-11　用户命令类设计

图 13-11 中 CCommand 类为所有命令类的基类，它为所有命令对象提供了一个统一的接口。接口的主要内容包括 Undo()和 ReDo()两个操作。通过这个接口，可以实现用户命令的撤销和重做。

CCommandList 类可以看成是命令的一个聚合，用于保存软件运行过程中产生的操作对象。

CCommandList 类被定义成一个双栈结构的命令列表，里面保存了两个栈，分别存储刚刚执行过的操作和刚刚撤销的用户操作。系统通过访问这两个栈里的操作，分别实现撤销和重做这两个操作。

图 13-11 中还展示了创建（CCreateCommand）、删除（CDeleteCommand）、修改（CModify Command）、移动（CMoveCommand）、编辑（CTextEditCommand）、Z 序（CZOrderComm and）、组合（CGroupCommand）、解组（CUnGroupCommand）和属性（CPropertyComm and）等多个命令类的派生类。这些派生类在实现了 CCommand 接口的基础上，又增加了各自不同的操作。其中创建对象命令（CCreateCommand）和移动（CMoveCommand）又依照其操作对象的类型的不同又被分成多种不同的情况。

图 13-12 中的类图描述了所有创建对象命令（CCreateCommand）类的结构。其中，CCreateRectangle 用于创建矩形对象；CCreateText 用于创建矩形对象；CCreatePicture 用于创

建图片对象；CCreateLine 用于创建直线对象；CCreatePolyRectangle 用于创建多边形对象；CCreateEllipse 用于创建椭圆对象。

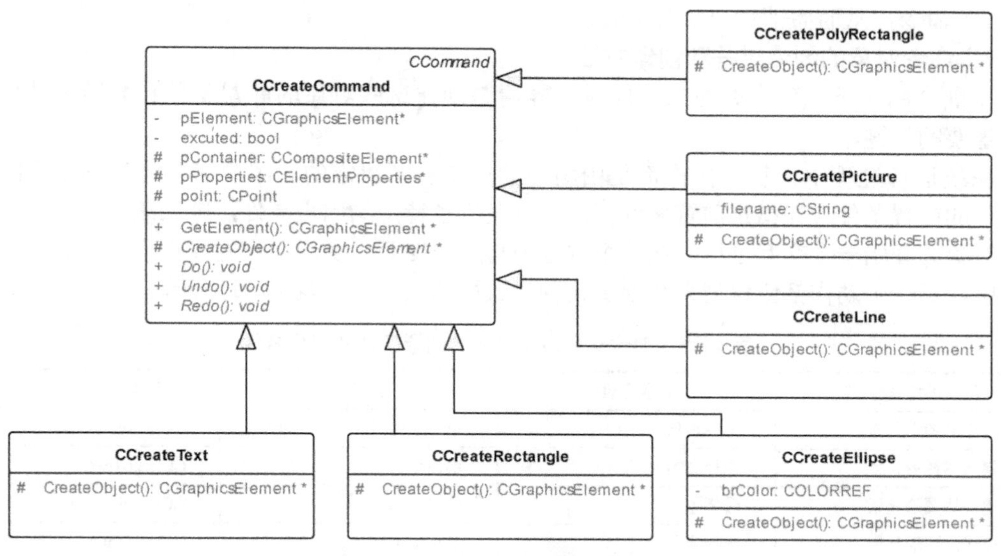

图 13-12　创建对象命令类图

CCreateComand 类增加了一组用于支持交互式创建或修改图形元素对象的方法。这样，这些创建图形元素的命令类就可以既支持撤销和重做操作，又可以在创建图形元素的场景中，支持图形元素对象的创建。

图 13-13 中的类图描述了移动图形元素命令（CMoveCommand）类及其派生类的结构。

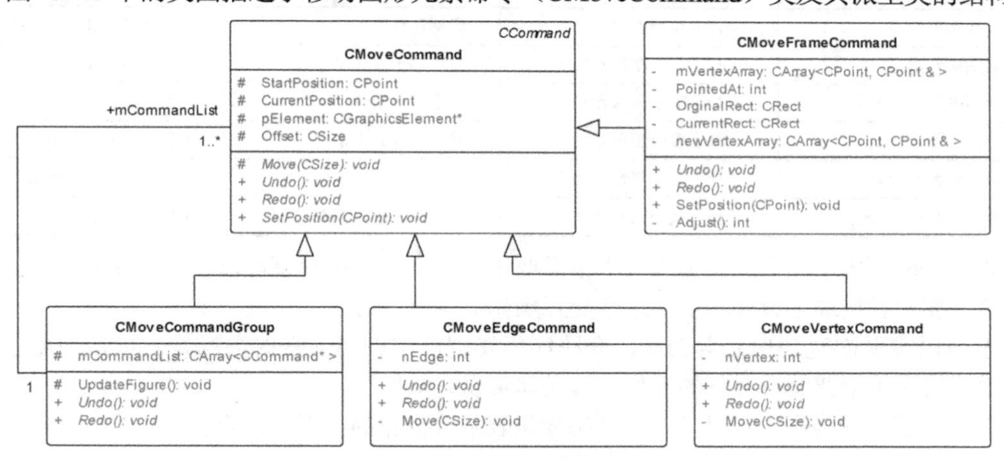

图 13-13　移动图形元素命令类图

其中，CMoveCommand 对象用于移动文档中某个图形元素；CMoveFrameCommand 对象用于移动图形元素的边框，这相当于对内部的图形完成一次水平或垂直的拉伸变换，结果是改变了图形的形状；CMoveVertexCommand 对象用于移动多边形的特定顶点，结果是改变了多边形的形状；而 CMove EdgeCommand 对象则用于移动多边形的某条边，改变多边形的形状。

图 13-13 中的最后一个类，CMoveCommandGroup 对象则用于移动一组图形元素，它被设计成一组命令的集合，这样的命令可以称之为宏命令。执行时，首先为每个选中的图形元素

生成一个移动命令，之后将这些命令组合成一个宏命令，再执行这个宏命令的 Do 方法，即逐个执行其中的子命令。当然，撤销时，也是执行宏命令的 UnDo 方法，即逐个地执行每个命令的 Undo 命令，从而撤销对一组对象的移动。

2. 命令对象的创建过程和创建方法

下面介绍一下创建命令对象的问题。弄清楚创建这些对象的前置条件和激活条件无疑是十分重要的问题。

系统运行过程中，每个操作都是由用户的操作意图决定的。用户需要将其操作意图转换成操作的前置条件。在指定前置条件下，一旦发生了特定的用户事件，则系统就会创建指定的命令对象并开始一个交互过程，在这个过程中与用户交互，实现用户的操作意图。在这个交互过程中，每一个动作都应该使系统处于某种一致性的状态，如表 13-6 所示。

表 13-6 创建交互命令对象的前置条件和用户事件

用户的操作意图	前置条件	用户事件	创建的命令对象类型
创建矩形图形元素	选择矩形	单击编辑区	CCreateRectangle
创建文本图形元素	选择文本	单击编辑区	CCreateText
创建图片图形元素	选择图片	单击编辑区	CCreatePicture
创建线段图形元素	选择线段	单击编辑区	CCreateLine
创建多边形图形元素	选择多边形	单击编辑区	CCreatePolyRectangle
创建椭圆矩形图形元素	选择椭圆	单击编辑区	CCreateEllipse
移动图形元素	选择图形元素	鼠标移动事件	CMoveCommand
移动边框	选择图形元素边框	鼠标移动事件	CMoveFrameCommand
移动多边形的顶点	选择多边形的顶点	鼠标移动事件	CMoveVertexCommand
移动多边形的边	选择多边形的边	鼠标移动事件	CMoveEdgeCommand
删除图形元素	选择了某个图形元素	发生 Del 键盘事件	CDeleteCommand
修改图形元素显示顺序	选择了某个图形元素	修改 Z 序事件	CZOrderCommand
组合复合图素	选择了多个图形元素	发生组合命令事件	CGroupCommand
解组复合图形元素	选择了某个复合元素	发生解组命令事件	CUnGroupCommand
修改图形非几何属性	选择了某个图形元素	发生属性命令事件	CPropertyCommand

表 13-6 列出了图形元素操作过程中需要识别的条件、用户事件以及后续要完成的操作。所有这些要素就构成了设计和实现这些交互操作的重要基础。

下面以实现创建图形元素为例，介绍如何实现创建图形元素对象操作。以下使用了工厂方法模式实现了创建图形对象的操作。其具体实现方法如下。

首先，在视图类中，定义了一个状态变量表示欲创建的图形元素类型。

```
ClassOfElement CurrentElementClass;
```

其中，ClassOfElement 是一个枚举类型，其具体定义如下。

```
typedef enum{ none,sLine,sRectangle,sPolyRectangle,sText,sEllipse,sPicture} ClassOfElement;
```

其次，在 CGraphicsView 类中定义了一个名为 GenAnCreateOperation 的工厂方法，用于创建具体的命令对象，这个方法的代码如下。

```
CCreateCommand *CGraphicsView::GenAnCreateOperation(ClassOfElement enumObject, HWND hwnd, CPoint point)
```

```
{
        CGraphicsDocument* pDoc = GetDocument();
        ASSERT_VALID(pDoc);
        CElemtentProperties *p = new CElemtentProperties();
        switch(enumObject)
        {
        case sLine:
            return new CCreateLine(pDoc, hwnd, point, p);
        case sRectangle:
            return new CCreateRectangle(pDoc, hwnd, point, p);
        case sPolyRectangle:
            return new CCreatePolyRectangle(pDoc, hwnd, point, p);
        case sText:
            return new CCreateText(pDoc, hwnd, point, p);
        case sPicture:
            return new CCreatePicture(pDoc, hwnd, point, p);
        case sEllipse:
            return new CCreateEllipse(pDoc, hwnd, point, p);
        }
        return NULL;
}
```

当用户在选择了创建对象的类型，并激活了相应的用户事件后，系统就会与用户持续交互完成这个对象的创建过程。

3．创建图形元素的交互过程

如果为每种不同的元素定义不同的交互过程，将不可避免地增加系统的复杂性，同时这样的设计也不利于系统的扩充和维护。因此，设计一个可以用于不同类型元素的创建过程就成为一个优先考虑的选择。

这里，我们在充分考虑不同类型的图形元素的基础上，设计了如下的创建抽象图形元素的过程。

创建图形元素对象的操作过程可以简单地描述如下。

1）选择图形元素类型，如直线、矩形、椭圆、多边形、文本和图片等类型。

2）依次输入图形元素的各顶点坐标。

① 将鼠标指针移动到图形元素的起始位置按下鼠标，系统将创建一个图形元素对象。

② 用户将鼠标拖动到图形元素的下一个顶点位置，释放鼠标，系统将该坐标值设置成创建对象的第二个顶点坐标值。

③ 若用户没有为当前图形元素输入足够的顶点坐标，则用户可单击鼠标输入下一个坐标位置，每单击一次输入一个顶点坐标，直到用户双击鼠标为止。

3）将当前对象插入到当前复合对象中。

4）结束。

描述上述过程的顺序图如图 13-14 所示。

虽然创建不同类型的图形元素对象时其具体的执行过程是不同的，但图 13-14 所示的顺序图却展示了一个比较抽象或一致的过程，这个过程涵盖了创建各种图形元素所需要的过程。

对于直线、矩形和椭圆等具有固定顶点个数的图形元素对象来说，这些对象可以根据输入的顶点个数判断创建过程的进展，进而完成对象的创建。

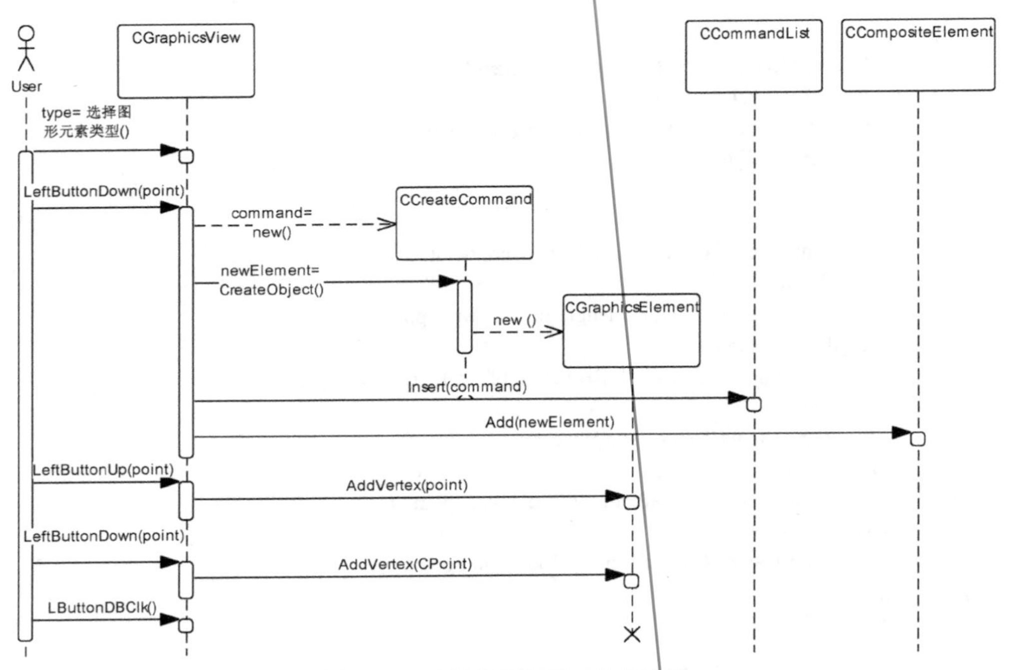

图 13-14　创建图形元素对象的过程

而对于多边形来说，因为其顶点个数不是事先确定的，所以需要定义一个专门的事件（如鼠标双击事件）来确定何时结束多边形顶点的输入过程。在顶点输入过程中引入这样的一个事件。对于不需要这个事件的创建过程，例如椭圆等元素的控制点输入过程，直接忽略这个事件。

创建图片（Picture）和文本（Text）对象时，在输入完图形元素的顶点坐标之后，还需要一个输入图片文件名或文本内容等信息的编辑过程，我们也在创建图形元素对象过程中加入了这样一个编辑操作，而对于不需要这种编辑操作的创建过程来说，则通过空操作的方式忽略了这个编辑操作。

在最终的实现方案中，系统在其视图类的创建对象过程的代码中，仅使用 CCreate Command 接口就实现了图形元素对象的创建，这样的方式有效地简化了视图类的程序代码。这也符合面向对象原则中的里氏代换原则。虽然这样的程序代码比较抽象，但它更简洁，也更有利于系统的扩充和维护。

13.4　动态建模

接下来通过几个具体的例子，说明动态建模的方法和作用。

13.4.1　顺序图建模

顺序图建模通常用于描述一个用例（操作）或用例中的特定场景，如果希望完整地描述一个用例，有时可能需要绘制多张顺序图。下面，使用一张更细化的顺序图（图 13-15）来描述一下创建图形元素对象的过程。

从图 13-15 可以得到的信息包括参与图形元素创建过程的角色、方法以及方法的守卫条件等。这样一个描述显然更具体或更接近于实际。

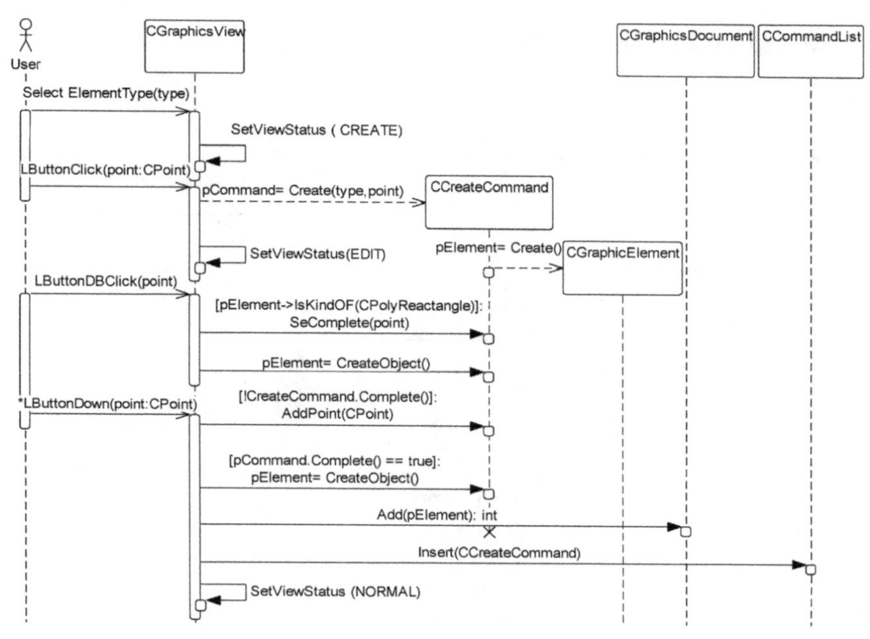

图 13-15　创建图形元素过程

从这张图可以获得的信息包括以下内容。

1．实现创建图形元素过程所需要的角色以及这些角色之间的关系

从图 13-15 中可以看出，实现这个过程至少需要包括用户（User）、视图（CGraphicsView）、创建命令对象（CCreateCommand）、图形元素对象（CGraphicElement）、文档对象（CGraphics Document）和操作命令列表（CCommandList）等多种不同的对象，以及这些对象之间应具有的关联关系。

如果将图 13-15 转换成通信图，可以更直观地看出这些对象之间的链接关系，这些类之间的关联关系。

2．对象之间传递的消息

图中每个对象所接收到的消息集合代表了这个对象所充当的一种角色。一个对象收到的所有消息相当于这个角色在这个场景中需要的接口。

例如，图中，CCreateCommand 对象接收到的消息就包括了 AddPoint（CPoint point）、Complete()、SetComplete()和 CreateObject()四个消息。此时，可以将这四个消息构成的方法集合看成是 CCreateCommand 对象在这个场景中所需要实现的一个接口。

3．参与者与系统之间的交互

如果参与者 User 向 CGraphicsView 对象发出了消息，由于 User 是一个参与者，即系统的外部实体，这两者之间的交互代表系统与外部实体之间的交互，这些交互描述的是交互界面的设计要素，这些要素可以映射成各种外部事件，这些事件也对应了 CGraphicsView 类的某些事件函数，也对应了系统需要的用户界面元素（如菜单命令、命令按钮和图形属性面板的设计等）以及这些用界面元素和事件函数之间的映射等。

13.4.2　通信图建模

通信图与顺序图是一种语义等价的动态模型，使用它们可以获得相同的建模增量，图 13-16

给出了与顺序图（图 13-15）等价的通信图。

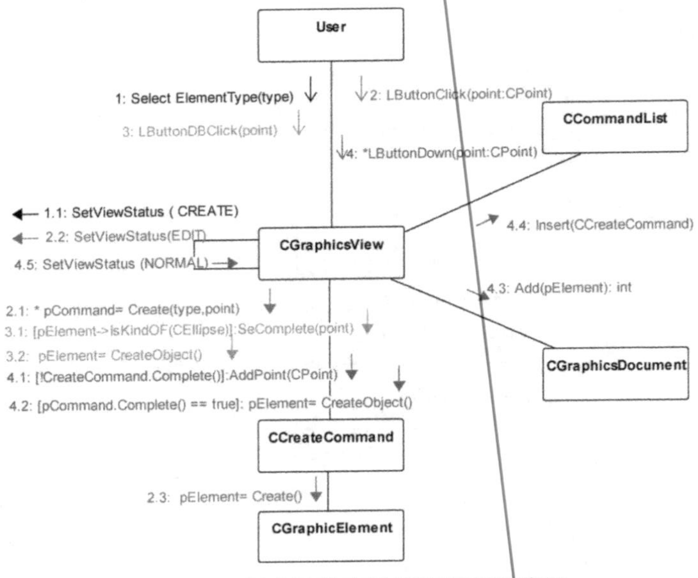

图 13-16　创建图形元素过程的通信图表示

与顺序图不同的是，通信图中显式地增加了类之间的关联（或对象之间的链接），这为类的设计提供了更直观的提示。

通信图的建模过程与顺序图建模基本类似，但在同一过程的顺序图模型已经存在的情况下，自动转换也是一个高效率的选择。虽然这两种图是语义等价的，但它们在视觉上带给人的直观感受和信息却不一样，绘制出其中的任何一种就可以很容易地借助建模工具得到它的另一种表示，这可以极大地提高建模的工作效率。

13.4.3　状态图建模

动态建模过程中，还有一种重要的模型就是状态图。本软件中有大量复杂的交互式图形操作，而这些复杂的交互操作往往是以简单的鼠标和键盘操作为基础实现的，这为软件的设计与实现均带来了一定的难度。一个简单清晰的状态模型将可以有效地控制好系统的复杂度。

状态图主要用于完整描述一个复杂对象的可能状态以及状态变迁时所表现的行为。一个建模充分的状态图可以有效降低后续的程序设计的难度，并尽可能避免程序设计中可能出现的结构性错误问题。

本软件中最复杂的对象应该就是视图对象了，软件中绝大多数交互操作都集中在参与者与这个对象之间的交互当中。

根据软件的需求模型，将视图对象的状态定义成正常（NORMAL）、创建（CREATE）、编辑（EDIT）、修改（MODIFY）和移动（MOVING）五种状态。这些状态的具体定义如下。

1．正常状态

正常状态表示视图对象的**初始状态**，此状态下没有被选中的图形元素和有待进行的下一步操作。此时，用户可以创建新元素，也可以选择现有元素，以便于移动或修改选中的操作。

2．创建状态

创建状态表示开始**创建**图形元素对象的状态。在此状态下，用户可以输入要创建图形元素的起始点。输入完后，视图将自动进入编辑状态，以最终完成图形的创建。

3．编辑状态

编辑状态表示编辑新创建的图形元素各个点坐标和其他属性的状态。如对于文本（CText）对象来说，需要输入第二个坐标点；而对于图形（CPicture）对象来说，则要输入图形文件。用户完成图形元素的编辑之后，创建的图形元素保持被选中状态，视图将进入修改状态。

4．修改状态

修改状态表示系统中有图形元素被选中的状态。此状态下，用户可以修改图形元素。

5．移动状态

移动状态表示被选中的图形元素处于被拖动中的状态。此状态下，用户可以移动或修改图形元素。

图 13-17 给出了视图对象的状态图模型，图中的状态可以映射成视图类的成员变量，定义的这些状态为这个成员变量的取值范围。图中的每个迁移都包含了条件、事件和对应的动作。

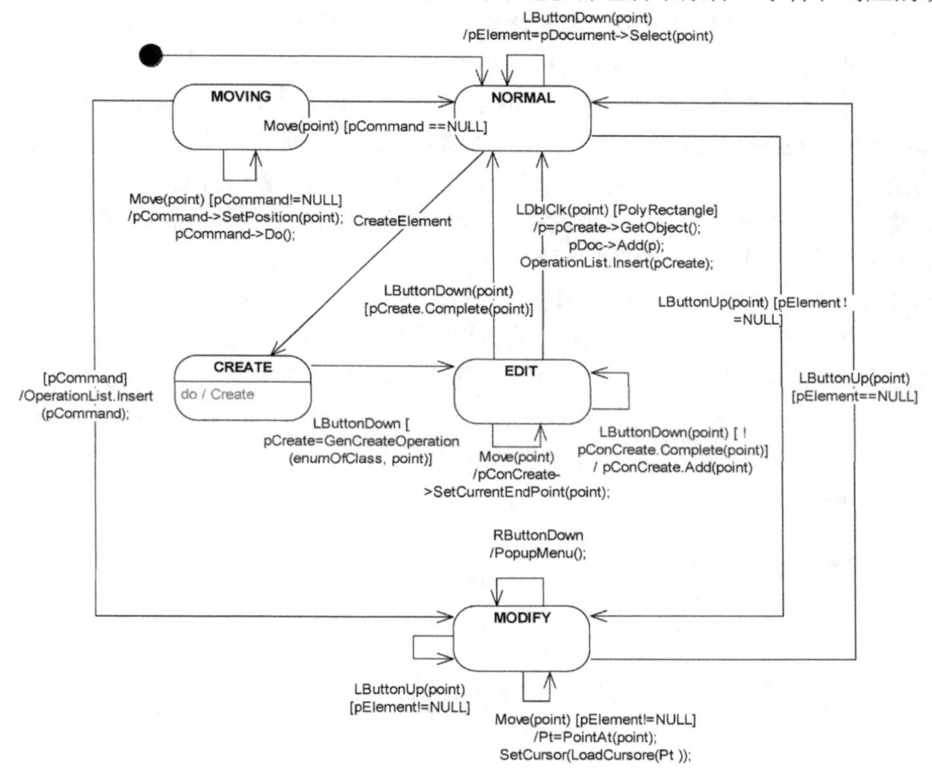

图 13-17　视图对象的状态图模型

例如，对于下面的迁移表达式：

Move(point)　[pElement != NULL]　/ Pt=PointAT(point); SetCoursor(LoadCourse(PT));

其中的 Move(point)是一个事件，表示鼠标移动到 point 点。[pElement != NULL] 是迁移的警戒条件。

最后，Pt = PointAT(point); SetCoursor(LoadCourse(PT)); 是一个动作序列，含义是计算鼠标指向选中图形元素的控制点的具体位置，这个位置决定了下一步要对图形元素进行的具体操作，如改变大小和移动等。

整个迁移表达式完整地描述了这个迁移的事件、条件和相应的动作序列。

整个状态图完整地描述了视图对象的状态和状态之间的变迁，还描述了每个状态迁移的事件、条件和相关的动作等内容。读者可以仔细对照此图与程序代码，可以看出模型和程序代码之间的对应关系。

UML 的活动图、状态图、顺序图和通信图等分别描述了一个软件的不同侧面，它们一起构成了一个完整的软件模型。

13.5 建模的抽象层次

最后要说明的一个问题是建模的抽象层次问题。模型的抽象层次不仅体现在类结构和对象结构上，抽象也体现在软件过程的建模上。

良好的软件模型或者程序设计应该建立在某个特定的抽象层次之上，抽象层次分明的软件模型可以有效地提高软件的开发效率和质量。反之，建模不充分的分析和设计过程也不太容易获得层次分明的软件模型。自然也就不容易得到高质量的软件产品。

例如，在描述创建图素对象过程的顺序图（图 13-14）中，引用的 CCreateCommand 和 CGraphicsElement 这两个抽象类，决定了创建图素对象这个场景在软件结构中所处的抽象层次，使得创建图素对象过程是一个比较抽象的过程。这个创建图形对象过程的具体执行可能会由于创建对象的类型不同而有所不同，但这个过程却可以有效创建出任何一种所需要的图形元素对象。

如果针对每一种特定类型的图形元素（如 CPicture 等）都进行创建过程的建模，将会得到一组相似但又不同的顺序图。图 13-18 所示的顺序图就是一个单独建模的创建 CPicture 对象的顺序图。如果按照这样的方式建模并且简单地按照建模出来的一组模型构建系统，那么得到的将会是一个看似简单但却十分庞大并且极其复杂的系统。

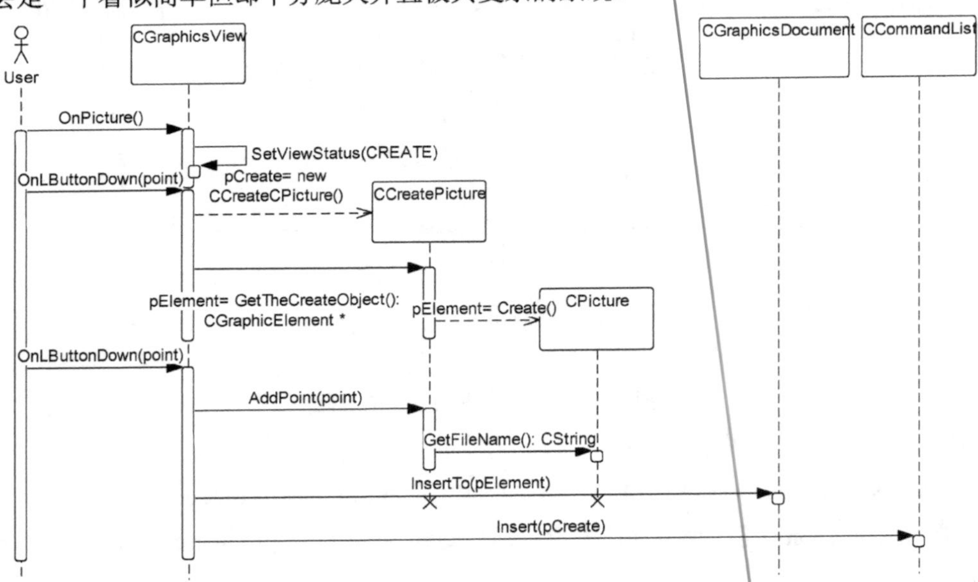

图 13-18　创建 CPicture 对象的顺序图

事实上，本软件中创建图形元素功能的最终实现就是依据图 13-15 中的抽象过程模型（顺序图）加以实现的，而图 13-18 这样的具体模型则仅仅是建模过程的一个中间工件而已。

13.6　交互式编辑软件的实现

本节将简单介绍一下这个交互式图形编辑软件中几个编辑功能的具体实现界面。

13.6.1　系统的主界面

交互式图形编辑软件的主界面由主窗口、菜单栏、工具栏、状态栏、子窗口和属性窗口等几个部分组成。主窗口是整个软件的容器窗口，用于存放和管理程序的所有可视元素。菜单栏和工具栏是一个用菜单命令项和工具栏按钮等用户交互命令元素构成的，每个菜单命令或工具栏按钮代表了一个界面元素，用户可以通过这些元素激活特定的事件，与系统进行交互。状态栏用于显示当前元素的状态信息。

软件主界面如图 13-19 所示。绘图窗口是软件主窗口中最重要的子窗口，既用于显示软件文档中的各个图形元素，也用于系统和用户之间的交互。几乎所有操作，都是在这个窗口内完成的。

属性窗口是独立于子窗口的窗口，其内容是当前图形元素的属性。用户可以和属性窗口交互，修改当前元素的状态。

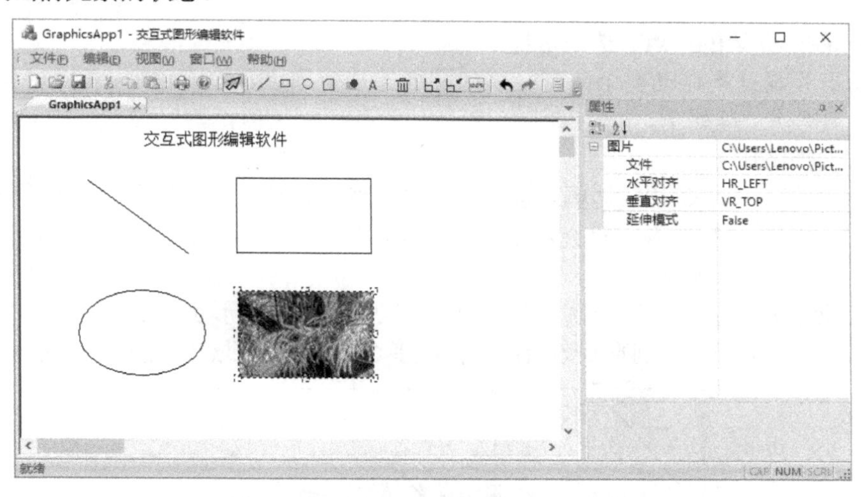

图 13-19　交互式图形编辑软件的主界面

图 13-19 给出了软件的一个运行实例，图中的绘图窗口内包含了五个图形元素，它们分别是一个文本对象、一个直线对象、一个椭圆对象、一个矩形对象和一个图片对象，它们构成了当前文档的具体内容。

13.6.2　图素操作

本节将介绍插入和修改图素两个操作的具体实现，其余部分的内容可参见本书的附加资源部分。

1．插入图素

插入图素是指向当前文档中插入一个指定类型的图形元素，其操作过程如下。

1）单击工具栏中的命令按钮，如直线、椭圆、矩形、多边形、文本或图片等，系统将进入创建图素状态。

2）在窗口的指定位置单击鼠标，设置图形元素的起始坐标位置。

3）移动鼠标，逐个单击图形元素其余各点的坐标位置，直到输入完成图形元素的所有顶点的坐标位置为止。

4）如果创建的图形元素是多边形，则需要在最后一个顶点的位置，双击鼠标即可完成图形元素的创建。

5）如果创建的是文本对象或图片对象，则进入文本编辑状态或打开一个文件对话框，输入文本或图片文件名，离开文本编辑状态或关闭对话框后，创建过程结束。

在创建过程中，程序将使用橡皮筋技术动态地显示图形元素的创建过程。完成上述过程之后，系统就增加了一个指定的新图形元素。图 13-20 就显示了一个多边形的创建过程。

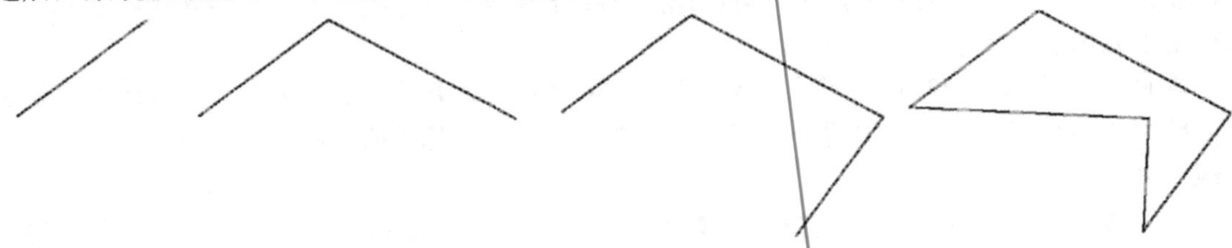

图 13-20　一个多边形的创建过程

2．移动图形元素的顶点、边或边框

移动图形元素是指移动整个图形，移动图形的某个顶点、边或边框，以达到修改图形形状的目的。其操作过程如下。

1）选中指定图形。

2）选中图形、顶点、边或边框，选中不同的图形成分时，鼠标会显示相应的形状。

3）按下并移动鼠标，系统将会使用橡皮筋技术移动并显示被移动了相应成分的图形，如图形、顶点、边或边框等。

4）移到期望的位置时，释放鼠标，系统将自动修改图形的形状。

图 13-21 和图 13-22 分别直观地给出了修改多边形边框和顶点位置的交互过程。

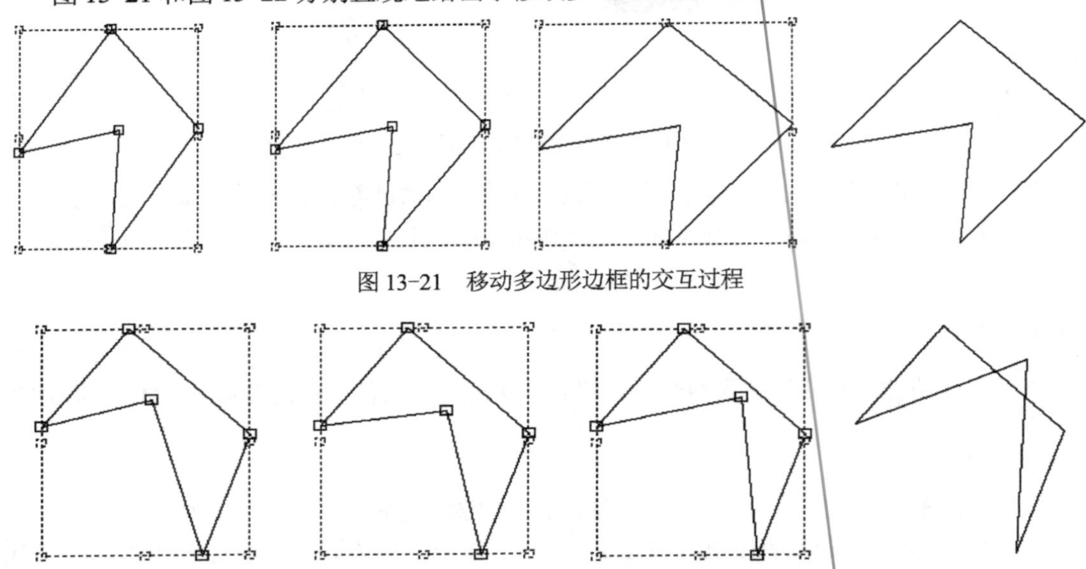

图 13-21　移动多边形边框的交互过程

图 13-22　移动多边形某个顶点的交互过程

13.7 小结

本章比较概括地介绍了一个软件的分析、设计和实现过程，其具体实现细节可以参考本课程资源中的软件源代码部分。

在功能模型部分，使用用例模型的建模方法描述了系统的功能模型。随后，给出了以此为基础设计的概念模型，并使用这个概念模型描述了软件的概念结构。

在系统结构设计部分，详细地给出了软件的逻辑结构设计，包括基于文档视图结构的应用程序框架结构、文档结构、视图结构等部分的设计。

在动态建模部分，分别使用顺序图、通信图、活动图和状态图等动态模型，介绍了软件中大部分交互操作的设计和实现方法，同时也说明了这些动态模型在软件设计过程中的作用和使用方法。另外，还介绍几个与设计模式的应用相关的设计问题。

由于篇幅的限制，本章并未详细地介绍软件的全部分析与设计过程，读者可以通过运行案例和阅读源代码的方式理解本章所介绍的内容。

习题

1. 试分析本章案例中如何使用组合模式实现元素组合的功能。

2. 案例中多次使用了橡皮筋技术实现图形元素的创建和修改，试分析一下案例软件是如何实现这些橡皮筋技术的，案例的实现有哪些缺点，能否改正这些缺点，给出一个新的设计和实现。

3. 案例中，使用了一个特定的方法实现了图形元素创建的任务，分析一下案例使用了哪种创建型模式，有什么缺点，你能否给出更好的实现方式。

4. 案例中使用了命令模式封装了大多数用户操作，并在此基础上实现撤销和重做这两个重要操作，试分析一下案例是如何应用这个模式实现了这些操作的，案例的实现有什么优缺点。

5. 案例中仅实现了一个单页的图形文档的编辑，如果希望将它修改成一个支持多页图形文档的设计，应该如何修改？

6. 案例软件中忽略了图形元素之间关系这样的图形元素，讨论一下能否在案例中加入这样的元素，并讨论一下能否找到一个简单的方法来实现这样的修改。

7. 如果希望独立地分析和设计一个类似的图文编辑软件，你将如何设计和实现，讨论一下你的软件结构方法和设计以及实现过程。

参 考 文 献

[1] BOOTH G，MAKSIMCHUK R A. 面向对象分析与设计[M]. 王海鹏，潘加宇，译. 3 版. 北京：电子工业出版社，2015.

[2] BENNETT S, MCROBB S, FARMER R. UML 2.2 面向对象分析与设计[M]. 李杨，译. 北京：清华大学出版社，2013.

[3] DOCHERTY D M. 面向对象分析与设计[M]. 俞志翔，译. 北京：清华大学出版社，2006.

[4] OMG Unified Modeling Language ™ (OMG UML) Version 2.5 2015.03 http://www.omg.org/spec/UML/2.5.

[5] PILONE D, PITMAN N, UML 2.0 in a Nutshell[M], New York：O'Reilly，2005.

[6] 刁成嘉. UML 系统建模与分析设计[M]. 北京：机械工业出版社，2018.

[7] 麻志毅，面向对象分析与设计[M]. 北京：机械工业出版社，2018.

[8] 徐宝文，周毓明，卢红梅. UML 与软件建模[M]. 北京：清华大学出版社，2006.

[9] 侯爱民，欧阳骥，胡传福. 面向对象分析与设计(UML) [M]. 清华大学出版社，2015.

[10] KTUCHTEN P. Rational 统一过程引论[M]. 周伯生，吴超英，王佳丽，译. 北京：机械工业出版社，2002.

[11] ERIKSSON H E，PENKER M. UML 业务建模[M]. 夏昕，何克清，译. 北京：机械工业出版社，2004.

[12] 薛均晓，李占波. UML 系统分析与设计[M]. 北京：机械工业出版社，2018.

[13] MALA J D, GEETHA S. UML 面向对象分析与设计[M]. 马恬煜，译. 北京：清华大学出版社，2018.

[14] 吕云翔，赵天宇，丛硕. UML 面向对象分析、建模与设计[M]. 北京：清华大学出版社，2018.

[15] 夏丽华，卢旭. UML 建模与应用标准教程[M]. 北京：清华大学出版社，2018.

[16] 高科华，李娜，吴银婷，等. UML 软件建模技术——基于 IBM RSA 工具[M]. 北京：清华大学出版社，2017.

[17] 小布鲁克斯 F P. 人月神话[M]. UML China 翻译组，汪颖，译. 北京：清华大学出版社，2015.

[18] GAMMA E，HELM RI，JOHNSON R. 设计模式：可复用面向对象软件的基础[M]. 李英军，等译. 北京：机械工业出版社，2000.09

[19] 刘伟. 设计模式实训教程[M]. 2 版. 北京：清华大学出版社，2018.

[20] 刘伟，胡志刚. C#设计模式[M]. 2 版. 北京：清华大学出版社，2018.

[21] 于卫红. Java 设计模式[M]. 北京：清华大学出版社，2016.